U0840515

中国国家标准汇编

2006年修订-19

中国标准出版社　编

中国标准出版社

北京

图书在版编目（CIP）数据

中国国家标准汇编：2006年修订．19/中国标准出版社编．—北京：中国标准出版社，2007

ISBN 978-7-5066-4596-6

Ⅰ.中…　Ⅱ.中…　Ⅲ.国家标准-汇编-中国-2006

Ⅳ.T-652.1

中国版本图书馆CIP数据核字（2007）第105015号

中国标准出版社出版发行
北京复兴门外三里河北街16号
邮政编码:100045
网址 www.spc.net.cn
电话:68523946　68517548
中国标准出版社秦皇岛印刷厂印刷
各地新华书店经销

*

开本 880×1230　1/16　印张 38.25　插页 4 页　字数 1 178 千字
2007年8月第一版　2007年8月第一次印刷

*

定价 180.00 元

如有印装差错　由本社发行中心调换
版权专有　侵权必究
举报电话:(010)68533533

ISBN 978-7-5066-4596-6

出 版 说 明

1.《中国国家标准汇编》是一部大型综合性国家标准全集，自1983年起，按国家标准顺序号以精装本、平装本两种装帧形式陆续分册汇编出版。《汇编》在一定程度上反映了我国建国以来标准化事业发展的基本情况和主要成就，是各级标准化管理机构，工矿企事业单位，农林牧副渔系统，科研、设计、教学等部门必不可少的工具书。

2. 由于标准的动态性，每年有相当数量的国家标准被修订，这些国家标准的修订信息无法在已出版的《汇编》中得到反映。为此，自1995年起，新增出版在上一年度被修订的国家标准的汇编本。

3. 修订的国家标准汇编本的正书名、版本形式、装帧形式与《中国国家标准汇编》相同，视篇幅分设若干册，但不占总的分册号，仅在封面和书脊上注明"2006年修订-1，-2，-3……"等字样，作为对《中国国家标准汇编》的补充。读者配套购买则可收齐前一年新制定和修订的全部国家标准。

4. 修订的国家标准汇编本的各分册中的标准，仍按顺序号由小到大排列(不连续)；如有遗漏的，均在当年最后一分册中补齐。

5. 2006年度发布的修订国家标准分27册出版。本分册为"2006年修订-19"，收入新修订的国家标准34项。

中国标准出版社

2007年6月

目　　录

ICS 97.190
Y 57

中华人民共和国国家标准

GB 14747—2006
代替 GB 14747—1993

儿童三轮车安全要求

Safety requirements for child tricycles

2006-02-21 发布　　　　2007-01-01 实施

中华人民共和国国家质量监督检验检疫总局
中国国家标准化管理委员会　发布

前　言

本标准为强制性标准。

本标准自实施之日起，代替 GB 14747—1993《儿童三轮车安全要求》。

本标准与 GB 14747—1993 相比，主要变化如下：

——新增了“3.7 辅助推杆”、“3.8 后踏板”两个定义；

——根据 GB 6675—2003，对“4.1 材料”中的“4.1.1 特定可迁移元素最大限量”和“4.1.2 燃烧性能”的技术要求和测试方法进行了修改；

——参照 GB 5296.5《消费品使用说明　玩具使用说明》，对“4.6 产品信息”进行了修改；

——新增了“4.5.5 冲击强度”、“4.5.6 靠背结构牢固性”、“4.5.7 辅助推杆强度”和“4.5.8.2 脚蹬离地高度”共四项技术要求，并配套增加了相应测试方法；

——修改了“5.10 向后倾斜的稳定性测试”测试方法；

——新增了测试方法的“5.1 一般要求”，包括“5.1.1 测试样品”、“5.1.2 测试仪器精度”和“5.1.3 测试环境”的一般要求。

本标准由中国轻工业联合会提出。

本标准由全国玩具标准化技术委员会归口。

本标准起草单位：北京中轻联认证中心、广东省产品质量监督检验中心、好孩子儿童用品有限公司。

本标准主要起草人：刘唐书、胡官昌、高燕。

本标准所代替标准的历次版本发布情况为：

——GB 14747—1993。

儿童三轮车安全要求

1 范围

本标准规定了供一名儿童或多名儿童乘坐的儿童三轮车的安全技术要求和测试方法。

本标准不适用于玩具三轮车或设计用于其他特殊目的的三轮车(如游乐三轮车)。

2 规范性引用文件

下列文件中的条款通过本标准的引用而成为本标准的条款。凡是注日期的引用文件,其随后所有的修改单(不包括勘误的内容)或修订版均不适用于本标准,然而,鼓励根据本标准达成协议的各方研究是否可使用这些文件的最新版本。凡是不注日期的引用文件,其最新版本适用于本标准。

GB 6675—2003 国家玩具安全技术规范

3 术语和定义

下列术语和定义适用于本标准。

3.1

儿童三轮车 child tricycles

一种轮式车辆,各车轮与地面的接触点应能形成三角形或梯形,并仅借人力靠脚蹬驱动前轮而行驶的车辆。如果轮子与地面的接触点构成的形状为梯形,则窄轮距宽度应小于宽轮距的一半。

3.2

轮距 track

有一根公共轮轴的两车轮之间的距离,即两车轮与地面接触的外端尺寸(见图1)。

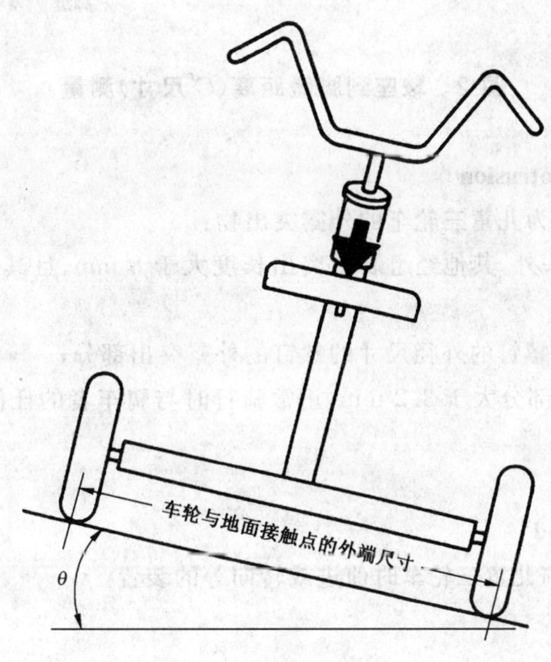

图1 车轮行驶的稳定性测试

3.3

断裂　fracture

材料的折断程度达到可使构件不能再支承在正常使用中可能产生的负荷。

3.4

正常乘骑状态　normal ride gesture

骑车者坐在儿童三轮车的鞍座上，双脚放在脚蹬上，双手握住把横管或操纵机构的姿势。

3.5

鞍座到脚蹬距离（C'尺寸）　distance frem saddle to pedal

脚蹬转到离座位最远的位置，从鞍座面中心至脚蹬踩脚面中心的最大距离（见图2）。

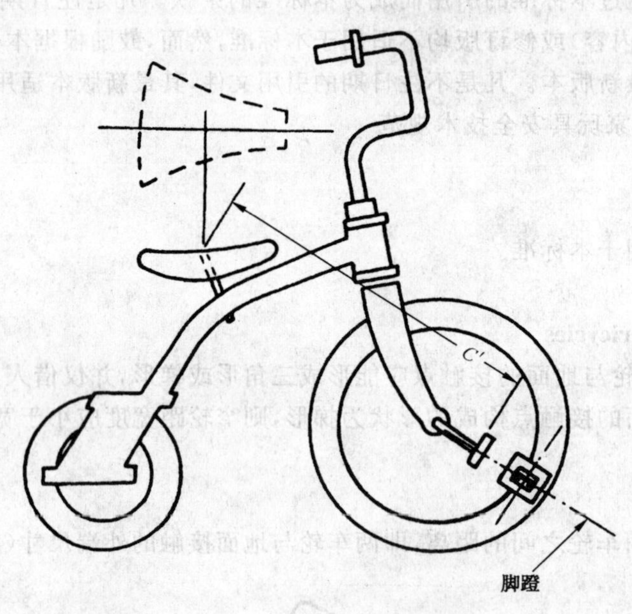

图2　鞍座到脚蹬距离（C'尺寸）测量

3.6

外露突出物　exposed protrusion

凡符合以下情况者，均称为儿童三轮车的外露突出物：

a）除标准螺栓或螺钉头外，其他经组装后突出长度大于8 mm、且其末端倒圆半径小于6.3 mm的任何零部件；

b）在螺母旋紧后，大于螺钉的外径尺寸的螺钉的外露突出部分；

c）在螺母旋紧后，突出部分大于3.2 mm，正常骑行时与骑车者的任何部位可能接触的螺钉的外露突出部分。

3.7

辅助推杆　assist-push-rod

用于监护人辅助儿童乘骑儿童三轮车时前进或转向等的装置。

3.8

后踏板　back-treadle

儿童三轮车后部可供儿童站立的装置。

4 技术要求

4.1 材料

4.1.1 特定可迁移元素最大限量

4.1.1.1 具体要求

儿童三轮车的可触及部件和材料，按5.2(特定可迁移元素的测试)测试，特定可迁移元素的测试结果的校正值应符合表1中的最大限量的规定。

表1 儿童三轮车材料中特定可迁移元素的最大限量

元素	锑 Sb	砷 As	钡 Ba	镉 Cd	铬 Cr	铅 Pb	汞 Hg	硒 Se
最大限量/(mg/kg)	60	25	1 000	75	60	90	60	500

在考虑到儿童的正常和可预见的行为时，如果儿童三轮车某些部件或材料由于其可触及性、功能、质量、尺寸或其他特征可明显排除因吮吸、舔食或吞咽造成的危险，则这些部件或材料不适用本要求。

4.1.1.2 测试结果校正

由于5.2(特定可迁移元素的测试)的精确度的原因，在考虑实验室之间测试结果时需要一个经校正的分析结果。5.2(特定可迁移元素的测试)的分析结果应减去表2中分析校正值，以得到校正后的分析结果。

凡儿童三轮车材料的分析结果校正值低于或等于表1中最大限量，则被认为是符合本标准的要求。

表2 各元素分析校正系数

元素	锑 Sb	砷 As	钡 Ba	镉 Cd	铬 Cr	铅 Pb	汞 Hg	硒 Se
分析校正系数/(%)	60	60	30	30	30	30	50	60

示例：

铅的分析结果为120 mg/kg，表2中的分析结果校正系数为30%，则：

分析结果校正值＝120－120×30%＝120－36＝84(mg/kg)。

这个数字被认为符合本标准的要求(表1中可迁移铅元素的最大限量为90 mg/kg)。

4.1.2 燃烧性能

儿童三轮车的零部件禁止使用易燃材料。

按5.3(燃烧性能测试)测试，应符合GB 6675—2003附录B(燃烧性能)的相关要求。

4.2 机械强度

儿童三轮车在正常使用和可预见的非正常使用的情况下，以及按5.4(跌落测试)进行测试后，其任何零部件均不应出现断裂或肉眼可见的裂纹。

4.3 锐利边缘、锐利尖端、外露突出物、挤夹点和小零件

4.3.1 锐利边缘

按5.5(锐利边缘测试)测试，儿童三轮车上不应存在任何可触及的危险锐利边缘。

4.3.2 锐利尖端

按5.6(锐利尖端测试)测试，儿童三轮车上不应存在任何可触及的危险锐利尖端。

4.3.3 外露突出物

在图3所示的A、B区域内不应存在外露突出物。

STANDARDS PRESS OF CHINA

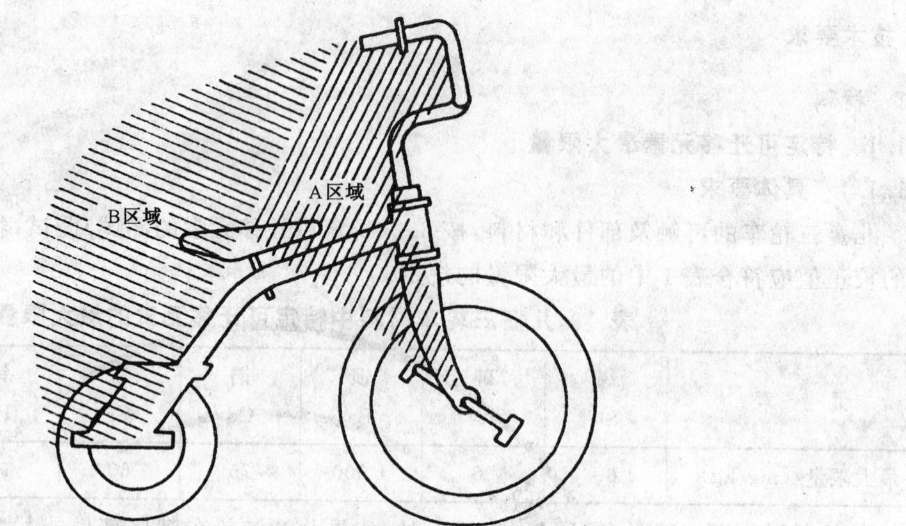

注：A区域由通过鞍座表面中心、前轮轴以及车把旋转轴线至两把套连线之交点所连成的线为界。

B区域为鞍座表面中心、后轮轴以及车把旋转轴线至两把套连线之交点的后方和上方。

图3 不允许存在外露突出物的区域

4.3.4 挤夹点

儿童三轮车不应有任何可造成伤害的挤夹点，骑车者在任何骑行位置时，任何可能触及的活动部分(例如：轮子与泥板之间、实体结构的轮辐内的孔隙)均应小于5 mm或大于12 mm。

4.3.5 小零件

供36个月及以下儿童使用的儿童三轮车，在测试前和测试后，其可拆卸或测试中脱落的部件，按5.7(小零件测试)测试时均不应完全容入小零件试验器。

4.4 稳定性

4.4.1 行驶稳定性

儿童三轮车按5.8(行驶稳定性测试)进行测试时，不应翻倒。

4.4.2 倾斜稳定性

4.4.2.1 向前倾斜的稳定性

儿童三轮车按5.9(向前倾斜的稳定性测试)进行测试时，不应向前翻倒。

4.4.2.2 向后倾斜的稳定性

儿童三轮车按5.10(向后倾斜的稳定性测试)进行测试时，不应向后翻倒。

4.5 零件

4.5.1 连接紧固件

所有用来连接或紧固用的螺栓、螺钉、螺母等，在按本标准要求进行测试时，不应出现断裂、松脱、肉眼可见的裂纹或失去应有的功效。

4.5.2 防护罩帽

用于防护外露突出物的防护罩帽应能承受70 N拉力而不脱落。

4.5.3 操作系统

4.5.3.1 把立管插入深度标记

如果把立管是一种可调节的结构时，把立管上应有一个永久性的标记或环圈，清楚地标明把立管插入前叉组件的最小插入深度。标记不应损伤把立管应有的强度，最小插入深度从把立管末端起不应小于把立管直径的2.5倍，且把立管最小插入深度标记以下应在至少有一个管子直径的长度内保持其应有的强度。

4.5.3.2 把立管的强度

把立管按 5.11(把立管强度测试)进行测试,不应断裂。

4.5.3.3 把横管

把横管应以儿童三轮车的纵向中心线中心保持其两端的对称,当把横管处于最高位置,鞍座处于最低位置时,它们之间的距离应不大于 457 mm。

4.5.3.4 把横管两端

把横管两端应装有把套或其他保护装置,把套或其他保护装置应能承受 70 N 的拉力而不应脱落。塑料制成的把横管不受此条款的限制。

4.5.3.5 把立管夹紧装置

按 5.12(把立管夹紧装置测试)进行测试时,把立管与前叉立管之间不应有相对位移。把立管/前叉组件及其他零件均不应损伤。

4.5.4 鞍座

4.5.4.1 鞍管插入深度

如果鞍管是一种可调节的结构时,鞍管上应有一个永久性的标记或环圈,清楚地标明鞍管插入车架的最小插入深度(即鞍座可调节到的最大高度)。标记不应损伤鞍管应有的强度,最小插入深度从鞍管底端起不应小于鞍管直径的 2 倍,且鞍管最小插入标记以下应在至少有一个管子直径的长度内保持其应有的强度。

4.5.4.2 鞍座调节夹紧装置

在正常使用的情况下,鞍座夹头应能牢固地夹紧鞍座,使其不应在任何方向上移动。儿童三轮车按 5.4(跌落测试)进行测试后,再按 5.13(鞍座调节夹紧装置测试)进行测试时,鞍座夹紧装置相对于鞍管在任何方向上都不应有移动,且鞍管对于车架不应有转动。

4.5.5 冲击强度

按 5.14(冲击测试)进行测试后,儿童三轮车的各部位不应出现引起功能障碍的损坏或永久变形。

4.5.6 靠背结构牢固性

儿童三轮车如果装有靠背,则按 5.15(靠背结构牢固性测试)进行测试时,靠背及靠背和车体结合处不应断裂或丧失功能。

4.5.7 辅助推杆强度

儿童三轮车如果装有辅助推杆,则按 5.16(辅助推杆强度测试)进行测试时,辅助推杆及推杆与车体连接部位不应断裂或丧失功能。

4.5.8 脚蹬

4.5.8.1 脚蹬结构

儿童三轮车的脚蹬上、下都应有脚踩面,除非脚蹬有一个确定的优先脚踩面,能自动地为骑车者的脚底提供脚踩面。

4.5.8.2 脚蹬离地高度

按 5.17(脚蹬离地高度测试)进行测试,脚蹬的最低处离地面不应小于 40 mm。

4.6 产品标志和使用说明

4.6.1 一般要求

a) 儿童三轮车产品的交付应包括产品标志和使用信息,且置于便于识别的部位,使消费者正确安全地使用儿童三轮车,将使用不当造成的伤害降到最低。

b) 当使用说明和安全警示同时采用多种形式时(如在儿童三轮车本体和/或其包装上标注和/或在其包装内另附),应保证其内容的一致性。

c) 在产品标志和使用说明上应使用规范汉字。“危险”、“警告”、“注意”等安全警示的字体应大于或等于四号黑体字,警示内容的字体应大于或等于小五号黑体字。

d) 安全警示(警示标志或警示说明)的标注应采用耐久性标签,并且应永久、醒目地附在产品和包装上。

4.6.2 标志和使用说明

4.6.2.1 产品名称

产品名称应符合国家、行业、企业标准的名称,且能表明产品真实属性的名称。

4.6.2.2 产品型号

使用说明上需标注的型号、规格应与产品上型号相一致。

4.6.2.3 产品标准号

在包装、使用说明书及标签上应标明产品所执行的国家标准、行业标准或企业标准编号。

4.6.2.4 适用年龄和体重

在产品包装、使用说明书及标签上应标明产品所适用的年龄范围和预定承载的体重。

4.6.2.5 安全警示

儿童三轮车应标明如下相关警示说明或警示标志。

a) 在每辆儿童三轮车的产品、包装和/或使用说明书上应标注类似以下内容的提示:提醒使用者及监护人在使用前请仔细阅读本说明书并且请妥善保存供以后参照。如果不按照本说明书使用可能会影响儿童的安全。

b) 在每辆儿童三轮车车体和使用说明书上应设有类似以下内容的警示说明:

"警告:当儿童乘坐时,看护人不应离开。"

c) 在每辆儿童三轮车的产品和/或包装和/或使用说明书上应标注骑行时的注意事项和安全要求。

4.6.2.6 安全使用方法及组装装配说明

a) 应标明详细的使用方法;

b) 需要时,应提供零部件和成车组装装配说明/组装图;

c) 应标明紧固件推荐的扭紧力矩(如:把立管夹紧装置的扭紧力矩,鞍座调节夹紧装置的扭紧力矩等)。

4.6.2.7 维护和保养

应标明整车和相关零部件应定期检查、维护、保养及清洁的有关说明。

4.6.2.8 生产者名称和地址

应标明产品生产者依法登记注册的名称和地址。

进口产品应标明该产品的原产地(国家/地区)以及代理商或进口商或销售商在中国依法登记注册的名称和地址。

5 测试方法

5.1 一般要求

5.1.1 测试样品

原则上所有测试应在同一样品上进行。

测试顺序应按照先进行对样品无损坏的项目,后进行对样品有损坏的项目。如果样品测试后的损坏程度导致以后的测试项目无法进行,则可在新的样品上进行剩余项目的测试。

5.1.2 测试仪器精度

除非特殊规定,本标准中力的测量精度为±5%;质量的测量精度为±1%;角度的测量精度为±1°;所有尺寸的测量精度为±0.5 mm。

5.1.3 测试环境

除非特殊规定,测试前样品应在温度为23℃±5℃的环境中至少放置2 h,并且在温度为23℃±

10℃环境中进行测试。

5.2 特定可迁移元素的测试(见4.1.1)

三轮车上所使用的、符合GB 6675—2003中第C.1章范围所规定的材料和零、部件中特定可迁移元素的测试方法按GB 6675—2003附录C规定的测试方法进行测试。

5.3 燃烧性能测试(见4.1.2)

儿童三轮车的材料的燃烧性能的测试方法按GB 6675—2003附录B的有关规定进行。

5.4 跌落测试(见4.2,4.5.4.2)

将表3中的规定负载缚在鞍座上;如有后踏板还应按5.8(向后倾斜的稳定性测试)的要求将负载安装在后踏板上,或者鞍座最后面适当的部位上;并在每个把套上牢固固定4.5 kg负载。

表3 鞍座到脚蹬距离、负载质量和斜面倾斜角对照表

序号	鞍座到脚蹬距离/mm	负载质量/kg	斜面倾斜角度θ
1	<355	11	7°
2	355～380	11	8°30′
3	381～420	13.5	9°
4	421～450	15.8	9°
5	451～480	17	9°30′
6	481～510	18	10°
7	511～550	20	11°30′
8	551～570	20	13°
9	571～600	22.5	15°
10	601～620	22.5	17°
11	621～660	24.8	17°
12	661～890	27	17°
13	891～710	29.3	17°

儿童三轮车按上述负载加载后,从0.3 m的高度处使其跌落在平坦的水泥地上,重复三次。跌落前儿童三轮车应处于正常骑行状态,并自由落下。

5.5 锐利边缘测试(见4.3.1)

按GB 6675—2003中A.5.8(锐利边缘测试)进行测试。

5.6 锐利尖端测试(见4.3.2)

按GB 6675—2003中A.5.9(锐利尖端测试)进行测试。

5.7 小零件测试(见4.3.5)

按GB 6675—2003中A.5.2(小零件测试)进行测试。

5.8 行驶稳定性测试(见4.4.1)

测量儿童三轮车的鞍座到脚蹬距离(C′尺寸,见图2),将儿童三轮车按图1的方式放置在表3中的规定倾斜角度的测试斜面上,使儿童三轮车的后轮轴线与倾斜方向平行。

按表3中的规定负载在鞍座上加载,其重心应位于鞍座面几何中心上方150 mm处,儿童三轮车的操纵机构应固定于某一位置,该位置当儿童三轮车沿斜面向上运动时,可使前轮产生约1.8 m转弯半径的运动轨迹。当进行测试时应用楔块将其轮子堵住,以防其转动但不应阻止其翻倒。在静态条件下儿童三轮车不应翻倒。

5.9 向前倾斜的稳定性测试(见4.4.2.1)

将前轮与车架之间用楔块堵住,并在儿童三轮车的鞍座上按表3中的规定负载进行加载,其重心应

STANDARDS PRESS OF CHINA

位于鞍座面几何中心上方 150 mm 处。将三轮车的两后车轮均垫高 100 mm(比前轮放置面高 100 mm，见图 4)，儿童三轮车不应向前翻倒。

单位为毫米

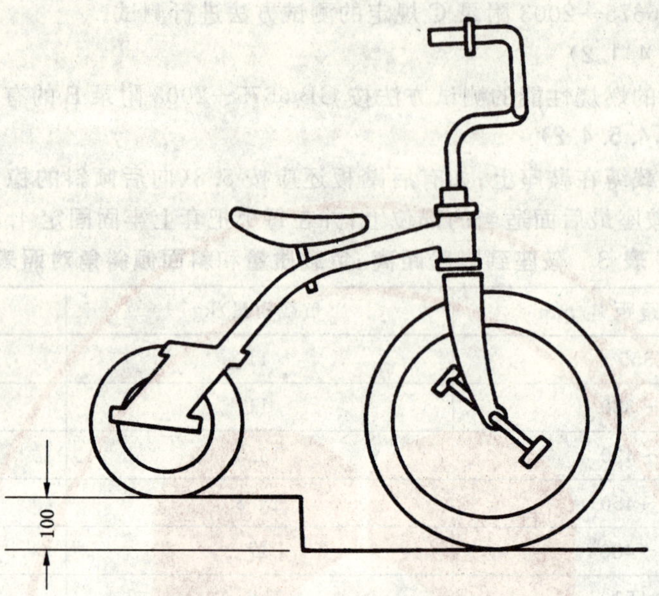

图 4 向前倾斜的稳定性测试

5.10 向后倾斜的稳定性测试(见 4.4.2.2)

按表 3 中的规定负载在儿童三轮车鞍座上进行加载，将前车轮垫高 100 mm(比后轮放置面高 100 mm，见图 5)，此时儿童三轮车不应向后翻倒。

如果儿童三轮车有一个后踏板或后座的类似装置，一名儿童可站/坐在上面与前面的骑行者一同乘骑，则应在从后踏板(或后座)中心沿与鞍座后部相切的轴线上按表 3 施加与骑行者相同质量的负载，该负载重心应位于该轴线上距离为图 2 所示的鞍座到脚蹬距离(C'尺寸)加 150 mm 处。

单位为毫米

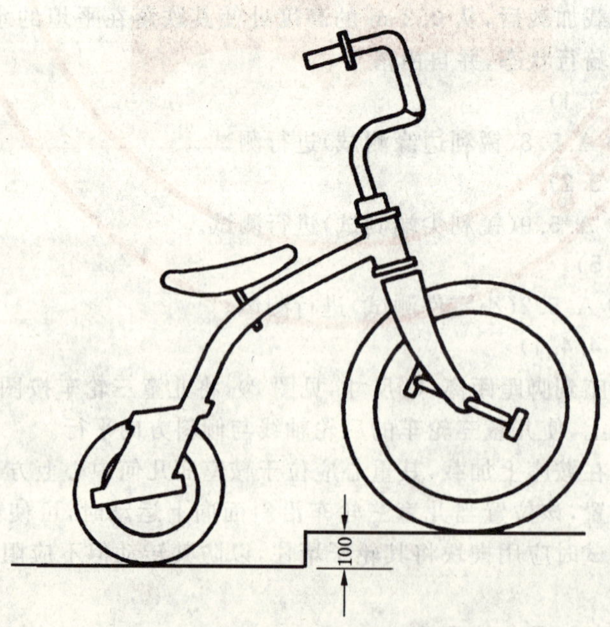

图 5 向后倾斜的稳定性测试

如果儿童三轮车有一个以上的后踏板或后座的类似装置，则其向后倾斜的稳定性测试应对后踏板分别进行。如果类似装置上的负载与鞍座上的负载相干涉，则鞍座上的负载应转过一角度或向前偏置以使负载保持在预定位置上。鞍座上的负载与类似装置上的负载不应相互触及。转过的角度或偏置距离在保证两负载不产生干涉的前提下应为最小。该转角或偏置是考虑到当儿童三轮车向后倾斜时，乘骑者会自然补偿给由第二乘骑者引起的空间区域占用。

5.11 把立管强度测试(见 4.5.3.2)

用夹具将把立管夹紧在最小插入深度处。通过把横管的连接点施加 500 N 的力，其方向朝前并与把立管体的轴线成 45°角(见图 6)。

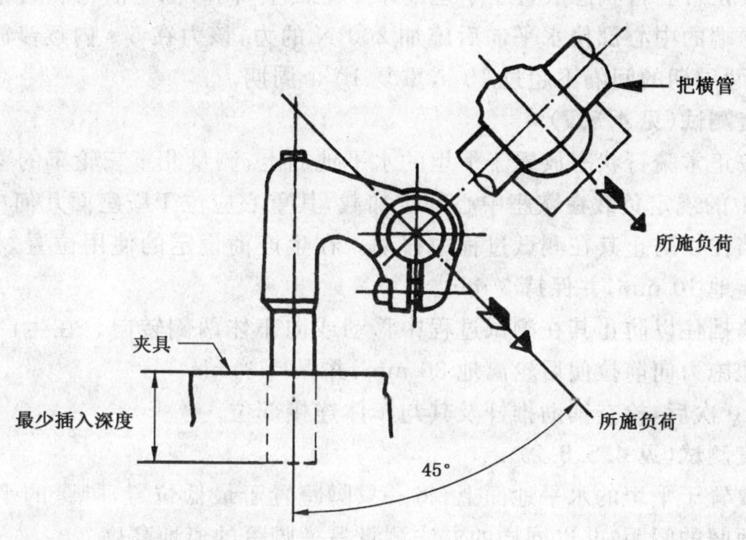

图 6 把立管强度测试

5.12 把立管夹紧装置测试(见 4.5.3.5)

将把立管正确地装配在车架和前叉立管内，按生产者推荐的力矩旋紧夹紧装置，然后对把立管/前叉夹紧装置施加 20 N·m 的力矩(见图 7)。

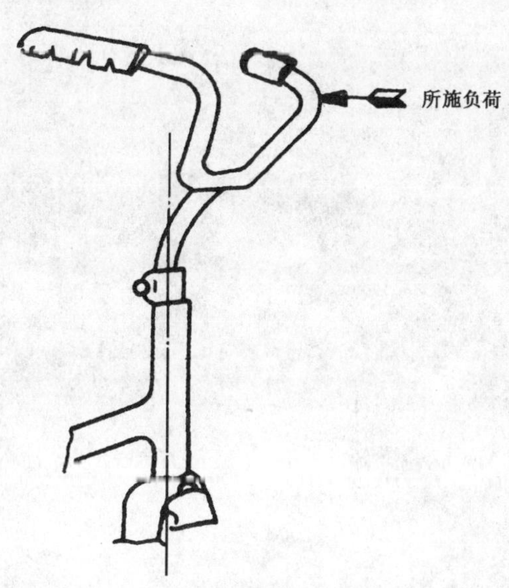

图 7 把立管夹紧装置测试

5.13 鞍座调节夹紧装置测试(见4.5.4.2)

将鞍座和鞍管正确地装配在车架上，鞍座夹紧螺栓应按生产者推荐的力矩旋紧，在离鞍座前端或后端25 mm的范围内、能对鞍座夹产生较大力矩的一点，垂直向下施加至少为330 N的力。移去这个力后，应在离鞍座前端或后端25 mm的范围内、能对鞍座夹产生较大力矩的一点，水平施加110 N的力。

5.14 冲击测试(见4.5.5)

将儿童三轮车按正常骑行状态放置于平坦的水平地面上，将质量20 kg、底部直径为200 mm的砂袋从位于鞍座中心点上方200 mm的高度向鞍座面自由落下，重复测试三次。

5.15 靠背结构牢固性测试(见4.5.6)

将儿童三轮车按正常骑行状态放置于平坦的水平地面上，同时固定前轮和后轮，以防止测试过程中车体移动。在靠背顶端的中心部位水平向后施加200 N的力，该力在5 s内逐步施加并保持10 s后卸载作为一个周期，每两周期的间隔不超过10 s，重复10个周期。

5.16 辅助推杆强度测试(见4.5.7)

将儿童三轮车按正常骑行状态放置于平坦的水平地面上，测量儿童三轮车的鞍座到脚蹬距离(C'尺寸，见图2)，按表3中的规定负载在鞍座中心部位加载，其重心应位于鞍座面几何中心上方150 mm处。

将后轮用挡块挡住以防止其在测试过程中移动。在生产商设定的使用位置，将辅助推杆无冲击地施力向后压使前轮离地10 mm，并保持3 min。

再将前轮用挡块挡住以防止其在测试过程中移动或向车体两侧转向。在生产商设定的使用位置，将辅助推杆无冲击地施力向前拉使后轮离地30 mm，并保持3 min。

重复上述过程10次后，检查辅助推杆及其与车体连接部位。

5.17 脚蹬离地高度测试(见4.5.8.2)

将儿童三轮车放置于平坦的水平地面上，将一只脚蹬置于最低位置，脚蹬的平面与地面平行，测量脚蹬的下平面与地面间的间距；并以同样的方法测量另一脚蹬的离地高度。

ICS 97.190
Y 57

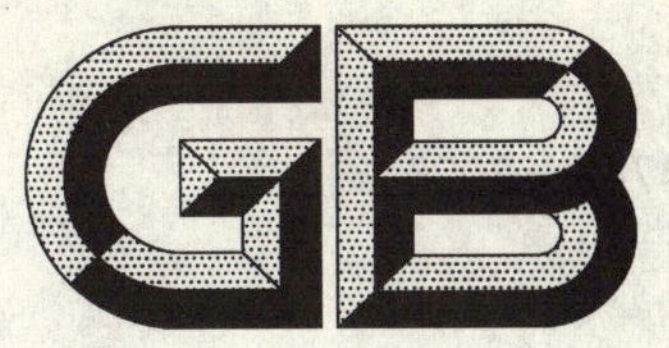

中华人民共和国国家标准

GB 14748—2006
代替 GB 14748—1993

儿童推车安全要求

Safety requirements for wheeled child conveyances

2006-02-21 发布　　　　2007-01-01 实施

中华人民共和国国家质量监督检验检疫总局
中国国家标准化管理委员会　发布

前言

本标准为强制性标准。

本标准自实施之日起，代替 GB 14748—1993《儿童推车安全要求》。

本标准与 GB14748—1993 相比主要变化如下：

——修改了标准适用范围；

——修改了儿童推车行业通用术语的定义；

——增加了测试的一般要求（测试顺序、最不利原则），测试的环境要求；

——修改特定可迁移元素含量的限值要求；

——结构部分增加了危险夹缝、剪切和挤夹点，小零件，外露突出物，以及机械部件的连接方面的技术要求及判定方法；

——增加了对儿童推车某些部件的尺寸要求；

——修改了稳定性的测试要求和测试方法；

——原标准中跨越障碍测试更改为新标准中的手把强度测试，并修改了部分测试方法；

——修改了折叠装置和锁定装置的技术要求；

——修改了制动装置性能测试的测试方法；

——修改了安全带与束缚系统可靠性测试的方法；

——修改了动态耐久性测试；

——增加撞击强度测试；

——增加了塑料包装袋的要求；

——增加和修改了各种产品信息的内容，分别对产品标识和使用说明书进行了规定和要求；

——明确了原标准中部分概念和要求模糊的技术要求。

本标准由中国轻工业联合会提出。

本标准由全国玩具标准化技术委员会归口。

本标准起草单位：北京中轻联认证中心、深圳天祥质量技术服务有限公司、好孩子儿童用品有限公司、中山市隆成日用制品有限公司、广东乐美达集团有限公司、宁波妈咪宝婴童用品制造有限公司。

本标准主要起草人：王铁军、雷再明、张艳芬。

本标准所代替标准的历次版本发布情况为：

——GB 14748—1993。

儿童推车安全要求

1 范围

本标准规定了供一名或多名儿童乘坐的儿童轮式推车安全要求和测试方法。

本标准不适用于玩具推车或设计用于其他特殊用途的推车。

2 规范性引用文件

下列文件中的条款通过本标准的引用而成为本标准的条款。凡是注明日期的引用文件,其随后所有的修改单(不包括勘误的内容)或修订版均不适用于本标准,然而,鼓励根据本标准达成协议的各方研究是否可使用这些文件的最新版本。凡是不注明日期的引用文件,其最新版本适用于本标准。

GB 6675—2003 国家玩具安全技术规范

3 术语和定义

下列术语和定义适用于本标准。

3.1

儿童推车 wheeled child conveyance

设计用于运载一名或多名儿童,由人工推行的车辆。

3.2

卧兜 pram body

具有连续的四周,用于承载一名或多名儿童,主要使用于平躺位置的平底箱式结构。

3.3

座兜 seat unit

用于承载一名或多名儿童,能够被调节到斜倚或斜躺位置的结构。

3.4

车架 chassis

拥有一只或多只用于推行的手把。该有轮车架用于配置一个或多个卧兜或座兜。

3.5

卧式推车 pram

设计用来运载一名或多名平躺儿童的车辆,包括一个车架和一个或多个卧兜。

3.6

坐式推车 pushchair

设计用来运载一名或多名坐立儿童,其靠背可以是活动可调,包括一个车架和一个或多个座兜。

3.7

坐卧两用推车 convertible

结合了卧式推车和坐式推车的两种性能,可进行卧兜与座兜之间的转换。

3.8

多用途推车 combination pushchair

通过安装卧兜、座兜、汽车座椅到车架上或经过特殊转换得到相应的功能,从而存在多用途组合可能性的推车。

3.9

可触及区域　access zone

为了安全需要而规定的乘坐儿童周围可触及的区域,如图1所示。

单位为毫米

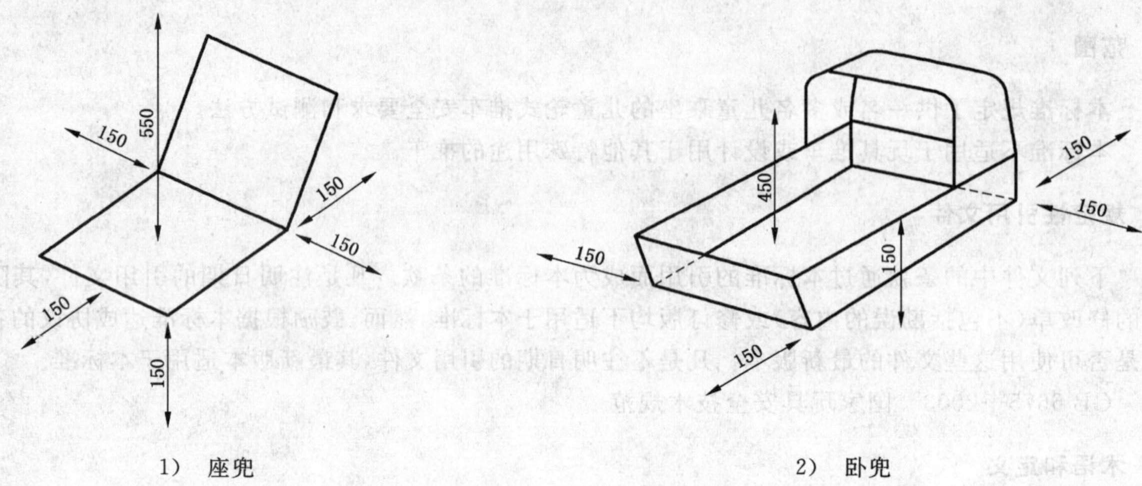

注:1)　座兜

a)　坐式推车坐垫下方以坐垫边缘为轴的150 mm半径弧面以外的区域为不可接触区域。若有封闭式扶手,则坐垫下方及扶手外侧以扶手上边缘为轴的150 mm半径弧面以外的区域为不可接触区域。

b)　坐式推车靠背两侧边缘为轴的150 mm半径弧面以外的区域为不可接触区域。

c)　座兜上方距坐垫550 mm以外的区域为不可接触区域。

2)　卧兜

a)　卧式推车卧兜下方及围栏外侧距离卧兜四周围栏的上边缘150mm半径弧面以外的区域为不可接触区域。

b)　卧兜上方距卧兜底部450 mm以外的区域为不可接触区域。

图1　可触及区域

3.10

制动装置　parking device

保持车辆在一个静止位置的装置。

3.11

折叠机构锁定装置　locking device for the folding mechanism

防止车辆意外折叠的装置。

3.12

束缚系统　restraint system

将儿童束缚在车内的系统。

3.13

腰带　waist belt

当束紧后,围绕着儿童腰部的带子。

3.14

胯带　crotch strap

通过儿童两胯间,防止儿童向前滑出的带子。

3.15

肩带　shoulder strap

与腰带配合使用,绕过儿童两肩的带子。

3.16

安全带　integral harness

通常有三点式和五点式两种结构：三点式包括腰带和胯带；五点式包括腰带、胯带和肩带。

3.17

顶篷　canopy

当儿童位于卧兜或座兜中时，防止儿童头部受气候因素（如阳光、雨水等）影响的组件。

3.18

衬垫　mattress

确保儿童舒适的衬垫，该衬垫可拆卸或不可拆卸。

3.19

置物篮　basket

车辆上用于携带其他负载的篮子或类似装置。

3.20

脚踏板　footrest

支持乘坐在推车内儿童的脚的结构。

4　技术要求

4.1　材料

4.1.1　材料质量

所有材料目视检查应清洁干净，无污染。材料的检查应用目视检查，而非放大检查。

4.1.2　特定可迁移元素最大限量

儿童推车可触及区域内的部件和材料，按5.6（特定可迁移元素的测试）进行测试，特定可迁移元素的测试结果的校正值应符合表1中的最大限量的规定。

表1　儿童推车材料中特定可迁移元素的最大限量

元　　素	锑 Sb	砷 As	钡 Ba	镉 Cd	铬 Cr	铅 Pb	汞 Hg	硒 Se
最大限量/(mg/kg)	60	25	1 000	75	60	90	60	500

4.1.3　测试结果校正

由于按5.6（特定可迁移元素的测试）的精确度的原因，在考虑实验室之间测试结果时需要一个经校正的分析结果。5.6（特定可迁移元素的测试）的分析结果应减去表2中分析校正值，以得到校正后的分析结果。

凡儿童推车材料的分析结果校正值低于或等于表1中最大限量，则被认为是符合本标准的要求。

表2　各元素分析校正系数

元　　素	锑 Sb	砷 As	钡 Ba	镉 Cd	铬 Cr	铅 Pb	汞 Hg	硒 Se
分析校正系数/(%)	60	60	30	30	30	30	50	60

示例：

铅的分析结果为120 mg/kg，表2中的分析结果校正系数为30%，则：

分析结果校正值＝120－120×30%＝120－36＝84(mg/kg)。

这个数字被认为符合本标准的要求（表1中可迁移铅元素的最大限量为90 mg/kg）。

4.2　金属表面

车辆上所有暴露的金属表面均应进行防腐蚀处理或使用防腐蚀材料。金属表面的检查应用目视检查。

STANDARDS PRESS OF CHINA

4.3 燃烧性能

儿童推车所使用的纺织物不应产生表面闪烁效应。且应在其表面设置永久性警示说明:“**警示:切勿近火**”。

4.4 结构

4.4.1 外露的开口管子

儿童推车在正常使用状态下,乘坐儿童可触及区域内不应具有外露的开口管子,外露管口应设有保护装置,保护装置应能承受 70 N 拉力不产生脱落、损坏现象。

4.4.2 危险夹缝、剪切和挤夹点

4.4.2.1 危险夹缝

当儿童推车处于正常的使用位置时,在乘坐儿童可触及区域内应无对身体造成伤害的危险夹缝。

当按 5.7a)的方法进行测试时在可触及区域内应无可使手指陷入的宽度大于 5 mm 而小于 12 mm 的间隙、开口或孔,除非其深度小于 10 mm。但束缚系统上的扣具可不用满足此要求。当按 5.7b)的方法进行测试时在可触及区域内应无宽度大于 25 mm 而小于 45 mm 的孔或开口,除非其深度小于 10 mm。

4.4.2.2 剪切和挤夹点

当推车处于正常的使用位置时,在乘坐儿童可触及区域内应无对身体造成伤害的活动部件间的间隙,但由成人操作的部件如顶篷、脚踏板、靠背、可换向手把等除外。

当按 5.7a)的方法进行测试时,整个活动过程中活动部件的间隙均应大于 12 mm,或者均小于 5 mm。

4.4.3 锐利边缘和尖端

按 GB 6675—2003 中 A.5.8(锐利边缘测试)和 A.5.9(锐利尖端测试)进行测试时,所有可触及区域内均不应出现可触及的危险锐利边缘和危险锐利尖端。

4.4.4 小零件

4.4.4.1 为了避免儿童吞咽或吸入小零件,可触及区域内的任何可拆卸的小零件在不受任何外力作用的情况下,在任何方位上都不应完全容入图 2 所示的小零件试验器。

单位为毫米

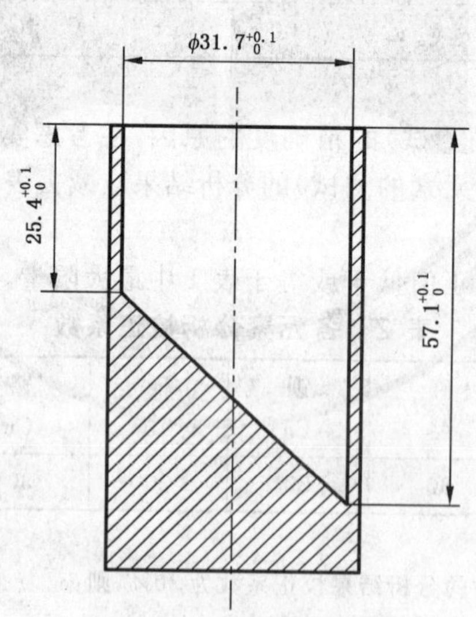

图 2 小零件试验器

4.4.4.2 可触及区域内的不可拆卸的零件,应符合以下各条之一:

a) 嵌入因而无法让儿童用手指或牙齿将其拉出;

b) 该部件在承受 70 N 拉力时,不应分离或松动;

c) 任何小零件当按 b)条款测试时，如能从车上分离，应在不受任何外力作用的情况下，在任何方位上都不应完全容入图 2 所示的小零件试验器。

4.4.4.3 根据本标准其他测试项目要求进行测试时脱落的零件也应符合本要求。

4.4.5 外露突出物

在可触及区域内，如果外露突出物存在刺伤皮肤的潜在危险，则应用合适的方式加以保护。

4.4.6 机械部件的连接

4.4.6.1 对确保儿童推车安全运行的任何机械部件，在任何方向上向其施加 90 N 的力时均不应损坏。此要求不适用于供成人操作的部件如锁定装置、制动装置等。

4.4.6.2 位于车辆卧兜或座兜内的细绳、带子和其他狭窄的布条，当施以 25 N 的拉力时，其自由长度应小于 220 mm。本要求不适合于安全带系统。

4.5 基本尺寸

4.5.1 卧兜的最小内部高度

卧兜最小内部高度应符合以下规定：

a) 对于内部长度≤800 mm(图 7 中的“*D*”)的卧兜：

在纵向中心线处往两端 170 mm 以内的范围(图 7 中的“*B*”)，内部高度(图 7 中的“*A*”)至少为 150 mm。在该范围以外其他任一点上的内部高度(图 7 中的“*C*”)不少于 100 mm。

b) 对于内部长度>800 mm(图 7 中的“*D*”)的卧兜：

在纵向中心线处往两端 180 mm 以内的范围(图 7 中的“*B*”)，内部高度(图 7 中的“*A*”)至少为 180 mm。在该范围以外其他任一点上的内部高度(图 7 中的“*C*”)不少于 130 mm。

4.5.2 座兜的座垫与靠背的角度和靠背的高度

a) 按 5.9(座垫与靠背角度的测量)条款测试时，座垫与靠背之间的夹角(图 8 所示角 α)不应少于 95°；

分类	座席	卧席
座垫与靠背之间的夹角	$95° < \alpha \leq 150°$	$150° < \alpha \leq 180°$

b) 按 5.10(靠背高度的测量)条款测试时，靠背的高度不应少于 380 mm。

4.6 推车的适用年龄

a) 当车辆适合于新生儿童使用时，应符合以下相关条款：

——任何卧兜都应符合本标准对卧兜的相关要求；

——对于可调节角度的座兜，当座兜靠背和座垫之间的角度(图 8 所示角 α)能够调节到≥150°时，在按 5.21(塞规测试)测试时，直径 76.2 mm 的塞规不能全部通过座位左右两侧和头侧围栏的任何开口。

b) 如果推车靠背和座垫之间的角度能调节到≥150°而不能满足 5.21(塞规测试)的测试要求时，或推车靠背和座垫之间的角度小于 150°时，则该推车不适合 6 个月以下儿童使用，应在产品和说明书上标记类似以下内容的警示说明：

“警告：此车不适合于6个月以下的儿童。”

4.7 卧兜和座兜连接在车架上的装置

a) 可拆卸的卧兜和座兜装配在车架上时需要安装锁定装置；

b) 任何锁定装置应符合以下条件之一：

——在安装卧兜或座兜到车架上后，释放锁定装置的力至少为 50 N；

——释放某个锁定装置时至少需要两个联贯的动作，且当执行第二个动作时第一个动作须在被保持的状态；

——释放锁定装置时至少需要两个独立的、同时的动作；

——释放锁定装置需要三个或三个以上的独立的动作。

4.8 稳定性

在按5.11(稳定性测试)条测试时车辆不应翻倒。

当按5.11.2.1(车辆的放置)~5.11.2.4(可乘坐多名儿童的车辆的稳定性)测试时车辆不应翻倒。如果儿童推车上带有可拆卸的卧兜或座兜,其安装到车架上的锁定装置在测试时不应松脱或失效。

4.9 手把强度

手把部件在折叠、翻转或回转时,在其正常操作位置应能自动锁定。经5.12(手把强度测试)的测试后,手把部件或车辆的任何部件应无结构损坏,并且车辆仍应符合本条款要求。

4.10 制动装置

车辆应安装有制动装置,站立于手把一侧的使用者(看护人)应可以操作此装置。如手把可以换向,则车辆前后两端都应安装制动装置。

若制动装置或其操作机构在儿童可触及区域内,应设计成不能被儿童操作。

当按5.13.6(车轮移动有效性测试)测试时,车辆的最大的移动量不应超过90 mm。

当按5.13.3(车辆面向上放于斜坡)、5.13.4(车辆面向下放于斜坡)、5.13.5(车辆垂直置于斜坡)测试时,车辆应能在斜台上保持静止至少1 min。

在5.18(动态耐久性测试)规定的测试前后,刹车装置都应根据5.13(制动装置性能测试)进行测试。

注:轮子在斜台上的最初的移动可能是由于刹车装置和车架或者悬挂装置和结构配置的相互作用所引起的,这种移动测试时可不予考虑。

4.11 折叠锁定装置

折叠锁定装置要防止儿童在车中及将儿童抱出或放入推车的过程中车辆意外折叠。

为了避免成人或儿童无意操作而导致推车意外折叠的危险,车辆至少应安装一个锁定装置,且释放该锁定装置应符合以下要求之一。

a) 两个独立的动作,作用在两个独立的机构上;

b) 两个连贯的动作,且当执行第二个动作时第一个动作应在被保持的状态。

为了避免不完全打开产生的危险,车辆至少应有一个锁定装置能够在打开推车时自动生效。

当按5.14(折叠机构锁定装置可靠性测试)测试时,锁定装置不应松脱,车辆不应折叠。

在进行以下测试时:

——手把强度测试(5.12);

——动态耐久性测试(5.18);

——撞击强度测试(5.19)。

车辆不应折叠,锁定装置不应松脱。

4.12 可拆卸卧兜或座兜的连接装置的强度和耐用性

当按5.15(可拆卸座兜或卧兜的连接装置的锁定强度和耐用性测试)测试,在测试中或测试后用于连接卧兜与车架或座兜与车架的装置不应脱节、松动或出现破损现象。

4.13 束缚系统

4.13.1 束缚系统的强度

座兜上应装有永久性的安全带系统,至少包括一组腰带和一根胯带。腰带和胯带的最小宽度应为20 mm。肩带的宽度最小应为15 mm。

当按5.16.1(安全带系统强度)进行测试时,安装点应无破损、变形、松动或撕裂现象。

4.13.2 调节机构性能要求

安全带的紧固和调节系统应能够阻止它们滑动。当按5.16.2(安全带调节系统的性能)测试后,两标记之间的距离增加不应超过20 mm。

4.13.3 安全带扣的强度

当按 5.16.3(安全带扣强度)进行测试时,束缚系统不应松脱、破损而影响其正常的操作。

4.14 车轮的强度

经 5.17(车轮安装强度测试)测试后,可拆卸的或不可拆卸的轮子应有效连接在轮轴上,轮子组件的功能不应丧失。

4.15 动态耐久性测试

车辆经 5.18(动态耐久性测试)测试后应无任何影响其安全性的损坏。

4.16 撞击强度

车辆经 5.19(撞击强度测试)测试后应无任何影响其安全性的损坏。可拆卸的卧兜或座兜在车架上的移动不应超过 10 mm。

4.17 静态强度

车辆按 5.20(静态强度)测试后应无任何影响其安全性的损坏和明显变形。

5 测试方法

5.1 测试样品

所有测试应在同一辆车上进行。具有多个卧兜或座兜位置的车辆在各个不同的配置都应符合本标准所有条款的要求。

5.2 测试顺序

所有测试必须按表 3 规定的测试顺序进行,如:1.1、2.1 等。当两个或多个测试有着同样的序号,可按任意顺序进行测试。当顺序号码为 0 时,此测试可在任意的时间进行。

表 3 测试顺序

测试序号	在本标准中的条款号	试 验 项 目
1.1	4.4	结构
2.1	5.13	制动装置测试
2.2	5.11	稳定性
2.0	5.14	折叠锁定装置的测试
2.0	5.15	车兜与车架的连接
2.0	5.16	安全带和束缚系统
3.1	5.18	动态耐久性测试
4.1	4.10	制动装置
4.2	4.11	折叠锁定装置的要求
4.3	5.19	撞击强度
4.4	4.8	稳定性
4.0	5.17	车轮安装强度
4.0	5.12	手把强度
4.0	5.20	静态强度
5.0	4.4	结构(重复)
0	4.1	材料

5.3 最不利原则

所有测试都应考虑以下最不利的状况:

——有选择的将所有的座兜和/或卧兜装配在车架上;

——在每一个儿童占据的位置放置砝码 A 或 B(见图 3 或图 4);

——在用于装载附加物的任何置物篮/置物托盘/袋等内,放置其被允许的最大负载(但不应少于 2 kg)(在说明书中允许的或生产商规定的);

——配置制造商允许的和车辆一起使用的其他附加装置；

——可调节座兜，手把和其他可调节的结构或装置（说明书中允许的或生产商规定的）。

注：并非最重的负荷才能产生最不利的状况。

单位为毫米

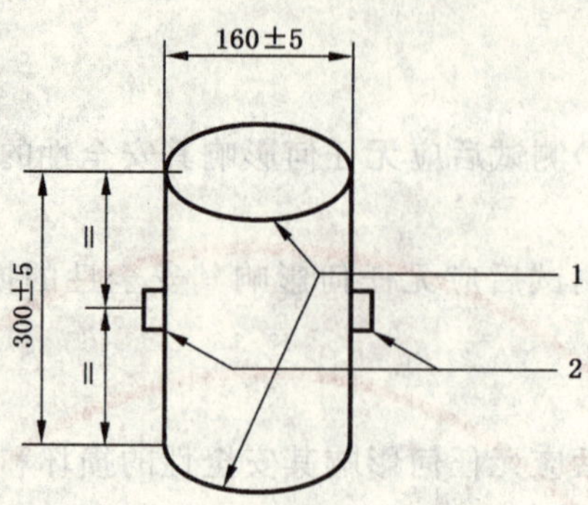

1——经倒圆的边缘；

2——固定点。

图 3　测试砝码 A

单位为毫米

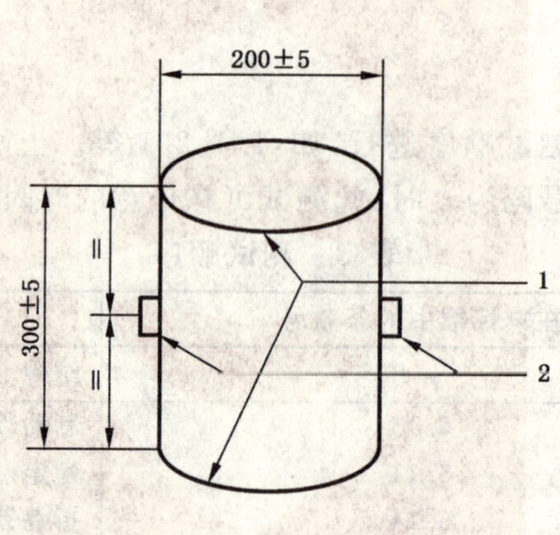

1——经倒圆的边缘；

2——固定点。

图 4　测试砝码 B

5.4　测试仪器精度和测试环境

a）　除非特殊规定，本标准中力的测量精度应为±5%；质量的测量精度为±1%；角度的测量精度为±1°；所有尺寸的测量精度为±0.5 mm。本要求仅适合于用于测试的仪器。

b）　除非特殊规定，测试前样品应在温度为23℃±5℃的环境中至少放置 2h，并且在温度 23℃±10℃环境中进行测试。

5.5　测试砝码

5.5.1　总则

除非特殊规定，否则应使用 5.5.2（测试砝码 A）～5.5.4（测试砝码 C）中规定的测试砝码：

注：如果在测试中，座兜布套破损是由于测试砝码磨损而产生的结果，此将被忽略并且可用不影响砝码的便利方法最大限度地减少此现象。如果座位破损不是因为磨损而导致，则视其为结构性破损。

5.5.2　测试砝码 A

测试砝码 A 是一个直径为 160 mm±5 mm，高度为 300 mm±5 mm 的坚硬圆柱体，质量为 $9^{+0.1}_{0}$ kg，且其重心在其几何中心。所有边缘应倒圆，圆弧半径为 5 mm±1 mm。其带有两个固定点，位于从底部往上的 150 mm±2.5 mm 处，分布在相距 180°的圆周上（见图 3）。

5.5.3 测试砝码 B

测试砝码 B 是一个直径为 200 mm±5 mm，高度为 300 mm±5 mm 的坚硬圆柱体，质量为 $15^{+0.1}_{0}$ kg，且其重心在其几何中心。所有边缘倒圆，半径为 5 mm±1 mm。其带有两个固定点，位于从底部往上的 150 mm±2.5 mm 处，分布在相距 180°的圆周上(见图 4)。

5.5.4 测试砝码 C

测试砝码 C 是一个长度为 600 mm±5 mm，宽度为 180 mm±5 mm 的可折叠硬质平板，最小厚度为 5 mm，质量为 $9^{+0.1}_{0}$ kg，所有边缘倒圆半径为 15 mm±1 mm(见图 5)。

单位为毫米

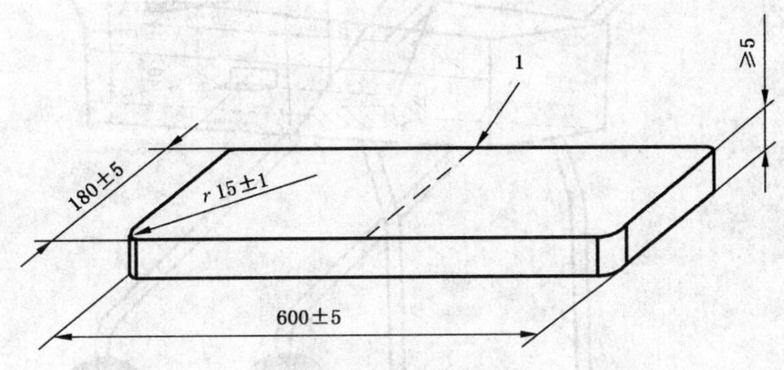

1——折叠位。

图 5 测试砝码 C

5.6 特定可迁移元素的测试

推车上可触及区域内所使用的、符合 GB 6675—2003 中“C.1 范围”所规定的材料和部件中特定可迁移元素的测试方法按 GB 6675—2003 附录 C 规定的测试方法进行测试。

5.7 危险夹缝测量

a) 用直径为 5 mm 和 12 mm 的塞规(如图 6) 检测可触及区域内的开口、间隙和孔，在 30 N 力的作用下如果 ϕ5 mm 的塞规能通过的孔，应也能让 ϕ12 mm 的塞规在 5 N 力的作用下通过，反之则为危险夹缝。

b) 用直径为 25 mm 和 45 mm 的塞规 (如图 6)检测可触及区域内的开口、间隙和孔，在 30 N 力的作用下如果 ϕ25 mm 的塞规能通过的孔，应也能让 ϕ45 mm 的塞规在 5 N 力的作用下通过，反之则为危险夹缝。

单位为毫米

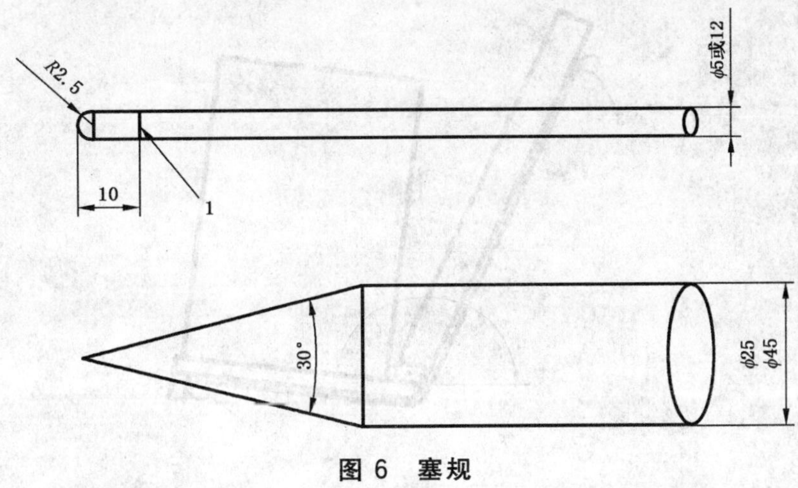

图 6 塞规

5.8 卧兜最小内部高度的测量

将测试砝码 C 放在卧兜内的衬垫上，再水平放一横杆(截面 25 mm×25 mm，750 g)于卧兜上边缘，从横杆的底部边缘开始测量(如图 7)，到测试砝码 C 的下边缘。

单位为毫米

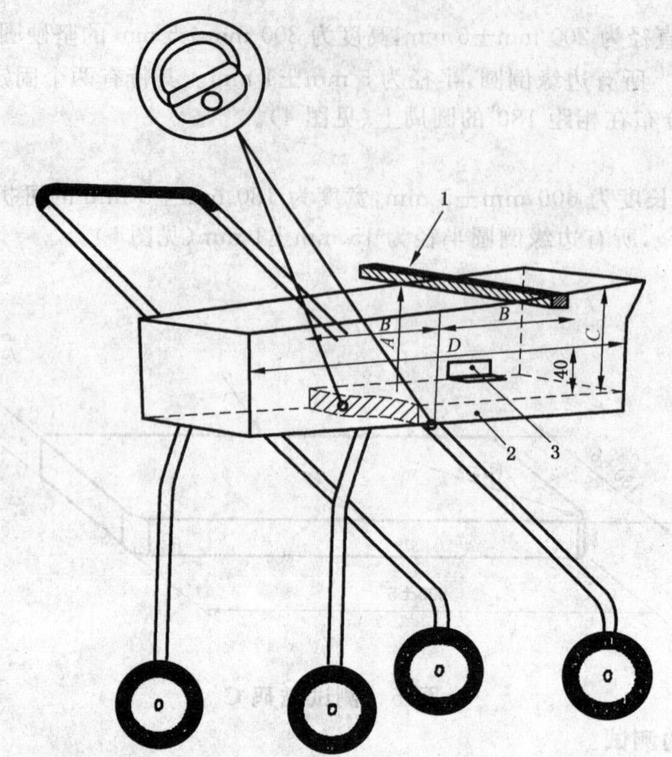

1——测试横杆，杆子的长度至少是车兜的宽度，截面为 25 mm×25 mm，质量为 750 g；

2——卧兜内的衬垫；

3——测试砝码 C。

图 7 测量卧兜的最小内部高度

在测试砝码 C 的平面上方 40 mm 处测量卧兜的内部长度“*D*”(定义在 4.5.1)。

5.9 座垫与靠背角度的测量

如果座位与靠背之间的角度难以确定，例如象吊床式的结构，为了确定座位与靠背之间的角度，放置图 9 所示的装置到座面上并且放置如图 8 所示的测试砝码到其底板中间，使倾斜板紧贴着靠背。测量倾斜板和底板之间的角度。

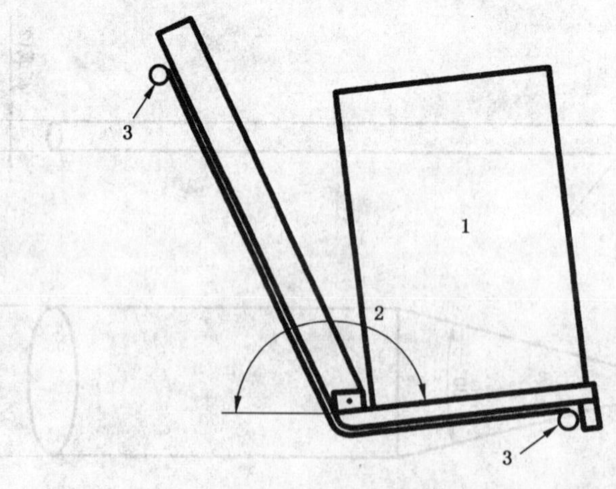

1——测试砝码 B；

2——角“*α*”；

3——座位框架。

图 8 靠背角度的测量

单位为毫米

1——桦木或类似密度的材料制成的底板；

2——转轴：直径 5 mm×60 mm 的圆钢；

3——倾斜板：截面 30 mm×12 mm，由桦木或类似密度的材料制成，长度(L)大于靠背高度；

4——可以拆卸的挡块，用于吊床式结构的卧兜。

图 9 靠背角度测量装置的组件

STANDARDS PRESS OF CHINA

5.10 靠背高度的测量

测量从靠背顶端到靠背与座位相交线的距离来确定靠背的高度。

5.11 稳定性测试

5.11.1 测试设备

a) 可调斜台：能够倾斜到与水平面成 12°，并且覆盖有 80 号砂纸；

b) 挡块：截面积为 25 mm×25 mm 的挡块，其高度可调至与车辆轮轴等高。

5.11.2 稳定性测试方法

5.11.2.1 车辆的放置

将车放置于斜台上(不使用刹车装置)，首先面向前，再面向后，然后与斜坡同一角度，在每一种情况下使在斜坡上处于较低位置的轮子抵着挡块(图 10)。万向轮必须处于最不利的条件之下。如有需要，使用可以忽略质量的楔块来阻止测试砝码的移动。

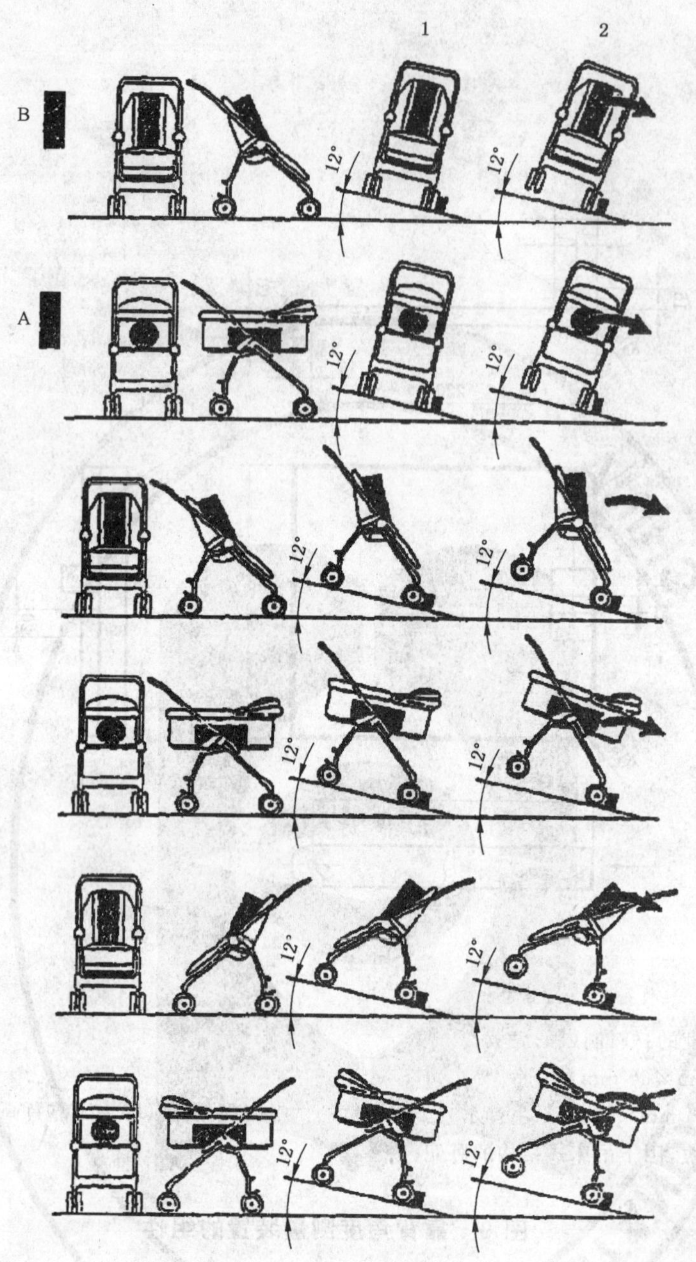

A——测试砝码 A；

B——测试砝码 B；

1——合格；

2——不合格。

图 10 稳定性测试例图

5.11.2.2 卧式推车的稳定性(供一名儿童使用)

将带有测试砝码 A 的推车放在斜台上(图 10)。测试砝码应平放在卧兜内，砝码置于卧兜纵向和横向的中心，可以用可忽略质量的楔块固定。

5.11.2.3 坐式推车的稳定性(供一名儿童使用)

a) 将带有测试砝码 B 的坐式推车放在斜台上。当靠背与座位面所成角度小于 150°时，在整个测试中测试砝码 B 应始终保持与靠背完全接触(见图 11)。

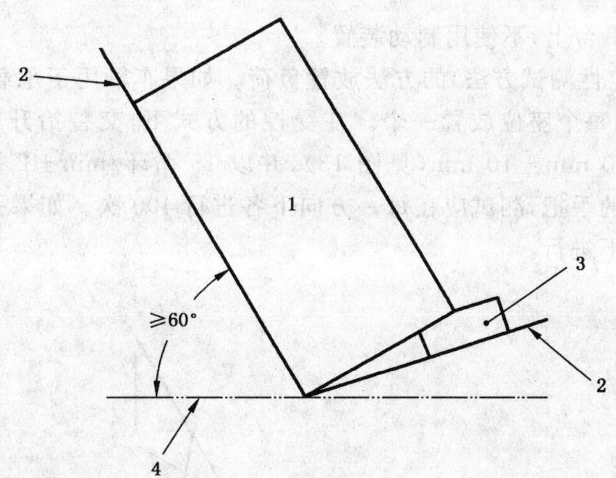

1——测试砝码 B；
2——座位框架；
3——楔块；
4——水平面。

图 11　靠背与座位面所成角度小于 150°时

b）　对于靠背与座位面所成角度大于 150°时，测试砝码必须按图 12 所示的方法放置。

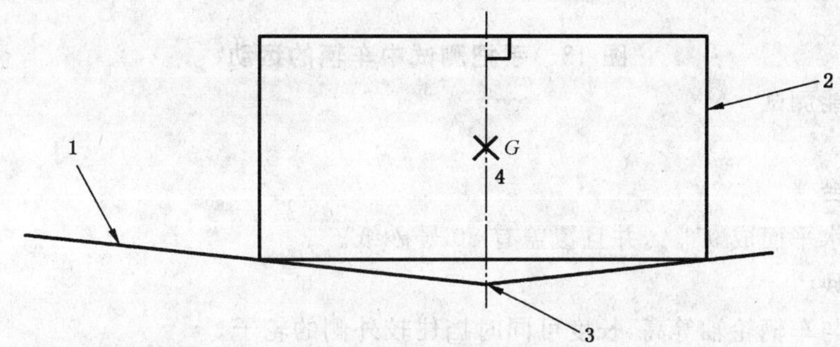

1——靠背调节至完全倾斜状态；
2——测试砝码 B；
3——座位与靠背的结合处；
4——砝码的重心。

图 12　带有倾斜靠背的座位的稳定性

c）　测试过程中，须用腰带固定测试砝码，使砝码在除了向上以外的其他方向的移动量最大不能超过 50 mm。

5.11.2.4　可乘坐多名儿童的车辆的稳定性

a）　如一卧式推车可乘坐多名儿童，在车辆乘坐儿童的位置上放置砝码 A，可任意选择砝码摆放的数量和位置，每个位置最多可放置一个砝码，并根据 5.11.2.2（卧式推车的稳定性）进行测试。

b）　如一坐式推车可乘坐多名儿童，在车辆乘坐儿童的位置上放置砝码 B，可任意选择砝码摆放的数量和位置，每个位置最多可放置一个砝码，并根据 5.11.2.3（坐式推车的稳定性）进行测试。

c）　如一辆车能够乘坐多名儿童并且车架能够同时装配卧兜和座兜，完全安装后，使用 5.11.2.2（卧式推车的稳定性）和 5.11.2.3（坐式推车的稳定性）规定的方法选择相应尺寸的砝码放置于相对应的位置中，并且在最不利的状况下进行测试。

注：最不利的状况有可能在没有全部放置测试砝码的情况下产生。

5.12 手把强度测试

a) 放置车辆到测试平台上,不使用制动装置。

b) 按照5.11.2(稳定性测试方法)的方法放置负荷。如果车辆用于承载多名儿童,使用适当数量的测试砝码,达到每个座位放置一个。在受控的方式下,交替抬升或降低手把以使前轮和后轮依次被抬高120 mm±10 mm(见图13),并以15循环/min±2循环/min的频率测试800次。对于可换向的手把,测试应在每一方向下各进行400次。如果手把有可调节装置,测试应在最不利的状况下进行。

单位为毫米

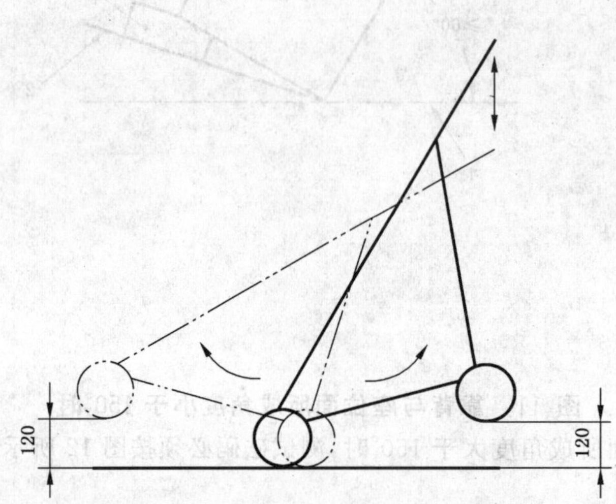

图13 手把测试中车辆的运动

5.13 制动装置性能测试

5.13.1 测试设备

5.13.1.1 可调斜台

能够倾斜到与水平面成$9^{+0.5°}_{0}$,并且覆盖有80号砂纸。

5.13.1.2 矩形挡块

其高度可调至与车辆轮轴等高,长度可同时挡住较外侧的轮子。

5.13.2 一般测试条件

在测试前操作制动装置200次。放置测试砝码A到卧兜的中心,或测试砝码B到座兜上,测试砝码应紧靠座位靠背放置并且靠背应处于最直立位置。如果车辆用于承载多名儿童,使用适当数量的测试砝码,每个座位最多放置一个。如果车辆带有置物篮或类似的运载其他负荷的装置,测试时应放置和说明书中规定的等量的负荷,但在任何情况下至少放置2 kg的负荷。测试负载必须放置于篮框的中间。用可忽略质量的物体固定测试砝码和附加的负荷,阻止其移动。

测试时,应锁定手把一侧的所有制动装置。

如果车辆的手把可换向,测试时,应锁定与手把在同一侧的所有制动装置。

5.13.3 车辆面向上放于斜坡

放置被测试的车辆到5.13.1.1(可调斜台)规定的测试斜台上,面向上放置,启用制动装置。

如果车辆安装有万向轮,测试时,与手把不在同一侧的万向轮不应被锁定,并且应处于车辆正常前行时的状态。记录轮子在斜台上是否有任何移动。

5.13.4 车辆面向下放于斜坡

将车辆面向下放于斜台,重复5.13.3(车辆面向上放于斜坡)的测试。

5.13.5 车辆垂直置于斜坡

放置被测试的车辆到5.13.1.1(可调斜台)规定的测试斜台上,调整车辆方向与斜坡成90°,启用制动装置。

如果车辆安装有万向轮，测试时，与手把不在同一侧的万向轮不应被锁定，并且调整轮子的方向使其与车辆正常前行的方向一致。记录轮子在斜台上是否有任何移动。

5.13.6 车轮移动有效性测试

将被测试的车辆面向上放置到5.13.1.1(可调斜台)规定的测试斜台上，启用制动装置使车辆达到稳定状态。使用一个矩形挡块，并且用一条直线记录处于斜坡下方的轮子的位置。撤走挡块，同时释放制动装置，使车辆下滑至下一个位置生效。使用矩形挡块，并且用一条直线记录处于斜坡下方的轮子的位置。测量两条直线之间的距离。

5.14 折叠机构锁定装置可靠性测试

5.14.1 将儿童推车按正常折叠、锁定方式开合200次。

5.14.2 放置测试砝码A到卧兜中或放置测试砝码B到座兜上；如果推车用于多名儿童，则使用相应数量的测试砝码，以达到每个座位放置一个。

固定车辆但不阻止其折叠。

将所有锁定装置锁定到位，在手把上沿折叠方向在5 s之内施加一200 N的力。若是分离式手把，分别施加到每一个分离的手把上。

如果车辆有两个或以上的锁定装置，则应分别对每一个锁定装置单独进行测试，即仅保持此锁定装置处于锁定状态，在手把上沿折叠方向在5 s之内施加一200 N的力。

注：对于释放了又会自动咬合的锁定装置不用单独进行测试(自动咬合的动作可由放置测试砝码或施加200 N的力而产生)。

5.15 可拆卸座兜或卧兜的连接装置的锁定强度和耐用性测试

测试前将卧兜或座兜与车架装配、拆卸200次。将测试砝码A固定在卧兜底部接近中心的位置或测试砝码B固定在座兜的接近中心的位置。如果推车用于承载多名儿童，则使用相应数量的测试砝码，每个座位最多放置一个。通过轮和轴将推车固定到一个测试平台，该测试平台可绕平行于地面的轴转动。先顺时针再逆时针慢慢转动带有测试砝码的推车直至与水平面成100°角，以使连接装置的受力全部作用于车架(见图14)。

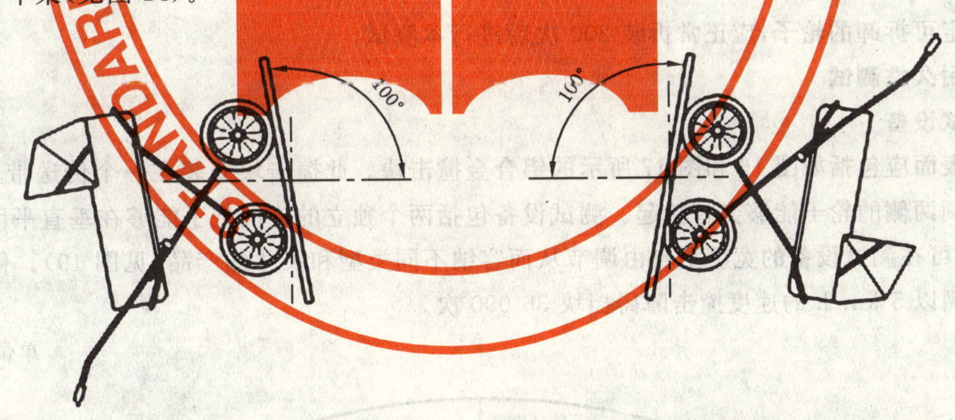

图14 卧兜或座兜的连接装置的强度和耐用性

5.16 安全带与束缚系统可靠性测试

5.16.1 安全带系统强度

a) 在5 s内逐渐地施加一个150 N±2 N的力到安全带的腰带、肩带及胯带的每一个安装点并保持1 min；

b) 如果在同一个点上或在一个半径为20 mm的范围内安装有多根带子，应同时在每一根带子施加 150 N±2 N 的力；

c) 如图 15 所示对整个安全带系统在 5 s 内逐渐施加一个 300 N±2 N 的力，任何一点不应出现损坏、脱落等现象。

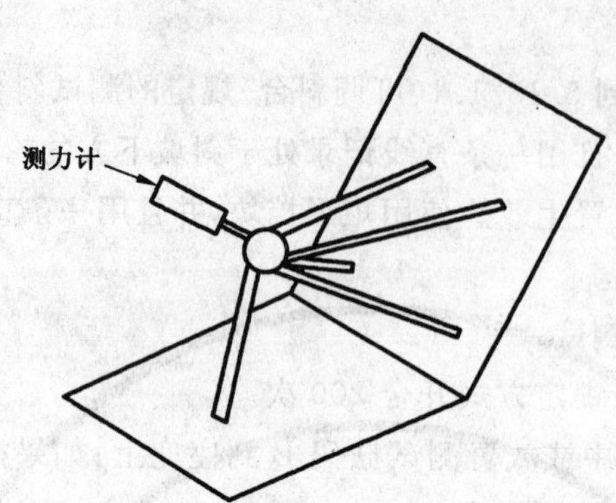

图 15 安全带固定点强度测试

5.16.2 安全带调节系统的性能

在调节装置的两边各取大约 125 mm 的安全带。将试样的一端固定在一个带有测力计的夹钳中，另一端固定到另一个夹钳中。使两夹钳之间的安全带长度为 200 mm，且沿着夹口在安全带上各划一条线作为标记。将两夹钳之间的距离减少至 150 mm，再以 500 mm/min±10 mm/min 的速度增大夹钳之间的距离直至试样承受 100 N±10 N 的力。当达到此力后，再调节两夹钳之间的距离到 150 mm，再进行拉伸。重复 10 次后，测量安全带上两标记间的距离。

5.16.3 安全带扣强度

将由安全带扣连接的带子或安全带的两端固定在带有测力器的夹钳中，在 5 s 内逐渐将负荷增加到 200 N 并保持 5 min。检查安全带扣的状态。

5.17 车轮安装强度测试

将轮轴固定在一个夹持装置中，用带有测力器的夹钳沿轮轴拆卸轮子方向逐渐施加一个 200 N 的力于轮子上，并保持 2 min。

对于预定可拆卸的轮子，应正常拆装 200 次后进行本测试。

5.18 动态耐久性测试

5.18.1 测试设备

设备的表面应包括如图 16 和图 17 所示的铝合金撞击块。此撞击块安装在一个传送带上，如图 18 所示以使车辆两侧的轮子能够交替抬起。测试设备包括两个独立的连接把手能够在垂直平面上相互独立移动，并且可在测试设备的宽度上自由调节从而容纳不同类型和尺寸的产品（见图 19）。传送机系统应能够使车辆以 5 km/h 的速度撞击障碍挡块 36 000 次。

单位为毫米

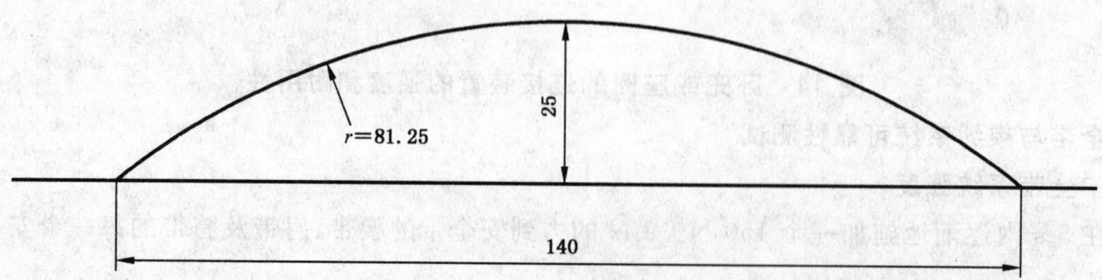

图 16 动态耐久性测试铝合金撞击块 A

单位为毫米

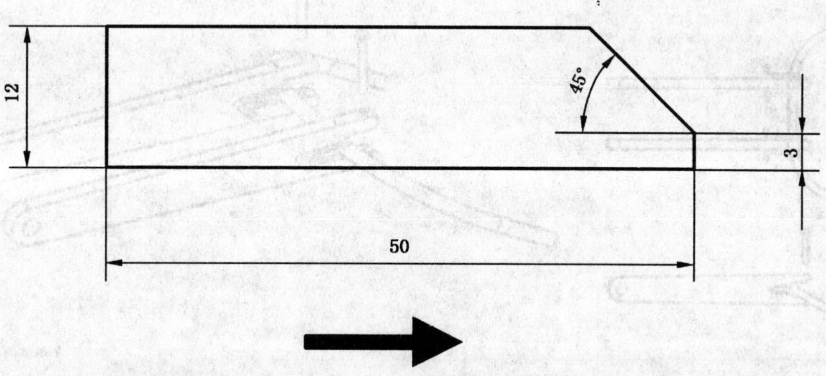

图 17 动态耐久性测试铝合金撞击块 B

单位为毫米

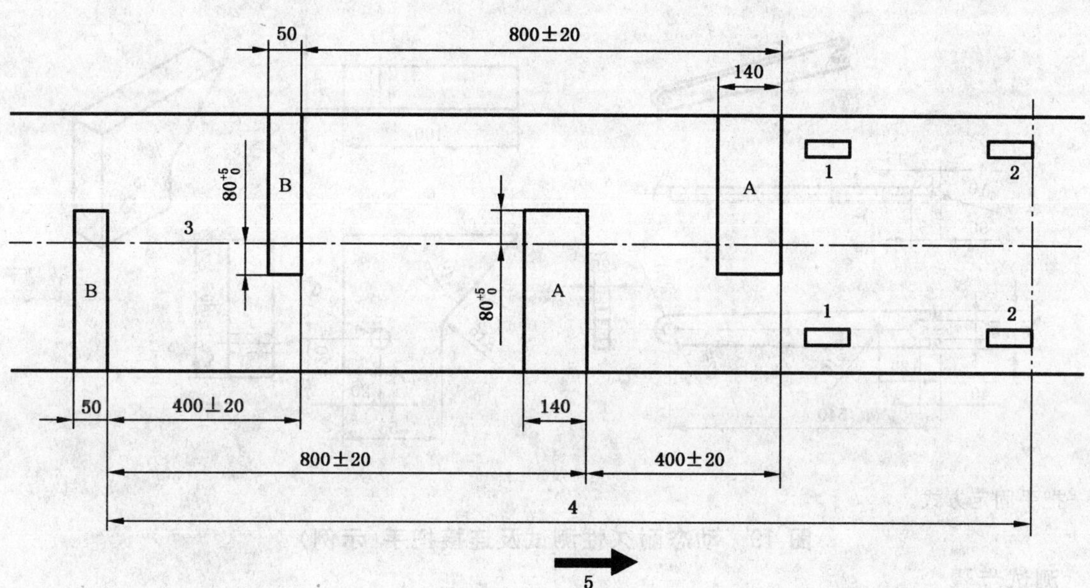

1——前轮位置；
2——后轮位置；
3——中心线；
4——一个周期的长度；
5——障碍挡块的运动方向。

图 18 铝合金撞击块在传送带上的排列及车轮位置

单位为毫米

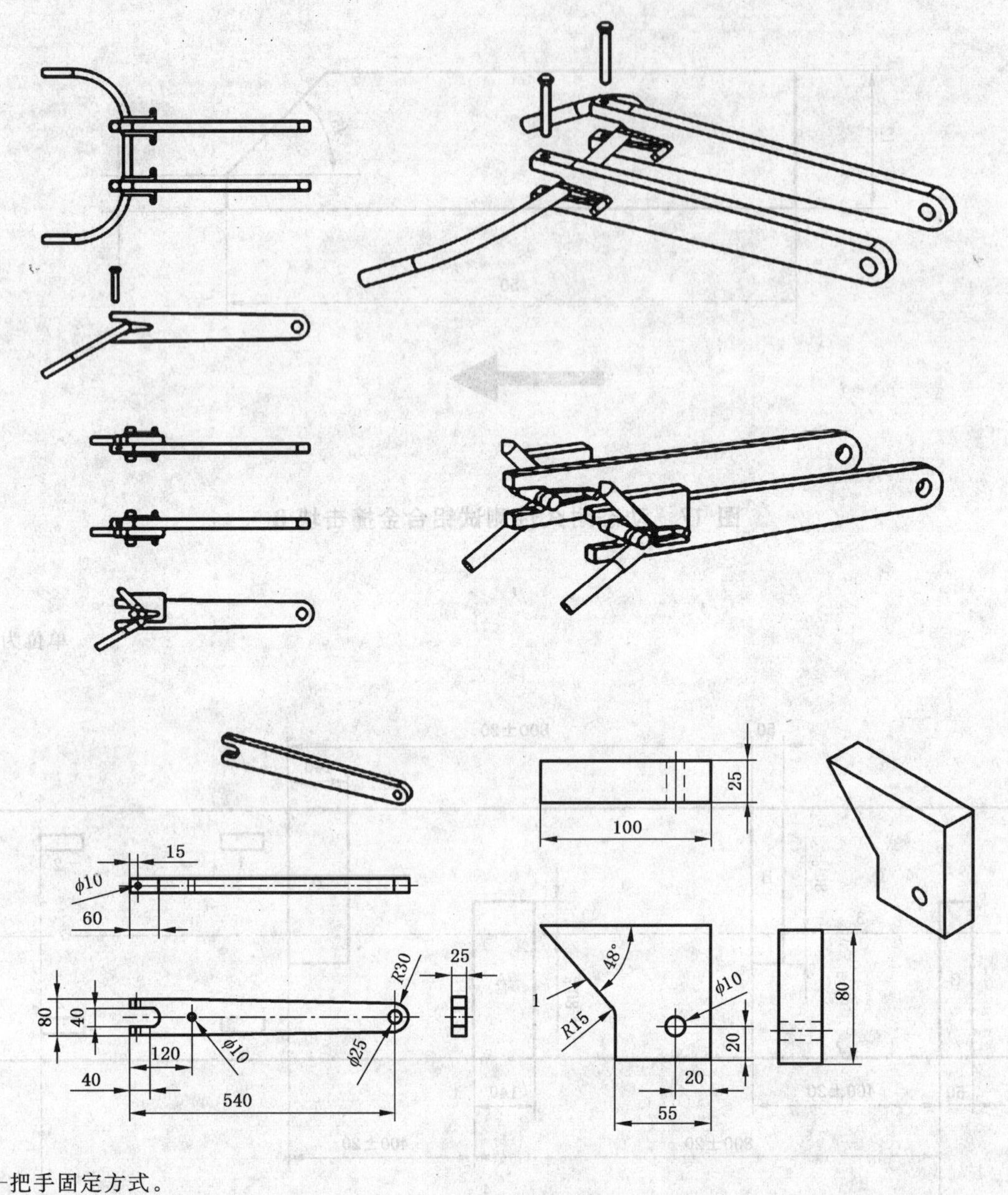

1——把手固定方式。

图 19　动态耐久性测试及连接把手(示例)

5.18.2　测试步骤

a)　车辆放置于传送机上,使用设备上的连接把手固定车辆手把。如果车辆有多个手把,连接至最外面的一对手把上。

b)　放置并固定测试砝码 A 和/或 B 到车辆上。对于卧兜,放置砝码 A 使其纵轴位于卧兜底部的中心线的正上方。对于座兜,将靠背调节到最直立位置,放置测试砝码 B 使其紧贴靠背。用安全带系统来固定测试砝码使其在任何方向上的最大移动量在 50 mm 内。开启设备,使车辆左侧和右侧的轮子轮流通过障碍块,使车辆以 5 km/h 的速度撞击障碍挡块 36 000 次。对于有多种配置的车辆,每种配置和安装方式撞击次数均分,总共撞击障碍挡块 36 000 次。

c)　如果车辆上安装有置物篮或其他用于承载附加负荷的装置,测试时应放置说明书规定的负荷到置物篮或类似的装置中,但是在任何情况下质量至少为 2 kg,负荷应放置在置物篮或类似装置的中心。

5.19 **撞击强度测试**

a) 将测试砝码 A 放置到卧兜中或砝码 B 放置到座兜中，用安全带固定。如果推车用于承载多名儿童，则使用相应数量测试砝码，以达到每个座位放置一个。

b) 如果车辆上安装有置物篮或其他用于承载附加负荷的装置，测试时放置说明书规定的负荷到置物篮或类似的装置中，但是在任何情况下质量至少为 2 kg，负荷应放置在置物篮或类似装置的中心。

c) 如图 20 所示放置车辆于 10°斜台上，在距挡块 1 000 mm 处释放车辆并使其自由驶下斜台，撞击到一个钢性挡块，挡块高度应至少为车轮直径的一半。重复测试共 10 次。

d) 反方向放置车辆，重复以上 a)～c)的测试。

注：测试过程中可采取措施防止车辆翻倒，但不能影响其冲击强度。

单位为毫米

1——硬质平台；

2——钢制挡块；

3——挡块高度，至少为轮直径的一半。

图 20 撞击强度测试

STANDARDS PRESS OF CHINA

5.20 **静态强度**

将推车按表 4 的要求加负载，维持 8 h，卸载后推车应无明显的变形，且无任何影响其安全性的损坏。

表 4 推车静态强度测试负载对应表

种类	座位负载/kg	置物篮负载/kg	备 注
单人坐式车	40	5	坐卧可调推车按坐式车测试
单人卧式车	35	5	
双人坐式车	35×2	5	双人以上的推车按座兜/卧兜数量增加相应负载
双人卧式车	30×2	5	

5.21 **塞规测试**

当座兜靠背和座垫之间的角度能够调节到≥150°时，使用如图 21 所示直径 76.2 mm 的塞规，用 90 N的力从里往外施加于头侧及左右两侧的围栏，该塞规应不能完全通过座位左右两侧和头侧围栏的上边沿以下的任何开口。

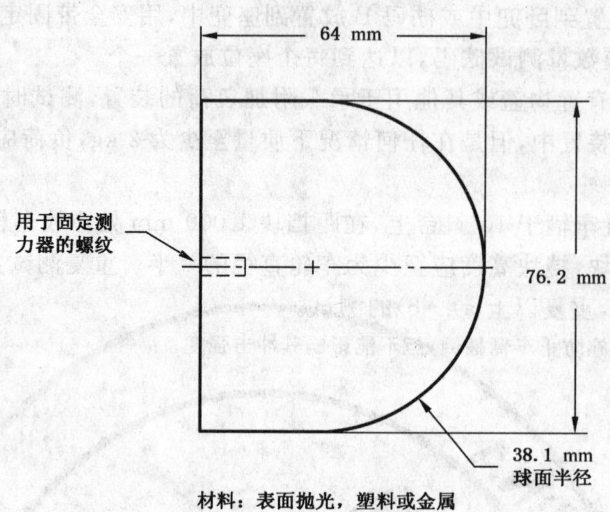

图 21　76.2 mm 塞规

6　塑料包装袋和软塑料薄膜

本要求不适用于下列情况：

——开口周长小于 360 mm 的袋子；

——开口周长大于或等于 360 mm，而深度和开口周长的总和小于 584 mm 的袋子；

——平均厚度小于 0.038 mm 的热收缩薄膜，当包装打开时薄膜通常会被破坏。

用于产品中的无衬里的软塑料袋或面积大于 100 mm×100 mm 的软塑料薄膜，应符合以下要求：

a)　进行塑料薄膜厚度测试时，平均厚度应不小于 0.038 mm，平均厚度应取自一个样品对角线上的 10 个位置的测量值，且所测的最薄厚度不应小于 0.036 mm。

b)　如不满足 a) 的要求，则应打孔，且在任意最大 30 mm×30 mm 的面积上，孔的总面积至少占 1%。

c)　若使用任何塑料袋，其应被明显标志类似以下内容的警示说明：

警告：为避免窒息，使塑料覆盖物远离婴儿。

7　产品标志和使用说明

7.1　一般要求

a)　儿童推车产品的交付应包括产品标志和使用信息，使消费者正确安全地使用推车，将使用不当造成的伤害降到最低。

b)　在产品标志和使用说明上应使用规范汉字。

c)　“危险”、“警告”、“注意”等安全警示的字体应大于或等于四号黑体字，警示内容的字体应大于或等于小五号黑体字。

d)　安全警示的标注应采用耐久性标签，并且永久地附在产品和包装上，位置应醒目。

7.2　标志和使用说明

7.2.1　产品名称

产品名称应符合国家、行业、企业标准的名称，且能表明产品真实属性的名称。

7.2.2　产品型号

使用说明上需标注的型号、规格应与产品上型号相一致。如果产品包括可分开销售的部件如：车架、卧兜或座兜等，都应标明产品型号。

7.2.3 **产品标准编号**

在包装、使用说明书及标签上应标明产品所采用的国家标准、行业标准或企业标准编号。

7.2.4 **适用年龄和体重**

在产品包装、使用说明书及标签上应标明产品所适用的年龄范围和预定承载的体重。

7.2.5 **安全警示**

儿童推车应标明如下相关警示说明或警示标志：

a) 在儿童推车的产品、包装和使用说明书上的应标注类似以下内容的提示：提醒使用者及监护人在使用前请仔细阅读本说明书并且请妥善保存供以后参照。如果不按照本说明书可能会影响儿童的安全。

b) 每辆儿童推车车体和使用说明书应标注类似以下内容的警示说明：

警告：当儿童乘坐时，看护人不要离开。

c) 对于靠背和座位面之间的角度不可以调节到大于150°的座式推车，儿童推车车体和使用说明书的明显位置处应标注类似以下内容的警示说明：

警告：本儿童推车不适合于6个月以下儿童使用。

d) 使用说明书应有禁止使用非生产商提供的附件的声明，及类似以下内容的警示说明：

警告：在把手上放置任何负载会影响车辆的稳定性。

e) 对于卧式推车使用说明书上应标注类似以下内容的警示说明：

警告：卧兜内不应增加厚度超过 X mm 的棉垫。

注：这里 X 由生产商按照卧兜的最小内部高度确定。

f) 为防止意外折叠，使用说明书应有类似以下内容的警示说明：

警告：使用推车前确保所有锁定装置都已处于锁定状态。

g) 为提醒正确使用安全带，儿童推车车体和使用说明应标注类似以下内容的警示说明：

警告：儿童乘坐时必须使用安全带。

7.2.6 **安全使用方法及组装装配说明**

a) 需要时，应提供零部件和成车组装装配说明/组装图；

b) 需要时，应提供与车架配合使用的可拆卸的卧兜或座兜的规格与型号的说明；

c) 需要时，应提供折叠和安装说明；

d) 对于可乘坐多名儿童的推车，应标注类似以下内容的提示：当放置儿童于车内或从车中抱出儿童时应启用制动装置；

e) 对于有附加置物篮的推车，应说明置物篮的最大载重量；

f) 针对可乘坐多名儿童的推车，应详细提供关于车辆可供乘坐的儿童数量的说明；

g) 应提供操作制动装置的说明；

h) 应提供关于使用和调节安全带的说明；

i) 说明书应提供所有功能的安全使用说明(如：座兜的调节等)。

7.2.7 **维护和保养**

应提供整车和相关零部件定期检查、维护、保养及清洁的说明，例如润滑、锁紧装置的灵活性及基本件的稳固性等。

7.2.8 **生产者名称和地址**

应标明产品生产者依法登记注册的名称和地址。

进口产品应标明该产品的原产地(国家/地区)以及代理商或进口商或销售商在中国依法登记注册的名称和地址。如果产品包括可分开销售的部件如：车架、卧兜或座兜等，都应标明上述内容。

ICS 97.190
Y 57

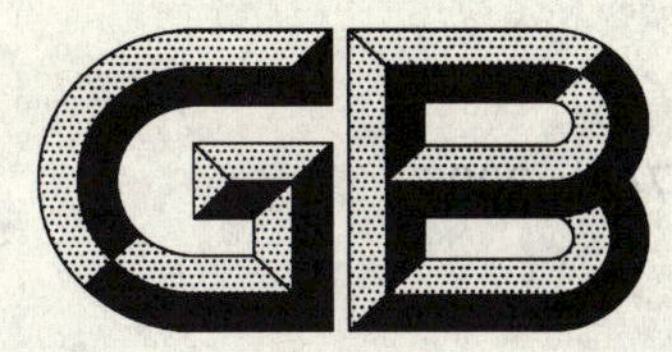

中华人民共和国国家标准

GB 14749—2006
代替 GB 14749—1993

婴儿学步车安全要求

Safety requirements for baby walking frames

2006-02-21 发布　　　　2007-01-01 实施

中华人民共和国国家质量监督检验检疫总局
中国国家标准化管理委员会　发布

前言

本标准为强制性标准。

本标准自实施之日起，代替 GB14749—1993《婴儿学步车安全要求》。

本标准与 GB14749—1993 相比主要变化如下：

——增加了防止婴儿的头部、手指直接与墙壁等刚性体接触造成伤害的技术要求和测试方法；

——增加了剪切和挤夹的技术要求；

——增加了测试的一般要求、试验条件；

——增加了静态强度和动态强度的技术要求，并部分修改了相应的测试方法；

——修改了静态稳定性技术要求和测试方法；

——修改了学步车行业通用术语和定义；

——修改了学步车结构的技术要求；

——修改了折叠装置和锁定装置的技术要求；

——修改了产品标示和包装部分的内容；

——明确了原标准中部分概念和要求模糊的技术要求。

本标准由中国轻工业联合会提出。

本标准由全国玩具标准化技术委员会归口。

本标准起草单位：北京中轻联认证中心、中华人民共和国扬州进出口玩具检验所、好孩子儿童用品有限公司、深圳天祥质量技术服务有限公司、中山市隆成日用制品有限公司。

本标准主要起草人：刘炘、徐峻、王铁军、张士。

本标准所代替标准的历次版本发布情况为：

——GB 14749—1993。

婴儿学步车安全要求

1 范围

本标准适用于从能够坐立到能够自己行走的婴儿使用的婴儿学步车(以下简称学步车)的安全要求和测试方法。

本标准不适用于医疗用学步车以及气垫支撑婴儿的学步车。

婴儿学步车如附有供儿童玩耍的玩具,应符合相关标准要求。

2 规范性引用文件

下列文件中的条款通过本标准的引用而成为本标准的条款。凡是注日期的引用文件,其随后所有的修改单(不包括勘误的内容)或修订版均不适用于本标准,然而,鼓励根据本标准达成协议的各方研究是否可使用这些文件的最新版本。凡是不注日期的引用文件,其最新版本适用于本标准。

GB 6675—2003 国家玩具安全技术规范

3 术语和定义

下列术语和定义适用于本标准。

3.1

学步车 baby walking frames

能在脚轮上运转的座架,婴儿在车内就坐以后,可以借助框架的支撑进行任意方向运动。例如:X形框架、圆形框架、折叠式框架和可调节弹性框架等结构形式(见图1)。

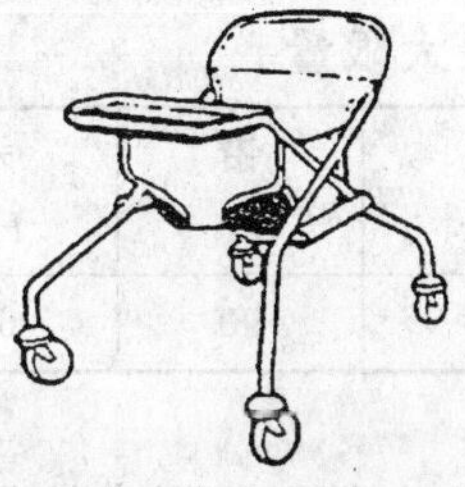

a) X形框架

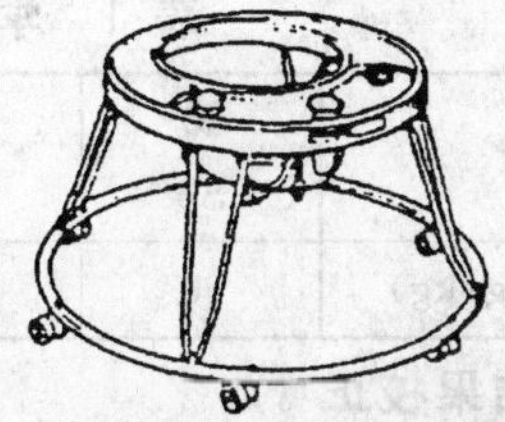

b) 圆形框架

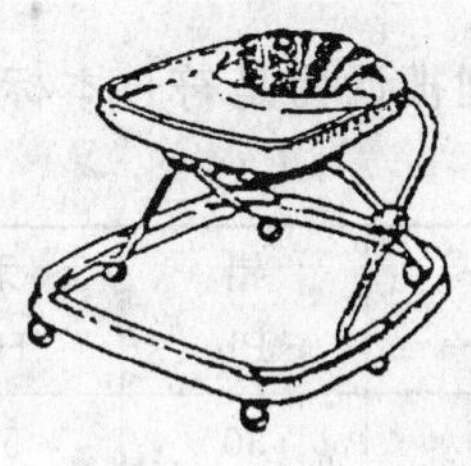

c) 折叠式框架

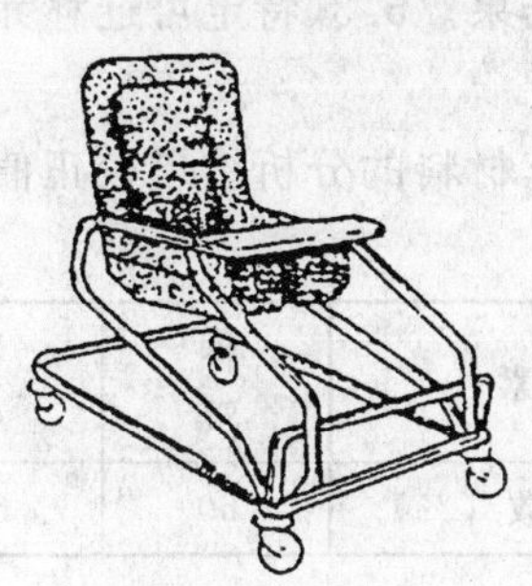

d) 可调节弹性框架

图1 学步车结构图例

3.2

外露突出物 exposed protrusion

能与长150 mm、直径45 mm的圆柱棒(模拟一段肢体)的中间长度50 mm那一段圆弧面相碰的部分为突出物体(见图 2)。

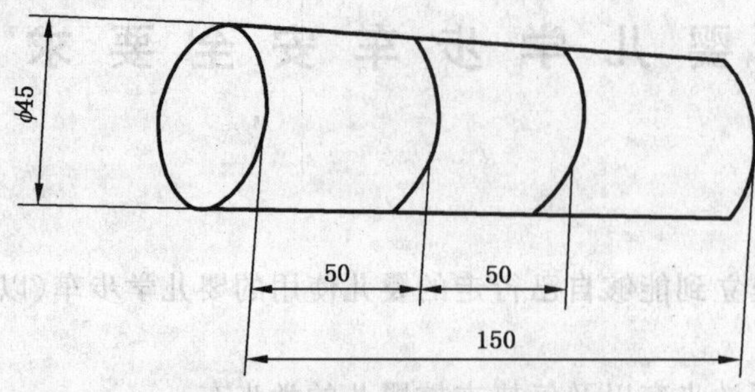

图 2 外露突出物测试圆柱棒

3.3

跨带 crotch belt

通过婴儿两腿之间以阻止婴儿滑出座位的装置。

3.4

可触及区域 access zone

除脚轮和底部保护圈外的其他区域。

4 技术要求

4.1 材料

4.1.1 材料质量

所有材料目视检查应清洁干净,无污染。材料的检查应用目视检查,而非放大检查。

4.1.2 特定可迁移元素最大限量

学步车上可触及区域内的部件和材料,按 5.3(特定可迁移元素的测试)进行测试,特定可迁移元素的测试结果的校正值应符合表 1 中的最大限量的规定。

表 1 学步车材料中特定可迁移元素的最大限量

元 素	锑 Sb	砷 As	钡 Ba	镉 Cd	铬 Cr	铅 Pb	汞 Hg	硒 Se
最大限量/(mg/kg)	60	25	1 000	75	60	90	60	500

4.1.3 测试结果校正

由于按 5.3(特定可迁移元素的测试)的精确度的原因,在考虑实验室之间测试结果时需要一个经校正的分析结果。5.3(特定可迁移元素的测试)的分析结果应减去表 2 中分析校正值,以得到校正后的分析结果。

凡学步车材料的分析结果校正值低于或等于表 1 中最大限量,则被认为是符合本标准的要求。

表 2 各元素分析校正系数

元 素	锑 Sb	砷 As	钡 Ba	镉 Cd	铬 Cr	铅 Pb	汞 Hg	硒 Se
分析校正系数/(%)	60	60	30	30	30	30	50	60

示例:

铅的分析结果为 120 mg/kg,表 2 中的分析结果校正系数为 30%,则:

分析结果校正值=120−120×30%=120−36=84(mg/kg)。

这个数字被认为符合本标准的要求(表 1 中可迁移铅元素的最大限量为 90 mg/kg)。

4.2 金属表面

学步车上所有暴露的金属表面均应进行防腐蚀处理或使用防腐蚀材料。

4.3 结构

4.3.1 木制部件

学步车上的木制部件应光滑，在测试前后不应出现裂缝、木刺或其他类似缺陷。

4.3.2 危险夹缝及孔、开口

为避免对婴儿手指和脚趾造成伤害，按5.4(可触及间隙的测试)测试时，婴儿手指和脚趾可触及到的刚性材料表面上或两个相对运动的刚性体之间不应存在5 mm～12 mm的孔、开口或间隙，除非孔、开口的深度小于10 mm。

4.3.3 弹簧

学步车上使用的，并能被婴儿的手指和脚趾触及到的弹簧在按5.9(静态稳定性测试)测试时，任意两个相邻弹簧螺旋间的间隙应小于或等于3 mm。如相邻弹簧螺旋间的间隙大于3 mm，应对弹簧加以保护，确保弹簧不可触及。

4.3.4 外露突出物

学步车上不应有外露的开口管子、速度调节器以及其他可能挤夹手指、脚趾等身体部位伤害婴儿的突出物。

4.3.5 可触及部件

学步车可触及部件应符合GB 6675—2003中A.4.4(小零件)、A.4.5(某些特定玩具的形状、尺寸及强度)、A.4.6(边缘)、A.4.7(尖端)、A.4.9(金属丝和杆件)的规定。

4.3.6 绳索/弹性绳等绳状物

学步车上所使用的绳索/弹性绳等绳状物，当在其端部施加25N拉力的作用时，其自由长度应小于220 mm，绳索/弹性绳所与学步车的任一部分相连接而缠绕形成的固定环或活套的周长应小于360 mm。

4.3.7 锁定、折叠和框架调节装置

如果结构可折叠或可调节，按5.6(锁定、折叠及框架调节装置的测试)测试时它应保持在一个可靠的锁定位置，并应符合下述条款之一：

a) 设计成只能使用工具(如扳手或螺丝刀)才能操作；

b) 释放折叠装置至少需要50 N的力；

c) 释放折叠装置需要两个连续的动作，第二个动作的操作依赖第一个动作的执行和保持。

4.3.8 挤夹、剪切

按5.4(可触及间隙的测试)测试时，正、反向施力后形成的任何间隙以及任何活动部件之间的间隙，在变化前后都应小于5 mm，或大于12 mm。但不包括学步车由看护人正常折叠、打开以及各部件的正常调节过程中产生的挤夹和剪切。

4.3.9 跨带宽度

学步车应安装胯带，且胯带宽度应大于35 mm。

4.3.10 座位

a) 按5.7(座位高度的测量)测试时，处于最低位置的座位高离地面应大于160 mm(见图3)；

b) 如果座位可移动，则座位的固定装置应设计成防止被意外拆卸。

4.3.11 学步车脚轮

学步车脚轮不应设置刹车装置，脚轮直径应大于50 mm且旋转灵活，但不能穿透长50 mm、宽10 mm、深度大于2 mm的平行槽。

4.3.12 框架离地高度

除了脚轮部件及车架固定装置，学步车的其他部分离地面高度应大于25 mm。

4.3.13 防撞间距

为了防止婴儿的头部、手指直接与墙壁等刚性体接触造成伤害，按5.8(防撞间距测试)测试时应满足以下要求。

STANDARDS PRESS OF CHINA

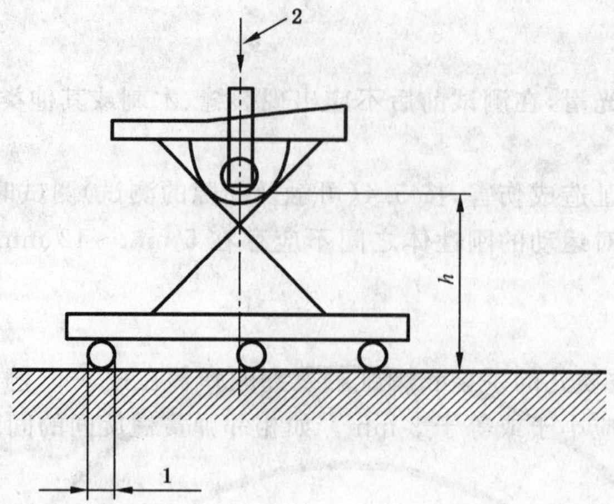

1——脚轮直径；
2——测试砝码 A；
h——最低座位高度。

图 3 座位高度测试

使学步车任何一点与垂直的刚性面接触，且在此接触点的水平对称点上水平施加 90 N 的力时：

a) 上保护圈或类似装置的内侧起到此垂直面的间距 a 应大于在 120 mm(见图 4)；

b) 上保护圈或类似装置的外侧起到此垂直面的间距 b 应大于 13 mm(见图 4)。

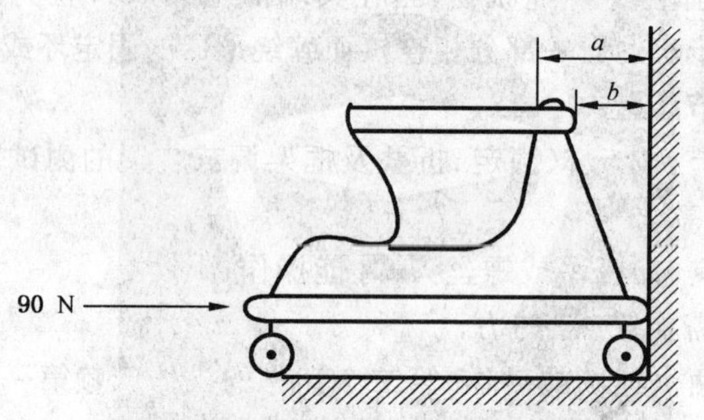

图 4 头部及手指撞伤测试

4.4 静态稳定性

按 5.9(静态稳定性测试)测试时，学步车不应翻倒。

4.5 动态稳定性

按 5.10(动态稳定性测试)测试时，学步车不应翻倒。

4.6 静态强度

按 5.11(静态强度测试)测试时，学步车不应损坏、坍塌。

4.7 动态强度

按 5.12(动态强度测试)测试时，座位和框架应无任何影响安全性的结构损坏、撕裂和其他缺陷。测试后胯带不应松脱，其最大滑移长度不应超过 6 mm。

4.8 碰撞强度

按 5.13(碰撞测试)测试时，学步车不应破损、脱落、变形，并应符合 GB 6675—2003 中 A.4.4(小零件)、A.4.6(边缘)、A.4.7(尖端)的规定。

4.9 燃烧性能

婴儿学步车所使用的纺织物不应产生表面闪烁效应，且应在其表面设置永久性警示说明：

“警示！切勿近火”。

4.10 用于包装或学步车上的塑料袋或塑料薄膜

本要求的a)和b)不适用于下列情况。

——开口周长小于360 mm的袋子；

——开口周长大于或等于360 mm,而深度和开口周长的总和小于584 mm的袋子；

——平均厚度小于0.038 mm用于包裹玩具的热收缩薄膜，当包装打开时薄膜通常会被破坏。

用于包装的无衬里的软塑料袋或面积大于100 mm×100 mm的软塑料薄膜，应符合以下要求：

a) 按GB 6675—2003中A.5.10(塑料薄膜厚度测试)测试时，平均厚度大于或等于0.038 mm,且所测的最薄厚度不应小于0.036 mm;或

b) 应打孔，且在任意最大为30 mm×30 mm的面积上，孔的总面积至少占1%(孔上无物质残留);

c) 使用的任何塑料袋和软塑料薄膜上应醒目地标志类似如下内容的警示说明：

"警告：为避免窒息，使塑料覆盖物远离婴儿。"

4.11 产品标志和使用说明

4.11.1 一般要求

a) 学步车产品的交付应包括产品标志和使用信息，且置于便于识别的部位。使消费者正确安全地使用学步车，将使用不当造成的伤害降到最低。

b) 当使用说明和安全警示同时采用多种形式时(例如在学步车上和/或其包装上标注，和/或在其包装内另附),应保证其内容的一致性。

c) 在产品标志和使用说明上应使用规范汉字。"危险"、"警告"、"注意"等安全警示的字体应大于或等于四号黑体字，警示内容的字体应大于或等于小五号黑体字。

d) 安全警示(警示标志或警示说明)的标注应采用耐久性标签，并且应永久、醒目地附在产品和包装上。

4.11.2 标志和使用说明

4.11.2.1 产品名称

产品名称应符合国家、行业、企业标准的名称，且能表明产品真实属性的名称。

4.11.2.2 产品型号

使用说明上标注的型号、规格应与产品的型号相一致。

4.11.2.3 产品标准编号

在包装、使用说明书及标签上应标明产品所采用的国家标准、行业标准或企业标准编号。

4.11.2.4 适用年龄和体重

在产品包装、使用说明书及标签上应标明产品所适用的年龄范围和预定承载的体重。

4.11.2.5 安全警示

a) 在每辆婴儿学步车的产品、包装和/或使用说明书上应标注类似以下内容的提示：提醒使用者及监护人在使用前请仔细阅读本说明书，并且请妥善保存供以后参照。如果不按照本说明书使用可能会影响儿童的安全。

b) 每辆学步车车体和使用说明书应标注类似以下内容的警示说明。

为防止儿童受到意外伤害和误用，学步车车体上应设有类似以下的警示说明：

"警告！当儿童乘坐时，看护人不得离开。"

"警告！本车不适合于不能坐立或能自己行走的婴儿使用。"

为防止儿童灼伤、烧伤，学步车所使用的纺织物上应在其表面设置永久性警示说明：

"警示！切勿近火。"

为防止婴儿窒息，学步车上使用任何塑料袋和软塑料薄膜上应设有类似以下的警示说明：

"警告：为避免窒息，使塑料覆盖物远离婴儿。"

c) 每辆学步车的使用说明书应有禁止使用非生产商提供的附件的声明，并设有类似以下内容的警示说明。

“警告！不得在本车上放置任何负载，否则会影响车辆的稳定性。”

d) 每辆学步车车体和/或使用说明书和/或包装应设有类似以下内容的警示说明。

为防止意外折叠，应设有类似内容的警示说明：

“警告！使用本车前确保所有锁定装置都已处于锁定状态。”

为防止正常使用时意外倾翻，应设有类似内容的警示说明：

“警告！禁止在楼梯、门槛、台阶附近使用本车，本车须在平坦、无障碍物的地点使用，确保本车在正常使用时不倾翻。”

为防止婴儿滑出学步车座位，应设有类似内容的警示说明：

“警告！确保婴儿的脚触及地面。在搬运本车时，不得将婴儿放在学步车内。”

为避免烫伤，应设有类似内容的警示说明：

“警告：禁止婴儿乘坐本车在取暖器、加热器、火炉等附近玩耍。”

为防止婴儿每次过长时间使用学步车而产生不良影响，应设有类似内容的警示说明：

“警告：婴儿每次乘坐本车的极限时间不得超过××。”

为防止学步车超安全使用期限使用，应设有“安全使用期限”的警示说明。

4.11.3 安全使用方法及组装装配说明

a) 需要时，应提供零部件和成车正确组装的装配说明/组装图；

b) 需要时，应提供折叠和安装说明；

c) 需要时，应提供关于使用车架固定装置的说明；

d) 说明书应提供所有功能的安全使用说明（如：锁定、折叠和框架调节装置的使用；如座位的高低调节等）。

4.11.4 维护和保养

应提供整车和相关零部件定期检查、维护、保养及清洁的说明。例如：润滑，锁定、折叠和框架调节装置的有效性、可靠性，基本件的稳固性等。

4.11.5 生产者名称和地址

应标明产品生产者依法登记注册的名称和地址。

进口产品应标明该产品的原产地（国家/地区）以及代理商或进口商或销售商在中国依法登记注册的名称和地址。

5 测试方法

5.1 一般要求

5.1.1 测试顺序

原则上所有测试应在同一样品上进行。

测试顺序应按照先进行对样品无损坏的项目，后进行对样品有损坏的项目。如样品的损坏导致以后的测试项目无法进行，则可在新的样品上进行剩余项目的测试。

5.1.2 测试仪器精度

除非特殊规定，本标准中力的测量精度为±5%；质量的测量精度为±1%；角度的测量精度为±1°；所有尺寸的测量精度为±0.5 mm。本要求仅适合于用于测试的仪器。

5.1.3 测试环境

除非特殊规定，测试前样品应在温度为23℃±5℃的环境中至少放置2h，并且在温度23℃±10℃环境中进行测试。

5.2 测试砝码

直径 160 mm±5 mm，高度为 280 mm±5 mm，质量为 $12^{+0.05}_{0}$ kg 的刚性圆柱体 A，其重心在其几何中心，所有边缘倒圆角半径为 20 mm±5 mm。

5.3 特定可迁移元素的测试(见 4.1.2)

学步车上可触及区域内所使用的、符合 GB 6675—2003 中“C.1 范围”所规定的材料和部件中特定可迁移元素的测试方法按 GB 6675—2003 附录 C 规定的测试方法进行测试。

5.4 可触及间隙的测试(见 4.3.2、4.3.8)

5.4.1 可触及间隙加载测试

将测试砝码 A 放入学步车中，从任意方向对被测部件外的其他部件施力 90 N，然后从其反方向施以同样的力。测量正、反方向施力时形成的间隙。

5.4.2 可触及间隙空载测试

学步车中不放置测试砝码 A，从任意方向对被测部件外的其他部件施力 90 N，然后从其反方向施以同样的力。测量正、反方向施力时形成的间隙。

5.5 小零件，某些特定玩具的形状、尺寸及强度，边缘，尖端，金属丝和杆件的测试(见 4.3.5)

小零件，某些特定玩具的形状、尺寸及强度，边缘，尖端，金属丝和杆件的测试，按 GB 6675—2003 附录 A 中规定的相应测试方法进行。

5.6 锁定、折叠及框架调节装置的测试(见 4.3.7)

5.6.1 锁定、折叠及框架调节装置空载测试

释放任何锁定、折叠或框架调节装置。根据生产者的说明完全折叠再打开，将此作为一个测试周期，重复 100 个周期。

5.6.2 锁定、折叠及框架调节装置加载测试

沿学步车折叠方向施加 200 N±5 N 的力并保持 1 min，重复 5 次。

5.7 座位高度的测量(见 4.3.10)

a) 将学步车放置在一水平面上，并使座位处于最低的位置；

b) 将测试砝码 A 竖直放置在学步车座位中心(见图 3)；

c) 测量从测试砝码 A 底端表面到水平面之间的距离 h，测量精度±5 mm。

5.8 防撞间距测试(见 4.3.13)

如图 5 所示，使学步车上任一点与地面相垂直的刚性面接触，且在此接触点的水平对称点上水平施加 90 N 的力时，测量以下距离：

a) 上保护圈或类似装置内侧(与婴儿背部接触部位)到垂直面之间的距离 a(见图 4)；

b) 上保护圈或类似装置外侧与垂直面之间的距离 b(见图 4)。

5.9 静态稳定性测试(见 4.4)

5.9.1 测试设备及要求

a) 一个能与水平面倾斜成 20°的平台，该平台较低边缘装有一挡块；

b) 测试过程中该挡块不应支撑住学步车的底部边缘；

c) 测试挡块的高度应足以阻止学步车从平台上滑下。

5.9.2 测试方法

a) 可调节座位高度的学步车，应将其座位调节到最高位置。

b) 将学步车水平放置，将测试砝码 A 竖直放置在座位的中心。测试砝码 A 在测试过程中不应移动。为阻止测试砝码 A 的移动，用可以忽略质量的物体固定。

c) 将学步车放到倾斜平面上(见图 5)。学步车通过它的两个脚轮靠在挡块上。

d) 对每相邻的两脚轮重复 5.9.2c)的测试。

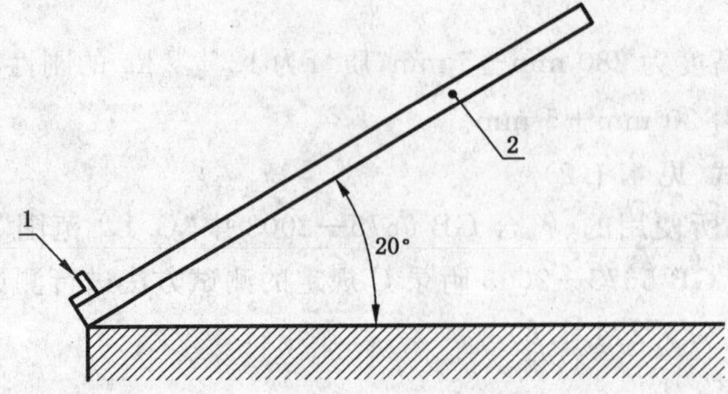

1——挡块；
2——斜面。

图 5 静态稳定性测试

5.10 动态稳定性测试(见 4.5)

5.10.1 测试仪器

一个水平面，该面的一侧固定一个高度为 40 mm 的刚性挡块。

5.10.2 测试方法

a) 可调节座位应调节到最高位置。

b) 将学步车水平放置，将测试砝码 A 竖直放置在座位的中心。测试砝码 A 在测试过程中不应移动。为阻止测试砝码的移动，用可以忽略质量的物体固定。

c) 学步车以 2 m/s±0.2 m/s 的速度撞击挡块。

5.11 静态强度测试(见 4.6)

a) 可调节座位应调节到它们的最高点。

b) 将 30 kg 负载均匀放置在座位的中心。如配置有托盘的学步车，将 10 kg 负载均匀放置在托盘中心直径 120 mm 的范围内。

c) 保持承载 24 h。

d) 移开负载，允许学步车恢复 1 h。

5.12 动态强度测试(见 4.7)

a) 可调节座位调节到最低点；

b) 握住测试砝码 A 使其到座位中心的上方距离为 60 mm，松开测试砝码 A，使其自由落下，冲击座位；

c) 该冲击测试共进行 100 次。

5.13 碰撞测试(见 4.8)

学步车水平放置，测试砝码 A 的放置符合 5.9.2b)要求。使学步车以 2 m/s±0.2 m/s 的速度碰撞壁厚 20 mm 的胶合板或同等材料制成的墙体，墙体的高度应高于学步车，测试进行一次。

ICS 65.100
G 23

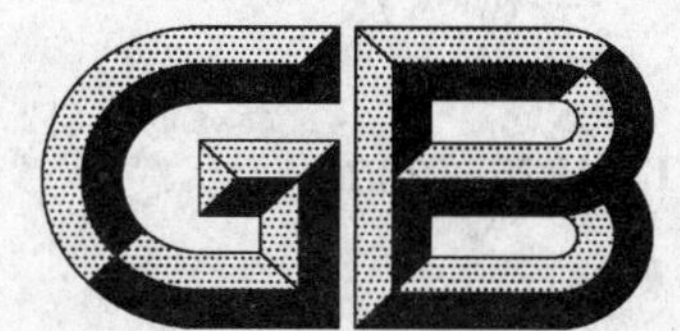

中华人民共和国国家标准

GB/T 14825—2006
代替 GB/T 14825—1993

农药悬浮率测定方法

Determination method of suspensibility for pesticides

2006-09-01 发布　　2007-04-01 实施

中华人民共和国国家质量监督检验检疫总局
中国国家标准化管理委员会　发布

前言

本标准代替 GB/T 14825—1993《农药可湿性粉剂悬浮率测定方法》。

本标准与 GB/T 14825—1993 的主要差异为：

——标准名称由《农药可湿性粉剂悬浮率测定方法》改为《农药悬浮率测定方法》。

——扩大了标准的适用范围。新标准除适用于可湿性粉剂外，还适用于悬浮剂、水分散粒剂和种衣剂等产品的悬浮率测定。同时还包括了悬浮率的简化测定方法。

——增加了“前言”。

——删除附录 A“硬水测定方法”（补充件）和附录 B“采用说明”（参考件）。硬水总硬度测定方法按 GB/T 5451—2001《农药可湿性粉剂润湿性测定方法》的附录 A 进行。

本标准自实施之日起，代替 GB/T 14825—1993。

本标准由中国石油和化学工业协会提出。

本标准由全国农药标准化技术委员会（CSBTS/TC 133）归口。

本标准负责起草单位：沈阳化工研究院。

本标准参加起草单位：江苏龙灯化学有限公司。

本标准主要起草人：楼少巍、冯秀珍。

本标准于 1993 年 12 月首次发布。

农药悬浮率测定方法

1 范围

本标准中方法1通常适用于可湿性粉剂悬浮率测定，方法2通常适用于悬浮剂悬浮率测定，方法3通常适用于水分散粒剂悬浮率测定，方法4通常适用于可分散粉剂悬浮率的测定(简化方法)，方法5通常适用于种衣剂悬浮率测定。各种剂型的产品可根据产品的具体情况选用上述测定方法。

2 规范性引用文件

下列文件中的条款通过本标准的引用而成为本标准的条款。凡是注日期的引用文件，其随后所有的修改单(不包括勘误的内容)或修订版均不适用于本标准，然而，鼓励根据本标准达成协议的各方研究是否可使用这些文件的最新版本。凡是不注日期的引用文件，其最新版本适用于本标准。

GB/T 601 化学试剂 标准滴定溶液的制备

GB/T 603 化学试剂 试验方法中所用制剂及制品的制备(GB/T 603—2002，ISO 6353-1：1982，NEQ)

GB/T 5451—2001 农药可湿性粉剂润湿性测定方法(eqv CIPAC MT 53)

3 术语和定义

下列术语和定义适用于本标准的各部分。

3.1

适量试样 just the right amount of sample

制备悬浮液的称样量，以此称样量制备悬浮液的浓度，应为该产品推荐使用的最高喷洒浓度。其称样量在产品标准中加以规定。

3.2

上下颠倒 invert the cylinder through 180 degrees and back again

悬浮液配置后，将量筒倒置180°并恢复至原位为一次，约2 s。

4 悬浮率的测定

4.1 方法1

4.1.1 方法提要

用标准硬水将待测试样配制成适当浓度的悬浮液。在规定的条件下，于量筒中静置一定时间，测定底部十分之一悬浮液中有效成分质量分数，计算其悬浮率。

4.1.2 试剂和溶液

水；

氧化镁：使用前于105℃干燥2 h；

碳酸钙：使用前于400℃烘2 h；

0.1 mol/L、1 mol/L盐酸溶液；

0.1 mol/L氢氧化钠溶液；

1 mol/L氨水；

甲基红指示液：1 g/L，按GB/T 603配制；

A溶液：$c(Ca^{2+})=0.04$ mol/L，其配制方法为：准确称取碳酸钙4.000 g于800 mL烧杯中，加少量水润湿，缓缓加入 1 mol/L 盐酸溶液 82 mL，充分搅拌。待碳酸钙全部溶解后，加水 400 mL，煮沸，除去二氧化碳，冷却至室温，加 2 滴甲基红指示液，用氨水中和至橙色，将此溶液转移到 1 000 mL 容量瓶中，用水稀释至刻度，混匀。贮存于聚乙烯瓶中备用。

B 溶液：$c(Mg^{2+})$＝0.04 mol/L，其配制方法为：准确称取氧化镁 1.613 g，置于 800 mL 烧杯中，加少量水润湿，缓缓加入 1 mol/L 盐酸溶液 82 mL，充分搅拌并缓缓加热，待氧化镁全部溶解后，加水 400 mL，煮沸，除去二氧化碳。冷却至室温，加 2 滴甲基红指示液，用氨水中和至橙色，将此溶液转移至 1 000 mL 容量瓶中，用水稀释至刻度，混匀。贮存于聚乙烯瓶中备用。

标准硬水：以含碳酸钙计，342 mg/L，其配制方法为：移取 68.5 mL A 溶液和 17.0 mL B 溶液于 1 000 mL烧杯中，加水 800 mL，滴加 0.1 mol/L 氢氧化钠溶液或 0.1 mol/L 盐酸溶液，调节 pH 为 6.0～7.0(用 pH 计测定)。将此溶液转移到 1 000 mL 容量瓶中，用水稀释至刻度，混匀。

硬水总硬度测定按 GB/T 5451—2001 中"附录 A"进行。

4.1.3 仪器

量筒：250 mL，带磨口玻璃塞，0～250 mL 刻度间距为 20.0 cm～21.5 cm，250 mL 刻度线与塞子底部之间距离应为 4 cm～6 cm；

玻璃吸管：长约 40 cm，内径约为 5 mm，一端尖处有约 2 mm～3 mm 的孔，管的另一端连接在相应的抽气源上；

恒温水浴：30℃±2℃，水浴液面应没过量筒颈部。

4.1.4 测定步骤

称取适量试样，精确至 0.000 2 g，置于盛有 50 mL 30℃ ±2℃标准硬水的 200 mL 烧杯中，用手摇荡作圆周运动，约每分钟 120 次，进行 2 min，将该悬浮液在同一温度的水浴中放置 13 min，然后用 30℃±2℃的标准硬水将其全部洗入 250 mL 量筒中，并稀释至刻度，盖上塞子，以量筒底部为轴心，将量筒在 1 min 内上下颠倒 30 次。打开塞子，再垂直放入无振动的恒温水浴中，避免阳光直射，放置 30 min。用吸管在 10 s～15 s 内将内容物的 9/10(即 225 mL)悬浮液移出，不要摇动或挑起量筒内的沉降物，确保吸管的顶端总是在液面下几毫米处。

按规定方法[1)] 测定试样和留在量筒底部 25 mL 悬浮液中的有效成分质量。

4.1.5 计算

试样中有效成分悬浮率 w_1(%)按式(1)计算：

$$w_1 = \frac{m_1 - m_2}{m_1} \times \frac{10}{9} \times 100 \qquad \cdots\cdots(1)$$

式中：

m_1——配制悬浮液所取试样中有效成分质量，单位为克(g)；

m_2——留在量筒底部 25 mL 悬浮液中有效成分质量，单位为克(g)；

$\frac{10}{9}$——换算系数。

4.2 方法 2

4.2.1 方法提要

用标准硬水将待测试样配制成适当浓度的悬浮液。在规定的条件下，于量筒中静置一定时间，测定底部十分之一悬浮液和沉淀物中有效成分质量，计算其悬浮率。

4.2.2 试剂和溶液

同 4.1.2。

1) 有效成分质量分数的测定应在产品标准中加以规定。

4.2.3 仪器

同 4.1.3。

4.2.4 测定步骤

将整瓶产品全部倒出，混合均匀。称取适量试样，精确至 0.000 2 g，置于盛有 100 mL 30℃±2℃标准硬水的量筒中，并用 30℃±2℃标准硬水稀释至刻度，盖上塞子，以量筒中部为轴心，将量筒在 1 min 内上下颠倒 30 次。打开塞子，再垂直放入无振动的恒温水浴中，避免阳光直射，放置 30 min。用吸管在 10 s～15 s 内将内容物的 9/10(即 225 mL)悬浮液移出，不要摇动或挑起量筒内的沉降物，确保吸管的顶端总是在液面下几毫米处。

按规定方法测定试样和留在量筒底部 25 mL 悬浮液中的有效成分质量。

4.2.5 计算

同 4.1.5。

4.3 方法 3

4.3.1 方法提要

用标准硬水将待测试样配制成适当浓度的悬浮液。在规定的条件下，于量筒中静置一定时间，测定底部十分之一悬浮液中残余物质量，计算其悬浮率。

4.3.2 试剂和溶液

同 4.1.2。

4.3.3 仪器

同 4.1.3。

4.3.4 测定步骤

称取适量试样，精确至 0.000 2 g，置于盛有 50 mL 一定温度标准硬水 30℃±2℃的 200 mL 烧杯中，用手摇荡作圆周运动，约每分钟 120 次，进行 2 min，将该悬浮液在同一温度的水浴中放置 4 min，然后用 30℃±2℃的标准硬水将其全部洗入 250 mL 量筒中，并稀释至刻度，盖上塞子，以量筒底部为轴心，将量筒在 1 min 内上下颠倒 30 次。打开塞子，再垂直放入无振动的恒温水浴中，避免阳光直射，放置 30 min。用吸管在 10 s～15 s 内将内容物的 9/10(即 225 mL)悬浮液移出，不要摇动或挑起量筒内的沉降物，确保吸管的顶端总是在液面下几毫米处。

将量筒底部 25 mL 悬浮液转移到培养皿，干燥至衡量，称量残余物质量。

4.3.5 计算

试样的悬浮率 w_2(%)按式(2)计算：

$$w_2 = \frac{m_1 - m_2}{m_1} \times \frac{10}{9} \times 100 \qquad \cdots\cdots(2)$$

式中：

m_1——配制悬浮液所取试样质量，单位为克(g)；

m_2——留在量筒底部 25 mL 悬浮液中残余物质量，单位为克(g)；

$\frac{10}{9}$——换算系数。

4.4 方法 4

4.4.1 方法提要

用标准硬水将待测试样配制成适当浓度的悬浮液。在规定的条件下，于量筒中静置一定时间，测定上部十分之九悬浮液中有效成分质量，计算其悬浮率。

4.4.2 试剂和溶液

同 4.1.2。

4.4.3 仪器

同 4.1.3。

4.4.4 测定步骤

称取适量试样，精确至 0.000 2 g，置于盛有 100 mL 30℃±2℃标准硬水的量筒中，并用 30℃±2℃标准硬水稀释至刻度，盖上塞子，以量筒底部为轴心，将量筒在 1 min 内上下颠倒 30 次。打开塞子，再垂直放入无振动的恒温水浴中，避免阳光直射，放置 30 min。用吸管在 10 s～15 s 内将内容物的 9/10(即 225 mL)悬浮液移出，不要摇动或挑起量筒内的沉降物，确保吸管的顶端总是在液面下几毫米处。

将移出的 9/10(225 mL)悬浮液混合均匀，用移液管准确移取悬浮液 1 mL，按规定方法测定有效成分质量。

4.4.5 计算

试样中有效成分悬浮率 w_3(%)按式(3)计算：

$$w_3 = \frac{m_2}{m_1} \times 250 \times 100 \qquad \cdots\cdots(3)$$

式中：

m_1——配制悬浮液所取试样中有效成分质量，单位为克(g)；

m_2——量筒底上部 225 mL 悬浮液中 1 mL 悬浮液的有效成分质量，单位为克(g)；

250——换算系数。

4.5 方法 5

4.5.1 方法提要

用标准硬水将待测试样配制成适当浓度的悬浮液。在规定的条件下，于量筒中静置一定时间，测定底部十分之一悬浮液中残余物质量，计算其悬浮率。

4.5.2 试剂和溶液

同 4.1.2。

4.5.3 仪器

同 4.1.3。

4.5.4 测定步骤

称取 A、B 两份试样各 5.0 g，相差小于 0.1 g，精确至 0.02 g，置于 2 个 200 mL 烧杯中，各加 50 mL，30℃±2℃标准硬水，用手以 120 r/min 速度作圆周运动，进行 2 min，分别将悬浮液转移至 250 mL量筒中，并用 100 mL，30℃±2℃的标准硬水分 3 次将残余物全部洗入量筒中，用 30℃±2℃的标准硬水稀释至刻度，盖上塞子，以量筒底部为轴心，将量筒在 1 min 内上下颠倒 30 次。将 A 试样，立即用吸管在 10 s～15 s 内将内容物的 9/10(即 225 mL)悬浮液移出，确保吸管的顶端总是在液面下几毫米处。将量筒底部 25 mL 悬浮液转移至 100 mL 已干燥至衡量的烧杯中，在 80℃～90℃的恒温水浴中除水至约 2 mL，加 1 mL 乙醇，继续在水浴中除水，直至衡量，称量残余物质量 m_1(精确至 0.002 g)。

将 B 试样量筒塞子打开，再垂直放入无振动的恒温水浴中，避免阳光直射，放置 30 min。用吸管在 10 s～15 s 内将内容物的 9/10(即 225 mL)悬浮液移出，不要摇动或挑起量筒内的沉降物，确保吸管的顶端总是在液面下几毫米处。量筒底部 25 mL 残余物处理同 A 试样，得残余物质量 m_2。

4.5.5 计算

试样的悬浮率 w_4(%)按式(4)计算：

$$w_4 = \frac{10m_1 - m_2}{10m_1} \times \frac{10}{9} \times 100 \qquad \cdots\cdots(4)$$

式中：

m_1——留在 A 筒底部 25 mL 悬浮液蒸发至衡量的质量，单位为克(g)；

m_2——留在 B 筒底部 25 mL 悬浮液蒸发至衡量的质量，单位为克(g)；

$\frac{10}{9}$——换算系数。

ICS 83.040.20
G 49

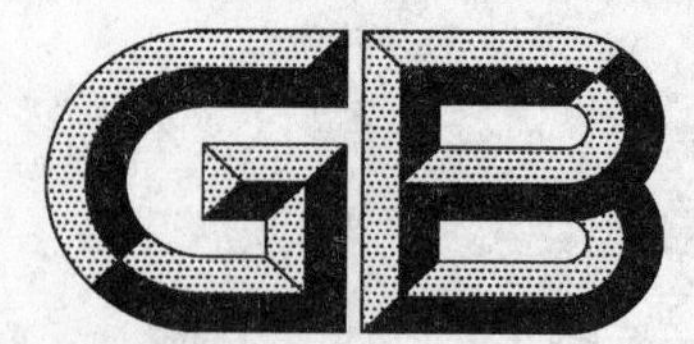

中华人民共和国国家标准

GB/T 14853.2—2006
代替 GB/T 14853.2—2002,GB/T 14853.3—2002

橡胶用造粒炭黑
第2部分:细粉含量和粒子磨损量的测定

Rubber compounding ingredients—Pelletized carbon black—
Part 2:Determination of fines content and pellet attrition

2006-08-01 发布 2007-01-01 实施

中华人民共和国国家质量监督检验检疫总局
中国国家标准化管理委员会 发布

前　言

GB/T 14853《橡胶用造粒炭黑》分为如下几个部分：

——第1部分：倾注密度的测定；

——第2部分：细粉含量和粒子磨损量的测定；

——第4部分：堆积强度的测定；

——第5部分：粒子尺寸分布的测定；

——第6部分：单个粒子破碎强度的测定。

本部分为GB/T 14853的第2部分。

本部分修改采用ASTM D1508:2002《造粒炭黑细粉含量和粒子磨损量的试验方法》(英文版)。

本部分代替GB/T 14853.2—2002《橡胶用造粒炭黑细粉含量的测定》和GB/T 14853.3—2002《橡胶用造粒炭黑粒子磨损量的测定》，因为国际上的发展原标准在技术上已过时。

本部分根据ASTM D1508:2002重新起草。为了方便，在资料性附录A中列出了本部分章条款与ASTM D1508:2002章条款的对照一览表。

由于我国法律要求和工业的特殊需要，本部分在采用ASTM D1508:2002时进行了修改。

本部分与ASTM D1508:2002的主要差异如下：

——引用了采用国际标准的我国标准，而非国际标准。这是为了适合我国国情。

——将ASTM D1508:2002中5.2试验筛规格的表述：筛网孔径125 μm(符合美国120号)、直径200 mm(8in)，筛高25 mm(1in)，或符合ASTM E11中技术规定，修改为适用于我国标准的表述：ϕ200×25—0.125/0.09 GB/T 6003.1中R40/3系列，6个。这是为了方便我国标准使用者。

——将ASTM D1508:2002中5.6的表述"样品缩分器"改为"样品缩分器：缩分器两边有6个或更多的平行沟槽，用来将炭黑样品分为两份"。这是为了增加可操作性。

——将ASTM D1508:2002中7.1的表述"A法—细粉含量的测定和B法—粒子磨损量的测定"修改为本部分的7.1"试样制备"。这是为了使标准整体结构更加清晰。

——ASTM D1508:2002中7.1.2规定称取25 g试样进行测试，本部分明确规定称取两份25 g试样进行测试。这是为了提高测试结果的准确性。

——将ASTM D1508:2002中7.1.5"启动振筛机，锤击振筛5 min"，修改为本部分的7.2.1。这是为了使分析步骤更加紧凑。

——删除了ASTM D1508:2002中第10章对精密度和偏差的具体描述，只保留了重复性和再现性的规定。这是为了使标准更加简洁、明了。

——删除了第11章"关键词"，这是为了使标准结构更加合理。

——增加了资料性附录A"本部分章条编号与ASTM D1508:2002章条编号对照"。为了方便标准使用者的使用。

本部分是对GB/T 14853.2—2002《橡胶用造粒炭黑细粉含量的测定》和GB/T 14853.3—2002《橡胶用造粒炭黑粒子磨损量的测定》的整合修改。

本部分与GB/T 14853.2—2002和GB/T 14853.3—2002相比主要变化如下：

——增加了意义和应用一章(本版的第4章)；

——增加了仲裁试验时试验筛放置的位置(本版的7.1.3的注)；

——精密度有了更严格的规定(2002年版的第8章；本版的第9章)；

——增加了资料性附录 A“本部分章条编号与 ASTM D1508:2002 章条编号对照”。

本部分的附录 A 为资料性附录。

本部分由中国石油和化学工业协会提出。

本部分由全国橡胶与橡胶制品标准化技术委员会炭黑分技术委员会(SAC/TC 35/SC 5)归口。

本部分起草单位:中橡集团炭黑工业研究设计院。

本部分主要起草人:聂素青、夏春山。

本部分所代替标准的历次版本发布情况为:

——GB/T 14853.2—1993、GB/T 14853.2—2002;

——GB/T 14853.3—1993、GB/T 14853.3—2002。

橡胶用造粒炭黑
第2部分:细粉含量和粒子磨损量的测定

警告——使用本部分的人员应有正规实验室工作的实践经验。本部分并未指出所有可能的安全问题。使用者有责任采取适当的安全和健康措施,并保证符合国家有关法规规定的条件。

1 范围

GB/T 14853的本部分规定了橡胶用造粒炭黑细粉含量(A法)和粒子磨损量(B法)的测定方法。

本部分适用于各类橡胶用造粒炭黑细粉含量和粒子磨损量的测定。

2 规范性引用文件

下列文件中的条款通过GB/T 14853的本部分的引用而成为本部分的条款。凡是注日期的引用文件,其随后所有的修改单(不包括勘误的内容)或修订版均不适用于本部分,然而,鼓励根据本部分达成协议的各方研究是否可使用这些文件的最新版本。凡是不注日期的引用文件,其最新版本适用于本部分。

GB 3778 橡胶用炭黑

GB/T 6003.1 金属丝编织网试验筛(GB/T 6003.1—1997,eqv ISO 3310-1:1990)

GB/T 8170 数值修约规则

3 方法提要

3.1 细粉含量:将炭黑试样倒入125 μm试验筛中并用机械振筛机振筛5 min,通过筛子的未成粒或粒子破碎了的炭黑占试样质量的百分数。

3.2 粒子磨损量:测定细粉含量后的样品,再继续振筛15 min,粒子再被破碎或被磨损的质量占试样质量的百分数。

4 意义和应用

4.1 细粉含量:造粒炭黑的细粉含量与散装时的流动性污染度有关,在某些情况下,还与粒子的分散水平有关。由于还有其他一些因素影响炭黑分散和运输,因此造粒炭黑细粉含量的技术要求必须按用户的要求确定。

4.2 粒子磨损量:通过测定细粉含量和粒子磨损量,可评价粒子稳定性和运输、装卸或搬运中粒子破碎和磨损情况。

5 仪器

5.1 机械振筛机,能匀速地转动,可同时对一叠直径为200 mm试验筛做捶击运动。转速为280 r/min～320 r/min,敲击频率为2.3 Hz～2.7 Hz(140～160次/min)。筛盖的中央固定一个软木塞(不能用橡胶或其他材料代替),木塞高出筛盖3 mm～9 mm。

5.2 试验筛,ϕ200×25-0.125/0.09 GB/T 6003.1中R40/3系列,6个。

5.3 试验筛接收盘,5个。

5.4 筛盖。

5.5 底部接收盘。

5.6 样品缩分器，缩分器两边有6个或更多的平行沟槽，用来将炭黑样品分为两份。

5.7 小铲或样品勺。

5.8 天平，精度为0.1 g。

6 采样

按GB 3778的规定进行采样。

7 分析步骤

7.1 试样制备

7.1.1 叠好6套筛组，每套筛组的筛子下接一个接收盘。

7.1.2 将炭黑样品通过样品缩分器(5.6)至少两次，用样品勺(5.7)从缩分器接收盘中小心地取出约25 g～28 g炭黑试样两份。准确称取每份试样25 g，精确到0.1 g。

注：不要直接从缩分器中倒出试样。因为在试样倒出时，大颗粒一般先倒出，小颗粒和细粉不易倒出，所以从容器中舀出炭黑是较好的方法。

7.1.3 将称好的炭黑分别转移到试验筛(5.2)中，并将试验筛组放入机械振筛机(5.1)内，且不宜放置过高，空筛应放在装有试样的试验筛组的上面。

注：装有炭黑的试验筛的位置会影响试验结果。放置得越高，试验结果越高。当用6组筛组合时，可对6份试样同时进行测试，以获得3组测试数据。仲裁试验用中间的位置，即第3和第4个筛网的位置。

7.1.4 盖好筛盖，紧固筛组以防有任何松动。

7.2 A法——细粉含量的测定

7.2.1 启动振筛机，捶击振筛5 min。

7.2.2 从振筛机中取出筛子和接收盘，收取并称量留在每个接收盘中的炭黑(此炭黑量即为细粉量)，精确到0.1 g。

注：如果仅测定粒子磨损量，弃去细粉量不称量。

7.2.3 如果仅测定细粉含量。倒空并清扫每个筛子以便于下一次试验。

注：如果还要测定粒子磨损量，则保留筛中的粒子并倒掉接收盘中的细粉量。继续B法中的步骤。

7.3 B法——粒子磨损量的测定

7.3.1 按原来叠放的顺序，重新叠起试验筛并将筛组放回振筛机，再捶击振筛15 min。

7.3.2 取出筛组，称量每个接收盘中炭黑的质量，精确到0.1 g。

7.3.3 清扫干净每个试验筛及筛底部接收盘以便于下一次试验。

8 结果计算

8.1 造粒炭黑细粉含量以质量分数F计，数值以10^{-2}或%表示，按式(1)计算：

$$F=\frac{W_F}{S}\times 100 \qquad (1)$$

式中：

W_F——捶击振筛5 min后，每个接收盘中炭黑的质量的数值，单位为克(g)；

S——炭黑试样的质量的数值，单位为克(g)。

8.2 造粒炭黑粒子磨损量以质量分数A计，数值以10^{-2}或%表示，按式(2)计算：

$$A=\frac{W_A}{S}\times 100 \qquad (2)$$

式中：

W_A——捶击振筛15 min后，每个接收盘中炭黑质量的数值，单位为克(g)；

S——炭黑试样的质量的数值，单位为克(g)。

8.3 计算结果比 GB 3778 中规定的有效位数增加一位，如有多次测量结果，取其平均值，然后按 GB/T 8170进行数值修约。

9 精密度

9.1 重复性：同一实验室两次测定结果之差细粉含量不大于平均值的 43.8 %，粒子磨损量不大于平均值的 36.7 %。

9.2 再现性：不同实验室两个测定结果之差细粉含量不大于平均值的 51.1 %，粒子磨损量不大于平均值的 84.8 %。

10 试验报告

试验报告包括下列项目：

a) 试样的标识和编号；

b) 试验依据的标准编号；

c) 试样的质量；

d) 试样的振筛时间；

e) 试验结果(均值或中位数、测试次数)；

f) 与本部分规定步骤的任何差异；

g) 在试验中观察到的异常现象；

h) 试验日期。

附　录　A
（资料性附录）
本部分章条编号与 ASTM D1508:2002 章条编号对照

表 A.1 给出了本部分章条编号与 ASTM D1508:2002 章条编号对照一览表。

表 A.1　本部分章条编号与 ASTM D1508:2002 章条编号对照

本部分章条编号	对应的国外先进标准章条编号
5.9	—
7.1	—
7.2.1	7.1.5
7.2.2	7.1.6
7.2.3	7.2.1
9	10 中表 1、表 2 的部分内容
10	9
附录 A	—
注：表中的章条以外的本部分其他章条编号与 ASTM D1508:2002 其他章条编号均相同且内容相对应。	

ICS 13.340.20
C 73

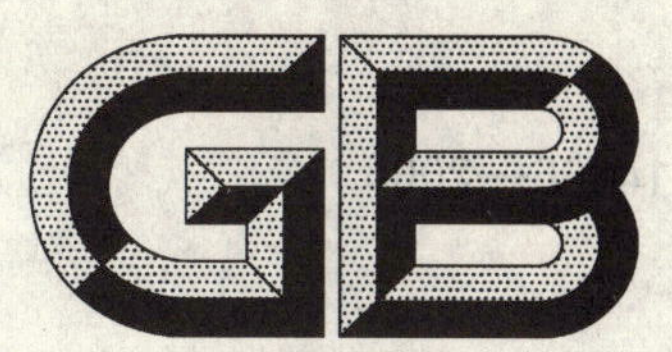

中华人民共和国国家标准

GB 14866—2006
代替 GB/T 14866—1993

个人用眼护具技术要求

The specifications for personal eye-protectors

2006-02-27 发布　　　　2006-12-01 实施

中华人民共和国国家质量监督检验检疫总局
中国国家标准化管理委员会　发布

前言

本标准在制定过程中主要参照了 ISO 4007:1977《个人用眼护具　词汇》、ISO 4849:1981《个人用眼护具　技术要求》、ISO 4854:1981《个人用眼护具　光学性能试验方法》、ISO 4855:1981《个人用眼护具　非光学性能试验方法》。另外有部分条款采用了欧洲标准和日本标准，如：

5.6.3 a)中滤光镜透射比相对误差项采用了 EN 166:2001《个人用眼护具　技术要求》的 7.1.5.2；

5.10 中有机镜片表面耐磨性能项采用了 JIS T 8147:2003《防护眼镜》的 5.1 e)；

5.11 中防高速粒子冲击性能项采用了 EN 166:2001《个人用眼护具　技术要求》的 7.2.2。

本标准由国家安全生产监督管理总局提出。

本标准由全国个体防护装备标准化技术委员会(CSBTS/TC 112)归口。

本标准起草负责单位：上海市劳动保护科学研究所。

本标准主要起草人：王桂芬、顾建栋、宋毅、唐一鸣。

本标准代替 GB/T 14866—1993《眼面护具通用技术条件》。

个人用眼护具技术要求

1 范围

本标准规定了个人用眼护具的技术性能要求及相应的试验方法。

本标准适用于除核辐射、X光、激光、紫外线、红外线及其他辐射以外的各类个人眼护具。

2 规范性引用文件

下列文件中的条款通过本标准的引用而成为本标准的条款。凡是注日期的引用文件，其随后所有的修改单(不包括勘误的内容)或修订版均不适用于本标准，然而，鼓励根据本标准达成协议的各方研究是否可使用这些文件的最新版本。凡是不注日期的引用文件，其最新版本适用于本标准。

GB/T 191 包装储运图示标志

GB/T 2428 成年人头面部尺寸

3 术语和定义

本标准采用以下定义。

3.1

眼护具 eye-protector

防御烟雾、化学物质、金属火花、飞屑和粉尘等伤害眼睛、面部的防护用品。

3.2

镜片 ocular

防御有害因素伤害眼部的各种透光构件。

3.3

眼镜 spectacle

镜架内装有镜片的眼护具。

3.4

眼罩 goggle

在头带框架内装有单片或双片镜片的眼护具。

3.5

面罩 face-shield

遮盖整个或部分面部的眼护具。

3.6

滤光镜 filter

能衰减入射光强度的镜片。

3.7

镜片水平基准长度 optical horizontal reference length

镜片顶部和底部之间的中心水平基准线长度。

3.8

镜片垂直高度 optical vertical height

垂直与镜片水平基准线的中心线长度。

3.9

镜片中心范围　optical central scope

距镜片边缘 5 mm 以内区域。

3.10

屈光度　refractive power

表征光学系统会聚或发散光束能力的量。其值为光学系统焦距的倒数。单位：1/m；符号：D。

3.11

棱镜度　depth of parallelism

通过一个光学系统，物体的视位移与该物体距离之比的 100 倍。单位：cm/m；符号：△。

3.12

透射比　transmission rate

透射光和入射光强度之比。

4　分类

4.1　眼护具类型

按外形结构进行分类，见表 1。

4.1.1　眼镜

4.1.2　眼罩

4.1.3　面罩

表 1　眼镜类型

<table>
<tr><td>名称</td><td colspan="6">样　型</td></tr>
<tr><td rowspan="2">眼镜</td><td colspan="3">普通型</td><td colspan="3">带侧光板型</td></tr>
<tr><td colspan="3"></td><td colspan="3"></td></tr>
<tr><td rowspan="2">眼罩</td><td colspan="3">开放型</td><td colspan="3">封闭型</td></tr>
<tr><td colspan="3">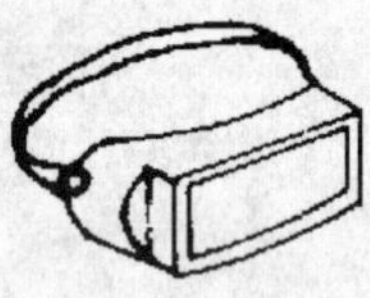</td><td colspan="3"></td></tr>
<tr><td rowspan="3">面罩</td><td>手持式</td><td colspan="2">头戴式</td><td colspan="2">安全帽与面罩组合</td><td rowspan="2">头盔式</td></tr>
<tr><td>全面罩</td><td>全面罩</td><td>半面罩</td><td>全面罩</td><td>半面罩</td></tr>
<tr><td></td><td></td><td>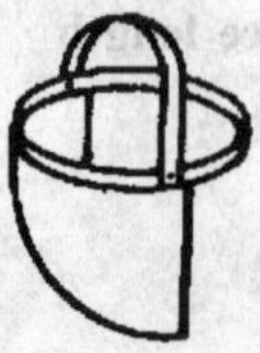</td><td></td><td></td><td></td></tr>
</table>

4.2 镜片类型

4.2.1 无机镜片

4.2.1.1 非钢化无机镜片

4.2.1.2 钢化无机镜片：通过物理或化学方法使其钢化。

注：由于制造工艺或后处理的结果，钢化镜片抗机械冲击性能比非钢化镜片要好，而且当镜片破裂时产生的尖利碎片比非钢化镜片少。

4.2.2 有机镜片

4.2.3 胶合镜片：由黏结剂将多层镜片粘合而成。

注：所有类型镜片都可继续细分滤光片类型。也可分为带矫正功能的镜片和不带矫正功能的镜片。也可在表面涂上涂层以获得其他功能。

4.3 眼护具的功能

眼护具的功能是提供保护以及对抗以下伤害：

——不同强度的冲击；

——可见光辐射；

——熔融金属飞溅；

——液体雾滴和飞溅；

——粉尘；

——刺激性气体

或这些类型伤害的任何组合，其基本技术性能参见附录A。

5 技术要求

5.1 材料

a) 佩戴者接触的部分不应使用会引起皮肤刺激的材料；

b) 防护部分的材料应满足其功能的需要。

5.2 结构

a) 表面光滑、无毛刺、无锐角或可能引起眼面部不舒适感的其他缺陷；

b) 应具有良好的透气性；

c) 可调零件或结构部件应易于调节和替换。

5.3 头箍

在与佩戴者接触的任一部分头箍至少应保持10 mm宽，头箍应能调节，选用的材料应质地柔软，经久耐用。

5.4 镜片规格

a) 单镜片：长×宽尺寸不小于：105 mm×50 mm；

b) 双镜片：圆镜片的直径不小于40 mm；成形镜片的水平基准长度×垂直高度尺寸不小于：30 mm×25 mm。

5.5 镜片的外观质量

镜片表面应光滑、无划痕、波纹、气泡、杂质或其他可能有损视力的明显缺陷。

5.6 光学性能

5.6.1 屈光度

镜片屈光度互差为$^{+0.05}_{-0.07}D$。

STANDARDS PRESS OF CHINA

5.6.2 棱镜度

a) 平面型镜片棱镜度互差不得超过0.125△;

b) 曲面型镜片的镜片中心与其他各点之间垂直和水平棱镜度互差均不得超过0.125△;

c) 左右眼镜片的棱镜度互差不得超过0.18△。

5.6.3 可见光透射比

a) 在镜片中心范围内,滤光镜可见光透射比的相对误差应符合表2所规定的范围。

表2 滤光镜可见光透射比相对误差

透射比值	相对误差/%
1～0.179	±5
0.179～0.085	±10
0.085～0.004 4	±10
0.004 4～0.000 23	±15
0.000 23～0.000 012	±20
0.000 012～0.000 000 23	±30

b) 无色透明镜片:可见光透射比应大于0.89。

5.7 抗冲击性能

用于抗冲击的镜片及眼护具,都应经受直径为22 mm、重约45 g钢球从1.3 m高度自由落下的冲击。

5.7.1 镜片

按6.2.1规定的方法测试后,不应发生下列缺陷:

a) 镜片破损:如镜片碎裂为二片或二片以上,或者从钢球冲击的另一表面脱落大于5 mg的碎片,或者钢球穿透镜片,则可认为该镜片已破损;

b) 镜片变形:经钢球撞击后,镜片背面的白纸上出现斑点,则可认为其变形。

5.7.2 眼护具

按6.2.2规定的方法测试后,不应发生下列缺陷:

a) 镜片破损:同5.7.1 a);

b) 镜片变形:同5.7.1 b);

c) 眼护具框架破损:经钢球撞击后,其分离成几个部分,或其不再具有装夹镜片的能力,则可认为其破损。

5.8 耐热性能

按6.3规定的方法测试后,应无异常现象出现。镜片的光学性能在5.6规定的范围内无变化。

5.9 耐腐蚀性能

按6.4规定的方法测试后,眼护具的所有金属部件应呈无氧化的光滑表面。

5.10 有机镜片表面耐磨性能

按6.5规定的方法测试后,镜片表面磨损率H应低于8%。

5.11 防高速粒子冲击性能

用于防护高速粒子冲击的眼护具应能承受直径为6 mm、重约0.86 g的钢球在以表3中给出速度的冲击。

防高速粒子冲击眼护具必须带有侧面防护。

表 3　防护要求

眼护具种类	钢球冲击速度		
	低速(L) $45^{+1.5}_{0}$ m/s	中速(M) 120^{+3}_{0} m/s	高速(H) 190^{+5}_{0} m/s
眼镜	+	不适用	不适用
眼罩	+	+	不适用
面屏	+	+	+

按 6.6 规定的方法测试后，不应发生下列缺陷：

a)　镜片破损：同 5.7.1 a)；

b)　镜片变形：同 5.7.1 b)；

c)　眼护具框架破损：同 5.7.2 c)；

d)　侧面防护失效：如果侧面防护部分碎裂为二个或更多部分，或让钢球完全穿透，或其部分或完全从眼护具脱离，或其零件部分脱离，则认为防护失效。

5.12　熔融金属和炽热固体防护性能

眼护具对眼部提供防护的所有零件的材料应为非金属或经过防熔融金属粘附及抗炽热固体穿透的处理。

a)　按 6.7.1 规定的方法测试后，若镜片无熔融金属粘附或破损，则此材料合格；

b)　按 6.7.2 规定的方法测试后，在 7 s 内没有发现钢球完全穿透镜片，则此材料合格。

5.13　化学雾滴防护性能

按 6.8 规定的方法测试后，若镜片中心范围内试纸无色斑出现，则认为合格。

5.14　粉尘防护性能

按 6.9 规定的方法测试后，若测试后与测试前的反射率比大于 80%，则认为合格。

5.15　刺激性气体防护性能

按 6.10 规定的方法测试后，若镜片中心范围内试纸无色斑出现，则认为合格。

6　技术性能试验方法

6.1　光学性能试验

6.1.1　屈光度

6.1.1.1　仪器

屈光度测试仪，精度为±0.01*D*。

6.1.1.2　试验方法

首先将要测试的镜片划出水平基准线和垂直基准线，确定出镜片中心，分别测试出镜片中心点、水平基准线上和垂直基准线上任一点的屈光度。

6.1.2　棱镜度

6.1.2.1　仪器

棱镜度测试仪。

6.1.2.2　试验方法

与 6.1.1.2 方法相同。

6.1.3　可见光透射比

6.1.3.1　仪器

分光光度计，精度为±1%。

6.1.3.2 试验方法

在规定的波长范围内，每隔 10 nm 测取镜片透射比的读数，计算出积分平均值。

6.2 抗冲击性能试验

6.2.1 镜片

6.2.1.1 试验装置

装置见图 1。基本结构可分上下二个部分，上半部是标高柱，与标高柱连接的部分是定位尺，并可任意调节，上下自由滑动；所需高度可用固定螺栓定位，定位尺的外端有一钢球投放孔，孔的中心对准测试样品的中心。下半部分为样品基座，有钢制圆筒和压圈组成，圆筒的内径比待测镜片的直径小5 mm，压圈的质量为 250 g，其内径与圆筒的内径相同，外径略大于圆筒。待测镜片的上、下两个表面各放有一厚度为 3 mm，布氏硬度为 40±5 的橡胶垫圈，其内径与圆筒相同。对于有曲率的镜片，则圆筒和压圈的曲率应分别与镜片的凹凸面相符。

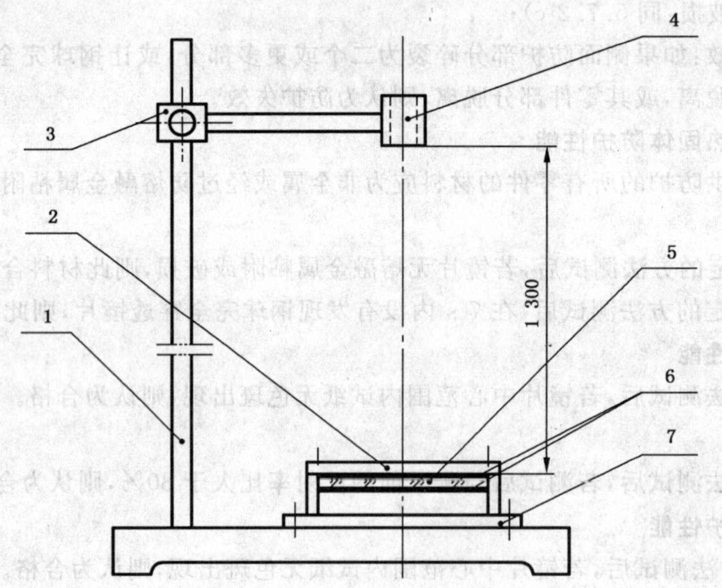

1——标高柱；
2——压圈；
3——定位支架；
4——钢球投放孔；
5——试样；
6——橡胶垫圈；
7——试样基座。

图 1 抗冲击性能试验装置(镜片)

6.2.1.2 试验步骤

把垫有橡胶垫圈的镜片安放在圆筒上，把一张白纸和复写纸衬于镜片下，复写纸位于镜片一侧，再用压圈和螺栓固定镜片的位置。调节装置到所需高度，并使钢球与圆筒中心相对，然后，不施加任何动能，使一直径为 22 mm、重约 45 g 的钢球从 1.3 m 高处垂直下落到待测镜片上。

6.2.1.3 试验温度要求

对于有机镜片或胶合镜片，测试温度在 23℃±3℃范围内；对于无机镜片，在正常的室温中进行。

6.2.2 眼护具

6.2.2.1 试验装置

试验装置见图 2。头模由硬木制成，水平放置在底座上，并用螺栓固定其位置。

注：本标准中测试用头模应符合 GB/T 2428 中成年男子头面部的尺寸要求。

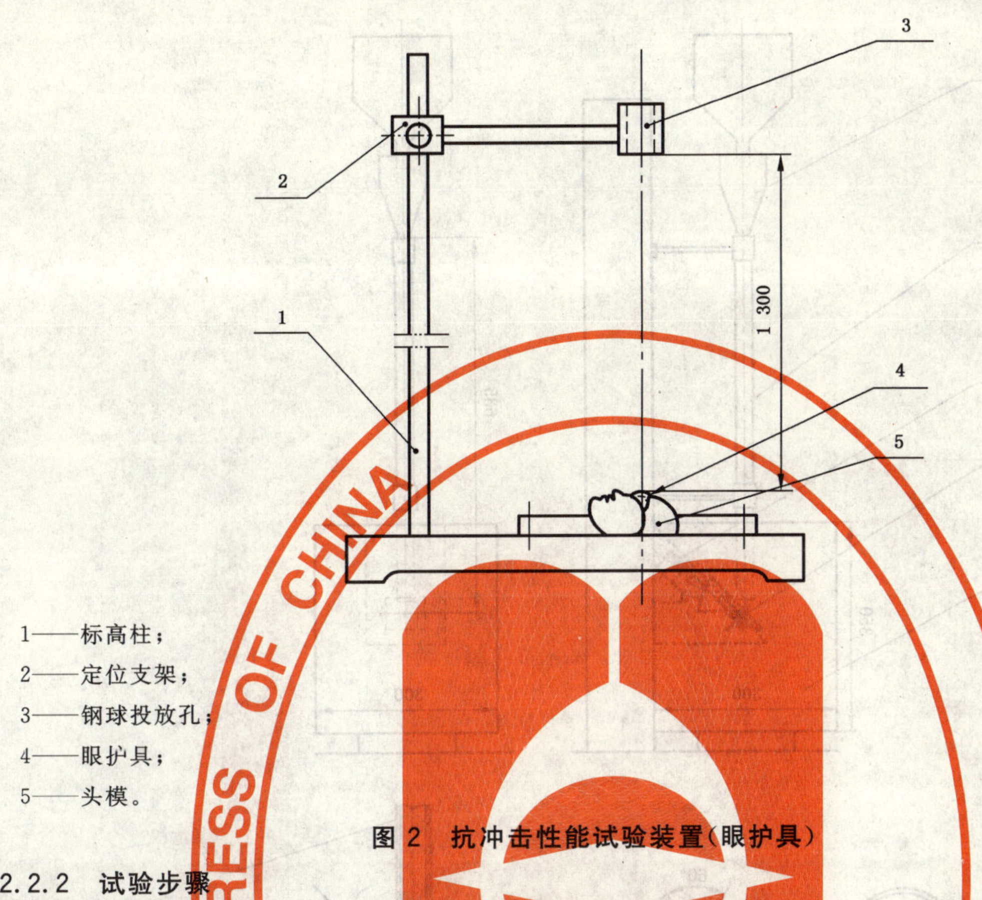

1——标高柱；

2——定位支架；

3——钢球投放孔；

4——眼护具；

5——头模。

图2 抗冲击性能试验装置(眼护具)

6.2.2.2 试验步骤

将待测眼护具按使用的正常位置戴在头模上。头模和眼护具间插入一张白纸和复写纸，白纸在头模一方，复写纸在镜片一方，钢球投放点在眼护具的正上方，着落点为：

a) 镜片中心 5 mm 范围内；

b) 框架鼻梁处；

c) 框架的二个铰链处。

6.2.2.3 试验温度要求

a) 在试验前把眼护具放入 55℃±2℃的恒温箱内，保温 1 h；

b) 在第二次试验前，把眼护具冷却到－5℃±2℃，并保温 1 h；对用于低温作业的眼护具，应冷却到－20℃±2℃，并保温 4 h。

试验应在完成保温后 30 s 内实施。

6.3 耐热性能试验

把试样放入温度为 67℃±2℃的水中，保温 3 min 后取出，立即放入 4℃以下的水中，取出后按 6.1 的方法对其进行光学性能试验。

6.4 耐腐蚀性能试验

测定眼护具金属组件的耐腐蚀性能，首先通过清除其粘附物，然后浸入质量分数 10%氯化钠沸水溶液，浸泡 15 min。从此溶液中取出，再浸入质量分数 10%氯化钠常温水溶液，浸泡 15 min，取出后勿擦除粘附液，放在室温下干燥 24 h，然后用温水洗清，并待其干燥。视表面有无氧化现象。

6.5 有机镜片表面耐磨性能试验

6.5.1 试验装置

试验装置由落砂试验装置(见图 3)和镜片表面磨损率测试仪(或雾度仪)组成。

STANDARDS PRESS OF CHINA

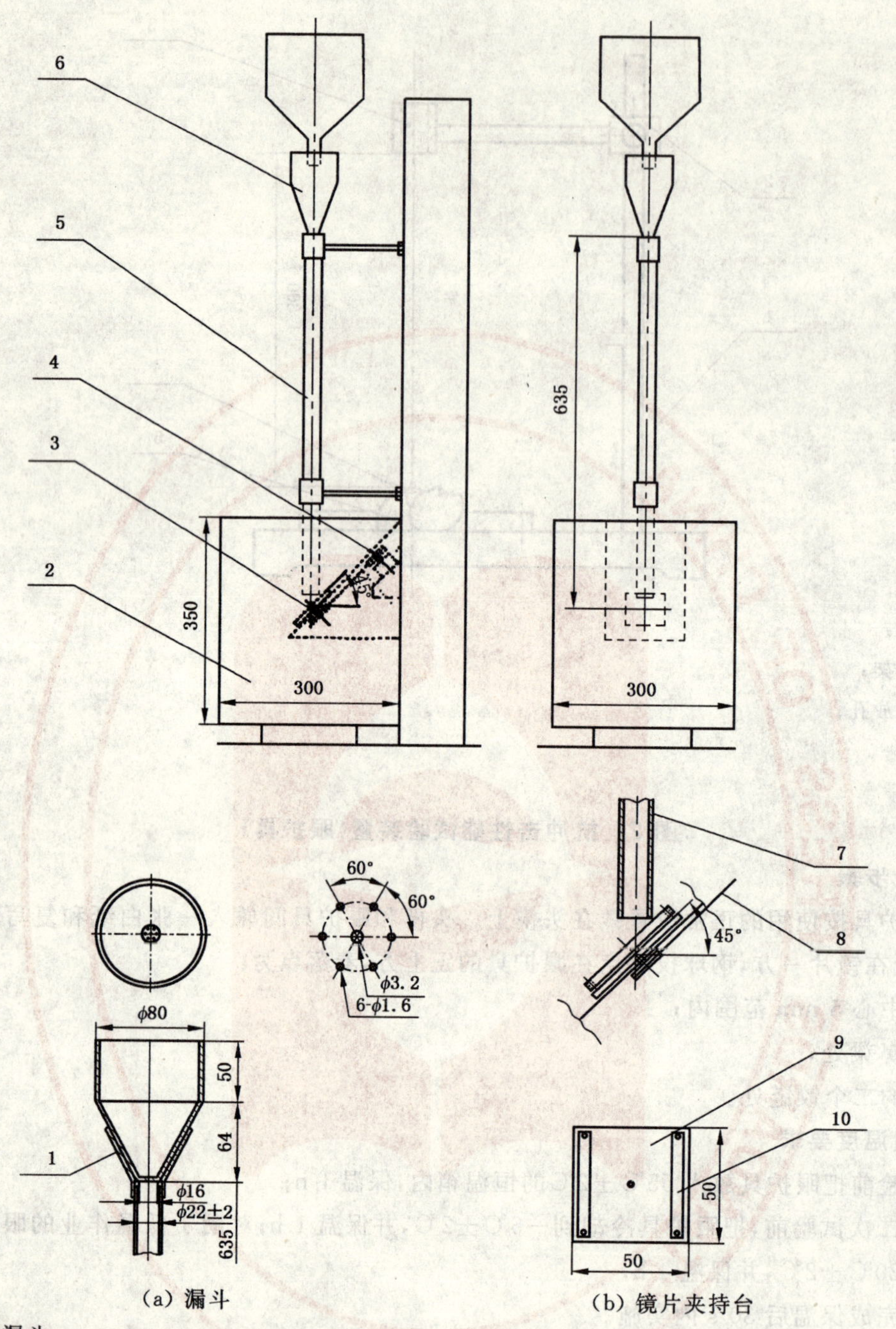

1——固定漏斗；

2——磨料承接箱；

3——镜片夹持台；

4——电动机；

5——导管；

6——漏斗；

7——导管；

8——皮带；

9——镜片夹持台；

10——夹具。

图 3　落砂试验装置

6.5.2 **试验步骤**

试验前，先测试样的雾度值，然后把试样装夹到图3所示的落砂试验机的转盘上，转盘转动时，落下磨料，清洗镜片表面后，再测定其雾度值，计算其表面磨损率 H。

镜片表面磨损率 H 的计算按式(1)进行：

$$H = \frac{T_d}{T_e} \times 100 \qquad \cdots\cdots(1)$$

式中：

H——镜片表面磨损率，%；

T_e——全透射率，为全透射光通量与入射光通量的比值；

T_d——散射光透射率。

散射光透射率按式(2)计算。

$$T_d = \frac{T_4 - T_3(T_2/T_1)}{T_1} \qquad \cdots\cdots(2)$$

式中：

T_d——散射光透射率；

T_1——入射光通量，%；

T_2——全透射光通量，%；

T_3——由于装置所引起的杂散光通量，%；

T_4——由于装置和镜片所引起的杂散光通量，%。

6.5.3 **试验条件**

(1) 磨料质量为 400 g；

(2) 磨料下落量每分钟约为 60 g～80 g；

(3) 磨料应垂直下落在镜片中心，并与镜片表面成 45°；

(4) 镜片夹的转速为 5 r/min；

(5) 磨料为人造金刚砂(SiC)，粒度为 125 μm 以上；

(6) 磨料每应用 10 次后，检验一次粒度，使其在规定的范围内。以使用 50 次为限度。

6.6 **防高速粒子冲击性能试验**

6.6.1 **试验装置**

装置由发射器、计时器和标准头模组成，见图4。

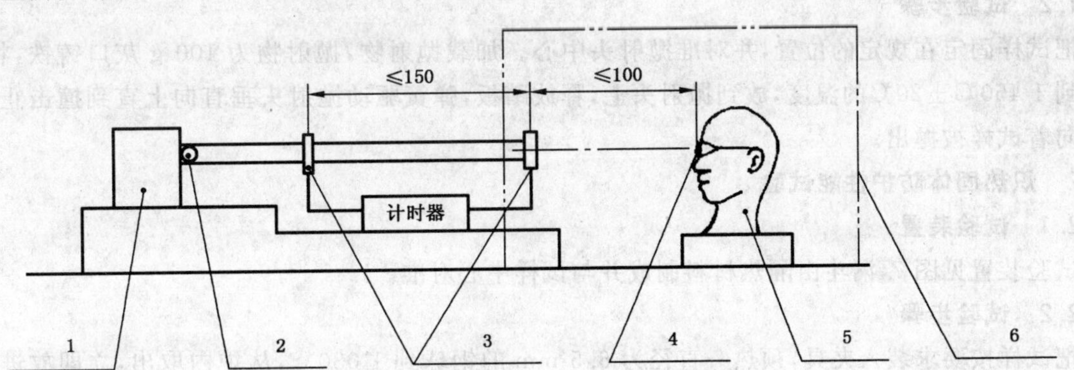

1——动力源；

2——钢球；

3——传感元件；

4——眼护具；

5——头模；

6——防护罩。

图4 抗高速粒子冲击试验装置

标准头模用金属制成,发射器主要由一适当尺寸的钢管组成,并能按表 2 速度发射直径为 6 mm 的钢球,钢球位于发射管的尾部,用弹簧或压缩空气提供动力,以保证钢球有一恒定的出射速度和撞击方向。计时器可由传感元件和计时器组成,并能记录钢球通过二传感元件的时间,单位为微秒级,传感元件的距离应不超过 150 mm,试样、钢球的弹着点周围都应密封,以防伤人。

6.6.2 **试验步骤**

将待测眼护具按正常使用要求置于标准头模上,眼护具头箍的松紧程度按制造厂说明书调节,用适当尺寸的复写纸和白纸插入镜片和头模之间(复写纸在眼护具的一方,白纸在头模的一方),眼护具和头模的组合装置位于发射器的正前方。从发射管的喷嘴到钢球撞击点的直线距离尽可能小,然后以选定的速度,对准双镜片眼护具的每一镜片中心发射钢球,单镜片眼护具的钢球撞击点处于镜片的中心水平线上,并与其垂直中线各相距 33 mm(见图 5)。发射方向应与眼护具镜片表面垂直。

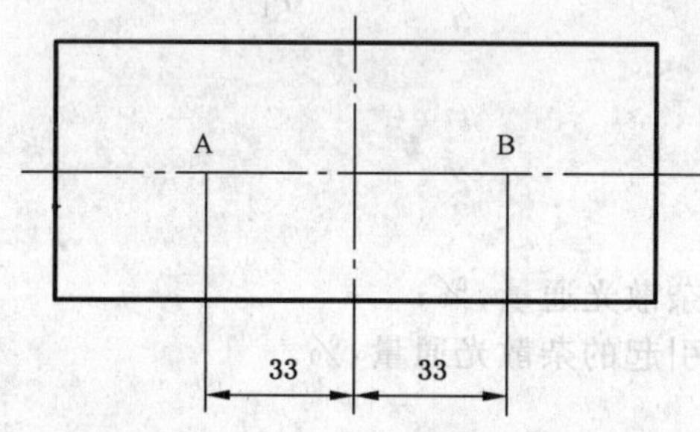

图 5 单镜片的钢球撞击点

6.7 熔融金属和炽热固体防护性能试验

6.7.1 熔融金属防护性能试验

6.7.1.1 **试验装置**

试验装置如图 6 所示。由一带有抛射头的弹簧加重的活塞组成,抛射头的中心凹陷,用来盛放熔融金属。一固定台架安装在抛射头的上面,其中心孔允许熔融金属通过。熔融金属向上抛射到镜片表面的额定距离为 250 mm。

6.7.1.2 **试验步骤**

把试样固定在规定的位置,并对准抛射头中心。加载抛射物,抛射物为 100 g 灰口铸铁,将抛射物加热到 1 450℃±20℃的温度,放到抛射头上,释放踏板,弹簧驱动抛射头垂直向上直到撞击止动板,抛射物向着试样被抛出。

6.7.2 炽热固体防护性能试验

6.7.2.1 **试验装置**

试验装置见图 7,漏斗由隔热材料制成并与试样中心对准。

6.7.2.2 **试验步骤**

把试样按要求装入夹具,预热一直径为 6.5 mm 的钢球到 1 030℃,从炉内取出,立即放进漏斗内,并开始记录试验时间。

6.8 化学雾滴防护性能试验

6.8.1 试验装置

6.8.1.1 用一块具有吸收性能的绒布覆盖头模,绒布的面积质量为 185 g/m²。

6.8.1.2 喷雾器:能产生细微微滴。

6.8.1.3 试纸:约 180 mm×100 mm 的白色吸水纸,浸入浓度为 0.1 mol/L 的碳酸钠溶液。

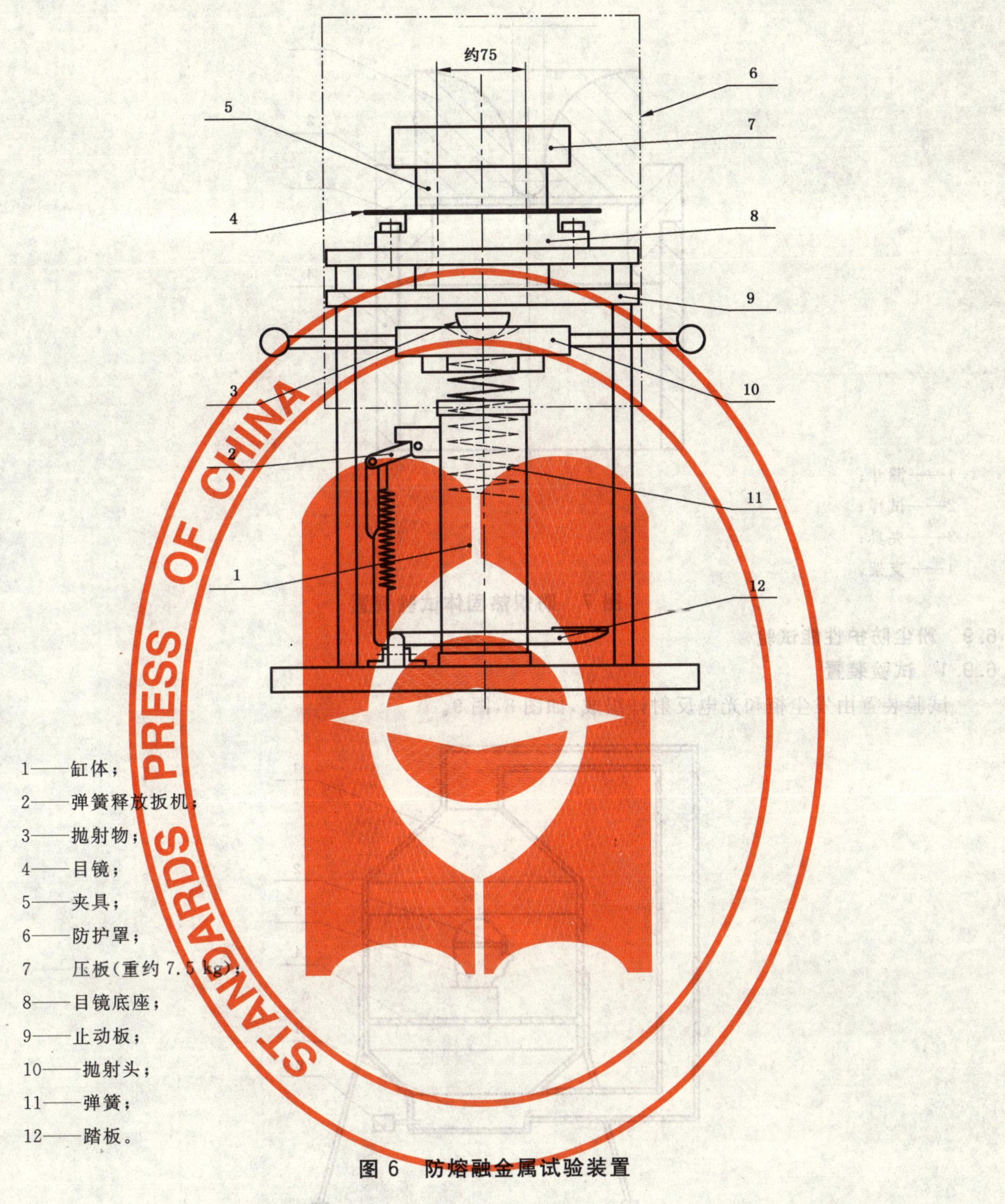

1——缸体；

2——弹簧释放扳机；

3——抛射物；

4——目镜；

5——夹具；

6——防护罩；

7——压板(重约7.5 kg)；

8——目镜底座；

9——止动板；

10——抛射头；

11——弹簧；

12——踏板。

图6 防熔融金属试验装置

6.8.1.4 试剂：将5 g酚酞溶解到500 mL的甲醇，再加500 mL的水，不断搅拌，滤去沉淀物，以获得1 L的试剂。

6.8.2 试验步骤

按正常要求将眼护具戴于头模上，在头模和眼护具间放入试纸。喷射试剂，水雾以20 mL/min～30 mL/min喷出，喷雾器和头模相隔600 mm，喷射时间约为10 s，从各个方向对头模进行喷射。然后，查看试样内试纸。

注：为安全起见，建议此项检测在防护罩内进行。

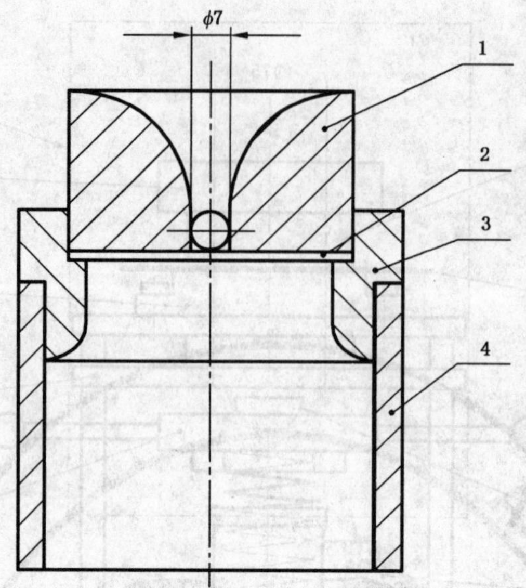

1——漏斗；
2——试样；
3——夹具；
4——支架。

图7　防炽热固体试验装置

6.9　粉尘防护性能试验

6.9.1　试验装置

试验装置由发尘柜和光电反射计组成，如图8，图9。

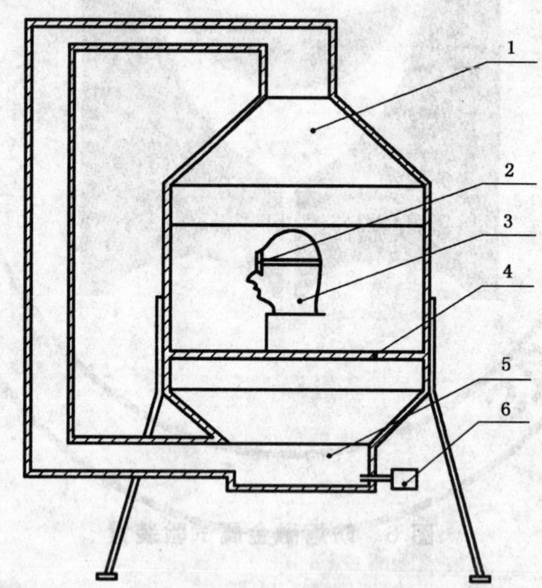

1——发尘柜(约560 mm×560 mm×560 mm)；
2——眼护具；
3——头模；
4——阻隔板；
5——粉尘收集装置；
6——空压机。

图8　发尘柜

6.9.1.1 发尘柜：内部尺寸为 560 mm×560 mm，下接一漏斗形底，要求密封，粉尘收集装置连接空气压缩机，其风量约为 2.8 m^3/min，压力为 2 255.5 Pa，以一个合适的搅拌器，使得从空压机里吹出的气流产生涡动。

6.9.1.2 试验粉尘：1 000 g 煤粉放进发尘箱，煤粉的粒径如表 4。

表 4 煤粉的粒径

滤网的额定网孔径/μm	通过的百分比/%
250	95
125	85
90	40

6.9.1.3 用一块有吸收性能的绒布覆盖头模，绒布的面积质量为 185 g/m^2，试样按要求固定在头模。绒布和试样间放一张潮湿白纸，在白纸上用铅笔标上直径为 57 mm 的 2 个圆，其中心的水平间距为 66 mm。

6.9.1.4 光电反射计：用于反射率的测量。

仪器组成：干涉片，透镜，水银灯（放置在透镜的焦点处）以及传感器，如图 9。

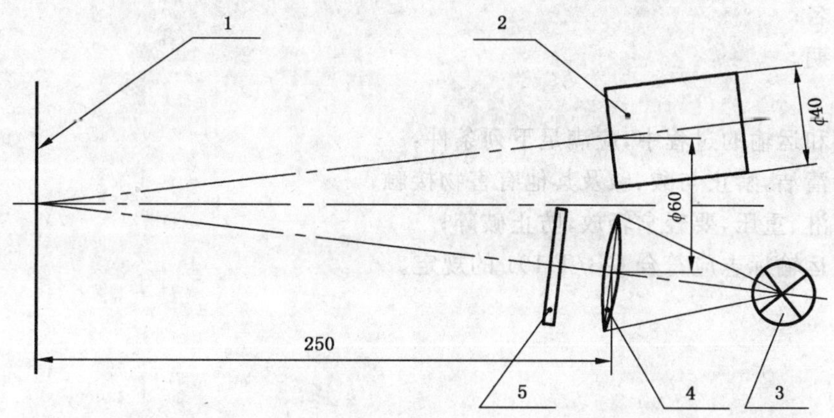

1——白纸；
2——传感器；
3——水银灯；
4——透镜；
5——干涉片（λ≈546 nm）。

图 9 光电反射计

6.9.2 试验步骤

粉尘试验前，先测试白纸的反射率。

然后将安装试样的头模放入发尘箱，关紧玻璃罩，开动空压机，保持 1 min，直到粉尘全部沉降，小心地取出白纸，测试其反射率，然后计算其粉尘试验前后的反射率比。

6.10 有刺激性气体防护性能试验

6.10.1 试验装置

6.10.1.1 试验柜：一个密封性良好的玻璃罩，其内部尺寸为 560 mm×560 mm，以及一个密封并装有铰链的盖。试验柜借助于鼓风机通气，鼓风机的风量为 1.4 cm^3/s，排气管接到外面大气中。

6.10.1.2 刺激性气体供给：采用氨气发生器，制取浓度约为 0.89 g/mL 的氨气溶液，氨气发生器与试验柜连接。

6.10.1.3 硝酸汞溶液：用 1 mL 的质量分数为 65%～68%浓硝酸与蒸馏水配制成 100 mL 硝酸溶液，然后加入 10 g 的硝酸汞粉末。

6.10.1.4 试纸：用 180 mm×100 mm 的白色吸水纸，无硫化物，浸入已配制成的硝酸汞溶液，然后放入试验柜内及头模和眼护具之间。

6.10.2 试验步骤

将具有良好吸附性能的绒布覆盖头模，绒布的面积质量为 185 g/m^2，以双层厚度放置。然后按要求把试样固定在头模上。在头模和眼护具之间放入试纸，将其放进毒气柜，试验柜内的氨气量由试纸控制。打开氨气发生器，将氨气注入试验柜，待柜中的试纸呈褐色时，关闭试验柜进气孔后，让试样在氨气中保留 5 min。待试验柜内的气体清除干净后，取出试样，同时查看试样内试纸。

7 包装、标志、储运

7.1 包装

产品应有合适的包装，并且必须附有产品合格证和使用说明书。

7.2 标志

在产品表面不妨碍视野的地方，应表示制造厂名或商标，在包装上应有下列标识：

1) 产品名称；
2) 功能标识；
3) 制造厂名；
4) 生产日期。

7.3 储运

产品在储藏和运输的过程中，应满足下列条件：

1) 应保持清洁，禁止与酸、碱及其他有害物接触；
2) 防止雨淋、重压，要轻拿轻放，防止破碎；
3) 包装箱运输标志应符合 GB/T 191 的规定。

附　录　A
（资料性附录）
眼护具在不同场合的应用

序号	技术要求		标识	标准条款	眼护具			试验方法（条款）	备　　注
					眼镜	眼罩	面罩		
1	光学性能			5.6	+	+	+	6.1	
2	抗冲击性能			5.7	+	+	+	6.2	
3	耐热性能			5.8	+	+	+	6.2	
4	耐腐蚀性能			5.9	+	+	+	6.4	适用于有金属部件的眼护具
5	有机镜片表面耐磨性能			5.10	+	+	+	6.5	适用于有机材料制成的眼护具
6	防高速粒子冲击性能	低速	L	5.11	+	+	+	6.6	冲击速度为 $45^{+1.5}_{0}$ m/s
		中速	M		0	+	+		冲击速度为 120^{+3}_{0} m/s
		高速	H		0	0	+		冲击速度为 190^{+5}_{0} m/s
7	熔融金属和炽热固体防护性能		9*	5.12	0	+	+	6.7	
8	化学雾滴防护性能		3	5.13	0	+	+	6.8	
9	粉尘防护性能		4	5.14	0	+	0	6.9	
10	刺激性气体防护性能		5	5.15	0	+	0	6.10	

注：
+——允许应用；
0——禁止应用。
*——9号镜框与印有9号码为L、M或H的镜片配合使用。

STANDARDS PRESS OF CHINA

ICS 93.080.30
R 87

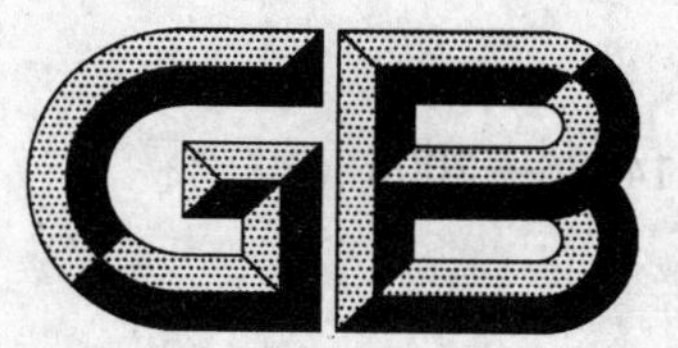

中华人民共和国国家标准

GB 14886—2006
代替 GB 14886—1994

道路交通信号灯设置与安装规范

Specification for setting and installation of road traffic signals

2006-06-19 发布　　　　2006-12-01 实施

中华人民共和国国家质量监督检验检疫总局
中国国家标准化管理委员会　发布

前　言

本标准的第 6 章、9.1.4、9.1.5.2、9.1.5.3、10.2.2 为强制性的，其余为推荐性的。

本标准代替 GB 14886—1994《道路交通信号灯安装规范》。

本标准与 GB 14886—1994 相比，主要内容变化如下：

——扩大了适用范围，明确了本标准适用于城市道路和公路平面交叉口、城市道路和公路路段、城市道路和公路与铁路平面交叉口处信号灯的安装(1994 版的第 1 章；本版的第 1 章)；

——细化了道路交通信号灯设置依据(本版的第 4 章)；

——增加了机动车信号灯和方向指示信号灯排列顺序(本版的 6.1)和需要单独控制左转非机动车情况下非机动车信号灯排列顺序(本版的 6.2.2)；

——增加了道路交通信号灯安装数量规定(本版的 7.1、7.2)；

——细化了道路交通信号灯安装位置规定(本版的 7.1、7.3～7.9)；

——修改并细化了道路交通信号灯安装高度和悬臂长度规定(本版的 7.10、7.11)；

——修改了道路交通信号灯安装方位规定(本版的第 8 章)，使之与 GB 14887《道路交通信号灯》相协调；

——增加了道路交通信号灯安装的设计和施工资质等方面的相关要求(本版的第 11 章)。

本标准的附录 C 为规范性附录，附录 A、附录 B、附录 D、附录 E、附录 F、附录 G 为资料性附录。

本标准第 6 章(信号灯排列顺序)的要求，自 2008 年 7 月 1 日起执行。

本标准由中华人民共和国公安部提出。

本标准由公安部道路交通管理标准化技术委员会归口。

本标准由公安部交通管理科学研究所负责起草。

本标准主要起草人：邱红桐、应朝阳、潘汉中、缪建新、郭永、祖永昶。

本标准所代替标准的历次版本发布情况为：

—— GB 14886—1994。

道路交通信号灯设置与安装规范

1 范围

本标准规定了道路交通信号灯(以下简称信号灯)的设置条件、安装方式、排列顺序、安装数量和位置、安装方位、信号灯杆件、电缆线敷设、设计和施工资质等方面的相关要求。

本标准适用于城市道路和公路平面交叉口(以下简称“路口”)、城市道路和公路路段(以下简称“路段”)、城市道路和公路与铁路平面交叉口(以下简称“道口”)处信号灯的安装。

2 规范性引用文件

下列文件中的条款通过本标准的引用而成为本标准的条款。凡是注日期的引用文件,其随后所有的修改单(不包括勘误的内容)或修订版均不适用于本标准,然而,鼓励根据本标准达成协议的各方研究是否可使用这些文件的最新版本。凡是不注日期的引用文件,其最新版本适用于本标准。

GB 14887 道路交通信号灯

GB/T 18226 高速公路交通工程钢构件防腐技术条件

GB 50220—1995 城市道路交通规划设计规范

3 术语和定义

下列术语和定义适用于本标准。

3.1

当量小汽车(PCU) passenger car unit

以4~5座的小客车为标准车,作为各种型号车辆换算道路交通量的当量车种。

[GB 50220—1995的2.0.5]。

注:换算系数参见附录A。

3.2

机动车信号灯 motorvehicle signals

由红色、黄色、绿色三个几何位置分立的无图案圆形单元组成的一组信号灯,指导机动车通行。

3.3

非机动车信号灯 non-motorvehicle signals

由红色、黄色、绿色三个几何位置分立的内有自行车图案的圆形单元组成的一组信号灯,指导非机动车通行。

注:左转非机动车信号灯,由红色、黄色、绿色三个几何位置分立的内有自行车和向左箭头图案的圆形单元组成的一组信号灯,指导左转非机动车通行。

3.4

人行横道信号灯 crosswalk signals

由几何位置分立的内有红色行人站立图案的单元和内有绿色行人行走图案的单元组成的一组信号灯,指导行人通行。

3.5

方向指示信号灯 direction signals

由红色、黄色、绿色三个几何位置分立的内有同向箭头图案的圆形单元组成的一组信号灯,用于指导某一方向上机动车通行。箭头方向向左、向上和向右分别代表左转、直行和右转。绿色箭头:表示车

STANDARDS PRESS OF CHINA

辆允许沿箭头所指的方向通行;红色或黄色箭头:表示仅对箭头所指方向起红灯或黄灯的作用。

3.6

车道信号灯　lane signals

由一个红色交叉形图案单元和一个绿色向下箭头图案单元组成的信号灯。红色交叉形表示本车道不准车辆通行;绿色向下箭头表示本车道准许车辆通行。

3.7

闪光警告信号灯　flash alarm signals

由一个黄色无图案圆形单元构成的信号灯。工作状态闪烁,表示车辆、行人通行时应注意瞭望,在确保安全后通过。

3.8

道口信号灯　intersection of road and railway signals

由两个或一个红色无图案圆形单元构成的信号灯。两个红灯交替闪烁或者一个红灯亮时,表示禁止车辆、行人通行;红灯熄灭时,表示允许车辆、行人通行。

3.9

基准轴　geometric axis

垂直于出光面的水平投影面并通过出光面几何中心的一条直线。

[GB 14887—2003 的 3.2]。

3.10

信号灯安装高度　installation height of signals

由信号灯的最低点至路面的垂直距离。

3.11

信号灯悬臂长度　cantilever length of signals

由信号灯灯杆立杆至信号灯最远点的距离。

4　信号灯设置条件

4.1　信号灯设置条件总则

4.1.1　信号灯设置时应考虑路口、路段和道口三种情况。

4.1.2　应根据路口形状、交通流量和交通事故状况等条件,确定路口信号灯的设置。

可设置专用于指导公共交通车辆通行的信号灯及相应配套设施。

4.1.3　应根据路段交通流量和交通事故状况等条件,确定路段信号灯的设置。

4.1.4　在道口处,应设置道口信号灯。

4.1.5　在设置信号灯时,应配套设置相应的道路交通标志、道路交通标线和交通技术监控设备。

4.2　路口信号灯设置

路口按形状主要可分为:十字形、斜交、T 形、Y 形、错位 T 形、错位 Y 形、多路、环形路口。

4.2.1　十字形路口、斜交路口、T 形路口、Y 形路口

——当相交的两条道路均为干路时,应设置信号灯。

——当相交的两条道路中有一条为支路时,应根据交通流量(详见 4.3)和交通事故状况等条件,确定是否设置信号灯。

注 1:本标准中的干路指在设计速度、机动车车道条数、道路宽度和断面形式等方面符合 GB 50220—1995 第 7 章规定的快速路、主干路、次干路(大中城市)和干路(小城市),以及双向四车道以上(含)的公路。

注 2:本标准中的支路指在设计速度、机动车车道条数、道路宽度和断面形式等方面符合 GB 50220—1995 第 7 章规定的支路和以下道路,以及双向四车道以下的公路。

4.2.2　错位 T 形路口

——错位间距小于 50 m 时,可视为一个十字路口或斜交路口,按 4.2.1 设置信号灯。

——错位间距大于 50 m 时，可视为两个 T 形路口，分别按 4.2.1 设置信号灯。

注：错位间距指两条错位道路相邻的路缘线间距离。

4.2.3 错位 Y 形路口、多路路口

应进行合理交通渠化后，根据交通流量和交通事故状况等条件确定信号灯的设置。

4.2.4 环形路口

应根据环形路口通行能力、交通流量和交通事故状况等条件确定信号灯的设置。

4.3 用于路口指导机动车通行的信号灯设置的交通流量条件

4.3.1 机动车高峰小时流量条件

路口机动车高峰小时流量超过表 1 所列数值时，应设置信号灯。

表 1 路口机动车高峰小时流量

主要道路单向车道数/条	次要道路单向车道数/条	主要道路双向高峰小时流量/(PCU/h)	流量较大次要道路单向高峰小时流量/(PCU/h)
1	1	750	300
		900	230
		1 200	140
1	≥2	750	400
		900	340
		1 200	220
≥2	1	900	340
		1 050	280
		1 400	160
≥2	≥2	900	420
		1 050	350
		1 400	200

注 1：主要道路指两条相交道路中流量较大的道路。

注 2：次要道路指两条相交道路中流量较小的道路。

注 3：车道数以路口 50 m 以上的渠化段或路段数计。

注 4：在无专用非机动车道的进口，应将该进口进入路口非机动车流量折算成当量小汽车流量并统一考虑。

注 5：在统计次要道路单向流量时应取每一个流量统计时间段内两个进口的较大值累计。

4.3.2 任意连续 8 h 的机动车小时流量条件

即路口任意连续 8h 的机动车平均小时流量超过表 2 所列数值时，应设置信号灯。

表 2 路口任意连续 8 h 机动车小时流量

主要道路单向车道数/条	次要道路单向车道数/条	主要道路双向任意连续 8 h 平均小时流量/(PCU/h)	流量较大次要道路单向任意连续 8 h 平均小时流量/(PCU/h)
1	1	750	75
		500	150
1	≥2	750	100
		500	200

表 2（续）

主要道路单向车道数/条	次要道路单向车道数/条	主要道路双向任意连续 8 h 平均小时流量/（PCU/h）	流量较大次要道路单向任意连续 8 h 平均小时流量/（PCU/h）
≥2	1	900	75
		600	150
≥2	≥2	900	100
		600	200

4.4　路口非机动车信号灯设置

对于机动车单行线上的交叉口，在与机动车交通流相对的进口应设置非机动车信号灯。

非机动车驾驶人在路口距停车线 25 m 范围内不能清晰视认用于指导机动车通行的信号灯的显示状态时，应设置非机动车信号灯。

其他特殊情况下，如通过交通组织仍不能解决机动车与非机动车冲突，宜设置非机动车信号灯。

4.5　路口人行横道信号灯设置

在采用信号控制的路口，已施划人行横道标线的，应相应设置人行横道信号灯。

4.6　路口方向指示信号灯设置原则

在有专用转弯机动车道的路口，若采用多相位的相位设置方式，应设置方向指示信号灯。

在全天 24 h 均不采用多相位的相位设置方式的路口，不应设置方向指示信号灯。

4.7　车道信号灯设置

在可变车道入口和路段、隧道、收费站等地，应设置车道信号灯。

在城市快速路进出口等地视实际情况可设置车道信号灯。

4.8　闪光警告信号灯设置

在需要提示驾驶人和行人注意瞭望、确认安全后通过处，宜设置闪光警告信号灯。

4.9　路口信号灯设置的交通事故条件

4.9.1　对 3 年内平均每年发生 5 次以上交通事故的路口，从事故原因分析通过设置信号灯可避免发生事故的，应设置信号灯。

4.9.2　对 3 年内平均每年发生一次以上死亡交通事故的路口，应设置信号灯。

4.10　路口信号灯设置的综合条件

4.10.1　当表 1、表 2 和 4.9 中，有两个或两个以上条件达到 80%时，路口应设置信号灯。

4.10.2　在不具备上述条件但有特别要求的路口，如常用警卫工作路线上的路口、交通信号控制系统协调控制范围内的路口等，可设置信号灯。

4.11　路段人行横道信号灯和机动车信号灯设置的流量条件

双向机动车车道数达到或多于 3 条，双向机动车高峰小时流量超过 750 PCU 及 12 h 流量超过 8 000 PCU的路段上，当通过人行横道的行人高峰小时流量超过 500 人次时，应设置人行横道信号灯和相应的机动车信号灯。

注：对于机动车单行路，车道数按允许通行方向车道数统计，机动车高峰小时流量按允许通行方向流量统计。

5　信号灯安装方式

信号灯安装方式种类如下：

——悬臂式，参见附录 B 中图 B.1、图 B.2、图 B.3、图 B.4 要求；

——柱式，参见附录 B 中图 B.5 要求；

——门式，参见附录 B 中图 B.6 要求；

——附着式，参见附录 B 中图 B.7 要求；

——中心安装式，如采用一根长至路口中心悬臂上安装控制多个方向信号灯或将信号灯安装于路口中心岗亭上等方式。

6 信号灯排列顺序

6.1 机动车信号灯和方向指示信号灯排列顺序

机动车信号灯和方向指示信号灯各种排列顺序、说明和图示见表3。

表3 机动车信号灯和方向指示信号灯排列顺序、说明和图示

<table>
<tr><th>序号</th><th>排列顺序</th><th>说明</th><th>图示</th></tr>
<tr><td>1</td><td>竖向安装，从上向下应为红、黄、绿</td><td rowspan="2">用于两相位的相位设置方式</td><td>附录C中图C.1</td></tr>
<tr><td>2</td><td>横向安装，由左至右应为红、黄、绿</td><td>附录C中图C.2</td></tr>
<tr><td>3</td><td>竖向安装，分为3组。
左边一组为左转方向指示信号灯，从上向下应为红、黄、绿；
中间一组为机动车信号灯，从上向下应为红、黄、绿；
右边一组为右转方向指示信号灯，从上向下应为红、黄、绿</td><td>左转方向指示信号灯的绿灯亮，机动车信号灯的红灯亮，右转方向指示信号灯的红灯亮表示：左转方向可通行，直行和右转禁行；
左转方向指示信号灯的红灯亮，机动车信号灯的绿灯亮，右转方向指示信号灯的红灯亮表示：直行方向可通行，左转和右转禁行；
方向指示信号灯中绿色发光单元不得与机动车信号灯中绿色发光单元同亮；
允许左转方向指示信号灯中所有发光单元均都不亮，此时相当于5；
允许右转方向指示信号灯中所有发光单元均都不亮，此时相当于4；
允许左转和右转方向指示信号灯中所有发光单元均都不亮，此时相当于1</td><td>附录C中图C.3</td></tr>
<tr><td>4</td><td>竖向安装，分为2组，左边一组为左转方向指示信号灯，从上向下应为红、黄、绿，右边一组为机动车信号灯，从上向下应为红、黄、绿</td><td>左转方向指示信号灯的绿灯亮，机动车信号灯中红灯亮表示：左转方向可通行，直行禁行，右转弯的车辆在不妨碍被放行的车辆、行人通行的情况下，可以通行；
左转方向指示信号灯的红灯亮，机动车信号灯的绿灯亮表示直行和右转方向可通行，左转禁行；
方向指示信号灯中绿色发光单元不得与机动车信号灯中绿色发光单元同亮；
允许左转方向指示信号灯中所有发光单元均都不亮，此时相当于1</td><td>附录C中图C.4</td></tr>
<tr><td>5</td><td>竖向安装，分为2组，左边一组为机动车信号灯，从上向下应为红、黄、绿，右边一组为右转方向指示信号灯，从上向下应为红、黄、绿</td><td>用于需要单独控制右转的路口；
方向指示信号灯中绿色发光单元不得与机动车信号灯中绿色发光单元同亮；
允许右转方向指示信号灯中所有发光单元均都不亮，此时相当于1</td><td>附录C中图C.5</td></tr>
<tr><td>6</td><td>采用左、直、右3组方向指示信号灯，竖向安装，信号灯排列顺序由上向下应为红、黄、绿</td><td rowspan="2">若夜间或其他时段采用两相位的相位设置方式时，不宜采用此种排列顺序</td><td>附录C中图C.6</td></tr>
<tr><td>7</td><td>采用左、直、右三组方向指示信号灯，横向安装，信号灯排列顺序由左至右应为红、黄、绿</td><td>附录C中图C.7</td></tr>
</table>

STANDARDS PRESS OF CHINA

6.2 非机动车信号灯的灯色排列顺序

6.2.1 不需要单独控制左转非机动车交通流时，竖向安装，信号灯灯色排列顺序由上向下应为红、黄、绿。

6.2.2 需要单独控制左转非机动车交通流时，竖向安装，分为两组。左边一组为左转非机动车信号灯，由上向下应为红、黄、绿；右边一组为非机动车信号灯，由上向下应为红、黄、绿，见图 C.8。

6.3 人行横道信号灯的灯色排列顺序

人行横道信号灯应采用竖向安装。信号灯灯色排列顺序应为上红、下绿。

7 信号灯安装数量和位置

7.1 基本原则

7.1.1 对应于路口某进口，可根据需要安装一个或多个信号灯组。

注：信号灯组指用于指导路口某进口所有机动车交通流通行的信号灯的最小集合。

7.1.2 信号灯可安装在出口左侧、出口上方、出口右侧、进口左侧、进口上方和进口右侧。若只安装一个信号灯组，应安装在出口处。

7.1.3 至少有一个信号灯组的安装位置能确保，在该信号灯组所指示的车道上的驾驶人，位于表 4 规定的范围内时均能清晰观察到信号灯。若不能确保驾驶人在该范围内能清晰观察到信号灯显示状态时，应设置相应的警告标志。

表 4 交叉口视距要求

道路设计车速/(km/h)	30	40	50	60	70	80
距停车线最小距离/m	50	65	85	110	140	165

7.1.4 悬臂式机动车灯杆的基础位置(尤其悬臂背后)应尽量远离电力浅沟、窨井等，同时与路灯杆、电杆、行道树等相协调。

7.1.5 设置的信号灯和灯杆不应侵入道路通行净空限界范围。

7.2 信号灯安装数量

7.2.1 当进口停车线与对向信号灯的距离大于 50 m 时，应在进口处增设至少一个信号灯组；当进口停车线与对向信号灯的距离大于 70 m 时，对向信号灯应选用发光单元透光面尺寸为 ϕ400 mm 的信号灯。

7.2.2 安装在出口处的信号灯组中某组信号灯指示车道较多，所指示车道从停车线至停车线后 50 m 不在以下 3 种范围内时，应相应增加一组或多组信号灯：

——无图案宽角度信号灯基准轴左右各 10°(参见附录 D 中图 D.1 和图 D.2)；

——无图案窄角度信号灯基准轴左右各 5°；

——图案指示信号灯基准轴左右各 10°。

7.3 机动车信号灯和方向指示信号灯安装位置

7.3.1 没有机动车道和非机动车道隔离带的道路，对向信号灯灯杆宜安装在路缘线切点附近。当道路较宽时，可采用悬臂式安装在道路右侧人行道上(参见附录 E 中图 E.1)，也可根据需要在左侧人行道上增设一个信号灯组；当道路较窄时(机非道路总宽 12 m 以下)时，可采用柱式安装在道路两侧人行道上(参见附录 E 中图 E.2)。当进口停车线与对向信号灯的距离大于 50 m 时，应在进口停车线附近增设一个信号灯组(参见附录 E 中图 E.3)。

7.3.2 设有机动车道和非机动车道隔离带的道路，在隔离带的宽度允许情况下，对向信号灯灯杆宜安装在机非隔离带缘头切点向后 2 m 以内。当道路较宽时，可采用悬臂式安装在右侧隔离带(参见附录 E 中图 E.4)，也可根据需要在左侧机非隔离带内增设一个信号灯组；当道路较窄时(机动车道路宽 10 m 以下)时，可采用柱式安装在两侧隔离带内(参见附录 E 中图 E.5)。当停车线与对向信号灯的距离大于

50 m 时，应在进口隔离带内增设一个信号灯组(参见附录 E 中图 E.6)。若隔离带宽度较小，不能安装信号灯杆，则按 7.3.1 规定安装。

7.3.3 立交桥桥跨处信号灯安装在桥体上或进口车道右侧。如立交桥下有二次停车线的，应在立交桥另一侧增设一个信号灯组(参见附录 E 中图 E.7)。

7.3.4 环形路口设置信号灯对进出环岛的车辆进行控制，在环岛内设置 4 个信号灯组分别指示进入环岛的机动车，在环岛外层设置 4 个信号灯组分别指示出环岛的机动车。(参见附录 E 中图 E.8 和图 E.9)。

7.3.5 左弯待转区信号灯的设置

桥下路口或较大的平交路口划有左弯待转区时，如果进入左弯待转区的车辆不容易观察到本方位的对向信号灯的变化时，宜在另一方位的对向增设一个左转方向指示信号灯组(参见附录 E 中图 E.10 和图 E.11)。

7.3.6 有机动车右转导流岛的右转方向指示信号灯的设置

可在右转导流岛上安装右转方向指示信号灯(参见附录 E 中图 E.12)。

7.4 非机动车信号灯安装位置

7.4.1 没有机动车道和非机动车道隔离带的道路，非机动车信号灯宜采用附着式安装在指导机动车通行的信号灯灯杆上(参见附录 E 中图 E.13)。

7.4.2 指导机动车通行的信号灯灯杆安装在出口右侧机动车道和非机动车道隔离带上时，若隔离带宽度小于 2 m，非机动车道信号宜采用附着式安装在指导机动车通行的信号灯灯杆上(参见附录 E 中图 E.14)；若隔离带宽度大于 2 m、小于 4 m，可借用指导机动车通行的信号灯灯杆采用悬臂式安装非机动车信号灯(参见附录 E 中图 E.15)，此时安装高度与指导机动车通行的信号灯相同；若隔离带宽度大于 4 m，应单独设立非机动车信号灯灯杆，该非机动车信号灯灯杆应采用柱式安装在对向右侧距路缘的距离为 0.8 m 至 2 m 的人行道上(参见附录 E 中图 E.16)。

7.4.3 当非机动车停车线与对向非机动车信号灯的距离大于 50 m 时，应在进口增设一个非机动车信号灯组，可安装在进口停车线前 0.8 m 至 2 m 处右侧距路缘的距离为 0.8 m 至 2 m 的人行道上或非机动车道左侧的机非隔离带内(参见附录 E 中图 E.17 和图 E.18)。

7.4.4 在设置有物理导流岛的路口，可将非机动车信号灯灯杆安装在导流岛上(参见附录 E 中图 E.19)。在设置有标线导流岛的路口，视具体情况可将非机动车信号灯灯杆安装在导流岛上。

7.4.5 立交桥下非机动车信号灯安装在桥体上，立交桥另一侧应增设一个非机动车信号灯组(参见附录 E 中图 E.20)。

7.5 人行横道信号灯安装位置

7.5.1 人行横道信号灯应安装在人行横道两端内沿或外沿线的延长线、距路缘的距离为 0.8 m 至 2 m 的人行道上，采取对向灯安装(参见附录 E 中图 E.21)。

7.5.2 允许行人等候的导流岛面积较大时，应在导流岛上安装人行横道信号灯(参见附录 E 中图 E.22)。

7.5.3 具有中心隔离带(含立交桥下)的路口，隔离带宽度大于 1.5 m 的，应在隔离带上增设人行横道信号灯(参见附录 E 中图 E.23)。

7.5.4 在盲人通行较为集中的路段，人行横道信号灯应当设置声响提示装置。

7.5.5 采用行人按钮时，行人按钮安装高度宜在 1.2 m～1.5 m 范围内。

7.6 车道信号灯安装位置

应正对所控的车道。

7.7 闪光警告信号灯安装位置

一般采用悬臂式安装在需要提示驾驶人和行人注意瞭望、确认安全后再通过处路侧。

7.8 道口信号灯安装位置

一般采用柱式安装在道口前路侧。

7.9 畸形路口或以上未列举情况

畸形路口或以上未列举情况信号灯的安装位置可参照 7.1 规定因地制宜地选择。

7.10 信号灯安装高度

7.10.1 机动车信号灯、方向指示信号灯、闪光警告信号灯和道口信号灯

采用悬臂式安装时,高度 5.5 m 至 7 m;

采用柱式安装时,高度不应低于 3 m;

安装于立交桥体上时,不得低于桥体净空。

7.10.2 非机动车道信号灯

安装高度为 2.5 m 至 3 m,在借用指导机动车通行信号灯灯杆采用悬臂式安装非机动车信号灯情况下,应符合 7.4.2 要求。

7.10.3 人行横道信号灯

安装高度为 2 m 至 2.5 m。

7.10.4 车道信号灯

安装高度 5.5 m 至 7 m;

安装于立交桥体上时,不得低于桥体净空。

7.10.5 道口信号灯

高度不应低于 3 m。

7.11 信号灯悬臂长度

7.11.1 机动车信号灯、方向指示信号灯、车道信号灯、闪光警告信号灯悬臂长度最长不应超过最内侧车道中心,最短不小于最外侧车道中心。

7.11.2 非机动车信号灯悬臂长度应保证非机动车信号灯位于非机动车道上空。

8 信号灯安装方位

8.1 指导机动车通行信号灯的安装方位,应使信号灯基准轴与地面平行,基准轴的垂面通过所控机动车道停车线后 60 m 处中心点(参见附录 F 中图 F.1)。

8.2 非机动车信号灯的安装方位,应使信号灯基准轴与地面平行,基准轴的垂面通过所控非机动车道停车线中心点。

8.3 人行横道信号灯的安装方位,应使信号灯基准轴与地面平行,基准轴的垂面通过所控人行横道边界线中点。

9 信号灯杆件

钢质灯杆、法兰盘、地脚螺栓、螺母、垫片、加强筋等金属构件及悬臂、支撑臂、拉杆、抱箍座、夹板等附件的防腐性能应符合 GB/T 18226 的规定。

9.1 信号灯灯杆

9.1.1 指导机动车通行信号灯灯杆

机动车信号灯灯杆采用钢质灯杆时,宜采用圆形或多棱形经热镀锌处理的钢管。杆体距地面 0.3 m至 1.0 m 处应留有穿线孔,并配备防水檐、盖板及固定螺钉。安装灯具处应留有出线孔,并配备橡胶护套、电缆线回水弯挂钩。灯杆顶部应安装塑料或经防腐处理的金属防水管帽,灯杆底部应焊接固定法兰盘,法兰盘与杆体之间应均匀焊接加强筋。

9.1.2 非机动车道信号灯灯杆

非机动车信号灯灯杆宜采用圆形热镀锌钢管制作,杆体距地面 0.3 m 至 0.8 m 处应留有穿线孔,

其他参考 9.1.1 的有关规定。

9.1.3 人行横道信号灯灯杆

人行横道信号灯灯杆宜采用圆形热镀锌钢管制作，杆体距地面 0.2 m 至 0.5 m 处应留有穿线孔，其他参考 9.1.1 的有关规定。

9.1.4 信号杆灯杆的颜色

信号灯灯杆主体应为灰色或银灰色。

9.1.5 信号灯灯杆的安装

9.1.5.1 基础

宜采用地锚混凝土式基础。地脚螺栓上端为螺纹，下端为夹角小于 60°的折弯或其他类似防拔结构，地脚螺栓应焊接在下法兰盘上。

预埋穿线管内径应大于 Φ50 mm，弯曲角度应大于 120°（参见附录 G 中图 G.1）。

9.1.5.2 信号灯杆保护接地电阻应小于 10 Ω。

9.1.5.3 信号灯灯杆安装时应保证杆体垂直，倾斜度不得超过±0.5%。

9.2 悬臂、支撑臂、拉杆及固定件

9.2.1 悬臂杆与支撑杆可使用圆形或多棱形的变截面型材制作，悬臂与灯杆连接端宜焊接固定法兰盘，悬臂下应留有进线孔和出线孔。

9.2.2 拉杆宜使用圆钢制作，一端配有可调距离的螺旋扣，直径和长度等根据悬臂长度等确定。

9.2.3 支撑臂可使用抱箍、抱箍座与灯杆连接固定。拉杆与灯杆、拉杆与悬臂、支撑臂与悬臂可使用夹板连接固定。安装时使用的固定螺栓、螺母、垫圈应使用热镀锌件并用弹簧垫圈压紧。

10 电缆线敷设

每组信号灯宜单独使用一根电缆线连接到信号机。

10.1 电缆线选择

10.1.1 电缆线应使用芯线标称面积不小于 0.75 mm² 的铜芯、塑料绝缘、塑料护套或特殊橡胶材料绝缘、护套电缆线。每根电缆线可留有 1 股至 4 股备用芯线。

10.1.2 同一根电缆线两端应有相同标识。

10.1.3 宜采用绝缘层颜色易于与灯色相对应的芯线以便于安装和维护。若芯线绝缘层同色时，每股芯线的两端应有相同的标识，宜采用数字编号标识。

10.2 地下电缆线敷设

10.2.1 信号灯电缆线宜采用地下敷设，每根电缆线应留有余量。

10.2.2 地下敷设的电缆线严禁有接头。

10.2.3 地下电缆线穿线管宜使用公称直径 50 mm～100 mm 的内套耐腐衬管的热镀锌钢管或硬质塑料管，一般钢管用于车行道，硬质塑料管用于人行道。穿线管接头处应使用套管固定，并应包有足够强度的混凝土防护层。使用硬质塑料管时，硬质塑料管周围宜包有足够强度的混凝土防护层。每根管口必须严格处理好毛刺。

10.2.4 地下电缆线穿线管的埋置深度为其顶部距路面的距离，不小于 40 cm。

10.2.5 地下电缆线穿线管拐弯处或长度超过 50m 时应设置手井，手井井盖应有交通设施专用标记。

10.2.6 手井的深度应在 60 cm～80 cm，底部应设有渗水孔。手井中的管道口应该高于手井底 20 cm，探出井壁不大于 5 cm，管道口应封堵，防止雨水、泥沙流入管道或老鼠等进入损坏电缆线。电缆在井中应作盘留。

10.2.7 地下电缆线应避免与通讯、检测器等电缆使用同一管道。

10.3 架空电缆线敷设

10.3.1 无法采用地下敷设电缆线方式时，采用架空电缆线的敷设方式。

STANDARDS PRESS OF CHINA

10.3.2 架空电缆线净空高度不得低于6 m。

10.3.3 架空电缆线应使用钢绞线将电缆线吊起。

10.3.4 架空电缆线在信号机引出处2.5 m以下应使用钢质穿线管，穿线管的顶部应有倒U字型回水弯或安装防水出线管帽。

11 设计和施工资质

11.1 设计资质

灯杆、基础、法兰盘、地脚螺栓、螺母、垫片和加强筋等部件的尺寸、强度等性能指标应根据信号灯安装方式及悬臂长度确定，应由有相关资质单位进行设计。

若采用悬臂、支撑臂、拉杆等结构形式，悬臂、支撑臂、拉杆的尺寸、强度等性能指标应由有相关资质单位进行设计。

11.2 施工资质

信号灯安装的施工单位应具有建筑施工、电力施工等相关资质证书。

附　录　A
（资料性附录）
换算系数表

A.1　当量小汽车换算系数表（表 A.1）

表 A.1

车辆类型	换算系数
自行车	0.2
二轮摩托	0.4
三轮摩托或微型汽车	0.6
小客车或小于 3t 的货车	1.0
旅行车	1.2
大客车或小于 9 t 的货车	2.0
9 t～15 t 货车	3.0
铰接客车或大平板拖挂货车	4.0

A.2　转弯车辆与直行车辆的换算系数表（表 A.2）

表 A.2

行驶类型	换算系数
直行	1.0
左转车（有干扰）	2.5
左转车（无干扰）	1.0
右转车（有干扰）	2.0
右转车（无干扰）	1.0

附 录 B
（资料性附录）
安装方式示意图

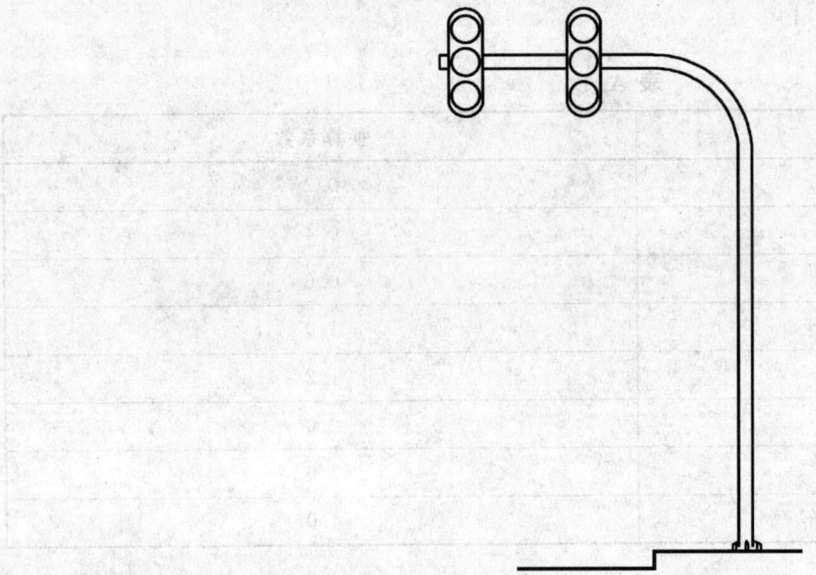

图 B.1 悬臂式一

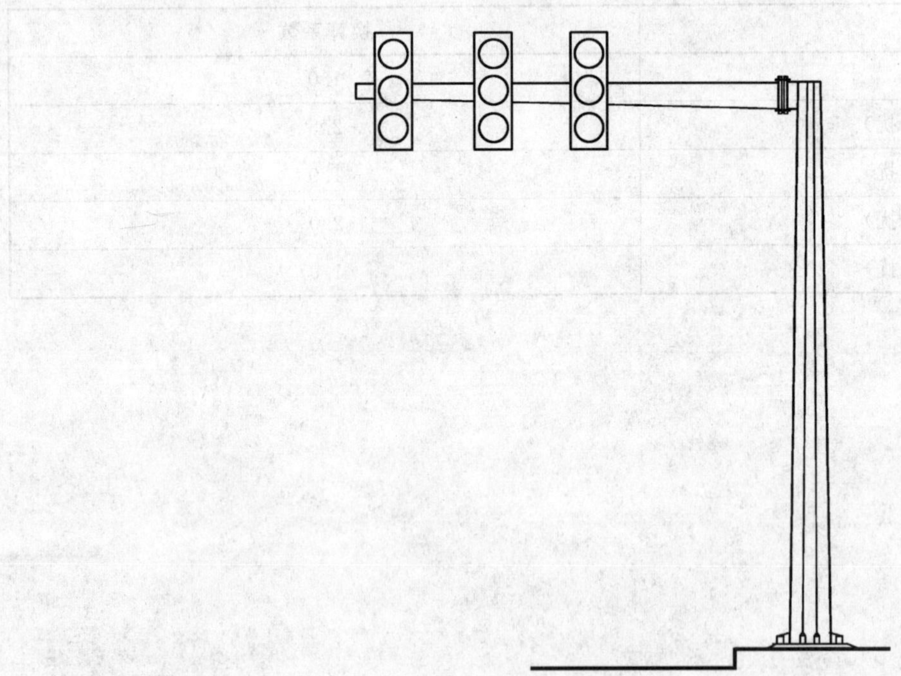

图 B.2 悬臂式二

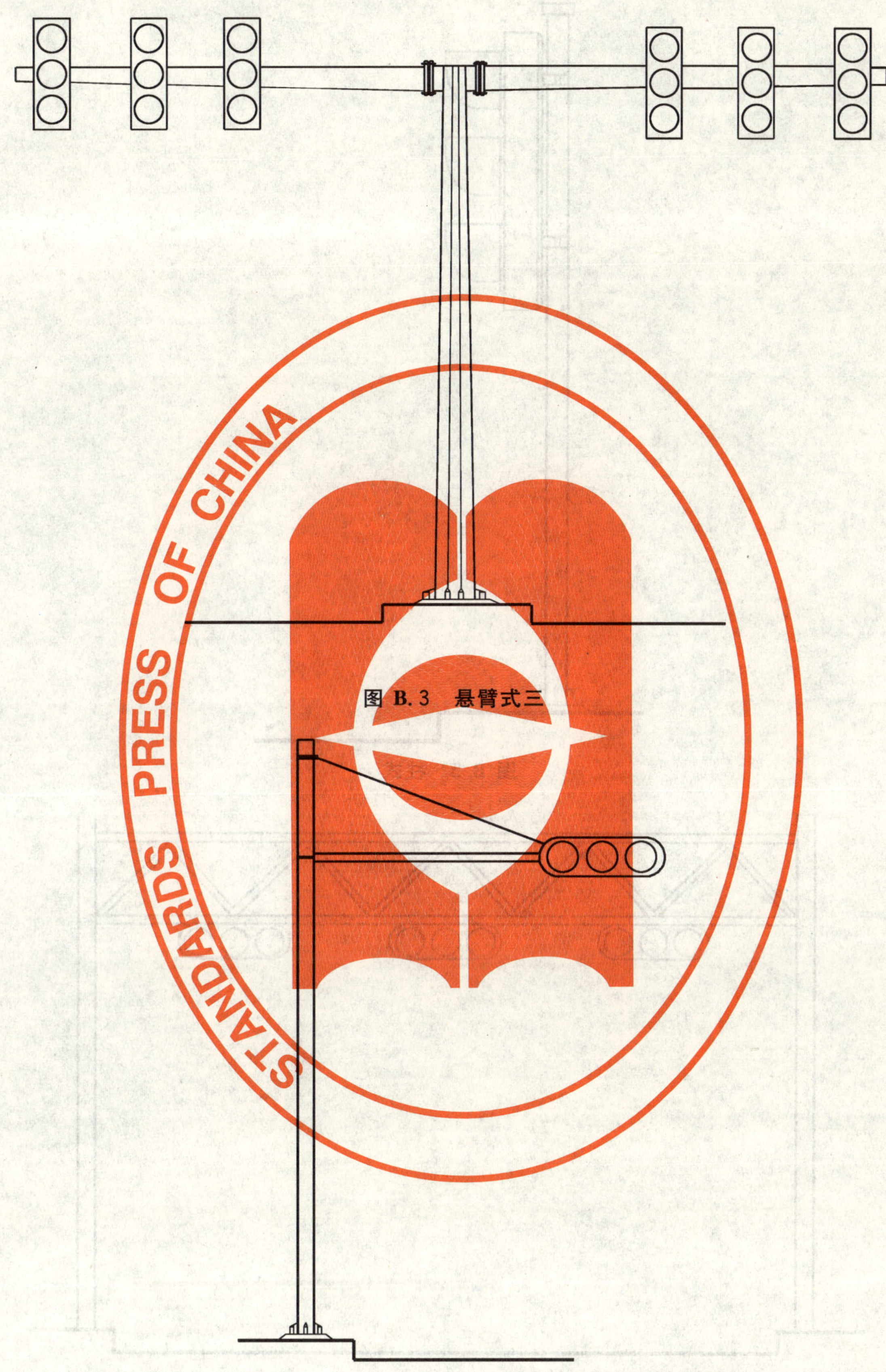

图 B.3 悬臂式三

图 B.4 悬臂式四

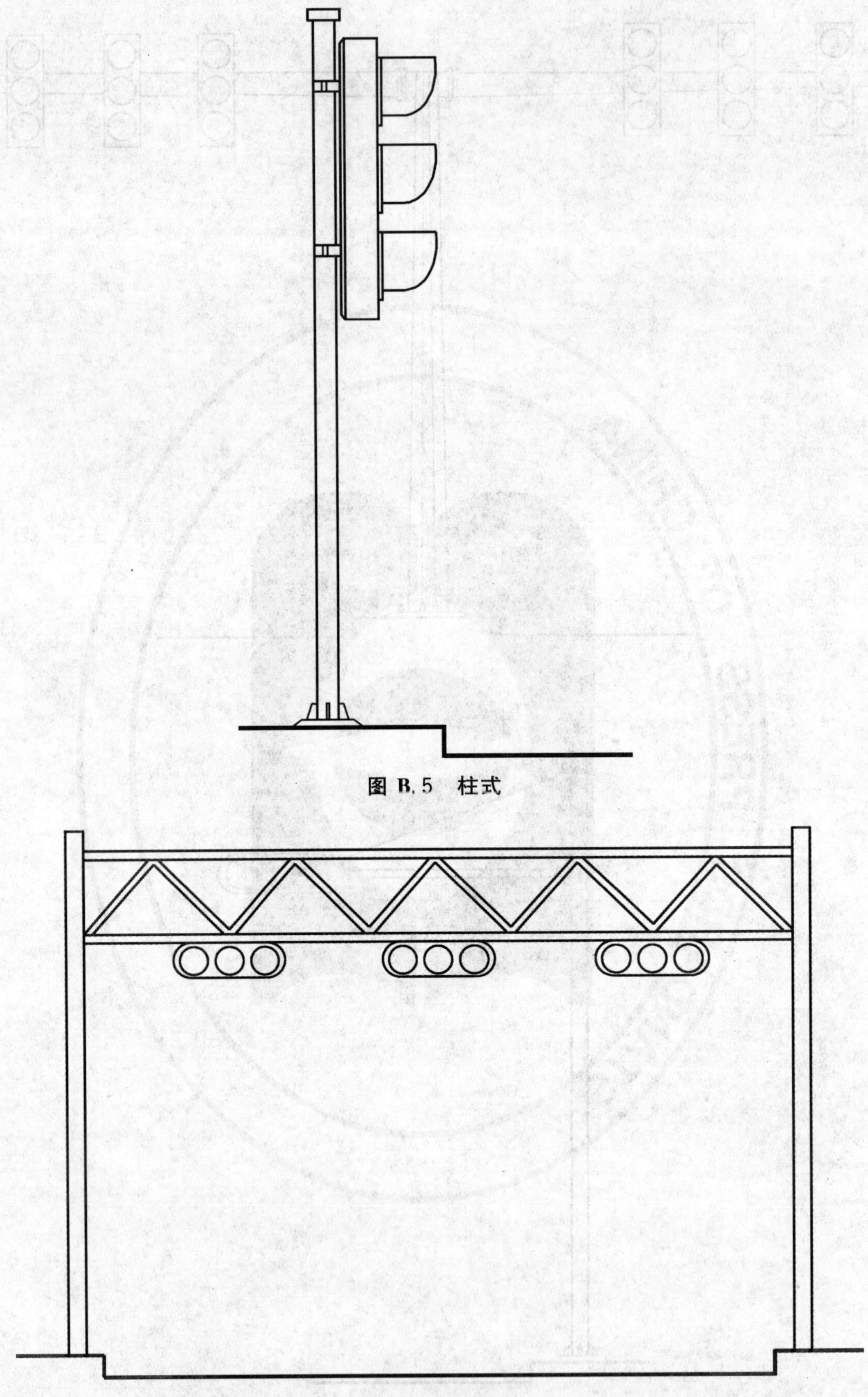

图 B.5　柱式

图 B.6　门式

图 B.7　附着式

附 录 C
（规范性附录）
信号灯排列顺序

图 C.1

图 C.2

图 C.3

图 C.4

图 C.5

图 C.6

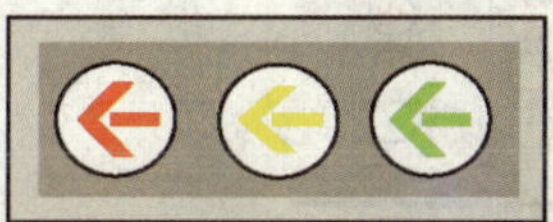

图 C.7

图 C.8

附 录 D
（资料性附录）
安装数量示意图

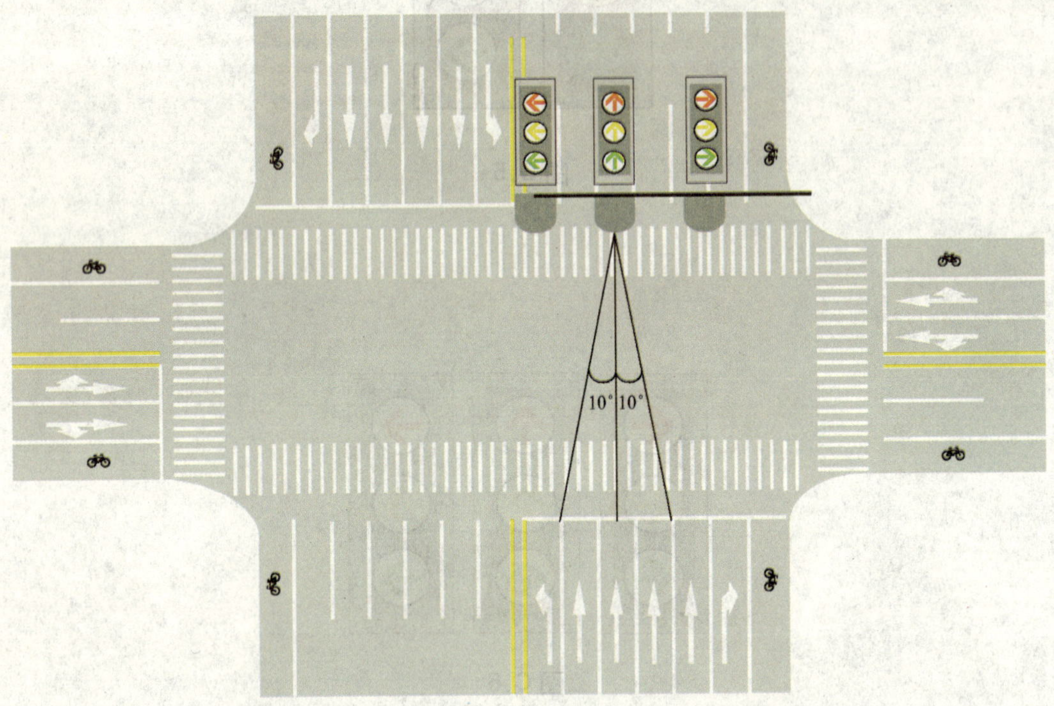

图D.1 信号灯组中仅一组直行方向指示信号灯

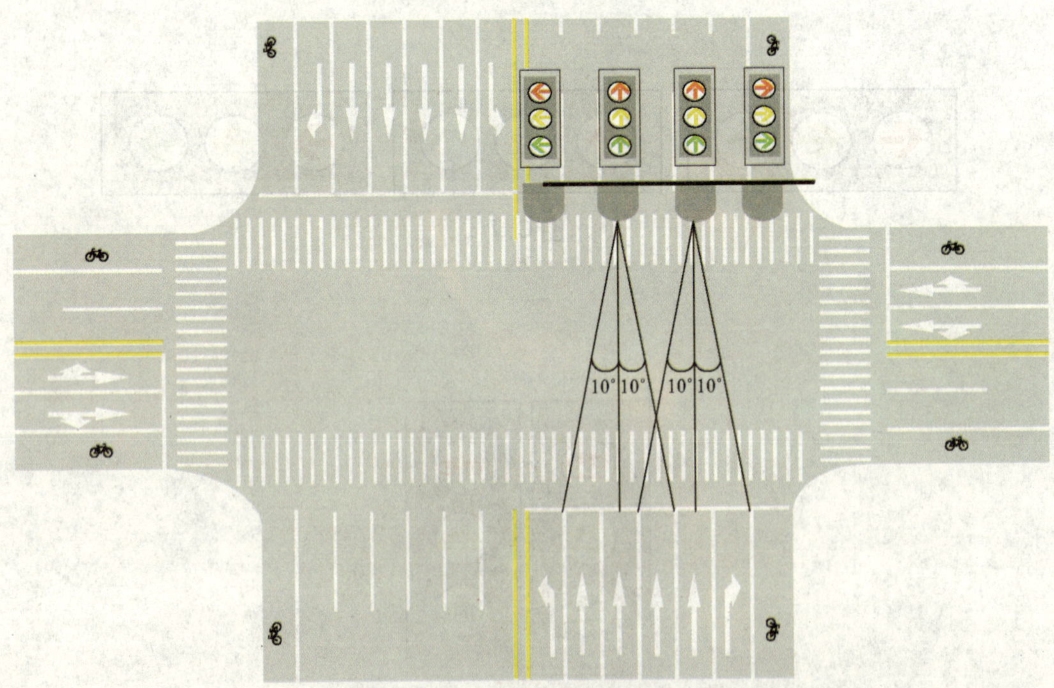

图D.2 信号灯组中增加一组直行方向指示信号灯

附　录　E
（资料性附录）
安装数量和位置示意图

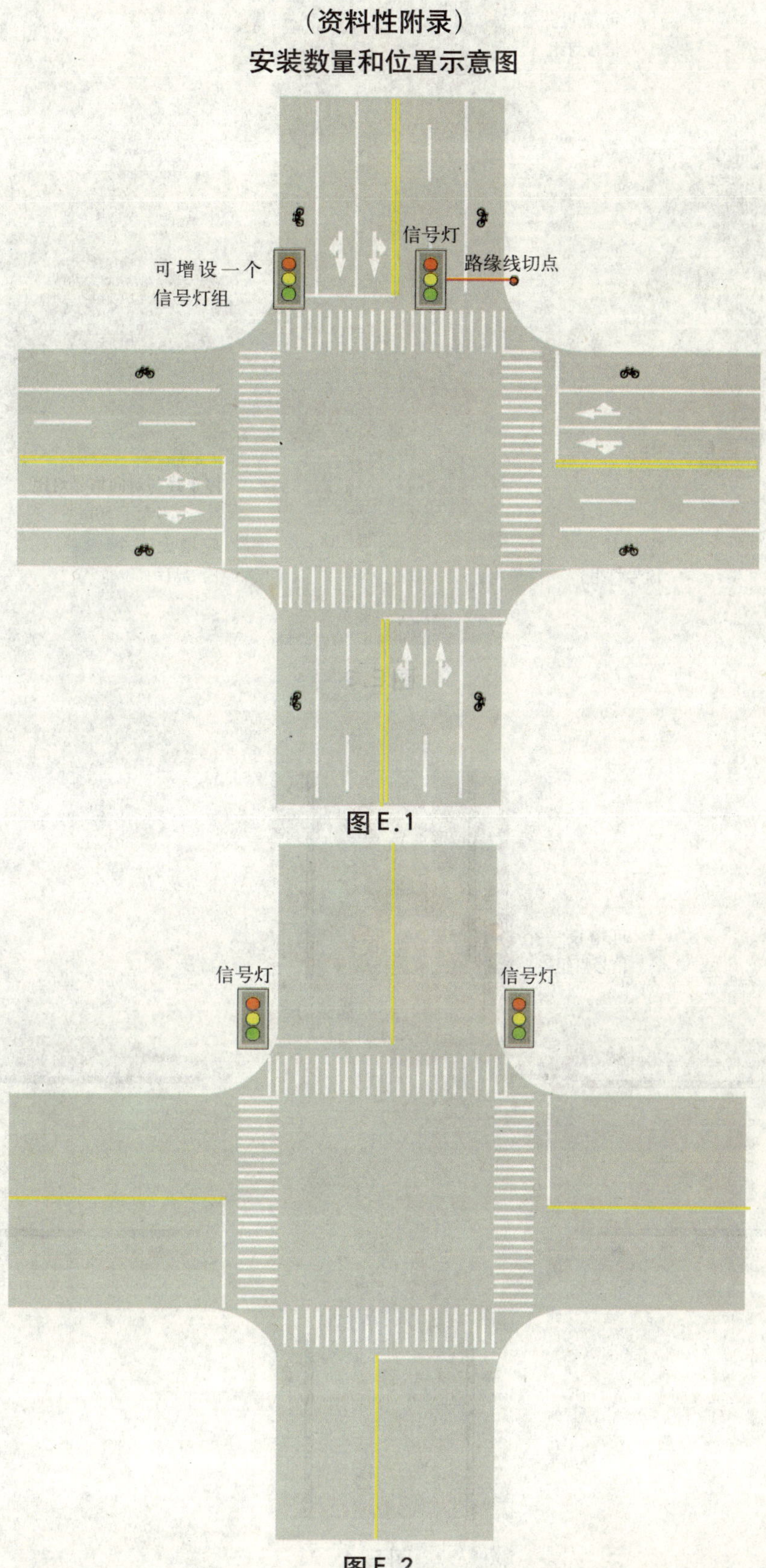

图 E.1

图 E.2

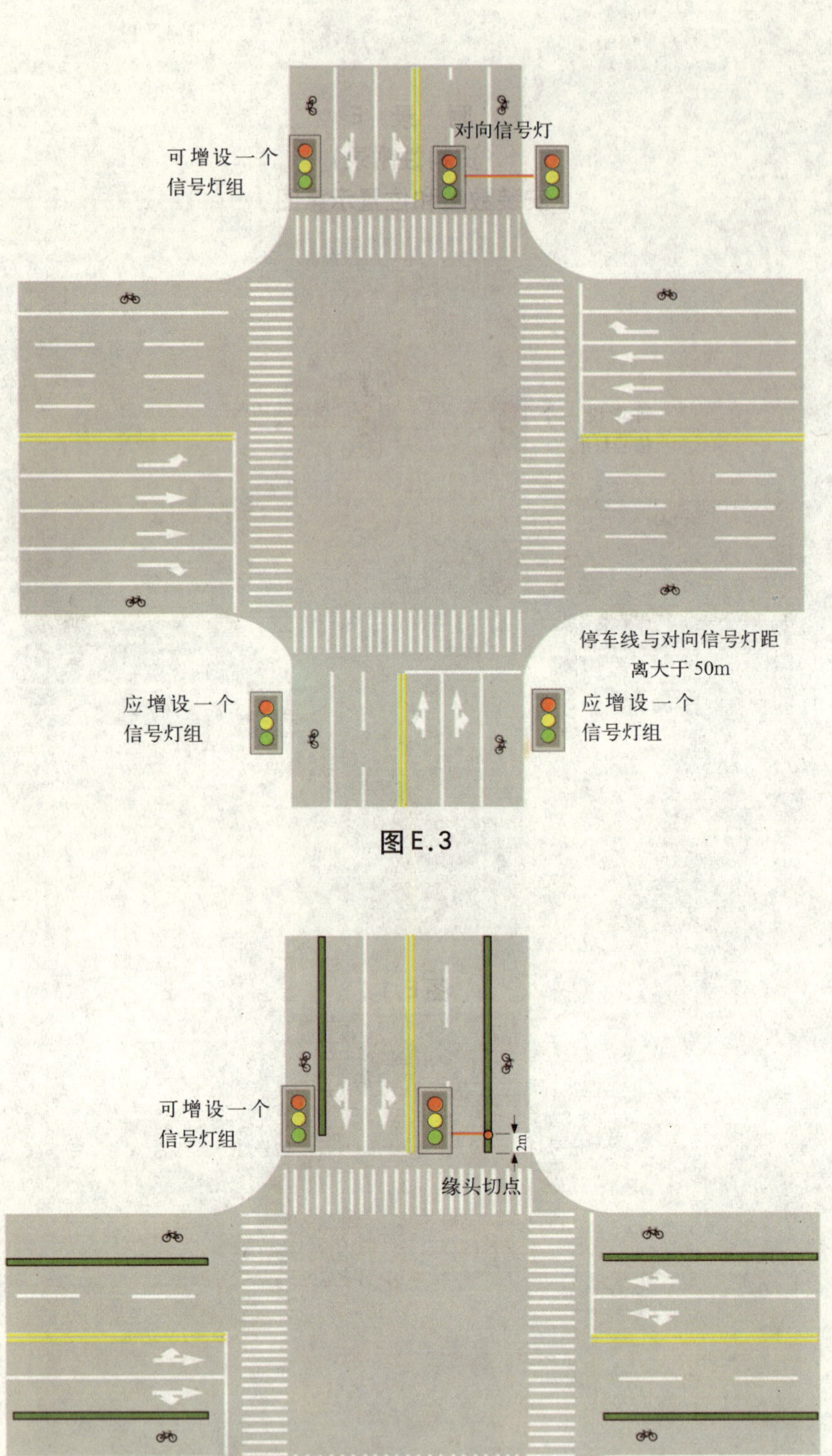

图E.3

图E.4

信号灯
信号灯
可增设一个
信号灯组
对向信号灯
停车线与对向信号灯距
离大于50m
应增设一个
信号灯组
应增设一个
信号灯组

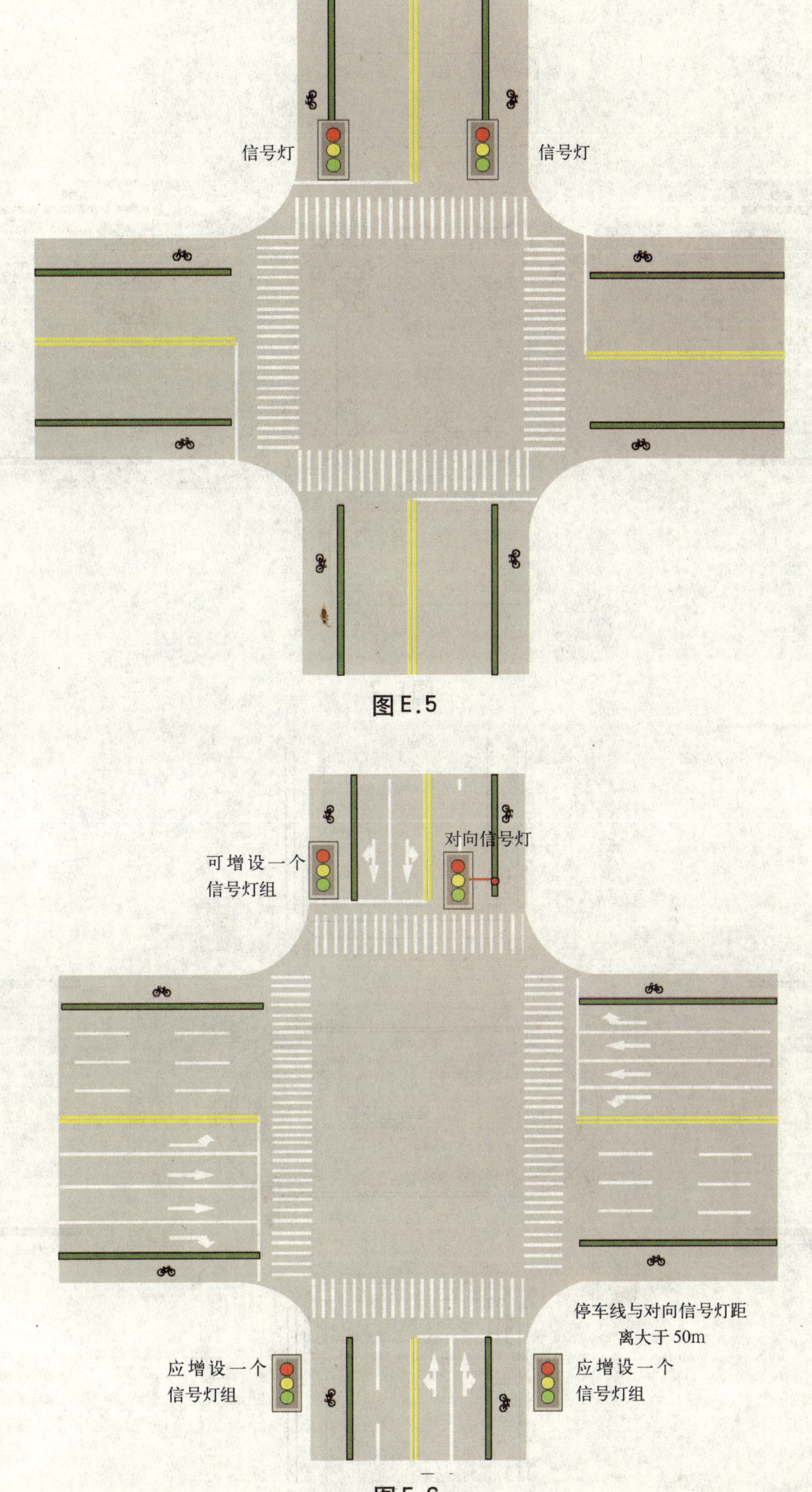

图 E.5

图 E.6

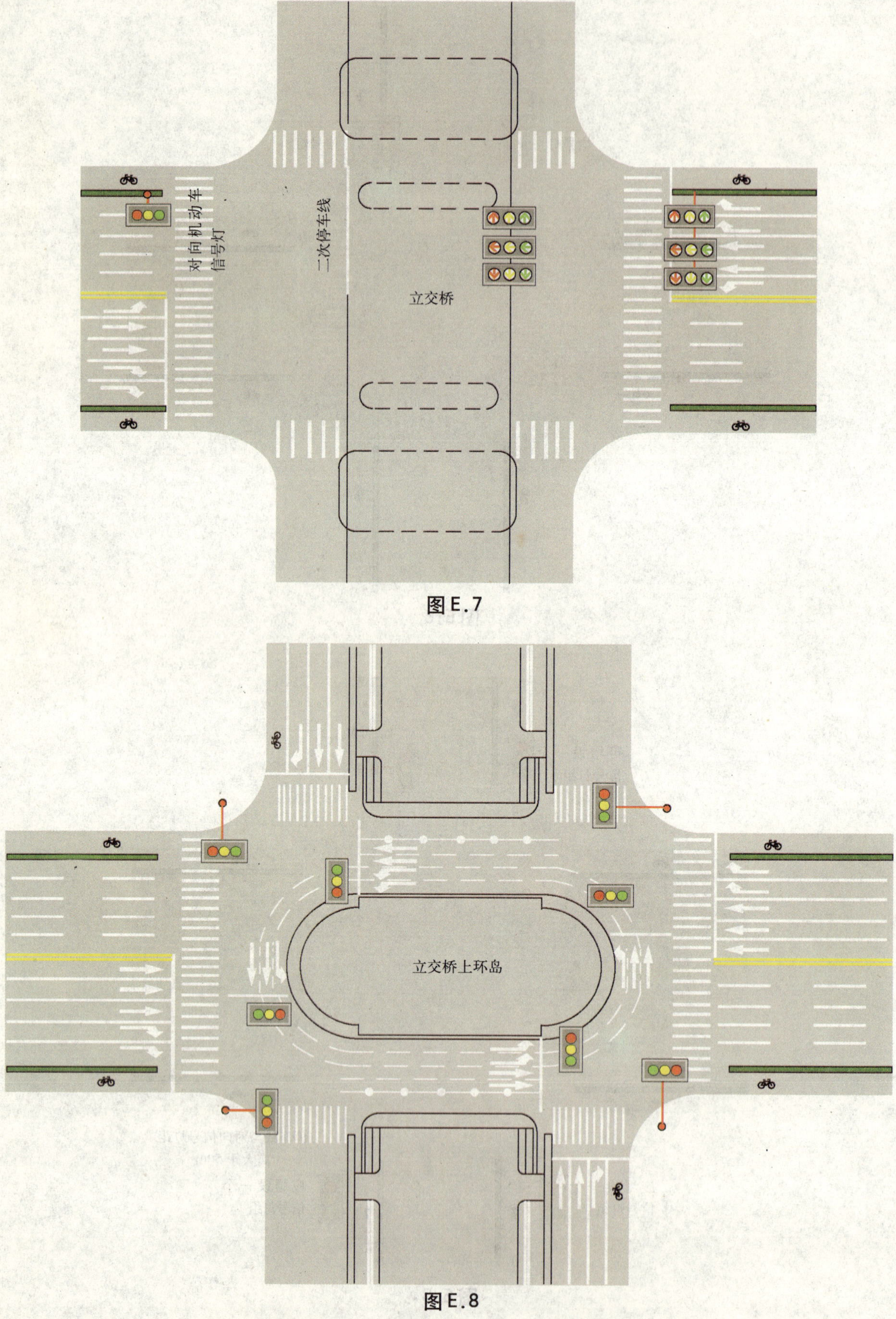

图E.7

图E.8

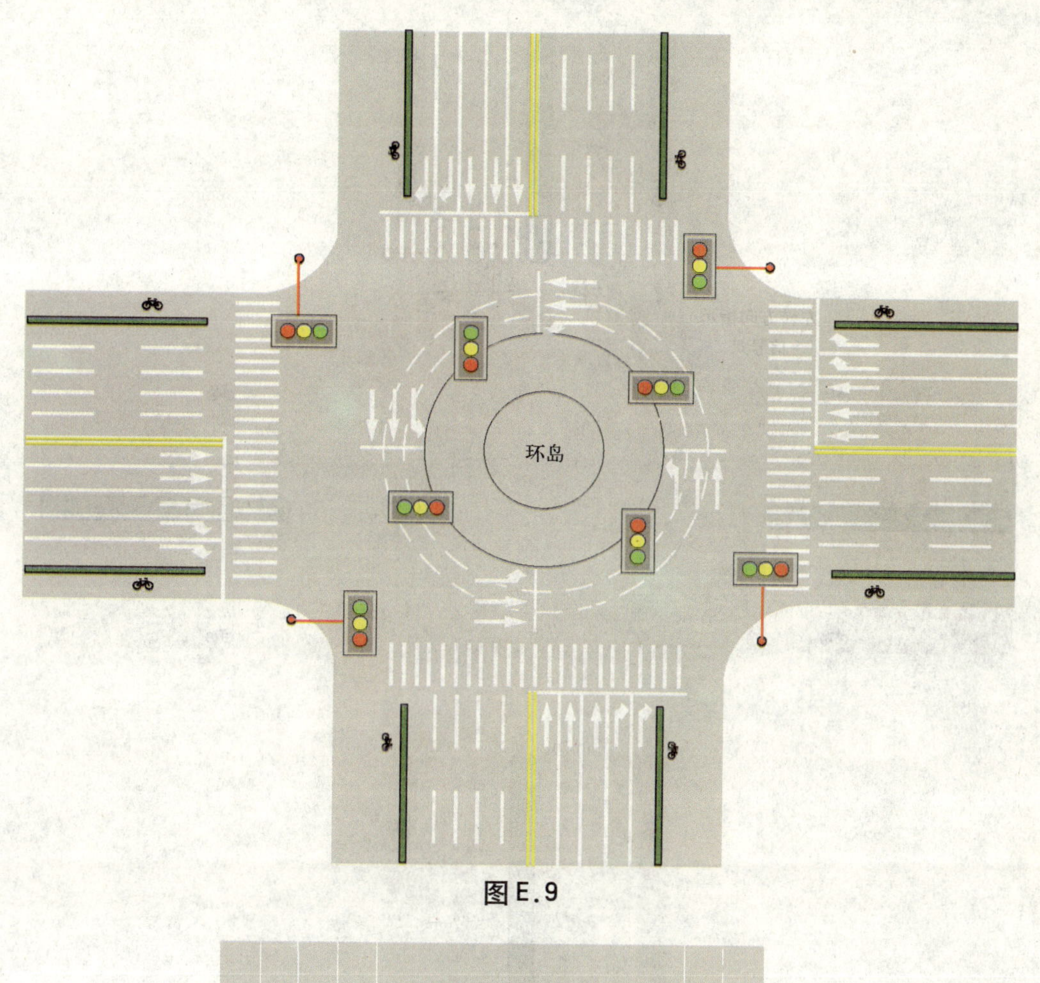

图 E.9

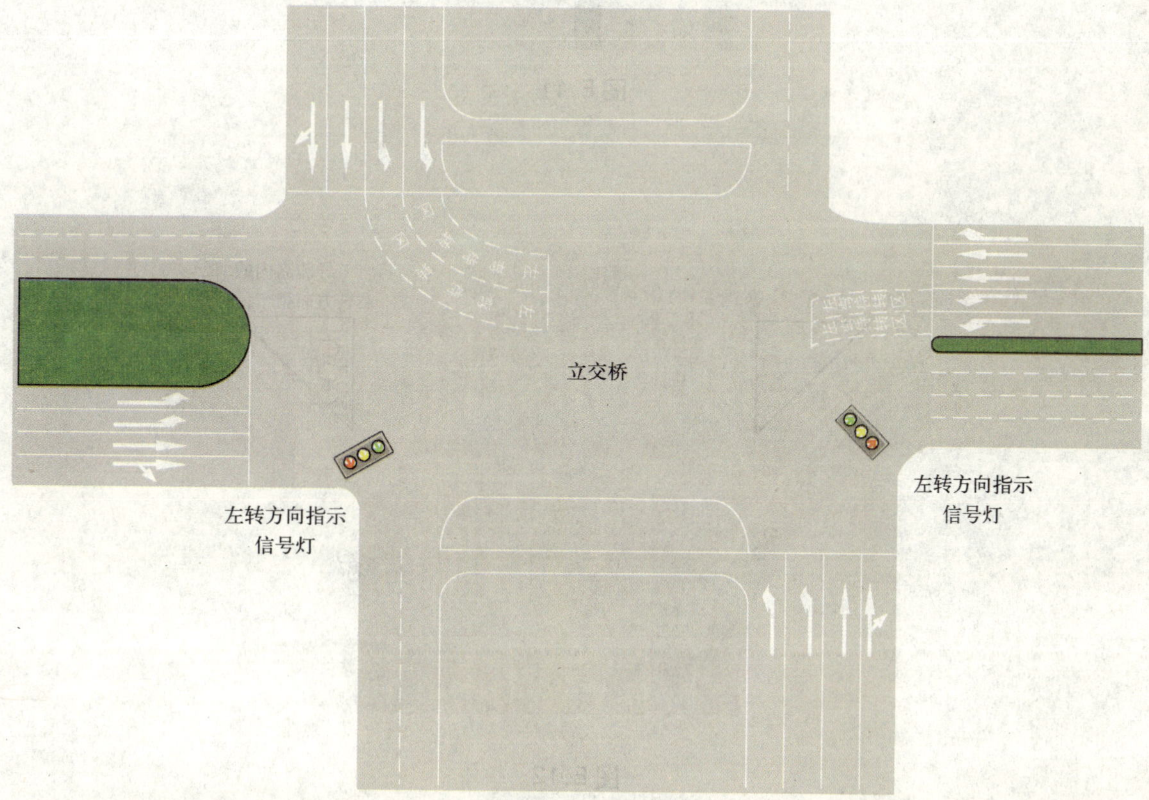

图 E.10

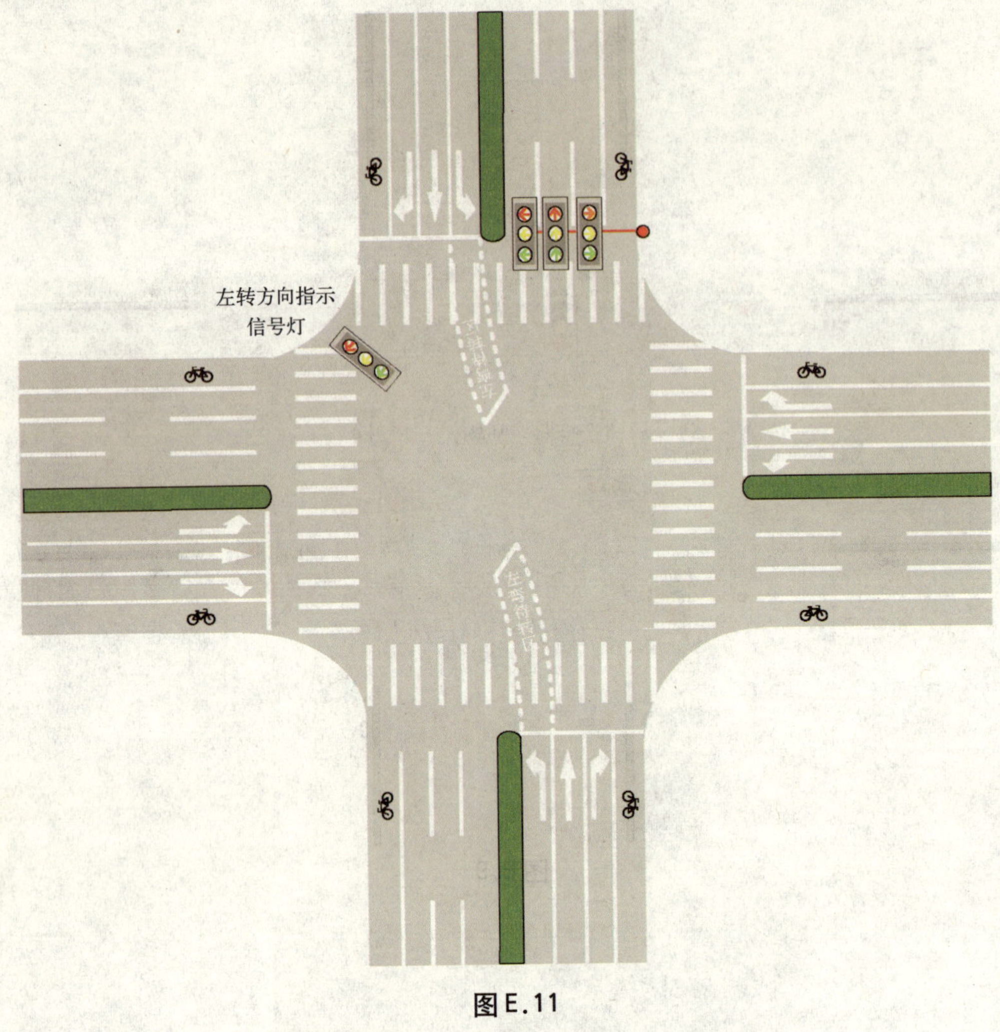

图 E.11

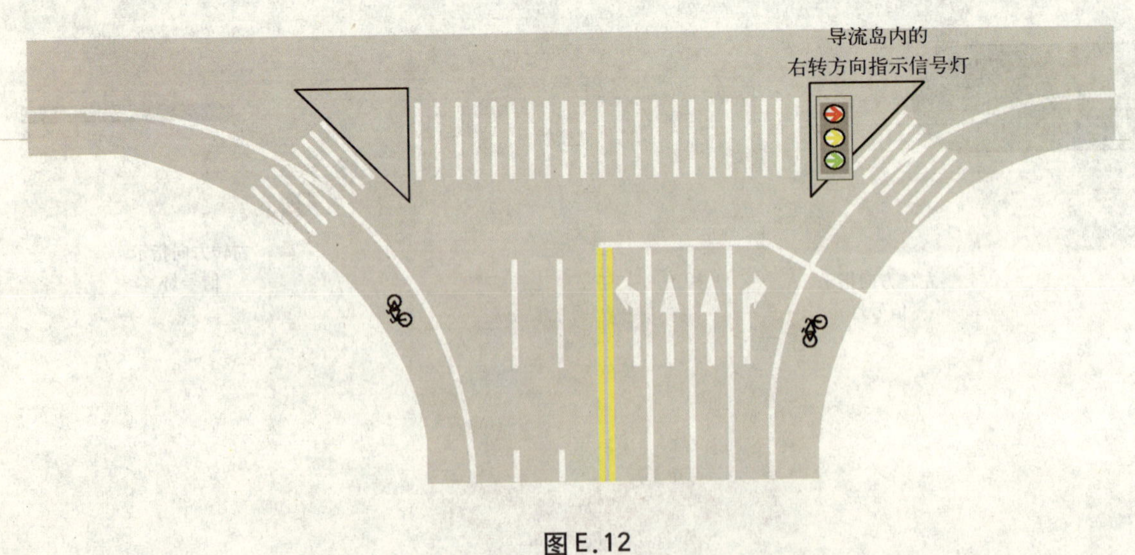

图 E.12

图E.13

图E.14

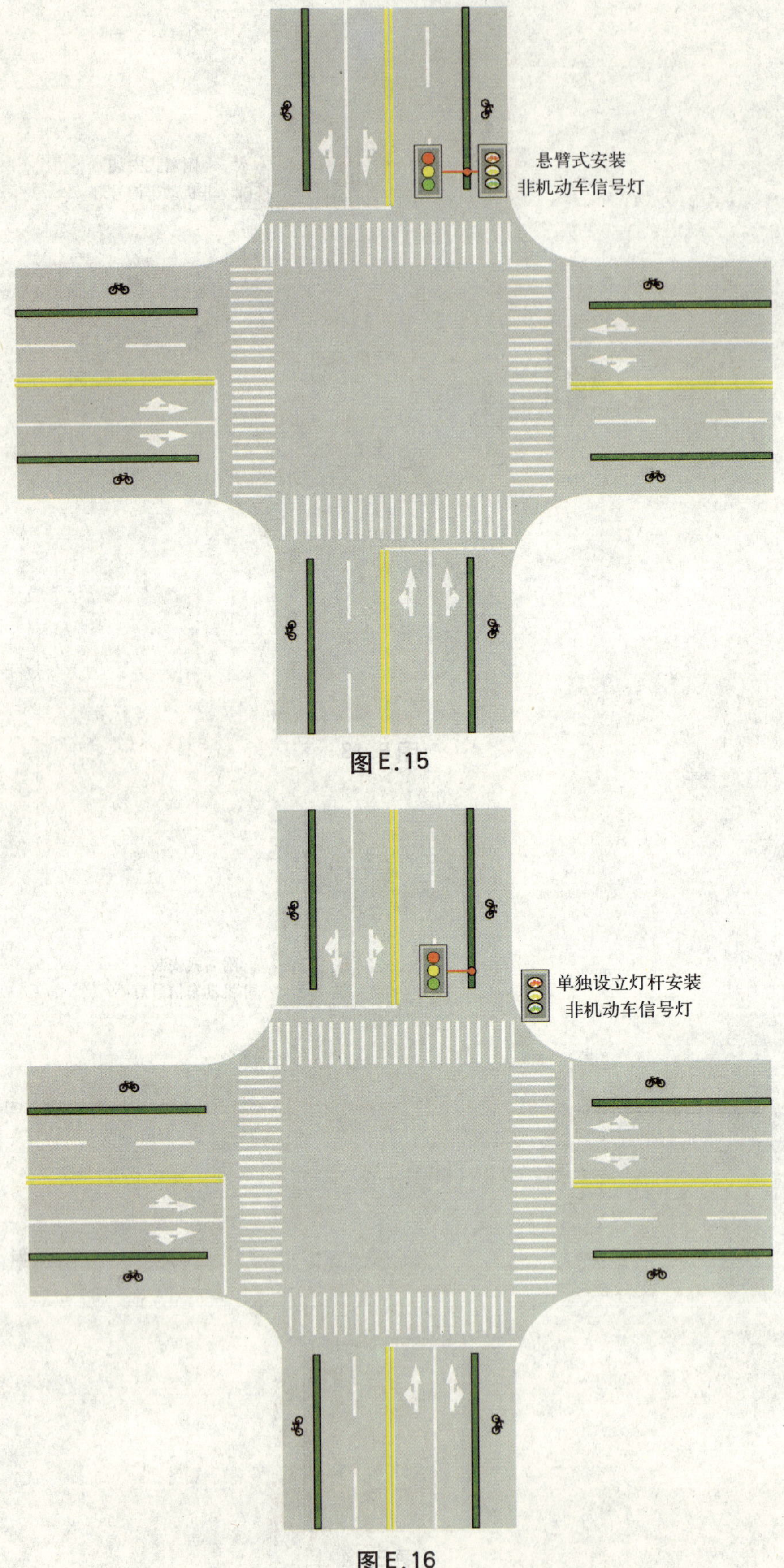

图E.15

图E.16

对向非机动车信号灯
停车线与对向非机动车
信号灯距离大于50m
在路肩上增设一个
非机动车信号灯组
对向非机动车信号灯
停车线
停车线与对向非机动车
信号灯距离大于50m
在机非隔离带上增设一个
非机动车信号灯组

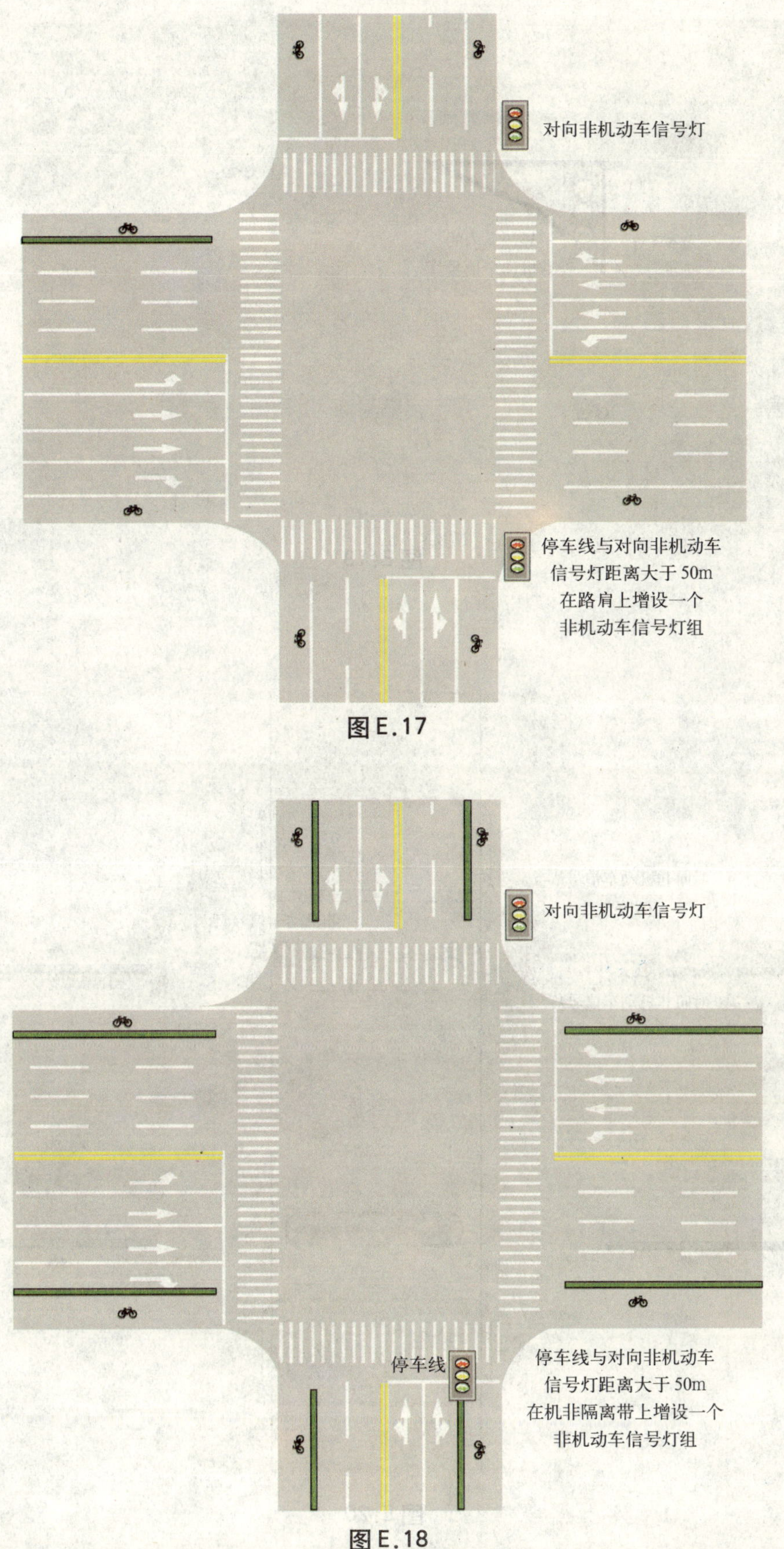

图E.17

图E.18

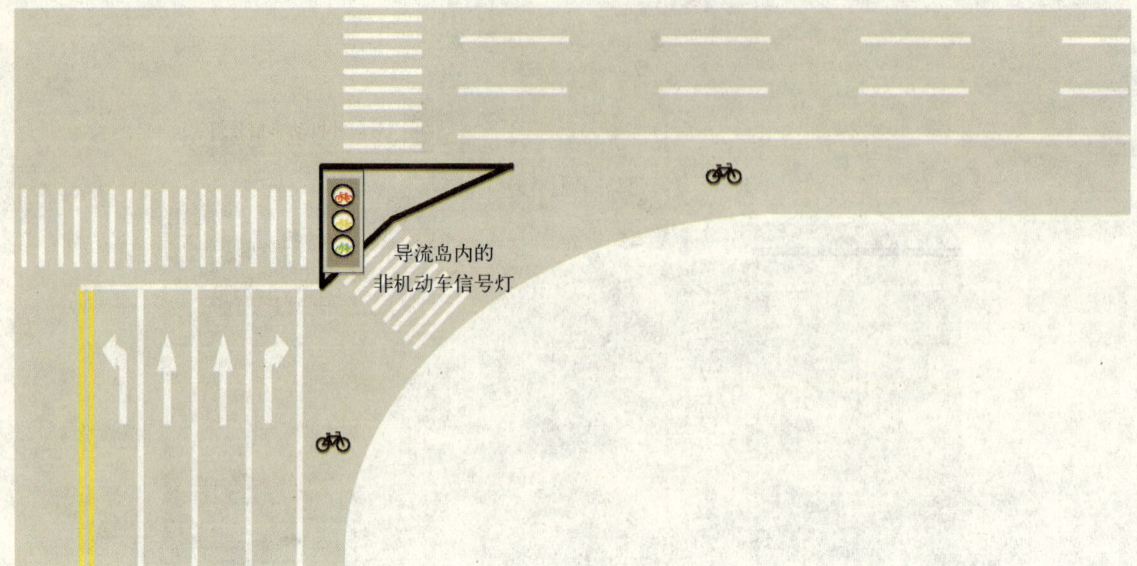

图 E.19

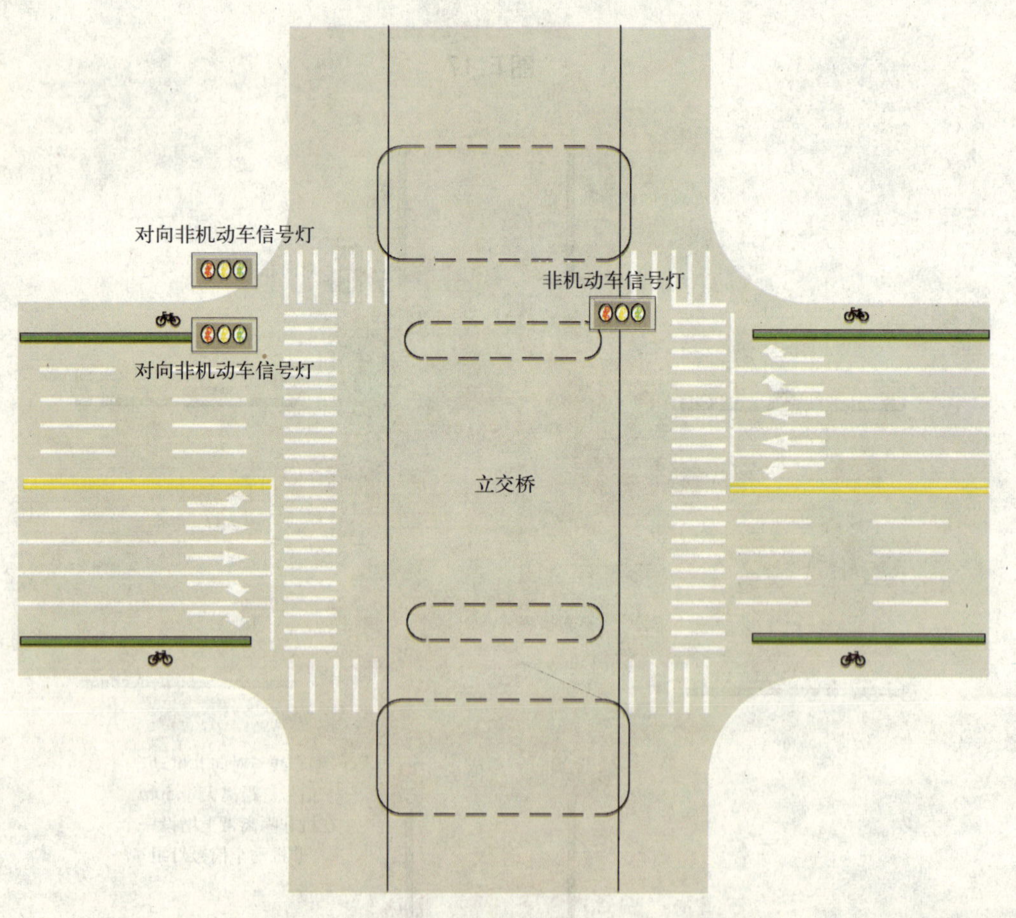

图 E.20

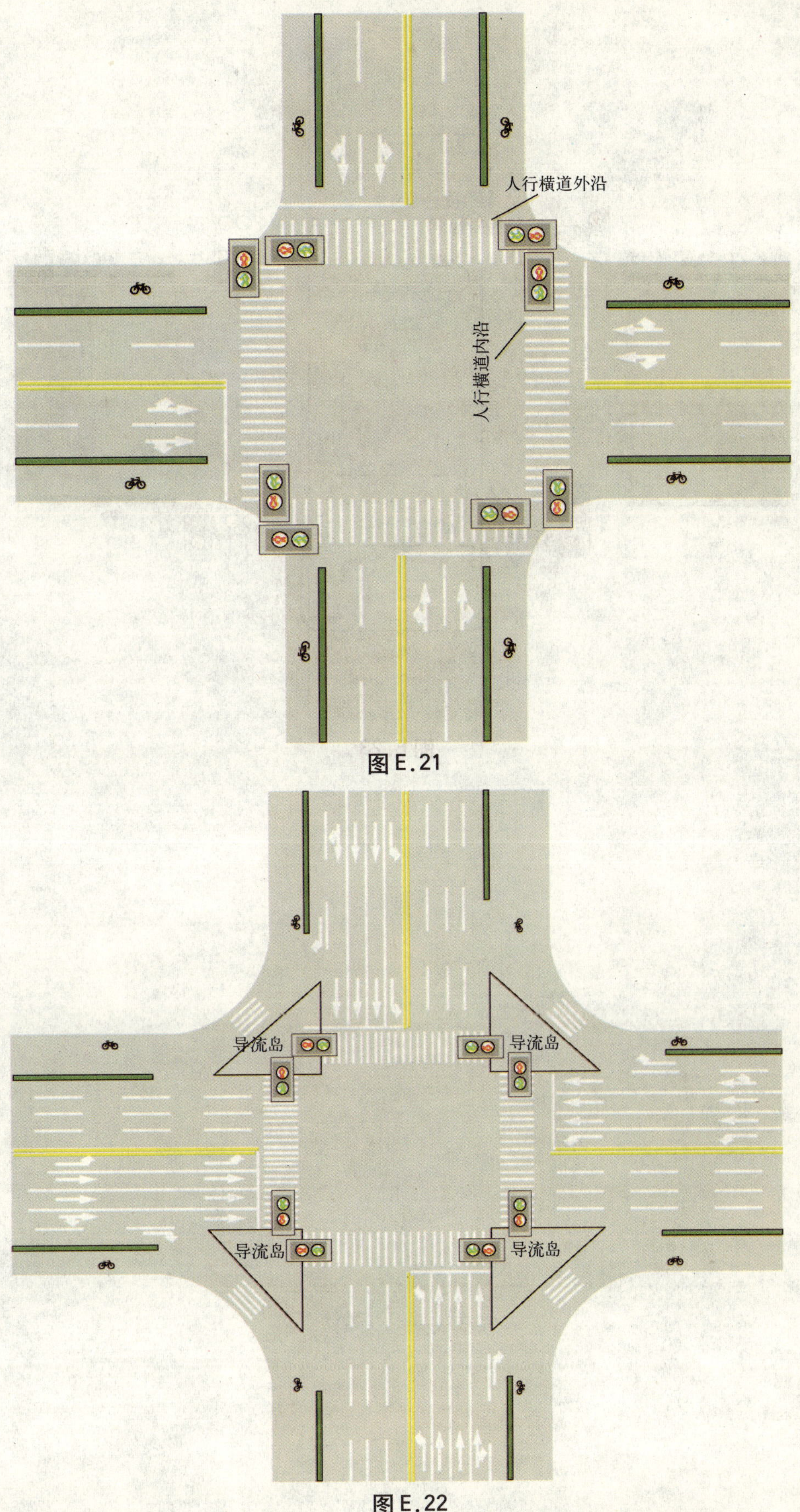

图E.21

图E.22

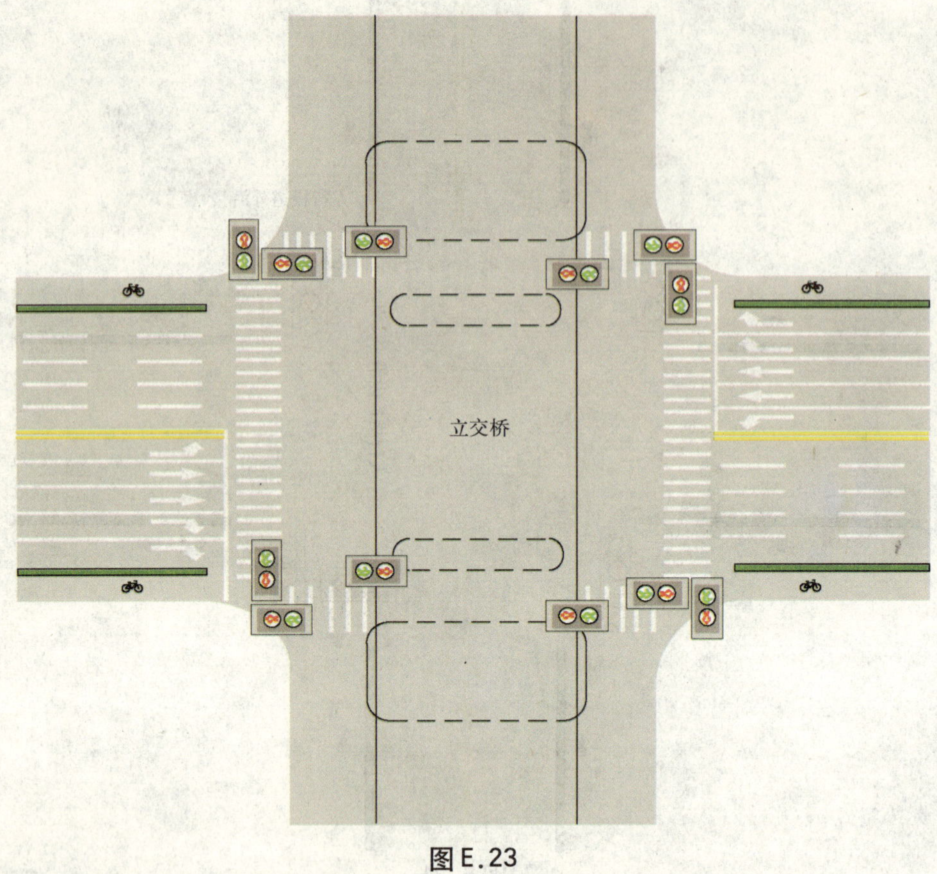

图 E.23

附　录　F
（资料性附录）
安装方位示意图

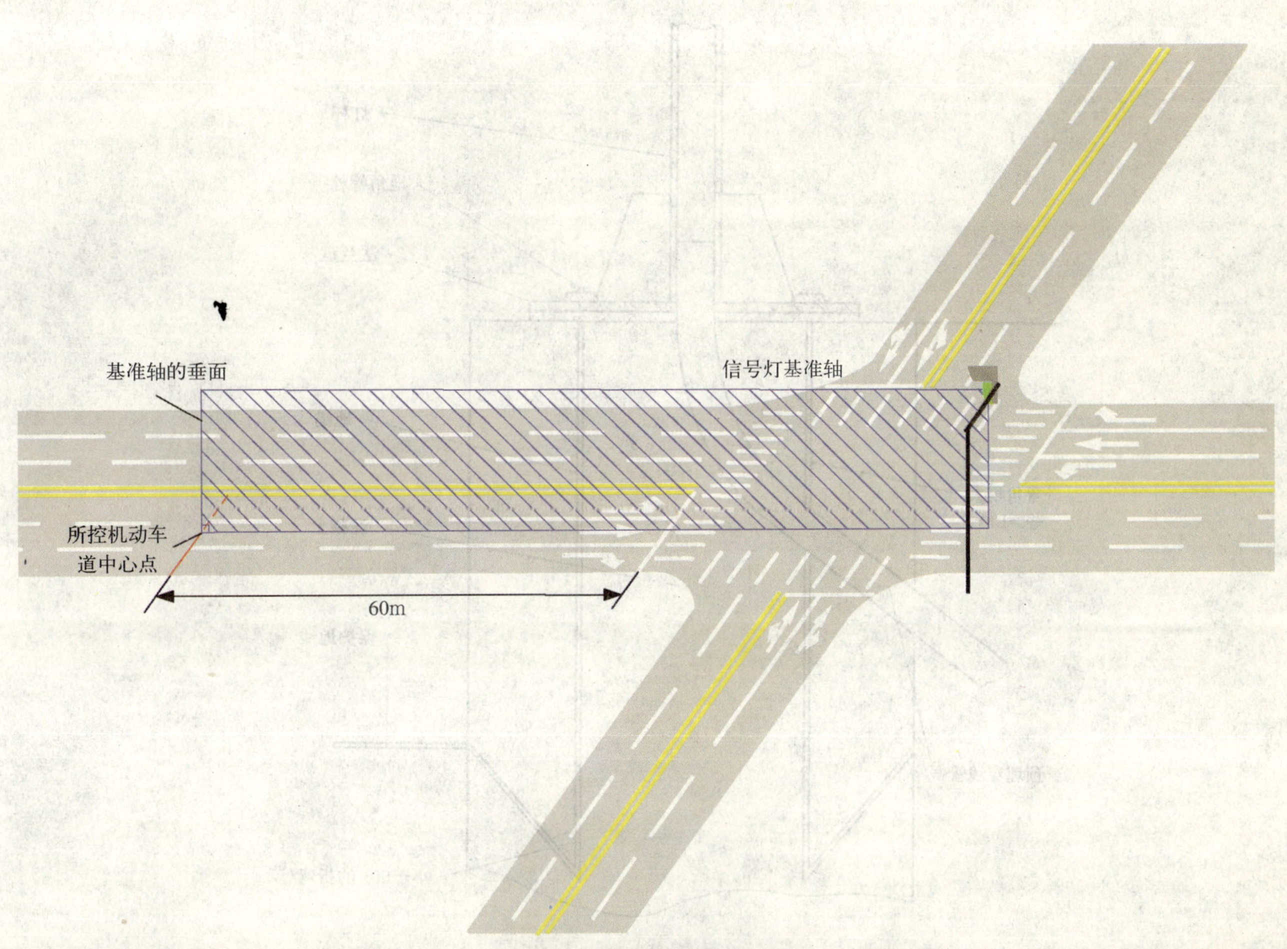

图F.1　安装方位示意图

附　录　G
（资料性附录）
灯杆基础图

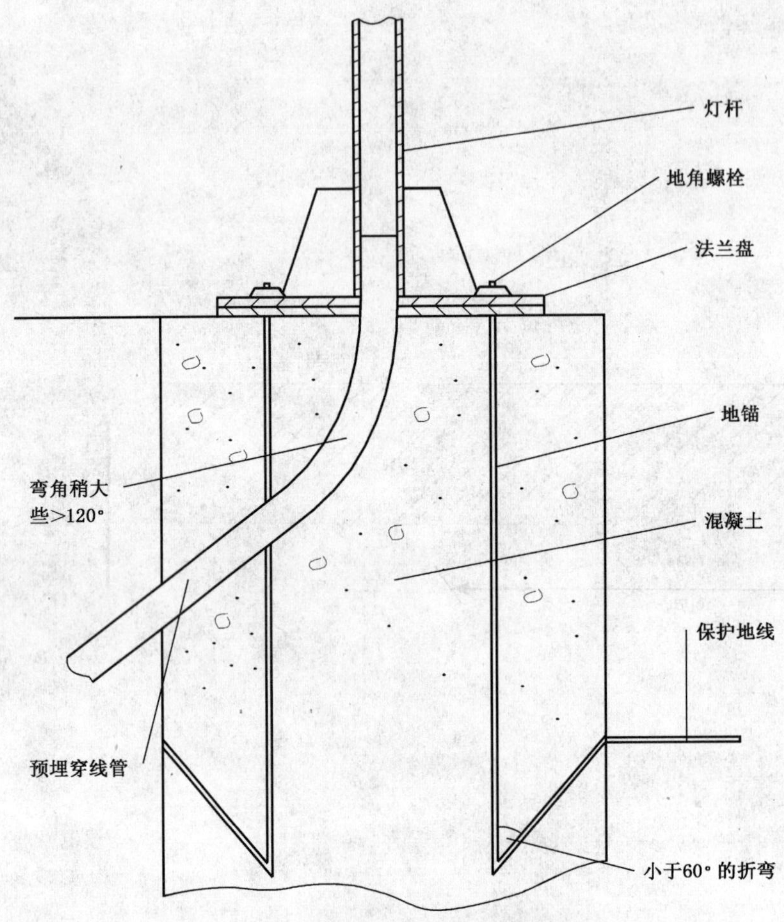

图 G.1　灯杆基础图

参 考 文 献

[1] 美国《统一交通控制设备细则》
[2] 《北京市道路交通管理设施设置规范》(试行)
[3] 《交通工程手册》人民交通出版社

ICS 13.140
Q 84

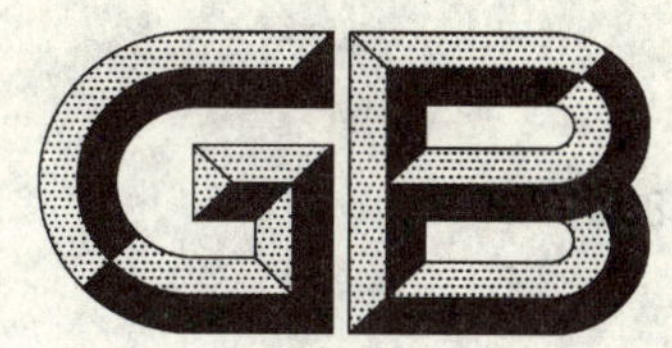

中华人民共和国国家标准

GB 14892—2006
代替 GB 14892—1994,GB/T 14893—1994

城市轨道交通列车 噪声限值和测量方法

Noise limit and measurement for train of urban rail transit

2006-02-07 发布　　　　　　　　　　　　　　　　2006-08-01 实施

中华人民共和国国家质量监督检验检疫总局
中国国家标准化管理委员会　发布

前　言

本标准第 4 章为强制性的，其余为推荐性的。

本标准同时代替 GB 14892—1994《地下铁道电动车组司机室、客室噪声限值》和 GB/T 14893—1994《地下铁道电动车组司机室、客室内部噪声测量》。

本标准与 GB 14892—1994 和 GB/T 14893—1994 相比主要变化如下：

——调整了标准名称；

——适用范围增加了轻轨列车；

——重新规定了车内噪声限值。

本标准由中华人民共和国建设部提出。

本标准由建设部标准定额研究所归口。

本标准由铁道科学研究院负责起草，北京市地铁运营公司、广州市地下铁道总公司、南车四方机车车辆股份有限公司等单位参加起草。

本标准主要起草人：焦大化、辜小安、刘扬、马筠、肖彦君、余哲夫、许韵武、谭绍军。

本标准所代替标准的历次版本发布情况为：

——GB 14892—1994，GB/T 14893—1994。

城市轨道交通列车
噪声限值和测量方法

1 范围

本标准规定了城市轨道交通列车噪声限值、测量方法和试验报告的主要内容。

本标准适用于城市轨道交通系统中地铁和轻轨列车的设计、制造和检验。

2 规范性引用文件

下列文件中的条款通过本标准的引用而成为本标准的条款。凡是注日期的引用文件,其随后所有的修改单(不包括勘误的内容)或修订版均不适用于本标准,然而,鼓励根据本标准达成协议的各方研究是否可使用这些文件的最新版本。凡是不注日期的引用文件,其最新版本适用于本标准。

GB/T 3785 声级计电、声性能及测试方法

GB/T 8170 数值修约规则

GB/T 15173 声校准器

GB/T 17181 积分平均声级计

3 术语和定义

下列术语和定义适用于本标准。

3.1

等效声级 equivalent sound pressure level

L_{eq}, $L_{Aeq,T}$

在规定的时间内,某一连续稳态声的A计权声压,具有与时变的噪声相同的均方A计权声压,则这一连续稳态声的声级就是此时变噪声的等效声级。

注1:等效声级的单位用分贝(dB)表示。

注2:等效声级的计算见式(1):

$$L_{Aeq,T} = 10\lg\left[\frac{1}{t_2 - t_1}\int_{t_1}^{t_2} \frac{p_A^2(t)}{p_0^2}\mathrm{d}t\right] \qquad \cdots\cdots(1)$$

式中:$L_{Aeq,T}$——等效声级,单位为分贝(dB);

$t_2 - t_1$——规定的时间间隔,单位为秒(s);

$p_A(t)$——噪声瞬时A计权声压,单位为帕(Pa);

p_0——基准声压(20 μPa)。

注3:当A计权声压用A声级 L_{pA}(dB)表示时,则计算公式见式(2):

$$L_{Aeq,T} = 10\lg\left(\frac{1}{t_2 - t_1}\int_{t_1}^{t_2} 10^{0.1L_{pA}}\mathrm{d}t\right) \qquad \cdots\cdots(2)$$

[GB/T 3947—1996,定义13.7]

3.2

背景噪声 background noise

当列车运行位置距离测点较远,且列车运行噪声的作用可忽略不计时的环境噪声。

3.3

车辆 vehicle

采用轮轨支撑负荷,具有牵引动力或无牵引动力、可编成列车运行的单节载客工具。

3.4

车组 set of cars

编成固定基本行车单元、可在轨道上独立运行的车辆组合体。

3.5

列车 train

以在运营线路上运行为目的而编组的由一个或多个车组组成的集合体。

3.6

最高运行速度 maximum running speed

列车运行时所允许的最高速度。

3.7

监测试验 monitoring test

用于产品质量的监督检验、验收和制造方自检所进行的试验。

4 噪声限值要求

城市轨道交通系统中地铁和轻轨列车噪声等效声级 L_{eq} 的最大容许限值应符合表 1 的要求。

表 1 列车噪声等效声级 L_{eq} 最大容许限值

单位为分贝(dB)

车辆类型	运行线路	位　置	噪声限值
地铁	地下	司机室内	80
	地下	客室内	83
	地上	司机室内	75
	地上	客室内	75
轻轨	地上	司机室内	75
	地上	客室内	75

5 测量方法

5.1 测量的量

测量的量为车辆内部和列车外部规定测量条件下的快(Fast)档等效声级 L_{eq}。

5.2 测量仪器

5.2.1 测量应采用 1 型积分式声级计，其性能应符合 GB/T 3785 或 GB/T 17181 的规定，也可采用性能等效的其他仪器。声级校准器性能应符合 GB/T 15173 的规定。

5.2.2 测量前应使用 1 型声级校准器校准声级计。测量结束后再用声级校准器检查声级计示值，偏差应不大于 0.5 dB，否则测量无效。

5.2.3 声级计和声级校准器应经国家认可的计量单位检定合格，并在有效期限内使用。

5.3 地上试验环境

5.3.1 应选择在干燥、无冻结的碎石道床、混凝土轨枕、平直无缝线路(坡度＜3‰，曲线半径＞1 500 m)上进行测量。

5.3.2 试验应在实际运营线路或条件相近的其他线路上进行，轨道状况应维护良好，符合正常运营要求。

5.3.3 测量区间应避开桥梁、隧道、车站、道岔和会车。

5.3.4 特殊情况应在试验报告中说明。

5.4 地下试验环境

5.4.1 试验线路应符合以下要求：

a) 试验应在实际运营线路或条件相近的其他线路上进行；

b) 试验区段的隧道和轨道应能代表实际运营线路的主要类型；

c) 轨道状况应维护良好，符合正常运营要求。

5.4.2 测量时应避开车站和会车。

5.5 车辆条件

5.5.1 一般要求

5.5.1.1 列车的编组应符合正常运营要求。对于特殊编组，应在报告中说明。

5.5.1.2 车轮踏面应平整，不应有擦伤。

5.5.1.3 监测试验的运行速度应为最高运行速度的75%，或按实际运营线路的最高运行速度。测量时运行速度的波动范围应小于±5%。

5.5.1.4 动力车辆的牵引功率应保持在维持试验速度的最小功率。

5.5.1.5 辅助机组应保持正常运转。

5.5.2 司机室内测量

5.5.2.1 被测司机室应在列车前端。

5.5.2.2 司机室所有门、窗应关闭。

5.5.2.3 司机室内人员应不超过4人。

5.5.2.4 辅助机组均应正常运转，凡运转时间很短的辅助机组(如空压机)，可不予考虑。

5.5.3 客室内测量

5.5.3.1 客室内所有门、窗应关闭。

5.5.3.2 客室内人员应不超过4人。

5.6 传声器位置

5.6.1 司机室内测量时，传声器应置于司机室中部，距地板高度1.2 m的位置，方向朝上。

5.6.2 客室内测量时，传声器应置于客室纵轴中部，距地板高度1.2 m的位置，方向朝上。

5.7 测量和数据处理

5.7.1 司机室、客室内测量

5.7.1.1 每次等效声级L_{eq}的测量时间间隔应不少于30 s。每个司机室和客室至少应测量3次。当数据之间的差值大于3 dB时，则此组数据无效。

5.7.1.2 每个司机室或客室的测量数据经算术平均后，按照GB/T 8170的规则修约到整分贝数。

5.7.1.3 测量时应避开制动机排气、鸣笛、通讯、说话等的干扰。受到影响时，应在测量报告中说明。

6 试验报告

试验报告至少应包括以下内容：

a) 试验车辆：型号，编号，制造厂，出厂日期；

b) 测量地点；

c) 测量仪器：名称，型号，编号，检定日期；

d) 仪器校准记录；

e) 环境条件：气象条件，线路状况等；

f) 车辆条件：编组情况；

g) 测点位置；

h) 背景噪声；

i) 测量数据和结果：运行速度，L_{eq}，测量时间间隔，数据处理结果；

j) 测量过程中可能影响结果的情况说明；

k) 测量日期、测量者。

参 考 文 献

[1] GB/T 1.1—2000　标准化工作导则　第1部分:标准的结构和编写规则

[2] GB/T 3367.6—2000　铁道机车名词术语　内燃机车术语

[3] GB/T 3947—1996　声学名词术语

[4] GB/T 20001.1—2001　标准编写规则　第1部分:术语

[5] ISO/DIS 3095:2001　Railway application—Acoustics—Measurement of noise emitted by railbound vehicles

[6] ISO/DIS 3381:2001　Railway application—Acoustics—Measurement of noise inside railbound vehicles

ICS 07.060
A 45

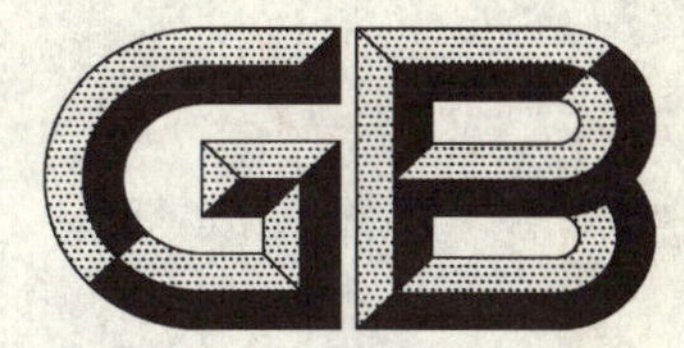

中华人民共和国国家标准

GB/T 14914—2006
代替 GB/T 14914—1994

海滨观测规范

The specification for offshore observations

2006-02-16 发布　　2006-08-01 实施

中华人民共和国国家质量监督检验检疫总局
中国国家标准化管理委员会　发布

前　言

本标准代替 GB/T 14914—1994《海滨观测规范》。

本标准与 GB/T 14914—1994 相比主要变化如下：

——在“观测项目和时次”中，增加了对配备自动观测设备的站，应对潮汐、表层海水温度、表层海水盐度、气压、空气温度、相对湿度、风、降水量、海面有效能见度进行连续观测和记录的要求(见 4.2.4.1)；

——在“一般规定”中，增加了对自动观测设备的基本要求(见 4.6)；

——将潮汐的观测和记录整理方法改为自动观测的数据采集和资料整理方法(1994 年版的 9 和 10；本版的 5.2 和 5.3)；

——将表层海水温度和表层海水盐度改为自动观测的数据采集和资料整理方法(1994 年版的 17 和 20；本版的 7.2 和 8.2)；

——增加了温盐井设置的要求(见 7.1.4)；

——在“海冰的观测”中，取消了对冰脊的观测(1994 年版的 26.1；本版的 10.1.1)；

——在“风的观测”中，改为采用自动观测的方法对风向、风速进行自动观测(1994 年版的 31.1 和 32.1；本版的 11.2 和 11.3)；

——在“气压的观测”中，改为采用自动观测的方法对气压进行自动观测(1994 年版的 31.2 和 32.2；本版的 12.2 和 12.3)；

——在“空气温度、相对湿度和降水量的观测”中，改为采用自动观测的方法(1994 年版的 35 和 36；本版的 13.2 和 13.3)；

——增加了海面有效能见度的自动观测方法(见 14.2.1)；

——增加了“观测资料内容”(见 15.1)和“观测资料载体形式”(见 15.2)；

——在“观测资料处理要求”中，增加了资料处理的质量要求(1994 年版的 40；本版的 15.4)；

——对“质量控制”进行了修改，增加了资料储存后的质量检查内容，质量符添加规定(1994 年版的 41；本版的 15.5)；

——增加了“观测资料管理”(见 15.6)；

——将“数据文件”分为“数据文件命名规则”和“数据文件分类”两部分，并对其进行补充(1994 年版的 42；本版的 15.7)；

——对“有关规定”进行了补充(1994 年版的 42.2.1；本版的 15.7.3)；

——在“数据文件记录格式及说明”中补充了如下内容(1994 年版的 42.2；本版的 15.7.4)：

T012 文件　表层海水温度、表层海水盐度逐时数据记录格式与说明；

T022 文件　5 min 潮高数据记录格式与说明；

T023 文件　1 min 潮高数据记录格式与说明；

T052 文件　逐时气压、空气温度、相对湿度、海面有效能见度数据记录格式与说明；

T053 文件　10 min 风观测数据记录格式与说明；

T054 文件　1 min 气压、空气温度、相对湿度、风、降水量数据记录格式与说明；

——潮汐资料数据标题记录中“水尺零点与基本水准点高程差”由×××.×××改为××××.×××，小数点隐含；“基本水准点高程”由××.×××改为×××.××，小数点隐含(1994 年版的 42.2.3.2a；本版的 15.7.4.3.2)；

——气象资料标题记录中的“仪器代码”改为“气压观测仪器代码、风观测仪器代码、气温观测仪器代码、相对湿度观测仪器代码、降水量观测仪器代码和海面有效能见度观测仪器代码”(1994年版的 42.2.7.1a;本版的 15.7.4.9.2);

——对观测记录簿格式进行了修改(参见附录 A);

——增加了“海滨观测资料统计计算的有关规定”(参见附录 F.1);

——增加了“海滨观测资料质量控制”(参见附录 F.2);

——删除了 1994 年版的附录 E、附录 G、附录 H、附录 I。

本标准的附录 A、附录 B、附录 C、附录 D、附录 E、附录 F 为资料性附录。

本标准由国家海洋局提出。

本标准由国家海洋标准计量中心归口。

本标准由国家海洋局北海分局负责起草。

本标准主要起草人:王炜阳、周玲、范文静、毕立海、张殿会。

本标准所代替标准的历次版本发布情况为:

——GB/T 14914—1994。

海 滨 观 测 规 范

1 范围

本标准规定了海滨水文气象观测的项目、技术要求、方法以及资料处理等内容。

本标准适用于沿海、岛屿、平台上的海洋观测站(简称测站)进行海滨水文气象观测。

2 规范性引用文件

下列文件中的条款通过本标准的引用而成为本标准的条款。凡是注日期的引用文件,其随后所有的修改单(不包括勘误的内容)或修订版均不适用于本标准,然而,鼓励根据本标准达成协议的各方研究是否可使用这些文件的最新版本。凡是不注日期的引用文件,其最新版本适用于本标准。

GB 4696 中国海区水上助航标志

GB/T 12763.3 海洋调查规范 海洋气象观测

GB 12898 国家三、四等水准测量规范

GB/T 15920 海洋学术语 物理海洋学

HY 023 中国海洋观测台站代码

HY/T 058 海洋调查观测监测档案业务规范

3 术语和定义

GB/T 15920、GB/T 12763.3 确立的以及下列术语和定义适用于本标准。

3.1

海况 sea situation

在风力作用下的海面特征。

3.2

波型 wave type

海浪的外貌特征。

3.3

表层海水温度 sea-surface temperature

海水表面到 0.5 m 深处之间的海水温度。

3.4

表层海水盐度 sea-surface salinity

海水表面到 0.5 m 深处之间的海水盐度。

3.5

海发光 luminescence of the sea

夜间海面出现的生物发光现象。

3.6

海面有效能见度 sea level effective horizontal visibility

测站所能见到的海面二分之一以上视野范围内的最大水平距离。

STANDARDS PRESS OF CHINA

4 一般规定

4.1 基本要求

4.1.1 海滨观测所获得的资料应能反映出观测海区环境的基本特征和变化规律。

4.1.2 海滨观测包括水文、气象要素的观测和资料处理。

4.1.3 观测站的观测项目及其测量的准确度、观测点(场)一经确定不得随意变动。

4.2 观测项目和时次

4.2.1 观测项目

水文项目:潮汐、海浪、表层海水温度、表层海水盐度、海发光、海冰。

气象项目:风、气压、空气温度、相对湿度、海面有效能见度、降水量、雾。

4.2.2 日界规定

海滨观测使用北京时。潮汐、海浪、表层海水温度、表层海水盐度、海冰以北京时24时(不含24时)为日界;海发光以日出为日界;气象项目以北京时20时(含20时)为日界。

4.2.3 定时观测时次

4.2.3.1 潮汐应于每日整点测量潮高,记录每日高潮、低潮的潮高及其对应时间。

4.2.3.2 海浪应于每日08,11,14,17时进行观测,在冬季17时因天色暗淡不利于观测时,可根据具体情况规定提前观测的时间,并在观测记录簿(参见附录A)备注栏内注明。

4.2.3.3 表层海水温度应于每日08,14,20时进行观测。

4.2.3.4 表层海水盐度应于每日14时进行观测。

4.2.3.5 海发光应于每日天黑后进行观测。

4.2.3.6 海冰应于每日08,14时进行观测。其中海冰厚度、海冰温度观测和冰情图绘制仅于每月的5,10,15,20,25日及月末日的08时进行一次。

4.2.3.7 风应于每日整点测量风速及相应风向,记录瞬时风速大于或等于17.0m/s的起止时间。

4.2.3.8 气压、空气温度、相对湿度和海面有效能见度应于每日08,14,20时进行观测;降水量应于每日20时进行观测。

4.2.4 连续观测

4.2.4.1 配备自动观测设备的站,应对潮汐、海浪、表层海水温度、表层海水盐度、气压、空气温度、相对湿度、风、降水量、海面有效能见度进行连续观测。其中潮汐、气压、空气温度、相对湿度、风、降水量每1 min记录一次;表层海水温度、表层海水盐度、海面有效能见度每个整点记录一次;海浪一般每3 h记录一次,分别为02、05、08、11、14、17、20、23时。

4.2.4.2 雾应连续观测。

4.3 严重冰期的海冰观测

4.3.1 在每年严重冰期时,应选择有代表性的海冰测点,进行不连续的一至三次(每次一至两天)海冰厚度、海冰温度、海冰盐度、海冰密度和海冰单轴抗压强度等要素的观测,同时还应进行其他海冰要素的常规观测。

4.3.2 在观测中,应同时进行表层海水温度和表层海水盐度及有关气象要素的观测。

4.4 观测程序和补测规定

4.4.1 观测程序由各测站自行安排,但所有定时观测项目(除海冰外)应在正点前后30 min内观测完毕。海冰观测可于正点后1 h内结束。气象项目观测应尽量安排在正点前15 min内进行;气压观测应靠近正点。潮汐校测应在整点进行。

4.4.2 观测时,若仪器设备不能正常使用,应采用其他方法进行观测,观测数据可作为正式记录,并在观测记录簿备注栏说明方法和原因。

4.4.3 如果在规定的观测时间内某项目或某要素因故未能观测,可在该时次正点后1 h(海冰2 h)内补测;在当日规定补测的时间内,不能进行海冰厚度、海冰温度观测和冰情图测绘,可在次日该时次补测;所有补测内容仍作为正式记录,并在观测记录簿备注栏注明补测原因和时间。在补测时间内不能进行补测的项目或要素作缺测处理。

4.5 海洋灾害和异常现象的观测

4.5.1 当风速或波高达到确定值(其值应根据各海区具体情况而规定)时,海浪观测应加密到 1 h 观测 1 次。

4.5.2 当地震海啸或风暴潮影响到当地,用仪器设备无法进行正常潮汐测量时,观测人员必须监视潮位变化,以获取完整的潮汐资料。

4.5.3 观测人员应对测站附近的各种海洋灾害以及异常现象进行记录。

4.6 仪器设备的配备

4.6.1 海滨观测所使用的观测仪器设备,应经国家法定计量检定机构计量检定/校准/测试合格后方可使用。所使用的仪器设备应在检定有效期内。对仪器设备应定期检查、维护保养,发生故障应及时排除或更换,并在观测记录簿备注栏注明。

4.6.2 自动观测仪器设备应性能可靠、测量准确、操作维护方便、结构坚固。

4.6.3 自动观测仪器设备一般应具有系统设置、数据记录、数据转换、数据通讯单元和供电功能;能设置每个传感器的最新标定文件;能对潮汐、海浪、表层海水温度、表层海水盐度、气压、空气温度、相对湿度、风、降水量、海面有效能见度等观测要素进行连续自动观测、显示、打印并可以将数据存入存储器;能将传感器所获得的原始数据转换成工程数据并直接传输到计算机上;具有对采集的数据进行剔除明显误差的功能。

4.6.4 自动观测仪器设备测量准确度,应满足各要素测量技术指标。

4.6.5 仪器工作电源采用 220V 交流电和自备蓄电池供电,蓄电池供电能力不小于仪器连续工作 72 h(正常工作状态),并能进行浮充。

4.7 巡视和校对

4.7.1 定时观测前,观测人员应巡视检查观测点(场)及所使用的仪器设备。

4.7.2 观测人员应于每日 07,19 时校对观测用钟表,该钟表 24 h 内误差不得大于 10 s。

4.7.3 各项观测数据应立即记入观测记录簿,并用硬度适中的黑色铅笔书写,书写的字迹应工整清楚,不得涂擦。观测员发现的错误用黑色铅笔改正,校对员查出的错误用蓝黑或纯黑墨水笔改正,改正时将原记录数据划一横线,并在其右上方写上正确数据。作缺测处理的项目或要素应在有关栏内记"—"符号,对可疑的记录数据应加括号"( )"。

4.7.4 观测站应记载对观测数据有影响的活动(如观测站设施设备变动、仪器设备安装布放使用、水准系统的设置与水准测量、井内井外水尺设置、潮高潮时记录值校测等)并整理归档。

5 潮汐的观测

5.1 技术要求

5.1.1 观测要素

观测潮高,高潮、低潮的潮高及对应潮时。

5.1.2 单位和测量的准确度

潮高的单位为厘米(cm)。测量的准确度规定为三级:一级为±1 cm;二级为±5 cm;三级为±10 cm。

潮时的单位为分(min)。测量的准确度为±1 min。

5.1.3 观测点的选择

观测点应选择在与外海畅通,水流平稳,不易淤积,波浪影响较小的海域;应避开冲刷严重、易坍塌的海岸;在理论最低潮时,水深应大于 1 m;尽可能利用防波堤、码头、栈桥等海上建筑物。

5.1.4 验潮井的设置

验潮井是为观测潮汐而专门设置的建筑物。它的设计，特别是进水管道必须使井内与井外潮位差小于 1 cm，并具有良好的消波性能。验潮井的设置参见附录 B。验潮井的设置应详细记载和归档。

5.1.5 仪器的安装

验潮仪传感器应尽量安装在验潮井内。对于需要固定安装在水下的传感器，其安装高度应低于潮高基准面下 1 m。

5.1.6 水准系统的设置与水准测量

5.1.6.1 水准点的设置

观测站应在适当位置设置一个基本水准点和一至两个校核水准点。基本水准点是观测站永久性的高程控制点。校核水准点是用于引测和检查水尺零点、读数指针高程的水准点。

基本水准点和校核水准点分别按基本水准标石和普通水准标石的埋设方法埋设，并应采取严格的保护措施，使之不易受到破坏。水准标石埋设的技术设计、选点、埋设方法和要求按 GB 12898 的规定执行，并详细记载和归档。

5.1.6.2 水准点的水准测量要求

5.1.6.2.1 基本水准点应按国家三等水准测量要求与国家水准高程系统连测。

5.1.6.2.2 校核水准点应按国家三等水准测量要求与基本水准点连测。

5.1.6.2.3 基本水准点与校核水准点启用后每年应复测一次；两年后若没有发现高程变动，基本水准点每隔四年应复测一次，校核水准点每隔二年应复测一次。

5.1.6.2.4 水准点的测量按 GB 12898 的有关规定执行，并将各次测量及复测情况详细记载和归档。

5.1.6.3 潮高基准面的确定

5.1.6.3.1 测站潮高基准面宜采用当地理论最低潮面，简称测站基面。

5.1.6.3.2 在未确定潮高基准面的测站，可用开始观测时的第一根水尺零点处的水平面或设定的某一水平面临时作为潮高基准面。在观测一年后，使用所测资料通过推算，确定当地理论最低潮面作为测站潮高基准面。

5.1.6.3.3 测站基面一经确定不应轻易变动，测站基面的高程应记载和归档。

5.1.6.3.4 测站基面确定后，测站的潮高资料必须订正到测站基面上。

5.1.7 井内、井外水尺的设置

5.1.7.1 要求与安装

5.1.7.1.1 井外水尺最小刻度为 1 cm，尺长累积误差不大于 0.5 cm。

5.1.7.1.2 井内水尺最小刻度为 0.1 cm，尺长累积误差不大于 0.5 cm。

5.1.7.1.3 水尺的安装与维护参见附录 C。

5.1.7.2 水准测量

5.1.7.2.1 新安装或更换的井外水尺，在启用前应按国家四等水准测量的要求与校核水准点进行连测，确定水尺零点的高程并每半年复测一次。

5.1.7.2.2 井外水尺在受到台风袭击、被船只碰撞或更换、调整水尺板后，或认为水尺有可能松动，都应复测水尺零点高程。

5.1.7.2.3 井内水尺读数指针安装完毕，应按国家四等水准测量要求与校核水准点连测，确定读数指针高程并每半年复测一次。

5.1.7.3 水尺校核

井内、井外水尺每月应进行一次互相校核。校核时应分别在高潮、中潮、低潮各对比观测一次，每次至少读取三对数值。

5.1.7.4 **检查、调整或更换**

5.1.7.4.1 新安装的井内水尺，每旬应检查一次尺长变动情况，若一个月后没发生变动，可改为每三个月检查一次。

5.1.7.4.2 井外水尺零点变动、井内水尺伸缩或读数指针高程变动等于或大于1.0 cm时，应及时更换或调整；井外水尺零点和井内水尺读数指针高程变动检查办法参见附录D。

5.1.7.5 **记载**

井内、井外水尺和读数指针的安装、测量、检查、校核、调整、更换、变动等情况应记载在观测记录簿纪要栏内并归档。

5.1.8 **潮高潮时记录值的校测**

5.1.8.1 潮高、潮时记录值的校测一般应使用井内、井外水尺和观测用钟表进行校测。

5.1.8.2 校测时，若发现误差大于准确度要求，应及时查找原因、调整仪器，并将情况详细记载归档。

5.2 观测和记录方法

每3 s采样一次，连续采样1 min，经误差处理后，计算样本数据的平均值；用整点前1 min的平均值，作为该整点的潮高。潮高记录到1 cm；潮时记录到1 min，采用四位记时法记录。当潮位在潮高基准面以下时，潮位数值前加"—"号。

5.3 观测资料的整理

5.3.1 **高潮、低潮潮高和潮时的挑选**

从每日观测的1 min潮高值中按下列要求，确定高潮、低潮的潮高和对应潮时：

——选取潮汐涨落一周期内潮位的最高值为高潮潮高，其对应的时间为高潮潮时；

——选取潮汐涨落一周期内潮位的最低值为低潮潮高，其对应的时间为低潮潮时；

——若平潮或停潮的时间较长且曲线平滑，可将平潮或停潮曲线中间位置作为高潮潮高或低潮潮高，其对应的时间为高(低)潮潮时；

——在平潮或停潮期间内，若记录曲线有上升(下降)出现时，则将最高(低)点作为高(低)潮潮高，其对应的时间为高(低)潮潮时；

——在混合潮地区或有副振动时，曲线会出现超出常规的波动现象，当波动的幅度超过10 cm，且时间超过2 h者，应作为一个高潮或低潮来挑选；

——当高(低)潮出现平行峰(谷)型时，若两峰(谷)的宽度一样，可根据情况选其中一个峰(谷)确定高(低)潮的潮高与潮时；当两峰(谷)宽度不一样时，选宽度较大的峰(谷)读取潮高与潮时；

——当高(低)潮出现多峰(谷)型时，若有多个峰(谷)，高(低)潮潮高与潮时可挑选在与最高(低)峰(谷)高度差不大于1 cm，且比最高(低)潮峰(谷)更靠近中间位置的峰(谷)处。

5.3.2 **潮时潮高的订正**

5.3.2.1 **订正要求**

5.3.2.1.1 准确度为一级时，在相邻两次校测的12 h中，潮时误差等于或大于1 min，应作潮时订正；潮高误差等于或大于1 cm的记录，应作潮高订正。

5.3.2.1.2 准确度为二级时，在相邻两次校测的24 h中，潮时误差等于或大于5 min，应作潮时订正；潮时误差等于或大于3 min，且相邻两个整点最大潮位差大于100 cm时，应作潮时订正；潮高误差等于或大于2 cm，应作潮高订正。

5.3.2.1.3 准确度为三级时，在相邻两次校测的48 h中，潮时误差等于或大于10 min，应作潮时订正；潮时误差等于或大于6 min，且相邻两个整点最大潮位差大于100 cm时，应作潮时订正；潮高误差等于或大于5 cm，应作潮高订正。

5.3.2.2 **订正方法**

一般采用逐时内插法订正，订正值用式(1)计算：

STANDARDS PRESS OF CHINA

$$D_i = K_i + D_n \quad \cdots\cdots(1)$$

$$K_i = t^{-1}(D_m - D_n)t_i \quad \cdots\cdots(2)$$

式中：

D_i——i 时刻潮时或潮高的订正值，min 或 cm；

K_i——相邻两次校测中，i 时刻潮时或潮高误差分配值，min 或 cm；

D_n——前一次校测的误差值，min 或 cm；

D_m——与 D_n 相邻后一次校测误差值，min 或 cm；D_m 带有正、负号，当仪器时钟比标准时快时，潮时误差取负，反之取正；当潮高实测值小于自记值时，潮高误差取负，反之取正；

t——相邻两次校测间隔的整时数(如 12 h，24 h 等)，h；

t_i——i 时刻距校测时刻的整时数(其中 $i=0,1\cdots\cdots23$)，当 $t=12$，且于 08，20 时校测，如 09 时和 21 时即 $i=9$ 和 $i=21$，则 $t_9=1$，$t_{21}=1$。

5.3.2.3 高潮、低潮的订正

5.3.2.3.1 根据高潮、低潮两边相邻两个整点的潮时、潮高订正值，用内插法订正。

5.3.2.3.2 若高潮、低潮恰在相邻两个整点中间，且两个整点订正值相差 1 min 或 1 cm 时，则用后一个整点的订正值进行订正。

5.3.3 由于井内水尺或读数指针的变动引起的潮高误差订正

5.3.3.1 订正要求

5.3.3.1.1 若发现井内与井外潮高读数差等于或大于 1 cm，且确认是因井内水尺或读数指针变动造成的，则应订正。

5.3.3.1.2 若井内水尺长度累积误差等于或大于 1 cm，则应订正。

5.3.3.1.3 用水准测量确认读数指针变动等于或大于 1 cm，则应订正。

5.3.3.2 订正方法

5.3.3.2.1 当能确定井内水尺或读数指针的变动时，应根据实际情况进行订正。

5.3.3.2.2 当无法确认井内水尺或读数指针的变动原因和日期时，可从上次检查至此次检查的时间内，按日内插订正。

5.3.4 数据记录的订正

5.3.4.1 当数据记录误差大于准确度要求时，应进行订正。

5.3.4.2 当能确定产生误差的原因时，应根据实际情况进行订正；当无法确认误差的原因和日期时，可从上次校测至此次校测的时间内按日内插订正。

6 海浪的观测

6.1 技术要求

6.1.1 观测要素

观测海浪的波高、周期、波型、波向和海况。

6.1.2 单位和测量的准确度

6.1.2.1 波高的单位为米(m)。准确度规定为两级：一级为±10%；二级为±15%。

6.1.2.2 周期的单位为秒(s)。准确度为±0.5 s。

6.1.2.3 波向的单位为度(°)。准确度规定为两级：一级为±5°；二级为±10°。

6.1.3 观测点的选择

6.1.3.1 观测点海面应开阔，无岛屿、暗礁、沙洲和水产养殖、捕捞区等障碍物影响，并尽量避开陡岸。

6.1.3.2 抛设浮标(或传感器)处的水深一般不小于 10 m，海底平坦，尽量避开急流区。

6.1.4 仪器的安装和布放

仪器的安装和布放应按各仪器的要求进行。传感器或测波浮标布放后必须立即测定布放点的水深、布放时的潮高、布放点相对于岸上观测场地(或接收点)的方位、水平距离并记录布放时间。用公式(3)计算出布放点海底到潮高基准面的高度:

$$D_0 = D - h \qquad \cdots\cdots(3)$$

式中:

D_0——布放点海底到潮高基准面的高度,m;

D——布放点布放时水深,m;

h——布放时潮高,m。

所测各项参数应详细记载和归档。

6.2 观测和记录方法

6.2.1 海况的观测和记录

以目力观测拍岸浪带以外范围能见海面的征象,根据海面上波峰的形状、破碎程度和浪花出现的多少按表1进行判定。

表1 海况等级

海况(级)	海面征象
0	海面光滑如镜
1	波纹
2	风浪很小,波峰开始破裂,但浪花不是白色的
3	风浪不大,但很触目。波峰破裂,其中有些地方形成白色浪花——白浪
4	风浪具有明显的形状,到处形成白浪
5	出现高大波峰,浪花占了波峰上很大的面积。风开始削去波峰上的浪花
6	波峰上被风削去的浪花开始沿海浪斜面伸长成带状
7	风削去的浪花布满了海浪斜面,并有些地方到达波谷
8	稠密的浪花带布满了海浪斜面,海面因而变成白色,只在波谷某些地方没有浪花
9	整个海面布满了稠密的浪花层,空气中充满了水滴与飞沫,能见度显著降低

6.2.2 波型的观测和记录

以目力观测拍岸浪带以外大范围能见海面海浪的外貌,按表2判定所属波型,并记录其符号。海面无浪,波型栏空白。

表2 波型分类

波　型	符　号	海浪外貌特征
风浪	F	受风力的直接作用,波峰较尖,波峰线较短,背风面比向风面陡,波峰上常有浪花和飞沫
涌浪	U	受惯性力作用传播,外形圆滑,波峰线较长,波向明显,波陡较小
混合浪	FU	风浪和涌浪同时存在,风浪波高与涌浪波高相差不大
	F/U	风浪和涌浪同时存在,风浪波高明显大于涌浪波高
	U/F	风浪和涌浪同时存在,风浪波高明显小于涌浪波高

6.2.3 波向的观测和记录

6.2.3.1 分别测取风浪波向、涌浪波向或综合浪向。

6.2.3.2 如海面仅出现风浪时,则涌浪波向记"C";如海面仅出现涌浪时,则风浪波向记"C"。

6.2.3.3 如海面同时出现两个以上风浪或涌浪波系时，则只测定其主要波系的波向。

6.2.3.4 波向记录到整数。若海面无海浪或有海浪而测不出波高、周期时，波向栏记“C”；若能测出波高、周期而测不出波向时，波向栏记“×”。

6.2.4 波高、周期的观测和记录

6.2.4.1 波高、周期的自动观测

采样时间间隔应小于或等于 0.5 s，连续记录的波数不少于 100 个波，记录的时间长度视平均周期的大小而定，一般取 17 min～20 min。波高与周期的观测包括最大波高及其对应周期、十分之一大波波高及其对应周期、有效波波高及其对应周期、平均波高及其对应周期等特征值。

6.2.4.2 波高、周期特征值及其代号

波高和周期特征值及其代号，定义如下：

a) 最大波高(H_{max})，是海浪连续记录中波高的最大值；

b) 最大波周期(T_{max})，是最大波高对应的周期；

c) 十分之一大波波高($H_{1/10}$)，是海浪连续记录中逐个波高，从大到小排列，其波高总个数的前十分之一个大波波高的平均值；

d) 十分之一大波周期($T_{1/10}$)，是十分之一大波各波高对应周期的平均值；

e) 有效波波高($H_{1/3}$)，是海浪连续记录中逐个波高，从大到小排列，其波高总个数的前三分之一个大波波高的平均值；

f) 有效波周期($T_{1/3}$)，是有效波高各波高对应周期的平均值；

g) 平均波高(H_{mea})，是海浪连续记录中所有波高的平均值；

h) 平均周期(T_{mea})，是平均波高各波高对应周期的平均值。

6.2.4.3 波高、周期的目测

6.2.4.3.1 在海面上选择具有代表性的一固定点，目测 10 个连续波通过某一固定点所需时间，重复测三次(每两次之间间隔应在 1 min 之内)，取平均值作为平均周期；

6.2.4.3.2 在平均周期 100 倍的时间内，密切注视海面一固定点，估测十分之一大波波高和最大波波高。

6.2.4.4 波高和周期的记录

波高记录到 0.1 m，周期记录到 0.1 s。海面无浪或虽有海浪但测不出波高和周期时，波高、周期栏均记“0.0”。

6.3 观测资料的整理

6.3.1 自记记录的整理

6.3.1.1 自记记录预处理的原则

6.3.1.1.1 确定记录的“零线”，当“零线”有明显漂移时，应分段进行。

6.3.1.1.2 对明显错误的数据记录(奇异点)应进行剔除，然后进行合理处理。

6.3.1.1.3 采用上跨零线法确定波面记录的各上跨零点。

6.3.1.1.4 在波面记录中选定连续或准连续的波系列。

6.3.1.2 采样数据记录的整理

将预处理后选定的波系列，逐个计算出每个波波高及对应周期后，将波高从大到小排列，计算出最大波高、最大波周期、十分之一大波波高、十分之一大波周期、有效波波高、有效波周期、平均波高、平均周期。

6.3.2 波级的确定

6.3.2.1 用有效波波高或十分之一大波波高，按表 3 判定所属波级。

表 3 波级查算

波级	波高/m	名称	波级	波高/m	名称
0	0	无浪	5	$2.5 \leqslant H_{1/3} < 4.0$ $3.0 \leqslant H_{1/10} < 5.0$	大浪
1	$H_{1/3} < 0.1$ $H_{1/10} < 0.1$	微浪	6	$4.0 \leqslant H_{1/3} < 6.0$ $5.0 \leqslant H_{1/10} < 7.5$	巨浪
2	$0.1 \leqslant H_{1/3} < 0.5$ $0.1 \leqslant H_{1/10} < 0.5$	小浪	7	$6.0 \leqslant H_{1/3} < 9.0$ $7.5 \leqslant H_{1/10} < 11.5$	狂浪
3	$0.5 \leqslant H_{1/3} < 1.25$ $0.5 \leqslant H_{1/10} < 1.5$	轻浪	8	$9.0 \leqslant H_{1/3} < 14.0$ $11.5 \leqslant H_{1/10} < 18.0$	狂涛
4	$1.25 \leqslant H_{1/3} < 2.5$ $1.5 \leqslant H_{1/10} < 3.0$	中浪	9	$14.0 \leqslant H_{1/3}$ $18.0 \leqslant H_{1/10}$	怒涛

6.3.2.2 当海面有浪但测不出波高时，波级记“1”。

6.3.3 水深的计算

在海浪观测(除目测法外)时应计算测波浮标(或传感器)处水深，其计算方法采用公式(3)，但 D 为观测时测波浮标处的水深，h 为观测时的潮高。当波高为 0.0 m 或者缺测时，水深记录栏空白。

7 表层海水温度的观测

7.1 技术要求

7.1.1 观测要素

观测海水表面到 0.5 m 深处的表层海水温度。

7.1.2 单位和测量的准确度

表层海水温度的单位为摄氏度(℃)。测量的准确度规定为三级：一级为±0.05℃；二级为±0.2℃；三级为±0.5℃。

7.1.3 观测点的选择

7.1.3.1 观测点应与外海畅通，水深不小于 1 m，不应设置在排水、排污管道或小溪入海处。

7.1.3.2 因大风浪或冰冻等影响观测时，可在观测点附近 200 m 内另行选点。当冰情严重无法另行选点观测时，可作缺测处理。

7.1.4 温盐井的设置

温盐井是为观测表层海水温度和表层海水盐度而专门设置的建筑物。温盐井一般可建在验潮井旁边或与验潮井同时建设。温盐井井筒内径一般不小于 0.4 m；在理论最高潮位和理论最低潮位之间，每隔 0.5 m 设一进水孔，进水孔的直径不小于 0.1 m，以保证井内外水体的自由交换。

7.1.5 仪器的安装

表层海水温度传感器应尽量安装在温盐井内，并始终保持在海面至水下 0.5 m 的高度，随海面升降。

7.2 观测和记录方法

7.2.1 每 3 s 采样一次，连续采样 1 min，经误差处理后，计算样本数据的平均值；用整点前 1 min 的平均值，作为该整点的观测值。

7.2.2 当表层海水温度传感器不是长期浸入在被测量的海水中时，在采样之前传感器必须浸入海水中 2 min 之后，方可进行数据的采集。

7.2.3 表层海水温度观测记录到 0.1℃。表层海水温度在 0℃以下时，记录数值前加“—”号。

8 表层海水盐度的观测

8.1 技术要求

8.1.1 观测要素

观测海水表面到0.5 m深处的表层海水盐度。

8.1.2 测量的准确度

表层海水盐度测量准确度规定为四级：一级为±0.02；二级为±0.05；三级为±0.2；四级为±0.5。

8.1.3 观测点的选择

观测点应与外海畅通，水深不小于1 m，并避开陆地径流和排水、排污管道或小溪入海处以及受污染的海区。

8.1.4 温盐井的设置

温盐井的设置见7.1.4。

8.1.5 仪器的安装

表层海水盐度传感器应尽量安装在温盐井内，并始终保持在海面至水下0.5 m的高度，随海面升降。

8.1.6 现场观测仪器的比对

现场测量表层海水盐度的测站，至少每月用盐度计同现场仪器对比测量一次，每次应用同一天中不同时段采集的海水样品对比测量，以便对现场测量仪器进行校准。

8.2 观测和记录方法

每3 s采样一次，连续采样1 min，经误差处理后，计算样本数据的平均值；用整点前1 min的平均值，作为该整点的观测值。

8.3 观测资料的整理

由电导率比测量值求海水样品表层海水盐度。用公式(4)计算出海水样品的表层海水盐度：

$$S = a_0 + a_1 R_t^{1/2} + a_2 R_t + a_3 R_t^{3/2} + a_4 R_t^2 + a_5 R_t^{5/2} + (b_0 + b_1 R_t^{1/2} + b_2 R_t + b_3 R_t^{3/2} + b_4 R_t^2 + b_5 R_t^{5/2})(t-15)/[1+K(t-15)] \quad \cdots\cdots\cdots\cdots(4)$$

式中：

t——被测海水样品(或水浴)温度，℃；取一位小数；

R_t——海水样品同标准海水在一个大气压力下和温度为t℃时的电导率比值；

$a_0 = 0.008\ 0$；

$a_1 = -0.169\ 2$；

$a_2 = 25.385\ 1$；

$a_3 = 14.094\ 1$；

$a_4 = -7.026\ 1$；

$a_5 = 2.708\ 1$；

$K = 0.016\ 2$；

$b_0 = 0.000\ 5$；

$b_1 = -0.005\ 6$；

$b_2 = -0.006\ 6$；

$b_3 = -0.037\ 5$；

$b_4 = 0.063\ 6$；

$b_5 = -0.014\ 4$。

公式(4)适用范围为$2 \leqslant S \leqslant 42$；$-2℃ \leqslant t \leqslant 35℃$。

当 $S<2.000$ 时，记为“2.000”，按 2.000 参加统计，并按小于 2.000 参加极值挑选。

9 海发光的观测

9.1 技术要求

9.1.1 观测要素

观测夜间海面出现的生物发光现象。

9.1.2 观测点的选择

观测点应选择在不易受灯光、月光影响，位置相对固定，距海面高度 2 m～6 m 的地方。

9.2 观测和记录方法

9.2.1 海发光观测用目测进行。当观测员从亮处到暗处观测时，待适应环境后再进行观测。因海面平静观测不到海发光时，可人工扰动海面进行观测。

9.2.2 观测时，先按表 4 的海发光特征判定类型，用符号记录；再按海发光强弱程度判定发光强度等级，并在其符号的右下方作等级记录，如二级强度火花型海发光记为“H_2”。

表 4 海发光类型及强度等级

发光类型	发光特征	发光强度等级				
		0	1	2	3	4
火花型(H)	发光形态与萤火虫相似，它主要由 0.02 mm～5 mm 的发光浮游生物引起，当海面受机械扰动或生物受某些化学物质刺激时，此类发光显著，通常情况下发光微弱，是常见的海发光类型	无发光现象	在机械作用下发光勉强可见	在水面或风浪的波峰处发光明晰可见	在风浪和涌浪波面上发光著目可见。漆黑夜晚可借此见到水面物体轮廓	发光特别明亮，波纹上也能见到发光
弥漫型(M)	海面呈现一片弥漫的光辉，它主要由发光细菌引起，只要有大量细菌存在，任何情况下都会发光	无发光现象	发光可见	发光明晰可见	发光著目可见	强烈发光
闪光型(S)	发光常呈阵性，它由大型发光动物产生，这种发光动物通常孤立地出现，当其成群出现时，这种发光更显著；在机械作用或某些物质刺激下，发光较醒目	无发光现象	在视野内有几个发光体	在视野内有十几个发光体	在视野内有几十个发光体	视野内有大量发光体

9.2.3 当两种或两种以上海发光类型同时出现时应分别记录，等级高的记录在前，等级低的记录在后，如“H_2S_1”。

9.2.4 无海发光时记“0”，因灯光、月光、海冰或其他原因影响，观测不到海发光时，记“×”。

9.2.5 在整个夜晚若发现比观测时的海发光等级高，或有不同类型的海发光出现时，应分别记入当日观测记录簿备注栏内。

10 海冰的观测

10.1 技术要求

10.1.1 观测要素

观测冰量、冰型、冰表面特征、冰状、最大浮冰块水平尺度、浮冰密集度、浮冰漂流方向和速度、绘制冰情图。沿岸冰形成后还需进行海冰堆积量、海冰堆积高度、固定冰宽度、海冰厚度、海冰温度、海冰盐度、海冰密度、海冰单轴抗压强度等要素的观测。

10.1.2 单位和测量的准确度

各观测要素的单位和测量的准确度见表5。

表5 各项观测要素的单位和测量准确度

观测要素	单位	准确度
海冰冰量、密集度、堆积量	成	±1
最大浮冰块水平尺度	m	±1
浮冰漂流方向	°	±5
浮冰漂流速度	m/s	±0.1
海冰堆积高度	m	±0.1
固定冰宽度	m	±1
海冰厚度	Cm	±1
海冰温度	℃	±0.2
海冰盐度	—	±0.05
海冰密度	g/cm³	±0.01
海冰单轴抗压强度	MPa	±0.01

10.1.3 观测点的选择

观测点应濒临海岸，视野开阔，观测视角大于120°，拔海高度在10 m以上，并能观测到当地重要海区(港湾、航道、锚地或海上建筑物等所在海域)的海冰状况。

10.1.4 测冰基线的确定

观测点确定后应确定测冰基线，基线应选定在沿岸冰有代表性的方向上，并尽可能与海岸线垂直。基线方向自观测点指向外海，并测量其方位和设立基线固定标志。

10.1.5 能见水平线最大远程的确定

能见水平线最大远程按式(5)计算：

$$D = 3.85(H + 1.5)^{1/2} \qquad (5)$$

式中：

D——能见水平线最大远程，km；

H——观测场地海拔高度，m。

10.1.6 严重冰期时海冰厚度、海冰温度、海冰盐度、海冰密度、海冰单轴抗压强度观测点的选择

观测点应具备冰面平整，无杂质和积雪，含沙质较少；冰质较坚硬，冰厚在10 cm以上。

10.1.7 初(终)冰日期的确定

观测站应根据历年观测到的初(终)冰日，提前(推后)半个月经常注意观察海面，一旦出现或终止海冰，即在观测记录簿备注栏注明出现或终止的时间，该站即可开始或终止对海冰的观测。

10.2 观测和记录方法

10.2.1 冰量的观测和记录

冰量是指海冰覆盖面积占整个能见海面的成数。测站应分别进行总冰量、浮冰量和固定冰量的观测。

在进行冰量观测时，将整个能见海面分为10等份，分别估计全部海冰、浮冰和固定冰的覆盖面积所占的成数。无冰时冰量记录栏空白。海冰分布面积占整个能见海域面积不足半成时，冰量记"0"；占半成以上，不足一成半时记"1"；其余类推，整个能见海面布满海冰而无缝隙时，冰量记"10"，有缝隙时记"10⁻"。

海面有效能见度小于或等于1 km时，不进行冰量观测，作缺测处理。

10.2.2　冰型的观测和记录

10.2.2.1　冰型是根据海冰的生成原因和发展过程而划分的海冰类别。观测时环视整个能见海面，根据表6、表7分别判断浮冰和固定冰所属冰型，用符号记录。

10.2.2.2　当海面上同时存在多种冰型时，按量多少依次记录；量相同时，浮冰冰型按厚度大小顺序记录，每次观测最多记五种；固定冰冰型按表7所列的顺序记录。

10.2.2.3　当海冰距离观测场地很远，无法判定冰型时，作缺测处理。

表6　浮冰冰型

浮冰冰型	符号	特　征
初生冰 (New ice)	N	海冰初始阶段的总称。由海水直接冻结或雪降至低温海面未被融化而生成的，多呈针状、薄片状、油脂状或海绵状。初生冰比较松散，只有当它聚集漂浮在海面附在礁石及其他物体上时才具有一定的形状。有初生冰存在时，海面反光微弱，无光泽，遇风不起波纹
冰皮 (Ice rind)	R	由初生冰冻结或在平静海面上直接冻结而成的冰壳层，表面平滑、湿润而有光泽，厚度5 cm左右，能随风起伏，易被风浪折碎
尼罗冰 (Nilas)	Ni	厚度小于10 cm的有弹性的薄冰壳层，表面无光泽，在波浪和外力作用下易于弯曲和破碎，并能产生“指状”重叠现象
莲叶冰 (Pancake ice)	P	直径30 cm～300 cm，厚度10 cm以内的圆型冰块，由于彼此互相碰撞而具有隆起的边缘，它可由初生冰冻结而成，也可由冰皮或尼罗冰破碎而成
灰冰 (Grey ice)	G	厚度为10 cm～15 cm的冰盖层，由尼罗冰发展而成，表面平坦湿润，多呈灰色，比尼罗冰弹性小，易被涌浪折断，受到挤压时多发生重叠
灰白冰 (Grey-white ice)	Gw	厚度为15 cm～30 cm的冰层，由灰冰发展而成，表面比较粗糙，呈灰白色，受到挤压时大多形成冰脊
白冰 (White ice)	W	厚度为大于30 cm的冰层，由灰白冰发展而成，表面粗糙，多呈白色

表7　固定冰冰型

固定冰冰型	符号	特　征
沿岸冰 (Coastal ice)	Ci	沿着海岸、浅滩形成，并与其牢固地冻结在一起的海冰。沿岸冰可以随海面的升降作垂直运动
冰脚 (Ice foot)	If	固着在海岸上的狭窄沿岸冰带，是沿岸冰流走后的残留部分或涨潮时糊状浮冰以及浪花飞沫附着在海岸聚集冻结成的冰带
搁浅冰 (Stranded ice)	Si	退潮时留在潮间带或在浅水中搁浅的海冰

10.2.3　冰表面特征的观测和记录

10.2.3.1　冰表面特征是指海冰在动力或热力作用下所呈现的外貌。观测时环视整个能见海面，按表8分别判断浮冰和固定冰所属种类，用符号记录。

10.2.3.2　当海面同时存在两种或两种以上冰表面特征时，按其量多少依次记录；量相同时，按表8所列顺序记录，每次观测最多记三种。

10.2.3.3　当海面仅有初生冰和莲叶冰时，冰表面特征记录栏空白。

10.2.3.4　当海冰距离观测场地很远，无法判定冰表面特征时，作缺测处理。

表 8　冰表面特征分类

冰表面特征分类	符号	特　征
平整冰 (Level ice)	L	未受变形作用影响的海冰，冰面平整或冰块边缘仅有少量冰瘤及其他挤压冻结的痕迹
重叠冰 (Rafted ice)	Ra	在动力作用下，一层冰叠置到另一层冰上形成，有时甚至三、四层冰相互重叠而成，但其重叠面的倾斜角度不大，冰面仍较平坦
冰丘 (Hummock)	H	在动力作用下，冰块杂乱无章地堆积在一起，形成山丘状
覆雪冰 (Snow-covered ice)	S	表面有积雪的冰

10.2.4　浮冰冰状和最大浮冰块水平尺度的观测

10.2.4.1　冰状是指浮冰冰块最大水平尺度的表征。观测浮冰冰状时环视整个能见海面，按表 9 判定其所属冰状，用符号记录。当海面同时存在两种或两种以上冰状时，按其量多少依次记录；量相同时，按表 9 所列顺序记录。每次观测最多记三种。

表 9　浮冰冰状

单位为米

冰状类型	符号	最大水平尺度
巨冰盘 (Giant floe)	Gf	$L \geqslant 2\,000$
大冰盘 (Big floe)	Bf	$500 \leqslant L < 2\,000$
中冰盘 (Medium floe)	Mf	$100 \leqslant L < 500$
小冰盘 (Small floe)	Sf	$20 \leqslant L < 100$
冰块 (Ice cake)	Ic	$2 \leqslant L < 20$
碎冰 (Brash ice)	Bi	$L < 2$

10.2.4.2　最大浮冰块水平尺度的观测用仪器或目测进行。选择最大的浮冰块，观测冰块两个相距最远端点的距离，作为最大浮冰块的水平尺度。

10.2.4.3　初生冰不进行冰状和最大浮冰块水平尺度的观测。当海面仅有初生冰时，冰状和最大浮冰块水平尺度记录栏空白。

10.2.4.4　当浮冰距离观测场地很远，无法分辨出单个冰块时，冰状和最大浮冰块的水平尺度作缺测处理。

10.2.5　浮冰密集度观测

10.2.5.1　浮冰密集度是指浮冰覆盖面积占浮冰分布海面的成数。观测时，将整个能见海面中的浮冰分布海面分为 10 等份，估测浮冰覆盖面积所占的成数，记录方法按 10.2.1 条进行。海面无冰时，浮冰密集度记录栏空白；浮冰冰量为“0”时，浮冰密集度记“0”；浮冰量缺测时，浮冰密集度作缺测处理。

10.2.5.2　当浮冰分布的海域内有超过其面积一成以上的无冰完整水域时，则此水域不应算作浮冰分布海面。当海面有两个或两个以上浮冰分布区域时，应分别进行观测，取平均值作为浮冰密集度。

10.2.6　浮冰漂流方向和速度的观测和记录

10.2.6.1　浮冰漂流方向指浮冰漂流的去向，漂流速度为单位时间内浮冰移动的距离。

10.2.6.2 浮冰漂流方向和速度的观测用仪器或目测方法进行。目测估算漂流方向和速度，方法如下：

a) 漂流方向可借助罗盘或方位盘进行估测；

b) 漂流速度可按表10估测。

表10 浮冰漂流速度估测

浮冰块移动特征	很慢	明显	快	很快
相当速度 v /(m/s)	$v \leqslant 0.3$	$0.3 \leqslant v < 0.5$	$0.5 \leqslant v < 1.0$	$v \geqslant 1.0$

10.2.6.3 海面无浮冰或仅有初生冰时，漂流方向和速度记录栏空白；漂流速度小于0.05 m/s时，漂流方向记“C”，漂流速度记“0.0”；海面有浮冰，但无法观测漂流速度和方向时，作缺测处理。

10.2.7 堆积量、堆积高度的观测和记录

10.2.7.1 堆积量是指呈堆积状海冰占沿岸冰表面的成数。观测时，将整个能见海面中的沿岸冰面积分成10等份，估测堆积状海冰面积（包括重叠冰、冰丘）所占成数，记录方法按10.2.1条进行。无沿岸冰时，堆积量记录栏空白。

10.2.7.2 堆积高度是指沿岸冰表面至堆积冰块顶点的垂直距离。堆积高度观测是测量平均堆积高度和最大堆积高度，一般可采用米尺或其他仪器测量；无法直接测量时，可用目测。观测时，选择两到三块能代表大多数堆积高度的冰块进行测量，取平均值为平均堆积高度；然后选择最高的一块测量其值为最大堆积高度。堆积量记录栏空白时，堆积高度记录栏亦应空白；堆积量为0时、堆积高度记“0.0”。

10.2.8 固定冰宽度的观测和记录

10.2.8.1 固定冰宽度是指沿岸冰在基线方向上的宽度。观测可用仪器或目测进行。

10.2.8.2 如能见海面全部被沿岸冰覆盖，记录数据前应加“>”符号；无沿岸冰或虽有沿岸冰，但不在基线方向上，固定冰宽度记录栏空白；沿岸冰宽度不足0.5 m时，固定冰宽度栏记“0”。

10.2.9 海冰厚度的观测和记录

10.2.9.1 海冰厚度是平整冰表面至冰底的垂直距离。观测时，在固定冰表面沿基线方向均匀地选2～5个点做冰厚的固定观测点，钻孔观测其厚度，记在相应的孔号栏内，同时记录该孔到岸的距离。

10.2.9.2 固定冰宽度记录栏空白或记“0”时，不进行冰厚观测，冰厚记录栏亦空白。因故不能测量冰厚时，作缺测处理。

10.2.10 海冰温度、海冰盐度、海冰密度的观测和记录

10.2.10.1 海冰温度是指固定冰冰层内部的温度，使用温度表进行观测。观测时应选择较厚的固定冰，根据冰厚按表11确定测量层次。观测时用冰钻钻孔，使仪器感应部位的中央位于预定层次深度，并避免和空气接触；感温5 min后读数。

10.2.10.2 海冰盐度是指海冰自然融化后的海水盐度。观测时，应在沿岸冰上按表11规定分层取样，把冰样放入样品瓶内立即盖紧瓶塞待其自然融化后测定。

表11 海冰温度、海冰盐度、海冰密度测量层次

海冰厚度范围/cm	层次	备注
$10 \leqslant h < 15$	表层	表层指冰面向下5 cm的范围，底层指从冰底向上5 cm的范围
$15 \leqslant h < 30$	表层、底层	
$h \geqslant 30$	表层、中层、底层	

10.2.10.3 海冰密度是指单位体积的海冰质量。观测时应按表11规定的层次采集大小适当的无杂质冰块进行测量。

10.2.11 海冰单轴抗压强度的观测和记录

10.2.11.1 海冰单轴抗压强度是指冰样单轴受压至破坏时单位面积上所能承受的极限荷载。当海冰厚度达到或超过 20 cm 时，即可采集冰样测量海冰单轴抗压强度。使用冰芯钻或冰锯从固定冰中分别取水平方向冰样(其长轴平行自然冰表面)和垂直方向冰样(其长轴垂直自然冰表面)。

10.2.11.2　采集到的冰样应加工成直径为 70 mm、长度为 175 mm 的圆柱体，或 70 mm×70 mm×175 mm的长方体，准确度要求为±1 mm。经加工成型后的冰样不得有裂纹和破损。

10.2.11.3　海冰单轴抗压强度测定时，测试机的环境温度应接近所测冰样的冰温；冰样要放置在测试机的中间部位，冰样表面和压力板之间不能有明显的缝隙。水平和垂直方向应分别测试三次，各取其平均值作为该方向的强度。

10.2.11.4　**海冰单轴抗压强度使用式(6)计算：**

$$R = P/A \qquad \cdots\cdots(6)$$

式中：

R——抗压强度，MPa；

P——极限荷载，N；

A——受压面积，mm^2。

10.2.12　冰情图绘制

10.2.12.1　在海冰观测现场，根据 08 时的海冰观测记录绘制冰情图。冰情图内容包括：浮冰边缘线、浮冰密集度的分布、主要浮冰冰型、冰表面特征、冰状的分布、浮冰漂流情况以及固定冰冰型分布，出现沿岸冰时还应绘制沿岸冰外缘线、厚度和堆积情况。

10.2.12.2　冰情图绘制范例参见附录 E，绘制时应采用特制的底图并要求如下：

a)　用符号标出浮冰边缘线和固定冰外缘线，浮冰边缘线和固定冰外缘线可用仪器观测，也可用目测；

b)　用符号标出水区、浮冰密集度、冰型、冰状、冰表面特征等；

c)　用符号指示浮冰漂流方向，用数字标出浮冰漂流速度、固定冰厚度、固定冰堆积量和固定冰堆积高度；

d)　冰情概述填写一候(即五天)内观测记录簿各日冰情概述综合内容。

10.2.12.3　观测记录薄冰情概述栏填写一天来的海冰变化以及对交通和生产的危害情况，分析天气、水文要素的变化对冰情的影响等。

10.2.12.4　总冰量为 0 时，不进行冰情图绘制。

11　风的观测

11.1　技术要求

11.1.1　观测要素

观测风速及相应的风向、日最大风速和相应风向及其出现时间、日极大风速和相应风向及其出现时间、瞬时风速大于或等于 17.0 m/s 的起止时间。

11.1.2　单位和测量的准确度

风速的单位为米/秒(m/s)。当风速不大于 5.0 m/s 时，测量的准确度为±0.5 m/s；当风速大于 5.0 m/s时，测量的准确度为±5%。

风向的单位为度(°)，正北为 0°，顺时针计量。测量的准确度规定为两级：一级为±5°；二级为±10°。

11.1.3　观测场的设置

观测场应设在四周空旷平坦、气流畅通并避免局部地形和障碍物影响的地方。观测场的大小一般应为：25 m×25 m(海岛或平台上受条件限制可适当减小)。

11.1.4　仪器的安装

风的传感器应安装于观测场内北面且距地面高度 10 m～12 m 处；若安装在平台上，应距上层平台面(平台有围栏者,为距围栏顶)6 m～8 m,且距地面高度不得低于10 m。

11.2 观测和记录方法

每3 s采集一次,作为瞬时风速和相应风向;连续采样10 min,计算风程和相应风向的平均值,作为该10 min结束时刻的平均风速和相应风向;记录每1 min的前10 min平均风速和相应风向,将整点前10 min的平均风速和相应风向,作为该整点的风速和相应风向值。风速记录到0.1 m/s,风向记录取整数;静风时,风速记"0.0",风向记"C"。

11.3 观测资料的整理

11.3.1 读取各整点前10 min平均风速和相应风向。

11.3.2 从每日记录的10 min平均风速和相应风向中,挑选出日最大风速和相应风向,并记录该时段的终止时间。最大平均风速和相应风向可跨日、跨月、跨年挑选且只能上跨。当日最大平均风速出现两次或多次相同时,可任选其中一次的相应风向和终止时间。

11.3.3 从每日记录的瞬时风速和相应风向中,挑选出日极大瞬时风速及相应风向、出现时间。当日极大瞬时风速出现两次或多次相同时,可任选其中一次的相应风向和出现时间。

11.3.4 读取瞬时风速大于或等于17.0 m/s的起止时间,按四位记时法记录,并以点线"……"连接,如"F1108……1311";若两次相隔不超过15 min不必分段记录;若开始或终止的时间缺测,则只记终止或开始时间;若起止时间均缺测,可只记"F"符号。

12 气压的观测

12.1 技术要求

12.1.1 观测要素

观测本站气压、日最高气压、日最低气压,计算海平面气压。

12.1.2 单位和测量的准确度

气压的单位为百帕(hPa)。测量的准确度规定为三级:一级为±0.1 hPa;二级为±0.5 hPa;三级为±1 hPa。

12.1.3 仪器安装要求

气压传感器应安装在温度少变,震动小的气压室内(或特制的保护箱内)。安装后应测定其测量零点或传感器的海拔高度(记录到0.1 m)。

12.2 观测和记录方法

每3 s采样一次,连续采样1 min,经误差处理后,计算样本数据的平均值;用整点前1 min的平均值,作为该整点的本站气压值。气压观测记录到0.1 hPa。

12.3 海平面气压的求算

本站气压经高度差订正即为海平面气压。海平面气压按式(7)计算:

$$P_0 = P_h + C \qquad (7)$$

式中:

P_0——海平面气压,hPa;

P_h——本站气压值,hPa;

C——高度差气压订正值,单位为hPa;当气压传感器海拔高度(h)高于海平面时,C为正值;低于海平面时,C为负值。

当h<15.0 m时,C为一常数按式(8)计算:

$$C = 34.68\,h/(t + 273) \qquad (8)$$

式中:

t——测站年平均气温(新建站可用邻近的同高度站的年平均气温代替),℃;

当h≥15.0 m时,C为一变量按式(9)计算:

$$C = P_h \times M/1\,000 \quad \cdots\cdots (9)$$

$$M = \{10^{h[18\,400(1+t/273)]^{-1}} - 1\} \times 10^3 \quad \cdots\cdots (10)$$

式中：

P_h——见式(7)说明；

h——气压传感器海拔高度，m；

t——测站观测气压时的气温，℃。

12.4 观测资料的整理

12.4.1 读取各整点的本站气压值。

12.4.2 从每日记录的 1 min 本站气压值中，挑选出日最高气压和日最低气压。

13 空气温度、相对湿度和降水量的观测

13.1 技术要求

13.1.1 观测要素

观测空气温度、相对湿度、降水量、日最高(低)空气温度、日最小相对湿度、日降水总量。

13.1.2 单位和测量的准确度

13.1.2.1 空气温度的单位为摄氏度(℃)。测量的准确度规定为两级：一级为±0.2℃；二级为±0.5℃。

13.1.2.2 相对湿度以百分率(%)表示。当相对湿度大于 80%时，测量的准确度为±8%；当相对湿度小于或等于 80%时，测量的准确度为±4%。

13.1.2.3 降水量的单位为(mm)。当日降水量大于 10.0 mm 时，测量的准确度为±4%；当日降水量小于或等于 10.0 mm 时，测量的准确度为 0.4 mm。

13.1.3 仪器的安装

13.1.3.1 各种温度传感器、相对湿度传感器应安装在观测场箱门朝北的百叶箱内，传感器中心部位距地面高度应为 1.5 m；雨量器安装在观测场内，缘口水平距地面高度应为 70 cm。

13.1.3.2 观测场内仪器的安装高度为北高南低顺序排列，东西排列成行。仪器之间南北间距不小于 3 m，东西间距不小于 4 m，仪器距围栏不小于 3 m。

13.2 观测和记录方法

13.2.1 空气温度、相对湿度的观测和记录

每 3 s 采样一次，连续采样 1 min，经误差处理后，计算样本数据的平均值；用整点前 1 min 的平均值，作为该整点的空气温度、相对湿度值。空气温度记录到 0.1℃；相对湿度记录到整数。

对于采用干、湿球方法自动观测相对湿度的观测站，在冬季结冰期间，可停止相对湿度的观测。

13.2.2 降水量的观测和记录

连续采样，1 min 记录一次，计算降水量值。日降水量的合计值，为日降水量。降水量记录到 0.1 mm。无降水时，降水栏空白。降水量不足 0.05 mm 时，记“0.0”。当出现纯雾、露、霜、雾凇、吹雪时，不观测降水量，如有降水量，仍按无降水记录。

13.3 观测资料的整理

从每日记录的 1 min 的空气温度值中，挑选出日最高空气温度和日最低空气温度；从每日记录的 1 min的相对湿度值中，挑选出日最小相对湿度。

14 海面有效能见度和雾的观测

14.1 技术要求

14.1.1 观测要素

观测海面有效能见度、雾及其起止时间。

14.1.2 单位和测量的准确度

海面有效能见度的单位为千米(km)。测量的准确度规定为两级：一级为±10%；二级为±20%。

14.1.3 观测点的选择

观测点应选择在视野开阔的地方。

14.1.4 仪器的安装

海面有效能见度传感器应安装在牢固的基座上，尽量减少灰尘的污染并朝向主要观测海面。

14.2 观测和记录方法

14.2.1 海面有效能见度的观测和记录

每3 s采样一次，连续采样3 min，经误差处理后，计算样本数据的平均值；用整点前3 min的平均值，作为该整点的海面有效能见度。海面有效能见度记录到0.1 km，不足0.1 km时，记为"0.0"。

14.2.2 海面有效能见度的目测

14.2.2.1 有目标物的观测方法

事先测定测站所濒海面各目标物(岛屿、礁石、海角、灯标等)的距离，并绘制成分布图。根据"能见"的最远目标物和"不能见"的最近目标物，判定所能见到的海面二分之一以上视野范围内的最大水平"能见"距离。如目标物轮廓清晰，但没有更远的或看不到更远的目标物时，可参考如下几点判定：

a) 目标物的颜色，细微部分清晰可辨时，海面有效能见度通常为该目标物距离的五倍以上；

b) 目标物的颜色、细微部分隐约可辨时，海面有效能见度可定为该目标物距离的二倍半到五倍；

c) 目标物的颜色、细微部分很难分辨时，海面有效能见度可定为大于目标物的距离，但不应超过该目标物距离的二倍半。

14.2.2.2 无目标物的观测方法

根据海天交界线的清晰度，参照表12判定海面有效能见度。当海天交界线完全看不清楚时，则按经验判定。

表12 海面有效能见度参照表

单位为千米

海天交界线清晰程度	海面有效能见度	
	眼高出海面≤7 m时	眼高出海面>7 m时
十分清楚	>50.0	
清楚	20.0～50.0	>50.0
勉强可以看清	10.0～20.0	20.0～50.0
隐约可辨	4.0～10.0	10.0～20.0
完全看不清	<4.0	<10.0

14.2.2.3 夜间的观测方法

夜间由于光照条件限制，海面有效能见度观测可根据不同距离能见目标物上灯光强度进行估计；或根据月光，天黑以前能见度的变化趋势，以及当时天气现象和气象要素的变化情况，结合实践经验进行估计。

夜间观测海面有效能见度时，应先在黑暗处停留至少5 min，待眼睛适应环境后再进行观测。

14.2.3 雾的观测和记录

14.2.3.1 测站观测雾以海面有效能见度为准。

14.2.3.2 白天(08时～20时)观测到雾，记录其符号及起止时间。例如：上午九时三十二分至十一时四十五分观测到雾，记为(≡0932—1145)；夜间(20时～08时)观测到雾，只记符号不记起止时间。

14.2.3.3 白天雾出现两次或两次以上时，第二次及其以后雾出现的起止时间可接着前一次起止时间分段记入，不再重记"≡"符号；两次间隔不超过15 min时，视为连续，不必分段记录，起止时间用点线连接；若开始或终止时间缺测，则只记终止或开始时间；若起止时间均缺测，只记符号"≡"。

15 观测资料的处理

15.1 观测资料内容

15.1.1 以标准格式记录的原始资料和成果资料。

15.1.2 观测记录簿、原始报表资料、自记记录纸、图形以及在海滨观测中产生的有保存价值的资料。

15.2 观测资料载体形式

观测资料载体有：软盘、光盘、报表和其他存储器。

15.3 观测资料文件结构

15.3.1 海滨观测资料的标准文件结构由三部分构成：数据标题记录、数据记录和说明记录。

15.3.2 数据标题记录主要包括：资料类型、海洋观测台站代码、资料处理号、流水号、观测点经纬度、观测时间、观测要素准确度、观测仪器代码等有关信息。

15.3.3 数据记录包括观测数据和有关参数。

15.3.4 说明记录包括观测记录簿中对记录有影响的备注摘录、文件制作人、审核人以及文件制作日期和其他需要说明的内容。

15.4 观测资料处理要求

15.4.1 将海滨观测资料按标准格式记录在载体(软盘、光盘或其他存储器)上。

15.4.2 海滨观测资料中原始采样资料以观测时次资料为数据文件单位，其余资料均以月资料为数据文件单位。

15.4.3 应严格执行本标准规定的技术和质量要求。

15.4.4 所选择资料处理方法引入的误差不能超过获取原始资料所规定的误差标准。

15.4.5 经人工录入或资料转换程序自动生成的各类数据文件，其格式应满足规定格式要求。

15.5 观测资料的质量控制

15.5.1 质量控制要求

制定全面质量控制制度，明确质量控制职责和质量监督、检查程序，严格执行质量控制规定。

15.5.2 资料录入前的质量检查

资料录入前宜由有资质的人员对其进行审核，并对错误或可疑记录进行查询、修改和处理。

15.5.3 资料录入过程的质量控制

计算机录入或转换过程中使用的应用软件应具备基本的检验功能。资料输入计算机后，应按照本标准规定的格式与要求进行计算机自动质量控制。例如非法码检验、要素范围检验、合理性检验、惟一性检验、相关性检验等，质量控制方法参见附录 F。保证资料不重、不漏、不错，然后储存到存储介质上。

15.5.4 资料存储后的质量检查

15.5.4.1 对存储资料的软盘、光盘或其他存储器需检查其质量。

15.5.4.2 检查资料是否可以解压、读出；检查资料是否正确与完整。

15.5.5 资料质量符填加规定

15.5.5.1 “空白”表示数据可靠。

15.5.5.2 “1”表示资料产出单位怀疑。

15.5.5.3 “2”表示资料中心怀疑。

15.6 观测资料管理

15.6.1 资料管理要求

海滨观测资料的管理应按本标准和 HY/T 058 的要求执行。

15.6.2 资料记录载体的要求

15.6.2.1 记录资料的软盘、光盘或其他存储器应附加资料说明；资料说明中应注明盘内资料目录、文件名、制作单位等内容。

15.6.2.2 观测记录表(簿)的数字、线条、符号等应准确、清楚、规格统一。表、簿和图上需标注的项目应标注齐全。

15.6.3 资料的存储

15.6.3.1 应严格按照国家的统一规定执行，以确保资料的安全、完整和可靠。

15.6.3.2 磁介质载体长期存放时，应存放于铁质橱柜内，严格防火、防潮、防污染；使用时应避免太阳直接曝晒；避开热源和强磁性物体。

15.6.3.3 要定期对存储的资料进行检查和更新备份(一般应在一年至二年定期复制一次)。

15.6.4 资料的归档和报送

15.6.4.1 应严格执行资料归档和报送的规定。

15.6.4.2 资料的归档和报送，需经相应档案资料管理部门和机构验收，资料报送单位和资料接收单位应履行规范的交接手续。

15.7 观测资料数据文件

15.7.1 数据文件命名规则

海滨观测资料的数据文件按以下规则命名：

文件名以字母"T"开始，包括数据文件类型和时间信息，扩展名为海洋环境监测站名称代码。

形式为：T0HH××××.×××

T——海滨观测资料标识；

0HH——数据文件类型；

××××——观测数据的年、月；

.×××——海洋环境监测站名称代码。

15.7.2 数据文件分类

根据海滨观测资料的项目和要素，将观测资料分为十二个数据文件(见表13)。

表 13 数据文件名及其内容

文件名	文件内容
T011××××.×××	表层海水温度、表层海水盐度、海发光数据
T012××××.×××	表层海水温度、表层海水盐度逐时数据
T021××××.×××	潮汐数据
T022××××.×××	5 min 潮高数据
T023××××.×××	1 min 潮高数据
T031××××.×××	海浪数据
T032××××.×××	自记测波仪原始采样数据
T041××××.×××	海冰数据
T051××××.×××	气象数据
T052××××.×××	逐时气压、空气温度、相对湿度、海面有效能见度数据
T053××××.×××	10 min 风观测数据
T054××××.×××	1 min 气压、空气温度、相对湿度、风、降水量数据

STANDARDS PRESS OF CHINA

15.7.3 数据文件的有关规定

15.7.3.1 数据文件采用固定记录格式,使用时不可错位;

15.7.3.2 数据文件以 ASCⅡ码的文本文件形式记录;

15.7.3.3 凡有小数点的数据,小数点不占位,数据对齐小数点的位置;小数点前、后不足位空格;

15.7.3.4 数据填写时,左或右对齐后,不足位空格;

15.7.3.5 未进行观测项目,数字数据以"9"填满位数,字符数据以"－"填满位数;进行观测但未有观测结果的项目,数字数据以"9"填满,最后一位填"8",字符数据以"＋"填满;不进行观测项目,数字数据以"9"填满,最后一位填"7",字符数据以空格填满;

15.7.3.6 标题记录中无信息的项目均以空格表示;

15.7.3.7 数字数据有正负值时,以空格表示正值,以"－"号表示负值;

15.7.3.8 海发光和波向栏缺测时用大写英文字母"X"表示;

15.7.3.9 文件格式说明表中,"×"表示数字型数据,"$"表示字符型数据;

15.7.3.10 特殊情况下,如因结冰或仪器故障导致某数据文件全月无有效数字时,该数据文件亦应保留标题记录和说明记录,数据记录部分可省略;

15.7.3.11 说明记录可用英文或汉字记入,但不应空白;

15.7.3.12 海滨观测资料(T011 文件、T021 文件、T031 文件、T041 文件和 T051 文件)统计计算方法参见附录 F。

15.7.4 数据文件记录格式及说明

15.7.4.1 T011 文件 温盐观测资料文件记录格式及说明

15.7.4.1.1 T011 文件记录格式见表 43、表 44 和表 45。

15.7.4.1.2 T011 文件记录格式说明见表 14、表 15 和表 16。

表 14 T011 文件标题记录格式说明

项目名称		起始位置	长度	用法和意义	计量单位
本记录类型		1	1	总填 1,当前数据标题记录标识	
下记录类型		2	1	填下一行记录的类型标识	
资料类型卡		3	1	空格	
海洋观测台站代码		4	4	按 HY023 规定填写	
资料处理号		8	8	空格	
流水号		16	8	空格	
纬度	度	24	2	00～90	°
	分	26	3	00.0～59.9	′
N/S		29	1	N 或 S	
经度	度	30	3	000～180	°
	分	33	3	00.0～59.9	′
E/W		36	1	E 或 W	
观测时间	年	37	4	××××	
	月	41	2	01～12	
海发光标识		43	1	该月有观测为空格,无观测填 9	
表层海水温度准确度		44	1	填其测量准确度等级	级
表层海水盐度准确度		45	1	填其测量准确度等级	级

表 15　T011 文件数据记录格式说明

<table>
<tr><th colspan="3">项目名称</th><th>起始位置</th><th>长度</th><th>用法和意义</th><th>计量单位</th></tr>
<tr><td colspan="3">本记录类型</td><td>1</td><td>1</td><td>总填 2,当前数据记录标识</td><td></td></tr>
<tr><td colspan="3">下记录类型</td><td>2</td><td>1</td><td>填下一行记录的类型标识</td><td></td></tr>
<tr><td colspan="3">观测日期</td><td>3</td><td>2</td><td>01～31</td><td></td></tr>
<tr><td rowspan="12">表层水温</td><td rowspan="4">08时</td><td>表层海水温度</td><td>5</td><td>4</td><td>±××.×,左起第一位为符号位,空格为正值;“—”号为负值</td><td>℃</td></tr>
<tr><td>观测方法</td><td>9</td><td>1</td><td>直接测温法为 1,采水测温法为 2</td><td></td></tr>
<tr><td>仪器代码</td><td>10</td><td>6</td><td>表层海水温度仪器代码</td><td></td></tr>
<tr><td>Q</td><td>16</td><td>1</td><td>表层海水温度质量符</td><td></td></tr>
<tr><td rowspan="4">14时</td><td>表层海水温度</td><td>17</td><td>4</td><td>同 08 时</td><td>℃</td></tr>
<tr><td>观测方法</td><td>21</td><td>1</td><td>同 08 时</td><td></td></tr>
<tr><td>仪器代码</td><td>22</td><td>6</td><td>同 08 时</td><td></td></tr>
<tr><td>Q</td><td>28</td><td>1</td><td>同 08 时</td><td></td></tr>
<tr><td rowspan="4">20时</td><td>表层海水温度</td><td>29</td><td>4</td><td>同 08 时</td><td>℃</td></tr>
<tr><td>观测方法</td><td>33</td><td>1</td><td>同 08 时</td><td></td></tr>
<tr><td>仪器代码</td><td>34</td><td>6</td><td>同 08 时</td><td></td></tr>
<tr><td>Q</td><td>40</td><td>1</td><td>同 08 时</td><td></td></tr>
<tr><td rowspan="4" colspan="2">表层盐度</td><td>表层海水盐度</td><td>41</td><td>5</td><td>××.×××,当小数位不足三位时,有效小数位后空格</td><td></td></tr>
<tr><td>观测方法</td><td>46</td><td>1</td><td>直接测定表层海水盐度法为 1,实验室内测定表层海水盐度法为 2</td><td></td></tr>
<tr><td>仪器代码</td><td>47</td><td>6</td><td>测表层海水盐度仪器代码</td><td></td></tr>
<tr><td>Q</td><td>53</td><td>1</td><td>表层海水盐度质量符</td><td></td></tr>
<tr><td colspan="3">海发光</td><td>54</td><td>6</td><td>$×$×$×,记录海发光的类型和等级,左对齐。同类型中选取等级高的备注栏内记录参加挑选。观测记录为 0 或 X 时均记入$位</td><td></td></tr>
</table>

表 16　T011 文件说明记录格式说明

项目名称	起始位置	长度	用法和意义	计量单位
本记录类型	1	1	总填 5,当前数据标题记录标识	
下记录类型	2	1	填下一行记录的类型标识	
序号	3	1	0～9,说明记录序号 0 表示第 10 个记录	
说明	4		根据备注栏的实际内容,用英文或汉字记录	

15.7.4.2　T012 文件　温盐逐时观测资料文件记录格式及说明

15.7.4.2.1　T012 文件记录格式见表 46 和表 47(T012 文件说明记录格式见表 45)。

15.7.4.2.2　T012 文件记录格式说明见表 17 和表 18(T012 文件说明记录格式说明见表 16)。

表 17 T012 文件标题记录格式说明

项目名称		起始位置	长度	用法和意义	计量单位
本记录类型		1	1	总填 1,当前数据标题记录标识	
下记录类型		2	1	填下一行记录的类型标识	
资料类型卡		3	1	空格	
海洋观测台站代码		4	4	按 HY023 规定填写	
资料处理号		8	8	空格	
流水号		16	8	空格	
纬度	度	24	2	00～90	°
	分	26	3	00.0～59.9	′
N/S		29	1	N 或 S	
经度	度	30	3	000～180	°
	分	33	3	00.0～59.9	′
E/W		36	1	E 或 W	
观测时间	年	37	4	××××	
	月	41	2	01～12	
表层海水温度准确度		43	1	填其测量准确度等级	级
表层海水温度观测方法		44	1	直接测温法为 1,采水测温法为 2	
表层海水温度观测仪器代码		45	6		
表层海水盐度准确度		51	1	填其测量准确度等级	级
表层海水盐度观测方法		52	1	直接测定表层海水盐度法为 1,实验室内测定表层海水盐度法为 2	
表层海水盐度观测仪器代码		53	6		

表 18 T012 文件数据记录格式说明

项目名称	起始位置	长度	用法和意义	计量单位
本记录类型	1	1	总填 2,当前数据标题记录标识	
下记录类型	2	1	填下一行记录的类型标识	
观测日期	3	2	01～31	
观测时间标识	5	1	1 标识 00 时～11 时;2 标识 12 时～23 时	
逐时表层海水温度、表层海水盐度及其 Q	6	108	表层海水温度以四位表示,±××.×,左起第一位为符号位,空格为正值;"—"号为负值,随后一位为表层海水温度质量符。表层海水盐度以三位表示,××.×,随后一位为表层海水盐度质量符。以后按时间顺序依次重复填写表层海水温度及其质量符、表层海水盐度及其质量符	℃

15.7.4.3 **T021 文件 潮汐资料文件记录格式及说明**

15.7.4.3.1 T021 文件记录格式见表 48 和表 49(T021 文件说明记录格式见表 45)。

15.7.4.3.2 T021 文件记录格式说明见表 19 和表 20(T021 文件说明记录格式说明见表 16)。

表 19 T021 文件标题记录格式说明

项目名称		起始位置	长度	用法和意义	计量单位
本记录类型		1	1	总填 1,当前数据标题记录标识	
下记录类型		2	1	填下一行记录的类型标识	
资料类型卡		3	1	空格	
海洋观测台站代码		4	4	按 HY023 规定填写	
资料处理号		8	8	空格	
流水号		16	8	空格	
纬度	度	24	2	00～90	°
	分	26	3	00.0～59.9	′
N/S		29	1	N 或 S	
经度	度	30	3	000～180	°
	分	33	3	00.0～59.9	′
E/W		36	1	E 或 W	
观测时间	年	37	4	××××	
	月	41	2	01～12	
时区		43	5	左起第一位为符号位,“—”表示东时区,空格为西时区。北京标准时为东八时,填“—0800”	
验潮仪仪器代码		48	6		
水尺零点与基本水准点高程差		54	7	××××.×××	m
基本水准点高程		61	5	×××.××	m
潮高准确度		66	1	潮高测量准确度等级	级

表 20 T021 文件数据记录格式说明

项目名称	起始位置	长度	用法和意义	计量单位
本记录类型	1	1	总填 2,当前数据标题记录标识	
下记录类型	2	1	填下一行记录的类型标识	
观测日期	3	2	01～31	
观测时间标识	5	1	1 标识 00 时～11 时;2 标识 12 时～23 时	
逐时潮高及其 Q	6	60	每日的逐时潮高,分上半天(00 时～11 时)和下半天(12 时～23 时)潮高。逐时潮高以 4 位表示,每一逐时潮高右对齐,最左一位为符号位,“—”为负值,空格为正值。每一逐时潮高后有一位质量符表示该时潮高的质量	cm
高低潮潮时	66	4	前两位填时 00～23;后两位填分 00～59	
Q	70	1	潮时质量符	

STANDARDS PRESS OF CHINA

表 20（续）

项目名称		起始位置	长度	用法和意义	计量单位
高低潮潮高		71	4	±×××，右对齐，最左一位为符号位，"—"为负值，空格为正值	cm
Q		75	1	潮高质量符	
高低潮潮时潮高		76	20	高低潮按出现的时间顺序填满第一条后转记第2条	

15.7.4.4 **T022 文件 5 min 潮高资料文件记录格式及说明**

15.7.4.4.1 T022 文件标题记录格式见表 48，T022 文件数据记录格式见表 50，T022 文件说明记录格式见表 45。

15.7.4.4.2 T022 文件标题记录格式说明见表 19，T022 文件数据记录格式说明见表 21，T022 文件说明记录格式说明见表 16。

表 21 T022 文件数据记录格式说明

项目名称		起始位置	长度	用法和意义	计量单位
本记录类型		1	1	总填 2，当前数据标题记录标识	
下记录类型		2	1	填下一行记录的类型标识	
观测时间	日	3	2	01～31	
	时	5	2	00～23	
5 min 潮高及其 Q		7	60	每 5 min 的潮高观测值，±×××，右对齐，最左一位为符号位，"—"为负值，空格为正值。每一潮高后有一位质量符表示该时潮高的质量	cm

15.7.4.5 **T023 文件 1 min 潮高数据文件记录格式及说明**

15.7.4.5.1 T023 文件标题记录格式见表 48，T023 文件数据记录格式见表 51，T023 文件说明记录格式见表 45。

15.7.4.5.2 T023 文件标题记录格式说明见表 19，T023 文件数据记录格式说明见表 22，T023 文件说明记录格式说明见表 16。

表 22 T023 文件数据记录格式说明

项目名称		起始位置	长度	用法和意义	计量单位
本记录类型		1	1	总填 2，当前数据标题记录标识	
下记录类型		2	1	填下一行记录的类型标识	
观测时间	日	3	2	01～31	
	时	5	2	00～23	
观测时间标识		7	1	填 1 标识 00 分～11 分的观测值 填 2 标识 12 分～23 分的观测值 填 3 标识 24 分～35 分的观测值 填 4 标识 36 分～47 分的观测值 填 5 标识 48 分～59 分的观测值	
1 min 潮高及其 Q		8	60	每 1 min 的潮高观测值，±×××，右对齐，最左一位为符号位，"—"为负值，空格为正值。每一潮高后有一位质量符表示该时潮高的质量	cm

15.7.4.6 T031文件 波浪观测资料文件记录格式及说明

15.7.4.6.1 T031文件记录格式见表52和表53(T031文件说明记录格式见表45)。

15.7.4.6.2 T031文件记录格式说明见表23和表24(T031文件说明记录格式说明见表16)。

表23 T031文件标题记录格式说明

项目名称		起始位置	长度	用法和意义	计量单位
本记录类型		1	1	总填1,当前数据标题记录标识	
下记录类型		2	1	填下一行记录的类型标识	
资料类型卡		3	1	空格	
海洋观测台站代码		4	4	按HY023规定填写	
资料处理号		8	8	空格	
流水号		16	8	空格	
纬度	度	24	2	00～90	°
	分	26	3	00.0～59.9	′
N/S		29	1	N或S	
经度	度	30	3	000～180	°
	分	33	3	00.0～59.9	′
E/W		36	1	E或W	
观测时间	年	37	4	××××	
	月	41	2	01～12	
测波仪仪器代码		43	6		
仪器海拔高度		49	3	××.×	m
测波浮标距观测场地水平距离		52	4	××××	m
测波浮标相对观测场地的方向		56	3	000～359,右对齐	°
观测场地开阔度		59	3	000～359,右对齐	°
测波浮标传感器处水深		62	3	××.×	m
风速传感器离地高度		65	3	××.×	m
水深编码		68	1	该月有水深数据填1;全月无水深数据填2	
目测方法观测场地海拔高度		69	3	××.×	m
波高测量准确度		72	1	填其测量准确度等级	级

表24 T031文件数据记录格式说明

项目名称		起始位置	长度	用法和意义	计量单位
本记录类型		1	1	总填2,当前数据标题记录标识	
下记录类型		2	1	填下一行记录的类型标识	
观测时间	日	3	2	01～31	
	时	5	2	××,填写观测时间	
风向		7	3	×××,右对齐	°

表 24（续）

项目名称		起始位置	长度	用法和意义	计量单位
风向标识		10	1	空格	
风速		11	3	××.×	m/s
Q		14	1	风速质量符	
风速采样标识		15	2	××，填 2 或 10，分别表示 2 min 或 10 min 平均风速	
海况		17	1	×	级
波型		18	3	$$$，右对齐，“/”作为$记，记录栏空白记空格	
风浪向		21	3	×××，右对齐。当波向为“C”或“X”时以$填入	°
风浪向标识		24	1	空格	
涌浪向		25	3	×××，右对齐。当波向为“C”或“X”时以$填入	°
涌浪向标识		28	1	空格	
最大波高及对应周期	波高	29	3	××.×	m
	Q	32	1	波高质量符	
	对应周期	33	3	××.×	s
	Q	36	1	周期质量符	
	观测方法	37	1	光学测波记为 1，目测波记为 2，自记测波记为 3	
	仪器代码	38	6		
十分之一大波波高及对应周期	波高	44	3	××.×	m
	Q	47	1	波高质量符	
	对应周期	48	3	××.×	s
	Q	51	1	周期质量符	
	观测方法	52	1	光学测波记为 1，目测波记为 2，自记测波记为 3	
	仪器代码	53	6		
有效波波高及对应周期	波高	59	3	××.×	m
	Q	62	1	波高质量符	
	对应周期	63	3	××.×	s
	Q	66	1	周期质量符	
	观测方法	67	1	光学测波记为 1，目测波记为 2，自记测波记为 3	
	仪器代码	68	6		
平均波高及对应周期	波高	74	3	××.×	m
	Q	77	1	波高质量符	
	对应周期	78	3	××.×	s
	Q	81	1	周期质量符	
	观测方法	82	1	光学测波记为 1，目测波记为 2，自记测波记为 3	
	仪器代码	83	6		
波数		89	3	×××	个
水深		92	3	××.×	m

15.7.4.7　**T032 文件　自记测波仪原始采样数据文件记录格式及说明**

15.7.4.7.1　T032 文件记录格式见表 54 和表 55(T032 文件说明记录格式见表 45)。

15.7.4.7.2　T032 文件记录格式说明见表 25 和表 26(T032 文件说明记录格式说明见表 16)。

表 25　T032 文件标题记录格式说明

项目名称		起始位置	长度	用法和意义	计量单位
本记录类型		1	1	总填 1,当前数据标题记录标识	
下记录类型		2	1	填下一行记录的类型标识	
资料类型卡		3	1	空格	
海洋观测台站代码		4	4	按 HY023 规定填写	
资料处理号		8	8	空格	
流水号		16	8	空格	
纬度	度	24	2	00～90	°
	分	26	3	00.0～59.9	′
N/S		29	1	N 或 S	
经度	度	30	3	000～180	°
	分	33	3	00.0～59.9	′
E/W		36	1	E 或 W	
观测时间	年	37	4	××××	
	月	41	2	01～12	
观测起始时间	日	43	2	01～31	
	时	45	2	01～24	
	分	47	2	01～60	
仪器代码		49	6		
测量范围	下限	55	3	××.×～××.×,分别表示测量要素的下限和上限	m
	上限	58	3		
采样间隔		61	3	××.×	s
采样个数		64	4	××××,本次共采样的个数,右对齐	
AD 转换位数		68	4	AD 转换所取的字节数,右对齐	
水深		72	5	××××.×测波时波浪传感器处的水深	m
量程		77	2	测波仪测量量程	m

表 26　T032 文件数据记录格式说明

项目名称	起始位置	长度	用法和意义	计量单位
本记录类型	1	1	总填 2,当前数据标题记录标识	
下记录类型	2	1	填下一行记录的类型标识	
采样值(1)	3	4	采集的第一个样的大小,右对齐	
Q	7	1	表示该采样质量的符号	

STANDARDS PRESS OF CHINA

表 26（续）

项目名称	起始位置	长度	用法和意义	计量单位
采样值(2) ⋮ ⋮	8	4	采集的第2个样的大小	
采样值(25)	123	4	采集的第25个样的大小	
Q	127	1	表示第25号样的质量符号	

15.7.4.8 T041文件 海冰观测资料文件记录格式及说明

15.7.4.8.1 T041文件记录格式见表56、表57和表58(T041文件说明记录格式见表45)。

15.7.4.8.2 T041文件记录格式说明见表27、表28和表29(T041文件说明记录格式说明见表16)。

表27 T041文件标题记录格式说明

项目名称		起始位置	长度	用法和意义	计量单位
本记录类型		1	1	总填1，当前数据标题记录标识	
下记录类型		2	1	填下一行记录的类型标识	
资料类型卡		3	1	空格	
海洋观测台站代码		4	4	按HY023规定填写	
资料处理号		8	8	空格	
流水号		16	8	空格	
纬度	度	24	2	00～90	°
	分	26	3	00.0～59.9	′
N/S		29	1	N或S	
经度	度	30	3	000～180	°
	分	33	3	00.0～59.9	′
E/W		36	1	E或W	
观测时间	年	37	4	××××	
	月	41	2	01～12	
观测场地海拔高度		43	4	××××	m
测冰基线方向		47	3	000～359	°
观测视角		50	3	000～359	°
能见水平最大远程		53	4	×××.×	km
初冰日期		57	4	××-××	月-日
终冰日期		61	4	××-××	月-日
浮冰仪器代码		65	6		
固定冰仪器代码		71	6		

表 28 T041 文件数据记录 1 格式说明

项目名称	起始位置	长度	用法和意义	计量单位
本记录类型	1	1	总填 2,当前数据标题记录标识	
下记录类型	2	1	填下一行记录的类型标识	
观测日期	3	2	01～31	
海面能见度	5	3	××.×,08 时海面能见度	km
Q	8	1	08 时海面能见度的质量符	
海面能见度及 Q	9	4	14 时海面能见度及质量符	
08 时总冰量	13	2	××,右对齐,“10⁻”记为 11	
14 时总冰量	15	2	××,右对齐,“10⁻”记为 11	
08 时浮冰冰量	17	2	××,右对齐,“10⁻”记为 11	
14 时浮冰冰量	19	2	××,右对齐,“10⁻”记为 11	
08 时浮冰密集度	21	2	××,右对齐,“10⁻”记为 11	
14 时浮冰密集度	23	2	××,右对齐,“10⁻”记为 11	
08 时浮冰冰型	25	10	$$,每种冰型占两位,左对齐,最多记五种冰型	
14 时浮冰冰型	35	10	$$,每种冰型占两位,左对齐,最多记五种冰型	
08 时浮冰冰表面特征	45	6	$$,每种冰表面特征占两位,最多记三种,左对齐,观测记录簿记录栏空白记为空格	
14 时浮冰冰表面特征	51	6	$$,每种冰表面特征占两位,最多记三种,左对齐,观测记录簿记录栏空白记为空格	
08 时浮冰冰状	57	6	$$,每种冰状占两位,最多记三种,左对齐,观测记录簿记录栏空白记为空格	
14 时浮冰冰状	63	6	$$,每种冰状占两位,最多记三种,左对齐,观测记录簿记录栏空白记为空格	
08 时最大浮冰块水平尺度	69	6	××××××,右对齐	m
08 时观测方法	75	1	器测法填 1,目测法填 2	
14 时最大浮冰块水平尺度	76	6	××××××,右对齐	m
14 时观测方法	82	1	器测法填 1,目测法填 2	
08 时浮冰漂流方向	83	3	×××,右对齐	°
08 时浮冰漂流速度	86	3	××.×	m/s
Q	89	1	08 时浮冰漂流质量符	
08 时观测方法	90	1	器测法填 1,目测法填 2	
14 时浮冰漂流方向	91	3	×××,右对齐	°
14 时浮冰漂流速度	94	3	××.×	m/s
Q	97	1	14 时浮冰漂流质量符	
14 时观测方法	98	1	器测法填 1,目测法填 2	

表 29　T041 文件数据记录 2 格式说明

项目名称	起始位置	长度	用法和意义	计量单位
本记录类型	1	1	总填 3,当前数据标题记录标识	
下记录类型	2	1	填下一行记录的类型标识	
观测日期	3	2	01～31	
08 时固定冰冰量	5	2	××,右对齐,“10^{-}”记为 11	
14 时固定冰冰量	7	2	××,右对齐,“10^{-}”记为 11	
08 时固定冰冰型	9	6	$$,每种冰型占两位,左对齐	
14 时固定冰冰型	15	6	$$,每种冰型占两位,左对齐	
08 时固定冰冰表面特征	21	6	$$,每种冰表面特征占两位,最多记三种,左对齐,观测记录簿记录栏空白记为空格	
14 时固定冰冰表面特征	27	6	$$,每种冰表面特征占两位,最多记三种,左对齐,观测记录簿记录栏空白记为空格	
08 时固定冰堆积量	33	2	××,右对齐,“10^{-}”记为 11,观测记录簿记录栏空白记为空格	
14 时固定冰堆积量	35	2	××,右对齐,“10^{-}”记为 11,观测记录簿记录栏空白记为空格	
08 时固定冰堆积高度	37	3	××.×,平均堆积高度	m
	40	3	××.×,最高堆积高度	
14 时固定冰堆积高度	43	3	××.×,平均堆积高度	
	46	3	××.×,最高堆积高度	
观测方法	49	1	器测法填 1,目测法填 2	
08 时固定冰宽度	50	5	×××××	m
14 时固定冰宽度	55	5	×××××	
观测方法	60	1	器测法填 1,目测法填 2	
固定冰厚度				
孔 1 厚度	61	4	×××.×	cm
孔 1 离岸距离	65	5	××××.×	m
孔 2 厚度	70	4	×××.×	cm
孔 2 离岸距离	74	5	××××.×	m
孔 3 厚度	79	4	×××.×	cm
孔 3 离岸距离	83	5	××××.×	m
孔 4 厚度	88	4	×××.×	cm
孔 4 离岸距离	92	5	××××.×	m
孔 5 厚度	97	4	×××.×	cm
孔 5 离岸距离	101	5	××××.×	m
平均厚度	106	4	×××.×	cm

表 29（续）

项目名称		起始位置	长度	用法和意义	计量单位
冰温	表层	110	3	××.×，零下温度	℃
	中层	113	3	××.×，零下温度	
	底层	116	3	××.×，零下温度	
测冰温处冰厚		119	4	×××.×	cm
测冰温处离岸距离		123	5	××××.×	m

15.7.4.9 T051 文件　气象资料文件记录格式及说明

15.7.4.9.1 T051 文件记录格式见表 59、表 60、表 61 和表 62(T051 文件说明记录格式见表 45)。

15.7.4.9.2 T051 文件记录格式说明见表 30、表 31、表 32 和表 33(T051 文件说明记录格式说明见表 16)。

表 30　T051 文件标题记录格式说明

项目名称		起始位置	长度	用法和意义	计量单位
本记录类型		1	1	总填 1，当前数据标题记录标识	
下记录类型		2	1	填下一行记录的类型标识	
资料类型卡		3	1	空格	
海洋观测台站代码		4	4	按 HY023 规定填写	
资料处理号		8	8	空格	
流水号		16	8	空格	
纬度	度	24	2	00～90	°
	分	26	3	00.0～59.9	′
N/S		29	1	N 或 S	
经度	度	30	3	000～180	°
	分	33	3	00.0～59.9	′
E/W		36	1	E 或 W	
观测时间	年	37	4	××××	
	月	41	2	01～12	
气压标识符		43	1	空格为本站气压；s 为海平面气压	
温度标识符		44	1	N 为未订正的气温；空格为已订正的气温	
观测场地海拔高度		45	4	×××.×	m
气压传感器海拔高度		49	4	×××.×	m
风速器离地面或平台高度		53	3	××.×	m
测风平台海拔高度		56	3	××.×	m
气压准确度		59	1	气压测量准确度等级	级
风向准确度		60	1	风向测量准确度等级	级
气压观测仪器代码		61	6		
风观测仪器代码		67	6		

STANDARDS PRESS OF CHINA

表 30（续）

项目名称	起始位置	长度	用法和意义	计量单位
气温观测仪器代码	73	6		
相对湿度观测仪器代码	79	6		
降水量观测仪器代码	85	6		
海面有效能见度观测仪器代码	91	6		

表 31　T051 文件数据记录 1 格式说明

项目名称		起始位置	长度	用法和意义	计量单位
本记录类型		1	1	总填 2，当前数据标题记录标识	
下记录类型		2	1	填下一行记录的类型标识	
观测日期		3	2	01～31	
本站气压	02 时	5	5	××××.×	hPa
	Q	10	1	02 时气压质量符	
	08 时	11	5	××××.×	hPa
	Q	16	1	08 时气压质量符	
	14 时	17	5	××××.×	hPa
	Q	22	1	14 时气压质量符	
	20 时	23	5	××××.×	hPa
	Q	28	1	20 时气压质量符	
	日最高	29	5	××××.×	hPa
	Q	34	1	日最高气压质量符	
	日最低	35	5	××××.×	hPa
	Q	40	1	日最低气压质量符	
空气温度	02 时	41	4	±××.×，空格为正，“－”号为负值	℃
	Q	45	1	02 时气温质量符	
	08 时	46	4	±××.×，空格为正，“－”号为负值	℃
	Q	50	1	08 时气温质量符	
	14 时	51	4	±××.×，空格为正，“－”号为负值	℃
	Q	55	1	14 时气温质量符	
	20 时	56	4	±××.×，空格为正，“－”号为负值	℃
	Q	60	1	20 时气温质量符	
	日最高	61	4	±××.×，空格为正，“－”号为负值	℃
	Q	65	1	日最高气温质量符	
	日最低	66	4	±××.×，空格为正，“－”号为负值	℃
	Q	70	1	日最低气温质量符	

表 31（续）

项目名称		起始位置	长度	用法和意义	计量单位
湿球温度	02 时	71	4	±××.×,空格为正,“—”号为负值	℃
	Q	75	1	02 时湿球温度质量符	
	结冰符	76	1	02 时湿球温度结冰符,B 表示结冰,空格表示不结冰	
	08 时	77	4	±××.×,空格为正,“—”号为负值	℃
	Q	81	1	08 时湿球温度质量符	
	结冰符	82	1	08 时湿球温度结冰符,B 表示结冰,空格表示不结冰	
	14 时	83	4	±××.×,空格为正,“—”号为负值	℃
	Q	87	1	14 时湿球温度质量符	
	结冰符	88	1	14 时湿球温度结冰符,B 表示结冰,空格表示不结冰	
	20 时	89	4	±××.×,空格为正,“—”号为负值	℃
	Q	93	1	20 时湿球温度质量符	
	结冰符	94	1	20 时湿球温度结冰符,B 表示结冰,空格表示不结冰	
日降水总量		95	6	×××××.×,20 时～20 时区间降水量	mm
相对湿度	02 时	101	3	×××	%
	Q	104	1	02 时相对湿度质量符	
	08 时	105	3	×××	%
	Q	108	1	08 时相对湿度质量符	
	14 时	109	3	×××	%
	Q	112	1	14 时相对湿度质量符	
	20 时	113	3	×××	%
	Q	116	1	20 时相对湿度质量符	
	日最小	117	3	×××	%
	Q	120	1	日最小相对湿度质量符	

表 32　T051 文件数据记录 2 格式说明

项目名称		起始位置	长度	用法和意义	计量单位
本记录类型		1	1	总填 3,当前数据标题记录标识	
下记录类型		2	1	填下一行记录的类型标识	
观测日期		3	2	01～31	
海面有效能见度	08 时	5	3	××.×	km
	Q	8	1	08 时能见度质量符	
	14 时	9	3	××.×	km
	Q	12	1	14 时能见度质量符	
	20 时	13	3	××.×	km
	Q	16	1	20 时能见度质量符	

表 32(续)

项目名称		起始位置	长度	用法和意义	计量单位
雾	夜间	17	2	有雾填 42,无雾填空格	
	白天	19	9	第一段起止时间,前 4 位为开始时间,第 5 位为连接符,填"—"或"·",后 4 位为终止时间	
		28	45	第二段至第六段起止时间,每段 9 位	
风速大于或等于 17.0 m/s		73	54	第一段至第六段,每段 9 位。当超过 6 段时,取持续时间较长的 6 段。	

表 33 T051 文件数据记录 3 格式说明

项目名称		起始位置	长度	用法和意义	计量单位
本记录类型		1	1	总填 4,当前数据标题记录标识	
下记录类型		2	1	填下一行记录的类型标识	
观测日期		3	2	01～31	
观测时间与极值标识		5	1	填 1 标识 21 时～08 时,日最大风速及出现时间;填 2 标识 09 时～20 时日极大风速	
逐时风向		6	3	×××,右对齐	°
逐时风速		9	3	××.×	m/s
Q		12	1	逐时风速质量符	
风向、风速及 Q		13	77	按时间依次重复 6～12 位	
日最(极)大风速	风向	90	3	×××,右对齐	°
	风速	93	3	××.×	m/s
	Q	96	1	日最(极)大风速的质量符	
	出现时间	97	4	××××,时、分用四位记录,不足四位高位补 0。	

15.7.4.10 T052 文件 逐时气压、空气温度、相对湿度、海面有效能见度资料文件记录格式及说明

15.7.4.10.1 T052 文件记录格式见表 63、表 64 和表 65(T052 文件说明记录格式见表 45)。

15.7.4.10.2 T052 文件记录格式说明见表 34、表 35 和表 36(T052 说明记录格式说明见表 16)。

表 34 T052 文件标题记录格式说明

项目名称		起始位置	长度	用法和意义	计量单位
本记录类型		1	1	总填 1,当前数据标题记录标识	
下记录类型		2	1	填下一行记录的类型标识	
资料类型卡		3	1	空格	
海洋观测台站代码		4	4	按 HY023 规定填写	
资料处理号		8	8	空格	
流水号		16	8	空格	
纬度	度	24	2	00～90	°
	分	26	3	00.0～59.9	′
N/S		29	1	N 或 S	
经度	度	30	3	000～180	°
	分	33	3	00.0～59.9	′

表 34（续）

项目名称		起始位置	长度	用法和意义	计量单位
E/W		36	1	E 或 W	
观测时间	年	37	4	××××	
	月	41	2	01～12	
气压标识符		43	1	空格为本站气压；s 为海平面气压	
温度标识符		44	1	N 为未订正的气温；空格为已订正的气温	
观测场地海拔高度		45	4	×××.×	m
气压传感器海拔高度		49	4	×××.×	m
气压准确度		53	1	气压测量准确度等级	级
气压观测仪器代码		54	6		
气温观测仪器代码		60	6		
相对湿度观测仪器代码		66	6		
海面有效能见度观测仪器代码		72	6		

表 35　T052 文件数据记录 1 格式说明

项目名称	起始位置	长度	用法和意义	计量单位
本记录类型	1	1	总填 2，当前数据标题记录标识	
下记录类型	2	1	填下一行记录的类型标识	
观测日期	3	2	01～31	
观测时间标识	5	1	填 1 标识 21 时～04 时的观测值 填 2 标识 05 时～12 时的观测值 填 3 标识 13 时～20 时的观测值	
逐时气压	6	5	××××.×	hPa
Q	11	1	气压质量符	
逐时气温	12	4	±××.×，空格为正，"—"号为负值	℃
Q	16	1	气温质量符	
逐时相对湿度	17	3	×××	%
Q	20	1	相对湿度质量符	
气压、气温、相对湿度及 Q	21	105	按时间依次重复 6～20 位	

表 36　T052 文件数据记录 2 格式说明

项目名称	起始位置	长度	用法和意义	计量单位
本记录类型	1	1	总填 3，当前数据标题记录标识	
下记录类型	2	1	填下一行记录的类型标识	
观测日期	3	2	01～31	
观测时间标识	5	1	填 1 标识 21 时～08 时的观测值 填 2 标识 09 时～20 时的观测值	
逐时能见度	6	3	××.×	km
Q	9	1	能见度质量符	
逐时能见度及 Q	10	53	按时间依次重复 6～9 位	

STANDARDS PRESS OF CHINA

15.7.4.11　**T053 文件　10 min 风观测资料文件记录格式及说明**

15.7.4.11.1　T053 文件记录格式见表 66 和表 67(T053 文件说明记录格式见表 45)。

15.7.4.11.2　T053 文件记录格式说明见表 37 和表 38(T053 文件说明记录格式说明见表 16)。

表 37　T053 文件标题记录格式说明

项目名称		起始位置	长度	用法和意义	计量单位
本记录类型		1	1	总填 1,当前数据标题记录标识	
下记录类型		2	1	填下一行记录的类型标识	
资料类型卡		3	1	空格	
海洋观测台站代码		4	4	按 HY023 规定填写	
资料处理号		8	8	空格	
流水号		16	8	空格	
纬度	度	24	2	00～90	°
	分	26	3	00.0～59.9	′
N/S		29	1	N 或 S	
经度	度	30	3	000～180	°
	分	33	3	00.0～59.9	′
E/W		36	1	E 或 W	
观测时间	年	37	4	××××	
	月	41	2	01～12	
观测场地海拔高度		43	4	×××.×	m
风速器离地面或平台高度		47	3	××.×	m
测风平台海拔高度		50	3	××.×	m
风向准确度		53	1	风向测量准确度等级	级
风观测仪器代码		54	6		

表 38　T053 文件数据记录格式说明

项目名称		起始位置	长度	用法和意义	计量单位
本记录类型		1	1	总填 2,当前数据标题记录标识	
下记录类型		2	1	填下一行记录的类型标识	
观测时间	日	3	2	01～31	
	时	5	2	21～20	
10 min 风速、对应风向及质量符	风向	7	3	×××	°
	风速	10	3	××.×	m/s
	Q	13	1	风速质量符	
	风向、风速及 Q	14	35	按观测时间每 10 min 依次重复 7～13 位	

15.7.4.12　**T054 文件　1 min 气压、空气温度、相对湿度、风、降水量资料文件记录格式及说明**

15.7.4.12.1　T054 文件记录格式见表 68、表 69、表 70 和表 71(T054 文件说明记录格式见表 45)。

15.7.4.12.2　T054 文件记录格式说明见表 39、表 40、表 41 和表 42(T054 文件说明记录格式说明见表 16)。

表 39 T054 文件标题记录格式说明

项目名称		起始位置	长度	用法和意义	计量单位
本记录类型		1	1	总填 1,当前数据标题记录标识	
下记录类型		2	1	填下一行记录的类型标识	
资料类型卡		3	1	空格	
海洋观测台站代码		4	4	按 HY023 规定填写	
资料处理号		8	8	空格	
流水号		16	8	空格	
纬度	度	24	2	00～90	°
	分	26	3	00.0～59.9	′
N/S		29	1	N 或 S	
经度	度	30	3	000～180	°
	分	33	3	00.0～59.9	′
E/W		36	1	E 或 W	
观测时间	年	37	4	××××	
	月	41	2	01～12	
气压标识符		43	1	空格为本站气压;s 为海平面气压	
温度标识符		44	1	N 为未订正的气温;空格为已订正的气温	
观测场地海拔高度		45	4	×××.×	m
气压传感器海拔高度		49	4	×××.×	m
风速器离地面或平台高度		53	3	××.×	m
测风平台海拔高度		56	3	××.×	m
气压准确度		59	1	气压测量准确度等级	级
风向准确度		60	1	风向测量准确度等级	级
气压观测仪器代码		61	6		
风观测仪器代码		67	6		
气温观测仪器代码		73	6		
相对湿度观测仪器代码		79	6		
降水量观测仪器代码		85	6		

表 40 T054 文件数据记录 1 格式说明

项目名称	起始位置	长度	用法和意义	计量单位
本记录类型	1	1	总填 2,当前数据标题记录标识	
下记录类型	2	1	填下一行记录的类型标识	

表 40(续)

项目名称		起始位置	长度	用法和意义	计量单位
观测时间	日	3	2	01～31	
	时	5	2	21～20	
观测时间标识		7	1	填 1 标识 00 分～05 分的观测值 填 2 标识 06 分～11 分的观测值 填 3 标识 12 分～17 分的观测值 填 4 标识 18 分～23 分的观测值 填 5 标识 24 分～29 分的观测值 填 6 标识 30 分～35 分的观测值 填 7 标识 36 分～41 分的观测值 填 8 标识 42 分～47 分的观测值 填 9 标识 48 分～53 分的观测值 填 10 标识 54 分～59 分的观测值	
1 min 气压、气温、相对湿度	气压	8	5	××××.×	hPa
	Q	13	1	气压质量符	
	气温	14	4	±××.×,空格为正,"－"号为负值	℃
	Q	18	1	气温质量符	
	相对湿度	19	3	×××	%
	Q	22	1	相对湿度质量符	
	气压、气温、相对湿度及 Q	23	97	按时间依次重复 8～22 位	

表 41　T054 文件数据记录 2 格式说明

项目名称		起始位置	长度	用法和意义	计量单位
本记录类型		1	1	总填 3,当前数据标题记录标识	
下记录类型		2	1	填下一行记录的类型标识	
观测时间	日	3	2	01～31	
	时	5	2	21～20	
观测时间标识		7	1	填 1 标识 00 分～14 分的观测值 填 2 标识 15 分～29 分的观测值 填 3 标识 30 分～44 分的观测值 填 4 标识 45 分～59 分的观测值	
1 min 风速、对应风向及质量符	风向	8	3	×××	°
	风速	11	3	××.×	m/s
	Q	14	1	风速质量符	
	风向、风速及 Q	15	98	按时间依次重复 8～14 位	

表 42 T054 文件数据记录 3 格式说明

项目名称		起始位置	长度	用法和意义	计量单位
本记录类型		1	1	总填 4,当前数据标题记录标识	
下记录类型		2	1	填下一行记录的类型标识	
观测时间	日	3	2	01～31	
	时	5	2	21～20	
观测时间标识		7	1	填 1 标识 00 分～14 分的观测值 填 2 标识 15 分～29 分的观测值 填 3 标识 30 分～44 分的观测值 填 4 标识 45 分～59 分的观测值	
1 min 降水总量		8	6	×××××.×	mm
Q		14	1	1 min 降水总量质量符	
降水量及 Q		15	98	按时间依次重复 8～14 位	

表 43　T011 文件标题记录格式

本记录类型	下记录类型	资料类型卡	海洋环境监测站代码	资料处理号	流水号	纬度 度 °	纬度 分 ′	N/S	经度 度 °	经度 分 ′	E/W	观测时间 年	观测时间 月	海发光标识	表层水温准确度（级）	表层盐度准确度（级）

1　5　10　15　20　25　30　35　40　45

表 44　T011 文件数据记录格式

本记录类型	下记录类型	观测日期	表层水温 ℃ 08 时 表层水温	08 时 观测方法	08 时 仪器代码	08 时 Q	14 时 表层水温	14 时 观测方法	14 时 仪器代码	14 时 Q	20 时 表层水温	20 时 观测方法	20 时 仪器代码	20 时 Q	表层盐度 表层盐度	观测方法	仪器代码	Q	海发光

1　5　10　15　20　25　30　35　40　45　50　55　59

表 45　T011 文件说明记录格式

本记录类型	下记录类型	序号	说　　明

1　3

表 46　T012 文件标题记录格式

本记录类型	下记录类型	资料类型卡	海洋环境监测站代码	资料处理号	流水号	纬度 度 °	纬度 分 ′	N/S	经度 度 °	经度 分 ′	E/W	观测时间 年	观测时间 月	表层水温准确度（级）	观测方法	仪器代码	表层盐度准确度（级）	观测方法	仪器代码

1　5　10　15　20　25　30　35　40　45　48

表 47　T012 文件数据记录格式

本记录类型	下记录类型	观测日期	观察时间标识	逐时表层水温（℃）、表层盐度及其 Q：00/12 温度	Q	盐度	Q	01/13 温度	Q	盐度	Q	02/14 温度	Q	盐度	Q	03/15 温度	Q	盐度	Q	04/16 温度	Q	盐度	Q	05/17 温度	Q	盐度	Q	06/18 温度	Q	盐度	Q	07/19 温度	Q	盐度	Q	08/20 温度	Q	盐度	Q	09/21 温度	Q	盐度	Q	10/22 温度	Q	盐度	Q	11/23 温度	Q	盐度	Q

1　5　10　15　20　25　30　35　40　45　50　55　60　65　70　75　80　85　90　95　100　105　110　113

表 48　T021 文件标题记录格式

本记录类型	下记录类型	资料类型卡	海洋环境监测站代码	资料处理号	流水号	纬度 度 °	纬度 分 ′	N/S	经度 度 °	经度 分 ′	E/W	观测时间 年	观测时间 月	时区	验潮仪仪器代码	水尺零点与基本水准点高程差 m	基本水准点高程 m	潮高准确度（级）

1　5　10　15　20　25　30　35　40　45　50　55　60　65　66

表 49　T021 文件数据记录格式

本记录类型	下记录类型	观测日期	观察时间标识	逐时潮高 cm																								高低潮											
				00	Q	01	Q	02	Q	03	Q	04	Q	05	Q	06	Q	07	Q	08	Q	09	Q	10	Q	11	Q	潮时	Q	潮高 cm	Q	潮时	Q	潮高 cm	Q	潮时	Q	潮高 cm	Q
				12	Q	13	Q	14	Q	15	Q	16	Q	17	Q	18	Q	19	Q	20	Q	21	Q	22	Q	23	Q												

1　5　10　15　20　25　30　35　40　45　50　55　60　65　70　75　80　85　90　95

表 50　T022 文件数据记录格式

本记录类型	下记录类型	观测时间		5 min 潮高 cm																							
		日	时	00	Q	05	Q	10	Q	15	Q	20	Q	25	Q	30	Q	35	Q	40	Q	45	Q	50	Q	55	Q

1　5　10　15　20　25　30　35　40　45　50　55　60　65

表 51　T023 文件数据记录格式

本记录类型	下记录类型	观测时间		观测时间标识	1 min 潮高 cm																							
		日	时		00	Q	01	Q	02	Q	03	Q	04	Q	05	Q	06	Q	07	Q	08	Q	09	Q	10	Q	11	Q
					12	Q	13	Q	14	Q	15	Q	16	Q	17	Q	18	Q	19	Q	20	Q	21	Q	22	Q	23	Q
					24	Q	25	Q	26	Q	27	Q	28	Q	29	Q	30	Q	31	Q	32	Q	33	Q	34	Q	35	Q
					36	Q	37	Q	38	Q	39	Q	40	Q	41	Q	42	Q	43	Q	44	Q	45	Q	46	Q	47	Q
					48	Q	49	Q	50	Q	51	Q	52	Q	53	Q	54	Q	55	Q	56	Q	57	Q	58	Q	59	Q

1　5　10　15　20　25　30　35　40　45　50　55　60　65　67

表 52 T031 文件标题记录格式

本记录类型	下记录类型	资料类型卡	海洋环境监测站代码	资料处理号	流水号	纬度		N/S	经度		E/W	观测时间		测波仪仪器代码	仪器海拔高度 m	观波浮标距观测场地水平距离 m	测波浮标相对观测场地的方向 °	观测场地开阔度 °	测波浮标传感器处水深 m	风速传感器离地高度 m	水深编码	目测方法观测地海拔高度 m	波高测量准确度（级）
						度 °	分 ′		度 °	分 ′		年	月										

1 5 10 15 20 25 30 35 40 45 50 55 60 65 70 72

表 53 T031 文件数据记录格式

本记录类型	下记录类型	观测时间		风					海况（级）	波型	浪向				最大波高、对应周期							十分之一大波波高、对应周期							有效波波高、对应周期							平均波高、对应周期							波数（个）	水深 m
		日	时	风向 °	风向标识	风速 m/s	Q	风速采样标识			风浪向 °	风浪向标识符	涌浪向 °	涌浪向标识符	波高 m	Q	周期 s	Q	观测方法	仪器代码		波高 m	Q	周期 s	Q	观测方法	仪器代码		波高 m	Q	周期 s	Q	观测方法	仪器代码		波高 m	Q	周期 s	Q	观测方法	仪器代码			

1 5 10 15 20 25 30 35 40 45 50 55 60 65 70 75 80 85 90 94

表 54 T032 文件标题记录格式

本记录类型	下记录类型	资料类型卡	海洋环境监测站代码	资料处理号	流水号	纬度		N/S	经度		E/W	观测时间		观测起始时间			仪器代码	测量范围		采样间隔 s	采样个数（个）	AD 转换位数	水深 m	量程 m
						度 °	分 ′		度 °	分 ′		年	月	日	时	分		下限	上限					

1 5 10 15 20 25 30 35 40 45 50 55 60 65 70 75 78

表 55 T032 文件数据记录格式

本记录类型	下记录类型	采样值（1）	Q	采样值（2）	Q	采样值（3）	Q		采样值（22）	Q	采样值（23）	Q	采样值（24）	Q	采样值（25）	Q

1 5 10 15 127

表 56 T041 文件标题记录格式

本记录类型	下记录类型	资料类型卡	海洋环境监测站代码	资料处理号	流水号	纬度		N/S	经度		E/W	观测时间		观测场地海拔高度 m	测冰基线方向 °	观测视角 °	能见水平最大远程 km	初冰日期	终冰日期	浮冰仪器代码	固定冰仪器代码
						度 °	分 ′		度 °	分 ′		年	月								

1 5 10 15 20 25 30 35 40 45 50 55 60 65 70 75

表 57 T041 文件数据记录 1 格式

本记录类型	下记录类型	观测日期	海面能见度 km				总冰量		浮冰																					
									冰量		密集度		冰型		冰表面特征		冰状		最大浮冰块水平尺度 m			漂流								
																						观测方法	08		Q	观测方法	14		Q	观测方法
			08	Q	14	Q	08	14	08	14	08	14	08	14	08	14	08	14	08	观测方法	14		方向 °	速度 m/s			方向 °	速度 m/s		

1 5 10 15 20 25 30 35 40 45 50 55 60 65 70 75 80 85 90 95 98

表 58 T041 文件数据记录 2 格式

本记录类型	下记录类型	观测日期	固定冰																																	
			冰量		冰型		冰表面特征		堆积量		堆积高度 m					宽度 m			冰厚度											冰温（零下℃）			测冰温处的冰块	
			08	14	08	14	08	14	08	14	08		14		观测方法	08	14	观测方法	孔 1		孔 2		孔 3		孔 4		孔 5		平均	表层	中层	底层	厚度 cm	离岸距离 m
											平均	最高	平均	最高					厚度 cm	离岸距离 m	厚度 cm	离岸距离 m	厚度 cm	离岸距离 m	厚度 cm	离岸距离 m	厚度 cm	离岸距离 m	厚度 cm					

1 5 10 15 20 25 30 35 40 45 50 55 60 65 70 75 80 85 90 95 100 105 110 115 120 125

表 59 T051 文件标题记录格式

本记录类型	下记录类型	资料类型卡	海洋环境监测站代码	资料处理号	流水号	纬度		N/S	经度		E/W	观测时间		气压标识符	温度标识符	观测场地海拔高度 m	气压传感器海拔高度 m	风速器离地面或平台高度 m	测风平台海拔高度 m	气压准确度（级）	风向准确度（级）	气压观测仪器代码	风观测仪器代码	气温观测仪器代码	相对湿度观测仪器代码	降水量观测仪器代码	海面有效能见度观测仪器代码
						度 °	分 ′		度 °	分 ′		年	月														

1 5 10 15 20 25 30 35 40 45 50 55 60 65 70 75 80 85 90 95

表 60 T051 文件数据记录 1 格式

本记录类型	下记录类型	观测日期	本站气压 hPa												气温 ℃												湿球温度 ℃												日降水总量 mm	相对湿度 %								日最小相对湿度 %	Q
			02	Q	08	Q	14	Q	20	Q	日最高	Q	日最低	Q	02	Q	08	Q	14	Q	20	Q	日最高	Q	日最低	Q	02	Q	结冰符	08	Q	结冰符	14	Q	结冰符	20	Q	结冰符	20～20	02	Q	08	Q	14	Q	20	Q		

1 5 10 15 20 25 30 35 40 45 50 55 60 65 70 75 80 85 90 95 100 105 110 115 120

表 61 T051 文件数据记录 2 格式

本记录类型	下记录类型	观测日期	海面有效能见度						雾							风速大于或等于 17.0 m/s					
			08	Q	14	Q	20	Q	夜间 20～08	白天						起止时间	起止时间	起止时间	起止时间	起止时间	起止时间
										起止时间	起止时间	起止时间	起止时间	起止时间	起止时间						

1 5 10 15 20 25 30 35 40 45 50 55 60 65 70 75 80 85 90 95 100 105 110 115 120 125

表 62 T051 文件数据记录 3 格式

本记录类型	下记录类型	观测日期	观测时间标识	逐时风																																				
				21			22			23			00			01			02			03			04			05			06			07			08			最大风速			
				09			10			11			12			13			14			15			16			17			18			19			20			极大风速			
				风向 °	风速 m/s	Q	风向 °	风速 m/s	Q	风向 °	风速 m/s	Q	风向 °	风速 m/s	Q	风向 °	风速 m/s	Q	风向 °	风速 m/s	Q	风向 °	风速 m/s	Q	风向 °	风速 m/s	Q	风向 °	风速 m/s	Q	风向 °	风速 m/s	Q	风向 °	风速 m/s	Q	风向 °	风速 m/s	Q	风向 °	风速 m/s	Q	时间

1 5 10 15 20 25 30 35 40 45 50 55 60 65 70 75 80 85 90 95 100

表 63 T052 文件标题记录格式

本记录类型	下记录类型	资料类型卡	海洋环境监测站代码	资料处理号	流水号	纬度		N/S	经度		E/W	观测时间		气压标识符	温度标识符	观测场地海拔高度 m	气压传感器海拔高度 m	气压准确度（级）	气压观测仪器代码	气温观测仪器代码	相对湿度观测仪器代码	海面有效能见度观测仪器代码
						度 °	分 ′		度 °	分 ′		年	月									

1 5 10 15 20 25 30 35 40 45 50 55 60 65 70 75

表 64　T052 文件数据记录 1 格式

本记录类型	下记录类型	观测日期	观测时间标识	逐时气压、气温、相对湿度																																															
				21						22						23						00						01						02						03						04					
				05						06						07						08						09						10						11						12					
				13						14						15						16						17						18						19						20					
				气压 hPa	Q	气温 ℃	Q	相对湿度 %	Q	气压 hPa	Q	气温 ℃	Q	相对湿度 %	Q	气压 hPa	Q	气温 ℃	Q	相对湿度 %	Q	气压 hPa	Q	气温 ℃	Q	相对湿度 %	Q	气压 hPa	Q	气温 ℃	Q	相对湿度 %	Q	气压 hPa	Q	气温 ℃	Q	相对湿度 %	Q	气压 hPa	Q	气温 ℃	Q	相对湿度 %	Q	气压 hPa	Q	气温 ℃	Q	相对湿度 %	Q

1　5　10　15　20　25　30　35　40　45　50　55　60　65　70　75　80　85　90　95　100　105　110　115　120　125

表 65　T052 文件数据记录 2 格式

本记录类型	下记录类型	观测日期	观测时间标识	逐时能见度 km																							
				21		22		23		00		01		02		03		04		05		06		07		08	
				09		10		11		12		13		14		15		16		17		18		19		20	
				能见度	Q	能见度	Q	能见度	Q	能见度	Q	能见度	Q	能见度	Q	能见度	Q	能见度	Q	能见度	Q	能见度	Q	能见度	Q	能见度	Q

1　5　10　15　20　25　30　35　40　45　50　53

表 66　T053 文件标题记录格式

本记录类型	下记录类型	资料类型卡	海洋环境监测站代码	资料处理号	流水号	纬度		N/S	经度		E/W	观测时间		观测场地海拔高度 m	风速器离地面或平台高度 m	测风平台海拔高度 m	风向准确度（级）	风观测仪器代码
						度 °	分 ′		度 °	分 ′		年	月					

1　5　10　15　20　25　30　35　40　45　50　55　59

表 67　T053 文件数据记录格式

本记录类型	下记录类型	观测时间		10 min 风速																	
				00			10			20			30			40			50		
		日	时	风向 °	风速 m/s	Q	风向 °	风速 m/s	Q	风向 °	风速 m/s	Q	风向 °	风速 m/s	Q	风向 °	风速 m/s	Q	风向 °	风速 m/s	Q
1		5		10		15		20		25		30		35		40		45			48

表 68　T054 文件标题记录格式

本记录类型	下记录类型	资料类型卡	海洋环境监测站代码	资料处理号	流水号	纬度		N/S	经度		E/W	观测时间		气压标识符	温度标识符	观测场地海拔高度 m	气压传感器海拔高度 m	风速器离地面或平台高度 m	测风平台海拔高度 m	气压准确度(级)	风向准确度(级)	气压观测仪器代码	风观测仪器代码	气温观测仪器代码	相对湿度观测仪器代码	降水量观测仪器代码
						度 °	分 ′		度 °	分 ′		年	月													
1		5	10	15	20	25		30		35		40			45		50	55		60		65	70	75	80	85 90

表 69　T054 文件数据记录 1 格式

本记录类型	下记录类型	观测日期		观测时间标识	1 min 气压、气温、相对湿度																	
					00			01			02			03			04			05		
					06			07			08			09			10			11		
					12			13			14			15			16			17		
					18			19			20			21			22			23		
					24			25			26			27			28			29		
					30			31			32			33			34			35		
					36			37			38			39			40			41		
					42			43			44			45			46			47		
					48			49			50			51			52			53		
					54			55			56			57			58			59		
		日	时		气压 hPa	Q	气温 ℃	Q	相对湿度 %	Q	气压 hPa	Q	气温 ℃	Q	相对湿度 %	Q	气压 hPa	Q	气温 ℃	Q	相对湿度 %	Q
1		5			10	15	20	25	30	35	40	45	50	55	60	65	70	75	80	85	90	95 97

（续表 69 右半部分：）

气压 hPa	Q	气温 ℃	Q	相对湿度 %	Q	气压 hPa	Q	气温 ℃	Q	相对湿度 %	Q	气压 hPa	Q	气温 ℃	Q	相对湿度 %	Q

表 70 T054 文件数据记录 2 格式

本记录类型	下记录类型	观测时间		观测时间标识	1 min 风速、对应风向																																												
		日	时		00			01			02			03			04			05			06			07			08			09			10			11			12			13			14		
					15			16			17			18			19			20			21			22			23			24			25			26			27			28			29		
					30			31			32			33			34			35			36			37			38			39			40			41			42			43			44		
					45			46			47			48			49			50			51			52			53			54			55			56			57			58			59		
					风向 °	风速 m/s	Q	风向 °	风速 m/s	Q	风向 °	风速 m/s	Q	风向 °	风速 m/s	Q	风向 °	风速 m/s	Q	风向 °	风速 m/s	Q	风向 °	风速 m/s	Q	风向 °	风速 m/s	Q	风向 °	风速 m/s	Q	风向 °	风速 m/s	Q	风向 °	风速 m/s	Q	风向 °	风速 m/s	Q	风向 °	风速 m/s	Q	风向 °	风速 m/s	Q	风向 °	风速 m/s	Q

1 5 10 15 20 25 30 35 40 45 50 55 60 65 70 75 80 85 90 95 100 105 110 112

表 71 T054 文件数据记录 3 格式

本记录类型	下记录类型	观测时间		观测时间标识	1 min 降水总量 mm																													
		日	时		00	Q	01	Q	02	Q	03	Q	04	Q	05	Q	06	Q	07	Q	08	Q	09	Q	10	Q	11	Q	12	Q	13	Q	14	Q
					15	Q	16	Q	17	Q	18	Q	19	Q	20	Q	21	Q	22	Q	23	Q	24	Q	25	Q	26	Q	27	Q	28	Q	29	Q
					30	Q	31	Q	32	Q	33	Q	34	Q	35	Q	36	Q	37	Q	38	Q	39	Q	40	Q	41	Q	42	Q	43	Q	44	Q
					45	Q	46	Q	47	Q	48	Q	49	Q	50	Q	51	Q	52	Q	53	Q	54	Q	55	Q	56	Q	57	Q	58	Q	59	Q

1 5 10 15 20 25 30 35 40 45 50 55 60 65 70 75 80 85 90 95 100 105 110 112

附　录　A
（资料性附录）
海滨观测记录簿格式

A.1　海滨观测记录簿格式说明

海滨观测记录簿按观测项目分册设立，即潮汐、海浪、表层海水温度、表层海水盐度、海发光、海冰和气象等。

每册由封面、封二、表格、封三、封底（空白）所构成；每册的表格页数视项目而定；纸张幅面为188 mm×132 mm。

A.2　海滨观测记录簿封面格式

海滨观测记录簿封面采用统一格式，在封面的“观测记录簿”前应填写该项目名称。海滨观测记录簿封面格式见表A.1。

表 A.1　海滨观测记录簿封面格式

________观测记录簿
第________册
________年________月________日　　　起
________年________月________日　　　止
站名________________
部门________________

A.3 潮汐观测记录簿格式

A.3.1 潮汐观测记录簿封面格式见表 A.1。

A.3.2 潮汐观测记录簿封二格式见表 A.2。

表 A.2 潮汐观测记录簿封二格式

测点位置 北纬______°______′ 东经______°______′ 潮高基准面与基本水准点高程差______m 基本水准点位置______ 观测仪器名称、型号______ 观测准确度等级

A.3.3 潮汐观测记录表格式见表 A.3。

表 A.3 潮汐观测记录表格式

____年____月____日						
时间(时)	潮高(cm)			时间(时)	潮高(cm)	
00				12		
01				13		
02				14		
03				15		
04				16		
05				17		
06				18		
07				19		
08				20		
09				21		
10				22		
11				23		
	潮高(cm)	潮时(时、分)	潮高(cm)	潮时(时、分)	潮高(cm)	潮时(时、分)
高潮						
低潮						
备注						

观测员______ 校对员______

A.3.4 潮汐观测记录簿封三格式见表 A.4。

表 A.4 潮汐观测记录簿封三格式

纪要(记录井内、井外水尺和读数指针的安装、测量、检查、校核、调整、更换、变动等情况):

A.4 海浪观测记录簿格式

A.4.1 海浪观测记录簿封面格式见表 A.1。

A.4.2 海浪观测记录簿封二格式见表 A.5。

表 A.5 海浪观测记录簿封二格式

测点位置 北纬________°________′ 东经________°________′ 观测仪器名称、型号________ 仪器海拔高度________m 测波浮标(传感器)距观测场地水平距离________m 测波浮标(传感器)在观测场地________方向 测波浮标(传感器)处潮高基准面下水深________m 观测场地开阔度________° 采样时间间隔________s 量程________m

STANDARDS PRESS OF CHINA

A.4.3 海浪观测记录表格式(1)见表A.6。

表 A.6 海浪观测记录表格式(1)

<table>
<tr><td colspan="6">________年________月________日</td></tr>
<tr><td>时间(时)</td><td>风向(°)</td><td>风速(m/s)</td><td>海况(级)</td><td>波型</td><td>波级(级)</td></tr>
<tr><td>00</td><td></td><td></td><td></td><td></td><td></td></tr>
<tr><td>01</td><td></td><td></td><td></td><td></td><td></td></tr>
<tr><td>02</td><td></td><td></td><td></td><td></td><td></td></tr>
<tr><td>03</td><td></td><td></td><td></td><td></td><td></td></tr>
<tr><td>04</td><td></td><td></td><td></td><td></td><td></td></tr>
<tr><td>05</td><td></td><td></td><td></td><td></td><td></td></tr>
<tr><td>06</td><td></td><td></td><td></td><td></td><td></td></tr>
<tr><td>07</td><td></td><td></td><td></td><td></td><td></td></tr>
<tr><td>08</td><td></td><td></td><td></td><td></td><td></td></tr>
<tr><td>09</td><td></td><td></td><td></td><td></td><td></td></tr>
<tr><td>10</td><td></td><td></td><td></td><td></td><td></td></tr>
<tr><td>11</td><td></td><td></td><td></td><td></td><td></td></tr>
<tr><td>12</td><td></td><td></td><td></td><td></td><td></td></tr>
<tr><td>13</td><td></td><td></td><td></td><td></td><td></td></tr>
<tr><td>14</td><td></td><td></td><td></td><td></td><td></td></tr>
<tr><td>15</td><td></td><td></td><td></td><td></td><td></td></tr>
<tr><td>16</td><td></td><td></td><td></td><td></td><td></td></tr>
<tr><td>17</td><td></td><td></td><td></td><td></td><td></td></tr>
<tr><td>18</td><td></td><td></td><td></td><td></td><td></td></tr>
<tr><td>19</td><td></td><td></td><td></td><td></td><td></td></tr>
<tr><td>20</td><td></td><td></td><td></td><td></td><td></td></tr>
<tr><td>21</td><td></td><td></td><td></td><td></td><td></td></tr>
<tr><td>22</td><td></td><td></td><td></td><td></td><td></td></tr>
<tr><td>23</td><td></td><td></td><td></td><td></td><td></td></tr>
<tr><td>备注</td><td colspan="5"></td></tr>
</table>

观测员________________________校对员________________________

A.4.4 海浪观测记录表格式(2)见表 A.7。

表 A.7 海浪观测记录表格式(2)

______年______月______日

时间(时)	波向(°)			最大波		1/10 大波		有效波		平均波		水深(m)	波数(个)
	风浪	涌浪	综合	波高(m)	周期(s)	波高(m)	周期(s)	波高(m)	周期(s)	波高(m)	周期(s)		
00													
01													
02													
03													
04													
05													
06													
07													
08													
09													
10													
11													
12													
13													
14													
15													
16													
17													
18													
19													
20													
21													
22													
23													
备注													

观测员______________ 校对员______________

A.5 表层海水温度、表层海水盐度和海发光观测记录簿格式

A.5.1 表层海水温度、表层海水盐度和海发光观测记录簿封面格式见表A.1。

A.5.2 表层海水温度、表层海水盐度和海发光观测记录簿封二格式见表A.8。

表 A.8 表层海水温度、表层海水盐度和海发光观测记录簿封二格式

测点位置 北纬________°________′

东经________°________′

观测仪器名称、型号________________

____

____

____

____

____

____

A.5.3 表层海水温度、表层海水盐度和海发光观测记录表格式见表 A.9。

表 A.9 表层海水温度、表层海水盐度和海发光观测记录表格式

______年______月______日			
时间(时)	表层海水温度(℃)	表层海水盐度	备注
00			
01			
02			
03			
04			
05			
06			
07			
08			
09			
10			
11			
12			
13			
14			
15			
16			
17			
18			
19			
20			
21			
22			
23			
海发光			

观测员______________

校对员______________

分析员______________

STANDARDS PRESS OF CHINA

A.5.4 表层海水温度、表层海水盐度和海发光观测记录簿封三格式见表 A.10。

表 A.10 表层海水温度、表层海水盐度和海发光观测记录簿封三格式

日　期		
表层海水盐度定标记录	定标时刻/室温	
	标准海水批号	
	R_{15}	
	S	
	T	
	ΔS	
	$S_{未修正}$	
	R_t	
	R_2	
	R_1(A)	
备注		

观测员____________________

校对员____________________

分析员____________________

A.6 海冰观测记录簿格式

A.6.1 海冰观测记录簿封面格式见表 A.1。

A.6.2 海冰观测记录簿封二格式见表 A.11。

表 A.11 海冰观测记录簿封二格式

测点位置　北纬__________°__________′

　　　　　东经__________°__________′

测量场地海拔高度____________________m

能见水平最大远程____________________km

视野范围____________________°

基线方向____________________°

观测仪器名称、型号____________________

____

____

____

A.6.3　海冰观测记录表格式(1)见表 A.12。

表 A.12　海冰观测记录表格式(1)

______年______月______日					
时间(时)				08	14
总冰量(成)					
浮冰量(成)					
固定冰量(成)					
浮冰	密集度(成)				
	冰型				
	冰表面特征				
	冰状				
	最大浮冰块	端点1	方位(°)		
			距离读数/实际距离		
		端点2	方位(°)		
			距离读数/实际距离		
		水平尺度(m)			
	漂流方向和速度	起点	方位(°)		
			距离读数/实际读数		
		终点	方位(°)		
			距离读数/实际读数		
		时间间隔(s)			
		移动度数(°)			
		方位(°)			
		移动距离(m)			
		速度(m/s)			

观测员____________________校对员____________________

A.6.4 海冰观测记录表格式(2)见表 A.13。

表 A.13 海冰观测记录表格式(2)

<table>
<tr><td colspan="9">________年________月________日</td></tr>
<tr><td colspan="3">时间(时)</td><td colspan="3">08</td><td colspan="3">14</td></tr>
<tr><td rowspan="12">固定冰</td><td colspan="2">冰型</td><td colspan="3"></td><td colspan="3"></td></tr>
<tr><td colspan="2">冰表面特征</td><td colspan="3"></td><td colspan="3"></td></tr>
<tr><td colspan="2">宽度(m)</td><td colspan="3"></td><td colspan="3"></td></tr>
<tr><td colspan="2">堆积量(成)</td><td colspan="3"></td><td colspan="3"></td></tr>
<tr><td colspan="2">平均堆积高度(m)</td><td colspan="3"></td><td colspan="3"></td></tr>
<tr><td colspan="2">最大堆积高度(m)</td><td colspan="3"></td><td colspan="3"></td></tr>
<tr><td rowspan="3">厚度</td><td>孔号</td><td>1</td><td>2</td><td>3</td><td>4</td><td>5</td><td>平均</td></tr>
<tr><td>距岸距离(m)</td><td></td><td></td><td></td><td></td><td></td><td></td></tr>
<tr><td>厚度(cm)</td><td></td><td></td><td></td><td></td><td></td><td></td></tr>
<tr><td rowspan="3">冰温</td><td>距岸距离(m)</td><td colspan="2"></td><td colspan="2">冰 厚(cm)</td><td colspan="2"></td></tr>
<tr><td>层次</td><td colspan="2">表层</td><td colspan="2">中层</td><td colspan="2">底层</td></tr>
<tr><td>冰温(℃)</td><td colspan="2"></td><td colspan="2"></td><td colspan="2"></td></tr>
<tr><td>冰情概述</td><td colspan="8"></td></tr>
<tr><td>备注</td><td colspan="8"></td></tr>
</table>

观测员________________ 校对员________________

A.7 海滨气象观测记录簿格式

A.7.1 海滨气象观测记录簿封面格式见表 A.1。

A.7.2 海滨气象观测记录簿封二格式见表 A.14。

表 A.14 海滨气象观测记录簿封二格式

测点位置　北纬__________°__________′

　　　　　东经__________°__________′

风速传感器离地高度____________________m

观测平台离地高度____________________m

观测场海拔高度____________________m

气压传感器海拔高度____________________m

观测仪器名称、型号

____

____

____

STANDARDS PRESS OF CHINA

A.7.3 海滨气象观测记录表格式(1)见表A.15。

表A.15 海滨气象观测记录表格式(1)

______年______月______日						
时间(时)	气压(hPa)	气温(℃)	相对湿度(%)	海面有效能见度(km)	降水量(mm)	备注
21						
22						
23						
24						
01						
02						
03						
04						
05						
06						
07						
08						
09						
10						
11						
12						
13						
14						
15						
16						
17						
18						
19						
20						
气压极值(hPa)	最高			最低		
气温极值(℃)	最高			最低		
最小相对湿度(%)						

观测员____________________校对员____________________

A.7.4 海滨气象观测记录表格式(2)见表 A.16。

表 A.16 海滨气象观测记录表格式(2)

______年______月______日					
时间(时)	风向(°)	风速(m/s)	时间(时)	风向(°)	风速(m/s)
21			09		
22			10		
23			11		
24			12		
01			13		
02			14		
03			15		
04			16		
05			17		
06			18		
07			19		
08			20		
最大风速(m/s)			极大风速(m/s)		
时间			时间		
≥17.0 m/s 起止时间					
雾	夜间(20～08)		白天(08～20)		
备注					

观测员______________ 校对员______________

A.8 严重冰期海冰观测记录表格式

A.8.1 严重冰期海冰观测记录表封面格式见表 A.17。

表 A.17 严重冰期海冰观测记录表封面格式

严重冰期海冰观测记录表

观测日期____________________

观测地点____________________

测点位置　北纬________°________′

　　　　　东经________°________′

观测场地海拔高度________________m

能见水平最大远程________________km

视野范围____________________°

基线方向____________________°

观测仪器名称、型号

____

____

____

____

A.8.2 严重冰期海冰观测记录表格式(1)见表 A.12。

A.8.3 严重冰期海冰观测记录表格式(2)见表 A.13。

A.8.4 严重冰期海冰观测记录表格式(3)见表 A.18。

表 A.18 严重冰期海冰观测记录表格式(3)

气象	观测时间 (时、分)						
	海面有效能见度 (km)						
采样概述	(时间、地点、冰厚、冰表面特征、体积)						
海冰密度 g/cm³	测定时间和地点						
	测定时气温(℃)						
	冰样及测定次数		h_1	h_2	H_1	H_2	ρ
	表层	第一次					
		第二次					
		第三次					
		平均					
	中层	第一次					
		第二次					
		第三次					
		平均					
	底层	第一次					
		第二次					
		第三次					
		平均					

STANDARDS PRESS OF CHINA

A.8.5 严重冰期海冰观测记录表格式(4)见表 A.19。

表 A.19 严重冰期海冰观测记录表格式(4)

<table>
<tr><td rowspan="8">海冰盐度</td><td colspan="2">测量时间及地点</td><td colspan="4"></td></tr>
<tr><td colspan="2">测量时气温(℃)</td><td colspan="4"></td></tr>
<tr><td colspan="2">冰样及测量次数</td><td>表层</td><td colspan="2">中层</td><td>底层</td></tr>
<tr><td colspan="2">第一次</td><td></td><td colspan="2"></td><td></td></tr>
<tr><td colspan="2">第二次</td><td></td><td colspan="2"></td><td></td></tr>
<tr><td colspan="2">第三次</td><td></td><td colspan="2"></td><td></td></tr>
<tr><td colspan="2">平均</td><td></td><td colspan="2"></td><td></td></tr>
<tr><td colspan="2"></td><td></td><td colspan="2"></td><td></td></tr>
<tr><td rowspan="11">海冰单轴
抗压强度
(Mpa)</td><td colspan="2">测量时间及地点</td><td colspan="4"></td></tr>
<tr><td colspan="2">测量时气温(℃)</td><td colspan="4"></td></tr>
<tr><td colspan="2">冰样及测量次数</td><td>规格</td><td>受压面积</td><td>极限载荷</td><td>抗压强度</td></tr>
<tr><td rowspan="4">水平冰样</td><td>第一次</td><td></td><td></td><td></td><td></td></tr>
<tr><td>第二次</td><td></td><td></td><td></td><td></td></tr>
<tr><td>第三次</td><td></td><td></td><td></td><td></td></tr>
<tr><td>平均</td><td colspan="3">—</td><td></td></tr>
<tr><td rowspan="4">垂直冰样</td><td>第一次</td><td></td><td></td><td></td><td></td></tr>
<tr><td>第二次</td><td></td><td></td><td></td><td></td></tr>
<tr><td>第三次</td><td></td><td></td><td></td><td></td></tr>
<tr><td>平均</td><td colspan="3">—</td><td></td></tr>
<tr><td>备注</td><td colspan="6"></td></tr>
</table>

A.8.6 严重冰期海冰观测记录表封三格式见表 A.20。

表 A.20 严重冰期海冰观测记录表封三格式

参加观测工作人员	
观测海冰项目	
气象	
采样	
海冰厚度、海冰温度	
海冰密度、海冰盐度	
海冰抗压强度	
其他	

附 录 B
（资料性附录）
验潮井的设置

B.1 验潮井的分类

B.1.1 岛式验潮井

用支架固定的井筒安置于海中的建筑物。井筒安装有两种形式，一种井筒坐落于海底，一种井筒悬挂于水中。若验潮井未与陆岸连接时，需建引桥。

B.1.2 岸式验潮井

井筒建在岸上，通过输水管与海水相通的建筑物。

B.2 验期井的设置

B.2.1 井筒

井筒采用钢筋混凝土浇灌制成，也可用铁管、钢管或硬质塑料管等建筑材料制成。井筒一般为圆形，内径 0.7 m～1 m；井口应高于理论最高潮位 1.5 m～2 m，井底应低于理论最低潮位 1 m；井筒开有进水孔，其高度约在理论最低潮位下 0.5 m～1 m 处。

B.2.2 进水孔

进水孔的大小是验潮井能否具有良好随潮性和消波性的关键，它主要取决于当地最大涨（落）潮率和井筒的截面积。进水孔的设计可参照式(B.1)：

$$S_1/S_2=[\mu(2g\Delta H)^{1/2}]^{-1}(\mathrm{d}h/\mathrm{d}t)_{\max} \quad \cdots\cdots(\mathrm{B.1})$$

式中：

S_1——验潮井进水孔截面积，cm^2；

S_2——井筒截面积，cm^2；

g——重力加速度，cm/s^2；

ΔH——井内外潮位差，cm；

$(\mathrm{d}h/\mathrm{d}t)_{\max}$——最大涨（落）潮率，cm/s；

μ——流量系数。

如一圆形验潮井，假如井内、井外潮位相差 1 cm，当流量系数为 0.753 时，通过式 B.1 计算进水孔与井筒截面积之比，与最大涨（落）潮率的关系见表 B.1。

表 B.1 进水孔与井筒截面积之比与最大涨（落）潮率的关系

$(\mathrm{d}h/\mathrm{d}t)_{\max}$ /(cm/s)	16.7×10^{-3}	22.2×10^{-3}	27.8×10^{-3}	33.3×10^{-3}	41.7×10^{-3}	55.5×10^{-3}	66.6×10^{-3}
S_1/S_2	$1/2\times10^{-3}$	$1/1.5\times10^{-3}$	$1/1.2\times10^{-3}$	$1/1\times10^{-3}$	$1/0.8\times10^{-3}$	$1/0.6\times10^{-3}$	$1/0.5\times10^{-3}$

在设计进水孔时，还应考虑到海区其他因素的影响，适当加大进水孔与井筒截面积的比例。

B.2.3 消波器

安装在受波浪影响较大的验潮井中的消波器，通常采用漏斗型或圆板型；井筒坐落于海底的验潮井，消波器应安装在进水孔上方 0.5 m 内；井筒悬挂于海水中的，消波器安装于底部。消波器进水孔的大小可参照公式(B.1)设计。

B.2.4 输水管

岸式验潮井的输水管内端口应在井底上方约 1 m 处，管外端口朝向开阔海域并向下倾斜约 5%。

在井内径为 1 m 的情况下，输水管直径与管长的对应关系可参照表 B.2 设计。

表 B.2 输水管长度与直径的对应关系

单位为米

长度	5	15	20
直径	0.10	0.12	0.14

在验潮井与温盐井同时建设时，验潮井应设有独立的输水管路。

B.2.5 仪器室

仪器室建在验潮井的上方，面积不小于 2 m×2 m。

B.3 验潮井的维护

验潮井口要严密加盖，防止落入异物堵塞进水孔。对于井底封闭的验潮井，要定期清理井内淤泥，疏通输水管进水孔，防止堵塞。

冬季结冰海区，须做好防冻工作，在冰期到来之前，可向井内注入凝固点低且不易挥发的矿物油覆盖水面，油层厚度应稍大于当地冰层厚度，严寒时要经常检查油层下是否结冰，如结冰不能继续观测时，应将验潮仪取下妥善保存。

附录C
（资料性附录）
井内外水尺的安装与维护

C.1 井外水尺

C.1.1 构造

C.1.1.1 井外水尺要求用不易形变、耐腐蚀的材料制成。

C.1.1.2 木质水尺，一般采用杉木或其他坚硬木材制成，厚约5 cm～10 cm，宽约10 cm～15 cm。尺面涂以白色油漆，其上用红、蓝油漆标出刻度和数值，数字下边缘要放在靠近相应的刻度处。

C.1.1.3 搪瓷水尺，一般采用木螺丝固定在木质尺柱上。刻度应清晰，不易附着海洋生物及便于清洗、维护、更换。

C.1.2 安装

C.1.2.1 安装水尺时，尺顶应高出理论最高潮位1 m，尺底应低于理论最低潮位0.5 m～1 m。水尺安装应铅直、牢固、安全和观测方便。在水尺附近可设置备用水尺。

C.1.2.2 水尺可直接固定在码头的护木上，也可固定在建筑物或岩壁上。

C.1.2.3 测点底质松软时，可将尺柱打入海底。若底质坚硬，可打洞固定尺桩或在预制的混凝土墩上留孔将尺桩插入孔内固牢，最后将水尺固定在尺桩上。

C.1.2.4 若用一根水尺难以观测，应设立水尺组，相邻的两根水尺刻度交叉重复部分不得小于0.2 m，海浪较大的地方，重合部分要酌情增大，应对水尺组中的各根水尺统一编号。

C.1.3 维护

C.1.3.1 每月要趁最低潮时擦拭水尺，以保持刻度清晰，如水尺板面 剥落不清，应及时补绘或更换。

C.1.3.2 立于水中的水尺，应按GB 4696的规定悬挂灯光标志。

C.1.3.3 更换下来的水尺要擦拭、漆新，平放在室内作为备用。

C.2 井内水尺

C.2.1 井内水尺系统的构成

C.2.1.1 井内水尺系统由井内水尺、浮子系统和读数指针构成。井内水尺通常采用带形玻璃纤维软尺。浮子系统由浮子、平衡锤、滑轮构成。浮子的直径一般为20 cm左右，平衡锤的重量略小于浮子，滑轮的轮槽宽度应与带尺相适应。

C.2.2 安装

C.2.2.1 安装时把浮子与带尺系结牢固，并使浮子吃水线至带尺零米起算点的长度与测站潮高基准面至读数指针的高度相等。带尺的长度一定要取得适宜，不得使平衡锤顶着井盖，也不得使平衡锤触底，浮子吃水线的位置必须在有滑轮和平衡锤平衡的条件下反复测试确定。

C.2.2.2 井内水尺的浮子系统要避免与验潮仪的浮子系统相碰撞。滑轮的固定可根据情况安装在屋顶、墙壁或仪器台上，并应保证带尺能顺利通过仪器台和验潮井盖板，传动灵活。

C.2.2.3 读数指针应安装在既不妨碍观测操作，读数又方便处。

C.2.2.4 冬季结冰海区，井内注入防冻油层后，要调整井内水尺，使井内、井外潮高一致。

C.2.3 校核与维护

C.2.3.1 新带尺启用前，应预先设计水尺起算点的位置，悬挂系结浮子与平衡锤的带尺，使其在重力作用下自然绷紧，过一段时间检查水尺设计起算点至浮子的长度，若比原长度伸长不大于0.5 cm时，即可使用。

C.2.3.2 井内水尺启用前，应在海面平稳的情况下进行井内、井外水尺的对比观测。新安装的井内水尺对比观测次数适当多些，以后每月对比观测一次，观测时应分别在高、中、低潮各对比观测一次，每次至少读三对数值，并将校核结果记录在观测记录簿纪要栏内并归档。

C.2.3.3 新安装的井内水尺每旬第一天用钢卷尺检查一次，若一个月后井内水尺没有变化，可改为每3个月检查一次，检查的结果应记录在观测记录簿纪要栏内并归档。

C.2.3.4 浮子系统每3个月清洗、检查一次。

附　录　D
（资料性附录）
井外水尺零点和井内水尺读数指针高程变动检查办法

D.1　基本要求

水准点、井外水尺零点、井内水尺读数指针在确定高程后，每隔一段时间还应进行复测，若变动应及时调整，必要时还须对有关资料进行订正。

D.2　变动原因

井外水尺零点或读数指针高程发生变动时，可能有下列三种原因：

——井外水尺零点或读数指针的变动；

——校核水准点的变动；

——基本水准点的变动。

为了防止因某水准点发生变动而对井外水尺零点或读数指针的高程进行不必要的误调整，造成潮汐资料人为的误差，对井外水尺零点或读数指针的复测应从整个水准系统来考虑。

D.3　井外水尺零点和读数指针的复测

D.3.1　由校核水准点复测井外水尺零点或读数指针的高程。若与前次测量结果误差大于或等于1 cm，应立即复测校核水准点的高程；若校核水准点的高程没有发生变动，则确认是井外水尺零点或读数指针发生了变动，应对它们进行调整。

D.3.2　若发现校核水准点的高程发生了变动，应立即检查基本水准点的高程；若基本水准点的高程没有发生变动，则可确认是校核水准点发生了变动，除应对校核水准点标石进行检查、加固外，还应重新确定校核水准点的高程。根据校核水准点新确定的高程，复测井外水尺零点或读数指针的高程，若与前次测量结果误差大于或等于1 cm时，应对其进行调整。

D.3.3　若确认基本水准点发生了变动，则应根据新确定的高程，重新确定校核水准点的高程；若与前次测量结果误差大于或等于1 cm时，应对其进行调整。

附 录 E
（资料性附录）
冰情图绘制范例

E.1 海冰的冰情图封面

海冰的冰情图封面格式见表 E.1。

表 E.1 海冰的冰情图封面格式

冰 情 图

1977 年 1 月 15 日

单位 国家海洋局北海分局葫芦岛海洋环境监测站

测点位置 北纬 40°42′ 东经 121°03′

海拔高度 13.8 m

基线方向 180°

视野范围 120°

能见水平线最大远程 15.1 km

STANDARDS PRESS OF CHINA

E.2 冰情图范例

冰情图范例见图 E.1。

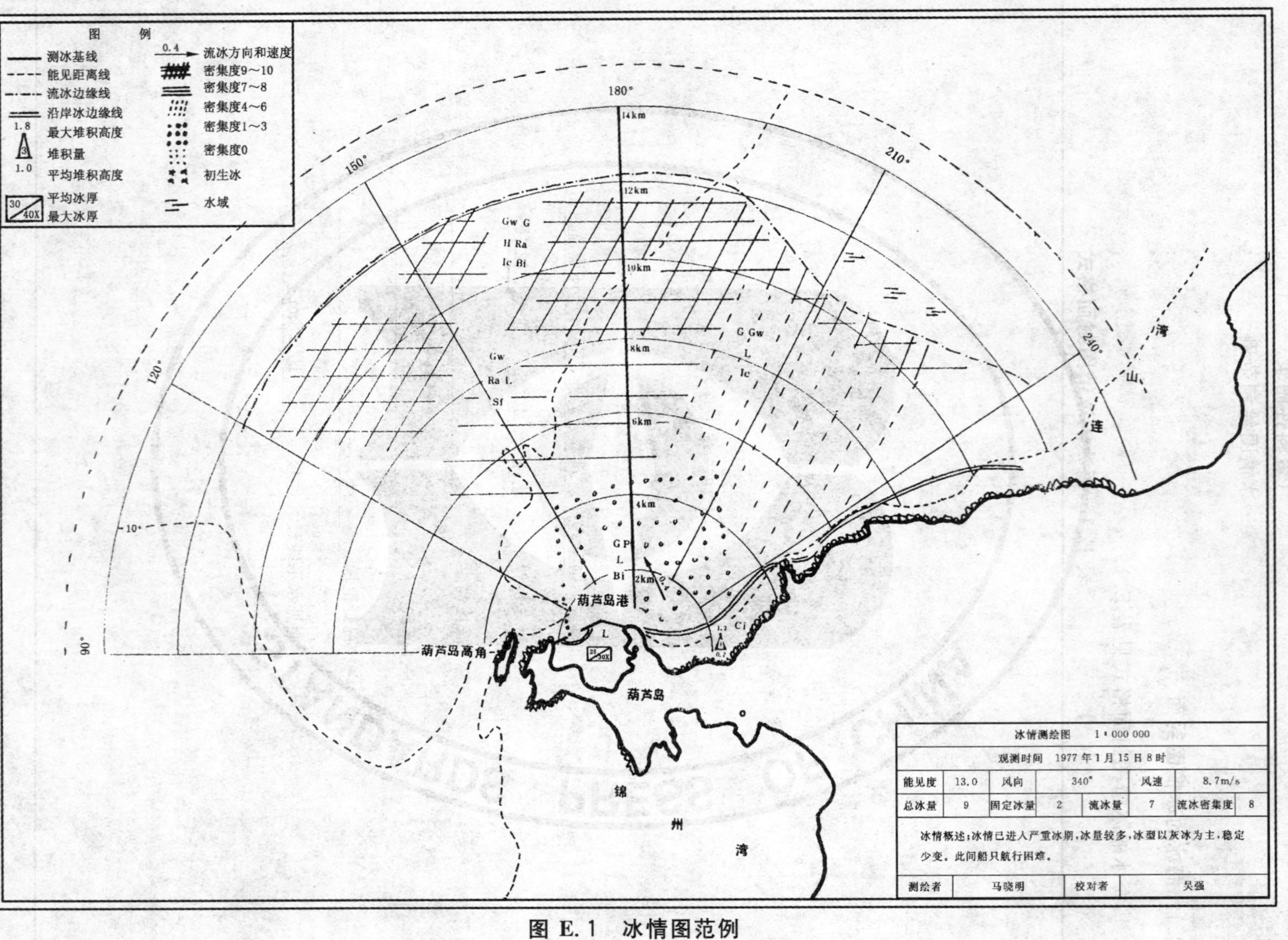

图 E.1 冰情图范例

附 录 F
（资料性附录）
海滨观测资料的处理与质量控制

F.1 海滨观测资料统计计算的有关规定

F.1.1 一般要求

F.1.1.1 日合计为该日观测记录之和(08时表层海水温度算作两次)；日平均值为日合计值除以该日实有观测次数(08时表层海水温度算作两次)；各定时的旬、月平均值为该定时旬、月合计值除以该定时旬、月实有观测次数(08时表层海水温度算作两次)。

F.1.1.2 从逐日记录中挑选极值。若一天中极值出现多次(无论几次)，日期即为出现日期；若极值出现在两天，日期记两个日期；极值出现在三天或三天以上时，日期记天数。

F.1.1.3 各要素的平均值所取的小数位数与记录值小数位数相同，所取小数位数的后一位四舍五入；各种频率计算值取整数。

F.1.2 表层海水温度、表层海水盐度和海发光资料统计要求

F.1.2.1 计算表层海水温度的日合计值为：$2t_8+t_{14}+t_{20}$；日平均值为$(2t_8+t_{14}+t_{20})/4$。

F.1.2.2 有海发光日数按实际出现日数统计，全月未出现记"0"；无海发光日数按记录为"0"的日数统计，全月未出现记"0"。

F.1.3 潮汐资料统计要求

F.1.3.1 月平均高(低)潮潮高为两个高(低)潮月合计之和除以全月实有高(低)潮个数，月平均潮差为月平均高潮潮高与月平均低潮潮高之差。

F.1.3.2 月最高(低)高(低)潮及其相应潮时，从高(低)潮值中挑选。如出现两个相同的最高(低)高(低)潮值时，潮时并列记下；如出现三个或三个以上相同的最高(低)高(低)潮值时，则在潮高数字后记个数并外加括号，潮时记空白，如306(4)。

F.1.3.3 月平均潮差为全月中相邻的高、低潮潮高之差的平均值；月最大潮差为全月中相邻的高、低潮潮高之差的最大值；月最小潮差为全月中相邻的高、低潮潮高之差的最小值，挑选时要考虑上月最末一个潮。

F.1.4 海浪资料统计要求

F.1.4.1 统计海况和波高(级)，分别按0～2,3,4,5,6及≥7各级统计出现的回数和频率，各级出现的总回数应等于全月实有观测次数。某级出现频率等于某级出现回数除以各级出现的总回数再乘以100%。

F.1.4.2 统计波型出现回数和频率，从波型定时观测值中进行统计。F统计为风浪出现回数；U统计为涌浪出现回数；FU,F/U,U/F则分别统计为风浪和涌浪出现回数各一次。

F.1.4.3 风(涌)浪频率等于风(涌)浪出现回数除以全月实有观测次数再乘以100%。

F.1.4.4 某向平均值为该向合计值除以该向出现回数；某向频率等于该向出现回数除以各向出现总回数再乘以100%。

F.1.4.5 海况、周期、波高、最大波高的最大值从各定时观测和加密观测值中挑选，挑选方法同F.1.1.2条。

F.1.5 气象资料统计要求

F.1.5.1 当最大风速、极大风速的月极值出现二天相同时，时间和日期并记；出现三天或以上相同时，日期仅记天数，时间空白。月极值的风向若出现二个时，风向并记，出现三个或三个以上时，风向记个数。

F.1.5.2　天气日数的统计，不论白天或夜间凡出现雾均统计为有雾日数；当日降水总量为0.0 mm时，仍统计为降水日数。

F.1.5.3　月最长连续降水日数、降水量和起止时间，从该月的逐日降水总量中挑选。

F.1.5.4　最长连续降水日数可跨年、跨月挑选，但只能上跨，跨月时开始日期应注明月份，如从4月30日至5月3日，则记30/4-3；跨年时，开始日期的年份不必注明。

F.1.5.5　最长连续降水日数为1天时，日数记1，降水量照记，起止日期只记1个日期；最长连续降水日数出现二次或以上相同时，降水量和起止时间记降水量最大的一次；若二次降水量也相同，起止日期并记；三次或以上降水量相同时，起止日期记次数。

F.1.6　不完整记录的处理和统计

F.1.6.1　一日中记录有缺测(潮汐记录缺测四个或四个以上整点值)时，该日只做日合计，不做日平均。

F.1.6.2　一旬中某定时记录缺测两次或两次以下时，按实有记录计算旬合计值、旬平均值；缺测次数超过两次只做旬合计，不做旬平均。

F.1.6.3　一月中某定时记录(包括高、低潮)缺测六次或六次以下时，按实有记录做月合计、月平均；缺测超过六次只做月合计，不做月平均。

F.1.6.4　一旬、月各定时值(包括高、低潮)缺测总次数占全旬、月应观测总次数的五分之一(潮汐记录缺测占全月逐时记录的十分之一)或以下时，按该旬、月实有记录做旬、月合计和旬、月平均及其他统计；超过者只做旬、月合计，不做旬、月平均及其他统计。

F.2　海滨观测资料质量控制

F.2.1　范围检验

根据海滨观测资料自身的特点、变化范围，对资料进行范围检验。如超出正常范围，则可认为该数据异常。

F.2.2　非法码检验

海滨观测资料均是按照规定的格式和代码记录的，根据这些固定的格式和代码对资料进行非法码检验。

F.2.3　相关性检验

根据海滨观测资料数据间的相互关系进行检验。如：一日内各定时或逐时记录值是否超出日极值；最大波高必须大于或等于平均波高；最大周期必须大于或等于平均周期；高、低潮潮高与逐时潮高的关系；波型、波高和海况的关系等。

F.2.4　过失误差检验

过失误差是指在观测过程中某些突然发生的不正常因素或在资料处理中人为造成的异常数据。这些数据与其他大多数数据相比较有明显偏大的误差。因此，为了保证资料的真实和准确，确定判别误差的界限，并以此界限为准对资料进行判断，凡是超出判断范围的误差，就认为属于过失误差。

F.2.5　统计特性检验

海滨观测资料在理论上往往服从于一定的概率统计特性，数据对应的随机变量和随机过程是相互独立并服从一定的分布，时间序列资料对应的随机过程也是平稳的或周期性的。根据数据的这些特性在对资料做统计检验时，除常用的统计检验方法以外，还可采用卡方拟合优度检验，用来抽样数据实际对应的概率密度是否同假设的理论密度函数相一致；采用轮次检验方法检验观测数据是否是独立的。

F.2.6　全等性检验

全等性检验主要是针对资料类型、海洋观测台站代码、观测方法、仪器名称、观测仪器拔海高度、观测点水深等相对于固定的海洋站资料进行的，这些参数往往是长期不变的量。

F.2.7 **海洋环境气候特性检验**

根据测站海域海洋环境气候分布特性进行资料检验。即将某站某要素的月统计值与该站该要素的多年统计值(至少20年)进行比较,分析其超过或低于给定值的原因。

F.2.8 **海滨观测资料中异常数据的判别和处理**

异常数据的判别是海滨观测资料质量控制中需要解决的重要问题。异常数据主要包括两类:一是正确的异常数据,它是海况急剧变化的真实记录,如台风过境时风速、水位观测数据的异常增大都是正确的异常值;二是含有过失误差的异常值,它是由于仪器失灵、外界干扰或观测人员失误造成的错误记录,对于这种异常值,在资料的质量控制中应加以标识或删除。判别和处理方法如下:

a) 莱因达准则:设观测值 $x_i(i=1,2,3\cdots\cdots N)$,根据误差理论,一般情况下其随机误差 σ 服从正态分布,相应的剩余误差 ν_i 可以表示为式(F.1):

$$\nu_i = x_i - \bar{x} \qquad \text{(F.1)}$$

其中:

$$\bar{x} = \frac{1}{N}\sum_{i=1}^{N} x_i \qquad \text{(F.2)}$$

如观测值中含有随机误差,当 N 足够大的时候,剩余误差服从正态分布。莱因达准则规定凡是剩余误差超出 $\pm 3\sigma$,即 $|\nu_i| > 3\sigma$ 则认为该剩余误差 ν_i 为过失误差;

b) 肖维勒准则:当样本的观测次数 N 较少的时候,若出现概率小于或等于 $1/2N$ 的剩余误差,则认为是过失误差。过失误差判别公式为式(F.3):

$$|\nu_i| > z_g\sigma \qquad \text{(F.3)}$$

用 ν_i 的标准差 S 代替 σ,Z_g 可从标准正态分布表查出。

STANDARDS PRESS OF CHINA

ICS 35.240.15
L 64

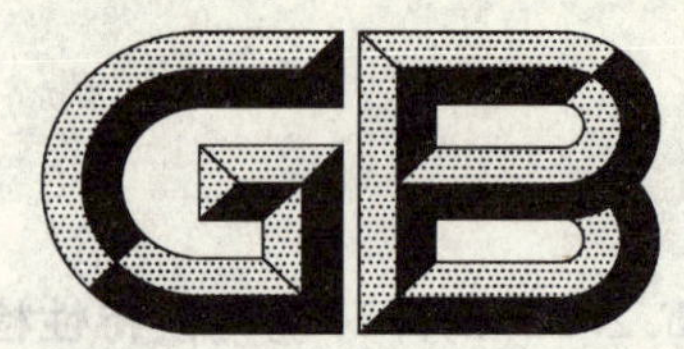

中华人民共和国国家标准

GB/T 14916—2006/ISO/IEC 7810:2003
代替 GB/T 14916—1994

识别卡　物理特性

Identification cards—Physical characteristics

(ISO/IEC 7810:2003,IDT)

2006-03-14 发布　　2006-07-01 实施

中华人民共和国国家质量监督检验检疫总局
中国国家标准化管理委员会　发布

前　言

本标准等同采用国际标准 ISO/IEC 7810:2003《识别卡　物理特性》(英文版)。

本标准代替 GB/T 14916—1994《识别卡　物理特性》。

本标准与 GB/T 14916—1994 相比,主要变化如下:

a)　增加了 ID-000 型卡的内容,并对 ID-2、ID-3 型卡的物理尺寸作了明确的规定;

b)　增加了"签名条"、"正常使用"、"凸起区"、"未使用的卡"、"返回的卡"等的术语和定义;

c)　在卡的物理特性中增加了抗热度和阻光度的要求。

本标准是描述识别卡的参数和交换中识别卡使用的系列国家标准之一。下面列出了这些国家标准的预计结构及其对应的国际标准以及所代替的国家标准:

a)　GB/T 15120《识别卡　记录技术》,分为:

——第 1 部分:凸印(ISO/IEC 7811-1:1985);

——第 2 部分:磁条(ISO/IEC 7811-2:1985);

——第 3 部分:ID-1 型卡上凸印字符的位置(ISO/IEC 7811-3:1985);

——第 4 部分:只读磁道的第 1 磁道和第 2 磁道的位置(ISO/IEC 7811-4:1985);

——第 5 部分:读写磁道的第 3 磁道的位置(ISO/IEC 7811-5:1985)。

b)　GB/T 15694《识别卡　发卡者标识》,分为:

——第 1 部分:编号体系(ISO/IEC 7812-1:1993);

——第 2 部分:申请和注册规程(ISO/IEC 7812-2:2000)。

c)　GB/T 17552《识别卡　金融交易卡》。

d)　GB/T 16649《识别卡　带触点的集成电路卡》,分为:

——第 1 部分:物理特性(ISO/IEC 7816-1:1998,代替 GB/T 16649.1—1996);

——第 2 部分:触点的尺寸和位置(ISO/IEC 7816-2:1999,代替 GB/T 16649.2—1996);

——第 3 部分:电信号和传输协议(ISO/IEC 7816-3:1997,代替 GB/T 16649.3—1996);

——第 4 部分:行业间交换用命令(ISO/IEC 7816-4:1995);

——第 5 部分:应用标识符的国家编号体系和注册规程(ISO/IEC 7816-5:1994);

——第 6 部分:行业间数据元(ISO/IEC 7816-6:1996);

——第 7 部分:用于结构化卡查询语言(SCQL)的行业间命令(ISO/IEC 7816-7:1999);

——第 8 部分:与安全相关的行业间命令(ISO/IEC 7816-8:1999);

——第 9 部分:附加的行业间命令和安全属性(ISO/IEC 7816-9:2000);

——第 10 部分:同步卡的电信号和复位应答(ISO/IEC 7816-10:1999);

——第 11 部分:集成电路卡上通过生物方法的身份验证(ISO/IEC 7816-11);

——第 12 部分:带触点集成电路卡的 USB 接口(ISO/IEC 7816-12)。

e)　GB/T 17554《识别卡　测试方法》,分为:

——第 1 部分:一般特性测试(ISO/IEC 10373-1:1998,代替 GB/T 17554—1998);

——第 2 部分:带磁条的卡(ISO/IEC 10373-2:1998);

——第 3 部分:带触点的集成电路卡及其相关接口设备(ISO/IEC 10373-3:2001);

——第 5 部分:光记忆卡(ISO/IEC 10373-5:1998);

——第 6 部分:接近式卡(ISO/IEC 10373-6:2001);

——第 7 部分:邻近式卡(ISO/IEC 10373-7:2001)。

f) GB/T 17551《识别卡　光记忆卡　一般特性》。

g) GB/T 17550《识别卡　光记忆卡　线性记录方法》,分为:

——第1部分:物理特性(ISO/IEC 11694-1:1994);

——第2部分:可访问光区域的尺寸和位置(ISO/IEC 11694-2:1995);

——第3部分:光属性和特性(ISO/IEC 11694-3:1995);

——第4部分:逻辑数据结构(ISO/IEC 11694-4:1996)。

本标准的附录A是规范性附录,附录B是资料性附录。

本标准由中华人民共和国信息产业部提出。

本标准由中国电子技术标准化研究所归口。

本标准起草单位:中国电子技术标准化研究所。

本标准主要起草人:金倩、冯敬、蔡怀忠、耿力。

识别卡 物理特性

1 范围

本标准是描述第4章定义的识别卡的参数和交换中识别卡使用的系列标准之一。

本标准规定了识别卡的物理特性,包括卡的材料、构造、特性和四种规格卡的尺寸。

GB/T 17554.1—2006 规定了用于检查卡是否符合本标准规定的参数的测试规程。

本标准规定了用于识别的卡的要求。它考虑了人和机器两个方面的因素并阐明了最小要求。

本系列标准的目的是提供一个卡应遵循的准则。在这些标准中并没有考虑使用数量,若有,则根据以前卡测试的经验。不符合规定准则的应在涉及到的双方中进行协商。

注1:本标准采用国际单位制系统测量。

注2:存在关于柔性卡的另一个标准。柔性卡不在本标准范围内。

2 一致性

识别卡如果符合本标准中规定的所有强制性要求,则它就是遵循本标准的。否则除非在应用中有默认项。

3 规范性引用文件

下列文件中的条款通过本标准的引用而成为本标准的条款。凡是注日期的引用文件,其随后所有的修改单(不包括勘误的内容)或修订版均不适用于本标准,然而,鼓励根据本标准达成协议的各方研究是否可使用这些文件的最新版本。凡是不注日期的引用文件,其最新版本适用于本标准。

GB/T 17554.1—2006 测试方法 第1部分:一般特性测试(ISO/IEC 10373-1:1998,MOD)

注:ID-000规格卡的尺寸已在ENV 1375-1《识别卡系统 交叉集成电路卡附加格式 第1部分:ID-000规格卡尺寸和物理特性》中规定。

4 术语和定义

下列术语和定义适用于本标准。

4.1

识别卡 identification card

一种可识别其持卡人和发卡方的卡,卡上载有其预期应用和有关交易所要求输入的数据。

4.2

签名条 signature panel

卡上用于签名的特定的区域。

4.3

翘曲 warpage

相对平面的偏离。

4.4

正常使用 normal use

涉及对卡技术而言是适当的设备处理的识别卡使用,以及设备操作之间个人文件的存储。

4.5

ID-1

标称尺寸为:宽度 85.60 mm,高度 53.98 mm,厚度 0.76 mm。

4.6

ID-2

标称尺寸为:宽度 105.00 mm,高度 74.00 mm,厚度 0.76 mm。

4.7

ID-3

标称尺寸为:宽度 125.00 mm,高度 88.00 mm,厚度 0.76 mm。

4.8

凸起区 raised area

在卡表面加上一些特征例如全息图、签名条、磁条、照片、集成电路触点、凸印字符等而凸起的卡表面区域。

4.9

未使用的卡 unused card

具有其预期目的所要求的所有部件、未进行过任何个人化和测试操作,并且被保存在洁净的环境中,在5℃～30℃的温度和10%～90%的湿度条件下暴露在日光下的时间不超过48 h,也未遭受过热力冲击的卡。

4.10

返回的卡 returned card

根据4.9,在它被发给持卡人后为了测试目的而返回的卡。

4.11

ID-000

标称尺寸为:宽度 25 mm,高度 15 mm,厚度 0.76 mm。

5 卡的尺寸

5.1 卡规格

在默认测试环境(温度23℃±3℃,相对湿度40%～60%)下,卡应遵循下列尺寸和公差。

5.1.1 卡的尺寸和公差

圆角部分的点应落在两个同心圆间,卡边缘的其他所有点应类似地排列成矩形,如图1所定义的最大宽度和高度、最小宽度和高度。四个圆角按图1规定的半径。ID-000规格卡的一角应有一个如图1所示的斜角。应考虑避免卡的圆角和直边的不重合。在这里定义的卡的厚度仅适用于卡凸起区域以外的部分。

单位:mm

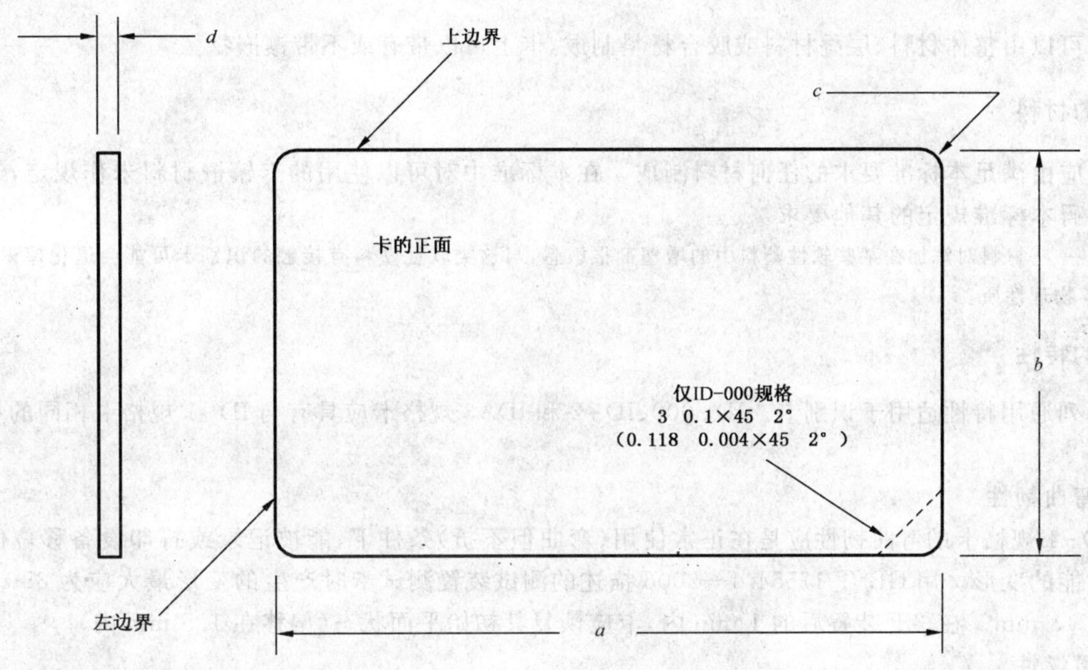

单位: mm	a		b		c		d	
	最大值	最小值	最大值	最小值	最大值	最小值	最大值	最小值
ID-000 未使用的卡	25.10	24.90	15.10	14.90	1.1	0.9	0.84	0.68
ID-1 未使用的卡	85.72	85.47	54.03	53.92	3.48	2.88	0.84	0.68
ID-1 返回的卡	85.90	85.47	54.18	53.92	3.48	2.88	0.84	0.68
ID-2 未使用的卡	105.2	104.8	74.2	73.8	5.00	3.00	0.84	0.68
ID-2 返回的卡	105.3	104.8	74.3	73.7	5.00	3.00	0.84	0.68
ID-3 未使用的卡	125.2	124.8	88.2	87.8	5.00	3.00	0.84	0.68
ID-3 返回的卡	125.3	124.8	88.3	87.7	5.00	3.00	0.84	0.68

注1:卡正面的定义是由技术决定的。例如:支持ICC触点或凸印的卡一般总是把这些技术放在卡的正面,而磁条总是出现在卡的背面。应注意并不是所有使用本标准的卡技术都需要定义卡的正面。

注2:公差可能不适用于非塑料的材料。

图1 卡规格尺寸

5.1.2 卡边缘

卡表面的边缘毛刺不应超过卡表面的0.08 mm。

6 卡的构造

卡可以由整体材料、层叠材料或胶合材料制成，卡上可以带有或不带镶嵌物。

7 卡的材料

卡应由满足本标准要求的任何材料制成。在本标准中对可以使用的卡镶嵌材料未作规定，但它们应不妨碍本标准规定的其他要求。

注：一些材料对添加在某些软性塑料中的增塑剂很敏感，与这类软性塑料有接触的识别卡可能会退化掉识别卡的物理性质。

8 卡的特性

下列通用特性适用于识别卡。ID-000、ID-2 和 ID-3 规格卡应具有与 ID-1 规格卡相同的材料性质。

8.1 弯曲韧性

ID-1 规格卡的弯曲韧性应是在正常使用(弯曲但不折)条件下，能被记录或打印设备移位但不损害卡功能的变形。用 GB/T 17554.1—2006 描述的测试装置测试卡时产生的变形最大应为 35 mm，最小应为 13 mm。在移开装置后的 1 min 内，卡应恢复其初始平面状态(偏移在 1.5 mm 内)。

8.2 可燃性

当需要时，可燃性可以在与识别卡的各种应用有关的标准中规定。

8.3 有毒性

卡在正常使用过程中不应存在毒性危害。

8.4 耐化学性

在测试方法规定的溶液中浸泡短时间(1 min)，在模拟人体排汗酸、碱度的溶液中浸泡 24 h 后，卡应符合尺寸和翘曲要求，卡的部件应不分离。

8.5 温、湿度条件下的卡尺寸稳定性和翘曲

在下列温度和相对湿度中暴露后：

温度　　　　−35℃～50℃

相对湿度　　5%～95%

卡结构可靠性应符合第 5 章和 8.11(ID-000 规格卡除外)中规定的尺寸和翘曲。根据应用需要的更宽的温度范围基于提供商和卡购买者之间的相互约定。

8.6 光

在正常使用期间，卡和卡上已印的内容应能防止由于光照而产生变化。

8.7 耐久性

卡的耐久性不在本标准中规定，它由卡购买者和提供商之间共同商定。

8.8 剥离强度

构成卡结构的各层材料应粘合在一起，每一层都应具有 0.35 N/mm 的最小剥离强度。如果在测试期间由于粘合强度大于层而使层被撕破，则自动判定为可接收。

提醒发卡方注意卡的艺术设计直接影响到迭片结构的粘合强度。某些印刷墨水可以防止卡不符合分层要求。本测量的剥离角度为 90°，按 GB/T 17554.1—2006 中的规定。

8.9 粘连或并块

当成卡被堆积在一起时，卡不应显示出受到不利影响，例如不应出现下列现象：

a) 分层；

b) 褪色或色彩转移；

c) 表面光洁度的变化；

d) 从一张卡到另一张卡的物质转移；

e) 变形。

卡应易于用手分开。

8.10 阻光度，ID-1规格卡

所有机器可读的卡，如图2中所示，除区域c和区域d外的所有卡区域都应具有在450 nm到950 nm的范围内大于1.3、在950 nm到1 000 nm的范围内大于1.1的光传输密度。图2中所示的区域c和区域d可以是透光的，无需满足规定的光传输密度。

注1：对于通过光源和传感器间传导光的衰减来检测到卡存在的应用来说，才要求这种特性。

注2：在本标准的下一版本中在450 nm到850 nm的范围内没有阻光度要求。到那时，也还可能存在少量的不能够检测到在450 nm到850 nm的频率范围内低于规定的阻光度的卡的终端。

注3：一些终端可能检测不到以不正确的方向插入的带有透明区域d的卡。

注4：机器可读卡的规定的阻光区域在本标准的新版中有可能发生变化。

单位：mm

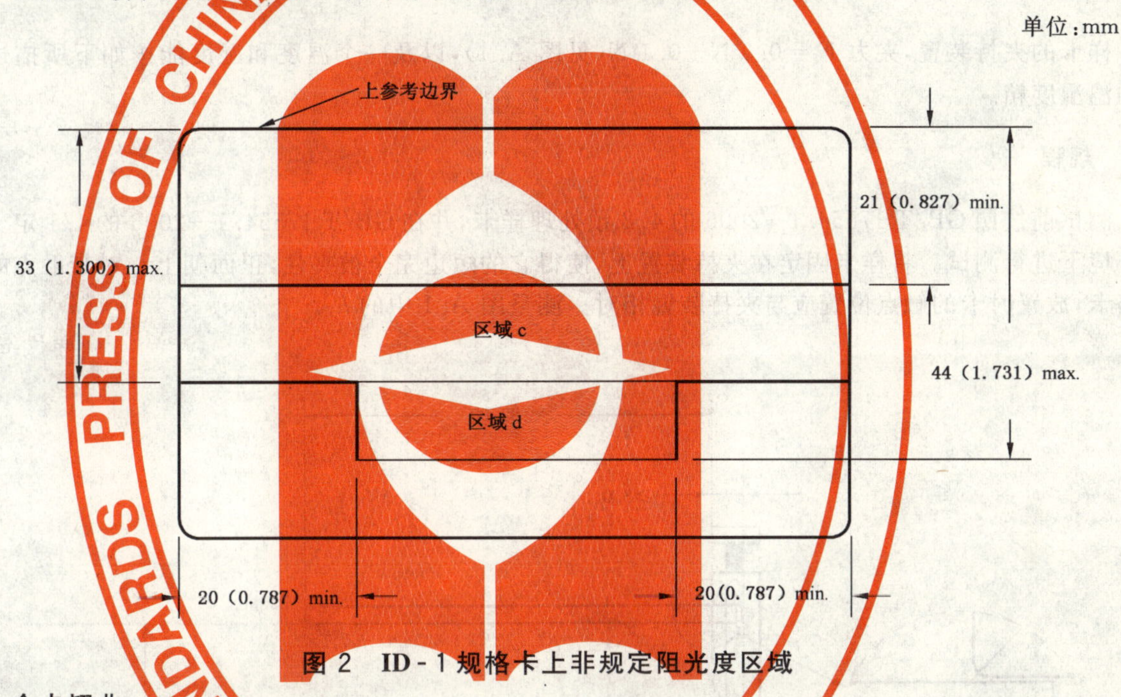

图2 ID-1规格卡上非规定阻光度区域

STANDARDS PRESS OF CHINA

8.11 全卡翘曲

从水平刚性平台到ID-1规格卡凸起表面任何部分的最大距离（包括卡厚度）应不大于1.5 mm。

注：凸印卡的翘曲按ISO/IEC 7811-1中规定。

8.12 抗热度

在50℃±1℃、小于60% RH的温、湿度条件下暴露后，ID-1规格卡不应表现出偏差大于10 mm、分层或退色。见附录A。

8.13 表面畸变

除按ISO/IEC 7811-1中定义的凸印字符外，凸起区域不应使全卡厚度增加的部分超过0.10 mm。

注：在一些卡处理设备中可能发生对签名条的擦除或标记。

8.14 污染和卡部件的相互影响

卡材料和附加到卡上的任何材料不应污染卡处理和读写卡的设备。卡材料不应包含在正常使用过程中可能会移动和改变卡其他部件的成分，这些成分可能会使卡不符合本标准中规定的识别卡的特性。

附　录　A
（规范性附录）
抗热度测试方法

A.1　范围

本测试的目的是为了确定暴露在规定的温度内卡的结构在基本标准的要求内是否保持稳定。卡的抗热度是通过确定卡暴露在某一温度后的变形来测量的。

与某一温度相关的卡的变形（Δh）是卡被放置到测试仪器上，卡的正面（Δh_F）和卡的反面（Δh_B）所获得的两个结果的最大值。

A.2　仪器

样卡的夹持装置，夹力 $F_c = 0.9\ N \pm 0.1\ N$（见图 A.1），以及一个温度和湿度能按如下所描述的变化的温湿度箱。

A.3　规程

测试前按照 GB/T 17554.1—2006 的 4.2 预处理样卡，并在 GB/T 17554.1—2006 的 4.1 定义的测试环境下进行测试。将样卡固定在夹持装置上，使得它的短边完全被夹住，正面朝上。对带触点的集成电路卡，放置时卡的触点位置应与夹持装置相对。测量图 A.1 中的 h_1。

单位：mm

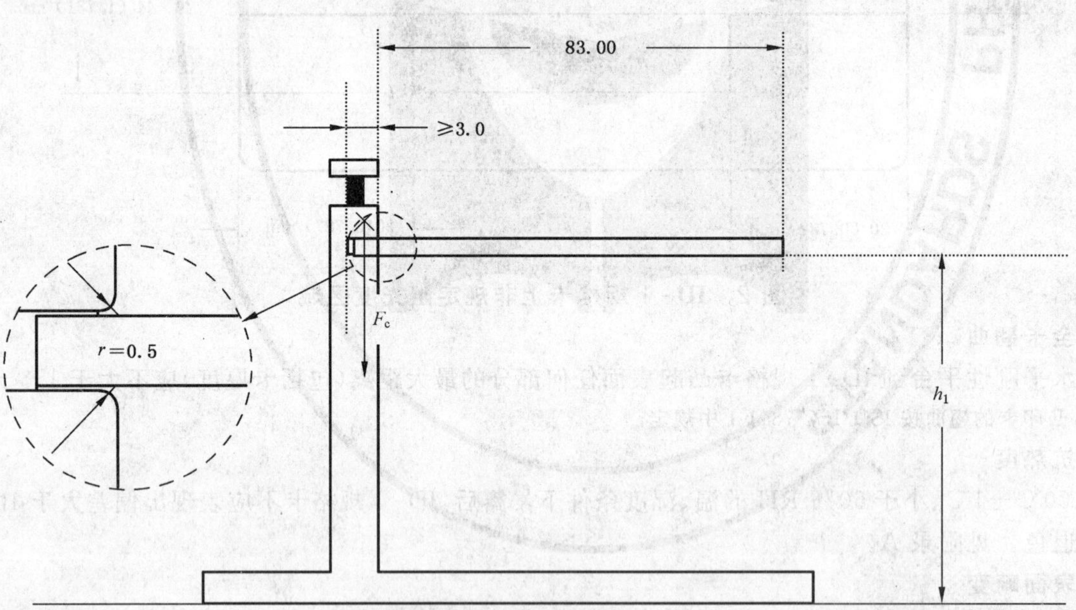

图 A.1　暴露在温度前卡在夹持装置上

把带卡的夹持装置放入到温湿度箱（温、湿度条件如 8.12 中所描述）中 4 h。由于温湿度箱技术条件的限制温度在 50℃以上时可以没有湿度控制。确保测试卡没有被暴露在实验箱的气流中。

在测试周期的最后，从实验箱中移出带卡的夹持装置。在 GB/T 17554.1—2006 的 4.1 定义的测试环境下经过至少 30 min 的冷却时间后测量图 A.2 中的 h_2。

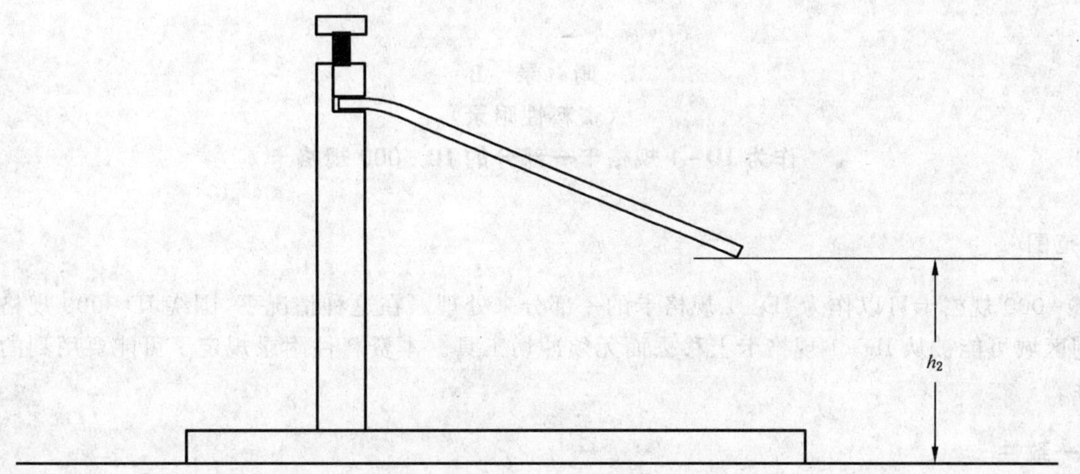

图 A.2 暴露在温度后卡在夹持装置上

计算 Δh_F：$\Delta h_F = h_1 - h_2$

用第 2 张相同质量的卡重复整个过程，这一次卡的反面朝上，并计算

Δh_B：$\Delta h_B = h_1 - h_2$

确定最大偏移 Δh：Maximum($|\Delta h_F|, |\Delta h_B|$)

目测卡是否分层和变色。

A.4 测试报告

测试报告应给出最大偏移 Δh 并说明在测试卡上是否发生了分层和变色。

附 录 B
（资料性附录）
作为 ID-1 规格卡一部分的 ID-000 规格卡

B.1 范围

ID-000 规格卡可以作为 ID-1 规格卡的一部分来处理。在这种情况下，围绕 ID-000 规格卡周边的切割区域可能被从 ID-1 规格卡上移去而无须冲切工具。本资料性附录规定了可能要用到的一些物理特性。

B.2 一致性

ID-1/000 规格卡由与 ID-1 规格卡相同的材料制成，应符合 GB/T 14916 和下面给出的要求。由于切除区域的存在，可能会影响一些测试的结果。

B.3 术语和定义

B.3.1

ID-1/000

包含一个 ID-000 规格卡的 ID-1 规格卡。

B.4 位置

ID-000 规格卡的位置如图 B.1 所示。

单位：mm

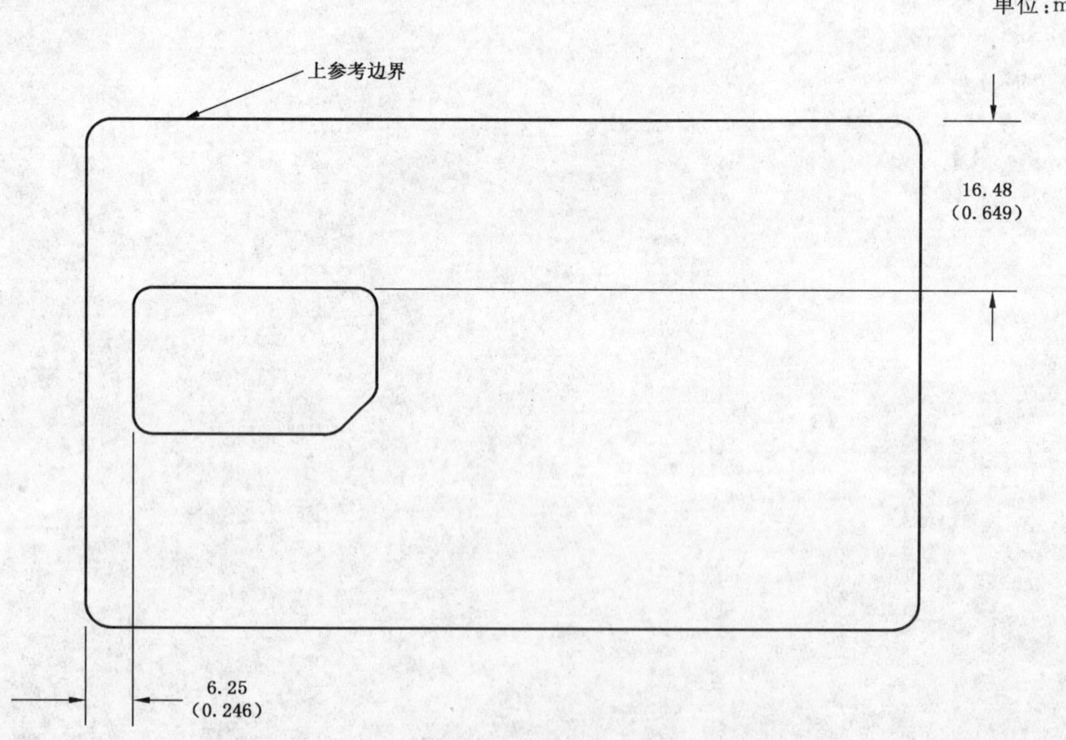

图 B.1 ID-000 规格卡对应 ID-1 规格卡的关系

B.5 切割区域

围绕 ID-000 规格卡的切割区域的最大边界如图 B.2 所示。切割部分的角可以是方的、圆的或带有斜角的。

单位：mm

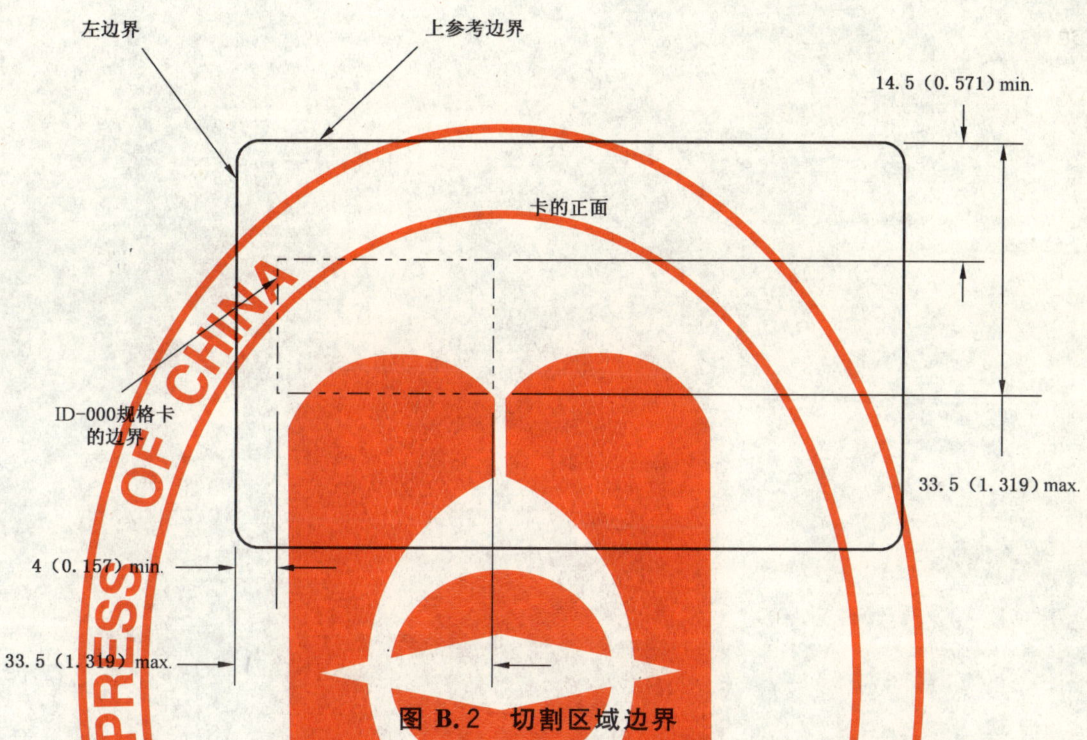

图 B.2 切割区域边界

注：ID-000 规格卡可以通过一些围绕在 ID-000 规格卡周边的连结件被粘合到 GB/T 14916 的 ID-1 规格卡上。

B.6 边沿毛刺

对卡表面的边沿毛刺不应超过卡表面的 0.08 mm。

B.7 平整度

在任何方向上通过滑动应很容易从一堆相似的卡中移动单张卡。

STANDARDS PRESS OF CHINA

ICS 67.160.10
X 62

中华人民共和国国家标准

GB 15037—2006
代替 GB/T 15037—1994

葡萄酒

Wines

2006-12-11 发布　　2008-01-01 实施

中华人民共和国国家质量监督检验检疫总局
中国国家标准化管理委员会　发布

前 言

本标准的第 3 章、5.2、5.3、5.4 和 8.1、8.2 为强制性条款，其他为推荐性条款。

本标准适用于实施日期之后生产的葡萄酒。

本标准的定义部分非等效采用了《国际葡萄与葡萄酒组织(OIV)法规》(2003 版)。

本标准是对 GB/T 15037—1994《葡萄酒》的修订。

本标准代替 GB/T 15037—1994。

本标准与 GB/T 15037—1994 相比主要变化如下：

1） 定义的描述，参照《国际葡萄与葡萄酒组织(OIV)法规》(2003 版)和《中国葡萄酿酒技术规范》进行了适当的修改。增加了特种葡萄酒——利口葡萄酒、冰葡萄酒、贵腐葡萄酒、产膜葡萄酒、低醇葡萄酒、脱醇葡萄酒和山葡萄酒的定义；

2） 产品分类，除保留 GB/T 15037—1994 中按色泽和二氧化碳含量分类外，还增加了按含糖量进行分类；

3） 要求：

——游离二氧化硫和总二氧化硫指标按 GB 2758—2005《发酵酒卫生标准》执行；

——总酸不作要求，以实测值表示，以便于葡萄酒类型的判定；

——增加了柠檬酸、铜、甲醇、防腐剂限量指标；其中苯甲酸在发酵过程中可自然产生，并非人工添加，因此规定了上限；

——规定不得添加“合成着色剂”、“甜味剂”、“香精”和“增稠剂”；

4） 增加了净含量要求；

5） 检验规则中，对抽样表及其有关条款进行了修改。

6） 为便于对感官进行分级评价描述，特增加了附录 A。

本标准的附录 A 为资料性附录。

本标准由中国轻工业联合会提出。

本标准由全国食品工业标准化技术委员会酿酒分技术委员会归口。

本标准负责起草单位：中国食品发酵工业研究院、烟台张裕葡萄酿酒股份有限公司、中国长城葡萄酒有限公司、中法合营王朝葡萄酿酒有限公司、国家葡萄酒质量监督检验中心、新天国际葡萄酒业股份有限公司、甘肃莫高实业发展有限公司葡萄酒分公司。

本标准主要起草人：康永璞、李记明、田雅丽、王树生、朱济义、陈勇、董新义、田栖静。

本标准所代替标准的历次版本发布情况为：

——GB/T 15037—1994。

葡萄酒

1 范围

本标准规定了葡萄酒的术语和定义、产品分类、要求、分析方法、检验规则和标志、包装、运输、贮存。

本标准适用于葡萄酒的生产、检验与销售。

2 规范性引用文件

下列文件中的条款通过本标准的引用而成为本标准的条款。凡是注日期的引用文件，其随后所有的修改单(不包括勘误的内容)或修订版均不适用于本标准，然而，鼓励根据本标准达成协议的各方研究是否可使用这些文件的最新版本。凡是不注日期的引用文件，其最新版本适用于本标准。

GB/T 191 包装储运图示标志

GB 2758 发酵酒卫生标准

GB/T 5009.29 食品中山梨酸、苯甲酸的测定

GB 10344 预包装饮料酒标签通则

GB/T 15038 葡萄酒、果酒通用分析方法

JJF 1070 定量包装商品净含量计量检验规则

国家质量监督检验检疫总局[2005]第75号令 定量包装商品计量监督管理办法

3 术语和定义

下列术语和定义适用于本标准。

3.1

葡萄酒 wines

以鲜葡萄或葡萄汁为原料，经全部或部分发酵酿制而成的，含有一定酒精度的发酵酒。

3.1.1

干葡萄酒 dry wines

含糖(以葡萄糖计)小于或等于 4.0 g/L 的葡萄酒。或者当总糖与总酸(以酒石酸计)的差值小于或等于 2.0 g/L 时，含糖最高为 9.0 g/L 的葡萄酒。

3.1.2

半干葡萄酒 semi-dry wines

含糖大于干葡萄酒，最高为 12.0 g/L 的葡萄酒。或者当总糖与总酸(以酒石酸计)的差值小于或等于 2.0 g/L 时，含糖最高为 18.0 g/L 的葡萄酒。

3.1.3

半甜葡萄酒 semi-sweet wines

含糖大于半干葡萄酒，最高为 45.0 g/L 的葡萄酒。

3.1.4

甜葡萄酒 sweet wines

含糖大于 45.0 g/L 的葡萄酒。

3.1.5

平静葡萄酒 still wines

在 20℃时，二氧化碳压力小于 0.05 MPa 的葡萄酒。

STANDARDS PRESS OF CHINA

3.1.6

起泡葡萄酒 sparkling wines

在20℃时，二氧化碳压力等于或大于0.05 MPa的葡萄酒。

3.1.6.1

高泡葡萄酒 sparkling wines

在20℃时，二氧化碳(全部自然发酵产生)压力大于等于0.35 MPa(对于容量小于250 mL的瓶子二氧化碳压力等于或大于0.3 MPa)的起泡葡萄酒。

3.1.6.1.1

天然高泡葡萄酒 brut sparkling wines

酒中糖含量小于或等于12.0 g/L(允许差为3.0 g/L)的高泡葡萄酒。

3.1.6.1.2

绝干高泡葡萄酒 extra-dry sparkling wines

酒中糖含量为12.1 g/L～17.0 g/L(允许差为3.0 g/L)的高泡葡萄酒。

3.1.6.1.3

干高泡葡萄酒 dry sparkling wines

酒中糖含量为17.1 g/L～32.0 g/L(允许差为3.0 g/L)的高泡葡萄酒。

3.1.6.1.4

半干高泡葡萄酒 semi-dry sparkling wines

酒中糖含量为32.1 g/L～50.0 g/L的高泡葡萄酒。

3.1.6.1.5

甜高泡葡萄酒 sweet sparkling wines

酒中糖含量大于50.0 g/L的高泡葡萄酒。

3.1.6.2

低泡葡萄酒 semi-sparkling wines

在20℃时，二氧化碳(全部自然发酵产生)压力在0.05 MPa～0.34 MPa的起泡葡萄酒。

3.2

特种葡萄酒 special wines

用鲜葡萄或葡萄汁在采摘或酿造工艺中使用特定方法酿制而成的葡萄酒。

3.2.1

利口葡萄酒 liqueur wines

由葡萄生成总酒度为12%(体积分数)以上的葡萄酒中，加入葡萄白兰地、食用酒精或葡萄酒精以及葡萄汁、浓缩葡萄汁、含焦糖葡萄汁、白砂糖等，使其终产品酒精度为15.0%～22.0%(体积分数)的葡萄酒。

3.2.2

葡萄汽酒 carbonated wines

酒中所含二氧化碳是部分或全部由人工添加的，具有同起泡葡萄酒类似物理特性的葡萄酒。

3.2.3

冰葡萄酒 icewines

将葡萄推迟采收，当气温低于−7℃使葡萄在树枝上保持一定时间，结冰，采收，在结冰状态下压榨，发酵，酿制而成的葡萄酒(在生产过程中不允许外加糖源)。

3.2.4

贵腐葡萄酒 noble rot wines

在葡萄的成熟后期，葡萄果实感染了灰绿葡萄孢，使果实的成分发生了明显的变化，用这种葡萄酿制而成的葡萄酒。

3.2.5

产膜葡萄酒　flor or film wines

葡萄汁经过全部酒精发酵，在酒的自由表面产生一层典型的酵母膜后，可加入葡萄白兰地、葡萄酒精或食用酒精，所含酒精度等于或大于15.0%（体积分数）的葡萄酒。

3.2.6

加香葡萄酒　flavoured wines

以葡萄酒为酒基，经浸泡芳香植物或加入芳香植物的浸出液（或馏出液）而制成的葡萄酒。

3.2.7

低醇葡萄酒　low alcohol wines

采用鲜葡萄或葡萄汁经全部或部分发酵，采用特种工艺加工而成的、酒精度为1.0%～7.0%（体积分数）的葡萄酒。

3.2.8

脱醇葡萄酒　non-alcohol wines

采用鲜葡萄或葡萄汁经全部或部分发酵，采用特种工艺加工而成的、酒精度为0.5%～1.0%（体积分数）的葡萄酒。

3.2.9

山葡萄酒　*V. amurensis* wines

采用鲜山葡萄（包括毛葡萄、刺葡萄、秋葡萄等野生葡萄）或山葡萄汁经过全部或部分发酵酿制而成的葡萄酒。

3.3

年份葡萄酒　vintage wines

所标注的年份是指葡萄采摘的年份，其中年份葡萄酒所占比例不低于酒含量的80%（体积分数）。

3.4

品种葡萄酒　varietal wines

用所标注的葡萄品种酿制的酒所占比例不低于酒含量的75%（体积分数）。

3.5

产地葡萄酒　origional wines

用所标注的产地葡萄酿制的酒所占比例不低于酒含量的80%（体积分数）。

注：所有产品中均不得添加合成着色剂、甜味剂、香精、增稠剂。

4　产品分类

4.1　按色泽分类

4.1.1　白葡萄酒。

4.1.2　桃红葡萄酒。

4.1.3　红葡萄酒。

4.2　按含糖量分类

4.2.1　干葡萄酒。

4.2.2　半干葡萄酒。

4.2.3　半甜葡萄酒。

4.2.4　甜葡萄酒。

4.3　按二氧化碳含量分类

4.3.1　平静葡萄酒。

4.3.2 起泡葡萄酒。

4.3.2.1 高泡葡萄酒。

4.3.2.2 低泡葡萄酒。

5 要求

5.1 感官要求[1)]

应符合表1的要求。

表1 感官要求

项目			要求
外观	色泽	白葡萄酒	近似无色、微黄带绿、浅黄、禾杆黄、金黄色
		红葡萄酒	紫红、深红、宝石红、红微带棕色、棕红色
		桃红葡萄酒	桃红、淡玫瑰红、浅红色
	澄清程度		澄清，有光泽，无明显悬浮物（使用软木塞封口的酒允许有少量软木渣，装瓶超过1年的葡萄酒允许有少量沉淀）
	起泡程度		起泡葡萄酒注入杯中时，应有细微的串珠状气泡升起，并有一定的持续性
香气与滋味	香气		具有纯正、优雅、怡悦、和谐的果香与酒香，陈酿型的葡萄酒还应具有陈酿香或橡木香
	滋味	干、半干葡萄酒	具有纯正、优雅、爽怡的口味和悦人的果香味，酒体完整
		半甜、甜葡萄酒	具有甘甜醇厚的口味和陈酿的酒香味，酸甜协调，酒体丰满
		起泡葡萄酒	具有优美醇正、和谐悦人的口味和发酵起泡酒的特有香味，有杀口力
典型性			具有标示的葡萄品种及产品类型应有的特征和风格

注：感官评价可参考附录A进行。

5.2 理化要求[2)]

应符合表2的要求。

表2 理化要求

项目			要求
酒精度[a]（20℃）（体积分数）/（%）			≥7.0
总糖[d]（以葡萄糖计）/（g/L）	平静葡萄酒	干葡萄酒[b]	≤4.0
		半干葡萄酒[c]	4.1～12.0
		半甜葡萄酒	12.1～45.0
		甜葡萄酒	≥45.1
	高泡葡萄酒	天然型高泡葡萄酒	≤12.0（允许差为3.0）
		绝干型高泡葡萄酒	12.1～17.0（允许差为3.0）
		干型高泡葡萄酒	17.1～32.0（允许差为3.0）
		半干型高泡葡萄酒	32.1～50.0
		甜型高泡葡萄酒	≥50.1

1）特种葡萄酒按相应的产品标准执行。

2）特种葡萄酒按相应的产品标准执行。

表 2(续)

项目			要求
干浸出物/(g/L)	白葡萄酒		≥16.0
	桃红葡萄酒		≥17.0
	红葡萄酒		≥18.0
挥发酸(以乙酸计)/(g/L)			≤1.2
柠檬酸/(g/L)	干、半干、半甜葡萄酒		≤1.0
	甜葡萄酒		≤2.0
二氧化碳(20℃)/MPa	低泡葡萄酒	<250 mL/瓶	0.05～0.29
		≥250 mL/瓶	0.05～0.34
	高泡葡萄酒	<250 mL/瓶	≥0.30
		≥250 mL/瓶	≥0.35
铁/(mg/L)			≤8.0
铜/(mg/L)			≤1.0
甲醇/(mg/L)	白、桃红葡萄酒		≤250
	红葡萄酒		≤400
苯甲酸或苯甲酸钠(以苯甲酸计)/(mg/L)			≤50
山梨酸或山梨酸钾(以山梨酸计)/(mg/L)			≤200
注：总酸不作要求，以实测值表示(以酒石酸计，g/L)。			
[a] 酒精度标签标示值与实测值不得超过±1.0%(体积分数)。 [b] 当总糖与总酸(以酒石酸计)的差值小于或等于 2.0 g/L 时，含糖最高为 9.0 g/L。 [c] 当总糖与总酸(以酒石酸计)的差值小于或等于 2.0 g/L 时，含糖最高为 18.0 g/L。 [d] 低泡葡萄酒总糖的要求同平静葡萄酒。			

5.3 卫生要求

应符合 GB 2758 的规定。

5.4 净含量

按国家质量监督检验检疫总局[2005]第 75 号令执行。

6 分析方法

6.1 感官要求

按 GB/T 15038 检验。

6.2 理化要求(除苯甲酸、山梨酸外)

按 GB/T 15038 检验。

6.3 苯甲酸、山梨酸

按 GB/T 5009.29 检验。

6.4 净含量

按 JJF 1070 检验。

STANDARDS PRESS OF CHINA

7 检验规则

7.1 组批

同一生产期内所生产的、同一类别、同一品质、且经包装出厂的、规格相同的产品为同一批。

7.2 抽样

7.2.1 按表3抽取样本，单件包装净含量小于500 mL，总取样量不足1 500 mL时，可按比例增加抽样量。

表3 抽样表

批量范围/箱	样本数/箱	单位样本数/瓶
<50	3	3
51～1200	5	2
1 201～3 500	8	1
3 501以上	13	1

7.2.2 采样后应立即贴上标签，注明：样品名称、品种规格、数量、制造者名称、采样时间与地点、采样人。将两瓶样品封存，保留两个月备查。其他样品立即送化验室，进行感官、理化和卫生等指标的检验。

7.3 检验分类

7.3.1 出厂检验

7.3.1.1 产品出厂前，应由生产厂的质量监督检验部门按本标准规定逐批进行检验，检验合格，并附上质量合格证明的，方可出厂。产品质量检验合格证明（合格证）可以放在包装箱内，或放在独立的包装盒内，也可以在标签上或包装箱外打印"合格"或"检验合格"字样。

7.3.1.2 检验项目：感官要求、酒精度、总糖、干浸出物、挥发酸、二氧化碳、总二氧化硫、净含量、微生物指标中的菌落总数。

7.3.2 型式检验

7.3.2.1 检验项目：本标准中全部要求项目。

7.3.2.2 一般情况下，同一类产品的型式检验每半年进行一次，有下列情况之一者，亦应进行：

a) 原辅材料有较大变化时；

b) 更改关键工艺或设备；

c) 新试制的产品或正常生产的产品停产3个月后，重新恢复生产时；

d) 出厂检验与上次型式检验结果有较大差异时；

e) 国家质量监督检验机构按有关规定需要抽检时。

7.4 判定规则

7.4.1 不合格分类

7.4.1.1 A类不合格：感官要求、酒精度、干浸出物、挥发酸、甲醇、柠檬酸、防腐剂、卫生要求、净含量、标签。

7.4.1.2 B类不合格：总糖、二氧化碳、铁、铜。

7.4.2 检验结果有两项以下（含两项）不合格项目时，应重新自同批产品中抽取两倍量样品对不合格项目进行复检，以复检结果为准。

7.4.3 复检结果中如有以下三种情况之一时，则判该批产品不合格：

a) 一项以上A类不合格；

b) 一项B类超过规定值的50%以上；

c) 两项B类不合格。

7.4.4 当供需双方对检验结果有异议时，可由相关各方协商解决，或委托有关单位进行仲裁检验，以仲裁检验结果为准。

8 标志

8.1 预包装葡萄酒标签按 GB 10344 执行，并按含糖量标注产品类型(或含糖量)。

注：单一原料的葡萄酒可不标注原料与辅料；添加防腐剂的葡萄酒应标注具体名称。

8.2 标签上若标注葡萄酒的年份、品种、产地，应符合 3.3、3.4、3.5 的定义。

8.3 外包装纸箱上除标明产品名称、制造者(或经销商)名称和地址外，还应标明单位包装的净含量和总数量。

8.4 包装储运图示标志应符合 GB/T 191 要求。

9 包装、运输、贮存

9.1 包装

9.1.1 包装材料应符合食品卫生要求。起泡葡萄酒的包装材料应符合相应耐压要求。

9.1.2 包装容器应清洁，封装严密，无漏酒现象。

9.1.3 外包装应使用合格的包装材料，并符合相应的标准。

9.2 运输、贮存

9.2.1 用软木塞(或替代品)封装的酒，在贮运时应“倒放”或“卧放”。

9.2.2 运输和贮存时应保持清洁、避免强烈振荡、日晒、雨淋、防止冰冻，装卸时应轻拿轻放。

9.2.3 存放地点应阴凉、干燥、通风良好；严防日晒、雨淋；严禁火种。

9.2.4 成品不得与潮湿地面直接接触；不得与有毒、有害、有异味、有腐蚀性物品同贮同运。

9.2.5 运输温度宜保持在 5℃～35℃；贮存温度宜保持在 5℃～25℃。

附 录 A
（资料性附录）
葡萄酒感官分级评价描述

表 A.1 葡萄酒感官分级评价描述

等 级	描 述
优级品	具有该产品应有的色泽，自然、悦目、澄清（透明）、有光泽；具有纯正、浓郁、优雅和谐的果香（酒香），诸香协调，口感细腻、舒顺、酒体丰满、完整、回味绵长，具该产品应有的怡人的风格。
优良品	具有该产品的色泽；澄清透明，无明显悬浮物，具有纯正和谐的果香（酒香），口感纯正，较舒顺，较完整，优雅，回味较长，具良好的风格。
合格品	与该产品应有的色泽略有不同，缺少自然感，允许有少量沉淀，具有该产品应有的气味，无异味，口感尚平衡，欠协调、完整，无明显缺陷。
不合格品	与该产品应有的色泽明显不符，严重失光或浑浊，有明显异香、异味，酒体寡淡、不协调，或有其他明显的缺陷（除色泽外，只要有其中一条，则判为不合格品）。
劣质品	不具备应有的特征。

ICS 67.160.10
X 62

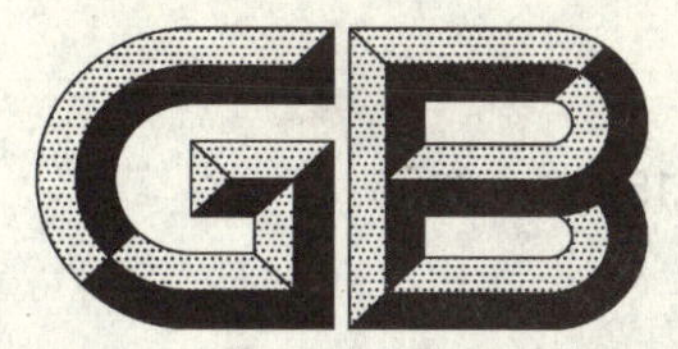

中华人民共和国国家标准

GB/T 15038—2006
代替 GB/T 15038—1994

葡萄酒、果酒通用分析方法

Analytical methods of wine and fruit wine

2006-12-11 发布　　2008-01-01 实施

中华人民共和国国家质量监督检验检疫总局
中国国家标准化管理委员会　发布

前　言

本标准是对 GB/T 15038—1994《葡萄酒、果酒通用试验方法》的修订。

本标准代替 GB/T 15038—1994。

本标准与 GB/T 15038—1994 相比主要变化如下：

——将酒精度分析方法中的密度瓶法调整为第一法；气相色谱法改为第二法；酒精计法仍为第三法；

——增加了柠檬酸、甲醇的分析方法；

——增加了防腐剂的分析方法；

——去掉了总糖测定中的液相色谱法；

——将总酸测定电位滴定法中滴定终点 pH＝9.0 改为 pH＝8.2；

——对挥发酸测定中的修正方法做了适当修改；

——将“葡萄酒中的糖分和有机酸的测定(HPLC 法)”作为资料性附录放在附录 D 中；

——将“葡萄酒中白藜芦醇的测定”作为资料性附录放在附录 E 中；

——将“葡萄酒、山葡萄酒感官评定要求”作为资料性附录放在附录 F 中。

本标准的附录 A、附录 B、附录 C 为规范性附录，附录 D、附录 E、附录 F 为资料性附录。

本标准由中国轻工业联合会提出。

本标准由全国食品工业标准化技术委员会酿酒分技术委员会归口。

本标准起草单位：中国食品发酵工业研究院、烟台张裕葡萄酿酒股份有限公司、中法合营王朝葡萄酿酒有限公司、中国长城葡萄酒有限公司、国家葡萄酒质量监督检验中心、新天国际葡萄酒业股份有限公司。

本标准主要起草人：郭新光、马佩选、王晓红、张春娅、任一平、王焕香、黄百芬。

本标准所代替标准的历次版本发布情况为：

——GB/T 15038—1994。

葡萄酒、果酒通用分析方法

1 范围

本标准规定了葡萄酒、果酒产品的分析方法。

本标准适用于葡萄酒、果酒产品。

2 规范性引用文件

下列文件中的条款通过本标准的引用而成为本标准的条款。凡是注日期的引用文件，其随后所有的修改单(不包括勘误的内容)或修订版均不适用于本标准，然而，鼓励根据本标准达成协议的各方研究是否可使用这些文件的最新版本。凡是不注日期的引用文件，其最新版本适用于本标准。

GB/T 601 化学试剂 标准滴定溶液的制备

GB/T 602 化学试剂 杂质测定用标准溶液的制备

GB/T 603 化学试剂 试验方法中所用制剂及制品的制备

GB/T 6682—1992 分析试验室用水规格和试验方法(neq ISO 3696:1987)

3 感官分析

3.1 原理

感官分析系指评价员通过用口、眼、鼻等感觉器官检查产品的感官特性，即对葡萄酒、果酒产品的色泽、香气、滋味及典型性等感官特性进行检查与分析评定。

3.2 品酒

3.2.1 品尝杯

品尝杯见图1。

单位为毫米

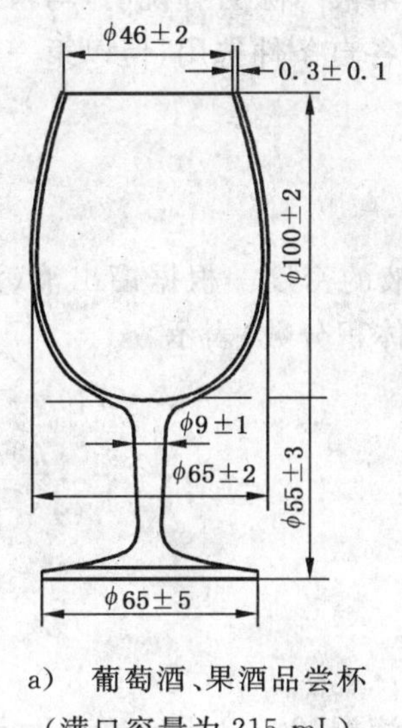

a) 葡萄酒、果酒品尝杯
(满口容量为 215 mL)

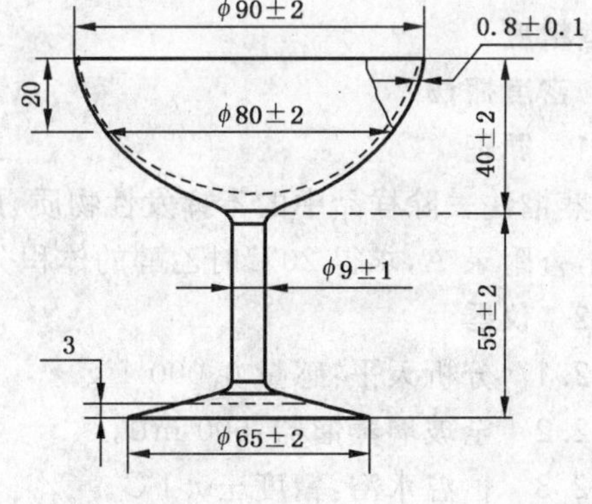

b) 起泡葡萄酒(或葡萄汽酒)品尝杯
(满口容量为 150 mL)

图 1 品尝杯

3.2.2 调温

调节酒的温度，使其达到：起泡葡萄酒 9℃～10℃；白葡萄酒 10℃～15℃；桃红葡萄酒 12℃～14℃；

红葡萄酒、果酒 16℃～18℃；甜红葡萄酒、甜果酒 18℃～20℃。

特种葡萄酒可参照上述条件选择合适的温度范围，或在产品标准中自行规定。

3.2.3 顺序和编号

在一次品尝检查有多种类型样品时，其品尝顺序为：先白后红，先干后甜，先淡后浓，先新后老，先低度后高度。按顺序给样品编号，并在酒杯下部注明同样编号。

3.2.4 倒酒

将调温后的酒瓶外部擦干净，小心开启瓶塞（盖），不使任何异物落入。将酒倒入洁净、干燥的品尝杯中，一般酒在杯中的高度为四分之一～三分之一，起泡和加气起泡葡萄酒的高度为二分之一。

3.3 感官检查与评定

3.3.1 外观

在适宜光线（非直射阳光）下，以手持杯底或用手握住玻璃杯柱，举杯齐眉，用眼观察杯中酒的色泽、透明度与澄清程度，有无沉淀及悬浮物；起泡和加气起泡葡萄酒要观察起泡情况，作好详细记录。

3.3.2 香气

先在静止状态下多次用鼻嗅香，然后将酒杯捧握手掌之中，使酒微微加温，并摇动酒杯，使杯中酒样分布于杯壁上。慢慢地将酒杯置于鼻孔下方，嗅闻其挥发香气，分辨果香、酒香或有否其他异香，写出评语。

3.3.3 滋味

喝入少量样品于口中，尽量均匀分布于味觉区，仔细品尝，有了明确印象后咽下，再体会口感后味，记录口感特征。

3.3.4 典型性

根据外观、香气、滋味的特点综合分析，评定其类型、风格及典型性的强弱程度，写出结论意见（或评分）。

4 理化分析

本方法中所用的水，在没有注明其他要求时，应符合 GB/T 6682—1992 中三级（含三级）以上水要求。所用试剂，在未注明其他规格时，均指分析纯（AR）。配制的“溶液”，除另有说明，均指水溶液。

同一检测项目，有两个或两个以上分析方法时，实验室可根据各自条件选用，但以第一法为仲裁法。

4.1 酒精度

4.1.1 密度瓶法

4.1.1.1 原理

以蒸馏法去除样品中的不挥发性物质，用密度瓶法测定馏出液的密度。根据馏出液（酒精水溶液）的密度，查附录 A，求得 20℃时乙醇的体积分数，即酒精度，用%（体积分数）表示。

4.1.1.2 仪器

4.1.1.2.1 分析天平：感量 0.000 1 g。

4.1.1.2.2 全玻璃蒸馏器：500 mL。

4.1.1.2.3 恒温水浴：精度±0.1℃。

4.1.1.2.4 附温度计密度瓶：25 mL 或 50 mL。

4.1.1.3 试样的制备

用一洁净、干燥的 100 mL 容量瓶准确量取 100 mL 样品（液温 20℃）于 500 mL 蒸馏瓶中，用 50 mL水分三次冲洗容量瓶，洗液全部并入蒸馏瓶中，再加几颗玻璃珠，连接冷凝器，以取样用的原容量瓶作接收器（外加冰浴）。开启冷却水，缓慢加热蒸馏。收集馏出液接近刻度，取下容量瓶，盖塞。于 20.0℃±0.1℃水浴中保温 30 min，补加水至刻度，混匀，备用。

4.1.1.4 分析步骤

4.1.1.4.1 蒸馏水质量的测定

a) 将密度瓶洗净并干燥,带温度计和侧孔罩称量。重复干燥和称量,直至恒重(m)。

b) 取下温度计,将煮沸冷却至 15℃左右的蒸馏水注满恒重的密度瓶,插上温度计,瓶中不得有气泡。将密度瓶浸入 20.0℃±0.1℃的恒温水浴中,待内容物温度达 20℃,并保持 10 min 不变后,用滤纸吸去侧管溢出的液体,使侧管中的液面与侧管管口齐平,立即盖好侧孔罩,取出密度瓶,用滤纸擦干瓶壁上的水,立即称量(m_1)。

4.1.1.4.2 试样质量的测量

将密度瓶中的水倒出,用试样(4.1.1.3)反复冲洗密度瓶 3 次~5 次,然后装满,按 4.1.1.4.1 b)同样操作,称量(m_2)。

4.1.1.5 结果计算

样品在 20℃时的密度按式(1)计算,空气浮力校正值按式(2)计算。

$$\rho_{20}^{20} = \frac{m_2 - m + A}{m_1 - m + A} \times \rho_0 \qquad \cdots\cdots(1)$$

$$A = \rho_a \times \frac{m_1 - m}{997.0} \qquad \cdots\cdots(2)$$

式中:

ρ_{20}^{20}——样品在 20℃时的密度,单位为克每升(g/L);

m——密度瓶的质量,单位为克(g);

m_1——20℃时密度瓶与水的质量,单位为克(g);

m_2——20℃时密度瓶与试样的质量,单位为克(g);

ρ_0——20℃时蒸馏水的密度(998.20 g/L);

A——空气浮力校正值;

ρ_a——干燥空气在 20℃、1 013.25 hPa 时的密度值(≈1.2 g/L);

997.0——在 20℃时蒸馏水与干燥空气密度值之差,单位为克每升(g/L)。

根据试样的密度 ρ_{20}^{20},查附录 A,求得酒精度。

所得结果表示至一位小数。

4.1.1.6 精密度

在重复性条件下获得的两次独立测定结果的绝对差值不得超过算术平均值的 1%。

4.1.2 气相色谱法

4.1.2.1 原理

试样被气化后,随同载气进入色谱柱,利用被测定的各组分在气液两相中具有不同的分配系数,在柱内形成迁移速度的差异而得到分离。分离后的组分先后流出色谱柱,进入氢火焰离子化检测器,根据色谱图上各组分峰的保留时间与标样相对照进行定性;利用峰面积(或峰高),以内标法定量。

4.1.2.2 试剂与溶液

4.1.2.2.1 乙醇:色谱纯,作标样用。

4.1.2.2.2 4-甲基-2-戊醇:色谱纯,作内标用。

4.1.2.2.3 乙醇标准溶液(A):取 5 个 100 mL 容量瓶,分别吸入 2.00 mL,3.00 mL,3.50 mL,4.00 mL,4.50 mL 乙醇(4.1.2.2.1),再分别用水定容至 100 mL。

4.1.2.2.4 乙醇标准溶液(B):取 5 个 10 mL 容量瓶,分别准确量取 10.00 mL 不同浓度的乙醇溶液标准(A),再各加入 0.20 mL 4-甲基-2-戊醇(4.1.2.2.2),混匀。该溶液用于标准曲线的绘制。

4.1.2.3 仪器和设备

4.1.2.3.1 气相色谱仪:配有氢火焰离子化检测器(FID)。

STANDARDS PRESS OF CHINA

4.1.2.3.2 色谱柱(不锈钢或玻璃)：2 m×2 mm 或 3 m×3 mm，固定相：Chromosorb 103，60 目～80 目。或采用同等分析效果的其他色谱柱。

4.1.2.3.3 微量注射器：1 μL。

4.1.2.4 试样的制备

同 4.1.1.3。

将上述制备的试样准确稀释 4 倍(或根据酒度适当稀释)，然后吸取 10.00 mL 于 10 mL 容量瓶中，准确加入 0.20 mL 4-甲基-2-戊醇(4.1.2.2.2)，混匀。

4.1.2.5 分析步骤

4.1.2.5.1 色谱条件

柱温：200℃；

气化室和检测器温度：240℃；

载气流量(氮气)：40 mL/min；

氢气流量：40 mL/min；

空气流量：500 mL/min。

载气、氢气、空气的流速等色谱条件随仪器而异，应通过试验选择最佳操作条件，以内标峰与酒样中其他组分峰获得完全分离为准，并使乙醇在 1 min 左右流出。

4.1.2.5.2 标准曲线的绘制：分别吸取不同浓度的乙醇标准溶液(B)0.3 μL，快速从进样口注入色谱仪，以标样峰面积和内标峰面积比值，对应酒精浓度做标准曲线(或建立相应的回归方程)。

4.1.2.5.3 试样的测定：吸取 0.3 μL 试样(4.1.2.4)，按 4.1.2.5.2 操作。

4.1.2.6 结果计算

用试样的乙醇峰面积与内标峰面积的比值查标准曲线得出的值(或用回归方程计算出的值)，乘以稀释倍数，即为酒样中的酒精含量，数值以%表示。

所得结果应表示至一位小数。

4.1.2.7 精密度

在重复性条件下获得的两次独立测定结果的绝对差值不得超过算术平均值的 1%。

4.1.3 酒精计法

4.1.3.1 原理

以蒸馏法去除样品中的不挥发性物质，用酒精计法测得酒精体积分数示值，按附录 B 加以温度校正，求得 20℃时乙醇的体积分数，即酒精度。

4.1.3.2 仪器

4.1.3.2.1 酒精计：分度值为 0.1°。

4.1.3.2.2 全玻璃蒸馏器：1 000 mL。

4.1.3.3 试样的制备

用一洁净、干燥的 500 mL 容量瓶准确量取 500 mL(具体取样量应按酒精计的要求增减)样品(液温 20℃)于 1 000 mL 蒸馏瓶中，以下操作同 4.1.1.3。

4.1.3.4 分析步骤

将试样(4.1.3.3)倒入洁净、干燥的 500 mL 量筒中，静置数分钟，待其中气泡消失后，放入洗净、干燥的酒精计，再轻轻按一下，不得接触量筒壁，同时插入温度计，平衡 5 min，水平观测，读取与弯月面相切处的刻度示值，同时记录温度。根据测得的酒精计示值和温度，查附录 B，换算成 20℃时酒精度。

所得结果表示至一位小数。

4.1.3.5 精密度

在重复性条件下获得的两次独立测定结果的绝对差值不得超过算术平均值的 1%。

4.2 总糖和还原糖

4.2.1 直接滴定法

4.2.1.1 原理

利用费林溶液与还原糖共沸，生成氧化亚铜沉淀的反应，以次甲基蓝为指示液，以样品或经水解后的样品滴定煮沸的费林溶液，达到终点时，稍微过量的还原糖将蓝色的次甲基蓝还原为无色，以示终点。根据样品消耗量求得总糖或还原糖的含量。

4.2.1.2 试剂和材料

4.2.1.2.1 盐酸溶液(1+1)。

4.2.1.2.2 氢氧化钠溶液(200 g/L)。

4.2.1.2.3 葡萄糖标准溶液(2.5 g/L)：称取在105℃～110℃烘箱内烘干3 h并在干燥器中冷却的无水葡萄糖2.5 g(精确至0.000 1 g)，用水溶解并定容至1 000 mL。

4.2.1.2.4 次甲基蓝指示液(10 g/L)：称取1.0 g次甲基蓝，用水溶解并定容至100 mL。

4.2.1.2.5 费林溶液(Ⅰ、Ⅱ)

a) 配制

按GB/T 603配制。

b) 标定

预备试验：吸取费林溶液Ⅰ、Ⅱ各5.00 mL于250 mL三角瓶中，加50 mL水，摇匀，在电炉上加热至沸，在沸腾状态下用葡萄糖标准溶液(4.2.1.2.3)滴定，当溶液的蓝色将消失呈红色时，加2滴次甲基蓝指示液，继续滴至蓝色消失，记录消耗葡萄糖标准溶液的体积。

正式试验：吸取费林溶液Ⅰ、Ⅱ各5.00 mL于250 mL三角瓶中，加50 mL水和比预备试验少1 mL的葡萄糖标准溶液(4.2.1.2.3)，加热至沸，并保持2 min，加2滴次甲基蓝指示液，在沸腾状态下于1 min内用葡萄糖标准溶液滴至终点，记录消耗葡萄糖标准溶液的总体积(V)。

c) 计算

费林溶液Ⅰ、Ⅱ各5 mL相当于葡萄糖的克数按式(3)计算：

$$F=\frac{m}{1\,000}\times V \qquad \cdots\cdots(3)$$

式中：

F——费林溶液Ⅰ、Ⅱ各5 mL相当于葡萄糖的克数，单位为克(g)；

m——称取无水葡萄糖的质量，单位为克(g)；

V——消耗葡萄糖标准溶液的总体积，单位为毫升(mL)。

4.2.1.3 试样的制备

4.2.1.3.1 测总糖用试样：准确吸取一定量的样品(V_1)[液温20℃]于100 mL容量瓶中，使之所含总糖量为0.2 g～0.4 g，加5 mL盐酸溶液(4.2.1.2.1)，加水至20 mL，摇匀。于(68±1)℃水浴上水解15 min，取出，冷却。用氢氧化钠溶液(4.2.1.2.2)中和至中性，调温至20℃，加水定容至刻度(V_2)，备用。

4.2.1.3.2 测还原糖用试样：准确吸取一定量的样品(V_1)[液温20℃]于100 mL容量瓶中，使之所含还原糖量为0.2 g～0.4 g，加水定容至刻度，备用。

4.2.1.4 分析步骤

以试样(4.2.1.3)代替葡萄糖标准溶液，按4.2.1.2.5 b)同样操作，记录消耗试样的体积(V_3)，结果按式(4)计算。

测定干葡萄酒或含糖量较低的半干葡萄酒，先吸取一定量样品(V_3)[液温20℃]于预先装有费林溶液Ⅰ、Ⅱ液各5.0 mL的250 mL三角瓶中，再用葡萄糖标准溶液按4.2.1.2.5 b)操作，记录消耗葡萄糖标准溶液的体积(V)，结果按式(5)计算。

4.2.1.5 **结果计算**

干葡萄酒、半干葡萄酒总糖或还原糖的含量按式(4)计算,其他葡萄酒按式(5)计算。

$$X_1 = \frac{F - c \times V}{(V_1/V_2) \times V_3} \times 1\,000 \qquad \cdots\cdots(4)$$

$$X_2 = \frac{F}{(V_1/V_2) \times V_3} \times 1\,000 \qquad \cdots\cdots(5)$$

式中:

X_1——干葡萄酒、半干葡萄酒总糖或还原糖的含量,单位为克每升(g/L);

F——费林溶液Ⅰ、Ⅱ各 5 mL 相当于葡萄糖的克数,单位为克(g);

c——葡萄糖标准溶液的浓度,单位为克每毫升(g/mL);

V——消耗葡萄糖标准溶液的体积,单位为毫升(mL);

V_1——吸取样品的体积,单位为毫升(mL);

V_2——样品稀释后或水解定容的体积,单位为毫升(mL);

V_3——消耗试样的体积,单位为毫升(mL);

X_2——其他葡萄酒总糖或还原糖的含量,单位为克每升(g/L)。

所得结果应表示至一位小数。

4.2.1.6 **精密度**

在重复性条件下获得的两次独立测定结果的绝对差值不得超过算术平均值的 2%。

4.3 **干浸出物**

4.3.1 **原理**

用密度瓶法测定样品或蒸出酒精后的样品的密度,然后用其密度值查附录 C,求得总浸出物的含量。再从中减去总糖的含量,即得干浸出物的含量。

4.3.2 **仪器**

4.3.2.1 瓷蒸发皿:200 mL。

4.3.2.2 恒温水浴:精度±0.1℃。

4.3.2.3 附温度计密度瓶:25 mL 或 50 mL。

4.3.3 **试样的制备**

用 100 mL 容量瓶量取 100 mL 样品(液温 20℃),倒入 200 mL 瓷蒸发皿中,于水浴上蒸发至约为原体积的三分之一取下,冷却后,将残液小心地移入原容量瓶中,用水多次荡洗蒸发皿,洗液并入容量瓶中,于 20℃定容至刻度。

也可使用 4.1.1.3 中蒸出酒精后的残液,在 20℃时以水定容至 100 mL。

4.3.4 **分析步骤**

方法一:吸取试样(4.3.3),按 4.1.1.4 同样操作,并按 4.1.1.5 计算出脱醇样品 20℃时的密度 ρ_1。以 $\rho_1 \times 1.001\,80$ 的值,查附录 C,得出总浸出物含量(g/L)。

方法二:直接吸取未经处理的样品,按 4.1.1.4 同样操作,并按 4.1.1.5 计算出该样品 20℃时的密度 ρ_B。按式(6)计算出脱醇样品 20℃时的密度 ρ_2,以 ρ_2 查附录 C,得出总浸出物含量(g/L)。

$$\rho_2 = 1.001\,80(\rho_B - \rho) + 1\,000 \qquad \cdots\cdots(6)$$

式中:

ρ_2——脱醇样品 20℃时的密度,单位为克每升(g/L);

ρ_B——含醇样品 20℃时密度,单位为克每升(g/L);

ρ——与含醇样品含有同样酒精度的酒精水溶液在 20℃时的密度(该值可用 4.1.1 方法测出的酒精密度带入,也可用 4.1.2 或 4.1.3 测出的酒精含量反查附录 A 得出的密度带入),单位为克每升(g/L)。

1.001 80——20℃时密度瓶体积的修正系数。

所得结果表示至一位小数。

4.3.5 **精密度**

在重复性条件下获得的两次独立测定结果的绝对差值不得超过算术平均值的2%。

4.4 总酸

4.4.1 电位滴定法

4.4.1.1 原理

利用酸碱中和原理,用氢氧化钠标准滴定溶液直接滴定样品中的有机酸,以pH=8.2为电位滴定终点,根据消耗氢氧化钠标准滴定溶液的体积,计算试样的总酸含量。

4.4.1.2 试剂和材料

4.4.1.2.1 氢氧化钠标准滴定溶液[c(NaOH)=0.05 mol/L]:按GB/T 601配制与标定,并准确稀释。

4.4.1.2.2 酚酞指示液(10 g/L):按GB/T 603配制。

4.4.1.3 仪器

4.4.1.3.1 自动电位滴定仪(或酸度计):精度0.01 pH,附电磁搅拌器。

4.4.1.3.2 恒温水浴:精度±0.1℃,带振荡装置。

4.4.1.4 试样的制备

吸取约60 mL样品于100 mL烧杯中,将烧杯置于40℃±0.1℃振荡水浴中恒温30 min,取出,冷却至室温。

注:试样的制备只针对起泡葡萄酒和葡萄汽酒,目的是排除二氧化碳。

4.4.1.5 分析步骤

4.4.1.5.1 按仪器使用说明书校正仪器。

4.4.1.5.2 测定

吸取10.00 mL样品(液温20℃)于100 mL烧杯中,加50 mL水,插入电极,放入一枚转子,置于电磁搅拌器上,开始搅拌,用氢氧化钠标准滴定溶液滴定。开始时滴定速度可稍快,当样液pH=8.0后,放慢滴定速度,每次滴加半滴溶液直至pH=8.2为其终点,记录消耗氢氧化钠标准滴定溶液的体积。同时做空白试验。

4.4.1.6 结果计算

样品中总酸的含量按式(7)计算。

$$X=\frac{c\times(V_1-V_0)\times 75}{V_2} \qquad \cdots\cdots(7)$$

式中:

X——样品中总酸的含量(以酒石酸计),单位为克每升(g/L);

c——氢氧化钠标准滴定溶液的浓度,单位为摩尔每升(mol/L);

V_0——空白试验消耗氢氧化钠标准滴定溶液的体积,单位为毫升(mL);

V_1——样品滴定时消耗氢氧化钠标准滴定溶液的体积,单位为毫升(mL);

V_2——吸取样品的体积,单位为毫升(mL);

75——酒石酸的摩尔质量的数值,单位为克每摩尔(g/mol)。

所得结果表示至一位小数。

4.4.1.7 精密度

在重复性条件下获得的两次独立测定结果的绝对差值不得超过算术平均值的3%。

STANDARDS PRESS OF CHINA

4.4.2 指示剂法

4.4.2.1 原理

利用酸碱滴定原理,以酚酞作指示剂,用碱标准溶液滴定,根据碱的用量计算总酸含量。

4.4.2.2 试剂和材料

同 4.4.1.2。

4.4.2.3 分析步骤

吸取样品 2 mL～5 mL[液温 20℃;取样量可根据酒的颜色深浅而增减],置于 250 mL 三角瓶中,加入 50 mL 水,同时加入 2 滴酚酞指示液,摇匀后,立即用氢氧化钠标准滴定溶液滴定至终点,并保持 30 s 内不变色,记下消耗氢氧化钠标准滴定溶液的体积(V_1)。同时做空白试验。

4.4.2.4 结果计算

同 4.4.1.6。

4.4.2.5 精密度

在重复性条件下获得的两次独立测定结果的绝对差值不得超过算术平均值的 5%。

4.5 挥发酸

4.5.1 方法提要

以蒸馏的方式蒸出样品中的低沸点酸类即挥发酸,用碱标准溶液进行滴定,再测定游离二氧化硫和结合二氧化硫,通过计算与修正,得出样品中挥发酸的含量。

4.5.2 试剂与溶液

4.5.2.1 氢氧化钠标准滴定溶液[$c(NaOH)=0.05$ mol/L]:按 GB/T 601 配制与标定,并准确稀释。

4.5.2.2 酚酞指示液(10 g/L):按 GB/T 603 配制。

4.5.2.3 盐酸溶液:将浓盐酸用水稀释 4 倍。

4.5.2.4 碘标准滴定溶液[$c(\frac{1}{2}I_2)=0.005$ mol/L]:按 GB/T 601 配制与标定,并准确稀释。

4.5.2.5 碘化钾。

4.5.2.6 淀粉指示液(5 g/L):称取 5 g 淀粉溶于 500 mL 水中,加热至沸,并持续搅拌 10 min。再加入 200 g 氯化钠,冷却后定容至 1 000 mL。

4.5.2.7 硼酸钠饱和溶液:称取 5 g 硼酸钠($Na_2B_4O_7 \cdot 10H_2O$)溶于 100 mL 热水中,冷却备用。

4.5.3 分析步骤

4.5.3.1 实测挥发酸:安装好蒸馏装置。吸取 10 mL 样品(V)[液温 20℃]在该装置上进行蒸馏,收集 100 mL 馏出液。将馏出液加热至沸,加入 2 滴酚酞指示液,用氢氧化钠标准滴定溶液(4.5.2.1)滴定至粉红色,30 s 内不变色即为终点,记下消耗氢氧化钠标准滴定溶液的体积(V_1)。

4.5.3.2 测定游离二氧化硫:于上述溶液中加入 1 滴盐酸溶液酸化,加 2 mL 淀粉指示液和几粒碘化钾,混匀后用碘标准滴定溶液(4.5.2.4)滴定,得出碘标准滴定溶液消耗的体积(V_2)。

4.5.3.3 测定结合二氧化硫:在上述溶液中加入硼酸钠饱和溶液(4.5.2.7),至溶液显粉红色,继续用碘标准滴定溶液(4.5.2.4)滴定,至溶液呈蓝色,得到碘标准滴定溶液消耗的体积(V_3)。

4.5.4 结果计算

样品中实测挥发酸的含量按式(8)计算。

$$X_1=\frac{c\times V_1\times 60.0}{V} \qquad (8)$$

式中:

X_1——样品中实测挥发酸的含量(以乙酸计),单位为克每升(g/L);

c——氢氧化钠标准滴定溶液的浓度,单位为摩尔每升(mol/L);

V_1——消耗氢氧化钠标准滴定溶液的体积,单位为毫升(mL);

60.0——乙酸的摩尔质量的数值,单位为克每摩尔(g/mol);

V——吸取样品的体积,单位为毫升(mL)。

若挥发酸含量接近或超过理化指标时,则需进行修正。修正时,按式(9)换算:

$$X = X_1 - \frac{c_2 \times V_2 \times 32 \times 1.875}{V} - \frac{c_2 \times V_3 \times 32 \times 0.9375}{V} \quad \cdots\cdots(9)$$

式中:

X——样品中真实挥发酸(以乙酸计)含量,单位为克每升(g/L);

X_1——实测挥发酸含量,单位为克每升(g/L);

c_2——碘标准滴定溶液的浓度,单位为摩尔每升(mol/L);

V——吸取样品的体积,单位为毫升(mL);

V_2——测定游离二氧化硫消耗碘标准滴定溶液的体积,单位为毫升(mL);

V_3——测定结合二氧化硫消耗碘标准滴定溶液的体积,单位为毫升(mL);

32——二氧化硫的摩尔质量的数值,单位为克每摩尔(g/mol);

1.875——1 g 游离二氧化硫相当于乙酸的质量,单位为克(g);

0.937 5——1 g 结合二氧化硫相当于乙酸的质量,单位为克(g)。

所得结果应表示至一位小数。

4.5.5 精密度

在重复性条件下获得的两次独立测定结果的绝对差值不得超过算术平均值的5%。

4.6 柠檬酸

4.6.1 原理

同一时刻进入色谱柱的各组分,由于在流动相和固定相之间溶解、吸附、渗透或离子交换等作用的不同,随流动相在色谱柱两相之间进行反复多次的分配,由于各组分在色谱柱中的移动速度不同,经过一定长度的色谱柱后,彼此分离开来,按顺序流出色谱柱,进入信号检测器,在记录仪上或数据处理装置上显示出各组分的谱峰数值,根据保留时间用归一化法或外标法定量。

4.6.2 试剂和材料

4.6.2.1 磷酸

4.6.2.2 氢氧化钠溶液[$c(NaOH) = 0.01$ mol/L]:按 GB/T 601 配制,并准确稀释。

4.6.2.3 磷酸二氢钾(KH_2PO_4)水溶液(0.02 mol/L):称取 2.72 g KH_2PO_4,用水定容至 1 000 mL,用磷酸(4.6.2.1)调 pH 2.9,经 0.45 μm 微孔滤膜过滤。

4.6.2.4 无水柠檬酸。

4.6.2.5 柠檬酸储备溶液:称取无水柠檬酸 0.05 g,精确至 0.000 1 g,用氢氧化钠溶液(4.6.2.2)溶解并定容至 50 mL,此溶液含柠檬酸 1 g/L。

4.6.2.6 柠檬酸标准系列溶液:将柠檬酸储备溶液用氢氧化钠溶液(4.6.2.2)稀释成浓度分别为 0.05 g/L,0.10 g/L,0.20 g/L,0.40 g/L,0.80 g/L 的标准系列溶液。

4.6.3 仪器

4.6.3.1 高效液相色谱仪:配有紫外检测器和色谱柱恒温箱。

4.6.3.2 色谱分离柱:Hypersil ODS2,柱尺寸:ϕ5.0 mm×200 mm,填料粒径:5 μm。或采用同等分析效果的其他色谱柱。

4.6.3.3 微量注射器:10 μL。

4.6.3.4 流动相真空抽滤脱气装置及 0.2 μm 或 0.45 μm 微孔膜;

4.6.3.5 分析天平:感量 0.000 1 g。

4.6.4 分析步骤

4.6.4.1 试样的制备

吸取 10.00 mL 样品(液温 20℃)于 100 mL 容量瓶中,加水定容,经 0.45 μm 微孔滤膜过滤后,备用。

4.6.4.2 测定

4.6.4.2.1 色谱条件

柱温:室温。

流动相：0.02 mol/L KH_2PO_4 溶液，pH 2.9(4.6.2.3)。

流速：1.0 mL/min。

检测波长：214 nm。

进样量：10 μL。

4.6.4.2.2 标准曲线

将柠檬酸标准系列溶液(4.6.2.6)分别进样后，以标样浓度对峰面积作标准曲线。线性相关系数应为 0.999 0 以上。

4.6.4.2.3 将试样(4.6.4.1)进样。根据标准品的保留时间定性样品中柠檬酸的色谱峰。根据样品的峰面积，查标准曲线得出柠檬酸含量。

4.6.5 结果计算

样品中柠檬酸的含量按式(10)计算。

$$X = c \times F \quad \cdots\cdots(10)$$

式中：

X——样品中柠檬酸的含量，单位为克每升(g/L)；

c——从标准曲线求得测定溶液中柠檬酸的含量，单位为克每升(g/L)；

F——样品的稀释倍数。

所得结果表示至一位小数。

4.6.6 精密度

在重复性条件下获得的两次独立测定结果的绝对差值不得超过算术平均值的 5%。

4.7 二氧化碳

4.7.1 仪器

起泡葡萄酒、葡萄汽酒压力测定器见图 2。

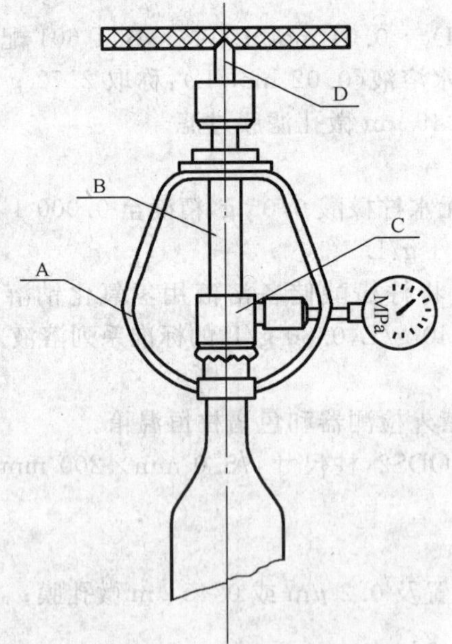

A——三爪；

B——螺杆；

C——采气罩；

D——直柄麻花钻。

图 2 起泡葡萄酒、葡萄汽酒压力测定器

4.7.2 分析步骤

4.7.2.1 调温：将被测样品在20℃水浴(或恒温箱)中保温2 h。

4.7.2.2 测量：将仪器的三爪(A)套在酒瓶的颈上，调节螺杆(B)使采气罩(C)与瓶盖密合。将直柄麻花钻(D)插入，密封。手持麻花钻柄，向下旋转，将瓶盖(软木塞)钻透，摇动酒瓶，待压力表指针稳定后，记录其压力。

所得结果表示至两位小数。

4.7.2.3 精密度

在重复性条件下获得的两次独立测定结果的绝对差值不得超过算术平均值的10%。

4.8 二氧化硫

4.8.1 游离二氧化硫

4.8.1.1 氧化法

4.8.1.1.1 原理

在低温条件下，样品中的游离二氧化硫与过氧化氢过量反应生成硫酸，再用碱标准溶液滴定生成的硫酸。由此可得到样品中游离二氧化硫的含量。

4.8.1.1.2 试剂和材料

a) 过氧化氢溶液(0.3%)：吸取1 mL30%过氧化氢(开启后存于冰箱)，用水稀释至100 mL。使用当天配制。

b) 磷酸溶液(25%)：量取295 mL85%磷酸，用水稀释至1 000 mL。

c) 氢氧化钠标准滴定溶液[c(NaOH)=0.01 mol/L]：准确吸取100 mL氢氧化钠标准滴定溶液(4.4.1.2.1)，以无二氧化碳水定容至500 mL。存放在橡胶塞上装有钠石灰管的瓶中，每周重配。

d) 甲基红-次甲基蓝混合指示液：按GB/T 603配制。

4.8.1.1.3 仪器

a) 二氧化硫测定装置见图3。

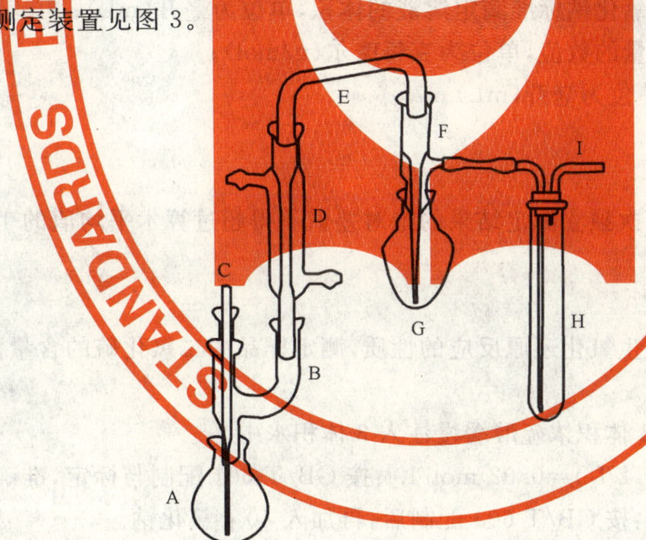

A——短颈球瓶；
B——三通连接管；
C——通气管；
D——直管冷凝管；
E——弯管；
F——真空蒸馏接受管；
G——梨形瓶；
H——气体洗涤器；
I——直角弯管(接真空泵或抽气管)。

图3 二氧化硫测定装置

STANDARDS PRESS OF CHINA

b) 真空泵或抽气管(玻璃射水泵)。

4.8.1.1.4 **分析步骤**

a) 按图3所示,将二氧化硫测定装置连接妥当,I管与真空泵(或抽气管)相接,D管通入冷却水。取下梨形瓶(G)和气体洗涤器(H),在G瓶中加入20 mL过氧化氢溶液、H管中加入5 mL过氧化氢溶液,各加3滴混合指示液后,溶液立即变为紫色,滴入氢氧化钠标准溶液,使其颜色恰好变为橄榄绿色,然后重新安装妥当,将A瓶浸入冰浴中。

b) 吸取20.00 mL样品(液温20℃),从C管上口加入A瓶中,随后吸取10 mL磷酸溶液[4.8.1.1.2 b)],亦从C管上口加入A瓶中。

c) 开启真空泵(或抽气管),使抽入空气流量1 000 mL/min~1 500 mL/min,抽气10 min。取下G瓶,用氢氧化钠标准滴定溶液[4.8.1.1.2 c)]滴定至重现橄榄绿色即为终点,记下消耗的氢氧化钠标准滴定溶液的毫升数。以水代替样品做空白试验,操作同上。一般情况下,H管中溶液不应变色,如果溶液变为紫色,也需用氢氧化钠标准滴定溶液滴定至橄榄绿色,并将所消耗的氢氧化钠标准滴定溶液的体积与G瓶消耗的氢氧化钠标准滴定溶液的体积相加。

4.8.1.1.5 **结果计算**

样品中游离二氧化硫的含量按式(11)计算。

$$X = \frac{c \times (V - V_0) \times 32}{20} \times 1\,000 \quad \cdots\cdots (11)$$

式中:

X——样品中游离二氧化硫的含量,单位为毫克每升(mg/L);

c——氢氧化钠标准滴定溶液的浓度,单位为摩尔每升(mol/L);

V——测定样品时消耗的氢氧化钠标准滴定溶液的体积,单位为毫升(mL);

V_0——空白试验消耗的氢氧化钠标准滴定溶液的体积,单位为毫升(mL);

32——二氧化硫的摩尔质量的数值,单位为克每摩尔(g/mol);

20——吸取样品的体积,单位为毫升(mL)。

所得结果表示至整数。

4.8.1.1.6 **精密度**

在重复性条件下获得的两次独立测定结果的绝对差值不得超过算术平均值的10%。

4.8.1.2 **直接碘量法**

4.8.1.2.1 **原理**

利用碘可以与二氧化硫发生氧化还原反应的性质,测定样品中二氧化硫的含量。

4.8.1.2.2 **试剂和材料**

a) 硫酸溶液(1+3):取1体积浓硫酸缓慢注入3体积水中。

b) 碘标准滴定溶液[$c(1/2\ I_2)=0.02$ mol/L]:按GB/T 601配制与标定,准确稀释5倍。

c) 淀粉指示液(10 g/L):按GB/T 603配制后,再加入40 g氯化钠。

4.8.1.2.3 **分析步骤**

吸取50.00 mL样品(液温20℃)于250 mL碘量瓶中,加入少量碎冰块,再加入1 mL淀粉指示液[4.8.1.2.2 c)]、10 mL硫酸溶液[4.8.1.2.2 a)],用碘标准滴定溶液[4.8.1.2.2 b)]迅速滴定至淡蓝色,保持30s不变即为终点,记下消耗碘标准滴定溶液的体积(V)。

以水代替样品,做空白试验,操作同上。

4.8.1.2.4 **结果计算**

样品中游离二氧化硫的含量按式(12)计算。

$$X = \frac{c \times (V - V_0) \times 32}{50} \times 1\,000 \quad \cdots\cdots (12)$$

式中：

X——样品中游离二氧化硫的含量，单位为毫克每升(mg/L)；

c——碘标准滴定溶液的浓度，单位为摩尔每升(mol/L)；

V——消耗碘标准滴定溶液的体积，单位为毫升(mL)；

V_0——空白试验消耗碘标准滴定溶液的体积，单位为毫升(mL)；

32——二氧化硫的摩尔质量的数值，单位为克每摩尔(g/mol)；

50——吸取样品的体积，单位为毫升(mL)。

所得结果表示至整数。

4.8.1.2.5 精密度

在重复性条件下获得的两次独立测定结果的绝对差值不得超过算术平均值的10%。

4.8.2 总二氧化硫

4.8.2.1 氧化法

4.8.2.1.1 原理

在加热条件下，样品中的结合二氧化硫被释放，并与过氧化氢发生氧化还原反应，通过用氢氧化钠标准溶液滴定生成的硫酸，可得到样品中结合二氧化硫的含量，将该值与游离二氧化硫测定值相加，即得出样品中总二氧化硫的含量。

4.8.2.1.2 试剂和溶液

同4.8.1.1.2。

4.8.2.1.3 仪器

同4.8.1.1.3。

4.8.2.1.4 分析步骤

继4.8.1.1.4测定游离二氧化硫后，将滴定至橄榄绿色的G瓶重新与F管连接。拆除A瓶下的冰浴，用温火小心加热A瓶，使瓶内溶液保持微沸。开启真空泵，以后操作同4.8.1.1.4 c)。

4.8.2.1.5 结果计算

同4.8.1.1.5。

计算出来的二氧化硫为结合二氧化硫。将游离二氧化硫与结合二氧化硫相加，即为总二氧化硫。

4.8.2.1.6 精密度

在重复性条件下获得的两次独立测定结果的绝对差值不得超过算术平均值的10%。

4.8.2.2 直接碘量法

4.8.2.2.1 原理

在碱性条件下，结合态二氧化硫被解离出来，然后再用碘标准滴定溶液滴定，得到样品中结合二氧化硫的含量。

4.8.2.2.2 试剂和材料

a) 氢氧化钠溶液(100 g/L)；

b) 其他试剂与溶液同4.8.1.2.2。

4.8.2.2.3 分析步骤

吸取25.00 mL氢氧化钠溶液于250 mL碘量瓶中，再准确吸取25.00 mL样品(液温20℃)，并以吸管尖插入氢氧化钠溶液的方式，加入到碘量瓶中，摇匀，盖塞，静置15 min后，再加入少量碎冰块、1 mL淀粉指示液、10 mL硫酸溶液，摇匀，用碘标准滴定溶液迅速滴定至淡蓝色，30 s内不变即为终点，记下消耗碘标准滴定溶液的体积(V)。

以水代替样品做空白试验，操作同上。

4.8.2.2.4 结果计算

样品中总二氧化硫的含量按式(13)计算。

$$X = \frac{c \times (V - V_0) \times 32}{25} \times 1\ 000 \quad \cdots\cdots(13)$$

式中：

X——样品中总二氧化硫的含量，单位为毫克每升(mg/L)；

c——碘标准滴定溶液的浓度，单位为摩尔每升(mol/L)；

V——测定样品消耗碘标准滴定溶液的体积，单位为毫升(mL)；

V_0——空白试验消耗碘标准滴定溶液的体积，单位为毫升(mL)；

32——二氧化硫的摩尔质量的数值，单位为克每摩尔(g/mol)；

25——吸取样品的体积，单位为毫升(mL)。

所得结果表示至整数。

4.8.2.2.5 **精密度**

在重复性条件下获得的两次独立测定结果的绝对差值不得超过算术平均值的10%。

4.9 铁

4.9.1 原子吸收分光光度法

4.9.1.1 **原理**

将处理后的试样导入原子吸收分光光度计中，在乙炔-空气火焰中，试样中的铁被原子化，基态原子铁吸收特征波长(248.3 nm)的光，吸收量的大小与试样中铁原子浓度成正比，测其吸光度，求得铁含量。

4.9.1.2 **试剂和材料**

本方法中所用水应符合GB/T 6682—1992中二级水规格，所用试剂为优级纯(GR)。

4.9.1.2.1 硝酸溶液(0.5%)：量取8 mL硝酸，稀释至1 000 mL。

4.9.1.2.2 铁标准贮备液(1 mL溶液含有0.1 mg铁)：按GB/T 602配制。

4.9.1.2.3 铁标准使用液(1 mL溶液含有10 μg铁)：吸取10.00 mL铁标准贮备液于100 mL容量瓶中，用硝酸溶液(4.9.1.2.1)稀释至刻度，此溶液每毫升含10 μg铁。

4.9.1.2.4 铁标准系列：吸取铁标准使用液0.00 mL，1.00 mL，2.00 mL，4.00 mL，5.00 mL(含0.0 μg，10.0 μg，20.0 μg，40.0 μg，50.0 μg铁)分别于5个100 mL容量瓶中，用硝酸溶液(4.9.1.2.1)稀释至刻度，混匀。该系列用于标准工作曲线的绘制。

4.9.1.3 **仪器**

原子吸收分光光度计：备有铁空心阴极灯。

4.9.1.4 **试样的制备**

用硝酸溶液(4.9.1.2.1)准确稀释样品至5倍～10倍，摇匀，备用。

4.9.1.5 **分析步骤**

4.9.1.5.1 标准工作曲线的绘制：置仪器于合适的工作状态，调波长至248.3 nm，导入标准系列溶液，以零管调零，分别测定其吸光度。以铁的含量对应吸光度绘制标准工作曲线(或者建立回归方程)。

4.9.1.5.2 试样的测定：将试样导入仪器，测其吸光度，然后根据吸光度在标准曲线上查得铁的含量(或带入回归方程计算)。

4.9.1.6 **结果计算**

样品中铁的含量按式(14)计算。

$$X = A \times F \quad \cdots\cdots(14)$$

式中：

X——样品中铁的含量，单位为毫克每升(mg/L)；

A——试样中铁的含量，单位为毫克每升(mg/L)；

F——样品稀释倍数。

所得结果表示至一位小数。

4.9.1.7 **精密度**

在重复性条件下获得的两次独立测定结果的绝对差值不得超过算术平均值的10%。

4.9.2 **邻菲啰啉比色法**

4.9.2.1 **原理**

样品经处理后,试样中的三价铁在酸性条件下被盐酸羟胺还原成二价铁,二价铁与邻菲啰啉作用生成红色螯合物,其颜色的深度与铁含量成正比,用分光光度法进行铁的测定。

4.9.2.2 **试剂和材料**

4.9.2.2.1 浓硫酸。

4.9.2.2.2 过氧化氢溶液(30%)。

4.9.2.2.3 氨水(25%~28%)。

4.9.2.2.4 盐酸羟胺溶液(100 g/L):称取 100 g 盐酸羟胺,用水溶解并稀释至 1 000 mL,于棕色瓶中低温贮存。

4.9.2.2.5 盐酸溶液(1+1)。

4.9.2.2.6 乙酸-乙酸钠溶液(pH=4.8):称取 272 g 乙酸钠($CH_3COONa \cdot 3H_2O$),溶解于 500 mL 水中,加 200 mL 冰乙酸,加水稀释至 1 000 mL。

4.9.2.2.7 1,10-菲啰啉溶液(2 g/L):按 GB/T 603 配制。

4.9.2.2.8 铁标准贮备液(1 mL 溶液含有 0.1 mg 铁):同 4.9.1.2.2。

4.9.2.2.9 铁标准使用液(1 mL 溶液含有 10 μg 铁):同 4.9.1.2.3。

4.9.2.2.10 铁标准系列:吸取铁标准使用液 0.00 mL,0.20 mL,0.40 mL,0.80 mL,1.00 mL,1.40 mL(含 0.0 μg,2.0 μg,4.0 μg,8.0 μg,10.0 μg,14.0 μg 铁)分别于 6 支 25 mL 比色管中,补加水至 10 mL,加 5 mL 乙酸-乙酸钠溶液(调 pH 至 3~5)、1 mL 盐酸羟胺溶液,摇匀,放置 5 min 后,再加入 1 mL 1,10-菲啰啉溶液,然后补加水至刻度,摇匀,放置 30 min,备用。该系列用于标准工作曲线的绘制。

4.9.2.3 **仪器**

4.9.2.3.1 分光光度计。

4.9.2.3.2 高温电炉:550℃±25℃。

4.9.2.3.3 瓷蒸发皿:100 mL。

4.9.2.4 **试样的制备**

4.9.2.4.1 干法消化:准确吸取 25.00 mL 样品(V)于蒸发皿中,在水浴上蒸干,置于电炉上小心炭化,然后移入 550℃±25℃ 高温电炉中灼烧,灰化至残渣呈白色,取出,加入 10 mL 盐酸溶液溶解,在水浴上蒸至约 2 mL,再加入 5 mL 水,加热煮沸后,移入 50 mL 容量瓶中,用水洗涤蒸发皿,洗液并入容量瓶,加水稀释至刻度(V_1),摇匀。同时做空白试验。

4.9.2.4.2 湿法消化:准确吸取 1.00 mL 样品(V)(可根据铁含量,适当增减)于 10 mL 凯氏烧瓶中,置电炉上缓缓蒸发至近干,取下稍冷后,加 1 mL 浓硫酸(根据含糖量增减)、1 mL 过氧化氢,于通风橱内加热消化。如果消化液颜色较深,继续滴加过氧化氢溶液,直至消化液无色透明。稍冷,加 10 mL 水微火煮沸 3 min~5 min,取下冷却。同时做空白试验。

注:各实验室可根据各自条件选用干法或湿法进行样品的消化。

4.9.2.5 **分析步骤**

4.9.2.5.1 **标准工作曲线的绘制**

在 480 nm 波长下,测定标准系列(4.9.2.2.10)的吸光度。根据吸光度及相对应的铁浓度绘制标准工作曲线(或建立回归方程)。

STANDARDS PRESS OF CHINA

4.9.2.5.2 试样的测定

准确吸取试样(4.9.2.4.1) 5 mL～10 mL(V_1)及试剂空白消化液分别于25 mL比色管中,补加水至10 mL,然后按标准工作曲线的绘制同样操作,分别测其吸光度,从标准工作曲线上查出铁的含量(或用回归方程计算)。

或将试样(4.9.2.4.2)及空白消化液分别洗入25 mL比色管中,在每支管中加入一小片刚果红试纸,用氨水中和至试纸显蓝紫色,然后各加5 mL乙酸-乙酸钠溶液(调pH至3～5),以下操作同标准工作曲线的绘制。以测出的吸光度,从标准工作曲线上查出铁的含量(或用回归方程计算)。

4.9.2.6 结果计算

4.9.2.6.1 干法计算

样品中铁的含量按式(15)计算。

$$X = \frac{(c_1 - c_0) \times 1\ 000}{V \times V_2 / V_1 \times 1\ 000} = \frac{(c_1 - c_0) \times V_1}{V \times V_2} \quad \cdots\cdots (15)$$

式中:

X——样品中铁的含量,单位为毫克每升(mg/L);

c_1——测定用样品中铁的含量,单位为微克(μg);

c_0——试剂空白液中铁的含量,单位为微克(μg);

V——吸取样品的体积,单位为毫升(mL);

V_1——样品消化液的总体积,单位为毫升(mL);

V_2——测定用试样的体积,单位为毫升(mL)。

4.9.2.6.2 湿法计算

样品中铁的含量按式(16)计算。

$$X = \frac{A - A_0}{V} \quad \cdots\cdots (16)$$

式中:

X——样品中铁的含量,单位为毫克每升(mg/L);

A——测定用样品中铁的含量,单位为微克(μg);

A_0——试剂空白液中铁的含量,单位为微克(μg);

V——吸取样品的体积,单位为毫升(mL)。

所得结果表示至一位小数。

4.9.2.6.3 精密度

在重复性条件下获得的两次独立测定结果的绝对差值不得超过算术平均值的10%。

4.9.3 磺基水杨酸比色法

4.9.3.1 原理

样品经处理后,样液中的三价铁离子在碱性氨溶液中(pH=8～10.5)与磺基水杨酸反应生成黄色络合物,可根据颜色的深浅进行比色测定。

4.9.3.2 试剂和材料

4.9.3.2.1 磺基水杨酸溶液(100 g/L)。

4.9.3.2.2 氨水(1+1.5)。

4.9.3.2.3 铁标准贮备液(1 mL溶液含有0.1 mg铁):同4.9.2.2.8。

4.9.3.2.4 铁标准使用液(1 mL溶液含有10 μg铁):同4.9.2.2.9。

4.9.3.2.5 铁标准系列:吸取铁标准使用液0.00 mL,0.50 mL,1.00 mL,1.50 mL,2.00 mL,2.50 mL(含0.0 μg,5.0 μg,10.0 μg,15.0 μg,20.0 μg,25.0 μg铁)分别于6支25 mL比色管中,分别加入5 mL磺基水杨酸溶液,用氨水中和至溶液呈黄色时,再加0.5 mL后,用水稀释至刻度,摇匀。

4.9.3.3 **仪器**

同 4.9.2.3。

4.9.3.4 **试样的制备**

同 4.9.2.4。

注：湿法消化时，取样量为 5 mL。

4.9.3.5 **分析步骤**

吸取干法试样 5.00 mL(可根据铁含量，适当增减)和同量空白消化液分别于 25 mL 比色管中，或者将湿法试样及空白消化液分别洗入 25 mL 比色管中，然后按 4.9.3.2.5 同样操作，将其与标准系列进行目视比色，记下与样液颜色深浅相同的标准管中铁的含量。

4.9.3.6 **结果计算**

同 4.9.2.6。

所得结果表示至整数。

4.9.3.7 **精密度**

在重复性条件下获得的两次独立测定结果的绝对差值不得超过算术平均值的 10%。

4.10 **铜**

4.10.1 **原子吸收分光光度法**

4.10.1.1 **原理**

将处理后的试样导入原子吸收分光光度计中，在乙炔-空气火焰中样品中的铜被原子化，基态原子吸收特征波长(324.7 nm)的光，其吸收量的大小与试样中铜的含量成正比，测其吸光度，求得铜含量。

4.10.1.2 **试剂和材料**

4.10.1.2.1 硝酸溶液(0.5%)。

4.10.1.2.2 铜标准贮备液(1 mL 溶液含有 0.1 mg 铜)：按 GB/T 602 制备。

4.10.1.2.3 铜标准使用液(1 mL 溶液含有 10 μg 铜)：吸取 10.00 mL 铜标准贮备液于 100 mL 容量瓶中，用硝酸溶液稀释至刻度，此溶液每毫升含 10 μg 铜。

4.10.1.2.4 铜标准系列：吸取铜标准使用液 0.00 mL，0.50 mL，1.00 mL，2.00 mL，4.00 mL，6.00 mL(含 0.0 μg，5.0 μg，10.0 μg，20.0 μg，40.0 μg，60.0 μg 铜)分别置于 6 个 50 mL 容量瓶中，用硝酸溶液稀释至刻度，摇匀。该系列用于标准工作曲线的绘制。

4.10.1.3 **仪器**

原子吸收分光光度计：备有铜空心阴极灯。

4.10.1.4 **试样的制备**

用硝酸溶液准确将样品稀释至 5 倍～10 倍，摇匀，备用。

4.10.1.5 **分析步骤**

4.10.1.5.1 标准工作曲线的绘制：置仪器于合适的工作状态下，调波长至 324.7 nm，导入标准系列溶液，以零管调零，分别测其吸光度，以铜的含量对应吸光度绘制标准工作曲线(或建立回归方程)。

4.10.1.5.2 试样的测定：将试样(4.10.1.4)导入仪器，测其吸光度，然后根据吸光度在标准工作曲线上查得铜的含量(或者用回归方程计算)。

4.10.1.6 **结果计算**

样品中铜的含量按式(17)计算。

$$X = A \times F \quad \cdots\cdots(17)$$

式中：

X——样品中铜的含量，单位为毫克每升(mg/L)；

A——试样中铜的含量，单位为毫克每升(mg/L)；

F——样品稀释倍数。

所得结果表示至一位小数。

4.10.1.7　精密度

在重复性条件下获得的两次独立测定结果的绝对差值不得超过算术平均值的10%。

4.10.2　二乙基二硫代氨基甲酸钠比色法

4.10.2.1　原理

在碱性溶液中铜离子与二乙基二硫代氨基甲酸钠(DDTC)作用生成棕黄色络合物,用四氯化碳萃取后比色。

4.10.2.2　试剂和材料

4.10.2.2.1　四氯化碳。

4.10.2.2.2　硫酸溶液[$c(\frac{1}{2}H_2SO_4)=2$ mol/L]:量取浓硫酸 60 mL,缓缓注入 1 000 mL 水中,冷却,摇匀。

4.10.2.2.3　乙二胺四乙酸二钠(EDTA)柠檬酸铵溶液:称取 5 g 乙二胺四乙酸二钠及 20 g 柠檬酸铵,用水溶解并定容至 100 mL。

4.10.2.2.4　氨水(1+1)。

4.10.2.2.5　氢氧化钠溶液(0.05 mol/L):按 GB/T 601 配制,并准确稀释。

4.10.2.2.6　二乙基二硫代氨基甲酸钠(铜试剂)溶液(1 g/L):按 GB/T 603 配制。贮于冰箱中。

4.10.2.2.7　硝酸溶液 0.5%。

4.10.2.2.8　铜标准贮备液(1 mL 溶液含有 0.1 mg 铜):同 4.10.1.2.2。

4.10.2.2.9　铜标准使用液(1 mL 溶液含有 10 μg 铜):同 4.10.1.2.3。

4.10.2.2.10　铜标准系列:吸取铜标准使用液 0.00 mL,0.50 mL,1.00 mL,1.50 mL,2.00 mL,2.50 mL(含 0.0 μg,5.0 μg,10.0 μg,15.0 μg,20.0 μg,25.0 μg 铜)分别于 6 支 125 mL 分液漏斗中,各补加硫酸溶液(4.10.2.3.2)至 20 mL。然后再加入 10 mL 乙二胺四乙酸二钠(EDTA)柠檬酸铵溶液和 3 滴麝香草酚蓝指示液,混匀,用氨水调 pH(溶液的颜色由黄至微蓝色),补加水至总体积约 40 mL,再各加 2 mL 二乙基二硫代氨基甲酸钠溶液(铜试剂)和 10.00 mL 四氯化碳,剧烈振摇萃取 2 min,待静置分层后,将四氯化碳层经无水硫酸钠或脱脂棉滤入 2 cm 比色杯中。

4.10.2.2.11　香草酚蓝指示液(1 g/L):称取 0.1 g 麝香草酚蓝于 4.3 mL 氢氧化钠溶液中,用水定容至 100 mL。

4.10.2.3　仪器

4.10.2.3.1　分光光度计。

4.10.2.3.2　分液漏斗:125 mL。

4.10.2.4　试样的制备

同 4.9.2.4。

注:湿法消化时,取样量为 5 mL。

4.10.2.5　分析步骤

4.10.2.5.1　标准工作曲线的绘制:置仪器于合适的工作状态下,调波长至 440 nm 处,导入标准系列溶液,分别测其吸光度,根据吸光度及相对应的铜浓度绘制标准曲线(或建立回归方程)。

4.10.2.5.2　试样的测定:吸取干法处理的试样 10.00 mL 和同量空白消化液分别于 125 mL 分液漏斗中,或者将湿法处理的全部试样及空白消化液,分别洗入 125 mL 分液漏斗中。然后按 4.10.2.2.10 和 4.10.2.5.1 的同样操作(湿法处理的试样,进行 4.10.2.2.10 步骤时,以水代替硫酸溶液,补加体积至 20 mL,以后步骤不变),分别测其吸光度,从标准工作曲线上查出铜的含量(或用回归方程计算)。

4.10.2.6 **结果计算**

4.10.2.6.1 **干法计算**

样品中铜的含量按式(18)计算。

$$X=\frac{(c_1-c_0)\times 1\ 000}{V\times V_2/V_1\times 1\ 000}=\frac{(c_1-c_0)\times V_1}{V\times V_2}\quad\cdots\cdots(18)$$

式中:

X——样品中铜的含量,单位为毫克每升(mg/L);

c_1——测定用试样消化液中铜的含量,单位为微克(μg);

c_0——试剂空白液中铜的含量,单位为微克(μg);

V——吸取样品的体积,单位为毫升(mL);

V_1——试样消化液的总体积,单位为毫升(mL);

V_2——测定用试样消化液的体积,单位为毫升(mL)。

4.10.2.6.2 **湿法计算**

样品中铜的含量按式(19)计算。

$$X=\frac{A-A_0}{V}\quad\cdots\cdots(19)$$

式中:

X——样品中铜的含量,单位为毫克每升(mg/L);

A——测定用试样中铜的含量,单位为微克(μg);

A_0——空白试验中铜的含量,单位为微克(μg);

V——吸取样品的体积,单位为毫升(mL)。

所得结果表示至一位小数。

4.10.2.7 **精密度**

在重复性条件下获得的两次独立测定结果的绝对差值不得超过算术平均值的10%。

4.11 **甲醇**

4.11.1 **气相色谱法**

4.11.1.1 **原理**

试样被气化后,随同载气进入色谱柱,利用被测定的各组分在气液两相中具有不同的分配系数,在柱内形成迁移速度的差异而得到分离。分离后的组分先后流出色谱柱,进入氢火焰离子化检测器,根据色谱图上各组分峰的保留时间与标样相对照进行定性;利用峰面积(或峰高),以内标法定量。

4.11.1.2 **试剂和材料**

4.11.1.2.1 乙醇溶液[10%(体积分数)],色谱纯。

4.11.1.2.2 甲醇溶液[2%(体积分数)],色谱纯。作标样用。用乙醇溶液(4.11.1.2.1)配制。

4.11.1.2.3 4-甲基-2-戊醇溶液[2%(体积分数)],色谱纯。作内标用。用乙醇溶液(4.11.1.2.1)配制。

4.11.1.3 **仪器和设备**

4.11.1.3.1 气相色谱仪:备有氢火焰离子化检测器(FID)。

4.11.1.3.2 毛细管柱:PEG 20M毛细管色谱柱(柱长35 m~50 m,内径0.25 mm,涂层0.2 μm),或其他具有同等分析效果的色谱柱。

4.11.1.3.3 微量注射器:1 μL。

4.11.1.3.4 全玻璃整流器:500 mL。

4.11.1.4 **分析步骤**

4.11.1.4.1 **色谱参考条件**

载气(高纯氮):流速为0.5 mL/min~1.0 mL/min,分流比:约50:1,尾吹约20 mL/min~30 mL/min;

STANDARDS PRESS OF CHINA

氢气：流速为 40 mL/min；

空气：流速为 400 mL/min；

检测器温度(T_D)：220℃；

注样器温度(T_J)：220℃；

柱温(T_C)：起始温度 40℃，恒温 4 min，以 3.5℃/min 程序升温至 200℃，继续恒温 10 min。

载气、氢气、空气的流速等色谱条件随仪器而异，应通过试验选择最佳操作条件，以内标峰与酒样中其他组分峰获得完全分离为准。

4.11.1.4.2 校正因子(f 值)的测定

吸取甲醇溶液(4.11.1.2.2)1.00 mL，移入 100 mL 容量瓶中，然后加入 4-甲基-2-戊醇溶液(4.11.1.2.3)1.00 mL，用乙醇溶液(4.11.1.2.2)稀释至刻度。上述溶液中甲醇和内标的浓度均为 0.02%(体积分数)。待色谱仪基线稳定后，用微量注射器进样，进样量随仪器的灵敏度而定。记录甲醇和内标峰的保留时间及其峰面积(或峰高)，用其比值计算出甲醇的相对校正因子。

4.11.1.4.3 试样的制备

用一洁净、干燥的 100 mL 容量瓶准确量取 100 mL 样品(液温 20℃)于 500 mL 蒸馏瓶中，用 50 mL水分三次冲洗容量瓶，洗液并入蒸馏瓶中，再加几颗玻璃珠，连接冷凝器，以取样用的原容量瓶作接收器(外加冰浴)。开启冷却水，缓慢加热蒸馏。收集馏出液接近刻度，取下容量瓶，盖塞。于 20℃水浴中保温 30 min，补加水至刻度，混匀，备用。

4.11.1.4.4 分析步骤

吸取试样(4.11.1.4.3)10.0 mL 于 10 mL 容量瓶中，加入 4-甲基-2-戊醇溶液(4.11.1.2.3) 0.10 mL，混匀后，在与 f 值测定相同的条件下进样，根据保留时间确定甲醇峰的位置，并测定甲醇与内标峰面积(或峰高)，求出峰面积(或峰高)之比，计算出酒样中甲醇的含量。

4.11.1.5 结果计算

甲醇的相对校正因子按式(20)计算，样品中甲醇的含量按式(21)计算。

$$f = \frac{A_1}{A_2} \times \frac{d_2}{d_1} \qquad \cdots\cdots(20)$$

$$X_1 = f \times \frac{A_3}{A_4} \times I \qquad \cdots\cdots(21)$$

式中：

X_1——样品中甲醇的含量，单位为毫克每升(mg/L)；

f——甲醇的相对校正因子；

A_1——标样 f 值测定时内标的峰面积(或峰高)；

A_2——标样 f 值测定时甲醇的峰面积(或峰高)；

A_3——试样中甲醇的峰面积(或峰高)；

A_4——添加于酒样中内标的峰面积(或峰高)；

d_2——甲醇的相对密度；

d_1——内标物的相对密度；

I——内标物含量(添加在酒样中)，单位为毫克每升(mg/L)。

所得结果表示至整数。

4.11.1.6 精密度

在重复性条件下获得的两次独立测定结果的绝对差值不得超过算术平均值的 10%。

4.11.2 比色法

4.11.2.1 原理

甲醇经氧化成甲醛后，与品红亚硫酸作用生成蓝紫色化合物，与标准系列比较定量。

4.11.2.2 试剂和材料

4.11.2.2.1 高锰酸钾-磷酸溶液：称取 3 g 高锰酸钾，加入 15 mL 磷酸(85%)与 70 mL 水的混合液中，溶解后，加水至 100 mL。贮于棕色瓶内，防止氧化力下降，保存时间不宜过长。

4.11.2.2.2 草酸-硫酸溶液：称取 5 g 无水草酸（$H_2C_2O_4$）或 7 g 含 2 分子结晶水草酸（$H_2C_2O_4 \cdot 2H_2O$），溶于硫酸(1+1)中至 100 mL。

4.11.2.2.3 品红-亚硫酸溶液：称取 0.1 g 碱性品红研细后，分次加入共 60 mL 80℃的水，边加入水边研磨使其溶解，用滴管吸取上层溶液滤于 100 mL 容量瓶中，冷却后加 10 mL 亚硫酸钠溶液(100 g/L)，1 mL 盐酸，再加水至刻度，充分混匀，放置过夜，如溶液有颜色，可加少量活性炭搅拌后过滤，贮于棕色瓶中，置暗处保存，溶液呈红色时应弃去重新配制。

4.11.2.2.4 甲醇标准溶液：称取 1.000 g 甲醇，置于 100 mL 容量瓶中，加水稀释至刻度。此溶液每毫升相当于 10 mg 甲醇。置低温保存。

4.11.2.2.5 甲醇标准使用液：吸取 10.0 mL 甲醇标准溶液，置于 100 mL 容量瓶中，加水稀释至刻度。再取 10.0 mL 稀释液置于 50 mL 容量瓶中，加水至刻度，该溶液每毫升相当于 0.50 mg 甲醇。

4.11.2.2.6 无甲醇的乙醇溶液：取 0.3 mL 按操作方法检查，不应显色。如显色需进行处理。取 300 mL乙醇(95%)，加高锰酸钾少许，蒸馏，收集馏出液。在馏出液中加入硝酸银溶液（取 1 g 硝酸银溶于少量水中）和氢氧化钠溶液（取 1.5 g 氢氧化钠溶于少量水中），摇匀，取上清液蒸馏，弃去最初 50 mL馏出液，收集中间馏出液约 200 mL，用酒精密度计测其浓度，然后加水配成无甲醇的乙醇(60%)。

4.11.2.2.7 亚硫酸钠溶液(100 g/L)。

4.11.2.3 仪器

分光光度计

4.11.2.4 试样的制备

用一洁净、干燥的 100 mL 容量瓶准确量取 100 mL 样品（液温 20℃）于 500 mL 蒸馏瓶中，用 50 mL水分三次冲洗容量瓶，洗液并入蒸馏瓶中，再加几颗玻璃珠，连接冷凝器，以取样用的原容量瓶作接收器（外加冰浴）。开启冷却水，缓慢加热蒸馏。收集馏出液接近刻度，取下容量瓶，盖塞。于 20℃水浴中保温 30 min，补加水至刻度，混匀，备用。

4.11.2.5 分析步骤

根据样品乙醇浓度适量吸取试样(4.11.2.4)[乙醇浓度 10%，取 1.4 mL；乙醇浓度 20%，取 1.2 mL]。置于 25 mL 具塞比色管中。

吸取 0 mL，0.10 mL，0.20 mL，0.40 mL，0.60 mL，0.80 mL，1.00 mL 甲醇标准使用液（相当于 0 mg，0.05 mg，0.10 mg，0.20 mg，0.30 mg，0.40 mg，0.50 mg 甲醇）分别置于 25 mL 具塞比色管中，并用无甲醇的乙醇稀释至 1.0 mL。

于样品管及标准管中各加水至 5 mL，再依次各加 2 mL 高锰酸钾-磷酸溶液，混匀，放置 10 min，各加 2 mL 草酸-硫酸溶液，混匀使之褪色，再各加 5 mL 品红-亚硫酸溶液，混匀，于 20℃以上静置 0.5 h，用 2 cm 比色杯，以零管调节零点，于波长 590 nm 处测吸光度，绘制标准曲线比较，或与标准色列目测比较。

4.11.2.6 结果计算

样品中甲醇的含量按式(22)计算。

$$X = \frac{m_1}{V_1} \times 1\,000 \qquad \cdots\cdots(22)$$

式中：

X——样品中甲醇的含量，单位为毫克每升(mg/L)；

m_1——测定样品中甲醇的质量，单位为毫克(mg)；

V_1——吸取样品的体积，单位为毫升(mL)。

所得结果表示至整数。

4.11.2.7 **精密度**

在重复性条件下获得的两次独立测定结果的绝对差值不得超过算术平均值的10%。

4.12 **抗坏血酸(维生素C)**

4.12.1 **原理**

还原型抗坏血酸能还原2,6-二氯靛酚染料。该染料在酸性溶液中呈红色，被还原后红色消失。还原型抗坏血酸还原染料后，本身被氧化为脱氢抗坏血酸。在没有杂质干扰时，一定量的样品提取液还原标准染料的量与样品中所含抗坏血酸的量成正比。

4.12.2 **试剂和材料**

4.12.2.1 草酸溶液(10 g/L)：称取20 g结晶草酸于700 mL水中，溶解后用水稀释至1 000 mL。取该溶液500 mL，再用水稀释至1 000 mL。

4.12.2.2 碘酸钾标准溶液(0.1 mol/L)：按GB/T 601配制与标定。

4.12.2.3 碘酸钾标准滴定溶液(0.001 mol/L)：吸取1 mL碘酸钾标准溶液(4.12.2.2)，用水稀释至100 mL。此溶液1 mL相当于0.088 μg抗坏血酸。

4.12.2.4 碘化钾溶液(60 g/L)。

4.12.2.5 过氧化氢溶液(3%)：吸取5 mL 30%过氧化氢溶液，用水稀释至50 mL(现用现配)。

4.12.2.6 抗坏血酸标准贮备液(2 g/L)：准确称取0.2 g(精确至0.000 1 g)预先在五氧化二磷干燥器中干燥5 h的抗坏血酸，溶于草酸溶液中，定容至100 mL(置冰箱中保存)。

4.12.2.7 抗坏血酸标准使用液(0.020 g/L)：吸取10 mL抗坏血酸标准贮备液，用草酸溶液(4.12.2.1)定容至100 mL。

标定：吸取抗坏血酸标准使用液5 mL于三角烧瓶中，加入0.5 mL碘化钾溶液(4.12.2.4)、3滴淀粉指示液，用碘酸钾标准滴定溶液滴定至淡蓝色，30 s内不变色为其终点。

抗坏血酸标准使用液的浓度按式(23)计算：

$$c_1 = \frac{V_1 \times 0.088}{V_2} \qquad (23)$$

式中：

c_1——抗坏血酸标准使用液的浓度，单位为克每升(g/L)；

V_1——滴定时消耗的碘酸钾标准滴定溶液的体积，单位为毫升(mL)；

V_2——吸取抗坏血酸标准使用液的体积，单位为毫升(mL)；

0.088——1 mL碘酸钾标准溶液相当于抗坏血酸的量，单位为克每升(g/L)。

4.12.2.8 2,6-二氯靛酚标准滴定溶液：称取碳酸氢钠52 mg溶解在200 mL热蒸馏水中，然后称取2,6-二氯靛酚50 mg溶解在上述碳酸氢钠溶液中。冷却定容至250 mL，过滤至棕色瓶内，保存在冰箱中。此液应贮于棕色瓶中并冷藏。每星期至少标定1次。

标定：吸取5 mL抗坏血酸标准使用溶液，加入10 mL草酸溶液(4.12.2.1)，摇匀，用2,6-二氯靛酚标准滴定溶液滴定至溶液呈粉红色，30 s不褪色为其终点。

每毫升2,6-二氯靛酚标准滴定溶液相当于抗坏血酸的毫克数按式(24)计算：

$$c_2 = \frac{c_1 \times V_1}{V_2} \qquad (24)$$

式中：

c_2——每毫升2,6-二氯靛酚标准滴定溶液相当于抗坏血酸的毫克数(滴定度)，单位为克每升(g/L)；

c_1——抗坏血酸标准使用液的浓度，单位为克每升(g/L)；

V_1——滴定用抗坏血酸标准使用溶液的体积，单位为毫升(mL)；

V_2——标定时消耗的 2,6-二氯靛酚标准溶液体积,单位为毫升(mL)。

4.12.2.9 淀粉指示液(10 g/L):按 GB/T 603 配制。

4.12.3 分析步骤

准确吸取 5.00 mL 样品(液温 20℃)于 100 mL 三角瓶中,加入 15 mL 草酸溶液(4.12.2.1)、3 滴过氧化氢溶液(4.12.2.5),摇匀,立即用 2,6-二氯靛酚标准滴定溶液滴定,至溶液恰成粉红色,30 s 不褪色即为终点。

注:样品颜色过深影响终点观察时,可用白陶土脱色后再进行测定。

4.12.4 结果计算

样品中抗坏血酸的含量按式(25)计算。

$$X = \frac{V \times c_2}{V_1} \qquad (25)$$

式中:

X——样品中抗坏血酸的含量,单位为克每升(g/L);

c_2——每毫升 2,6-二氯靛酚标准滴定溶液相当于抗坏血酸的毫克数(滴定度),单位为克每升(g/L);

V——滴定时消耗的 2,6-二氯靛酚标准滴定溶液的体积,单位为毫升(mL);

V_1——吸取样品的体积,单位为毫升(mL)。

所得结果表示至整数。

4.12.5 精密度

在重复性条件下获得的两次独立测定结果的绝对差值不得超过算术平均值的 10%。

4.13 糖分和有机酸

测定方法参见附录 D。

4.14 白藜芦醇

测定方法参见附录 E。

4.15 感官评定

葡萄酒、山葡萄酒感官评定参见附录 F。

STANDARDS PRESS OF CHINA

附 录 A
(规范性附录)
酒精水溶液密度与酒精度(乙醇含量)对照表(20℃)

表 A.1 酒精水溶液密度与酒精度(乙醇含量)对照表(20℃)

密度/(g/L)	酒精度/(%vol)	密度/(g/L)	酒精度/(%vol)	密度/(g/L)	酒精度/(%vol)
998.20	0.00	997.43	0.51	996.68	1.01
998.18	0.01	997.42	0.52	996.66	1.02
998.16	0.03	997.40	0.53	996.64	1.04
998.14	0.04	997.38	0.54	996.62	1.05
998.12	0.05	997.36	0.56	996.61	1.06
998.10	0.06	997.34	0.57	996.59	1.07
998.08	0.08	997.32	0.58	996.57	1.09
998.07	0.09	997.30	0.59	996.55	1.10
998.05	0.10	997.28	0.61	996.53	1.11
998.03	0.11	997.26	0.62	996.51	1.12
998.01	0.13	997.24	0.63	996.49	1.14
997.99	0.14	997.23	0.64	996.48	1.15
997.97	0.15	997.21	0.66	996.46	1.16
997.95	0.16	997.19	0.67	996.44	1.17
997.93	0.18	997.17	0.68	996.42	1.19
997.91	0.19	997.15	0.69	996.40	1.20
997.89	0.20	997.13	0.71	996.38	1.21
997.87	0.21	997.11	0.72	996.36	1.22
997.85	0.23	997.09	0.73	996.34	1.24
997.83	0.24	997.07	0.75	996.33	1.25
997.82	0.25	997.06	0.76	996.31	1.26
997.80	0.27	997.04	0.77	996.29	1.27
997.78	0.28	997.02	0.78	996.27	1.29
997.76	0.29	997.00	0.80	996.25	1.30
997.74	0.30	996.98	0.81	996.23	1.31
997.72	0.32	996.96	0.82	996.21	1.33
997.70	0.33	996.94	0.83	996.20	1.34
997.68	0.34	996.92	0.85	996.18	1.35
997.66	0.35	996.91	0.86	996.16	1.36
997.64	0.37	996.89	0.87	996.14	1.38
997.62	0.38	996.87	0.88	996.12	1.39
997.61	0.39	996.85	0.90	996.10	1.40
997.59	0.40	996.83	0.91	996.09	1.41
997.57	0.42	996.81	0.92	996.07	1.43
997.55	0.43	996.79	0.93	996.05	1.44
997.53	0.44	996.77	0.95	996.03	1.45
997.51	0.46	996.76	0.96	996.01	1.46
997.49	0.47	996.74	0.97	995.99	1.48
997.47	0.48	996.72	0.99	995.97	1.49
997.45	0.49	996.70	1.00	995.96	1.50

表 A.1（续）

密度/（g/L）	酒精度/（%vol）	密度/（g/L）	酒精度/（%vol）	密度/（g/L）	酒精度/（%vol）
995.94	1.51	995.10	2.09	994.27	2.67
995.92	1.53	995.08	2.11	994.25	2.68
995.90	1.54	995.06	2.12	994.23	2.70
995.88	1.55	995.04	2.13	994.22	2.71
995.86	1.56	995.02	2.14	994.20	2.72
995.85	1.58	995.01	2.16	994.18	2.73
995.83	1.59	994.99	2.17	994.16	2.75
995.81	1.60	994.97	2.18	994.15	2.76
995.79	1.62	994.95	2.19	994.13	2.77
995.77	1.63	994.93	2.21	994.11	2.78
995.75	1.64	994.92	2.22	994.09	2.80
995.74	1.65	994.90	2.23	994.07	2.81
995.72	1.67	994.88	2.24	994.06	2.82
995.70	1.68	994.86	2.26	994.04	2.83
995.68	1.69	994.84	2.27	994.02	2.85
995.66	1.70	994.83	2.28	994.00	2.86
995.64	1.72	994.81	2.29	993.99	2.87
995.63	1.73	994.79	2.31	993.97	2.88
995.61	1.74	994.77	2.32	993.95	2.90
995.59	1.75	994.75	2.33	993.93	2.91
995.57	1.77	994.74	2.34	993.91	2.92
995.55	1.78	994.72	2.36	993.90	2.93
995.53	1.79	994.70	2.37	993.88	2.95
995.52	1.80	994.68	2.38	993.86	2.96
995.50	1.82	994.66	2.39	993.84	2.97
995.48	1.83	994.65	2.41	993.83	2.98
995.46	1.84	994.63	2.42	993.81	3.00
995.44	1.85	994.61	2.43	993.79	3.01
995.42	1.87	994.59	2.44	993.77	3.02
995.41	1.88	994.57	2.46	993.76	3.03
995.39	1.89	994.56	2.47	993.74	3.05
995.37	1.90	994.54	2.48	993.72	3.06
995.35	1.92	994.52	2.50	993.70	3.07
995.33	1.93	994.50	2.51	993.69	3.08
995.32	1.94	994.48	2.52	993.67	3.10
995.30	1.95	994.47	2.53	993.65	3.11
995.28	1.97	994.45	2.55	993.63	3.12
995.26	1.98	994.43	2.56	993.61	3.13
995.24	1.99	994.41	2.57	993.60	3.15
995.22	2.01	994.40	2.58	993.58	3.16
995.21	2.02	994.38	2.60	993.56	3.17
995.19	2.03	994.36	2.61	993.54	3.18
995.17	2.04	994.34	2.62	993.53	3.20
995.15	2.06	994.32	2.63	993.51	3.21
995.13	2.07	994.31	2.65	993.49	3.22
995.12	2.08	994.29	2.66	993.47	3.24

表 A.1（续）

密度/(g/L)	酒精度/(%vol)	密度/(g/L)	酒精度/(%vol)	密度/(g/L)	酒精度/(%vol)
993.46	3.25	992.66	3.82	991.87	4.40
993.44	3.26	992.64	3.84	991.85	4.41
993.42	3.27	992.62	3.85	991.83	4.42
993.40	3.29	992.60	3.86	991.82	4.44
993.39	3.30	992.59	3.87	991.80	4.45
993.37	3.31	992.57	3.89	991.78	4.46
993.35	3.32	992.55	3.90	991.77	4.47
993.33	3.34	992.54	3.91	991.75	4.49
993.32	3.35	992.52	3.92	991.73	4.50
993.30	3.36	992.50	3.94	991.71	4.51
993.28	3.37	992.48	3.95	991.70	4.52
993.26	3.39	992.47	3.96	991.68	4.54
993.25	3.40	992.45	3.97	991.66	4.55
993.23	3.41	992.43	3.99	991.65	4.56
993.21	3.42	992.41	4.00	991.63	4.57
993.19	3.44	992.40	4.01	991.61	4.59
993.18	3.45	992.38	4.02	991.60	4.60
993.16	3.46	992.36	4.04	991.58	4.61
993.14	3.47	992.35	4.05	991.56	4.62
993.12	3.49	992.33	4.06	991.54	4.64
993.11	3.50	992.31	4.07	991.53	4.65
993.09	3.51	992.29	4.09	991.51	4.66
993.07	3.52	992.28	4.10	991.49	4.67
993.05	3.54	992.26	4.11	991.48	4.69
993.04	3.55	992.24	4.12	991.46	4.70
993.02	3.56	992.23	4.14	991.44	4.71
993.00	3.57	992.21	4.15	991.43	4.72
992.99	3.59	992.19	4.16	991.41	4.74
992.97	3.60	992.17	4.17	991.39	4.75
992.95	3.61	992.16	4.19	991.38	4.76
992.93	3.62	992.14	4.20	991.36	4.77
992.92	3.64	992.12	4.21	991.34	4.79
992.90	3.65	992.11	4.22	991.33	4.80
992.88	3.66	992.09	4.24	991.31	4.81
992.86	3.67	992.07	4.25	991.29	4.82
992.85	3.69	992.05	4.26	991.28	4.84
992.83	3.70	992.04	4.27	991.26	4.85
992.81	3.71	992.02	4.29	991.24	4.86
992.79	3.72	992.00	4.30	991.22	4.87
992.78	3.74	991.99	4.31	991.21	4.89
992.76	3.75	991.97	4.32	991.19	4.90
992.74	3.76	991.95	4.34	991.17	4.91
992.72	3.77	991.94	4.35	991.16	4.92
992.71	3.79	991.92	4.36	991.14	4.94
992.69	3.80	991.90	4.37	991.12	4.95
992.67	3.81	991.88	4.39	991.11	4.96

表 A.1（续）

密度/(g/L)	酒精度/(%vol)	密度/(g/L)	酒精度/(%vol)	密度/(g/L)	酒精度/(%vol)
991.09	4.97	990.33	5.55	989.57	6.12
991.07	4.99	990.31	5.56	989.56	6.13
991.06	5.00	990.29	5.57	989.54	6.14
991.04	5.01	990.28	5.58	989.52	6.16
991.02	5.02	990.26	5.60	989.51	6.17
991.01	5.04	990.24	5.61	989.49	6.18
990.99	5.05	990.23	5.62	989.47	6.19
990.97	5.06	990.21	5.63	989.46	6.21
990.96	5.07	990.19	5.65	989.44	6.22
990.94	5.09	990.18	5.66	989.43	6.23
990.92	5.10	990.16	5.67	989.41	6.24
990.91	5.11	990.14	5.68	989.39	6.26
990.89	5.12	990.13	5.70	989.38	6.27
990.87	5.13	990.11	5.71	989.36	6.28
990.86	5.15	990.09	5.72	989.34	6.29
990.84	5.16	990.08	5.73	989.33	6.31
990.82	5.17	990.06	5.75	989.31	6.32
990.81	5.18	990.05	5.76	989.30	6.33
990.79	5.20	990.03	5.77	989.28	6.34
990.77	5.21	990.01	5.78	989.26	6.36
990.76	5.22	990.00	5.80	989.25	6.37
990.74	5.23	989.98	5.81	989.23	6.38
990.72	5.25	989.96	5.82	989.21	6.39
990.71	5.26	989.95	5.83	989.20	6.40
990.69	5.27	989.93	5.85	989.18	6.42
990.67	5.28	989.91	5.86	989.17	6.43
990.66	5.30	989.90	5.87	989.15	6.44
990.64	5.31	989.88	5.88	989.13	6.45
990.62	5.32	989.87	5.89	989.12	6.47
990.61	5.33	989.85	5.91	989.10	6.48
990.59	5.35	989.83	5.92	989.09	6.49
990.57	5.36	989.82	5.93	989.07	6.50
990.56	5.37	989.80	5.94	989.05	6.52
990.54	5.38	989.78	5.96	989.04	6.53
990.52	5.40	989.77	5.97	989.02	6.54
990.51	5.41	989.75	5.98	989.01	6.55
990.49	5.42	989.73	5.99	988.99	6.57
990.47	5.43	989.72	6.01	988.97	6.58
990.46	5.45	989.70	6.02	988.96	6.59
990.44	5.46	989.69	6.03	988.94	6.60
990.42	5.47	989.67	6.04	988.92	6.62
990.41	5.48	989.65	6.06	988.91	6.63
990.39	5.50	989.64	6.07	988.89	6.64
990.37	5.51	989.62	6.08	988.88	6.65
990.36	5.52	989.60	6.09	988.86	6.67
990.34	5.53	989.59	6.11	988.84	6.68

STANDARDS PRESS OF CHINA

表 A.1(续)

密度/(g/L)	酒精度/(%vol)	密度/(g/L)	酒精度/(%vol)	密度/(g/L)	酒精度/(%vol)
988.83	6.69	988.11	7.25	987.39	7.82
988.81	6.70	988.10	7.26	987.37	7.83
988.80	6.72	988.08	7.27	987.36	7.84
988.78	6.73	988.06	7.29	987.34	7.86
988.76	6.74	988.05	7.30	987.33	7.87
988.75	6.75	988.03	7.31	987.31	7.88
988.73	6.77	988.02	7.32	987.30	7.89
988.72	6.78	988.00	7.34	987.28	7.91
988.70	6.79	987.99	7.35	987.27	7.92
988.68	6.80	987.97	7.36	987.25	7.93
988.67	6.81	987.95	7.37	987.23	7.94
988.65	6.83	987.94	7.39	987.22	7.96
988.64	6.84	987.92	7.40	987.20	7.97
988.62	6.85	987.91	7.41	987.19	7.98
988.60	6.86	987.89	7.42	987.17	7.99
988.59	6.88	987.88	7.44	987.16	8.01
988.57	6.89	987.86	7.45	987.14	8.02
988.56	6.90	987.84	7.46	987.13	8.03
988.54	6.91	987.83	7.47	987.11	8.04
988.52	6.93	987.81	7.48	987.09	8.05
988.51	6.94	987.80	7.50	987.08	8.07
988.49	6.95	987.78	7.51	987.06	8.08
988.48	6.96	987.77	7.52	987.05	8.09
988.46	6.98	987.75	7.53	987.03	8.10
988.45	6.99	987.73	7.55	987.02	8.12
988.43	7.00	987.72	7.56	987.00	8.13
988.41	7.01	987.70	7.57	986.99	8.14
988.40	7.03	987.69	7.58	986.97	8.15
988.38	7.04	987.67	7.60	986.96	8.17
988.37	7.05	987.66	7.61	986.94	8.18
988.35	7.06	987.64	7.62	986.92	8.19
988.33	7.08	987.62	7.63	986.91	8.20
988.32	7.09	987.61	7.65	986.89	8.22
988.30	7.10	987.59	7.66	986.88	8.23
988.29	7.11	987.58	7.67	986.86	8.24
988.27	7.12	987.56	7.68	986.85	8.25
988.25	7.14	987.55	7.70	986.83	8.26
988.24	7.15	987.53	7.71	986.82	8.28
988.22	7.16	987.51	7.72	986.80	8.29
988.21	7.17	987.50	7.73	986.79	8.30
988.19	7.19	987.48	7.74	986.77	8.31
988.18	7.20	987.47	7.76	986.75	8.33
988.16	7.21	987.45	7.77	986.74	8.34
988.14	7.22	987.44	7.78	986.72	8.35
988.13	7.24	987.42	7.79	986.71	8.36
		987.41	7.81	986.69	8.38

表 A.1（续）

密度/(g/L)	酒精度/(%vol)	密度/(g/L)	酒精度/(%vol)	密度/(g/L)	酒精度/(%vol)
986.68	8.39	985.98	8.96	985.28	9.53
986.66	8.40	985.96	8.97	985.27	9.54
986.65	8.41	985.94	8.98	985.25	9.55
986.63	8.43	985.93	8.99	985.24	9.56
986.62	8.44	985.91	9.01	985.22	9.57
986.60	8.45	985.90	9.02	985.21	9.59
986.59	8.46	985.88	9.03	985.19	9.60
986.57	8.48	985.87	9.04	985.18	9.61
986.55	8.49	985.85	9.06	985.16	9.62
986.54	8.50	985.84	9.07	985.15	9.64
986.52	8.51	985.82	9.08	985.13	9.65
986.51	8.52	985.81	9.09	985.12	9.66
986.49	8.54	985.79	9.11	985.10	9.67
986.48	8.55	985.78	9.12	985.09	9.69
986.46	8.56	985.76	9.13	985.07	9.70
986.45	8.57	985.75	9.14	985.06	9.71
986.43	8.59	985.73	9.16	985.04	9.72
986.42	8.60	985.72	9.17	985.03	9.74
986.40	8.61	985.70	9.18	985.01	9.75
986.39	8.62	985.69	9.19	985.00	9.76
986.37	8.64	985.67	9.20	984.98	9.77
986.36	8.65	985.66	9.22	984.97	9.78
986.34	8.66	985.64	9.23	984.95	9.80
986.33	8.67	985.63	9.24	984.94	9.81
986.31	8.69	985.61	9.25	984.92	9.82
986.29	8.70	985.60	9.27	984.91	9.83
986.28	8.71	985.58	9.28	984.89	9.85
986.26	8.72	985.57	9.29	984.88	9.86
986.25	8.73	985.55	9.30	984.86	9.87
986.23	8.75	985.54	9.32	984.85	9.88
986.22	8.76	985.52	9.33	984.84	9.90
986.20	8.77	985.51	9.34	984.82	9.91
986.19	8.78	985.49	9.35	984.81	9.92
986.17	8.80	985.48	9.36	984.79	9.93
986.16	8.81	985.46	9.38	984.78	9.94
986.14	8.82	985.45	9.39	984.76	9.96
986.13	8.83	985.43	9.40	984.75	9.97
986.11	8.85	985.42	9.41	984.73	9.98
986.10	8.86	985.40	9.43	984.72	9.99
986.08	8.87	985.39	9.44	984.70	10.01
986.07	8.88	985.37	9.45	984.69	10.02
986.05	8.90	985.36	9.46	984.67	10.03
986.04	8.91	985.34	9.48	984.66	10.04
986.02	8.92	985.33	9.49	984.64	10.06
986.01	8.93	985.31	9.50	984.63	10.07
985.99	8.95	985.30	9.51	984.61	10.08

表 A.1（续）

密度/(g/L)	酒精度/(%vol)	密度/(g/L)	酒精度/(%vol)	密度/(g/L)	酒精度/(%vol)
984.60	10.09	983.92	10.66	983.26	11.23
984.58	10.10	983.91	10.67	983.24	11.24
984.57	10.12	983.89	10.68	983.23	11.25
984.55	10.13	983.88	10.70	983.21	11.26
984.54	10.14	983.86	10.71	983.20	11.27
984.52	10.15	983.85	10.72	983.18	11.29
984.51	10.17	983.84	10.73	983.17	11.30
984.49	10.18	983.82	10.75	983.15	11.31
984.48	10.19	983.81	10.76	983.14	11.32
984.47	10.20	983.79	10.77	983.13	11.34
984.45	10.22	983.78	10.78	983.11	11.35
984.44	10.23	983.76	10.79	983.10	11.36
984.42	10.24	983.75	10.81	983.08	11.37
984.41	10.25	983.73	10.82	983.07	11.38
984.39	10.27	983.72	10.83	983.05	11.40
984.38	10.28	983.70	10.84	983.04	11.41
984.36	10.29	983.69	10.86	983.03	11.42
984.35	10.30	983.68	10.87	983.01	11.43
984.33	10.31	983.66	10.88	983.00	11.45
984.32	10.33	983.65	10.89	982.98	11.46
984.30	10.34	983.63	10.91	982.97	11.47
984.29	10.35	983.62	10.92	982.95	11.48
984.27	10.36	983.60	10.93	982.94	11.50
984.26	10.38	983.59	10.94	982.93	11.51
984.24	10.39	983.57	10.95	982.91	11.52
984.23	10.40	983.56	10.97	982.90	11.53
984.22	10.41	983.54	10.98	982.88	11.54
984.20	10.43	983.53	10.99	982.87	11.56
984.19	10.44	983.52	11.00	982.85	11.57
984.17	10.45	983.50	11.02	982.84	11.58
984.16	10.46	983.49	11.03	982.82	11.59
984.14	10.47	983.47	11.04	982.81	11.61
984.13	10.49	983.46	11.05	982.80	11.62
984.11	10.50	983.44	11.07	982.78	11.63
984.10	10.51	983.43	11.08	982.77	11.64
984.08	10.52	983.41	11.09	982.75	11.66
984.07	10.54	983.40	11.10	982.74	11.67
984.05	10.55	983.39	11.11	982.72	11.68
984.04	10.56	983.37	11.13	982.71	11.69
984.03	10.57	983.36	11.14	982.70	11.70
984.01	10.59	983.34	11.15	982.68	11.72
984.00	10.60	983.33	11.16	982.67	11.73
983.98	10.61	983.31	11.18	982.65	11.74
983.97	10.62	983.30	11.19	982.64	11.75
983.95	10.63	983.28	11.20	982.63	11.77
983.94	10.65	983.27	11.21	982.61	11.78

表 A.1（续）

密度/(g/L)	酒精度/(%vol)	密度/(g/L)	酒精度/(%vol)	密度/(g/L)	酒精度/(%vol)
982.60	11.79	981.94	12.35	981.30	12.92
982.58	11.80	981.93	12.37	981.29	12.93
982.57	11.81	981.92	12.38	981.27	12.94
982.55	11.83	981.90	12.39	981.26	12.96
982.54	11.84	981.89	12.40	981.24	12.97
982.53	11.85	981.87	12.42	981.23	12.98
982.51	11.86	981.86	12.43	981.22	12.99
982.50	11.88	981.85	12.44	981.20	13.00
982.48	11.89	981.83	12.45	981.19	13.02
982.47	11.90	981.82	12.47	981.18	13.03
982.45	11.91	981.80	12.48	981.16	13.04
982.44	11.93	981.79	12.49	981.15	13.05
982.43	11.94	981.78	12.50	981.13	13.07
982.41	11.95	981.76	12.51	981.12	13.08
982.40	11.96	981.75	12.53	981.11	13.09
982.38	11.97	981.73	12.54	981.09	13.10
982.37	11.99	981.72	12.55	981.08	13.11
982.35	12.00	981.71	12.56	981.06	13.12
982.34	12.01	981.69	12.58	981.05	13.14
982.33	12.02	981.68	12.59	981.04	13.15
982.31	12.04	981.66	12.60	981.02	13.16
982.30	12.05	981.65	12.61	981.01	13.18
982.28	12.06	981.64	12.62	980.99	13.19
982.27	12.07	981.62	12.64	980.98	13.20
982.26	12.08	981.61	12.65	980.97	13.21
982.24	12.10	981.59	12.66	980.95	13.22
982.23	12.11	981.58	12.67	980.94	13.24
982.21	12.12	981.57	12.69	980.93	13.25
982.20	12.13	981.55	12.70	980.91	13.26
982.18	12.15	981.54	12.71	980.90	13.27
982.17	12.16	981.52	12.72	980.88	13.29
982.16	12.17	981.51	12.73	980.87	13.30
982.14	12.18	981.50	12.75	980.86	13.31
982.13	12.20	981.48	12.76	980.84	13.32
982.11	12.21	981.47	12.77	980.83	13.33
982.10	12.22	981.45	12.78	980.81	13.35
982.09	12.23	981.44	12.80	980.80	13.36
982.07	12.24	981.43	12.81	980.79	13.37
982.06	12.26	981.41	12.82	980.77	13.38
982.04	12.27	981.40	12.83	980.76	13.40
982.03	12.28	981.38	12.85	980.75	13.41
982.02	12.29	981.37	12.86	980.73	13.42
982.00	12.31	981.36	12.87	980.72	13.43
981.99	12.32	981.34	12.88	980.70	13.45
981.97	12.33	981.33	12.89	980.69	13.46
981.96	12.34	981.31	12.91	980.68	13.47

表 A.1（续）

密度/(g/L)	酒精度/(%vol)	密度/(g/L)	酒精度/(%vol)	密度/(g/L)	酒精度/(%vol)
980.66	13.48	980.03	14.04	979.41	14.61
980.65	13.49	980.02	14.06	979.39	14.62
980.64	13.51	980.00	14.07	979.38	14.63
980.62	13.52	979.99	14.08	979.36	14.64
980.61	13.53	979.98	14.09	979.35	14.65
980.59	13.54	979.96	14.11	979.34	14.67
980.58	13.56	979.95	14.12	979.32	14.68
980.57	13.57	979.94	14.13	979.31	14.69
980.55	13.58	979.92	14.14	979.30	14.70
980.54	13.59	979.91	14.15	979.28	14.72
980.52	13.60	979.89	14.17	979.27	14.73
980.51	13.62	979.88	14.18	979.26	14.74
980.50	13.63	979.87	14.19	979.24	14.75
980.48	13.64	979.85	14.20	979.23	14.76
980.47	13.65	979.84	14.22	979.22	14.78
980.46	13.67	979.83	14.23	979.20	14.79
980.44	13.68	979.81	14.24	979.19	14.80
980.43	13.69	979.80	14.25	979.18	14.81
980.41	13.70	979.79	14.26	979.16	14.83
980.40	13.71	979.77	14.28	979.15	14.84
980.39	13.73	979.76	14.29	979.13	14.85
980.37	13.74	979.74	14.30	979.12	14.86
980.36	13.75	979.73	14.31	979.11	14.87
980.35	13.76	979.72	14.33	979.09	14.89
980.33	13.78	979.70	14.34	979.08	14.90
980.32	13.79	979.69	14.35	979.07	14.91
980.31	13.80	979.68	14.36	979.05	14.92
980.29	13.81	979.66	14.37	979.04	14.94
980.28	13.82	979.65	14.39	979.03	14.95
980.26	13.84	979.64	14.40	979.01	14.96
980.25	13.85	979.62	14.41	979.00	14.97
980.24	13.86	979.61	14.42	978.99	14.98
980.22	13.87	979.60	14.44	978.97	15.00
980.21	13.89	979.58	14.45	978.96	15.01
980.20	13.90	979.57	14.46	978.95	15.02
980.18	13.91	979.55	14.47	978.93	15.03
980.17	13.92	979.54	14.48	978.92	15.05
980.15	13.93	979.53	14.50	978.91	15.06
980.14	13.95	979.51	14.51	978.89	15.07
980.13	13.96	979.50	14.52	978.88	15.08
980.11	13.97	979.49	14.53	978.87	15.09
980.10	13.98	979.47	14.55	978.85	15.11
980.09	14.00	979.46	14.56	978.84	15.12
980.07	14.01	979.45	14.57	978.83	15.13
980.06	14.02	979.43	14.58	978.81	15.14
980.04	14.03	979.42	14.59	978.80	15.16

表 A.1（续）

密度/(g/L)	酒精度/(%vol)	密度/(g/L)	酒精度/(%vol)	密度/(g/L)	酒精度/(%vol)
978.78	15.17	978.17	15.73	977.56	16.29
978.77	15.18	978.16	15.74	977.54	16.30
978.76	15.19	978.14	15.75	977.53	16.31
978.74	15.20	978.13	15.76	977.52	16.32
978.73	15.22	978.12	15.78	977.50	16.34
978.72	15.23	978.10	15.79	977.49	16.35
978.70	15.24	978.09	15.80	977.48	16.36
978.69	15.25	978.08	15.81	977.46	16.37
978.68	15.26	978.06	15.83	977.45	16.39
978.66	15.28	978.05	15.84	977.44	16.40
978.65	15.29	978.04	15.85	977.43	16.41
978.64	15.30	978.02	15.86	977.41	16.42
978.62	15.31	978.01	15.87	977.40	16.43
978.61	15.33	978.00	15.89	977.39	16.45
978.60	15.34	977.98	15.90	977.37	16.46
978.58	15.35	977.97	15.91	977.36	16.47
978.57	15.36	977.96	15.92	977.35	16.48
978.56	15.37	977.94	15.93	977.33	16.49
978.54	15.39	977.93	15.95	977.32	16.51
978.53	15.40	977.92	15.96	977.31	16.52
978.52	15.41	977.90	15.97	977.29	16.53
978.50	15.42	977.89	15.98	977.28	16.54
978.49	15.44	977.88	16.00	977.27	16.56
978.48	15.45	977.86	16.01	977.25	16.57
978.46	15.46	977.85	16.02	977.24	16.58
978.45	15.47	977.84	16.03	977.23	16.59
978.44	15.48	977.82	16.04	977.21	16.60
978.42	15.50	977.81	16.06	977.20	16.62
978.41	15.51	977.80	16.07	977.19	16.63
978.40	15.52	977.78	16.08	977.17	16.64
978.38	15.53	977.77	16.09	977.16	16.65
978.37	15.55	977.76	16.11	977.15	16.66
978.36	15.56	977.74	16.12	977.13	16.68
978.34	15.57	977.73	16.13	977.12	16.69
978.33	15.58	977.72	16.14	977.11	16.70
978.32	15.59	977.70	16.15	977.09	16.71
978.30	15.61	977.69	16.17	977.08	16.73
978.29	15.62	977.68	16.18	977.07	16.74
978.28	15.63	977.66	16.19	977.06	16.75
978.26	15.64	977.65	16.20	977.04	16.76
978.25	15.65	977.64	16.21	977.03	16.77
978.24	15.67	977.62	16.23	977.02	16.79
978.22	15.68	977.61	16.24	977.00	16.80
978.21	15.69	977.60	16.25	976.99	16.81
978.20	15.70	977.58	16.26	976.98	16.82
978.18	15.72	977.57	16.28	976.96	16.84

表 A.1(续)

密度/(g/L)	酒精度/(%vol)	密度/(g/L)	酒精度/(%vol)	密度/(g/L)	酒精度/(%vol)
976.95	16.85	976.35	17.41	975.74	17.96
976.94	16.86	976.33	17.42	975.73	17.98
976.92	16.87	976.32	17.43	975.72	17.99
976.91	16.88	976.31	17.44	975.70	18.00
976.90	16.90	976.29	17.45	975.69	18.01
976.88	16.91	976.28	17.47	975.68	18.02
976.87	16.92	976.27	17.48	975.67	18.04
976.86	16.93	976.25	17.49	975.65	18.05
976.84	16.94	976.24	17.50	975.64	18.06
976.83	16.96	976.23	17.52	975.63	18.07
976.82	16.97	976.21	17.53	975.61	18.08
976.81	16.98	976.20	17.54	975.60	18.10
976.79	16.99	976.19	17.55	975.59	18.11
976.78	17.01	976.18	17.56	975.57	18.12
976.77	17.02	976.16	17.58	975.56	18.13
976.75	17.03	976.15	17.59	975.55	18.15
976.74	17.04	976.14	17.60	975.53	18.16
976.73	17.05	976.12	17.61	975.52	18.17
976.71	17.07	976.11	17.62	975.51	18.18
976.70	17.08	976.10	17.64	975.50	18.19
976.69	17.09	976.08	17.65	975.48	18.21
976.67	17.10	976.07	17.66	975.47	18.22
976.66	17.11	976.06	17.67	975.46	18.23
976.65	17.13	976.04	17.68	975.44	18.24
976.63	17.14	976.03	17.70	975.43	18.25
976.62	17.15	976.02	17.71	975.42	18.27
976.61	17.16	976.00	17.72	975.40	18.28
976.59	17.18	975.99	17.73	975.39	18.29
976.58	17.19	975.98	17.75	975.38	18.30
976.57	17.20	975.97	17.76	975.37	18.32
976.56	17.21	975.95	17.77	975.35	18.33
976.54	17.22	975.94	17.78	975.34	18.34
976.53	17.24	975.93	17.79	975.33	18.35
976.52	17.25	975.91	17.81	975.31	18.36
976.50	17.26	975.90	17.82	975.30	18.38
976.49	17.27	975.89	17.83	975.29	18.39
976.48	17.28	975.87	17.84	975.27	18.40
976.46	17.30	975.86	17.85	975.26	18.41
976.45	17.31	975.85	17.87	975.25	18.42
976.44	17.32	975.84	17.88	975.24	18.44
976.42	17.33	975.82	17.89	975.22	18.45
976.41	17.35	975.81	17.90	975.21	18.46
976.40	17.36	975.80	17.92	975.20	18.47
976.38	17.37	975.78	17.93	975.18	18.48
976.37	17.38	975.77	17.94	975.17	18.50
976.36	17.39	975.76	17.95	975.16	18.51

表 A.1（续）

密度/(g/L)	酒精度/(%vol)	密度/(g/L)	酒精度/(%vol)	密度/(g/L)	酒精度/(%vol)
975.14	18.52	974.55	19.08	973.95	19.63
975.13	18.53	974.53	19.09	973.94	19.65
975.12	18.55	974.52	19.10	973.92	19.66
975.11	18.56	974.51	19.11	973.91	19.67
975.09	18.57	974.49	19.13	973.90	19.68
975.08	18.58	974.48	19.14	973.88	19.69
975.07	18.59	974.47	19.15	973.87	19.71
975.05	18.61	974.46	19.16	973.86	19.72
975.04	18.62	974.44	19.17	973.85	19.73
975.03	18.63	974.43	19.19	973.83	19.74
975.01	18.64	974.42	19.20	973.82	19.75
975.00	18.65	974.40	19.21	973.81	19.77
974.99	18.67	974.39	19.22	973.79	19.78
974.97	18.68	974.38	19.23	973.78	19.79
974.96	18.69	974.36	19.25	973.77	19.80
974.95	18.70	974.35	19.26	973.75	19.81
974.94	18.71	974.34	19.27	973.74	19.83
974.92	18.73	974.33	19.28	973.73	19.84
974.91	18.74	974.31	19.30	973.72	19.85
974.90	18.75	974.30	19.31	973.70	19.86
974.88	18.76	974.29	19.32	973.69	19.88
974.87	18.78	974.27	19.33	973.68	19.89
974.86	18.79	974.26	19.34	973.66	19.90
974.84	18.80	974.25	19.36	973.65	19.91
974.83	18.81	974.23	19.37	973.64	19.92
974.82	18.82	974.22	19.38	973.62	19.94
974.81	18.84	974.21	19.39	973.61	19.95
974.79	18.85	974.20	19.40	973.60	19.96
974.78	18.86	974.18	19.42	973.59	19.97
974.77	18.87	974.17	19.43	973.57	19.98
974.75	18.88	974.16	19.44	973.56	20.00
974.74	18.90	974.14	19.45	973.55	20.01
974.73	18.91	974.13	19.46	973.53	20.02
974.71	18.92	974.12	19.48	973.52	20.03
974.70	18.93	974.10	19.49	973.51	20.04
974.69	18.94	974.09	19.50	973.50	20.06
974.68	18.96	974.08	19.51	973.48	20.07
974.66	18.97	974.07	19.53	973.47	20.08
974.65	18.98	974.05	19.54	973.46	20.09
974.64	18.99	974.04	19.55	973.44	20.10
974.62	19.01	974.03	19.56	973.43	20.12
974.61	19.02	974.01	19.57	973.42	20.13
974.60	19.03	974.00	19.59	973.40	20.14
974.59	19.04	973.99	19.60	973.39	20.15
974.57	19.05	973.98	19.61	973.38	20.16
974.56	19.07	973.96	19.62	973.37	20.18

STANDARDS PRESS OF CHINA

表 A.1（续）

密度/(g/L)	酒精度/(%vol)	密度/(g/L)	酒精度/(%vol)	密度/(g/L)	酒精度/(%vol)
973.35	20.19	972.76	20.74	972.16	21.30
973.34	20.20	972.74	20.76	972.15	21.31
973.33	20.21	972.73	20.77	972.13	21.32
973.31	20.23	972.72	20.78	972.12	21.33
973.30	20.24	972.70	20.79	972.11	21.35
973.29	20.25	972.69	20.80	972.09	21.36
973.28	20.26	972.68	20.82	972.08	21.37
973.26	20.27	972.67	20.83	972.07	21.38
973.25	20.29	972.65	20.84	972.05	21.39
973.24	20.30	972.64	20.85	972.04	21.41
973.22	20.31	972.63	20.86	972.03	21.42
973.21	20.32	972.61	20.88	972.02	21.43
973.20	20.33	972.60	20.89	972.00	21.44
973.18	20.35	972.59	20.90	971.99	21.45
973.17	20.36	972.57	20.91	971.98	21.47
973.16	20.37	972.56	20.92	971.96	21.48
973.15	20.38	972.55	20.94	971.95	21.49
973.13	20.39	972.54	20.95	971.94	21.50
973.12	20.41	972.52	20.96	971.93	21.51
973.11	20.42	972.51	20.97	971.91	21.53
973.09	20.43	972.50	20.98	971.90	21.54
973.08	20.44	972.48	21.00	971.89	21.55
973.07	20.45	972.47	21.01	971.87	21.56
973.05	20.47	972.46	21.02	971.86	21.57
973.04	20.48	972.45	21.03	971.85	21.59
973.03	20.49	972.43	21.04	971.83	21.60
973.02	20.50	972.42	21.06	971.82	21.61
973.00	20.51	972.41	21.07	971.81	21.62
972.99	20.53	972.39	21.08	971.80	21.63
972.98	20.54	972.38	21.09	971.78	21.65
972.96	20.55	972.37	21.10	971.77	21.66
972.95	20.56	972.35	21.12	971.76	21.67
972.94	20.57	972.34	21.13	971.74	21.68
972.92	20.59	972.33	21.14	971.73	21.69
972.91	20.60	972.32	21.15	971.72	21.71
972.90	20.61	972.30	21.17	971.70	21.72
972.89	20.62	972.29	21.18	971.69	21.73
972.87	20.64	972.28	21.19	971.68	21.74
972.86	20.65	972.26	21.20	971.67	21.75
972.85	20.66	972.25	21.21	971.65	21.77
972.83	20.67	972.24	21.23	971.64	21.78
972.82	20.68	972.22	21.24	971.63	21.79
972.81	20.70	972.21	21.25	971.61	21.80
972.80	20.71	972.20	21.26	971.60	21.81
972.78	20.72	972.19	21.27	971.59	21.83
972.77	20.73	972.17	21.29	971.57	21.84

表 A.1（续）

密度/(g/L)	酒精度/(%vol)	密度/(g/L)	酒精度/(%vol)	密度/(g/L)	酒精度/(%vol)
971.56	21.85	970.96	22.40	970.36	22.95
971.55	21.86	970.95	22.42	970.35	22.97
971.54	21.87	970.94	22.43	970.33	22.98
971.52	21.89	970.92	22.44	970.32	22.99
971.51	21.90	970.91	22.45	970.31	23.00
971.50	21.91	970.90	22.46	970.29	23.01
971.48	21.92	970.88	22.48	970.28	23.03
971.47	21.93	970.87	22.49	970.27	23.04
971.46	21.95	970.86	22.50	970.26	23.05
971.44	21.96	970.84	22.51	970.24	23.06
971.43	21.97	970.83	22.52	970.23	23.07
971.42	21.98	970.82	22.54	970.22	23.09
971.41	21.99	970.81	22.55	970.20	23.10
971.39	22.01	970.79	22.56	970.19	23.11
971.38	22.02	970.78	22.57	970.18	23.12
971.37	22.03	970.77	22.58	970.16	23.13
971.35	22.04	970.75	22.60	970.15	23.15
971.34	22.05	970.74	22.61	970.14	23.16
971.33	22.07	970.73	22.62	970.12	23.17
971.31	22.08	970.71	22.63	970.11	23.18
971.30	22.09	970.70	22.64	970.10	23.19
971.29	22.10	970.69	22.66	970.09	23.21
971.28	22.11	970.67	22.67	970.07	23.22
971.26	22.13	970.66	22.68	970.06	23.23
971.25	22.14	970.65	22.69	970.05	23.24
971.24	22.15	970.64	22.70	970.03	23.25
971.22	22.16	970.62	22.72	970.02	23.27
971.21	22.18	970.61	22.73	970.01	23.28
971.20	22.19	970.60	22.74	969.99	23.29
971.18	22.20	970.58	22.75	969.98	23.30
971.17	22.21	970.57	22.76	969.97	23.31
971.16	22.22	970.56	22.78	969.95	23.33
971.14	22.24	970.54	22.79	969.94	23.34
971.13	22.25	970.53	22.80	969.93	23.35
971.12	22.26	970.52	22.81	969.91	23.36
971.11	22.27	970.50	22.82	969.90	23.37
971.09	22.28	970.49	22.83	969.89	23.39
971.08	22.30	970.48	22.85	969.87	23.40
971.07	22.31	970.47	22.86	969.86	23.41
971.05	22.32	970.45	22.87	969.85	23.42
971.04	22.33	970.44	22.88	969.84	23.43
971.03	22.34	970.43	22.89	969.82	23.45
971.01	22.36	970.41	22.91	969.81	23.46
971.00	22.37	970.40	22.92	969.80	23.47
970.99	22.38	970.39	22.93	969.78	23.48
970.98	22.39	970.37	22.94	969.77	23.49

表 A.1（续）

密度/(g/L)	酒精度/(%vol)	密度/(g/L)	酒精度/(%vol)	密度/(g/L)	酒精度/(%vol)
969.76	23.51	969.15	24.06	968.54	24.61
969.74	23.52	969.14	24.07	968.53	24.62
969.73	23.53	969.12	24 08	968.51	24.63
969.72	23.54	969.11	24.09	968.50	24.64
969.70	23.55	969.10	24.10	968.49	24.65
969.69	23.57	969.08	24.12	968.47	24.66
969.68	23.58	969.07	24.13	968.46	24.68
969.66	23.59	969.06	24.14	968.45	24.69
969.65	23.60	969.04	24.15	968.43	24.70
969.64	23.61	969.03	24.16	968.42	24.71
969.62	23.63	969.02	24.18	968.41	24.72
969.61	23.64	969.00	24.19	968.39	24.74
969.60	23.65	968.99	24.20	968.38	24.75
969.59	23.66	968.98	24.21	968.37	24.76
969.57	23.67	968.96	24.22	968.35	24.77
969.56	23.69	968.95	24.24	968.34	24.78
969.55	23.70	968.94	24.25	968.32	24.80
969.53	23.71	968.92	24.26	968.31	24.81
969.52	23.72	968.91	24.27	968.30	24.82
969.51	23.73	968.90	24.28	968.28	24.83
969.49	23.75	968.88	24.29	968.27	24.84
969.48	23.76	968.87	24.31	968.26	24.86
969.47	23.77	968.86	24.32	968.24	24.87
969.45	23.78	968.84	24.33	968.23	24.88
969.44	23.79	968.83	24.34	968.22	24.89
969.43	23.80	968.82	24.35	968.20	24.90
969.41	23.82	968.80	24.37	968.19	24.92
969.40	23.83	968.79	24.38	968.18	24.93
969.39	23.84	968.78	24.39	968.16	24.94
969.37	23.85	968.76	24.40	968.15	24.95
969.36	23.86	968.75	24.41	968.14	24.96
969.35	23.88	968.74	24.42	968.12	24.97
969.33	23.89	968.72	24.44	968.11	24.99
969.32	23.90	968.71	24.45	968.10	25.00
969.31	23.91	968.70	24.46	968.08	25.01
969.29	23.92	968.68	24.47	968.07	25.02
969.28	23.94	968.67	24.49	968.06	25.03
969.27	23.95	968.66	24.50	968.04	25.05
969.25	23.96	968.64	24.51	968.03	25.06
969.24	23.97	968.63	24.52	968.02	25.07
969.23	23.98	968.62	24.53	968.00	25.08
969.22	24.00	968.60	24.55	967.99	25.09
969.20	24.01	968.59	24.56	967.98	25.11
969.19	24.02	968.58	24.57	967.96	25.12
969.18	24.03	968.56	24.58	967.95	25.13
969.16	24.04	968.55	24.59	967.94	25.14

表 A.1（续）

密度/(g/L)	酒精度/(%vol)	密度/(g/L)	酒精度/(%vol)	密度/(g/L)	酒精度/(%vol)
967.92	25.15	967.30	25.70	966.68	26.25
967.91	25.17	967.29	25.71	966.67	26.26
967.90	25.18	967.28	25.73	966.65	26.27
967.88	25.19	967.26	25.74	966.64	26.28
967.87	25.20	967.25	25.75	966.63	26.30
967.86	25.21	967.24	25.76	966.61	26.31
967.84	25.23	967.22	25.77	966.60	26.32
967.83	25.24	967.21	25.78	966.59	26.33
967.82	25.25	967.20	25.80	966.57	26.34
967.80	25.26	967.18	25.81	966.56	26.36
967.79	25.27	967.17	25.82	966.54	26.37
967.78	25.28	967.16	25.83	966.53	26.38
967.76	25.30	967.14	25.84	966.52	26.39
967.75	25.31	967.13	25.86	966.50	26.40
967.74	25.32	967.12	25.87	966.49	26.41
967.72	25.33	967.10	25.88	966.48	26.43
967.71	25.34	967.09	25.89	966.46	26.44
967.70	25.36	967.07	25.90	966.45	26.45
967.68	25.37	967.06	25.92	966.43	26.46
967.67	25.38	967.05	25.93	966.42	26.47
967.65	25.39	967.03	25.94	966.41	26.49
967.64	25.40	967.02	25.95	966.39	26.50
967.63	25.42	967.01	25.96	966.38	26.51
967.61	25.43	966.99	25.98	966.37	26.52
967.60	25.44	966.98	25.99	966.35	26.53
967.59	25.45	966.97	26.00	966.34	26.55
967.57	25.46	966.95	26.01	966.33	26.56
967.56	25.48	966.94	26.02	966.31	26.57
967.55	25.49	966.93	26.03	966.30	26.58
967.53	25.50	966.91	26.05	966.28	26.59
967.52	25.51	966.90	26.06	966.27	26.60
967.51	25.52	966.88	26.07	966.26	26.62
967.49	25.53	966.87	26.08	966.24	26.63
967.48	25.55	966.86	26.09	966.23	26.64
967.47	25.56	966.84	26.11	966.22	26.65
967.45	25.57	966.83	26.12	966.20	26.66
967.44	25.58	966.82	26.13	966.19	26.68
967.43	25.59	966.80	26.14	966.17	26.69
967.41	25.61	966.79	26.15	966.16	26.70
967.40	25.62	966.78	26.17	966.15	26.71
967.39	25.63	966.76	26.18	966.13	26.72
967.37	25.64	966.75	26.19	966.12	26.73
967.36	25.65	966.73	26.20	966.11	26.75
967.34	25.67	966.72	26.21	966.09	26.76
967.33	25.68	966.71	26.22	966.08	26.77
967.32	25.69	966.69	26.24	966.06	26.78

STANDARDS PRESS OF CHINA

表 A.1(续)

密度/(g/L)	酒精度/(%vol)	密度/(g/L)	酒精度/(%vol)	密度/(g/L)	酒精度/(%vol)
966.05	26.79	965.42	27.34	964.78	27.88
966.04	26.81	965.40	27.35	964.76	27.90
966.02	26.82	965.39	27.36	964.75	27.91
966.01	26.83	965.37	27.37	964.73	27.92
966.00	26.84	965.36	27.39	964.72	27.93
965.98	26.85	965.35	27.40	964.71	27.94
965.97	26.87	965.33	27.41	964.69	27.95
965.95	26.88	965.32	27.42	964.68	27.97
965.94	26.89	965.31	27.43	964.66	27.98
965.93	26.90	965.29	27.45	964.65	27.99
965.91	26.91	965.28	27.46	964.64	28.00
965.90	26.92	965.26	27.47	964.62	28.01
965.89	26.94	965.25	27.48	964.61	28.03
965.87	26.95	965.24	27.49	964.59	28.04
965.86	26.96	965.22	27.51	964.58	28.05
965.84	26.97	965.21	27.52	964.57	28.06
965.83	26.98	965.19	27.53	964.55	28.07
965.82	27.00	965.18	27.54	964.54	28.08
965.80	27.01	965.17	27.55	964.52	28.10
965.79	27.02	965.15	27.56	964.51	28.11
965.78	27.03	965.14	27.58	964.49	28.12
965.76	27.04	965.12	27.59	964.48	28.13
965.75	27.06	965.11	27.60	964.47	28.14
965.73	27.07	965.10	27.61	964.45	28.16
965.72	27.08	965.08	27.62	964.44	28.17
965.71	27.09	965.07	27.64	964.42	28.18
965.69	27.10	965.05	27.65	964.41	28.19
965.68	27.11	965.04	27.66	964.40	28.20
965.67	27.13	965.03	27.67	964.38	28.21
965.65	27.14	965.01	27.68	964.37	28.23
965.64	27.15	965.00	27.69	964.35	28.24
965.62	27.16	964.99	27.71	964.34	28.25
965.61	27.17	964.97	27.72	964.33	28.26
965.60	27.19	964.96	27.73	964.31	28.27
965.58	27.20	964.94	27.74	964.30	28.29
965.57	27.21	964.93	27.75	964.28	28.30
965.55	27.22	964.92	27.77	964.27	28.31
965.54	27.23	964.90	27.78	964.26	28.32
965.53	27.24	964.89	27.79	964.24	28.33
965.51	27.26	964.87	27.80	964.23	28.34
965.50	27.27	964.86	27.81	964.21	28.36
965.49	27.28	964.85	27.82	964.20	28.37
965.47	27.29	964.83	27.84	964.18	28.38
965.46	27.30	964.82	27.85	964.17	28.39
965.44	27.32	964.80	27.86	964.16	28.40
965.43	27.33	964.79	27.87	964.14	28.41

表 A.1(续)

密度/(g/L)	酒精度/(%vol)	密度/(g/L)	酒精度/(%vol)	密度/(g/L)	酒精度/(%vol)
964.13	28.43	963.47	28.97	962.81	29.51
964.11	28.44	963.46	28.98	962.80	29.52
964.10	28.45	963.45	28.99	962.78	29.53
964.09	28.46	963.43	29.00	962.77	29.55
964.07	28.47	963.42	29.02	962.76	29.56
964.06	28.49	963.40	29.03	962.74	29.57
964.04	28.50	963.39	29.04	962.73	29.58
964.03	28.51	963.37	29.05	962.71	29.59
964.01	28.52	963.36	29.06	962.70	29.60
964.00	28.53	963.35	29.08	962.68	29.62
963.99	28.54	963.33	29.09	962.67	29.63
963.97	28.56	963.32	29.10	962.65	29.64
963.96	28.57	963.30	29.11	962.64	29.65
963.94	28.58	963.29	29.12	962.63	29.66
963.93	28.59	963.27	29.13	962.61	29.67
963.92	28.60	963.26	29.15	962.60	29.69
963.90	28.62	963.25	29.16	962.58	29.70
963.89	28.63	963.23	29.17	962.57	29.71
963.87	28.64	963.22	29.18	962.55	29.72
963.86	28.65	963.20	29.19	962.54	29.73
963.84	28.66	963.19	29.20	962.52	29.75
963.83	28.67	963.17	29.22	962.51	29.76
963.82	28.69	963.16	29.23	962.49	29.77
963.80	28.70	963.14	29.24	962.48	29.78
963.79	28.71	963.13	29.25	962.47	29.79
963.77	28.72	963.12	29.26	962.45	29.80
963.76	28.73	963.10	29.28	962.44	29.82
963.75	28.75	963.09	29.29	962.42	29.83
963.73	28.76	963.07	29.30	962.41	29.84
963.72	28.77	963.06	29.31	962.39	29.85
963.70	28.78	963.04	29.32	962.38	29.86
963.69	28.79	963.03	29.33	962.36	29.87
963.67	28.80	963.02	29.35	962.35	29.89
963.66	28.82	963.00	29.36	962.34	29.90
963.65	28.83	962.99	29.37	962.32	29.91
963.63	28.84	962.97	29.38	962.31	29.92
963.62	28.85	962.96	29.39	962.29	29.93
963.60	28.86	962.94	29.40	962.28	29.95
963.59	28.87	962.93	29.42	962.26	29.96
963.57	28.89	962.91	29.43	962.25	29.97
963.56	28.90	962.90	29.44	962.23	29.98
963.55	28.91	962.89	29.45	962.22	29.99
963.53	28.92	962.87	29.46	962.20	30.00
963.52	28.93	962.86	29.48	962.19	30.02
963.50	28.95	962.84	29.49	962.17	30.03
963.49	28.96	962.83	29.50	962.16	30.04

附　录　B
（规范性附录）
酒精计温度、酒精度（乙醇含量）换算表

表 B.1　酒精计温度、酒精度（乙醇含量）换算表

溶液温度/℃	酒精计示值									
	35	34.5	34	33.5	33	32.5	32	31.5	31	30.5
	酒精计温度为20℃时的乙醇含量/(%vol)									
35	28.8	28.2	27.8	27.3	26.8	26.4	26.0	25.5	25.0	24.6
34	29.3	28.8	28.3	27.8	27.3	26.8	26.4	25.9	25.4	25.0
33	29.7	29.2	28.7	28.2	27.7	27.2	26.8	26.3	25.8	25.4
32	30.1	29.6	29.1	28.6	28.1	27.6	27.2	26.7	26.2	25.8
31	30.5	30.0	29.5	29.0	28.5	28.0	27.6	27.1	26.6	26.2
30	30.9	30.4	29.9	29.4	28.9	28.4	28.0	27.5	27.0	26.5
29	31.3	30.8	30.3	29.8	29.4	28.8	28.4	27.9	27.4	26.9
28	31.7	31.2	30.7	30.2	29.8	29.2	28.8	28.3	27.8	27.3
27	32.2	31.6	31.2	30.6	30.2	29.6	29.2	28.7	28.2	27.7
26	32.6	32.0	31.6	31.0	30.6	30.0	29.6	29.1	28.6	28.1
25	33.0	32.5	32.0	31.5	31.0	30.5	30.0	29.5	29.0	28.5
24	33.4	32.9	32.4	31.9	31.4	30.9	30.4	29.9	29.4	28.9
23	33.8	33.3	32.8	32.3	31.8	31.3	30.8	30.3	29.8	29.3
22	34.2	33.7	33.2	32.7	32.2	31.7	31.2	30.7	30.2	29.7
21	34.6	34.1	33.6	33.1	32.6	32.0	31.6	31.1	30.6	30.1
20	35.0	34.5	34.0	33.5	33.0	32.5	32.0	31.5	31.0	30.5
19	35.4	34.9	34.4	33.9	33.4	32.9	32.4	31.9	31.4	30.9
18	35.8	35.3	34.8	34.3	33.8	33.2	32.8	32.3	31.8	31.3
17	36.2	35.7	35.2	34.7	34.2	33.7	33.2	32.7	32.2	31.7
16	36.6	36.1	35.6	35.1	34.6	34.1	33.6	33.1	32.6	32.1
15	37.0	36.5	36.0	35.5	35.0	34.5	34.0	33.5	33.0	32.5
14	37.4	36.9	36.4	35.9	35.4	35.0	34.4	34.0	33.5	32.0
13	37.8	37.3	36.8	36.4	35.9	35.4	34.9	34.4	33.9	32.4
12	38.2	37.8	37.3	36.8	36.3	35.8	35.3	34.8	34.3	33.8
11	38.7	38.2	37.7	37.2	36.7	36.2	35.7	35.2	34.7	34.2
10	39.1	38.6	38.1	37.6	37.1	36.6	36.1	35.6	35.1	34.6

表 B.1（续）

溶液温度/℃	酒精计示值									
	30	29.5	29	28.5	28	27.5	27	26.5	26	25.5
	酒精计温度为20℃时的乙醇含量/(%vol)									
35	24.2	23.7	23.2	22.8	22.3	21.8	21.3	20.8	20.4	20.0
34	24.5	24.0	23.5	23.1	22.7	22.2	21.7	21.2	20.8	20.4
33	24.9	24.4	23.9	23.5	23.1	22.6	22.0	21.6	21.2	20.8
32	25.3	24.8	24.2	23.8	23.4	22.9	22.4	22.0	21.6	21.2
31	25.7	25.2	24.7	24.2	23.8	23.3	22.8	22.4	21.9	21.4
30	26.1	25.6	25.1	24.6	24.2	23.7	23.2	22.8	22.3	21.9
29	26.4	26.0	25.5	25.0	24.6	24.1	23.6	23.2	22.7	22.2
28	26.8	26.4	25.9	25.4	24.9	24.4	24.0	23.5	23.0	22.6
27	27.2	26.7	26.3	25.8	25.3	24.8	24.4	23.9	23.4	22.9
26	27.6	27.1	26.6	26.2	25.7	25.2	24.7	24.2	23.8	23.3
25	28.0	27.5	27.0	26.6	26.1	25.6	25.1	24.6	24.1	23.7
24	28.4	27.9	27.4	26.9	26.4	26.0	25.5	25.0	24.5	24.0
23	28.8	28.3	27.8	27.2	26.8	26.3	25.8	25.4	24.9	24.4
22	29.2	28.7	28.2	27.7	27.2	26.7	26.2	25.8	25.3	24.8
21	29.6	29.1	28.6	28.1	27.6	27.1	26.6	26.1	25.6	25.1
20	30.0	29.5	29.0	28.5	28.0	27.5	27.0	26.5	26.0	25.5
19	30.4	29.9	29.4	28.9	28.4	27.9	27.4	26.9	26.4	25.9
18	30.8	30.3	29.8	29.3	28.8	28.3	27.8	27.2	26.7	26.2
17	31.2	30.7	30.2	29.7	29.2	28.6	28.1	27.6	27.1	26.6
16	31.6	31.1	30.6	30.1	29.5	29.0	28.5	28.0	27.5	27.0
15	32.0	31.5	31.0	30.5	29.9	29.5	28.9	28.4	27.9	27.4
14	32.4	31.9	31.4	30.9	30.4	29.9	29.3	28.8	28.3	27.8
13	32.8	32.3	31.8	31.2	30.8	30.3	29.7	29.2	28.7	28.2
12	33.3	32.8	32.1	31.6	31.2	30.7	30.2	29.6	29.1	28.5
11	33.7	33.2	32.7	32.0	31.6	31.1	30.6	30.0	29.5	28.9
10	30.1	33.6	33.1	32.5	32.0	31.5	31.0	30.4	29.9	29.3

STANDARDS PRESS OF CHINA

表 B.1（续）

溶液温度/℃	酒精计示值									
	25	24.5	24	23.5	23	22.5	22	21.5	21	20.5
	酒精计温度为20℃时的乙醇含量/(%vol)									
35	19.6	19.2	18.8	18.4	17.9	17.4	16.9	16.4	16.0	15.6
34	20.0	19.6	19.1	18.6	18.2	17.7	17.2	16.8	16.4	16.0
33	20.3	19.8	19.4	19.0	18.6	18.1	17.6	17.2	16.7	16.2
32	20.7	20.2	19.8	19.4	18.9	18.4	17.9	17.4	17.0	16.6
31	21.0	20.6	20.2	19.8	19.3	18.8	18.3	17.8	17.4	17.0
30	21.4	20.9	20.5	20.0	19.6	19.1	18.6	18.2	17.7	17.3
29	21.8	21.3	20.8	20.4	19.9	19.4	19.0	18.5	18.0	17.6
28	22.1	21.6	21.2	20.7	20.2	19.8	19.3	18.8	18.4	17.9
27	22.5	22.0	21.5	21.0	20.6	20.1	19.6	19.2	18.7	18.2
26	22.8	22.4	21.9	21.4	20.9	20.5	20.0	19.5	19.0	18.6
25	23.2	22.7	22.2	21.8	21.2	20.8	20.3	19.8	19.4	18.9
24	23.5	23.1	22.6	22.1	21.6	21.1	20.7	20.2	19.7	19.2
23	23.9	23.4	22.9	22.4	22.0	21.5	21.0	20.5	20.0	19.5
22	24.3	23.8	23.3	22.8	22.3	21.8	21.3	20.8	20.4	19.9
21	24.6	24.1	23.6	23.1	22.6	22.2	21.7	21.2	20.7	20.2
20	25.0	24.5	24.0	23.5	23.0	22.5	22.0	21.5	21.0	20.5
19	25.4	24.8	24.4	23.8	23.3	22.8	22.3	21.8	21.3	20.8
18	25.7	25.2	24.7	24.2	23.7	23.2	22.6	22.1	21.6	21.1
17	26.1	25.6	25.1	24.5	24.0	23.5	23.0	22.5	22.0	21.4
16	26.5	25.9	25.4	24.9	24.4	23.8	23.3	22.8	22.3	21.8
15	26.8	26.3	25.8	25.3	24.7	24.2	23.7	23.1	22.6	22.1
14	27.2	26.7	26.2	25.6	25.1	24.6	24.0	23.5	23.0	22.4
13	27.6	27.1	26.5	26.0	25.4	24.9	24.4	23.8	23.3	22.7
12	28.0	27.4	26.9	26.4	25.8	25.3	24.7	24.2	23.6	23.0
11	28.4	27.8	27.3	26.7	26.2	25.6	25.0	24.5	23.9	23.4
10	28.8	28.2	27.7	27.1	26.6	26.0	25.4	24.8	24.3	23.7

表 B.1（续）

溶液温度/℃	酒精计示值									
	20	19.5	19	18.5	18	17.5	17	16.5	16	15.5
	酒精计温度为20℃时的乙醇含量/(%vol)									
35	15.2	14.8	14.5	14.0	13.6	13.2	12.8	12.4	12.1	11.6
34	15.5	15.2	14.8	14.4	13.9	13.5	13.1	12.8	12.4	12.0
33	15.8	15.4	15.1	14.6	14.2	13.8	13.4	13.0	12.6	12.2
32	16.2	15.8	15.4	15.0	14.5	14.0	13.6	13.2	12.9	12.4
31	16.5	16.1	15.7	15.2	14.8	14.4	13.9	13.5	13.1	12.6
30	16.8	16.4	16.0	15.5	15.1	14.7	14.2	13.8	13.4	12.9
29	17.2	16.7	16.3	15.8	15.4	15.0	14.5	14.1	13.6	13.2
28	17.5	17.0	16.6	16.1	15.7	15.2	14.8	14.4	13.9	13.4
27	17.8	17.3	16.9	16.4	16.0	15.5	15.1	14.6	14.2	13.7
26	18.1	17.6	17.2	16.7	16.3	15.8	15.4	14.9	14.4	14.0
25	18.4	18.0	17.5	17.0	16.6	16.1	15.6	15.2	14.7	14.2
24	18.7	18.3	17.8	17.3	16.9	16.4	15.9	15.4	15.0	14.5
23	19.0	18.6	18.1	17.6	17.1	16.6	16.2	15.7	15.2	14.7
22	19.4	18.9	18.4	17.9	17.4	17.0	16.5	16.0	15.5	15.0
21	19.7	19.2	18.7	18.2	17.7	17.2	16.7	16.2	15.7	15.2
20	20.0	19.5	19.0	18.5	18.0	17.5	17.0	16.5	16.0	15.5
19	20.3	19.8	19.3	18.8	18.3	17.8	17.3	16.8	16.3	15.8
18	20.6	20.1	19.6	19.1	18.6	18.1	17.6	17.0	16.5	16.0
17	20.9	20.4	19.9	19.4	18.9	18.3	17.9	17.3	16.8	16.2
16	21.2	20.7	20.2	19.7	19.2	18.6	18.1	17.5	17.0	16.5
15	21.6	21.0	20.5	20.0	19.4	18.9	18.3	17.8	17.2	16.7
14	21.9	21.3	20.8	20.2	19.7	19.1	18.6	18.0	17.5	16.9
13	22.2	21.6	21.1	20.5	20.0	19.4	18.8	18.3	17.7	17.2
12	22.5	21.9	21.4	20.8	20.2	19.7	19.1	18.5	18.0	17.4
11	22.8	22.2	21.7	21.1	20.5	20.0	19.4	18.8	18.2	17.6
10	23.1	22.5	22.0	21.4	20.8	20.2	19.6	19.0	18.4	17.8

表 B.1（续）

溶液温度/℃	酒精计示值									
	15	14.5	14	13.5	13	12.5	12	11.5	11	10.5
	酒精计温度为20℃时的乙醇含量/(%vol)									
35	11.2	10.8	10.4	10.0	9.6	9.2	8.7	8.3	7.9	7.4
34	11.5	11.0	10.6	10.2	9.8	9.4	8.9	8.5	8.1	7.6
33	11.8	11.4	10.9	10.4	10.0	9.6	9.1	8.7	8.3	7.8
32	12.0	11.6	11.0	10.6	10.2	9.8	9.4	9.0	8.5	8.0
31	12.2	11.8	11.4	11.0	10.5	10.0	9.6	9.2	8.7	8.2
30	12.5	12.0	11.6	11.1	10.7	10.2	9.8	9.3	8.9	8.4
29	12.7	12.3	11.8	11.4	10.9	10.5	10.0	9.5	9.1	8.6
28	13.0	12.6	12.1	11.6	11.2	10.7	10.3	9.8	9.2	8.9
27	13.2	12.8	12.3	11.9	11.4	10.9	10.5	10.0	9.5	9.1
26	13.5	13.0	12.6	12.1	11.7	11.2	10.7	10.2	9.8	9.3
25	13.8	13.3	12.8	12.4	11.9	11.4	10.9	10.4	10.0	9.5
24	14.0	13.5	13.1	12.6	12.1	11.6	11.2	10.7	10.2	9.7
23	14.3	13.8	13.3	12.8	12.3	11.8	11.4	10.9	10.4	9.9
22	14.5	14.0	13.6	13.1	12.6	12.1	11.6	11.1	10.6	10.1
21	14.8	14.3	13.8	13.3	12.8	12.3	11.8	11.3	10.8	10.3
20	15.0	14.5	14.0	13.5	13.0	12.5	12.0	11.5	11.0	10.5
19	15.2	14.7	14.2	12.7	13.2	12.7	12.2	11.7	11.2	10.7
18	15.5	15.0	14.4	13.9	13.4	12.9	12.4	11.9	11.4	10.9
17	15.7	15.2	14.7	14.1	13.6	13.1	12.6	12.1	11.5	11.0
16	15.9	15.4	14.9	14.3	13.8	13.3	12.8	12.2	11.7	11.2
15	16.2	15.6	15.1	14.5	14.0	13.5	12.9	12.4	11.9	11.3
14	16.4	15.8	15.2	14.7	14.2	13.6	13.1	12.5	12.0	11.5
13	16.6	16.0	15.5	14.9	14.4	13.8	13.2	12.7	12.2	11.6
12	16.8	16.2	15.7	15.1	14.5	14.0	13.4	12.8	12.3	11.8
11	17.0	16.4	15.8	15.3	14.7	14.1	13.6	13.0	12.4	11.9
10	17.2	16.6	16.0	15.4	14.9	14.3	13.7	13.1	12.6	12.0

表 B.1（续）

溶液温度/℃	酒精计示值									
	10	9.5	9	8.5	8	7.5	7	6.5	6	5.5
	酒精计温度为20℃时的乙醇含量/(%vol)									
35	6.8	6.4	6.0	5.6	5.2	4.8	4.3	3.8	3.3	2.8
34	7.1	6.6	6.2	5.8	5.3	4.9	4.5	4.0	3.5	3.0
33	7.3	6.8	6.4	6.0	5.5	5.1	4.7	4.2	3.7	3.2
32	7.5	7.0	6.6	6.2	5.7	5.2	4.8	4.3	3.8	3.4
31	7.7	7.2	6.8	6.4	5.9	5.4	5.0	4.5	4.0	3.6
30	7.9	7.5	7.0	6.6	6.1	5.6	5.2	4.7	4.2	3.8
29	8.2	7.7	7.2	6.8	6.3	5.8	5.4	4.9	4.4	4.0
28	8.4	7.9	7.5	7.0	6.5	6.1	5.6	5.1	4.6	4.2
27	8.6	8.1	7.7	7.2	6.7	6.3	5.8	5.3	4.8	4.3
26	8.8	8.2	7.9	7.4	6.9	6.4	6.0	5.5	5.0	4.5
25	9.0	8.6	8.1	7.6	7.1	6.6	6.2	5.7	5.2	4.7
24	9.2	8.8	8.3	7.8	7.3	6.8	6.3	5.8	5.4	4.9
23	9.4	8.9	8.4	8.0	7.5	7.0	6.5	6.0	5.5	5.0
22	9.6	9.1	8.6	8.2	7.7	7.2	6.7	6.2	5.7	5.2
21	9.8	9.3	8.8	8.3	7.8	7.3	6.8	6.3	5.8	5.4
20	10.0	9.5	9.0	8.5	8.0	7.5	7.0	6.5	6.0	5.5
19	10.2	9.7	9.2	8.7	8.2	7.6	7.2	6.6	6.1	5.6
18	10.4	9.8	9.3	8.8	8.3	7.8	7.3	6.8	6.3	5.8
17	10.5	10.0	9.5	9.0	8.5	8.0	7.4	6.9	6.4	5.9
16	10.7	10.2	9.6	9.1	8.6	8.1	7.6	7.0	6.5	6.0
15	10.8	10.3	9.8	9.3	8.8	8.2	7.7	7.1	6.6	6.1
14	11.0	10.4	9.9	9.4	8.9	8.3	7.8	7.2	6.7	6.2
13	11.1	10.6	10.0	9.5	9.0	8.4	7.9	7.4	6.8	6.3
12	11.2	10.7	10.1	9.6	9.1	8.5	8.0	7.4	6.9	6.4
11	11.3	10.8	10.2	9.7	9.2	8.6	8.1	7.6	7.0	6.5
10	11.4	10.9	10.3	9.8	9.3	8.7	8.2	7.6	7.1	6.5

STANDARDS PRESS OF CHINA

表 B.1（续）

溶液温度/℃	酒精计示值									
	5	4.5	4	3.5	3	2.5	2	1.5	1	0.5
	酒精计温度为20℃时的乙醇含量/(%vol)									
35	2.4	2.0	1.6	1.1	0.6	—	—	—	—	—
34	2.6	2.2	1.8	1.3	0.8	—	—	—	—	—
33	2.8	2.4	1.9	1.4	0.9	—	—	—	—	—
32	3.0	2.6	2.1	1.6	1.1	0.6	0.1	—	—	—
31	3.1	2.6	2.2	1.7	1.2	0.7	0.2	—	—	—
30	3.3	2.8	2.4	1.9	1.4	0.9	0.4	0.1	—	—
29	3.5	3.0	2.5	2.1	1.6	1.1	0.6	0.2	—	—
28	3.7	3.2	2.7	2.2	1.8	1.3	0.8	0.3	—	—
27	3.9	3.4	2.9	2.4	1.9	1.4	1.0	0.4	—	—
26	4.0	3.6	3.1	2.6	2.1	1.6	1.1	0.6	0.1	—
25	4.2	3.7	3.2	2.8	2.3	1.8	1.3	0.8	0.3	—
24	4.4	3.9	3.4	2.9	2.4	1.9	1.4	0.9	0.4	—
23	4.6	4.1	3.6	3.1	2.6	2.1	1.6	1.1	0.6	0.1
22	4.7	4.2	3.7	3.2	2.7	2.2	1.7	1.2	0.7	0.2
21	4.8	4.4	3.9	3.4	2.9	2.4	1.9	1.4	0.9	0.4
20	5.0	4.5	4.0	3.5	3.0	2.5	2.0	1.5	1.0	0.5
19	5.1	4.6	4.1	3.6	3.1	2.6	2.1	1.6	1.1	0.6
18	5.3	4.8	4.2	3.7	3.2	2.7	2.2	1.7	1.2	0.7
17	5.4	4.9	4.4	3.9	3.4	2.8	2.3	1.8	1.3	0.8
16	5.5	5.0	4.5	4.0	3.4	2.9	2.4	1.9	1.4	0.9
15	5.6	5.1	4.6	4.1	3.6	3.0	2.5	2.0	1.5	1.0
14	5.7	5.2	4.7	4.2	3.9	3.1	2.6	2.1	1.6	1.1
13	5.8	5.3	4.8	4.2	3.7	3.2	2.7	2.2	1.7	1.2
12	5.9	5.4	4.8	4.3	3.8	3.3	2.8	2.2	1.8	1.2
11	6.0	5.4	4.9	4.4	3.9	3.3	2.8	2.3	1.8	1.3
10	6.0	5.5	5.0	4.4	3.9	3.4	2.9	2.4	1.8	1.3

附 录 C
（规范性附录）
密度-总浸出物含量对照表

表 C.1 密度-总浸出物含量对照表（整数位） 单位为克每升

密度（20℃）	密度的第四位整数									
	0	1	2	3	4	5	6	7	8	9
100	0	2.6	5.1	7.7	10.3	12.9	15.4	18.0	20.6	23.2
101	25.8	28.4	31.0	33.6	36.2	38.8	41.3	43.9	46.5	49.1
102	51.7	54.3	56.9	59.5	62.1	64.7	67.3	69.9	72.5	75.1
103	77.7	80.3	82.9	85.5	88.1	90.7	93.3	95.9	98.5	101.1
104	103.7	106.3	109.0	111.6	114.2	116.8	119.4	122.0	124.6	127.2
105	129.8	132.4	135.0	137.6	140.3	142.9	145.5	148.1	150.7	153.3
106	155.9	158.6	161.2	163.8	166.4	169.0	171.6	174.3	176.9	179.5
107	182.1	184.8	187.4	190.0	192.6	195.2	197.8	200.5	203.1	205.8
108	208.4	211.0	213.6	216.2	218.9	221.5	224.1	226.8	229.4	232.0
109	234.7	237.3	239.9	242.5	245.2	247.8	250.4	253.1	255.7	258.4
110	261.0	263.6	266.3	268.9	271.5	274.2	276.8	279.5	282.1	284.8
111	287.4	290.0	292.7	295.3	298.0	300.6	303.3	305.9	308.6	311.2
112	313.9	316.5	319.2	321.8	324.5	327.1	329.8	332.4	335.1	337.8
113	340.4	343.0	345.7	348.3	351.0	353.7	356.3	359.0	361.6	364.3
114	366.9	369.6	372.3	375.0	377.6	380.3	382.9	385.6	388.3	390.9
115	393.6	396.2	398.9	401.6	404.3	406.9	409.6	412.3	415.0	417.6
116	420.3	423.0	425.7	428.3	431.0	433.7	436.4	439.0	441.7	444.4
117	447.1	449.8	452.4	455.2	457.8	460.5	463.2	465.9	468.6	471.3
118	473.9	476.6	479.3	482.0	484.7	487.4	490.1	492.8	495.5	498.2
119	500.9	503.5	506.2	508.9	511.6	514.3	517.0	519.7	522.4	525.1
120	527.8	—	—	—	—	—	—	—	—	—

表 C.2 密度-总浸出物含量对照表（小数位）

密度的第一位小数	总浸出物/(g/L)	密度的第一位小数	总浸出物/(g/L)	密度的第一位小数	总浸出物/(g/L)
1	0.3	4	1.0	7	1.8
2	0.5	5	1.3	8	2.1
3	0.8	6	1.6	9	2.3

附 录 D
（资料性附录）
葡萄酒中的糖分和有机酸的测定（HPLC 法）

D.1 原理

一定量的葡萄酒样品经阴离子固相萃取柱分离与纯化，将酒样中的糖、醇和有机酸分离。分别在色谱分离柱中，以稀的硫酸溶液为流动相，再经示差折光和紫外检测器检测，分别对蔗糖、葡萄糖、果糖、甘油等糖醇和柠檬酸、酒石酸、苹果酸、琥珀酸、乳酸、醋酸等有机酸定量。

D.2 试剂和材料

D.2.1 甲醇（色谱纯）。

D.2.2 标准物质：柠檬酸，酒石酸，D-苹果酸，琥珀酸，乳酸，醋酸，蔗糖，葡萄糖，D-果糖，甘油。

D.2.3 超纯水：实验室制备。

D.2.4 糖、醇标准储备溶液：分别称取蔗糖、葡萄糖、果糖标准品各 0.05 g，精确至 0.000 1 g，用超纯水定容至 50 mL，该溶液分别含蔗糖、葡萄糖、果糖 1 g/L；称取甘油标准品 0.20 g，精确至 0.000 1 g，用超纯水定容至 50 mL，该溶液甘油含量为 4 g/L。

D.2.5 糖、醇标准系列溶液：将各糖、醇标准储备溶液用超纯水稀释成含糖浓度为 0.05 g/L，0.10 g/L，0.20 g/L，0.40 g/L，0.80 g/L 和含甘油浓度为 0.20 g/L，0.40 g/L，0.80 g/L，1.60 g/L，3.20 g/L 的混合标准系列溶液。

D.2.6 有机酸标准储备溶液：分别称取柠檬酸、酒石酸、苹果酸、琥珀酸、乳酸、醋酸各 0.05 g，精确至 0.000 1 g，用超纯水定容至 50 mL，该溶液分别含柠檬酸、酒石酸、苹果酸、琥珀酸、乳酸、醋酸各 1 g/ L。

D.2.7 有机酸标准系列溶液：将各有机酸标准储备溶液用超纯水稀释成浓度为 0.05 g/L，0.10 g/L，0.20 g/L，0.40 g/L，0.80 g/L 的混合标准系列溶液。

D.2.8 硫酸溶液（1%）：2 mL 浓硫酸加 198 mL 重蒸水。

D.2.9 氨水溶液（1%）。

D.2.10 硫酸溶液（1.5 mol/L）：吸取浓硫酸 4.5 mL，用重蒸水定容至 100 mL。

D.2.11 硫酸溶液（0.001 5 mol/L）：准确吸取 1 mL 硫酸溶液（D.2.10），用重蒸水定容至 1 000 mL。

D.2.12 硫酸溶液（0.007 5 mol/L）：吸取 5 mL 硫酸溶液（D.2.10），用重蒸水定容至 1 000 mL。

D.2.13 氢氧化钠溶液（8%）：称取 4 g 氢氧化钠，溶于 50 mL 水中。

D.3 仪器

D.3.1 高效液相色谱仪：配有紫外检测器或二极管阵列检测器和色谱柱恒温箱。

D.3.2 色谱分离柱：Fetigsaule RT 300-7，8。或其他具有同等分析效果的固相萃取柱。

D.3.3 强阴离子交换固相萃取柱：LC-SAX SPE (3 mL)。或其他具有同等分析效果的固相萃取柱。

D.3.4 固相萃取装置：ALLTECH。或其他具有同等分析效果的装置。

D.3.5 微量注射器：50 μL 或 100 μL。

D.3.6 流动相真空抽滤脱气装置及 0.2 μm 或 0.45 μm 微孔膜。

D.4 分析步骤

D.4.1 固相萃取柱的活化

将固相萃取柱插在固相萃取装置上，加入 2 mL～3 mL 甲醇，以慢速度下滴（约 4 滴/min～

6 滴/min)过柱,待快滴完时,加 2 mL～3 mL 超纯水,继续慢速度下滴过柱,等即将滴完时再加 2 mL～3 mL 1%氨水,滴至液面高度为 1 mm 左右关上控制阀,切勿滴干。

D.4.2 样品溶液的制备

将收集糖、醇的 10 mL 空容量瓶置于接取处,用微量移液枪准确吸取酒样 2 mL 加入固相萃取柱中。

D.4.2.1 第一步洗脱:糖醇的洗脱

以慢滴速度过柱,滴至液面高度为 1 mm 左右时,继续用 4 mL 超纯水分两次以慢速度下滴洗脱,将洗脱液全部收取在 10 mL 容量瓶中,取出容量瓶,用氢氧化钠溶液(D.2.13)调节洗脱液 pH 至 6 左右,再用超纯水定容至 10 mL。洗脱液即作糖、醇分离样液。

D.4.2.2 第二步洗脱:有机酸的洗脱

将收集有机酸的 10 mL 容量瓶置于接取处,用 4 mL 硫酸溶液(D.2.8)分两次继续以慢速度下滴洗脱,最后抽干柱中洗脱溶液,取出容量瓶,用氢氧化钠溶液(D.2.13)pH 至 6 左右,再用超纯水定容至 10 mL。洗脱液即作有机酸分离样液。

D.4.2.3 样品测定

D.4.2.3.1 糖、醇的测定

D.4.2.3.1.1 色谱条件

色谱柱:Fetigsaule RT 300-7,8。或其他具有同等分析效果的色谱柱。

柱温:30℃。

流动相:硫酸溶液(0.001 5 mol/L)。

流速:0.3 mL/min。

进样量:20 μL。

在测定前装上色谱柱,调柱温至 30℃,以 0.3 mL/min 的流速通入流动相平衡。

D.4.2.3.1.2 测定

待系统稳定后按上述色谱条件依次进样。

将糖、醇混合标准液系列溶液分别进样后,以标样浓度对峰面积作标准曲线。线性相关系数应为 0.999 0 以上。

将样品溶液(D.4.2)进样(样品中糖、醇的含量应控制在标准系列范围内)。根据保留时间定性,根据峰面积,以外标法定量。

D.4.2.3.2 有机酸的测定

D.4.2.3.2.1 色谱条件

色谱柱:Fetigsaule RT 300-7,8。或其他具有同等分析效果的色谱柱。

柱温:55℃。

流动相:硫酸溶液(0.007 5 mol/L)。

流速:0.3 mL/min。

检测波长:210 nm。

进样量:20 μL。

在测定前装上色谱柱,调柱温至 55℃,以 0.3 mL/min 的流速通入流动相平衡。

D.4.2.3.2.2 测定

待系统稳定后按上述色谱条件依次进样。

将有机酸标准系列溶液分别进样后,以标样浓度对峰面积作标准曲线。线性相关系数应为 0.999 0 以上。

将样品溶液(D.4.2)进样(样品中有机酸的含量应控制在标准系列范围内)。根据保留时间定性,根据峰面积,查标准曲线定量。

STANDARDS PRESS OF CHINA

D.5 结果计算

样品中各组分的含量按式(D.1)计算。

$$X_i = c_i \times F \quad \cdots\cdots(D.1)$$

式中：

X_i——样品中各组分的含量，单位为克每升(g/L)；

c_i——从标准曲线求得样品溶液中各组分的含量，单位为克每升(g/L)；

F——样品的稀释倍数。

所得结果表示至一位小数。

D.6 精密度

在重复性条件下获得的两次独立测定结果的绝对差值不得超过算术平均值的10%。

附 录 E
（资料性附录）
葡萄酒中白藜芦醇的测定

E.1 高效液相色谱法（HPLC）

E.1.1 原理

葡萄酒中白藜芦醇经过乙酸乙酯提取，Cle-4 型柱净化，然后用 HPLC 法测定。

E.1.2 试剂和材料

E.1.2.1 无水乙醇、95%乙醇、乙酸乙酯、甲苯、氯化钠。

E.1.2.2 乙腈：色谱纯。

E.1.2.3 反式白藜芦醇（trans-resveratrol）。

E.1.2.4 反式白藜芦醇标准储备溶液（1.0 mg/ mL）：称取 10.0 mg 反式白藜芦醇于 10 mL 棕色容量瓶中，用甲醇溶解并定容至刻度，存放在冰箱中备用。

E.1.2.5 反式白藜芦醇标准系列溶液：将反式白藜芦醇标准储备溶液用甲醇稀释成 1.0 μg/mL、2.0 μg/mL、5.0 μg/mL、10.0 μg/ mL 标准系列溶液。

E.1.2.6 顺式白藜芦醇：将反式白藜芦醇标准储备溶液在 254 nm 波长下照射 30 min，然后按本方法测定反式白藜芦醇含量，同时计算转化率，得顺式白藜芦醇含量，按反式白藜芦醇配制方法配制顺式白藜芦醇标准系列溶液。

E.1.3 仪器

E.1.3.1 高效液相色谱仪，配有紫外检测器；

E.1.3.2 旋转蒸发仪；

E.1.3.3 色谱柱 ODS-C18，或其他具有同等分析效果的色谱柱；

E.1.3.4 Cle-4 型净化柱（1.0 g/5 mL），或其他具有同等分析效果的净化柱。

E.1.4 试样的制备

E.1.4.1 葡萄酒中白藜芦醇的提取：取 20.0 mL 葡萄酒，加 2.0 g 氯化钠溶解后，再加 20.0 mL 乙酸乙酯振荡萃取，分出有机相过无水硫酸钠，重复一次，在 50℃水浴中真空蒸发，氮气吹干。加 2.0 mL 无水乙醇溶解剩余物，移到试管中。

E.1.4.2 先用 5 mL 乙酸乙酯淋洗 Cle-4 型净化柱，然后加样（E.1.4.1）2 mL，接着用 5 mL 乙酸乙酯淋洗除杂，然后用 10 mL 95%乙醇洗脱收集，氮气吹干。加 5 mL 流动相溶解。

E.1.5 分析步骤

E.1.5.1 色谱条件

色谱柱：ODS-C18 柱，4.6 mm×250 mm，5 μm。或其他具有同等分析效果的色谱柱。

柱温：室温。

流动相：乙腈＋重蒸水＝30＋70。

流速：1.0 mL/min。

检测波长：306 nm。

进样量：20 μL。

在测定前装上色谱柱，以 1.0 mL/min 的流速通入流动相平衡。

E.1.5.2 测定

待系统稳定后按上述色谱条件依次进样。

用顺、反式白藜芦醇标准系列溶液分别进样后，以标样浓度对峰面积作标准曲线。线性相关系数应为0.999 0以上。

将样品(E.1.4.2)进样(样品中的白藜芦醇含量应在标准系列范围内)。根据标准品的保留时间定性样品中白藜芦醇的色谱峰。根据样品的峰面积，以外标法计算白藜芦醇的含量。

E.1.6 结果计算

样品中白藜芦醇的含量按式(E.1)计算。

$$X_i = c_i \times F \qquad \cdots\cdots(E.1)$$

式中：

X_i——样品中白藜芦醇的含量，单位为克每升(g/L)；

c_i——从标准曲线求得样品溶液中白藜芦醇的含量，单位为克每升(g/L)；

F——样品的稀释倍数。

所得结果表示至一位小数。

注：总的白藜芦醇含量为顺式、反式白藜芦醇之和。

E.1.7 精密度

在重复性条件下获得的两次独立测定结果的绝对差值不得超过算术平均值的10%。

E.2 气质联用色谱法(GC-MS)

E.2.1 原理

葡萄酒中白藜芦醇经过乙酸乙酯提取，Cle-4型柱净化，然后用BSTFA+1%(φ)TMCS衍生后，采用GC-MS进行定性、定量分析，定量离子为444。

E.2.2 试剂和材料

E.2.2.1 BSTFA(双三甲基硅基三氟乙酰胺)+1%(φ)TMCS(三甲基氯硅烷)

其他同E.1.2。

E.2.3 仪器

E.2.3.1 气质联用仪。

E.2.3.2 旋转蒸发仪。

E.2.3.3 色谱柱：HP-5 MS 5%苯基甲基聚硅氧烷弹性石英毛细管柱(30 m×0.25 mm×0.25 μm)。或其他具有同等分析效果的色谱柱。

E.2.3.4 Cle-4型净化柱(1.0 g/5 mL)，或其他具有同等分析效果的净化柱。

E.2.4 试样的制备

E.2.4.1 葡萄酒中白藜芦醇的提取：取20.0 mL葡萄酒，加2.0 g氯化钠溶解后，再加20.0 mL乙酸乙酯振荡萃取，分出有机相过无水硫酸钠，重复一次，在50℃水浴中真空蒸发，氮气吹干。

E.2.4.2 衍生化：将E.2.4.1处理的样品加0.1 mL BSTFA+1%TMCS，加盖瓶于旋涡混合器上振荡，在80℃下加热0.5 h，氮气吹干，加1.0 mL甲苯溶解。

E.2.4.3 取适量的白藜芦醇标准溶液，氮气吹干，按E.2.4.2进行衍生化。

E.2.5 分析步骤

E.2.5.1 质谱条件：

柱温程序：初温150℃，保持3 min，然后以10℃/min升至280℃，保持10 min；

进样口温度：300℃；

载气为高纯氦气(99.999%)，流速0.9 mL/min；

分流比：20：1；

EI源源温：230℃；

电子能量：70 eV；

接口温度：280℃；

电子倍增器电压：1 765 V；

质量扫描范围(Scan mode m/z)：35 amu～450 amu；

定量离子：444；

溶剂延迟：5 min；

进样量：1.0μL。

E.2.5.2 测定

同 E.1.5.2。

E.2.6 结果计算

同 E.1.6。

E.2.7 精密度

在重复性条件下获得的两次独立测定结果的绝对差值不得超过算术平均值的10%。

附 录 F
（资料性附录）
葡萄酒、山葡萄酒感官评定要求

F.1 基本要求

F.1.1 环境的要求

F.1.1.1 品尝室的要求

a) 应有适宜的光线，使人感觉舒适。

b) 应便于清扫，且离噪声源较远，最好是隔音的。

c) 无任何气味，并便于通风与排气。

F.1.1.2 光源

品尝室的光源可用自然日光或日光灯，但光线应为均匀的散射光。

F.1.1.3 温度与湿度

品尝室内，应保持使人舒适的、稳定的温度和湿度，温度和湿度应分别保持在20℃～22℃和60%～70%之间。

F.1.1.4 品尝间

品尝间应相互隔离，内部设施应便于清洗，便于比较葡萄酒的颜色；应有可饮用的自来水龙头，自来水的龙头最好是脚踏式的，以便于品尝员的双手工作。

F.1.2 品尝杯的要求

应采用葡萄酒标准品尝杯。标准杯由无色透明的含铅量为9%左右的结晶玻璃制成，不应有任何印痕和气泡；杯口应平滑、一致，且为圆边；品尝杯应能承受0℃～100℃的温度变化，其容量为210 mL～225 mL。

F.1.3 人员要求

必须由取得相应资质（应届国家评酒员）的人员进行品评，一般掌握单数，人员尽可能多，最少不得低于7人。

F.1.4 样品的处理

将样品放置于(20±2)℃环境下平衡24 h[或(20±2)℃水浴中保温1 h]后，采取密码标记后进行感官品评。

注：被评样品的相关信息应对评酒员严格保密。

F.1.5 计分方法

每个评酒员按细则要求在给定分数内逐项打分后，累计出总分，再把所有参加打分的评酒员分数累加，取其平均值，即为该酒的感官分数。

F.2 评分标准用语

见表F.1。

F.3 葡萄酒评分细则

见表F.2。

F.4 山葡萄酒评分细则

见表F.3。

表 F.1 评分标准用语

<table>
<tr><th colspan="2">分 数 段</th><th rowspan="2">特 点</th></tr>
<tr><th>葡萄酒</th><th>山葡萄酒</th></tr>
<tr><td>90 分
以上</td><td>85 分
以上</td><td>具有该产品应有的色泽，悦目协调、澄清(透明)、有光泽；果香、酒香浓馥幽雅，协调悦人；酒体丰满，有新鲜感，醇厚协调，舒服，爽口，回味绵延；风格独特，优雅无缺。</td></tr>
<tr><td>89 分～80 分</td><td>84 分～75 分</td><td>具有该产品的色泽；澄清透明，无明显悬浮物，果香、酒香良好，尚悦怡；酒质柔顺，柔和爽口，甜酸适当；典型明确，风格良好。</td></tr>
<tr><td>79 分～70 分</td><td>74 分～65 分</td><td>与该产品应有的色泽略有不同，澄清，无夹杂物；果香、酒香较少，但无异香；酒体协调，纯正无杂；有典型性，不够怡雅。</td></tr>
<tr><td>69 分～65 分</td><td>64 分～60 分</td><td>与该产品应有的色泽明显不符，微浑，失光或人工着色；果香不足，或不悦人，或有异香；酒体寡淡、不协调，或有其他明显的缺陷(除色泽外，只要有其中一条，则判为不合格品)。</td></tr>
</table>

表 F.2 葡萄酒评分细则

<table>
<tr><th colspan="3">项 目</th><th colspan="2">要 求</th></tr>
<tr><td rowspan="5">外
观
10 分</td><td colspan="2" rowspan="3">色泽
5 分</td><td>白葡萄酒</td><td>近似无色，浅黄色，禾杆黄，绿禾杆黄色，金黄色</td></tr>
<tr><td>红葡萄酒</td><td>紫红，深红，宝石红，瓦红，砖红，黄红，棕红，黑红色</td></tr>
<tr><td>桃红葡萄酒</td><td>黄玫瑰红，橙玫瑰红，玫瑰红，橙红，浅红，紫玫瑰红色</td></tr>
<tr><td rowspan="2">5 分</td><td>澄清
程度</td><td colspan="2">澄清透明、有光泽、无明显悬浮物(使用软木塞封的酒允许有 3 个以下不大于 1 mm 的木渣)</td></tr>
<tr><td>起泡
程度</td><td colspan="2">起泡葡萄酒注入杯中时，应有细微的串珠状气泡升起，并有一定的持续性，泡沫细腻、洁白</td></tr>
<tr><td rowspan="2">香气
30 分</td><td colspan="3">非加香葡萄酒</td><td>具有纯正、优雅、愉悦和谐的果香与酒香</td></tr>
<tr><td colspan="3">加香葡萄酒</td><td>具有优美纯正的葡萄酒香与和谐的芳香植物香</td></tr>
<tr><td rowspan="4">滋味
40 分</td><td colspan="3">干葡萄酒、半干葡萄酒
(含加香葡萄酒)</td><td>酒体丰满，醇厚协调，舒服，爽口</td></tr>
<tr><td colspan="3">甜葡萄酒、半甜葡萄酒
(含加香葡萄酒)</td><td>酒体丰满，酸甜适口，柔细轻快</td></tr>
<tr><td colspan="3">起泡葡萄酒</td><td>口味优美、醇正、和谐悦人，有杀口力</td></tr>
<tr><td colspan="3">加气起泡葡萄酒</td><td>口味清新、愉快、纯正，有杀口力</td></tr>
<tr><td colspan="4">典型性 20 分</td><td>典型完美、风格独特，优雅无缺</td></tr>
</table>

表 F.3 山葡萄酒评分细则

项目			要求
外观 10分	色泽 5分	桃红葡萄酒（含加香葡萄酒）	黄玫瑰红，橙玫瑰红，玫瑰红，橙红，浅红，紫玫瑰红色
		红葡萄酒（含加香葡萄酒）	紫红，深红，宝石红，鲜红，瓦红，砖红，黄红，棕红，黑红色
	5分	澄清程度	澄清透明、无明显悬浮物。用软木塞封口的酒，允许有3个以下不大于1 mm的软木渣
		起泡程度	山葡萄酒注入杯中时，应有洁白或微带红色的气泡
香气 30分	山葡萄酒		具有纯正、优雅、和谐的果香与酒香
	加香山葡萄酒		具有和谐的芳香植物香与山葡萄酒香
滋味 40分	干山葡萄酒、半干山葡萄酒（含加香葡萄酒）		酒体丰满，醇厚协调，舒服，爽口
	甜山葡萄酒、半甜山葡萄酒（含加香葡萄酒）		酒体丰满，酸甜适口，柔细轻快
	山葡萄汽酒		口味优美、醇正、和谐悦人，有杀口力
典型性 20分			典型完美、风格独特、优雅无缺

ICS 43.040.60
T 26

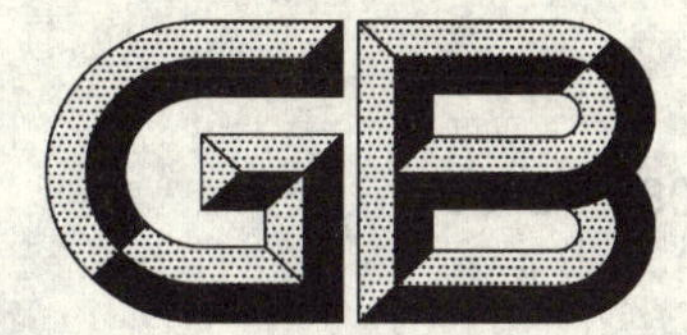

中华人民共和国国家标准

GB 15083—2006
代替 GB 15083—1994

汽车座椅、座椅固定装置及头枕强度要求和试验方法

Strength requirement and test of automobile seats, their anchorages and any head restraints

STANDARDS PRESS OF CHINA

2006-09-01 发布　　2007-02-01 实施

中华人民共和国国家质量监督检验检疫总局
中国国家标准化管理委员会　发布

前　言

本标准的全部技术内容为强制性要求。

本标准代替 GB 15083—1994《汽车座椅系统强度要求及试验方法》。

本标准修改采用欧洲经济委员会 ECE R17 法规(版本 3,2000 年版)《机动车座椅、座椅固定装置及头枕认证的统一规定》(英文版)。

本标准根据 ECE R17 重新起草,在附录 G 中列出了本标准章条编号与 ECE R17 法规章条编号的对照一览表。

考虑到我国国情,在采用 ECE R17 法规时,本标准做了一些修改。

本标准与 ECE R17 技术性差异及其原因如下:

——本标准删除了 ECE R17 法规中的附录 3“汽车乘座位置‘H’点和实际靠背角的确定程序”的全部内容。标准中涉及到该方面的内容参照新颁布的 GB 11551—2003 中的附录 C 中的内容执行。避免了由于标准起草用语的差异在实际操作时产生误差。

——增加了座椅固定装置、调节装置、锁止装置以及移位折叠装置强度的静态试验方法(5.3.2),增加了标准的可操作性。

——删除了 ECE R17 中“认证程序及认证标志”的内容,其原因是标准体系和法规体系的形式差别所致。

本标准与 GB 15083—1994 的主要差异:

——增加了座椅靠背吸能的要求;(本版的 4.1.3)

——增加了头枕方面的试验要求;(本版的 4.4～4.13)

——增加了防止移动行李对乘员伤害的特殊规定;(本版的 4.15)

——增加了资料性附录附录 G。(见本版的附录 G)

本标准的附录 A、附录 B、附录 C、附录 D、附录 E、附录 F 为规范性附录,附录 G 为资料性附录。

对于新定型的产品,自标准实施之日起施行;对于已定型的产品,自标准实施之日起 12 个月后施行。

本标准由国家发展和改革委员会提出。

本标准由全国汽车标准化技术委员会归口。

本标准起草单位:第一汽车集团公司技术中心。

本标准主要起草人:李强、唐克亨、丁晓东。

本标准所代替标准的历次版本发布情况为:

——GB 15083—1994。

汽车座椅、座椅固定装置及头枕强度要求和试验方法

1 范围

本标准规定了汽车座椅、座椅固定装置及头枕的术语和定义、要求与试验方法。

本标准适用于 GB/T 15089—2001 中 M_1 类、N 类汽车的座椅及其固定装置(不论座椅是否有头枕)以及 M_1 类车防止行李移动伤害乘客的隔离装置。

本标准也适用于 GB 13057—2003 未涉及的其他 M_2 类、M_3 类汽车座椅。

本标准不适用于折叠式座椅、侧向座椅、后向座椅。

2 规范性引用文件

下列文件中的条款通过本标准的引用而成为本标准的条款。凡是注日期的引用文件,其随后所有的修改单(不包括勘误的内容)或修订版均不适用于本标准,然而,鼓励使用本标准的单位研究是否可使用这些文件的最新版本。凡是不注日期的引用文件,其最新版本适用于本标准。

GB 11550 汽车座椅头枕性能要求和试验方法(GB 11550—1995,eqv EEC 78/932)

GB 11551—2003 乘用车正面碰撞的乘员保护

GB 13057—2003 客车座椅及其车辆固定件的强度

GB 14167 汽车安全带安装固定点

GB/T 15089—2001 机动车辆及挂车分类(eqv ECE R.E.3 修订本 1)

ISO 6487:1980 碰撞试验测量技术:检测仪器

3 术语和定义

下列术语和定义适用于本标准。

3.1

车辆型式 vehicle type

是指在下列主要方面没有差异的车辆。

3.1.1 座椅的结构、形状、尺寸、材料以及质量,允许座椅蒙皮和颜色不同;允许质量差在批准座椅型式的座椅质量的 5%范围内;

3.1.2 座椅、座椅靠背及其组成部件的调节装置、位移装置及锁止装置的型式和尺寸;

3.1.3 座椅固定装置的型式和尺寸;

3.1.4 头枕的尺寸、构架、材料和衬垫,允许其蒙皮和颜色不同;

3.1.5 头枕附件的型式和尺寸,若头枕为分体式头枕还包括头枕连接部件的特性。

3.2

座椅 seat

供一个成年乘员乘坐且有完整装饰并与车辆结构为一体或分体的乘坐设施。它包括单独的座椅或长条座椅的一个座位。

3.3

长条座椅 bench seat

供一个以上成年乘员乘坐且有完整装饰的乘坐设施。

3.4

固定装置　anchorage

将座椅总成固定到车辆结构上的装置。包括车身上受影响的部件。

3.5

调节装置　adjustment system

能将座椅或其部件的位置调整到适应乘员乘坐姿态的装置。该装置应有如下功能：

纵向位移　longitudinal displacement

垂直位移　vertical displacement

角位移　angular displacement

3.6

座椅移位折叠装置　seat replacement folding system

为便于乘员的出入，使座椅或其一部分旋转或/和移动的装置。座椅或其一部分旋转或/和移动中无固定中间位置。

3.7

锁止装置　locking system

使座椅及部件保持在使用位置的装置。

3.8

横向平面　transverse plane

正交于车辆纵向中心面的铅垂平面。

3.9

纵向平面　longitudinal plane

平行于车辆纵向中心面的平面。

3.10

头枕　head restraint

用于限制成年乘员头部相对于其躯干后移，以减轻在发生碰撞事故时颈椎可能受到的损伤程度的装置。

3.10.1

整体式头枕　integrated head restraint

由靠背上部形成的头枕。若满足3.10.2和3.10.3定义的头枕仅能用工具将其从座椅或车身结构上拆下来，或利用将座椅外罩全部或部分拆下来的方法才能将其拆下来，则亦为整体式头枕。

3.10.2

可拆式头枕　detachable head restraint

采用插入或固定的方式与座椅靠背相连且可以与座椅分开的头枕。

3.10.3

分体式头枕　separate head restraint

采用插入或固定的方式与车身结构相连且完全与座椅分开的头枕。

3.11

"R"点　'R'point

GB 11551—2003 中附录 C 定义的乘坐基准点。

3.12

基准线　reference line

GB 11551—2003 中附录 C 附件 1 图 C.1 中所示的通过三维人体模型的线。

3.13

隔离装置　partitioning system

除座椅靠背外，其他用于保护乘客不因行李移动而受到伤害的部件或装置。尤其是指在座椅靠背上方非竖直或折叠网式钢丝组成的隔离装置。若座椅头枕上装有这些部件或装置，则应将座椅头枕看成是隔离系统的一部分。

4　要求

4.1　适用于 M_1 类一般技术要求

4.1.1　每个调节装置和座椅移位装置都要求有自动锁紧位置。除了发生碰撞时对乘客产生危险的装置以外，扶手或其他用于提高乘坐舒适性的装置不要求有锁紧装置。

4.1.2　对 3.6 定义的装置，其解锁装置应位于座椅外侧接近车门处。即使对位于该座椅背后的乘员，也应易于接近。

4.1.3　对于 5.8.1.1 定义的区域 1 内的座椅后部，应通过本标准附录 C 规定的座椅靠背的吸能性试验。

4.1.3.1　按本标准附录 C 规定的方法进行试验，头型反弹加速度超过 80 *g* 的持续作用时间不超过 3 ms，应认为满足要求。同时，试验过程中或试验后不允许有危险的边棱出现。

4.1.3.2　4.1.3 规定不适用最后排座椅或背对背安装的座椅。

4.1.4　座椅背面部件的表面不允许有任何可能会增加乘员伤害的凸起或尖棱。如果按 5.1 规定的条件进行试验时，座椅背面的曲率半径应不小于下列规定：

区域 1 内为 2.5 mm；

区域 2 内为 5.0 mm；

区域 3 内为 3.2 mm；

区域的定义见 5.8。

4.1.4.1　本规定不适用于：

4.1.4.1.1　表面凸起部分的突出高度小于 3.2 mm，且突出高度不超过突出部分宽度一半的区域；

4.1.4.1.2　最后排座椅和背对背安装的座椅；

4.1.4.1.3　位于通过该排座椅最低 R 点的水平平面以下的座椅靠背部分(如果每排座椅高低不同，则从后排座椅起，该水平面应通过前排座椅的"R"点，在垂直方向或高或低形成一个台阶)；

4.1.4.1.4　诸如"柔性金属网"部件。

4.1.4.2　位于 5.8.1.2 规定的区域 2 内的表面，若满足本标准附录 C 规定的靠背吸能性试验，则允许其曲率半径小于 5 mm，但不应小于 2.5 mm。且表面应加衬垫以避免座椅与乘客头部直接接触。

4.1.4.3　位于上述区域内的部件，若表面材料邵尔(A)硬度低于 50，则上述除对附录 C 规定的靠背吸能性试验要求之外的所有要求只适用于刚性部件。

4.1.5　在按 5.2 和 5.3 规定进行的试验过程中或试验后，座椅骨架、座椅固定装置、调节装置、移位折叠装置或其锁止装置均不应失效。允许产生在碰撞过程中不会增加伤害程度的永久变形(包括断裂)且能承受规定载荷。

4.1.6　在进行 5.3 和附录 F 中 F.2.1 规定的试验过程中，锁紧装置不得松脱。

4.1.7　试验后，用于或有助于乘员通过的移位折叠装置应处于工作状态，且至少保证能解锁一次，并按需要使座椅或座椅的一部分移动。

对于其他座椅移位折叠装置、调节装置和锁止装置，允许产生变形、断裂，但不允许失效，并保持在原位置。对于带有头枕的座椅，在按 5.4.3.6 试验过程中或试验后，如座椅或座椅靠背不出现断裂，则座椅靠背及其锁止装置满足 5.2 规定。否则，应进行 5.2 规定的试验，以检查座椅靠背及其锁止装置的强度是否满足该规定要求。

对于座位个数多于头枕个数的座椅（长条座椅），也应进行 5.2 规定的试验。

4.2 M_2、M_3 和 N 类汽车座椅的一般技术要求

4.2.1 座椅及长条座椅必须牢固地固定在汽车上。

4.2.2 可移动的座椅和长条座椅在其使用位置都应能自动锁紧。

4.2.3 可调式座椅靠背在调节范围内任意位置都应能锁止。

4.2.4 所有可前翻的座椅或可折叠的座椅靠背，在其使用过程中都应能自动锁止。

4.3 头枕的安装

4.3.1 M_1类型汽车的头枕应安装在前排外侧座位上。装在用于其他类车辆和其他座位位置的头枕，其座椅也可以按照本标准进行检验。

4.3.2 M_2类（总质量 3 500 kg 以下）和 N_1类车辆的前排外侧座位应安装符合 GB 11550 的头枕。

4.4 装备或可以装备头枕座椅的特殊规定

4.4.1 头枕在任何使用位置上，都不应有任何可能对乘员造成伤害的凸起或尖棱。

4.4.2 位于 5.8.1.1 定义的区域 1 内的头枕，其前、后表面应满足下列吸能要求。

4.4.2.1 如果按照本标准附录 C 规定的方法进行试验，头型的减速度大于 80 g 的持续时间不应超过 3 ms，并且试验过程中或试验后，不应有危险的边棱出现。

4.4.3 位于 5.8.1.2 定义的区域 2 内的头枕，其前、后表面都应装有衬垫，以防乘员头部与骨架部分直接接触，并且满足适用于区域 2 内座椅后部的 4.1.4 的规定。

4.4.4 上述 4.4.2 和 4.4.3 规定不适用于最后排座椅头枕的后表面部分。

4.4.5 头枕在座椅或车身构件上的固定方式应保证头枕在试验过程中，由于头型的作用压力，其衬垫内或头枕与靠背连接处，不得出现刚性的可致伤害的凸起。

4.4.6 对于装有头枕的座椅，若其头枕满足本标准 4.4.2 规定，可视为满足 4.1.3 的规定。

4.5 头枕高度

4.5.1 头枕高度应按 5.5 的规定进行测量。

4.5.2 对于前排座椅其高度不应低于 800 mm，对于其他各排座椅其高度不应低于 750 mm。

4.5.3 对于高度可调的头枕：

4.5.3.1 前排座椅的最高位置不应小于 800 mm，其他座椅的最高位置不应小于 750 mm；

4.5.3.2 在高度 750 mm 以下应无“使用位置”；

4.5.3.3 前排座椅以外的其他座椅头枕可调到高度低于 750 mm 的位置，但要清楚地表明该位置不是头枕的使用位置；

4.5.3.4 对于前排座椅，若被乘坐时其头枕能自动回到使用位置，则允许头枕在座椅无人乘坐时自动降至高度低于 750 mm 的位置。

4.5.4 为保证头枕与车顶、车窗和车身其他结构部件之间留有足够的间隙，4.5.2 和 4.5.3.1 规定的尺寸对于前排座椅可以小于 800 mm，对于其他座椅可以小于 750 mm，但该间隙不应超过 25 mm。对于带有移位折叠装置并能调节位置的座椅，该规定适用于座椅能移位并能调节到的所有位置。在高度低于 700 mm 时，不应有“使用位置”。

4.5.5 对于后排中间座椅或乘坐位置的头枕，可降低 4.5.2 和 4.5.3.1 规定的高度，但不应低于 700 mm。

4.6 对可以装备头枕的座椅，应满足 4.1.3 和 4.4.2 的规定。

4.6.1 对安装高度可调的头枕，其枕用部分的高度按 5.5 规定的方法测定时，不应小于 100 mm。

4.7 对安装高度不可调的头枕，其与座椅靠背的间隙不应大于60 mm。对安装高度可调的头枕，在头枕调至最低位置时，其与座椅靠背的间距不应大于25 mm。对装有分体式头枕且高度可调的座椅或长条座椅，其处于所有位置时，都应满足本项规定。

4.8 对整体式头枕，应考虑的区域是：在距R点540 mm处与参考线相垂直的平面上。而且位于由通过躯干基准线两侧各85 mm处的两个纵向垂直面所包括的区域内，在该范围内，若该头枕在按5.4.3.3.2规定的附加试验后，仍然满足4.11的规定，则允许一个或多个间隙存在。对于该间隙不论其形状如何，按5.7的规定测定时，其头枕骨架间距"a"可以大于60 mm。

4.9 对于高度可调的头枕，如果按5.4.3.3.2规定的附加试验后，仍然满足4.11的规定，则允许一个或多个间隙存在。对于该间隙不论其形状如何，在按5.7的规定测定时，其头枕骨架间距"a"可以大于60 mm。

4.10 头枕宽度应保证为正常坐姿的乘员提供足够的头部支承面。在按5.6规定测定时，应保证头枕两侧距座椅垂直中心平面的距离都不小于85 mm。

4.11 头枕及其固定装置应保证在按5.4.3规定的静态试验方法测量时，头型的最大后移量X应小于102 mm。

4.12 头枕及其固定装置应保证在按5.4.3.6规定的负荷作用下不被损坏。对带有座椅靠背的整体式头枕位于从"R"点沿躯干基准线向上540 mm处且垂直于躯干基准线的平面以上的区域的座椅靠背部分应满足该规定。

4.13 对安装高度可调的头枕，除使用者故意采用非正常的操作方法之外，不应使其安装高度超过最高调整极限。

4.14 如果座椅或靠背在按5.4.3.6的规定试验后未发生断裂，则座椅靠背及其锁止装置的强度满足5.2的规定。否则，应能证明座椅能够满足5.2的要求。

4.15 关于防止移动行李对乘员伤害的特殊规定

4.15.1 当座椅处于制造厂所规定的正常使用位置时，构成行李舱的座椅靠背和/或头枕应具有足够的强度以保护乘员不因行李的前移而受到伤害。在按附录F所进行试验的过程中及试验后，如果座椅及其锁止装置仍保持在原位置，则认为满足此要求。但在试验期间，允许座椅靠背及其紧固件变形，条件是试验靠背和/或头枕[邵尔(A)硬度大于50]部分的前轮廓不能向前方移出一横向垂面，此平面经过：

a) 座椅的R点前方150 mm处的点(对头枕部分)；

b) 座椅的R点前方100 mm处的点(座椅靠背部分)。

不包括试样的反弹阶段。

对于整体式头枕，通过一垂直于距R点540 mm的基准线的平面来定义头枕和座椅靠背之间的边界。

各乘坐位置所构成行李箱的前边界，应在相应座椅及乘坐位置的纵向中分平面内测量。

在附录F所描述的试验期间，试验样块应保持在所考虑座椅靠背的后方。

4.15.2 隔离装置

根据车辆制造厂的要求，若隔离装置做为某种车型的标准装备安装，附录F所描述的试验可以在隔离装置处于其正常位置的情况下进行。安装在位于正常使用位置的座椅靠背上面的网状铁丝隔离装置，应依据附录F中F.2.2规定进行试验。在试验过程中如果隔离装置保持在原位置，则认为满足要求。不过，在试验期间，允许隔离装置有变形，但隔离装置部分(包括试验的座椅靠背和/或头枕部分)〔邵尔(A)硬度大于50〕前轮廓不能向前方移出一横向平面，此平面经过：

a) 座椅R点前方150 mm处的点(对头枕部分)。

b) 座椅R点前方100 mm处的点(对座椅靠背部分以及隔离装置部分)。对整体式头枕，头枕和座椅靠背方向的边界即为4.15.1中的定义。在相应座椅及乘坐位置的纵向中分平面内进行测量所构成行李箱前边界各个乘坐位置。

在试验后,不允许有容易增加对乘员伤害程度或危险性的边棱出现。

4.15.3 上述4.15.1和4.15.2所指的要求不适用于由于冲击而自动作用的行李保持系统。制造厂应证明,由此装置提供的保护等同于4.15.1和4.15.2中的要求。

5 试验方法

5.1 一般要求

5.1.1 对于可调式座椅靠背,除制造厂另有规定外,应将其锁止在按GB 11551—2003标准附录C所述3DH装置躯干基准线与垂直方向成25°角的后倾位置上。

5.1.2 安装在车辆上的某一座椅,如果其锁止装置和固定方式与其他某一座椅相同或对称,则建议检测机构可以只对其中一个座椅进行试验。

5.1.3 对头枕高度可调的座椅,试验时头枕应置于其调节范围最不利的位置(一般是最高位置)。

5.2 座椅靠背及其调节装置的强度试验

通过一个模拟GB 11551—2003中附录C所述的假背的模型,对座椅靠背沿纵向向后施加相对于座椅"R"点530 Nm力矩的负荷。对于长条座椅,如骨架部分或全部(包括头枕部分)为一个以上座位共用,则应对这些座位同时进行试验。

5.3 座椅固定装置、调节装置、锁止装置和移位折叠装置的强度试验

可用动态和静态试验任意一种方式进行试验(两种试验方式是等效的)。

5.3.1 动态试验

5.3.1.1 按附录D中D.1的规定,对整个车体向前施加一个不小于20 g 的水平纵向减速度,持续时间为30 ms。若制造厂要求,可以选用附录F中所描述的试验波形。

5.3.1.2 向后施加一个满足5.3.1.1规定的纵向减速度。

5.3.1.3 座椅处于所有调节位置时都应满足5.3.1.1和5.3.1.2规定。对头枕安装高度可调的座椅,试验时,头枕应置于其调节范围内最不利的位置(一般为最高位置),座椅的安装应保证无外加因素影响锁止装置的解锁。

将座椅调节到下述位置后进行试验,则认为满足这些条件:

在纵向方向,将座椅调整并固定在由最前正常驾驶位置或制造厂规定的最前使用位置向后移动一档或10 mm处(对于在垂直方向独立调节的座椅,应将其座垫置于最高位置)。

在纵向方向,将座椅调整并固定在由最后正常驾驶位置或制造厂规定的最后使用位置向前移动一档或10 mm处(对于在垂直方向独立调节的座椅,应将其座垫置于最低位置)。应符合5.3.1.4的规定。

5.3.1.4 若在除5.3.1.3规定之外的某一座椅位置上的座椅锁止位置和固定位置的载荷分布,比在5.3.1.3定义的座椅位置更不利,则试验应在最不利的座椅位置上进行。

5.3.1.5 若根据制造厂要求,进行附录D中D.2规定的固定壁实车碰撞试验,则可视为满足5.3.1.1规定的试验条件。此时,应按5.1.1、5.3.1.3、5.3.1.4规定,将座椅调整到使其固定装置的应力分布处于最不利的位置上。

5.3.2 静态试验

5.3.2.1 把座椅调到设计基准位置测定座椅质量和质心。

5.3.2.2 将座椅按设计要求安装在车身上或模拟车身试验台上。如果座椅上无适当的着力点允许在试验项目不涉及的部位局部加强,加强杆的上端固定在同一根水平梁上,另一端固定在座椅调节机构连

接件上尽可能靠前的部位，水平梁高度应与座椅质心高度相同(见图1)。

5.3.2.3 座椅的座垫与靠背为分开式且分别安装在车身上时，应分别通过各自的质心沿水平向前、向后施加相当于各自重量20倍的负荷(见图2)。

5.3.2.4 通过座椅质心，沿水平向前和向后分别施加相当于座椅总成重量20倍的负荷。加载时要求逐渐加载到规定值，并在该值上保持0.2 s以上。当汽车安全带固定点装在座椅上时，施加上述向前负荷必须同时按GB 14167中的规定对安全带的安装固定点施加相应的负荷。

5.4 头枕性能试验

5.4.1 对于可调式头枕，在其可调范围内，头枕应处于最不利的位置上(通常是最高位置)。

5.4.2 对于长条座椅，如果骨架部分或全部(包括头枕部分)为一个以上的座椅共用时，则应该对这些座椅同时进行试验。

5.4.3 试验

5.4.3.1 包括基准线投影在内的所有的线，均应画在该座椅或乘坐位置的垂直对称面上(见附录B)。

5.4.3.2 移动后基准线是将相对R点产生向后373 N·m力矩的初始作用力作用在模拟GB 11551—2003中附录C所述人体模型靠背的部件上来确定。

5.4.3.3 在头枕顶部向下65 mm处，通过直径为165 mm的头型，施加一个垂直于移动后基准线的初始负荷，其相对于R点的力矩为373 N·m。基准线应处在5.4.3.2规定的移动后的位置上。

5.4.3.3.1 在头枕顶端下方65 mm处，如果有间隙存在而影响5.4.3.3规定施加的负荷，则可以使该距离减小，以保证力的作用线通过最邻近该间隙骨架的中线。

5.4.3.3.2 对于上述4.8和4.9所述情况，应该使用直径为165 mm的头型，对每个间隙重复进行试验。

作用力应：

通过该间隙最小截面的重心，在平行于基准线的横截面上，并且相对于R点的力矩为373 N·m。

5.4.3.4 确定与头型相切并与移动后基准线平行的切线Y。

5.4.3.5 测定用于4.11的最大后移量X。X为切线Y与移动后基准线之间的距离。

5.4.3.6 如果座椅或座椅靠背未出现损坏，则5.4.3.3和5.4.3.3.2规定的初始负荷可增加到890 N，以检查头枕的性能。

5.5 确定头枕高度

5.5.1 包括基准线投影在内的所有的线均应画在该座椅或乘坐位置的垂直对称面以内。该对称面与座椅交线确定了头枕和座椅靠背的轮廓(见附录A的图A.1)。

5.5.2 将GB 11551—2003中附录C所示的三维人体模型置于座椅正常乘坐位置。

5.5.3 将GB 11551—2003中附录C所示的三维人体模型基准线的投影画在上述5.4.3.1所述的相应乘坐位置的垂直对称面上。作垂直于基准线并且相切头枕顶端的切线S。

5.5.4 从R点到切线S的距离“h”即为4.3规定的头枕高度。

5.6 确定头枕宽度(见附录A的图A.2)

5.6.1 用位于5.5.3所述的切线S以下65 mm处，并且垂直于基准线的平面S_1来确定由轮廓线C所限定的头枕剖面。

5.6.2 按照4.10的规定进行试验时，所要考虑的头枕宽度是垂直纵向面P和P′与剖面S_1的两条交线之间的距离L。

5.6.3 头枕宽度也可在过从“R”点沿基准线向上635 mm处且垂直于基准线的平面内确定。

5.7 确定头枕间隙尺寸“a”(见附录E)

5.7.1 用直径为165 mm的头型，在头枕前表面确定其每个间隙的尺寸“a”。

5.7.2 在不施加任何负荷条件下将头型最大限度地置于间隙区域内，并且与该区域点接触。

5.7.3 球体于间隙两接触点之间的距离即为上述4.8和4.9规定的空档尺寸。

5.8　**座椅靠背及头枕吸能性试验**

5.8.1　座椅后部被试验表面是指当座椅安装在车辆上能被直径 165 mm 的球体接触到且位于下面定义的表面。

5.8.1.1　**区域 1**

5.8.1.1.1　对不带头枕的独立式座椅，该区域是指位于距过座椅中心线的纵向中心面 100 mm 的左、右两纵向垂直面之间，且在过从靠背顶点沿基准线向下 100 mm 处垂直于基准线的平面以上的靠背后面的区域。

5.8.1.1.2　对不带头枕的长条座椅，该区域是指位于距由制造厂提供的每个外侧座椅纵向中心面 100 mm 的左、右两纵向垂直面之间，且在过从靠背顶点沿基准线向下 100 mm 处垂直于基准线的平面以上的靠背后面的区域。

5.8.1.1.3　对带有头枕的座椅或长条座椅，该区域是指位于距座椅纵向中心面 70 mm 的左、右两纵向垂直面之间，且在过从 R 点沿基准线向上 635 mm 处垂直于基准线的平面以上的区域。试验时，对可调头枕应将其在可调范围内调到最不利的位置(一般是最高点)。

5.8.1.2　**区域 2**

5.8.1.2.1　对不带头枕和可拆式或分体式的座椅或长条座椅，区域 2 是指位于过从靠背顶点沿基准线向下 100 mm 处垂直于基准线的平面以上的靠背后面的区域，但不包括位于区域 1 内部分的区域。

5.8.1.2.2　对整体式头枕座椅或长条座椅，区域 2 是指位于过从 R 点沿基准线向上 440 mm 处垂直于基准线的平面以上的靠背后面的区域，但不包括位于区域 1 内部分的区域。

5.8.1.3　**区域 3**

5.8.1.3.1　区域 3 是指位于 4.1.4.1.3 定义的水平面以上的座椅或长条座椅的背面区域，但不包括位于区域 1 和区域 2 内部分的区域。

5.8.2　试验方法见本标准附录 C。

5.9　采用不同于上述 5.2、5.3 以及本标准附录 C 所述的试验方法时，应证明该试验方法的等效性。

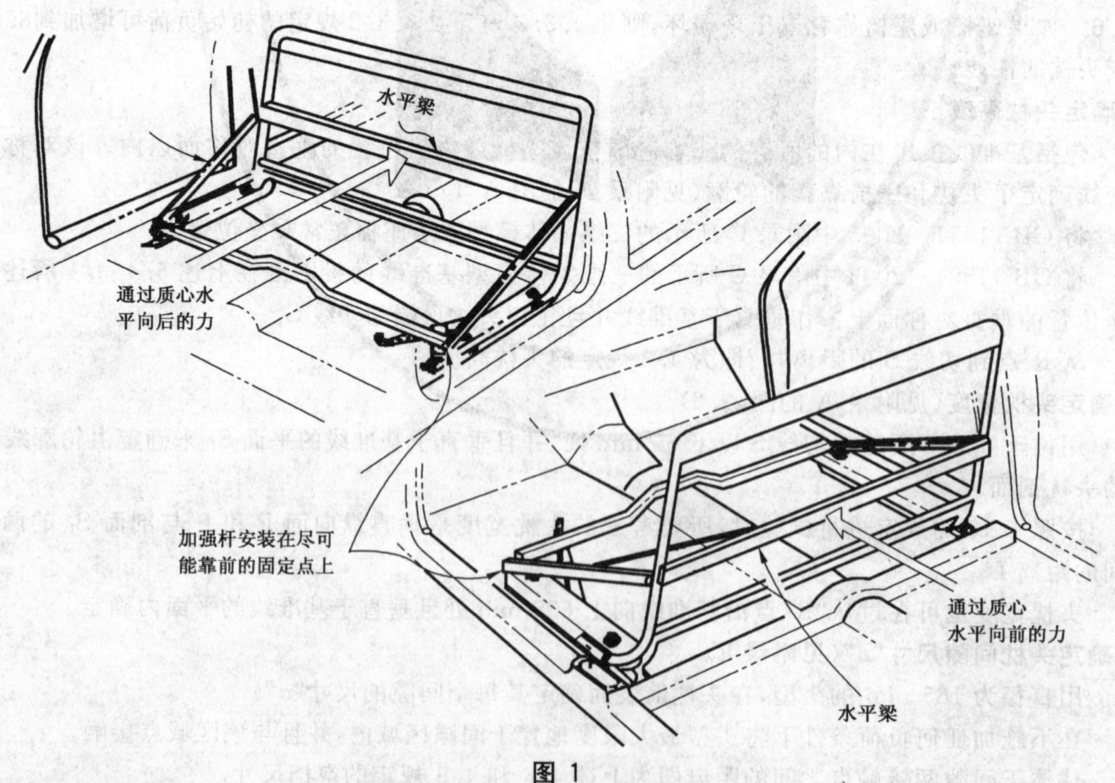

图 1

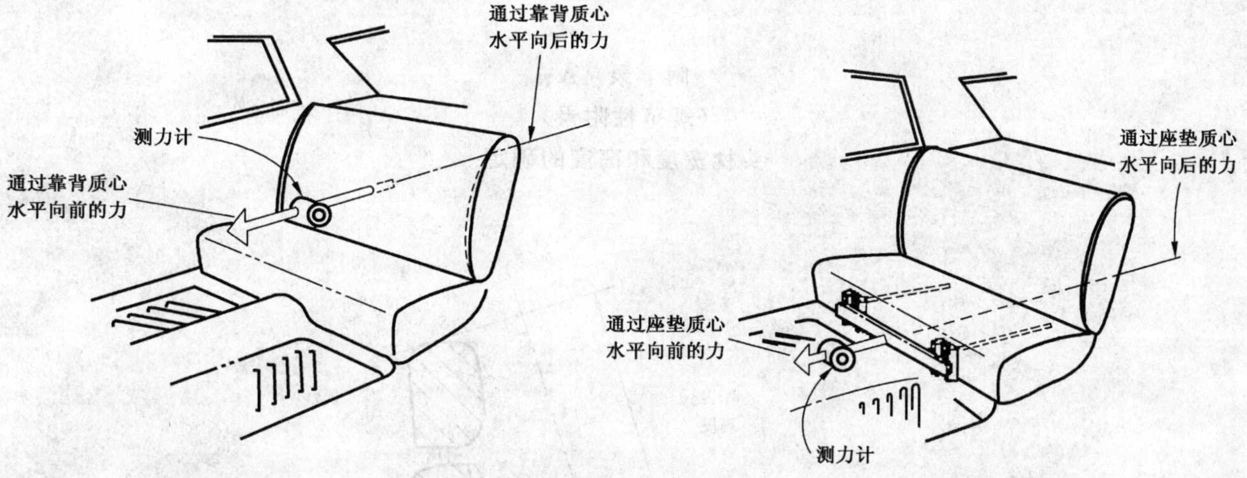

通过靠背质心
水平向后的力
测力计
通过靠背质心
水平向前的力
通过座垫质心
水平向后的力
通过座垫质心
水平向前的力
测力计

图 2

附　录　A
（规范性附录）
头枕宽度和高度的确定

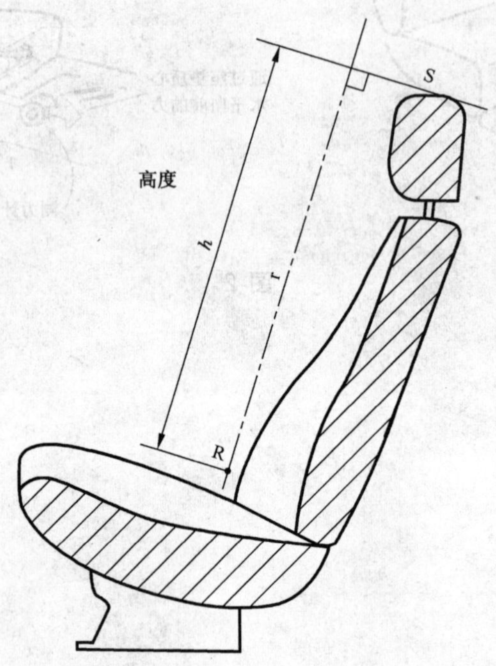

图 A.1

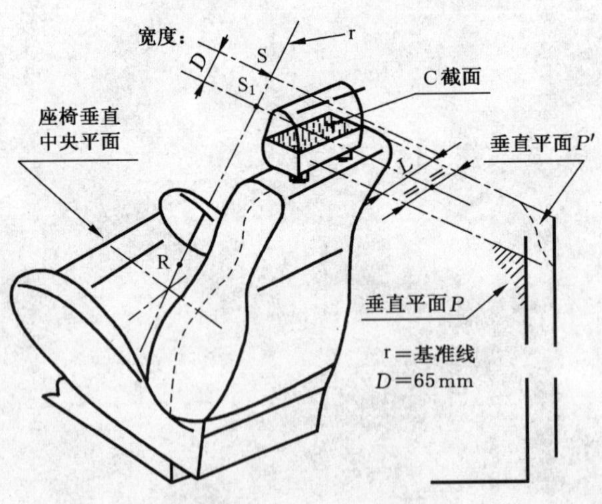

图 A.2

附 录 B
(规范性附录)
试验时测量与作图的详细说明

r=基准线；

r_1=移动后基准线；

力 F 相对于 R 点产生的力矩为:373 N·m。

图 B.1

附 录 C
（规范性附录）
座椅吸能性试验程序

C.1 样品安装、试验装置、记录仪器和试验程序

C.1.1 样品安装

用由制造厂提供的固定装置将座椅按实车安装的方式牢固地固定在试验台上，以使其在试验时保持稳定。

若座椅靠背可调，则应将其锁止在本标准5.1.1规定的位置上。

对于装有头枕的座椅，应按实车安装的方式将头枕安装在所装座椅靠背上。对于分体式头枕，应该按照实际安装位置装在车身结构部件上。

对于可调式头枕，应将其调整到可调范围内最不利的位置上。

C.1.2 试验装置

C.1.2.1 试验装置由一摆锤组成。该摆锤转动轴用球轴承支承，它在撞击中心的折算质量1) 为6.8 kg。摆锤下端有一个直径为165 mm的刚性撞击头型，其中心与摆锤冲击中心重合。

C.1.2.2 头型上装有两个加速度计和一个速度测量装置，以测定撞击方向上的数据。

C.1.3 记录仪器

所采用的记录仪器应满足下述测量精度要求：

C.1.3.1 加速度：

准确度：实测值的±5%；

数据通道的频率等级：对应于ISO 6487(1980)600级；

横轴灵敏度应不大于最小刻度值的5%。

C.1.3.2 速度

准确度：实测值的±2.5%；

灵敏度：0.5 km/h。

C.1.3.3 时间记录：

测量仪器必须能够在其整个持续时间内记录作业过程，并要求所记读数的时间间隔不超过千分之一秒。头型与试验样品首次接触的撞击开始瞬间，应能在试验记录中查出，以便进行试验分析。

C.1.4 试验程序

C.1.4.1 座椅靠背试验

按本附录C.1.1的规定安装好座椅。在对座椅进行从后向前撞击试验时，撞击方向应位于纵向平面内并与铅垂方向成45°角。

撞击点应在区域1内，并由试验人员确定。该区域1定义见本标准5.8.1.1的规定。如果有必要，撞击点也可位于本标准5.8.1.2规定的区域2内的曲率半径小于5 mm的表面上。

---

1) “a”为撞击中心和转动之间的距离，“l”为重心和转动轴之间的距离，“m_r”为摆锤的折算质量，“m”为摆锤总质量；“m_r”与“m”在距离“a”和距离“l”时的相对关系可以用如下公式给出：$m_r = ml/a$。

C.1.4.2 头型应以 24.1 km/h 的速度撞击试验样品:该速度的获得可用推进装置来实现,也可以利用一种附加的推进装置来实现。

C.2 结果

减速度应取两个加速度计读数的平均值。

附 录 D
（规范性附录）
座椅固定装置、调节装置、锁止装置以及移位折叠装置强度动态试验方法

D.1 抗惯性试验

D.1.1 将试验座椅安装在所装车辆的车体上，再按照以下规定将该车体牢固地安装在试验滑车上。

D.1.2 将车体装在滑车上的连接方式不应对座椅固定装置有所加强。

D.1.3 应按本标准 5.1.1 规定对座椅及其组成部件进行调节，并锁止在本标准 5.3.1.3 和 5.3.1.4 规定的位置之一。

D.1.4 如一组座椅在结构、形状、尺寸、材料、质量及各装置的型式和尺寸方面（允许座椅蒙皮和颜色不同）无本质差异，则可将其中一个座椅调到最前位置而另一个座椅调到最后位置，按本标准 5.3.1.1 和 5.3.1.2 或 5.3.1.4 规定的方法进行试验。

D.1.5 滑车减速度测量数据通道的频率等级（CFC）应满足国际标准 ISO 6487（1980）60 级。

D.2 实车碰撞试验

D.2.1 碰撞壁由钢筋混凝土结构物组成。碰撞壁长不小于 3 m，高不小于 1.5 m，厚不小于 0.6 m。其前表面应与试验车行驶跑道的最后段垂直，并由厚度为 19 mm±1 mm 的胶合板覆盖。钢筋混凝土结构物后面至少应堆压 90 t 的土。由钢筋混凝土结构和泥土结构组成的该障壁也可以用前表面作用效果相同的其他撞壁代替。

D.2.2 在碰撞瞬间，车辆应自由运动，其速度方向应与碰撞壁垂直。碰撞壁中心对称线与车辆前部中心对称线的横向偏差应为±30 cm。在碰撞时，不应对车辆施加任何转向或推动作用。其碰撞速度应在 48 km/h 至 53 km/h 的范围内。

D.2.3 燃料供给系统应至少装有 90％额定容量的燃料或等效液体。

附　录　E
（规范性附录）
头枕间隙尺寸“a”的确定

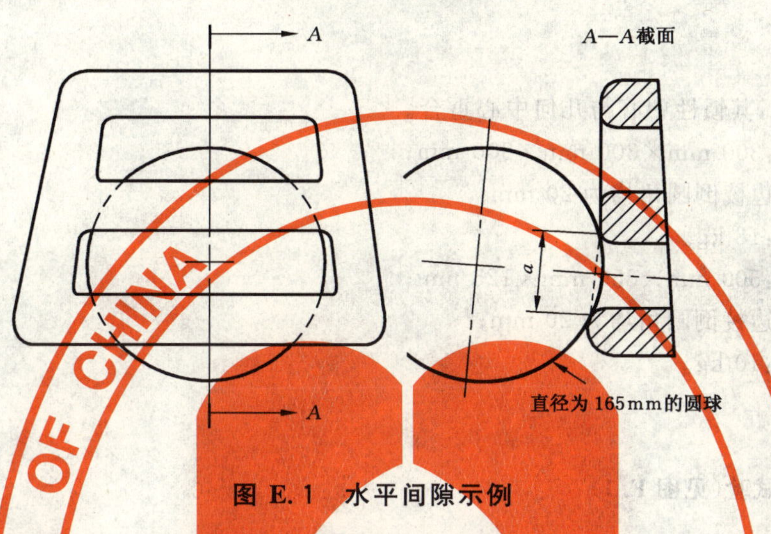

图 E.1　水平间隙示例

注：A—A 截面表示了在不施加任何负荷的条件下，将圆球最大限度地侵入到间隙区内并且与该区域点接触时的情况。

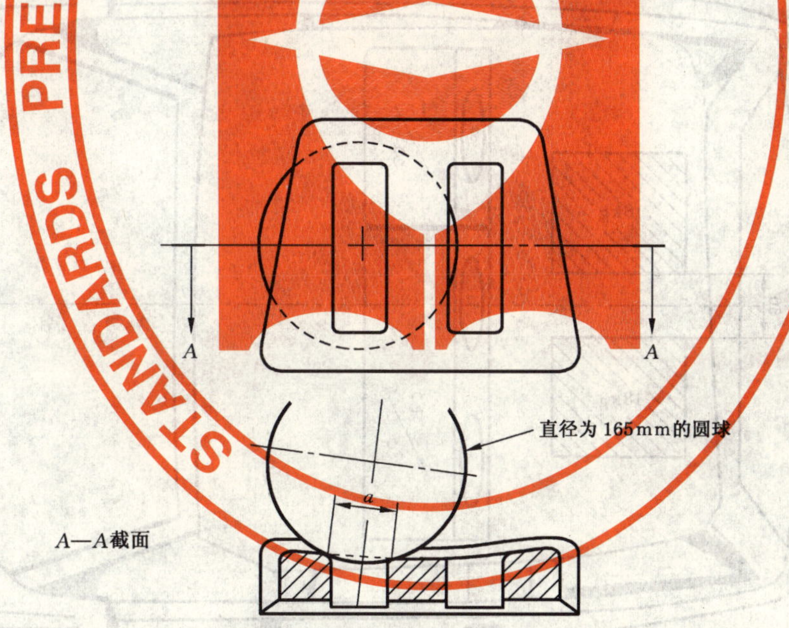

图 E.2　垂直间隙示例

注：A—A 截面表示了在不施加任何负荷的条件下，将圆球最大限度地侵入到间隙区内并且与该区域点接触时的情况。

STANDARDS PRESS OF CHINA

附　录　F
（规范性附录）
行李位移乘客防护装置的试验方法

F.1　试验样块

刚性试验样块，其惯性中心与几何中心重合。

类型 1　尺寸：300 mm×300 mm×300 mm；
　　　　一切边棱倒圆角均为 20 mm；
　　　　质量：18 kg。

类型 2　尺寸：500 mm×350 mm×125 mm；
　　　　一切边棱倒圆角均为 20 mm；
　　　　质量：10 kg。

F.2　试验准备

F.2.1　座椅靠背试验（见图 F.1）

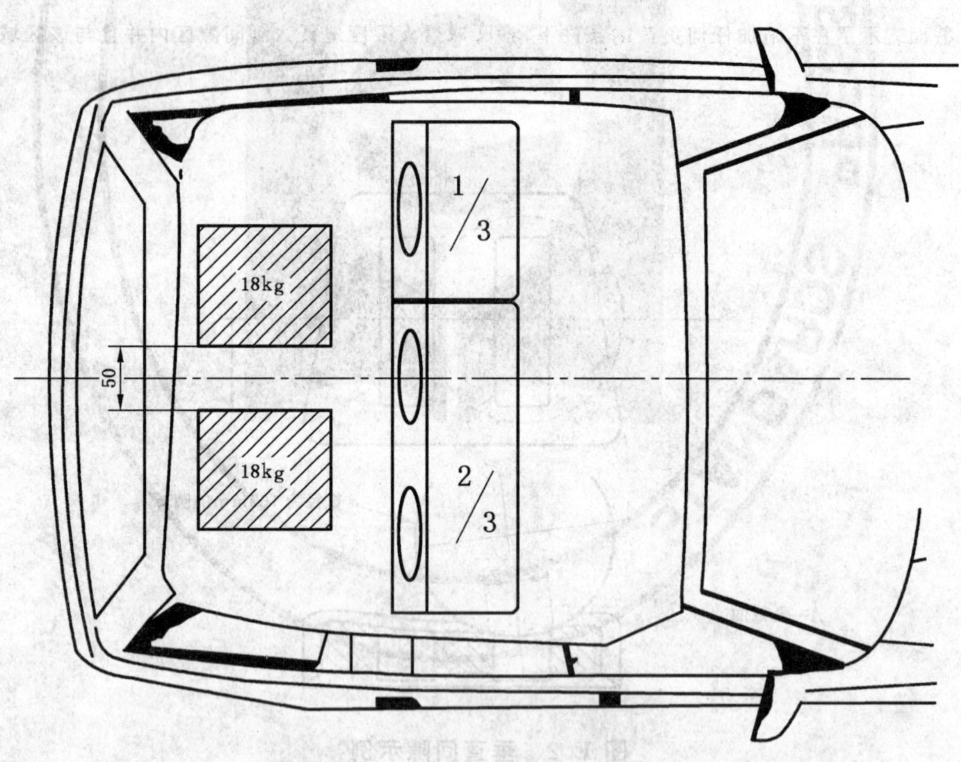

图 F.1　试验靠背前方试验样块的位置

F.2.1.1　一般技术要求

F.2.1.1.1　在车辆制造厂的选择下，试验时可以将邵尔(A)硬度小于 50 的部件从座椅靠背或头枕上撤除。

F.2.1.1.2　将两个类型 1 的试验样块放置于行李舱的地板上。为了确定试验样品纵向安放位置，应将试验样块放置在行李舱底部,其前部与构成行李舱前边界的车辆部件接触,然后沿平行于车辆的纵向中心方向将其向后移动,直至其质心移动 200 mm 的水平距离。若行李舱的尺寸限制了上述 200 mm 的移动,且后排座椅的前后位置可以调节,则将这些座椅向前移动到乘员正常使用位置范围的最后边界,或者移动到可以获得上述 200 mm 的位置处(取两者中较小者)。对于其他情况,试验样块应尽可能远地放置于后排座椅之后。车辆纵向中心面与各试验样块内侧边缘的距离应该为 25 mm,以使两样块之间有 50 mm 的距离。

F.2.1.1.3 在试验期间,必须对座椅进行调节以保证锁止系统不会由于其他的外界因素而松脱。按下述要求调节座椅:纵向调节装置应该固定于制造厂规定的最后使用位置(对于可进行垂直调节的座椅,衬垫应置于其最低位置)之前一个切口大小距离或 10 mm 处。试验应该在座椅处于其正常使用的位置处进行。

F.2.1.1.4 如果座椅安装有高度可调的头枕,则应将座椅头枕调节到最高位置。

F.2.1.1.5 如果后排座椅靠背能够折叠放下,则应采用通常的锁止装置将其锁止在通常直立位置上。

F.2.1.1.6 如果座椅后方无法安置类型 1 的试验样块,则不用进行该项试验。

F.2.1.2 具有两排以上座椅的车辆

F.2.1.2.1 如果使用者可以按照制造厂的使用说明将最后排座椅摘除和/或折叠放倒,以达到增加行李舱空间的目的,应该对倒数第二排座椅进行试验。

F.2.1.2.2 在上述情况下,如果座椅及其固定装置的设计类似且可以达到 200 mm 位移的试验要求,试验机构可以选择最后两排座椅之一进行试验。

F.2.1.3 如果有间隙,则在试验机构和制造厂的协商下,试验载荷(两块类型 1 的试验样块)可以加载在座椅靠背后面。

F.2.1.4 试验报告中,应附上加载情况示意图。

F.2.2 隔离系统试验

在进行座椅靠背上部隔离系统试验时,应在试验车上固定一承载平板,该平板的位置应保证放置在其上的试验样块的重心通过座椅靠背顶端(不包括座椅头枕)和汽车车内顶板正中间。类型 2 试验样块放置于承载平板上,其最大尺寸为 500 mm×350 mm,中心位于车辆纵轴上,且其前边的表面规格为 500 mm ×125 mm。对于后方不能安置类型 2 试验样块的隔离系统,则可以不进行该项试验。试验时,试验样块应与隔离系统直接接触。另外,应按照 F.2.1 规定放置两个类型 1 试验样块(见图 F.2)同时进行试验。

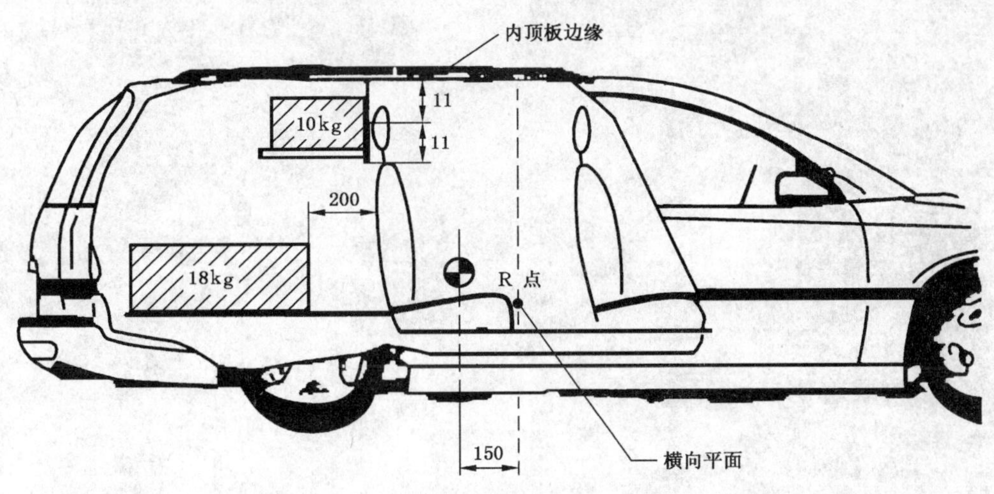

图 F.2 靠背上方隔离系统试验

F.2.2.1 如果座椅安装有高度可调的头枕，则应将座椅头枕调节到最高位置。

F.3 用于约束行李的座椅靠背或隔离系统的动态试验

F.3.1 应将车体牢固地固定在试验台车上。将车体装在台车上的连接方式不应对座椅靠背和隔离系统有所加强。按照 F.2.1 或 F.2.2 方式放置试验样块，对乘员车体进行减速，其减速波形如图 F.3 所示。减速前，乘员车体的自由速度应为 50^{+2}_{0} km/h。在制造厂的认可下，可以应用上述的试验波形按照 5.3.1 来完成座椅强度试验。

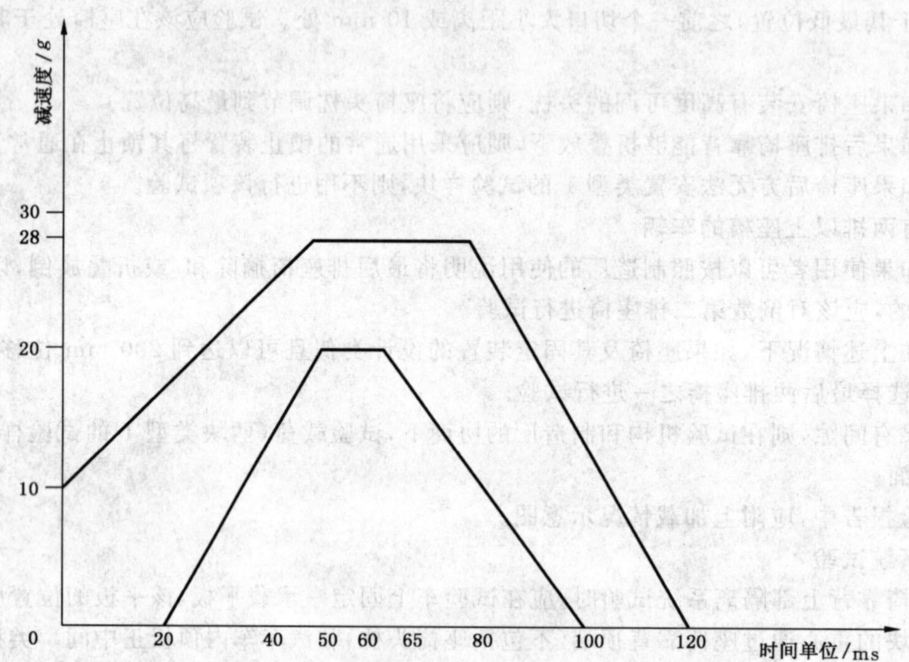

图 F.3 台车减速度通道时间函数

附 录 G
（资料性附录）
本标准章条编号与 ECE R17 章条编号对照

表 G.1 给出了本标准章条编号与 ECE R17 章条编号对照一览表。

表 G.1 本标准章条编号与 ECE R17 章条编号对照

本标准章条编号	对应的国际标准章条编号	本标准章条编号	对应的国际标准章条编号
2	—	4.13	5.13
3	2	4.14	5.14
3.1	2.2	4.15	5.15
3.2	2.3	5	6
3.3	2.4	5.1	6.1
3.4	2.5	5.2	6.2
3.5	2.6	5.3	6.3
3.6	2.7	5.4	6.4
3.7	2.8	5.5	6.5
3.8	2.10	5.6	6.6
3.9	2.11	5.7	6.7
3.10	2.12	5.8	6.8
3.11	2.13	5.9	6.9
3.12	2.14	—	7
3.13	2.15	—	8
—	3	—	9
—	4	—	10
4	5	—	11
4.1	5.1	—	12
4.2	5.2	—	13
4.3	5.3	—	附录 1
4.4	5.4	—	附录 2
4.5	5.5	—	附录 3
4.6	5.6	附录 A	附录 4
4.7	5.7	附录 B	附录 5
4.8	5.8	附录 C	附录 6
4.9	5.9	附录 D	附录 7
4.10	5.10	附录 E	附录 8
4.11	5.11	附录 F	附录 9
4.12	5.12	附录 G	—

注：除表中所列与 ECE R17 对应的章条编号外，本标准未列人的 ECE R17 其他章条与本标准一致。

STANDARDS PRESS OF CHINA

ICS 43.040.60
T 26

中华人民共和国国家标准

GB 15084—2006
代替 GB 15084—1994

机动车辆后视镜的性能和安装要求

Motor vehicles—Rear view mirrors—Requirements of performance and installation

2006-01-18 发布 2007-01-01 实施

中华人民共和国国家质量监督检验检疫总局
中国国家标准化管理委员会 发布

前言

本标准第4章、第5章、第6章、第7章的内容为强制性的，其他章的内容为推荐性的。

本标准代替GB 15084—1994《汽车后视镜的性能和安装要求》。

本标准修改采用了ECE-R46法规(01系列，1998年版)《关于后视镜和机动车辆后视镜安装认证的统一规定》(英文版)。

考虑到我国国情，对于ECE-R46法规做了以下技术性修改：

——根据我国人体平均身高因素，本标准6.1.1、6.2.2.6.2.3、7.2.2.6、7.3.6、7.3.7中将“2 m”改为“1 800 mm”；

——删除了附录1～附录4、附录8、附录8—附件1、附录8—附件2、附录8—附件3；

——删除了与认证有关的内容，即第3章、第4章、第9章、第10章、第11章、第12章、第14章、第15章、第17章、第18章、第19章、第20章、第22章，其原因是标准体系与法规体系的形式差别所致。

为便于使用，对于ECE-R46法规还做了下列编辑性修改：

——“本法规”改为“本标准”；

——将ECE R 46的第2、13章的“术语和定义”内容合并；

——本标准中涉及到的单位“m”均改为“mm”；

——增加资料性附录D。

本标准与GB 15084—1994的主要差异有：

——增加“Ⅳ、Ⅴ”类后视镜的定义及相关视野要求(本版的3.6、7.5.4、7.5.5)；

——增加M和N类机动车后视镜的安装数量和视野要求(本版的表2)。

本标准的附录A、附录B、附录C为规范性附录，附录D为资料性附录。

本标准由中国汽车工业协会提出。

本标准由全国汽车标准化技术委员会归口。

本标准起草单位：武汉汽车车身附件研究所、武汉理工大学、上海干巷汽车镜(集团)有限公司。

本标准主要起草人：孔军、李再华、干毛弟、赵红。

机动车辆后视镜的性能和安装要求

1 范围

本标准规定了安装在M和N类车辆，以及其他少于四轮，车身部分或全部封闭驾驶员的车辆的车身上后视镜的性能要求和在上述车辆上的安装要求。

本标准适用于M和N类车辆，以及其他少于四轮，车身部分或全部封闭驾驶员的车辆。

2 规范性引用文件

下列文件中的条款通过本标准的引用而成为本标准的条款。凡是注日期的引用文件，其随后所有的修改单(不包括勘误的内容)或修订版均不适用于本标准，然而，鼓励根据本标准达成协议的各方研究是否可使用这些文件的最新版本。凡是不注日期的引用文件，其最新版本适用于本标准。

GB/T 15089 机动车辆及挂车的分类

3 术语和定义

下列术语和定义适用于本标准。

3.1

后视镜 rear-view mirror

供满足本标准7.5中规定视野内看清车辆后方和侧面图像的装置，不包含潜望镜这类复杂光学系统。

3.2

内后视镜 interior rear-view mirror

供满足本标准3.1中规定的视野要求，装在车辆乘员舱内部的装置。

3.3

外后视镜 exterior rear-view mirror

供满足本标准3.1中规定的视野要求，装在车辆外部的装置。

3.4

监视后视镜 surveillance rear-view mirror

不同于本标准3.1中定义的，且能安装在车辆的内、外部，以提供不同于本标准7.5中规定视野的后视镜。

3.5

后视镜型式 rear-view mirror type

以下主要特性没有差别的后视镜：

——后视镜反射面的尺寸和曲率半径。

——后视镜的设计、形状及材料。

3.6

后视镜的类别 class of rear-view mirror

具有一种或多种共同特性和功能的后视装置，可分为以下几类：

Ⅰ类：内后视镜 interior rear-view mirrors，在本标准7.5.2中规定了其视野。

Ⅱ、Ⅲ类：主外后视镜 main exterior rear-view mirror，在本标准7.5.3中规定了其视野。

Ⅳ类：广角外后视镜 wide-angle exterior rear- view mirror，在本标准7.5.4中规定了其视野。

STANDARDS PRESS OF CHINA

Ⅴ类：补盲外后视镜 close-proximity exterior rear- view mirror，在本标准 7.5.5 中规定了其视野。

3.7

r

按本标准附录 C 规定的方法在反射面上测得的平均曲率半径。

3.8

在反射面某一点的基本曲率半径（r_i） principal radii of curvature at one point obtained on the reflecting surface（r_i）

用本标准附录 C 规定的仪器，在通过反射面中心，并平行于镜子 b 线段和垂直于该线段方向上得到的曲率半径，b 线段的确定见 5.1.2.1。

3.9

在反射面某一点的曲率半径（r_p） radius of curvature at one point on the reflecting surface（r_p）

指基本曲率半径的算术平均值：

$$r_p = \frac{r_i + r_i'}{2} \quad \cdots\cdots(1)$$

3.10

镜面中心 centre of the mirror

反射面可见区域的质心。

3.11

后视镜组成部件的曲率半径 radius of curvature of the constituent parts of the rear-view mirror C

C 指形状最接近后视镜组成部件某一部位曲线形状的圆弧的半径。

3.12

M 和 N 类车辆 vehicle categories M and N

GB/T 15089 中对 M 和 N 类车辆的定义。

3.13

与后视镜相关的车辆型式 type of vehicle as regards rear-view mirrors

在下列基本特征方面相同的机动车辆：

——导致减小视野范围的车身特征；

——驾驶员座椅的 R 点坐标；

——强制安装和选装后视镜（已安装）的安装位置和类别。

3.14

驾驶员眼点 driver′s ocular points

通过汽车制造厂确定的驾驶员设计乘坐位置中心，作一平行于汽车纵向基准面的平面。从该平面内的驾驶员座椅 R 点向上 635 mm，作垂直于该平面的一条直线段。在直线段与该平面交点的两侧各 32.5 mm 处（总距离 65 mm）作两个点，即为驾驶员眼点。

3.15

双眼总视野 ambinocular vision

左右单眼视野重合而获得的总视野（见图 1）。

3.16

空载质量（M_K）（kg） unladen kerb mass

车辆可行驶的质量，未载人员、货物，但包括驾驶员 75 kg 的质量，相当于汽车制造厂指定燃料箱容积 90％燃料质量和冷却液、润滑油、随车工具、备胎的质量（若装备的话）等。

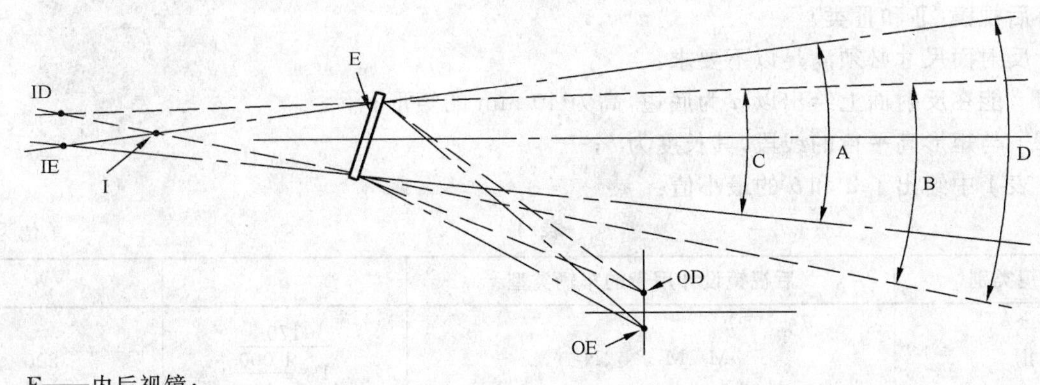

E——内后视镜；
OD、OE——驾驶员眼点；
ID、IE——单眼虚像；
I——左右单眼总虚像；
A——左眼视角；
B——右眼视角；
C——双眼视角；
D——左右单眼总视角。

图1 双眼总视野

4 一般要求

4.1 所有的后视镜均能调节。

4.2 反射面的边缘必须包于保护框架(如支架等)内,其周边上所有点的C值在任何方向上都必须大于或等于2.5 mm。如果反射面超出保护框架,则突出部分边缘上的曲率半径C不得小于2.5 mm,且突出部位在50 N的作用力下,能回到框架内,该力应近似平行汽车纵向基准面,且水平施加到反射面突出保持框架最高的点上。

4.3 后视镜按6.2试验后,将后视镜安放在水平面上,用直径为165 mm的球型触及内后视镜可接触到的部位,用直径为100 mm的球型触及外后视镜可触及到的部件,这些所有可接触部位,包括与支撑框架相连接零件的部位(不论其调节位置如何),其曲率半径均不得小于2.5 mm。

4.3.1 对于后视镜上直径或最大对角线小于12 mm的固定孔或凹座的边缘,若已经过圆滑处理,则不必满足4.3曲率半径的要求。

4.4 将后视镜连接到车辆上的连接件应按下述方法设计,即以保证后视镜顺着撞击方向偏移的转动轴或旋转中心,或两者之一为轴线,作一半径为50 mm的圆柱体,该圆柱体至少应切到连接件所连接的表面部分。

4.5 对外后视镜来说,若4.2和4.3所涉及的零件是用不大于邵尔硬度为A60的材料制成,则不必满足上述要求。

4.6 对内后视镜来说,若后视镜上的零件是用小于邵尔硬度A50的材料制成,并安装在刚性支持件上,则4.2和4.3的试验只适用于该支持件。

5 特殊要求

5.1 尺寸

5.1.1 内后视镜(Ⅰ类)

必须能在其反射面上绘出一个矩形,该矩形的高度为40 mm,底边长为a,a尺寸的计算方法为:

$$a=\frac{150}{1+\dfrac{1\,000}{r}}\ \text{mm} \qquad \cdots\cdots\cdots\cdots(2)$$

5.1.2 外后视镜(Ⅱ和Ⅲ类)

5.1.2.1 反射面尺寸必须满足以下要求：

5.1.2.1.1 能在反射面上绘出以 a 为底边，高为 40 mm 的矩形；

5.1.2.1.2 与矩形高平行的线段，其长度为 b；

5.1.2.2 表 1 中给出了 a 和 b 的最小值：

表 1

单位为毫米

后视镜类别	后视镜设计用于的车辆类型	a	b
Ⅱ	M_2、M_3、N_2、N_3	$\dfrac{170}{1+\dfrac{1\,000}{r}}$	200
Ⅲ	M_1、N_1；N_2、N_3 (当 7.2.1.3 适用时)	$\dfrac{130}{1+\dfrac{1\,000}{r}}$	70

5.1.3 广角外后视镜(Ⅳ类)

反射面的外廓应形状简单，其尺寸应满足 7.5.4 中所规定的视野要求。

5.1.4 补盲外后视镜(Ⅴ类)

反射面的外廓应形状简单，其尺寸应满足 7.5.5 中所规定的视野要求。

5.2 反射面和反射率

5.2.1 后视镜的反射面必须为平面镜或球状凸面镜。

5.2.2 曲率半径之差

5.2.2.1 各基本曲率半径 r_i' 或 r_i 值与 r_p 值之差不得大于 $0.15r$。

5.2.2.2 任一点的 r_p(r_{p1}、r_{p2} 和 r_{p3})值与 r 值之差不得大于 $0.15r$。

5.2.2.3 当后视镜反射面的 r 值不小于 3 000 mm 时，5.2.2.1 和 5.2.2.2 中所述的 $0.15r$ 可用 $0.25r$ 替换。

5.2.3 r 值不得小于：

5.2.3.1 内后视镜(Ⅰ类)和Ⅲ类主外后视镜为 1 200 mm；

5.2.3.2 Ⅱ类主外后视镜为 1 800 mm；

5.2.3.3 广角外后视镜(Ⅳ类)和补盲外后视镜(Ⅴ类)为 400 mm。

5.2.4 按本标准附录 A 规定的方法测定的标态反射率数值不得低于 40%。若后视镜有两个工作位置(白天和夜间)，则处于白天位置时应能正确辨认道路交通的彩色信号，处于夜间位置时的反射率数值不得低于 4%。

5.2.5 除后视镜长期在极端恶劣的天气条件下，在正常使用过程中，其反射面应能满足 5.2.4 中规定的反射率数值。

6 试验

6.1 除补盲后视镜(Ⅴ类)外，所有后视镜均须经受 6.2 和 6.3 中所规定的试验。

6.1.1 对所有外后视镜来说，如果当车辆满载，且后视镜上所有零部件离地面高度均大于 1 800 mm(不论其调节位置如何)，则可免除 6.2 中所规定的试验。

若后视镜的连接件(如连接板、支撑臂、旋转轴等)不超过车辆投影宽度，且离地面高度小于 1 800 mm，则测量应在后视镜连接件底边的垂直横截面上进行，如果后面超过车宽较多，则以向前方向横截面上的点为准。

在这种情况下，应提供连接件在车辆上安装位置条件的说明。

对不进行撞击试验的后视镜，应在支架臂上标明 1 800 mm 标识，在试验报告中还应注明该结果。

6.2 撞击试验

6.2.1 试验装置

6.2.1.1 撞击试验台由试镜固定架和可绕两个成直角的水平轴摆动的摆组成，其中之一在垂直释放轨迹的平面内。摆的末端是一直径为 165 mm±1 mm 的刚性球型，其表面包有一层邵尔硬度为 A50、厚度为 5 mm 的橡胶，以及用来测定释放平面内支承臂所处最大角度的指示器。按下述 6.2.2.6 中规定的撞击要求，用于保持样品的支座应被牢固地固定在支撑摆的工作台上。图 2 给出了试验设备的尺寸和特殊设计要求。

尺寸单位为毫米

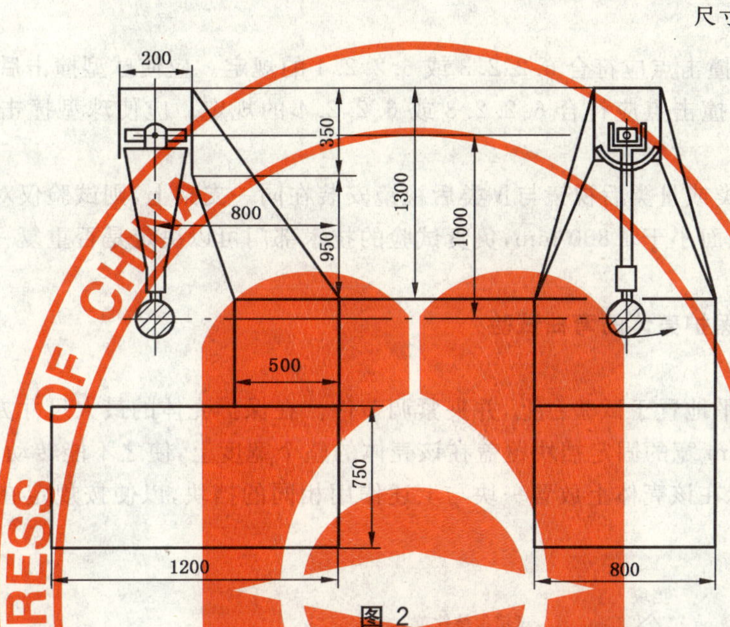

图 2

6.2.1.2 摆的撞击中心与球型的中心重合。球头模型的中心距旋转轴线的距离为 I，$I=1\ 000$ mm±5 mm。摆换算到撞击中心的质量为 m_o，$m_o=6.8$ kg±0.05 kg，摆的质量中心到旋转轴轴线间的距离为 d，其关系式为：

$$m_o = m\frac{d}{I} \qquad (3)$$

6.2.2 试验说明

6.2.2.1 夹紧后视镜的装置由后视镜制造厂或汽车制造厂提供。

6.2.2.2 后视镜试验时的定位

6.2.2.2.1 后视镜应按后视镜制造厂或汽车制造厂所推荐的方法固定在试验台上，其水平和垂直位置的轴线应与实际装车状态相同。

6.2.2.2.2 若后视镜能相对其基座可调，则它应位于后视镜制造厂或汽车制造厂所规定的调节范围内，且撞击时对转动最不利的位置。

6.2.2.2.3 若后视镜能相对其基座可调，则应将调节装置调到使保持件离其基座最近的位置。

6.2.2.2.4 若反射面能在保护壳体内调节，则应将离车辆最远的上角调至突出保护壳体最大的位置。

6.2.2.3 除了内后视镜按 6.2.2.6.1 的规定进行试验 2 外，当摆处于垂直位置时，球型中心的水平面和纵向铅垂平面应穿过 3.10 中定义的镜面中心，摆的纵向摆动方向应平行于汽车纵向基准面。

6.2.2.4 按 6.2.2.2.1 和 6.2.2.2.2 的规定进行安装和调节时，若后视镜的零件限制了球型的返回，则应将撞击点沿垂直于转轴或旋转中心方向调节，但必须确定这种调节对完成试验是必要的，且要满足下列要求之一：

6.2.2.4.1 球型的外廓线至少应保证与 4.4 中所述圆柱体表面相切；

6.2.2.4.2 球型的接触点至少距反射面的边缘 10 mm。

6.2.2.5 试验时,使球型从相对于摆的铅垂线 60°的角度处自由下落,当摆到铅垂位置时,球型打击后视镜。

6.2.2.6 后视镜应在下列不同条件下经受撞击:

6.2.2.6.1 内后视镜:

6.2.2.6.1.1 试验 1:撞击点应符合 6.2.2.3 的规定,球头模型应撞击在反射面上。

6.2.2.6.1.2 试验 2:撞击点应位于与镜子平面成 45°角,且过镜子镜面中心水平面的保护壳体边缘处,撞击方向应对准反射面。

6.2.2.6.2 外后视镜

6.2.2.6.2.1 试验 1:撞击点应符合 6.2.2.3 或 6.2.2.4 的规定。应使球型撞击后视镜的反射面。

6.2.2.6.2.2 试验 2:撞击点应符合 6.2.2.3 或 6.2.2.4 的规定。应使球型撞击到后视镜反射面的背面。

6.2.2.6.2.3 如果Ⅱ类或Ⅲ类后视镜与Ⅳ类后视镜安装在同一支架上,则试验仅对下方的后视镜。如果上方的后视镜距离地面小于 1 800 mm,负责试验的技术部门可以决定是否重复一次或与上部的后视镜一起进行试验。

6.3 安装在固定件上保护壳体的弯曲试验

6.3.1 试验说明

6.3.1.1 保护壳体水平地置于试验台上,并夹紧调节件。在保护壳体的最大尺寸方向且离调节件固定点最近的一端,用 15 mm 宽的固定挡块覆盖在该壳体的整个宽度上,使之不能转动。

6.3.1.2 在另一端,也在该壳体上放置一块与上述作用相同的挡块,以便按规定在上面施加试验载荷(见图 3)。

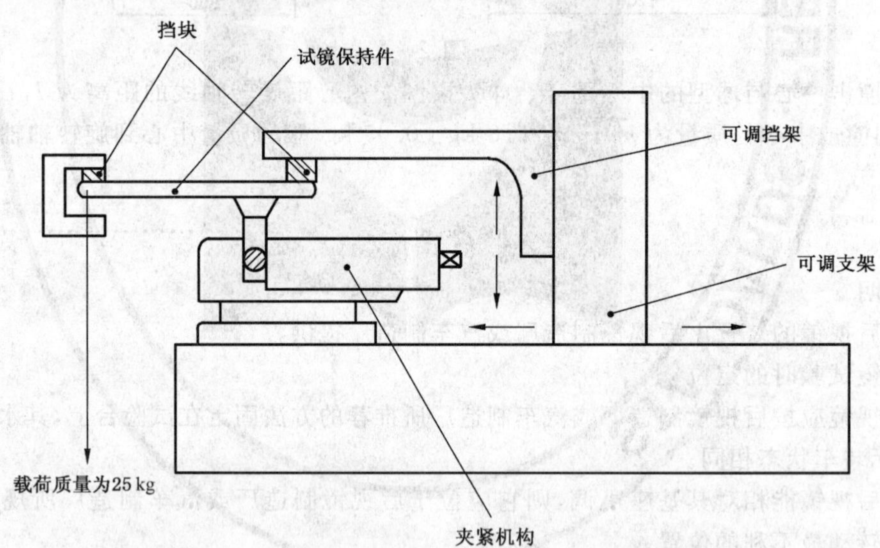

图 3 后视镜保护壳体弯曲试验设备示例

6.3.1.3 可在施加载荷的另一端予以夹紧。

6.3.2 施加试验载荷的质量为 25 kg,保持时间为 1 min。

6.4 试验结果

6.4.1 当按 6.2 的规定进行撞击试验时,摆在撞击后视镜后必须能在摆臂的释放平面内继续摆动 20°以上。

6.4.1.1 角度测量的准确度应为±1°。

6.4.1.2 本要求不适用于粘在风窗玻璃上的后视镜,这类后视镜在下述 6.4.2 中予以规定。

6.4.1.3 对所有Ⅱ类、Ⅳ类,以及Ⅲ类和Ⅳ类共同安装的后视镜,所要求的角度可从 20°减少到 10°。

6.4.2 对于粘在风窗玻璃上的后视镜，按照6.2的规定进行试验时，后视镜的支撑件若损坏，则其突出底座的残余部分不得大于10 mm，外形仍应满足4.3的要求。

6.4.3 当按6.2和6.3的规定试验时，后视镜的反射面不得破碎，但下述两种情况可认为符合要求：

6.4.3.1 玻璃碎片仍然粘在保护壳体上，或粘在与保护壳体牢固相连的物体上。允许玻璃局部脱离上述部位，但破裂处任何一个边的边长不得超过2.5 mm。在撞击点上，允许有小碎片脱离上述部位。

6.4.3.2 反射面用安全玻璃制成。

7 安装要求

7.1 车辆应符合下列要求

7.1.1 安装在车辆上的后视镜应为已符合本标准的后视镜。

7.1.2 后视镜的固定方式应使它不致移动而明显改变其视野区域，或因振动而使驾驶员对图像产生错觉。

7.1.2.1 当车辆以不超过最高设计车速的80%(但不超过150 km/h)的车速行驶时，后视镜必须符合7.1.2的要求。

7.2 数量

7.2.1 后视镜最少安装数量

7.2.1.1 M和N类车辆的视野在7.5中规定，能满足该视野应装后视镜的最少数量见表2。

7.2.1.2 对 M_1 和 N_1 类车

7.2.1.2.1 如果内后视镜不能满足7.5.2所规定的要求，则应在车辆右侧加装一个外后视镜。

7.2.1.2.2 如果内后视镜不能提供任何后视野，则可不装。

7.2.1.2.3 允许安装Ⅱ类外后视镜。

7.2.1.3 如果 N_2 或 N_3 类汽车由于设计上的原因而不能满足7.5.3.2.2和7.5.4中规定的视野，且Ⅳ类后视镜与Ⅱ类后视镜装在同一安装支架上，则上述Ⅱ类外后视镜可用Ⅲ类后视镜替代。

7.2.1.4 对最大设计质量不超过7 500 kg，且按要求装有Ⅱ类后视镜的 N_2 类车，若已安装的Ⅱ类后视镜的表面不凸出，则应在同一侧安装一个Ⅳ类后视镜。

7.2.1.5 对少于四个车轮，且车身部分或全部封闭驾驶员的车辆必须装备：

a) 一个内后视镜和在右侧安装一个Ⅱ类或Ⅲ类外后视镜，或

b) 在车辆两侧各装一个Ⅱ类或Ⅲ类外后视镜。

7.5的规定不适合上述车辆。

7.2.2 选装后视镜的最多数量

7.2.2.1 对 M_1 和 N_1 类车来说，可在7.2.1.1所规定的必装外后视镜的另一侧，加装一个外后视镜。

7.2.2.2 对 M_2、M_3 类和最大设计质量不超过7 500 kg的 N_2 类车，可加装一个Ⅴ类外后视镜。

7.2.2.3 N_2、N_3 类车可加装一个内后视镜。

7.2.2.4 Ⅳ类外后视镜也可加装到：

a) 最大设计质量不超过7 500 kg的 N_2 类车上。

b) M_2、M_3 类车上。

7.2.2.5 在7.2.2.1～7.2.2.4中所涉及的后视镜必须符合本标准的要求，而7.5的规定不适用于7.2.2.3所涉及的后视镜。

7.2.2.6 本标准的规定不适用于3.4中所定义的外部监视镜，但当车辆满载时，应满足离地高度不小于1 800 mm的要求。

7.3 位置

7.3.1 后视镜的位置应保证驾驶员在正常驾驶状态下，能看清汽车后方和两侧道路上的路况。

7.3.2 外后视镜应能从车辆侧窗或前风窗玻璃刮水器刮刷到的区域中看到。但由于结构的限制，对

M_2、M_3类车右侧所装外后视镜不作要求。

7.3.3 若对只带驾驶室的底盘进行视野测量时，汽车制造厂必须提供车身最大和最小宽度尺寸。必要时可用假前箱板模拟。在试验期间，被考虑到的所有车辆和后视镜布置均应在试验报告中予以注明。

7.3.4 汽车驾驶员一侧的外后视镜必须安装在后视镜中心至驾驶员两眼点（两眼点之间的距离为65 mm）中心连线的铅垂面与纵向基准平面的夹角不大于55°的范围内。

7.3.5 后视镜突出汽车车身外侧的程度不能超出满足7.5中关于视野要求所必需的程度。

7.3.6 当车辆满载，且外后视镜的底边距地面高度小于1.8 m时，其单侧外伸量不得大于车辆未装后视镜时测得的最大宽度200 mm。

7.3.7 Ⅴ类后视镜应以如下方式安装在车辆上：当车辆满载时，无论后视镜处于何种调节位置，其部件或支架距地面高度不得小于1.8 m。

Ⅴ类后视镜不得装在驾驶室的高度不能满足这项要求的车辆上。

7.3.8 只要符合7.3.5和7.3.6的要求，后视镜允许外伸至最大允许宽度之外。

7.4 调节

7.4.1 内后视镜应能允许驾驶员在其驾驶位置上调节。

7.4.2 在驾驶员一侧的外后视镜应能允许驾驶员在车门关闭，车窗开启时进行调节，而且能从车外锁紧位置。

7.4.3 上述7.4.2不适用于被撞击后无需调节又能恢复到原位置的后视镜。

表2

车辆类型	内后视镜	外后视镜			
		主后视镜		广角后视镜	补盲后视镜
	Ⅰ类	Ⅱ类	Ⅲ类	Ⅳ类	Ⅴ类
M_1	1 见(7.2.1.2)	— 见(7.2.1.2.3)	1 车辆右侧 见(7.2.2.1)	—	—
M_2	—	2 (左右各一)	—	见(7.2.2.4)	— (见7.2.2.2和7.3.7)
M_3	—	2 (左右各一)	—	见(7.2.2.4)	— (见7.2.2.2和7.3.7)
N_1	1 见(7.2.1.2)	— 见(7.2.1.2.3)	1 车辆右侧 见(7.2.2.1)	—	—
N_2(≤7 500 kg)	— 见(7.2.2.3)	2 (左右各一)	见(7.2.1.3)	见(7.2.2.4和7.2.1.4)	— 见(7.2.2.2和7.3.7)
N_2(>7 500 kg)	— 见(7.2.2.3)	2 (左右各一)	见(7.2.1.3)	1	1 见(7.3.7)
N_3	— 见(7.2.2.3)	2 (左右各一)	见(7.2.1.3)	1	1 见(7.3.7)

7.5 **视野**

7.5.1 按7.2中的定义确定驾驶员的眼点位置。下述后视野要求是在“双眼总视野”条件下的视野。当测定汽车后视野时，所试车辆为7.4中规定的可行驶状态。视野必须透过车窗玻璃进行测定，其可见光的垂直总透过率至少为70%。

7.5.2 内后视镜（Ⅰ类）

7.5.2.1 驾驶员借助内后视镜必须能在水平路面上看见一段宽度至少为20 000 mm的视野区域，其中心平面为汽车纵向基准面，并从驾驶员的眼点后60 000 mm处延伸至地平线（见附录B图B.1）。

7.5.2.2 在测量上述后视野时，允许头枕、遮阳板、后风窗刮水器、加热元件、S_3类制动车灯，或车身构件（如：纵向基准面附近对开门的后窗立柱等部件遮挡部分视野），但当遮挡部分投影在与汽车纵向基准面垂直的铅垂面上时，其总和应占所规定视野的15%以下。遮挡程度是在头枕处于最低位置，遮阳板处于收回位置时测定。

7.5.3 主外后视镜（Ⅱ、Ⅲ类）

7.5.3.1 左外后视镜

驾驶员借助外后视镜必须能在水平路面上看见一段宽度至少为2 500 mm的视野区域，其右侧，以与汽车纵向基准面的平面平行，且切过车辆左边最外侧点的平面为基准，并从驾驶员眼点后10 000 mm处延伸至地平线（见附录B图B.2）。

7.5.3.2 右外后视镜

7.5.3.2.1 对于M_1类和最大质量不超过2 000 kg的N_1类车辆，其驾驶员借助外后视镜必须能在水平路面上看到一段宽度至少为4 000 mm的视野区域，其左侧，以与汽车纵向基准的平面平行，且切过车辆右边最外侧点的平面为基准，并从驾驶员的眼点后20 000 mm处延伸至地平线（见附录B图B.2）。

7.5.3.2.2 除7.5.3.2.1中规定的车辆外，驾驶员借助外后视镜必须能在水平路面上看见一段宽度至少为3.5 m的视野区域，其左侧，以与汽车纵向基准面的平面平行，且切过车辆右边最外侧点的平面为基准，并从驾驶员的眼点后30 000 mm处延伸至地平线。此外，驾驶员借助外后视镜还必须能看见宽度为750 mm，并从驾驶员的眼点后4 000 mm处与上述区域相接的视野区域（见附录B图B.3）。

7.5.4 广角外后视镜（Ⅳ类）

驾驶员借助外后视镜必须能在水平路面上看见一段宽度至少为12 500 mm的区域，其左侧，与汽车纵向基准面的平面平行，且该平面与车辆右边最外侧点相切，且从驾驶员的眼点后15 000 mm延伸至25 000 mm处。此外，驾驶员借助外后视镜还必须能看见宽度为2 500 mm，并从驾驶员的眼点垂直平面后3 000 mm处与上述区域相接的视野区域（见附录B图B.4）。

7.5.5 补盲外后视镜（Ⅴ类）

驾驶员借助外后视镜必须能看到沿车辆一侧的水平路段，其界限由下述垂直平面来确定。

7.5.5.1 作一平行于汽车纵向基准面的平面，且与超出驾驶室右边最外侧200 mm处的点相切。驾驶室的宽度在与驾驶员眼点相切的横向垂直平面处测得；

7.5.5.2 横向，在7.5.5.1中所测得的平面横向向外1 000 mm处作一与之平行的平面；

7.5.5.3 向后，在与驾驶员眼点相切的横向垂直平面后方1 250 mm处作一与之平行的平面；

7.5.5.4 向前，在与驾驶员眼点相切横向垂直平面向前1 000 mm处作一与之平行的平面。如果切过汽车保险杠前缘的横向垂直平面与切过驾驶员眼点的横向垂直平面的间距小于1 000 mm，则视野应由该平面来限定[见附录B图B.5b)]。

7.5.6 由若干个不同曲率或相互成一定角度的反射面组合而成的后视镜，至少应有一个反射面提供该视野，其尺寸应符合其分类规定（见5.1.2）。

7.5.7 障碍物

在 7.5.3、7.5.4 和 7.5.5 规定的视野中，障碍物（如：车身及其附件、门把手、示廓灯、转向指示灯、后保险杆两端，以及反射面清洗装置等）部件所遮挡部分的总和占所规定视野的 10％以下即可。

7.5.8 测定方法

测定后视野区域时，应在驾驶员眼点处设置大功率光源，并检测在监视屏上的反射光束来确定。也可以采用其他等效的方法。

附 录 A
(规范性附录)
确定反射率的方法

A.1 术语和定义

A.1.1 CIE标准发光体A:[1)]

λ	$\bar{x}$	(λ)
600	1.062	2
620	0.854	4
650	0.283	5

A.1.2 CIE标准光源A[1)]:在相关色温 T_{68}=2 855.6K时的充气钨丝灯。

A.1.3 CIE1931标准色度观测仪[1)]:是一种辐射感应器,其色度特性相当于光谱三色激励值 $\bar{x}(\lambda)$、$\bar{y}(\lambda)$、$\bar{z}(\lambda)$(见附表)。

A.1.4 CIE光谱三色激励值[1)];在CIE(x、y、z)系统中,等能量光谱分量的三色激励值。

A.1.5 明视觉[1)]:正常眼睛适应了每平方米至少几坎德拉亮度时的视觉。

A.2 仪器

A.2.1 概述

A.2.1.1 试验仪器由光源、试样支架、带有光检测器和指示仪表的接收单元,以及能消除外来光影响的装置组成(见图A.1)。

A.2.1.2 接收单元可以包括一个光积分球体,以便测量非平面镜(凸镜)(见图A.2)。

A.2.2 光源和光检测器的光谱特性

A.2.2.1 光源由CIE标准光源A和能使光源发出的光成为平行光束的镜片所组成。为使仪器工作时光源电压保持稳定,推荐使用稳压电源。

A.2.2.2 接收单元所带光检测器的光谱响应与CIE(1931)标准色度观测仪的适光亮度函数成正比(见表A.1)。也可以使用其他产生效果能完全等效于CIE标准发光体A和明视觉的发光体——滤光片——接收器的组合方式。在接收单元中使用光积分球体时,球体的内表面应涂上一层无光泽的(漫反射的)、对光谱无选择性的白色涂料。

A.2.3 几何条件

A.2.3.1 入射光束角(θ)最好是与垂直于试验表面的垂线成0.44 rad±0.09 rad(25°±5°),并不得超过角度上限(0.53 rad或30°)。接收器轴线与该垂线所成角度(θ)应等于入射光束角(见图A.1)。入射光束在试验表面上的直径不得小于19 mm,反射光束覆盖在光检测器上的面积应小于其感光面积,但不得小于该感光面积的50%。并尽可能接近仪器标定时的覆盖面积。

A.2.3.2 当光积分球体用于接收单元时,球体直径不得小于127 mm。在球体上,试镜和球壁入射光束的孔径应使入射光束和反射光束全部通过。光检测器应置于不受入射和反光束直射的位置。

A.2.4 光检测器——指示仪表装置的电特性

在指示仪表上,光检测器输出的读数为感光区域上光亮度的线性函数。为了便于调零和标定,可采用光、电或光和电组合的方法,但该方法不得影响仪器线性度和光谱特性。接收器——指示系统的准确

1) 定义摘自CIE(国际照明委员会)出版物50(45)、国际电子词汇、45组:照明。

度应在全刻度的±2%范围内，或在读数值的±10%范围内，以较小者为准。

A.2.5 试镜支架

试镜支架应便于试镜定位，使光源支承臂与接收器的轴线在反射面上相交。反射面可能位于镜片的中间，或任何一面，视其为第一个面、第二个面，或是“转换”型棱镜而定。

A.3 方法

A.3.1 直接标定法

A.3.1.1 在直接标定法中，大气作为参考标准，该方法适用于其结构上允许将接收器调节到光源的光路上，进行100%测量标定的仪器(见图A.1)。

A.3.1.2 在某些情况下(如测定低反射率表面)，要求用该方法标定一个中间值(在刻度盘0%～100%之间)。这时，将一个已知透光率的中性密度滤光片插入光路中，然后调节标定钮，直至仪器读数为中性密度滤光片的透光百分率为止。在测定试镜反射率之前，必须拿掉滤光片。

A.3.2 间接标定法

间接标定法适用于光源和接收器的几何位置为固定的仪器。该方法需要有经过严格标定和保持其反射率不变的参考标样。该标样最好是与试镜反射率很接近的平面镜。

A.3.3 平面镜的测定

平面镜的反射率可以用直接或间接标定法测定。反射率的数值可直接从仪器的指示仪表上读出。

A.3.4 非平面镜(凸面镜)的测定

用带光积分球体的仪器测定非平面镜(凸面镜)的反射率(见图A.3)。当用反射率为E%的参考标样时，仪器的指示仪表指在n_E刻度上，因而，一个未知反射率镜子的刻度为n_X则相应的反射率$X\%$可用给出的公式计算：

$$X = E\frac{n_X}{n_E} \tag{A.1}$$

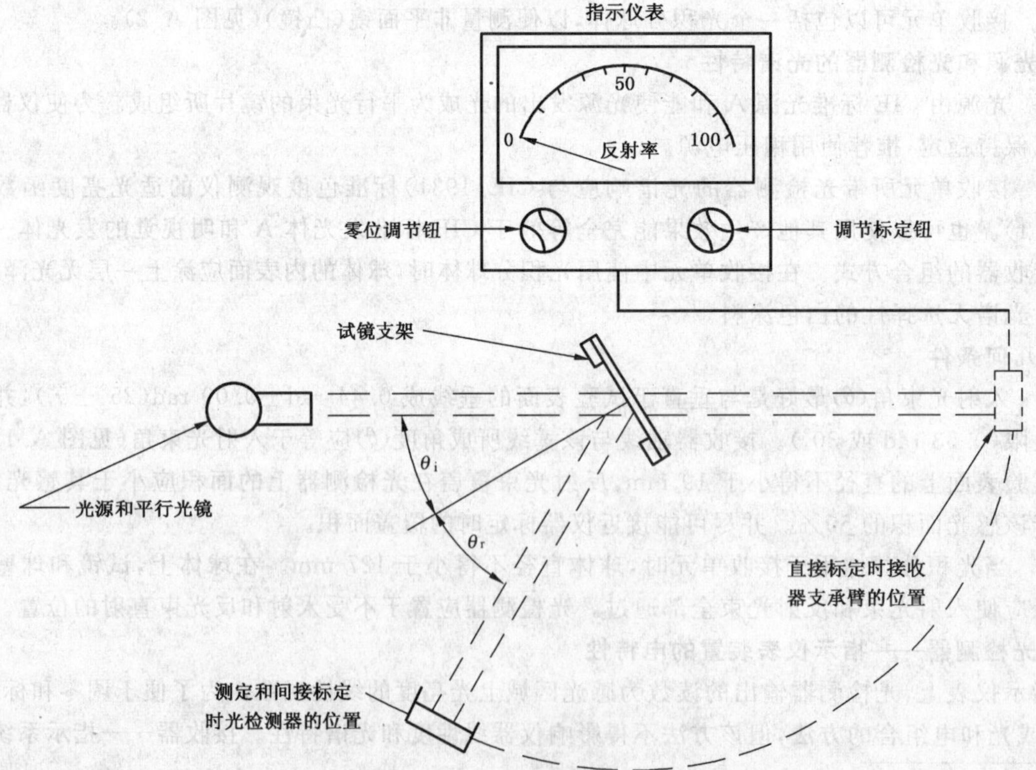

图A.1 两种标定方法所用反射率测定仪的几何关系

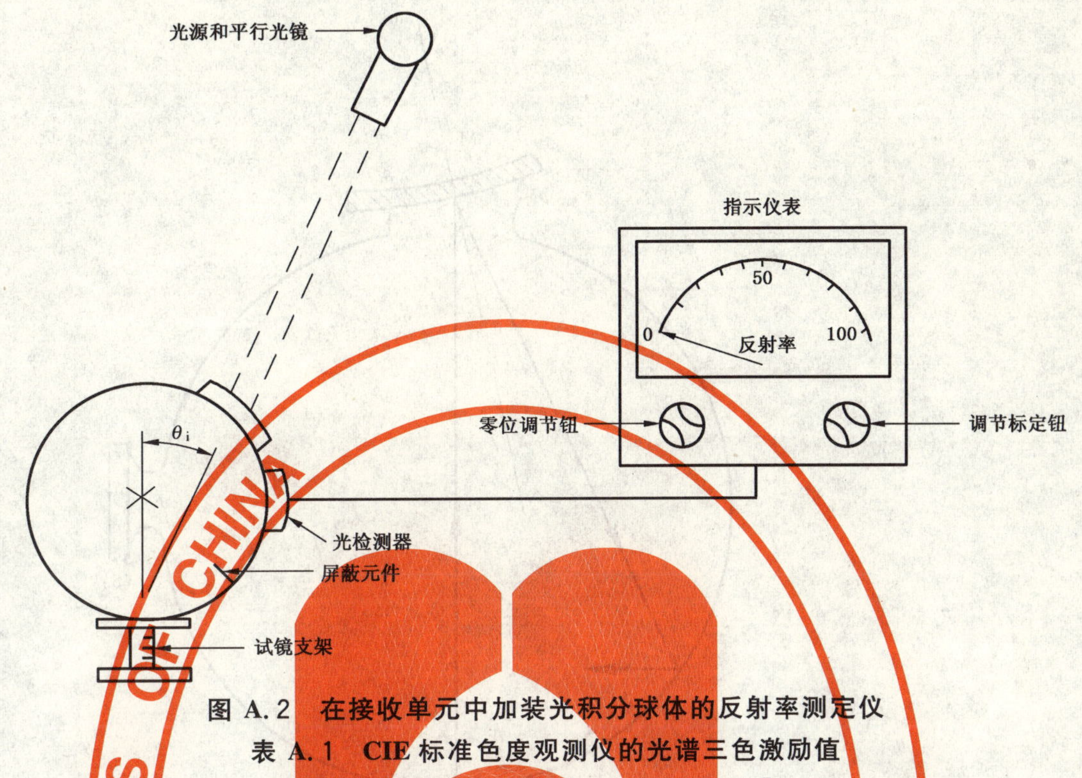

图 A.2 在接收单元中加装光积分球体的反射率测定仪

表 A.1 CIE 标准色度观测仪的光谱三色激励值

[此表摘自 CIE 出版物 50(45)(1970)][a]

λ/mm	$\bar{X}(\lambda)$	$\bar{Y}(\lambda)$	$\bar{Z}(\lambda)$	λ/mm	$\bar{X}(\lambda)$	$\bar{Y}(\lambda)$	$\bar{Z}(\lambda)$
380	0.001 4	0.000 0	0.006 5	590	1.026 3	0.757 0	0.001 1
390	0.004 2	0.000 1	0.020 1	600	1.062 2	0.631 0	0.000 8
400	0.014 3	0.000 4	0.067 9	610	1.002 6	0.503 0	0.000 3
410	0.043 5	0.001 2	0.207 4	620	0.854 4	0.381 0	0.000 2
420	0.134 4	0.004 0	0.645 6	630	0.642 4	0.265 0	0.000 0
430	0.283 9	0.011 6	1.385 6	640	0.447 9	0.175 0	0.000 0
440	0.348 3	0.023 0	1.747 1	650	0.283 5	0.107 0	0.000 0
450	0.336 2	0.038 0	1.772 1	660	0.164 9	0.061 0	0.000 0
460	0.290 8	0.060 0	1.669 2	670	0.087 4	0.032 0	0.000 0
470	0.195 4	0.091 0	1.287 6	680	0.046 8	0.017 0	0.000 0
480	0.095 6	0.139 0	0.813 0	690	0.022 7	0.008 2	0.000 0
490	0.032 0	0.208 0	0.465 2	700	0.011 4	0.004 1	0.000 0
500	0.004 9	0.323 0	0.272 0	710	0.005 8	0.002 1	0.000 0
510	0.009 3	0.503 0	0.158 2	720	0.002 9	0.001 0	0.000 0
520	0.063 3	0.710 0	0.078 2	730	0.001 4	0.000 5	0.000 0
530	0.165 5	0.862 0	0.042 2	740	0.000 7	0.000 2[b]	0.000 0
540	0.290 4	0.954 0	0.020 3	750	0.000 3	0.000 1	0.000 0
550	0.433 4	0.995 0	0.008 7	760	0.000 2	0.000 1	0.000 0
560	0.594 5	0.995 0	0.003 9	770	0.000 1	0.000 0	0.000 0
570	0.762 1	0.952 0	0.002 1	780	0.000 0	0.000 0	0.000 0
580	0.916 3	0.870 0	0.001 7				

a 略表，$\bar{y}(\lambda)=v(\lambda)$，各数值取至小数点后 4 位。

b 1966 年修改时，将 3 改为 2。

STANDARDS PRESS OF CHINA

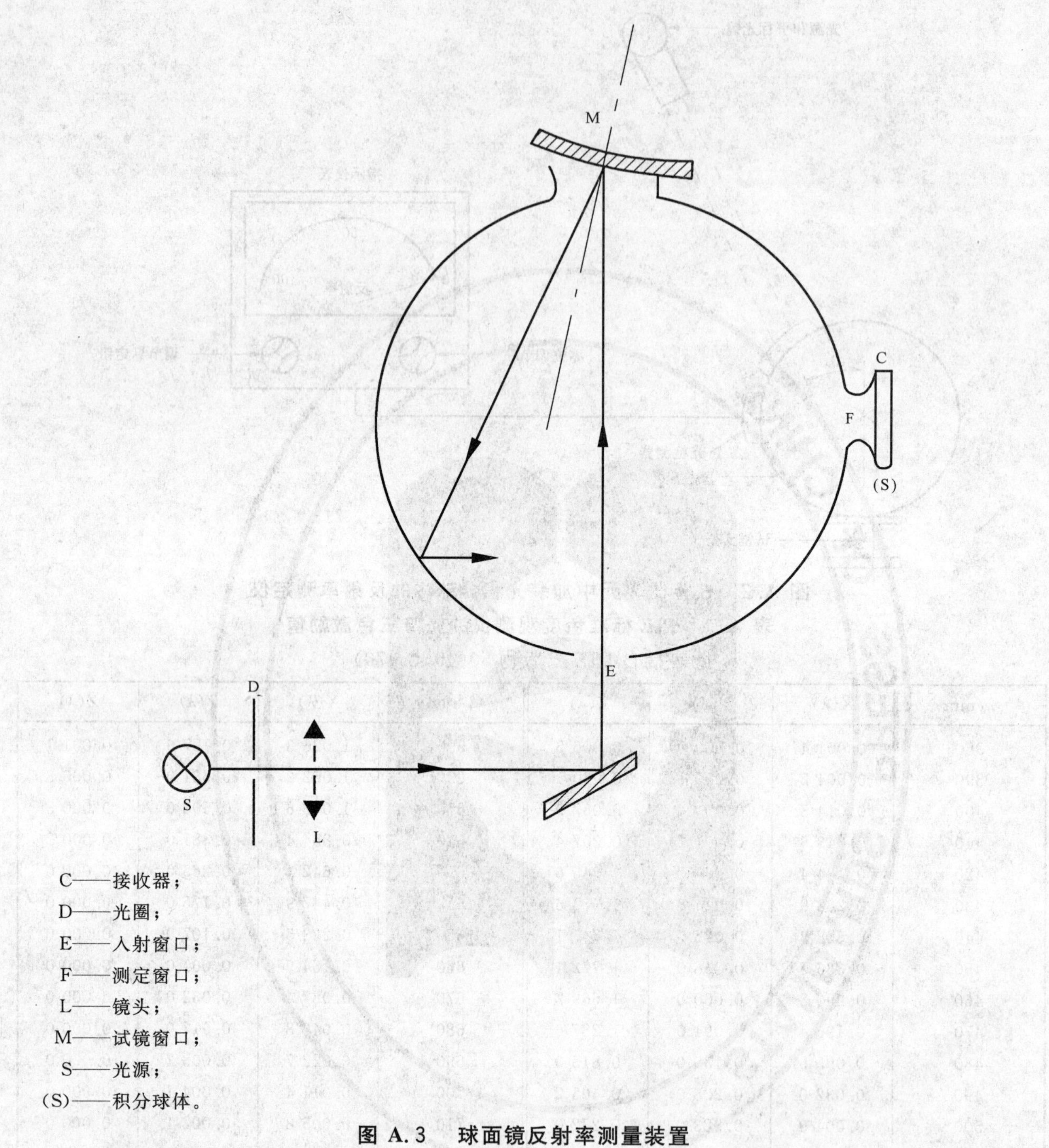

C——接收器；
D——光圈；
E——入射窗口；
F——测定窗口；
L——镜头；
M——试镜窗口；
S——光源；
(S)——积分球体。

图 A.3　球面镜反射率测量装置

附 录 B
(规范性附录)
后视镜在水平路面上的视野

B.1 内后视镜(Ⅰ类)(见本标准 7.5.2)

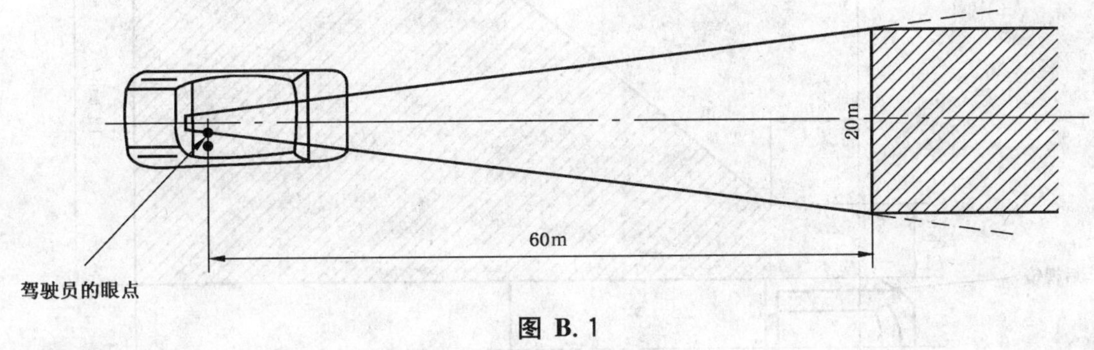

图 B.1

B.2 外后视镜

B.2.1 主外后视镜(Ⅱ、Ⅲ类)(见本标准 7.5.3)

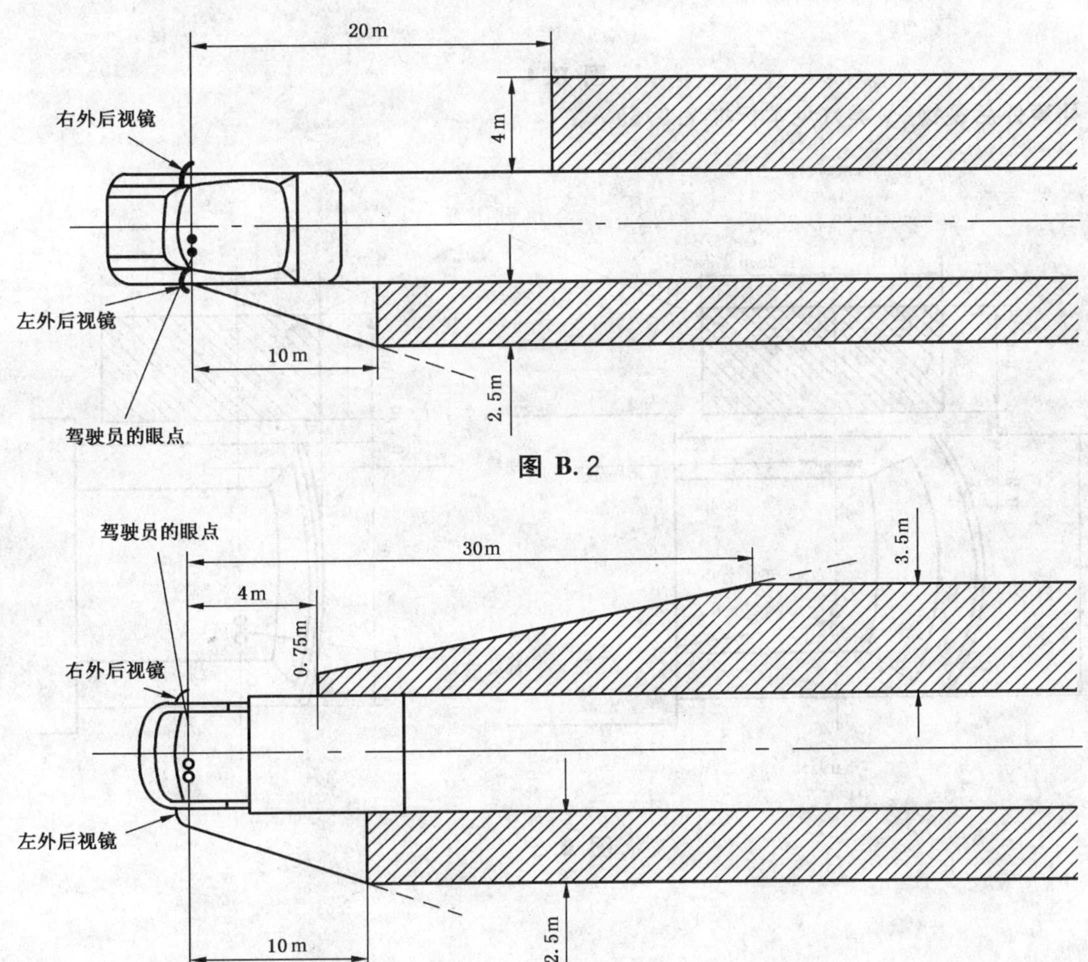

图 B.2

图 B.3

B.2.2 广角外后视镜(Ⅳ类)(见本标准 7.5.4)

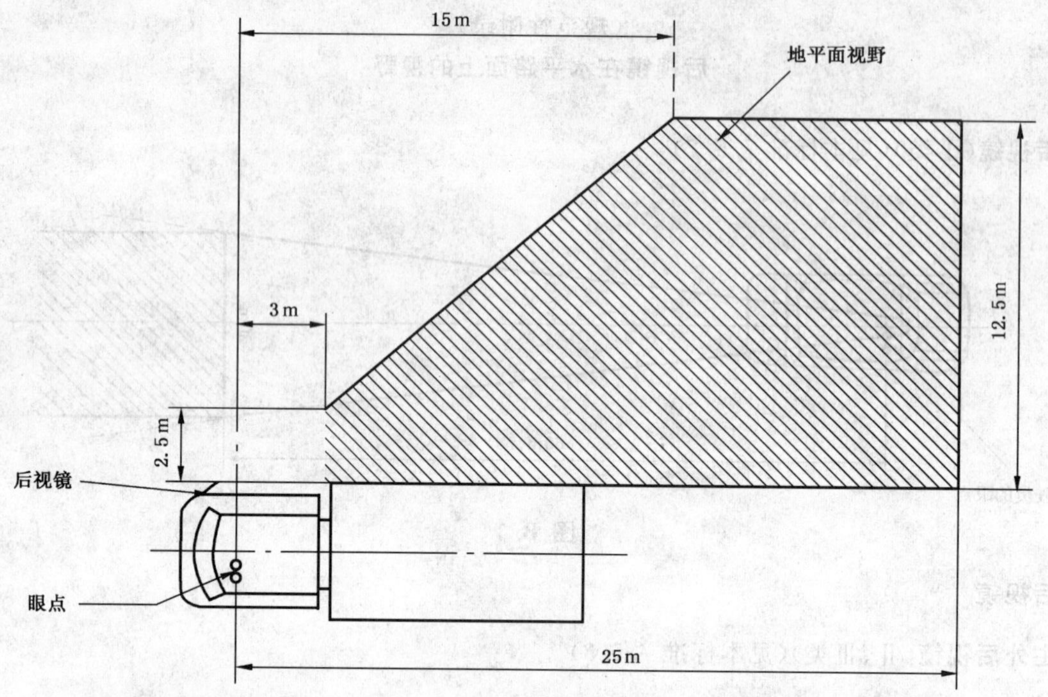

图 B.4

B.2.3 补盲外后视镜(Ⅴ类)(见本标准 7.5.5)

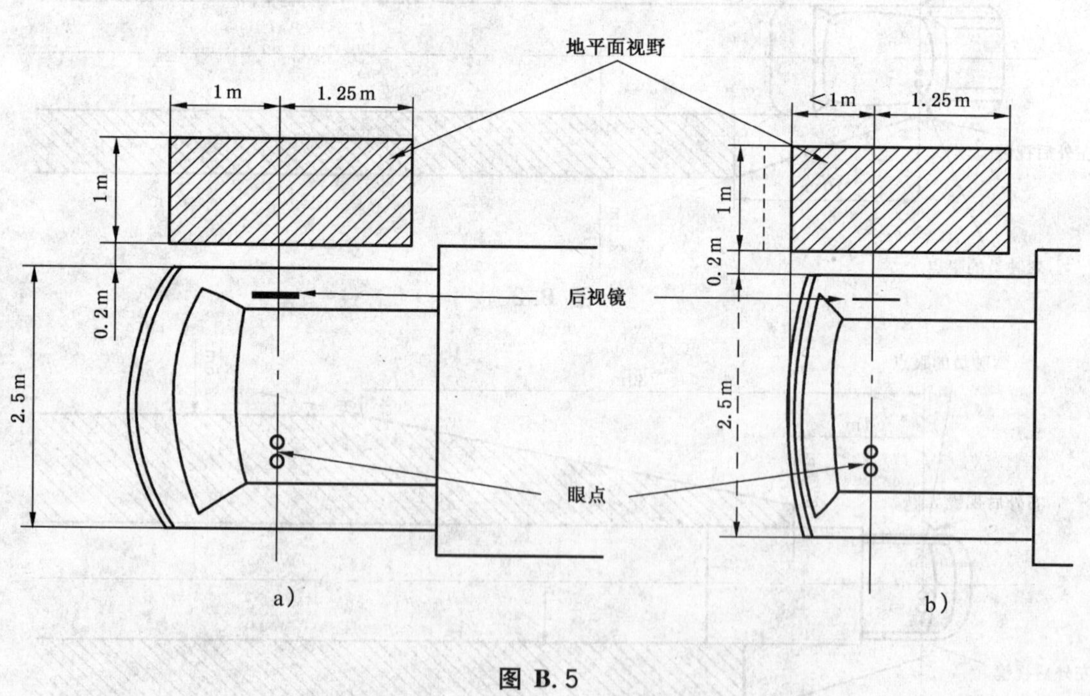

图 B.5

附 录 C
（规范性附录）
测定后视镜反射面曲率半径 r 的程序

C.1 测量

C.1.1 设备：采用图 C.1 规定的球面计。

C.1.2 测点

C.1.2.1 基本点的曲率半径应在 3 个点上测得，其位置位于过镜面中心，并与 b 线段平行的线段上，距离约为全长的 1/3、1/2 和 2/3 处。如果垂直镜子 b 线段方向上的尺寸为最长，则测点应位于垂直于 b 线段，且过镜子镜面中心的线段上。

C.1.2.2 若由于镜子尺寸的关系，不能按 C.1.2.1 规定的方法进行测量，则负责试验的技术人员可以在两个相互垂直的方向，并尽可能接近上述规定的点上进行测量。

C.2 曲率半径的计算

r 用 mm 表示，计算公式如下：

$$r = \frac{r_{p1} + r_{p2} + r_{p3}}{3} \qquad \text{(C.1)}$$

式中：

r_{p1}——第一测点的曲率半径；

r_{p2}——第二测点的曲率半径；

r_{p3}——第三测点的曲率半径。

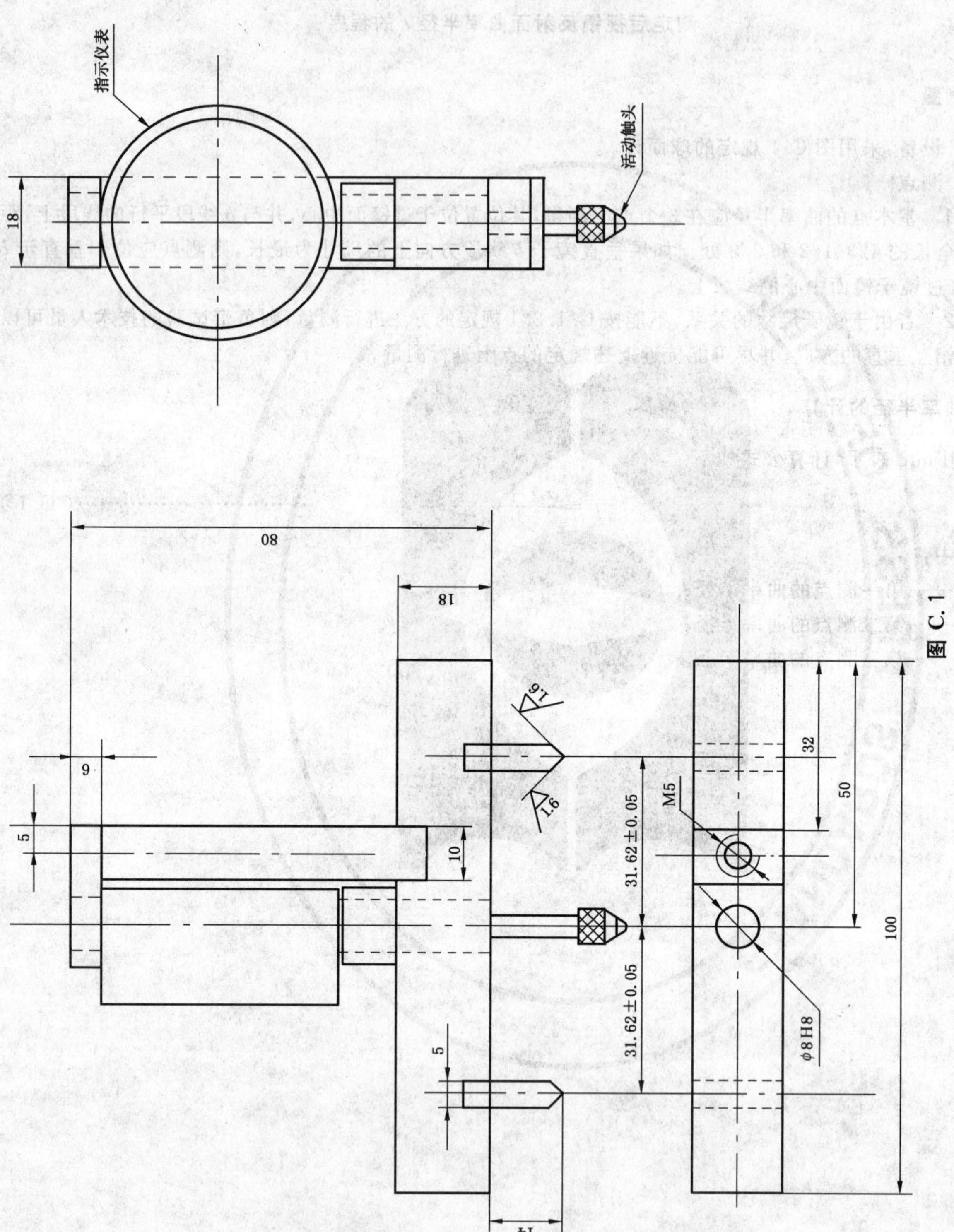

指示仪表
活动触头
18
80
18
9
5
10
1.6
1.6
31.62±0.05
31.62±0.05
M5
32
50
100
φ8H8
5
14

图 C.1

附 录 D
（资料性附录）
本标准章条编号与 ECE-R46 章条编号对照

表 D.1 给出了本标准章条编号与 ECE-R46 章条编号对照一览表。

表 D.1 本标准章条编号与 ECE-R46 章条编号对照

本标准章条编号	ECE-R46 章条编号
1	1
2	—
3	2,13
4	6
5	7
6	8
7	16
附录 A	附录 5
附录 B	附录 6
附录 C	附录 7
—	3、4
—	5
—	9
—	10
—	11
—	12
—	14
—	15
—	17
—	18
—	19
—	20
—	21
—	22
—	附录 1～附录 4
—	附录 8
—	附录 8—附件 1
—	附录 8—附件 2
—	附录 8—附件 3

ICS 43.040.60
T 26

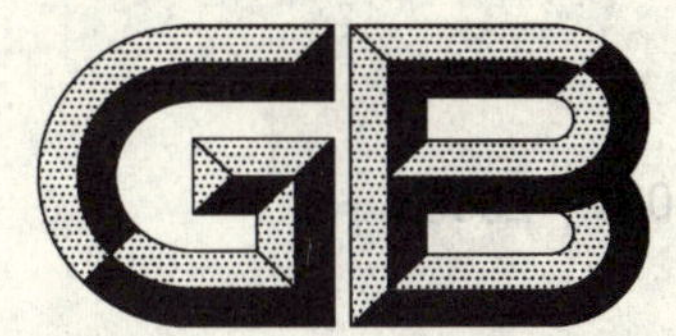

中华人民共和国国家标准

GB 15086—2006
代替 GB 15086—1994

汽车门锁及车门保持件的性能要求和试验方法

Motor vehicles—Door locks and door retention components—Performance requirements and test methods

2006-01-18 发布　　　　2006-07-01 实施

中华人民共和国国家质量监督检验检疫总局
中国国家标准化管理委员会　发布

前　言

本标准的全部技术内容为强制性要求。

本标准修改采用联合国欧洲经济委员会 ECE R11(02 系列增补 10,1981 年版.1/Amend.1)《关于机动车辆门锁及车门保持件认证的统一规定》(英文版)。

本标准代替 GB 15086—1994《汽车门锁及门铰链的性能要求和试验方法》,因为技术的发展,原标准内容已过时。

本标准根据 ECE R11 重新起草。在附录 B 中列出了本标准部分章条编号与 ECE R11 法规章条编号的对照一览表。

考虑到我国国情,在采用 ECE R11 法规时,本标准做了一些修改。

本标准与 ECE R11 技术性差异及其原因如下:

——增加了“门锁”、“车门保持件”、“门铰链”、“锁体”、“锁扣(或挡块)”、“全锁紧位置”和“半锁紧位置”等名词的定义。继续保留前版 GB 15086—1994 中已列入的上述定义,目的是保持标准的连续性。

——删除了 ECE R11 中第 3 章、第 4 章、第 7 章到第 12 章有关认证程序及认证标志的内容,其原因是标准体系和法规体系的形式差别所致。

——将 ECE R11 附录 3“门锁和车门保持件的试验方法”的内容列入到本标准的第 4 章。

为了便于使用,对于 ECE R11 法规部分,本标准还做了下列编辑性修改:

——“本法规”改为“本标准”;

——“kN”改为“N”;

——增加了资料性附录 B。

本标准与 GB 15086—1994 的主要差异如下:

——增加了对滑动门的要求(本版的 3.4)。

——增加了门锁耐惯性力动态冲击要求(本版的 4.2.5.1)。

本标准的附录 A、附录 B 是资料性附录。

本标准由中国汽车工业协会提出。

本标准由全国汽车标准化技术委员会归口。

本标准由东风汽车工程研究院负责起草。

本标准主要起草人:梅红、余博英、张尚娇。

本标准首次发布于 1994 年,本次为第一次修订。

汽车门锁及车门保持件的性能要求和试验方法

1　范围

本标准规定了汽车门锁及车门保持件的要求和试验方法。

本标准适用于 M_1 类和 N_1 类汽车上用于乘员进出的任一侧车门的门锁及车门保持件。

2　术语和定义

下列术语和定义适用于本标准。

2.1

车门　doors

用于 M_1 类和 N_1 类汽车侧面的能开闭、供乘员进出的铰接门和滑动门。不包括折叠门、上卷门和易于安装拆卸的简易门。

2.2

门锁　door lock

锁止车门的机构，包括锁体、锁扣(或挡块)、内外操纵机构和内外锁止机构。

2.3

车门保持件　door retention components

将车门与车身固定连接的零部件，包括铰接门的门铰链及滑动门的导轨或其他支承部件。

2.4

门铰链　door hinges

与车门和车身相连接，能够绕同一轴线回转且相互结合部件的总成。

2.5

锁体　latch

装在车门内，与门柱上的锁扣(或挡块)啮合，以保持车门处于锁紧位置的部件。

2.6

锁扣(或挡块)　striker

装在车门立柱上，与锁体啮合，以保持车门处于锁紧位置的部件。

2.7

全锁紧位置　full latching

车门完全关闭时，锁体与锁扣(或挡块)所处的啮合位置。

2.8

半锁紧位置　secondary latching

车门不完全关闭时，锁体与锁扣(或挡块)所处的啮合位置。

3　要求

3.1　一般要求

3.1.1　用于 M_1 类和 N_1 类汽车上供乘员进出的任一侧车门的门锁和门保持件系统，其设计、制造和安装应遵守本标准的规定。

3.1.2 每套门锁都应有一个全锁紧位置。用于铰接门的门锁，还要有一个半锁紧位置。

3.1.3 没有半锁紧位置的滑动门，如果车门没有达到全锁紧位置，车门应能自动移动到部分开启位置，且该位置便于车内乘员分辨。

3.1.4 门锁的设计应能防止车门意外打开。

3.1.5 车辆侧面铰接门的门铰链系统必须安装在车门沿汽车行驶方向的前缘。如果是对开车门，此要求适用于先开的那扇车门，另一扇应能闩住。

3.2 门锁的性能要求

3.2.1 纵向载荷

门锁的锁体和锁扣总成在半锁紧位置能承受 4 440 N 的纵向载荷，在全锁紧位置能承受 11 110 N 的纵向载荷，且均不得脱开。

3.2.2 横向载荷

门锁的锁体和锁扣总成在半锁紧位置能承受 4 440 N 的横向载荷，在全锁紧位置能承受 8 890 N 的横向载荷，且均不得脱开。

3.2.3 耐惯性力

锁止机构处在未锁止状态时，当门锁(包括其操纵机构)在纵向或横向受到 294.2 m/s^2(30 g)的加速度时，门锁必须保持在全锁紧位置上不得脱开。

3.3 门铰链的性能要求

每套车门门铰链总成应能支承车门重量，且能承受 11 110 N 的纵向载荷和 8 890 N 的横向载荷而不得脱开。

3.4 滑动门系统的性能要求

对于滑动门，当在车门的相对边上各施加一个 8 890 N 的横向向外的作用力时(总计 17 780 N)，滑门导轨和滑门组件或其他支承部件均不得脱开。试验既可在车辆上进行，也可连同车门组件一起在试验台架上进行。

4 试验方法

4.1 一般要求

4.1.1 试验夹具应有足够的刚度，以防止门锁或门铰链在试验过程中承受额外的局部压力。

4.1.2 试件与试验夹具的连接方式应牢固可靠，以防止失效。

4.1.3 试件在试验夹具上的连接方式应与正常生产中在车辆上的连接方式一样或者等效。

4.1.4 试验系统应保证在整个试验过程中所提供载荷的准确性：即 11 110 N±112 N；8 890 N±89 N。

4.1.5 在整个试验过程中应连续记录所施载荷。这不包括在纵向加载时门锁上的 890 N 的重量载荷。

4.1.6 拉力试验机应以不超过 5 mm/min 的速度施加拉力载荷，直至达到所要求的试验载荷为止。

4.1.7 每进行一次试验都应使用一套新的试件。

4.2 门锁系统试验程序

4.2.1 纵向载荷，半锁紧位置

4.2.1.1 将锁体和锁扣安装固定在静态纵向载荷试验夹具上，然后将夹具安装到拉力试验机上并满足下列要求(见图 1)：

4.2.1.1.1 拉力应通过锁体和锁扣的啮合面中心；

4.2.1.1.2 该拉力应沿车辆纵向方向作用在锁体和锁扣上。

4.2.1.2 锁体和锁扣应处于半锁紧位置。

4.2.1.3 沿车辆横向，即车门开启方向向锁体和锁扣上施加一个 890 N 的重量载荷。

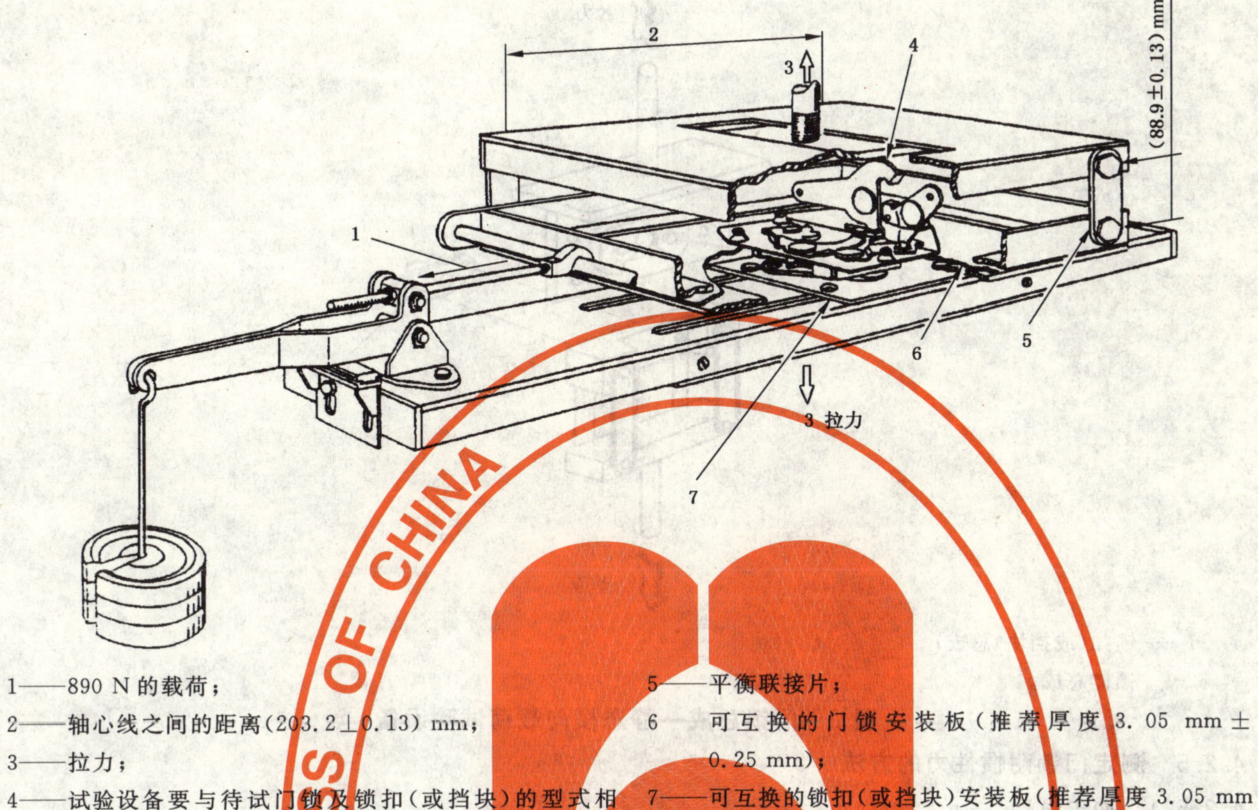

1——890 N 的载荷；
2——轴心线之间的距离(203.2±0.13) mm；
3——拉力；
4——试验设备要与待试门锁及锁扣(或挡块)的型式相适应；
5——平衡联接片；
6——可互换的门锁安装板(推荐厚度 3.05 mm±0.25 mm)；
7——可互换的锁扣(或挡块)安装板(推荐厚度 3.05 mm ±0.25 mm)。

图 1 门锁—静态纵向载荷试验夹具

4.2.2 纵向载荷,全锁紧位置

4.2.2.1 将锁体和锁扣安装固定在静态纵向载荷试验夹具上,然后将夹具安装到拉力试验机上并满足下列要求(见图 1)：

4.2.2.1.1 拉力应通过锁体和锁扣的啮合面中心；

4.2.2.1.2 该拉力应沿车辆纵向方向作用在锁体和锁扣上。

4.2.2.2 锁体和锁扣应处于全锁紧位置。

4.2.2.3 沿车辆横向,即车门开启方向向锁体和锁扣上施加一个 890N 的重量载荷。

4.2.3 横向载荷,半锁紧位置

4.2.3.1 将锁体和锁扣安装固定在静态横向载荷试验夹具上,然后将夹具安装到拉力试验机上并满足下列要求(见图 2)：

4.2.3.1.1 拉力应通过锁体和锁扣的啮合面中心；

4.2.3.1.2 该拉力应接近水平地沿车门开启方向横向作用在锁体和锁扣上。

4.2.3.2 锁体和锁扣应处于半锁紧位置。

4.2.4 横向载荷,全锁紧位置

4.2.4.1 将锁体和锁扣安装固定在静态横向载荷试验夹具上,然后将夹具安装到拉力试验机上并满足下列要求(见图 2)：

4.2.4.1.1 拉力应通过锁体和锁扣的啮合面中心；

4.2.4.1.2 该拉力应沿车门开启方向横向作用在锁体和锁扣上。

4.2.4.2 锁体和锁扣应处于全锁紧位置。

STANDARDS PRESS OF CHINA

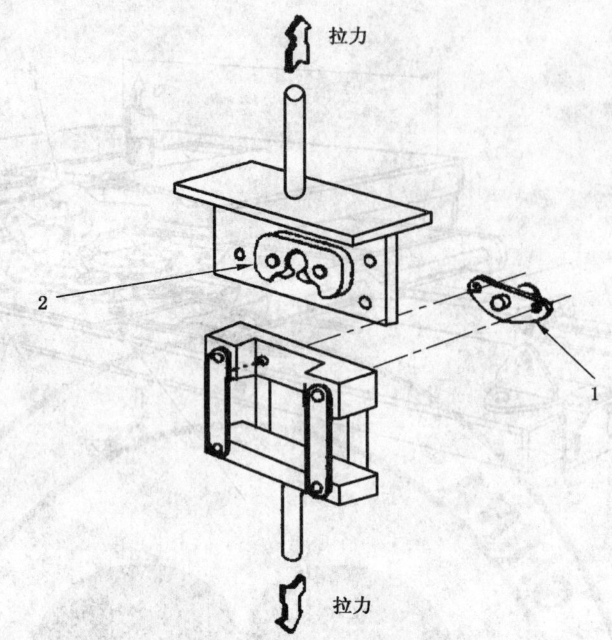

1——锁扣(或挡块)总成；

2——锁体总成。

图 2　门锁总成—静态横向载荷试验设备

4.2.5　测定门锁耐惯性力的方法

4.2.5.1　冲击试验

4.2.5.1.1　门锁耐惯性力既可用动态试验方法测量,也可用分析方法计算。在动态试验的情况下,试验车辆或模拟结构应固定在试验台架上,门锁系统要处于全锁紧位置。分别沿着平行于车辆纵向轴线向前的方向和沿着与上述方向垂直的车门开启方向,对台架施加 294.2 m/s^2～353.0 m/s^2(30 g～36 g)加速度,并至少保持 30 ms 的时间。

4.2.5.1.2　当装有锁止机构(保持锁体和锁扣处于全锁紧位置的装置)时,应保证该装置在试验期间处于非工作状态。

4.2.5.1.3　测量系统所记录的加速度值在频率为 100 Hz 范围内不允许出现过大失真现象。允许失真为:$60^{+0.5}_{-1}$ HzdB,$100^{+0.5}_{-4}$ HzdB。

4.2.5.2　计算方法

计算时,磨擦阻力以及使门锁保持锁止位置的门锁各构件的自重分力和惯性分力均忽略不计。另外,弹簧力采用门锁处于全锁紧位置时的最小值和打开位置时的最大值的平均值。门锁的锁止机构在计算时视为不起作用。计算实例参见附录 A。

4.3　门铰链总成试验程序

4.3.1　纵向载荷

门铰链总成应按照车门处于全锁紧状态安装在试验夹具上(见图 3)。

4.3.1.1　整体铰链:试验夹具应具有足够的尺寸,使整体铰链全部安装在试验夹具上以满足下列要求:

4.3.1.1.1　拉力作用线应垂直平分铰链销接合部分的长度;

4.3.1.1.2　加载时拉力应按接近车辆纵向的方向作用在铰链总成上。

4.3.1.2　复合铰链:铰链总成安装在试验夹具上,应满足下列要求:

4.3.1.2.1　所有铰链销应位于一条直线上以使得规定的纵向载荷位于通过铰链转动轴线的平面且垂直于铰链转动轴线。

4.3.1.2.2　相邻两铰链的外端之间的距离应为 406 mm。如果达不到 406 mm，则应按相邻两铰链内端的距离至少为 100 mm 的间隔排列铰链。

4.3.1.2.3　拉力作用线应垂直平分两个最外端铰链销接合位置中心的连接线。

4.3.1.2.4　加载时，拉力应按接近车辆纵向方向作用在铰链总成上。

4.3.1.3　一套门铰链总成应按上述规定的适当位置安装在试验夹具上。

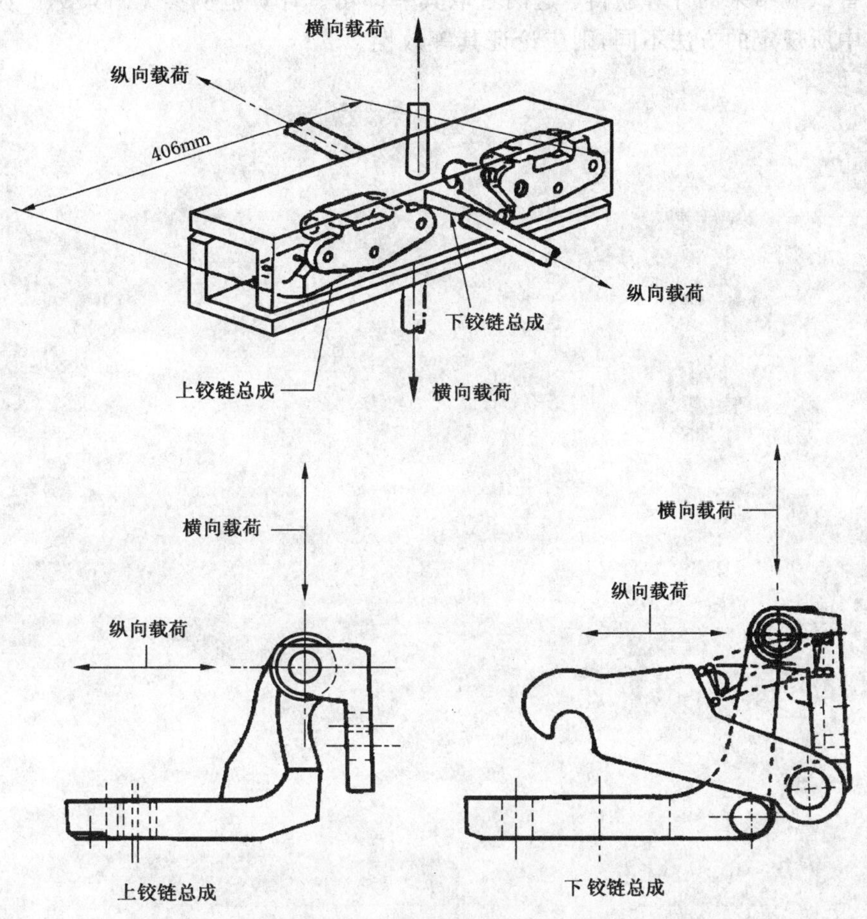

图 3　门铰链系统—静态载荷试验装置示意图

4.3.2　**横向载荷**

4.3.2.1　门铰链总成应按车门关闭的状态安装在试验夹具上(见图 3)。

4.3.2.2　整体铰链：试验夹具应具有足够的尺寸，使铰链整体全部安装在试验夹具上以满足下列要求：

4.3.2.2.1　拉力作用线应垂直平分铰链销接合部分的长度。

4.3.2.2.2　铰链总成的受力方向要接近于车辆横向方向。

4.3.2.3　复合铰链：铰链总成安装在试验夹具上，应满足下列要求：

4.3.2.3.1　所有铰链销应位于一条直线上以使得规定的横向载荷位于通过铰链转动轴线的平面且垂直于纵向载荷所定义的平面和铰链销轴线。

4.3.2.3.2　相邻两铰链外端之间的距离应为 406 mm。如果达不到 406 mm，则应按相邻两铰链内端距离至少为 100 mm 的间隔排列铰链。

4.3.2.3.3　拉力作用线应垂直平分两个最外端铰链销接合位置中心的连接线。

4.3.2.3.4　加载时，拉力应按接近车辆横向方向作用在铰链总成上。

4.3.2.4　一套门铰链总成应按上述规定的适当位置安装在试验夹具上。

4.4 滑动车门的试验方法

用一个刚性构架将总计 17 780 N 的作用力施加在车门和构件之间的所有连接点上，力要向外作用在由连接点边缘形成的多边形的中间区域。以此方法验证是否符合本标准 3.4 的规定。

4.5 等效试验方法

允许采用等效非破坏性试验方法，但要能获得本标准第 3 章规定的结果。如可根据代替试验全部获得或者通过代替试验结果的计算获得，这两者取其一即可。计算范例参见附录 A。如果使用的方法与上述 4.2、4.3 中所规定的方法不同，则应论证其等效性。

附 录 A
(资料性附录)
耐惯性力计算实例

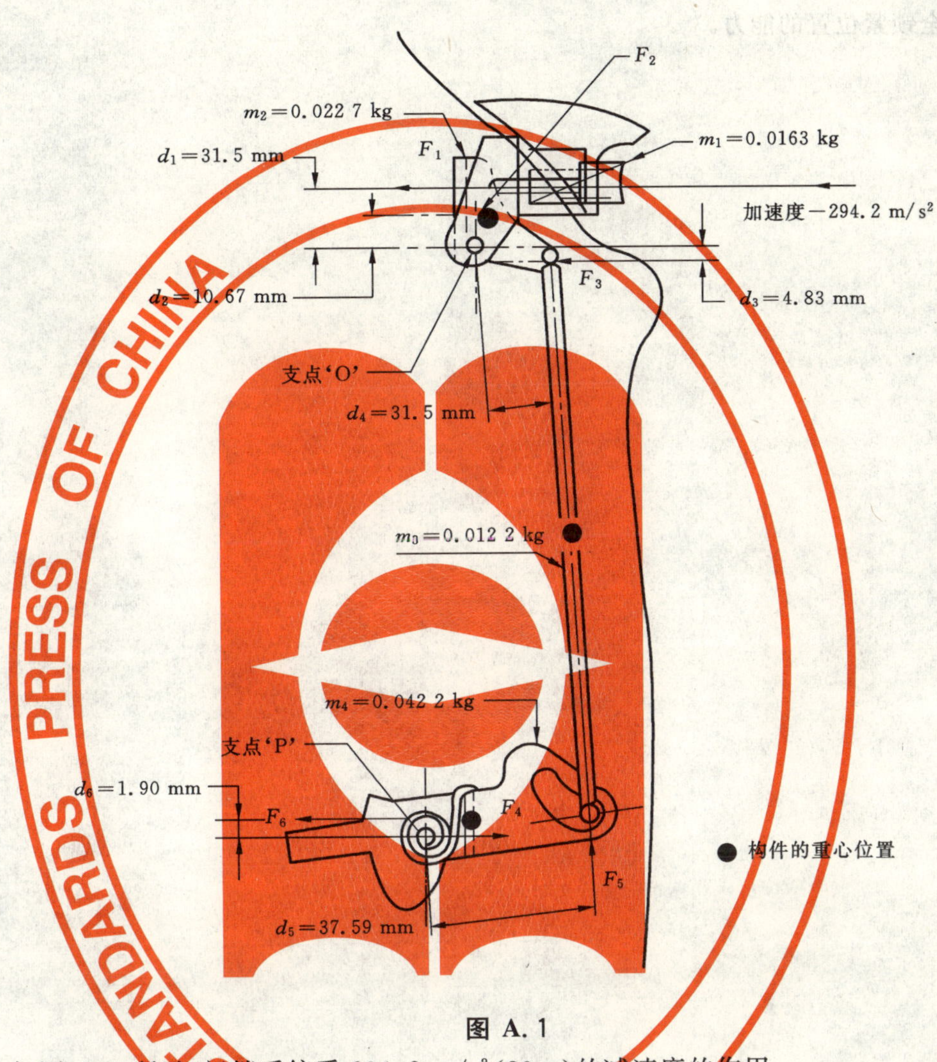

STANDARDS PRESS OF CHINA

图 A.1

已知：如图 A.1 所示，门锁系统受 294.2 m/s²(30 g)的减速度的作用。

按钮弹簧的平均弹力，$P=4.5$ N；

棘爪弹簧的扭矩，$T=0.45$ N.m；

减速度：$a=30\ g=30\times 9.806\ 55=294.2$ m/s²

质量(kg)：$m_1=0.016\ 3$　　$m_2=0.022\ 7$

$m_3=0.012\ 2$　　$m_4=0.042\ 2$

距离(mm)：$d_1=31.50$　　$d_2=10.67$

$d_3=4.83$　　$d_4=31.50$

$d_5=37.60$　　$d_6=1.91$

计算：

$F_1=m_1a-P=(0.016\ 3\times 294.2)-4.5=0.30$ N

$F_2=m_2a=0.022\ 7\times 294.2=6.68$ N

$F_3=m_3a/2=(0.012\ 2\times 294.2)/2=1.80$ N

$\sum M_0 = F_1 d_1 + F_2 d_2 - F_3 d_3 = 0.3 \times 31.5 + 6.68 \times 10.67 - 1.80 \times 4.83 = 72.04$ N. m

$F_5 = \sum M_0 / d_4 = 72.04 / 31.05 = 2.29$ N

$F_6 = m_4 a = 0.0422 \times 294.2 = 12.42$ N

$\sum M_p = T - (F_5 d_5 + F_6 d_6) / 1\,000 = 0.45 - (2.30 \times 37.6 + 12.40 \times 1.91) / 1000 = 0.34$ N. m

结论:计算结果表明,弹簧扭转力矩$\sum M_p$大于0,说明该门锁在294.2 m/s^2(30 g)冲击减速度的作用下,具有保持全锁紧位置的能力。

附　录　B
（资料性附录）
本标准章条编号与 ECE R11 章条编号对照

表 B.1 给出了本标准章条编号与对应的 ECE R11 章条编号对照一览表

表 B.1　本标准章条编号与 ECE R11 章条编号对照

本标准章条编号	ECE R11 章条编号
—	2.1～2.2.5
2.1	2.3
2.2～2.8	—
—	3
—	4
3	5
3.1	5.1
3.1.1～3.1.4	5.1.1～5.1.4
3.2	5.2
3.2.1～3.2.3	5.2.1～5.2.3
3.3	5.3
3.4	5.4
4	6
4.1	（附录 3 的）1
4.2	（附录 3 的）3
4.3	（附录 3 的）2
4.4	（附录 3 的）2.2.5
4.5	（附录 3 的）4
—	7～12
—	附录 1
—	附录 2
注：表中的章条以外的本标准其他章条编号与 ECE R11 其他章条编号均相同且内容想对应。	

ICS 20.140.25
K 65

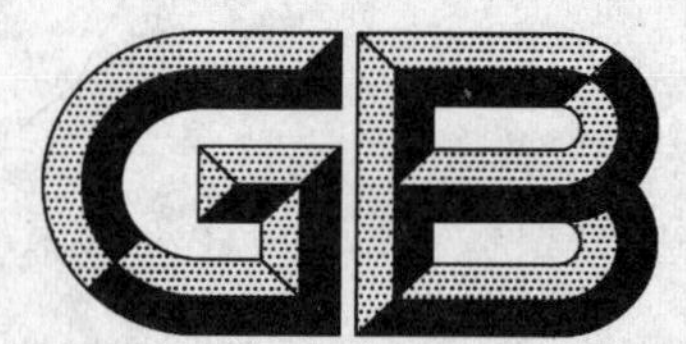

中华人民共和国国家标准

GB 15092.4—2006/IEC 61058-2-4:2003
代替 GB 15092.4—1999

器具开关 第2部分:独立安装开关的特殊要求

Switches for appliances—Part 2:Particular requirements for independently mounted switches

(IEC 61058-2-4 Ed 1.1:2003,IDT)

2006-12-01 发布 2007-06-01 实施

中华人民共和国国家质量监督检验检疫总局
中国国家标准化管理委员会 发布

前　言

本部分的全部技术内容为强制性。

GB 15092《器具开关》是保证各种器具开关使用安全的基础性标准。由第1部分通用要求和第2部分特殊要求组成。该标准的本部分是关于独立安装开关的特殊要求,必须结合第1部分(GB 15092.1—2003)一起使用。

本部分首次制定于1999年,等同采用国际标准IEC 61058-2-4 Ed1:1995《器具开关　第2-4部分:独立安装开关的特殊要求》。本次为第一次修订,除以下项目外等同采用IEC 61058-2-4 Ed1.1:2003:

1)　涉及ISO公制螺纹处均改为我国国家标准螺纹;

2)　标准中附图按我国制图标准作个别改动;

3)　IEC 61058-2-4:2003 Ed1.1中引用标准已转化为国家标准的,本部分直接引用国家标准。原文第18章引用的IEC 60669-1在本标准第1部分制定时还未转化,而在本部分修订时直接引用GB 16915.1—2003《家用和类似用途固定式电气装置的开关　第1部分:通用要求》(MOD IEC 60669-1:2000Ed3.1)。

本次修订的GB 15092.4—2006与GB 15092.4—1999的主要差异如下:

1)　原1.1～1.3合并为1.1,且交流电压等级从440 V改为480 V。

1.2～1.4修改或增加为:

"1.2　GB 15092.1—2003的该条不适用。

1.3　GB 15092.1—2003的该条适用。

1.4　GB 15092.1—2003的该条不适用。"

2)　第2章增加引用标准:

"GB 5023.3—1997额定电压450/750 V及以下聚氯乙烯绝缘电缆　第3部分:无固定布线用无护套电缆"。

3)　增加对7.1.15.2的修改:

"7.1.15.2　GB 15092.1—2003的该条文不适用。"

4)　第8章表3中2.1和4.1内容改换,还增加了101和102的内容。

5)　9.101第2段改换为:

"如果带电零件与机构的金属零件之间的爬电距离和电气间隙达不到20.1.4和20.2.4的规定值,则钥匙或中介零件应与机构的金属零件绝缘。"

6)　9.1a)、第11章、12.102、12.104、12.109中"表3"改"表4"。

7)　12.110第一段改换为:

"外壳有多个进线口,IP等级大于X0的单极明装开关应设有附加的接线端子,用以保持第2根载流导体的连续性,并应符合第11章的相应要求,或应具有浮动端子所需的足够空间。"

8)　12.112.9第一段改换为:

"开关内部应留有足够的空间,能让外接导线易于进入和连接,如有盖子,装上盖后不会损伤导体及其绝缘层。"

9)　第20章标题改为:"电气间隙、爬电距离、固体绝缘和硬印制电路板部件的涂敷层"。

10)　第21章标题改为:"耐热性与阻燃性。"

11)　本部分21.1.3增加的条文改为:"独立安装开关应按3级进行试验。"

同时删除原21.1.4增加的条文。

STANDARDS PRESS OF CHINA

12） 取消图 104。

13） 因第 1 部分的修订，增加第 23 章至第 25 章和附录 R、附录 S 和附录 T 的内容。

本部分的附录 R 为规范性附录，附录 S、附录 T 为资料性附录。

本部分由中国电器工业协会提出。

本部分由全国电器附件标准化技术委员会器具开关分会归口。

本部分负责起草单位：上海电动工具研究所。

本部分参加起草单位：中国质量认证中心。

本部分主要起草人：张玮昌、刘江、张伟栋。

本部分历次版本发布情况为：GB 15092.4—1999。

器具开关
第2部分:独立安装开关的特殊要求

1 范围

除下列条文外,GB 15092.1—2003 的这一章适用:

1.1 改换为:

本部分适用于由手、脚或其他人体动作所驱动的,用以开动或控制家用或类似用途电气器具和其他设备的独立安装开关(机械的或电子的),其额定电压不大于 480 V,额定电流不大于 63 A。

这类开关规定要由人通过操动件操作,或者靠激发传感器操作。操动件或传感器可在实体上或电气上与开关结合在一起,也可分开配置,还可能包含操动件或传感器与开关之间的信号传输,例如,电气的、光的、声的或温度的信号传输。

兼有由开、关功能要求的附加控制功能的开关属于本部分范围。

本部分也包括间接驱动的开关,此时操动件或传感器的操作是由遥控器、器具或设备的一部分(例如门)来达到。

注1:电子开关可与提供完全断开或微断开的机械开关组合在一起。

注2:电源电路中不带机械开关的电子开关只提供电子断开。因此,负载侧的电路总是被视为带电的。

注3:对在热带气候环境中使用的开关,可能需要附加要求。

注4:注意器具标准可能含有对开关的附加要求或替代要求。

注5:本部分中,凡“器具”一词均指“器具或设备”。

1.2 GB 15092.1—2003 的该条不适用。

1.3 GB 15092.1—2003 的该条适用。

1.4 GB 15092.1—2003 的该条不适用。

2 规范性引用文件

除以下条文外,GB 15092.1—2003 的这一章适用:

增加:

GB 5023.3—1997 额定电压 450/750 V 及以下聚氯乙烯绝缘电缆 第3部分:无固定布线用无护套电缆(idt IEC 60227-3:1993)

3 定义

除以下条文外,GB 15092.1—2003 的这一章适用:

增加定义:

3.3.101

独立安装开关 independently mounted switch

脱离被控器具或设备而安装的开关,其电源侧与固定布线相连接。

3.3.102

“A”型结构开关 design A switch

不需要脱开导线,即能将盖或盖板拆下的开关。

注:脱开是指导线的移开,参见 GB 16915.1—2003 中 7.1.7。

3.3.103

"B"型结构开关 design B switch

不脱开导线就不能将盖或盖板拆下的开关。

注：脱开是指导线的移开，参见 GB 16915.1—2003 中 7.1.7。

4 总要求

GB 15092.1—2003 的这一章适用。

5 试验一般注意事项

GB 15092.1—2003 的这一章适用。

6 额定值

GB 15092.1—2003 的这一章适用。

7 分类

除以下条文外，GB 15092.1—2003 的这一章适用：

改换为：

7.1.5 按开关作为器具外壳的一部分并按制造厂规定安装时，开关所提供的防护等级分。

7.1.5.1.1、7.1.5.1.2 和 7.1.9.1 不适用。

7.1.15.2 GB 15092.1—2003 的该条文不适用。

增加条文：

7.1.101 根据类型分：

7.1.101.1 "A"型结构开关；

7.1.101.2 "B"型结构开关。

注 1：参见 3.3.102 和 3.3.103 的定义。

注 2：如果一个开关具有不能从盖或盖板分离的底座，并需要一个重新装修墙面时能拆除的中间板，则认为开关属于"A"型结构开关，所提供的中间板应满足盖或盖板的要求。

7.1.102 根据输出装置分：

7.1.102.1 ——带接硬线用输入/输出装置的开关；

7.1.102.2 ——带接硬线用输入装置而带接电缆用输出装置的开关。

8 标志与文件

表 3 作如下修改后，GB 15092.1—2003 的这一章适用：

表 3 开关数据资料

序号	特 性	条 目	数据资料的表达方式	
			通用型号 C.T.	专用型号 U.T.
2 开关环境/安装				
2.1	开关按文件安装后所具备的防护等级 (GB 4208) 注：不采用 GB 4208 中列出的附加字母。	7.1.5.1 与 7.1.5.2	Ma	Ma

表 3(续)

序号	特　性	条　目	数据资料的表达方式	
			通用型号 C.T.	专用型号 U.T.
4　电气负载/连接				
4.1	额定电压或额定电压范围	6.1	Ma	Ma

增加：

表 101　开关数据资料

101　开关设计				
101.1	开关设计的类型	7.1.101	Do	Do
102　输出装置				
102.1	输出装置的类型	7.1.102	Do	Do

9　防触电保护

除以下条文外，GB 15092.1—2003 的这一章适用：

9.1　在 a)中增加以下内容：

开关应接上表 4 规定的最小或最大标称截面积导线(择其不利者)，或接上刚性的、可弯曲的或软的导管。

在 b)中增加以下内容：

带电接触指示器的试验指不探触进线口的封口薄膜，而仅用 10 N 力探触敲落孔的薄壁。

增加条文：

9.101　用可取下的钥匙或通过中介零件如绳、链或棒操作的开关，应设计得钥匙或中介零件只能触及那些与带电零件绝缘的零件。

如果带电零件与机构的金属零件之间的爬电距离和电气间隙达不到 20.1.4 和 20.2.4 的规定值，则钥匙或中介零件应与机构的金属零件绝缘。

通过观察和 15.3 的试验，如有必要，还通过测量来检验是否符合要求。

注：就本条而言，清漆和磁漆不作为绝缘材料考虑。

10　接地装置

除以下条文外，GB 15092.1—2003 的这一章适用：

增加条文：

10.101　用于Ⅰ类器具的开关应具连续性接地的连接装置。

11　端子与端头

除以下条文外，GB 15092.1—2003 的这一章适用：

表 4 增加注释：

注：额定电流不大于 10 A 的开关，应具有连接 1.5 mm^2 导线的接线端子。

11.1.1.2.2　在 a)中增加以下内容：

当用硬线进行试验时，如果实芯导线与 GB 5023.3—1997 中规定的截面积相同，则先用硬的绞合线进行试验，再用硬的实芯导线重复试验。

增加条文：

11.1.2.101 符合7.2.4分类的接线端子通常是不允许的，只有在特殊情况下（参见11.1.3）才允许用于开关的负载侧。

11.1.3.101 电源电缆只应作X型连接，即不借助专用工具就能用非制备的电缆更换原来的电缆的连接方式。开关至器具间的连接通常应只采用X型连接，在特殊情况下（例如在开关与器具间有特殊的联接件）可采用Y型连接，即借助于通常只有制造厂或其代理商才备有的专用工具方能更换电缆的连接方式。

开关不允许采用Z型连接，即不破坏开关的完整性就不可能更换电缆的连接方式。

12 结构

GB 15092.1—2003 的这一章不适用。

改换为：

12.101 绝缘衬垫、绝缘隔层和类似零件应有足够的机械强度，并应可靠固定。

通过在第18章的试验后的观察来检验是否符合要求。

12.102 开关的结构应能：

——易于将导线引入并接于端子；

——在基座底面与安装该基座的表面之间，或基座与外壳（盖或盒）各侧之间有足够的空间，从而使得开关安装后，导线绝缘层不会触及非同极的带电零件以及机构的运动件，例如旋转开关的转轴；

注：这种要求不意味端子的金属部分一定要用绝缘隔层或台肩来保护，除端子的金属部分非正常安装外，为避免触及带电零件，也可选用导线的绝缘。

——易于将基座固定到墙壁上或盒内，并正确配置导线。

注：对安装在安装板上的明装开关，其布线槽应符合此要求。

另外，根据7.1.101.1（"A"型结构开关）还应不需要移动导线即能容易地将盖或盖板固定和取下。

通过观察以及应用表4中相应端子规格最大截面积导线进行安装试验来检验是否符合要求。

12.103 作触电保护用的盖和盖板或其零件应在两处或更多处由紧固件有效地固定就位。

如果盖和盖板或其零件由其他措施（例如台肩）定位，则可以靠单一紧固联接件（例如螺钉）加以固定。

注1：建议采用盖的紧固件和盖板或可拴住的零件。认为采用硬纸板的紧固垫圈或类似零件是一种用于卡紧螺钉使之拴住的适当方法。

注2：如果符合本条要求，则带电零件以及与带电零件隔开的非接地金属件，其爬电距离和电气间隙达到第20章规定值可不认为是易触及的。

防护等级为IPX0的开关，其盖或盖板的紧固件不应用来紧固除操作钮外的任何其他零件。

盖或盖板的紧固件也用来固定基座时，应有充分的措施在拆卸盖或盖板后将基座保持在应有的位置上。

不提供触电保护的装饰性盖、盖板或其零件不认为是本条涵义的盖或盖板。

12.103.1 对采用螺纹型紧固件的盖、盖板或其零件：

通过观察和安装试验来检验是否符合要求。

12.103.2 对不靠螺钉紧固的，要靠施加大致垂直于安装（支承）面的力才能拆卸的盖或盖板或其零件：

通过在GB 16915.1—2003中20.4～20.6条件下13.3.2试验来检验是否符合要求。

12.104 防护等级为IPX0的明装开关在正常使用固定和接线后，其外壳上应无多余的开口。

通过观察以及用表4规定的截面积导线进行安装试验来检验是否符合要求。

注：外壳与导管或电线间的、或外壳与操动件间的小空隙忽略不计。

12.105 旋转开关的操作钮应牢固地连接在转轴上或操作机构的零件上。

操作钮承受100 N的轴向拉力，历时1 min。

然后,对于只有一个操作方向的开关,以 1 N·m 的扭矩或更大的操动扭矩,朝着与操作方向相反的方向施加 100 次。

试验期间,操作钮不应脱落。

注:对其他类型开关,操动件的固定要求正在考虑中。

12.106 除面板安装外,将开关安装到安装面上、开关盒或壳体内的螺钉或其他紧固件应易于从开关前面触及。这些紧固件不应作其他紧固之用。

12.107 与其他电器附件组合在一起的开关,除应符合本部分外,还应符合各电器附件标准的要求。

12.108 不是 IPX0 防护等级的开关在配上导管或电缆的护套后应完全封闭。

防护等级不是 IPX0 的明装开关应有能打开直径至少为 5 mm 的,或者长和宽至少为 3 mm 而面积至少为 20 mm^2 的排水孔的措施。

开关安装在铅垂的墙上时,排水孔至少在开关的两种配置情况下是有效的,其中一种配置是进线口在顶部,另一种是进线口在底部。

通过测量以及在 14.3 的相应试验期间进行观察来检验是否符合要求。

注:在外壳背部的排水孔,只有在外壳离墙间隙至少 5 mm,或具有至少规定大小的排水通道时才认为有效。

12.109 安装于开关盒内的开关,其结构应是:在开关盒安装就位后但开关尚未装入时,能对导线端部进行处理。

另外,在开关盒内安装时,基座应有足够的稳定性。

通过观察以及用表 4 规定的相应端子规格的最大面积电缆进行安装试验来检验是否符合要求。

12.110 外壳有多个进线口,IP 等级大于 X0 的单极明装开关应设有附加的接线端子,用以保持第 2 根载流导体的连续性,并应符合第 11 章的相应要求,或应具有浮动端子所需的足够空间。

通过观察和第 11 章的相应试验来检验是否符合要求。

注:对于Ⅰ类器具的开关而言,该端子是 10.101 要求的端子之外另加的。

12.111 进线口应能让导管或护套电缆的护层进入,以便提供完整的机械保护。

防护等级为 IPX0 的明装开关应能让导管或护层进入外壳的长度至少 1 mm;

防护等级为 IPX0 的明装开关供引入导管用的进线口,如多于 1 个,则至少其中 2 个应能容纳 16 mm、20 mm、25 mm 或 32 mm 规格的导管或这些导管中至少任何 2 个组成的一组导管。

通过在 12.109 的试验期间的观察以及通过测量来检验是否符合要求。

注:满足要求尺寸的进线口也可采用敲落孔或适当的引线管接头件。

普通明装开关如果是由导管从背后进线的,则应具有垂直于开关安装面的导管从背后进线的装置。

通过观察来检验是否符合要求。

如果开关进线口内装有封口薄膜,则薄膜应是可换的。

通过观察来检验是否符合要求。

12.112 属于 7.1.102.2 分类的开关在出线装置处应有软线紧固装置,使导线在与接线端子连接处不受张力(包括绞扭),保护导线护层不会擦伤并保持在应有位置上。

12.112.1 如何有效地消除张力,防止绞扭应明确。

12.112.2 进线口或进线衬套的孔应光滑倒圆。

12.112.3 不应采用临时的方法,例如将电缆打个结或用绳扎住线端。

12.112.4 软线紧固装置应由绝缘材料制成,如由金属制成,则应由符合附加绝缘要求的绝缘将其与易触及金属零件或易触及绝缘表面隔开。

在拆卸开关的盖后,软线紧固装置的零件不应脱落,即使开关尚未接上电缆,仍应不脱落。

12.112.5 软线紧固装置还应:

——对任何一种连接形式,电缆不能由穿透其绝缘层使其受到切割或有其他明显损伤的方法来固定;

注:只要电缆绝缘层不割破或没有明显损伤,允许微小变形。

——如果软线紧固装置的夹紧螺钉是易触及的或在电气上是与易触及金属相连的，则电缆不能碰到这些螺钉；

——如果螺钉不是由绝缘材料制成，则不能用它直接压在电缆上来夹紧电缆；

——至少有一个零件可靠地固定在开关上；

——不需要使用专用工具即可更换电缆；

——适用于可能连接的不同型号的电缆。

12.112.6　软线紧固装置应设置得易于更换软线。

12.112.7　更换电缆时必须拧动的螺钉(如有)不应用来紧固任何其他零件，除非漏装或不正确更换了这些螺钉会使开关不能操作或明显不完整，或者更换电缆时不借助工具就不能把该被紧固零件拆下。

通过观察以及在类似于图 101 所示设备上进行的拉力试验和随后在类似于图 102 所示设备上进行的扭矩试验来检验是否符合要求：

——用表 102 所示最小和最大截面积的聚氯乙烯(PVC)护套电缆在 3 只新开关上进行试验。试验前，应将电缆悬空长度切割成 150 mm±5 mm；

——设有专供连接平型聚氯乙烯绝缘电缆(GB 5023.3—1997 的 227 IEC52)用进线口的开关只用平型电缆进行试验。

表 102　电阻性负载的额定电流与相应电缆型号

电阻性负载的额定电流 I_r/A	导线芯数	标称截面积/mm^2	电缆型号 (GB 5023.3—1997)	电缆直径限值/mm	
				最小	最大
$I_r \leqslant 3$	2	0.5	227IEC52	4.8	6.0
		0.75	227IEC52	5.2	6.4
			227IEC52f1	3.2×5.2	3.9×6.4
	3	0.5	227IEC52	5.0	6.2
		0.75	227IEC52	5.4	6.8
$3 < I_r \leqslant 6$	2	0.75	227IEC52	5.2	6.0
			227IEC52f1	3.2×5.2	3.9×6.4
			227IEC53	6.0	7.6
			227IEC53f1	3.8×6.0	5.2×7.6
	3	0.75	227IEC52	5.4	6.8
			227IEC53	6.4	8.8
	4	1.0	227IEC53	7.6	9.4
$6 < I_r \leqslant 16$	2	0.75	227IEC52	5.2	6.0
			227IEC52f1	3.2×5.2	3.9×6.4
			227IEC53	6.0	7.6
			227IEC53f1	3.8×6.0	5.2×7.6
		1.0	227IEC53	6.4	8.0
		1.5	227IEC53	7.4	9.0
	3	0.75	227IEC52	5.4	6.8
			227IEC53	6.4	8.0
		1.0	227IEC53	6.8	8.4
		1.5	227IEC53	8.0	9.8
	4	1.0	227IEC53	7.6	9.4
		1.5	227IEC53	9.0	11.0

表 102(续)

电阻性负载的额定电流 I_r/A	导线芯数	标称截面积/mm^2	电缆型号(GB 5023.3—1997)	电缆直径限值/mm	
				最小	最大
$16<I_r\leqslant 25$	2			7.4	9.0
				12.0	15.0
	3	1.5	227IEC53	8.0	9.8
				9.6	12.5
	4	4	227IEC66	9.0	11.0
				14.5	18.0
$25<I_r\leqslant 32$	2			8.9	11.0
				13.5	18.5
	3	2.5	227IEC53	9.6	12.0
				14.5	20.0
	4	6	227IEC66	10.5	13.0
				16.5	22.0
$32<I_r\leqslant 40$	2			10.0	12.0
				18.5	24.0
	3	4	227IEC53	11.0	13.0
				20.0	25.5
	4	10	227IEC66	12.0	14.0
				21.5	28.0
$40<I_r\leqslant 63$	2			10.0	12.0
				18.5	24.0
	3	4	227IEC53	11.0	13.0
				20.0	25.5
	4	10	227IEC66	12.0	14.0
				21.5	28.0

将电缆的导线引入接线端子,拧紧端子接线螺钉,使其刚好能防止导体轻易改变位置。

按正常方式使用软线紧固装置,即用表 16 规定值的 2/3 扭矩拧紧夹紧螺钉,绝缘材料螺钉用表 104 规定值的 2/3 扭矩拧紧。开关重新装配后,各部件应配合妥贴,电缆应不可能被明显地推入开关。

先把开关固定在图 101 所示的试验设备上,使电缆的轴线在进入试样处是铅垂的,电缆就这样经受 100 次拉力,拉力值如下:

——额定电流不大于 16 A,为 60 N;

——额定电流大于 16 A,为 100 N。

拉力不得猛然施加,每次历时 1 s。

经此试验后,电缆随即在类似于图 102 所示的试验设备上经受表 103 规定的扭矩,历时 1 min。

表 103 扭矩试验扭矩值

电阻性负载额定电流 I_r	软线扭矩				
	2×0.5	2×0.75	3×0.5	3×0.75	(2～5)×1.0 或更大
$I_r\leqslant 16$ A	0.1 N·m	0.15 N·m	0.15 N·m	0.25 N·m	0.25 N·m
$I_r>16$ A					0.425 N·m

尽可能靠近开关施加扭矩。

试验期间，电缆和试样不应有本部分涵义的损伤。试验后，电缆纵向位移不得大于 2 mm，在连接处应没有明显伸长，爬电距离和电气间隙不应减小至第 20 章规定值以下。

为测量纵向位移，在电缆第一次受拉力时，在电缆上作一标记，待试验结束后，在电缆承受额外的一次拉力时，测量电缆上的标记相对于试样的位移。

12.112.8 开关应能使电缆承受类似正常使用中存在的弯曲而不被损坏。

软线护套不应与电缆结合成一体。

设有 7.2.3 分类接线端子的开关，如果其连接型式为不需使用专用工具即能把所接电缆用一根专门的电缆(例如有模压护套的软线)所替换，但维修时端子不可能配接无软线护套的电缆，则不在本条要求之列。

对接有设计要求的电缆或设计范围内电缆的开关进行下述试验来检验是否符合要求。

将开关装在类似图 103 所示弯曲试验设备上，试验条件为：

a) 只接上最大尺寸的电缆，进行试验；

b) 额定电流大于 3 A 的开关必须使用 GB 5023.3—1997 的 227IEC53 中规定的电缆。

应根据系于电缆上的重物及试验中电缆本身最小横向位移来选择摆动轴线。带平型线的开关要安装得使电缆截面主轴与摆动轴平行。在每根通过进线口的电缆挂上质量为 1 kg 的重物。电缆通以相当于开关工作在额定电压下流过电缆的电流，并在电缆间施加最高额定电压，摆动机构向前和向后摆动 45°角(铅垂线两侧各 22.5°)，弯曲次数(指每次前后摆动 45°)为 5 000 次，弯曲频率为每分钟 60 次。

试验期间，试验电流不得中断，电缆之间不得短路。

试验后，开关不应出现本部分涵义内的损伤。

12.112.9 开关内部应留有足够的空间，能让外接导线易于进入和连接，如有盖子，装上盖后不会损伤导体及其绝缘层。

通过观察以及连接表 102 最大截面积电缆来检验是否符合要求。

12.112.10 供连接地线(接地连续性)用的、属 7.2.8 分类的接线端子的开关应留有充分的空间以便容纳足够长度的保护接地导线，一旦应力释放措施失效，则在载流导线之后保护接地导线的连接会受到拉力，在拉力过大时，保护接地导线也将继载流导线之后断裂。

通过下述试验来检查是否符合要求：

——电缆以这种方式连接到开关上，即载流导线以尽可能短的路径从电缆紧固装置连接到相应的端子上；

——电缆正确连接后，保护接地导线应以比正确连接时所需尺寸多 8 mm 的长度通向其相应端子；

——然后保护接地导线接到相应端子上。保护接地导线的多余长度应尽可能放置成弯曲状，在开关的盖板被正确安装和固定时，导线在其自由空间内不受到挤压。

13 机构

GB 15092.1—2003 的这一章适用。

14 防固体异物、防尘、防水和防潮

除以下条文外，GB 15092.1—2003 的这一章适用：

14.3 e)增加：

试样不应出现肉眼可见裂纹，材料不应变得粘腻，是否粘腻判断如下：

1) 食指上绕一块粗布，以 5 N 力压试样；

2） 试样上不应留下布纹，试样的材料不应粘到布上。

试验后，试样不应出现会导致不符合本部分的损伤。

5 N的力可用下述方法获得：

——将试样放在天平的一个秤盘上，另一个盘上加上与试样相等的质量再加上500 g。

——然后用卷绕于粗布的手指压试样，恢复平衡。

增加条文：

14.101 封口薄膜应可靠地固定，不应由于正常使用中产生的机械应力和热应力而变位。

通过下述试验来检验是否符合要求：

——薄膜装在开关中进行试验；

——开关先配上经第14章规定处理过的薄膜；

——将开关放置在第14章所述的加热箱内历时2 h，箱内温度保持在40℃±2℃；

——紧接着用与GB 4208标准试验指相同尺寸的直形无关节试验指的指端对各薄膜零件施加30 N的力，历时为5 s。

试验时，薄膜不应脱出。

开关再配上未经任何处理的薄膜，重复上述试验。

14.102 封口薄膜的设计与组成材料应能在低温环境下使电缆进入开关。

通过下述试验来检验是否符合要求：

——开关配上未经老化处理的薄膜，薄膜上没有相应刺穿的开口；

——开关在－15℃±2℃的冰箱中保持2 h；

——然后从冰箱内立即取出开关，此时开关仍处于冷态，不需用太大的力，即能将最重型电缆穿透薄膜。

在14.101和14.102试验后，封口薄膜不应出现不符合本部分的有害变形、破坏或类似的损伤。

15 绝缘电阻和介电强度

GB 15092.1—2003的这一章适用。

16 发热

GB 15092.1—2003的这一章适用。

17 耐久性

GB 15092.1—2003的这一章适用。

18 机械强度

除以下条文外，GB 15092.1—2003的这一章不适用：

独立安装开关的机械强度按GB 16915.1—2003的第20章进行试验。

19 螺钉、载流件和联接件

除以下条文外，GB 15092.1—2003的这一章适用：

增加条文：

19.101 绝缘材料的螺钉

表 104 绝缘材料螺钉的扭矩值

螺纹公称直径/mm		扭矩/N·m	
大于	小于或等于	值	允差
—	2.8	0.2	+10%
2.8	3.0	0.25	
3.0	3.2	0.3	
3.2	3.6	0.4	
3.6	4.1	0.5	
4.1	4.7	0.6	
4.7	5.3	0.6	
5.3	—	0.7	

19.102 如果把绝缘材料螺钉改换掉会影响安全，例如减小电气间隙，则应不可用金属螺钉取代绝缘螺钉。

20 电气间隙、爬电距离、固体绝缘和硬印制电路板部件的涂敷层

正在考虑中。

21 耐热性与阻燃性

除以下条文外，GB 15092.1—2003 的这一章适用：

21.1.3 增加条文：

独立安装开关应按 3 级进行试验。

22 防锈

GB 15092.1—2003 的这一章适用。

23 电子开关的不正常工作和故障条件

GB 15092.1—2003 的这一章适用。

24 元器件

GB 15092.1—2003 的这一章适用。

25 电磁兼容性(EMC)要求

GB 15092.1—2003 的这一章适用。

附　录　R
（规范性附录）
例行试验

GB 15092.1—2003 的该附录适用。

附　录　S
（资料性附录）
抽样试验

GB 15092.1—2003 的该附录适用。

附　录　T
（资料性附录）
开关族

GB 15092.1—2003 的该附录适用。

单位为毫米

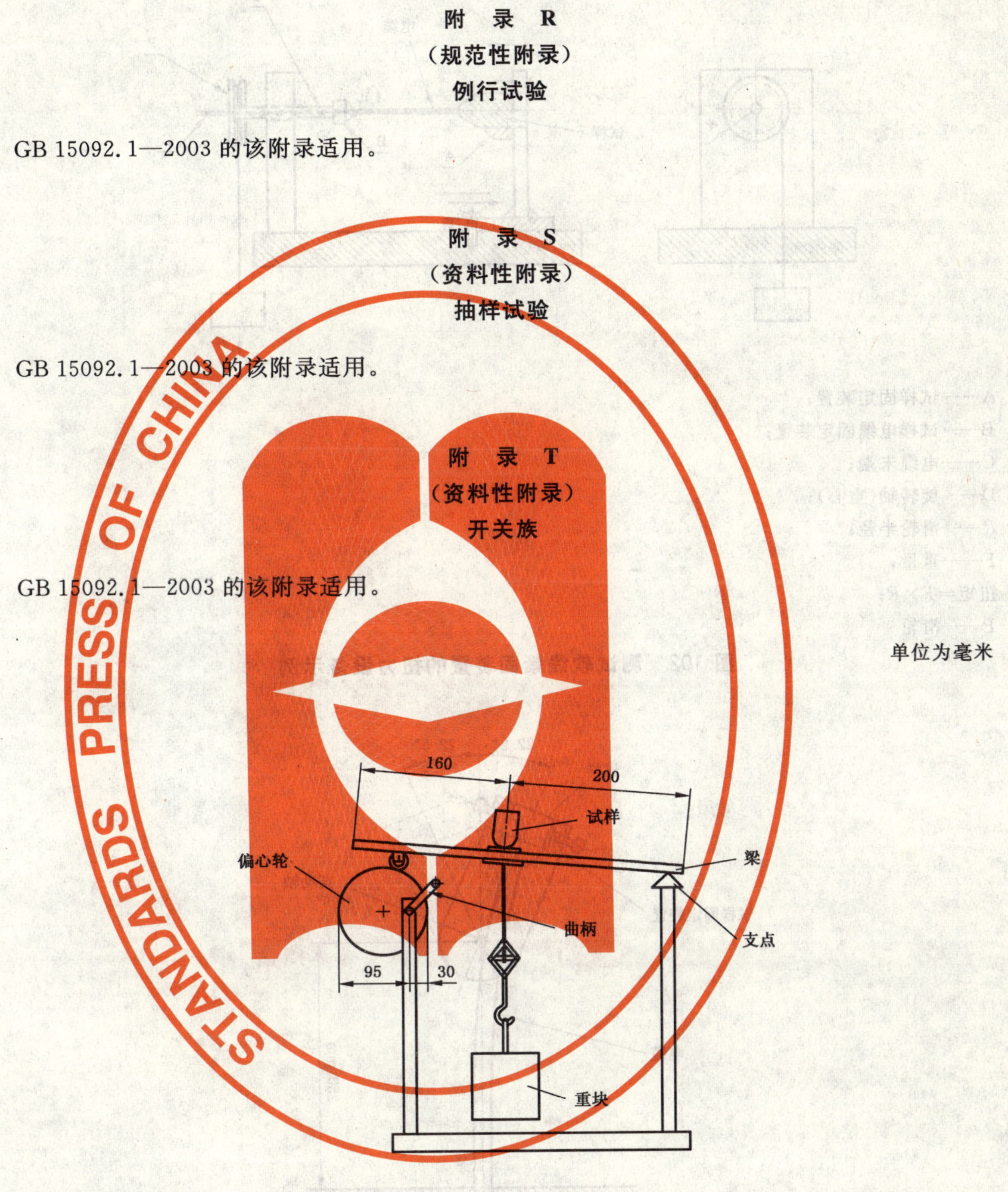

图 101　测试软线紧固装置的拉伸设备示例

STANDARDS PRESS OF CHINA

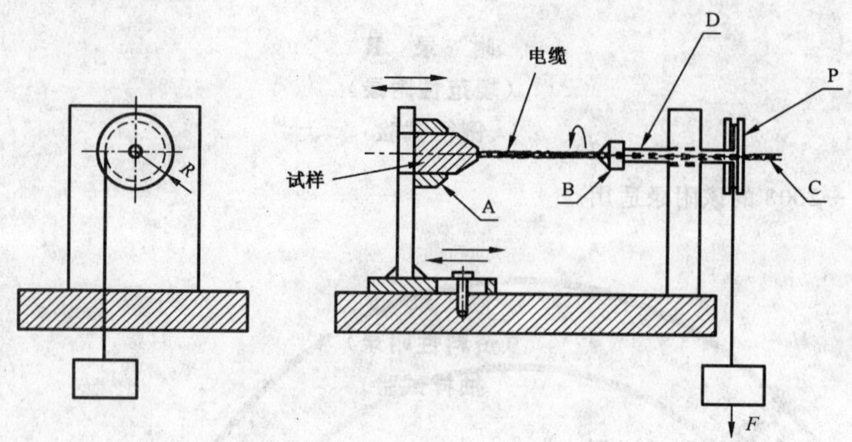

A——试样固定装置；

B——试样电缆固定装置；

C——电缆末端；

D——旋转轴(空心)；

R——滑轮半径；

F——重量；

扭矩$=F\times R$；

P——滑轮

图 102　测试软线紧固装置的扭力设备示例

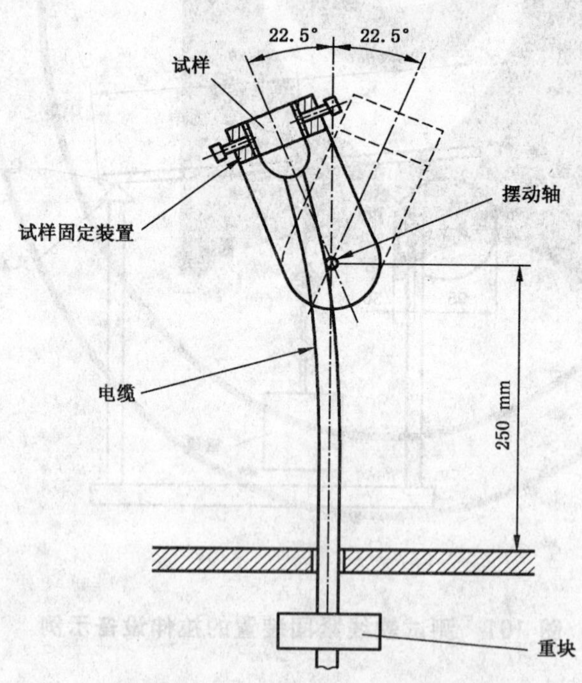

图 103　弯曲试验设备示例

ICS 79.060
B 70

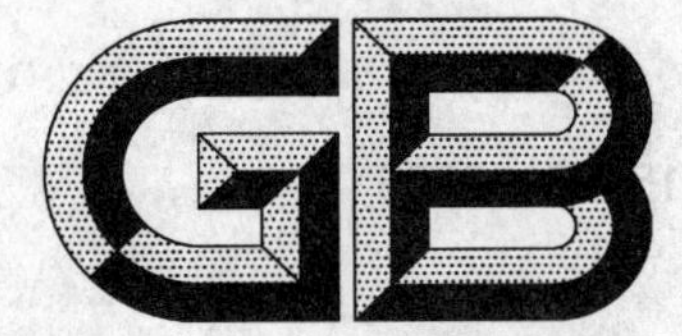

中华人民共和国国家标准

GB/T 15102—2006
代替 GB/T 15102—1994

浸渍胶膜纸饰面人造板

Surface decorated wood-based panels with paper impregnated thermosetting resins

2006-05-18 发布　　　　2006-09-15 实施

中华人民共和国国家质量监督检验检疫总局
中国国家标准化管理委员会　发布

前 言

本标准是对 GB/T 15102—1994《浸渍胶膜纸饰面人造板 》的修订。

本标准中的耐光色牢度指标及检验方法非等效采用 Pr EN 14323—2001《室内用三聚氰胺饰面人造板性能和试验方法》和 ISO 4892-2:1994《塑料实验光源暴露试验方法　第 2 部分:氙弧灯》。

本标准与 GB/T 15102—1994 相比,主要技术内容变化如下:

——增加了分类类别;

——提高了各等级产品外观质量要求;

——调整了幅面尺寸规格;

——调整了试样制取方式;

——修改了划痕试验方法;

——增加了甲醛释放限量指标及试验方法;

——增加了耐光色牢度指标及试验方法。

本标准自实施之日起,代替 GB/T 15102—1994。

本标准附录 A 是规范性附录。

本标准由国家林业局提出。

本标准由全国人造板标准化技术委员会归口。

本标准负责起草单位:中国林业科学研究院木材工业研究所。

本标准参加起草单位:国营松江胶合板厂、福州人造板厂、圣象实业(深圳)有限公司、佛山市南海耀东华家具板材有限公司、成都建诚实业有限公司、粤海装饰材料(中山有限公司)、吉林森工业股份有限公司、夏特装饰材料(上海)有限公司、上海天祥质量技术服务有限公司、四川升达林产品有限公司、美国科潘诺实验设备公司(上海代表处)、河北恒源实业集团有限公司。

本标准主要起草人:王正、彭立民、周月、邵广义、黄庆平、肖飞、曾敏华、陈庆、张克忠、宋君、王德胜、吴浩、石明安、张恒、郝和发。

本标准 1994 年第一次发布,本次为第一次修订。

本标准由全国人造板标准化技术委员会负责解释。

浸渍胶膜纸饰面人造板

1 范围

本标准规定了浸渍胶膜纸饰面人造板的分类、要求、试验方法、检验规则以及标志、包装、运输和贮存。

本标准适用于以浸渍氨基树脂的胶膜纸，铺装在刨花板、纤维板等基材人造板表面，经热压而成的装饰板材。

本标准不适用于浸渍纸层压木质地板。

2 规范性引用文件

下列文件中的条款通过本标准的引用而成为本标准的条款。凡是注日期的引用文件，其随后所有的修改单(不包括勘误的内容)或修订版均不适用于本标准。然而，鼓励根据本标准达成协议的各方研究是否可使用这些文件的最新版本。凡是不注日期的引用文件，其最新版本适用于本标准。

GB 250—1995 评定变色用灰色样卡(idt ISO 105-A02:1993)

GB 730—1998 纺织品 色牢度试验 耐光和耐气候色牢度蓝色羊毛标准(idt ISO 105-B:1994)

GB/T 2828.1—2003/ISO 2859-1:1999 计数抽样检验程序 第1部分：按接收质量限(AQL)检索的逐批检验抽样计划

GB/T 17657—1999 人造板及饰面人造板理化性能试验方法

GB 18580 室内装饰装修材料 人造板及其制品中甲醛释放限量

GB/T 19367.1—2003 人造板 板的厚度、宽度及长度的测定

GB/T 19367.2—2003 人造板 板的垂直度和边缘直度的测量

3 术语和定义

下列术语和定义适用于本标准。

3.1

浸渍胶膜纸饰面人造板 surface decorated wood-based panels with paper impregnated thermosetting resins

以刨花板、纤维板等人造板为基材，以浸渍胶膜纸为饰面材料的装饰板材。

3.2

颜色不匹配 color unmatching

某一图案的颜色与给定标样的颜色视觉上不相同。

3.3

纸板错位 misalignment between panel and impregnated paper

由于胶膜纸与基材对位不准而造成的产品板材缺纸，包括装饰纸印花白边、裂纹也计入纸板错位。

3.4

纸张撕裂 tearing of impregnated paper

由于胶膜纸部分折断而造成产品表面断裂痕迹。

3.5

干花 frosting mark

白花

产品表面存在的不透明白色花斑。

STANDARDS PRESS OF CHINA

3.6

湿花 water mark

湿花也称水迹，是产品表面存在的雾状痕迹。

3.7

表面孔隙 porosity of surface

产品表面针孔状缺陷。

3.8

污斑 spots,dirt and similar surface defects

原纸中的尘埃、印刷时出现的油墨迹，以及加工过程中杂物等造成的装饰缺陷。

3.9

局部缺纸 bare substrate spots due to defective surface covering

由于胶膜纸破损造成基材显露的缺陷。

3.10

透底 pervious spots of impregnated paper

由于装饰胶膜纸覆盖能力不够造成基材在板面上显现的缺陷。

3.11

崩边 dents

产品在齐边加工过程中造成装饰面板边锯齿状缺陷。

3.12

鼓泡 blisters

产品表面内含气体引起的异常凸起。

3.13

鼓包 inclusions

产品表面内含固体实物引起的异常凸起。

3.14

分层 delaminating

基材自身、胶膜纸自身或胶膜纸与基材之间的分离现象。

3.15

耐光色牢度 light fastness

产品表面的颜色对日光或人造光照射作用的抵抗力。

4 分类

4.1 根据人造板基材分：

——浸渍胶膜纸饰面刨花板；

——浸渍胶膜纸饰面纤维板。

4.2 根据装饰面分：

——浸渍胶膜纸单饰面人造板；

——浸渍胶膜纸双饰面人造板。

4.3 根据表面状态分：

——平面浸渍胶膜纸饰面人造板；

——浮雕浸渍胶膜纸饰面人造板。

5 要求

5.1 分等

根据产品的外观质量分优等品、一等品、合格品。

5.2 外观质量

浸渍胶膜纸双饰面人造板外观质量应符合表1要求。浸渍胶膜纸单饰面人造板的装饰面外观质量应符合表1中正面要求,其背面不应有影响使用的缺陷。

表1 浸渍胶膜纸饰面人造板外观质量要求

<table>
<tr><th rowspan="2">缺陷名称</th><th colspan="2">优等品</th><th colspan="2">一等品</th><th colspan="2">合格品</th></tr>
<tr><th>正面</th><th>背面</th><th>正面</th><th>背面</th><th>正面</th><th>背面</th></tr>
<tr><td>干花</td><td colspan="2" rowspan="3">不允许</td><td rowspan="2">不允许</td><td rowspan="2">总面积不超过板面的3%,允许</td><td rowspan="2">距板边5 mm内,允许</td><td rowspan="2">总面积不超过板面的5%,允许</td></tr>
<tr><td>湿花</td></tr>
<tr><td>污斑</td><td>任意1 m² 板面内≤3 mm² 允许1处</td><td colspan="2">任意1 m² 板面内3 mm²～30 mm²允许1处</td><td>任意1 m² 板面内5 mm²～30 mm² 允许3处</td></tr>
<tr><td>表面划痕</td><td colspan="3">不允许</td><td colspan="2">任1 m² 板面内长度≤100 mm允许2处;
影响装饰层的不允许</td><td>任意1 m² 板面内长度≤200 mm允许4处;
影响装饰层的不允许</td></tr>
<tr><td>表面压痕</td><td colspan="5">不允许</td><td>任意1 m² 板面内20 mm²～50 mm² 允许1处</td></tr>
<tr><td>透底</td><td colspan="3" rowspan="3">不允许</td><td colspan="3">明显的不允许</td></tr>
<tr><td>纸板错位</td><td colspan="3">宽度不得超过10 mm,只允许一边有</td></tr>
<tr><td>表面孔隙</td><td colspan="3">表面孔隙总面积不超过板面的3%允许</td></tr>
<tr><td>颜色不匹配</td><td colspan="6">明显的不允许</td></tr>
<tr><td>光泽不均</td><td colspan="6">明显的不允许</td></tr>
<tr><td>鼓泡</td><td colspan="5">不允许</td><td>任意1 m² 内≤10 mm² 的允许1个</td></tr>
<tr><td>纸张撕裂</td><td colspan="3">不允许</td><td colspan="3">≤100 mm,允许1处/张</td></tr>
<tr><td>局部缺纸</td><td colspan="5" rowspan="2">不允许</td><td>≤10 mm²,允许1处/张</td></tr>
<tr><td>崩边</td><td>≤3 mm</td></tr>
<tr><td colspan="7">注:表中未列入影响使用和装饰效果的严重缺陷,如表面龟裂、分层、边角缺损(在基本尺寸内)等,各等级产品均不允许。</td></tr>
</table>

5.3 规格尺寸及偏差

5.3.1 幅面尺寸及偏差

幅面尺寸及其偏差应符合表2规定,经供需双方协议可生产其他幅面尺寸的产品。

表2 浸渍胶膜纸饰面人造板幅面尺寸及其偏差

<table>
<tr><th>长度/mm</th><th>宽度/mm</th><th>允许偏差/(mm/m)</th></tr>
<tr><td>2 440</td><td>1 220</td><td rowspan="5">±2.0</td></tr>
<tr><td>2 440</td><td>1 525</td></tr>
<tr><td>2 440</td><td>1 830</td></tr>
<tr><td>2 610</td><td>2 070</td></tr>
<tr><td>2 700</td><td>2 070</td></tr>
</table>

5.3.2 **厚度偏差**

厚度偏差不得超过±0.3 mm。

5.3.3 **垂直度偏差**

垂直度偏差不得超过1 mm/m。

5.3.4 **边缘直度偏差**

边缘直度偏差不得超过1 mm/m。

5.3.5 **翘曲度**

厚度为6 mm～12 mm的翘曲度不得超过0.5%;厚度大于12 mm的翘曲度不得超过0.3%。

5.4 **理化性能**

5.4.1 **浸渍胶膜纸饰面纤维板**

浸渍胶膜纸饰面纤维板应符合表3规定。

表3 浸渍胶膜纸饰面纤维板理化性能表

<table>
<tr><td colspan="3" rowspan="3">检验项目</td><td rowspan="3">单位</td><td colspan="4">密度0.6 g/cm³～0.8 g/cm³</td><td rowspan="3">密度大于0.8 g/cm³</td></tr>
<tr><td colspan="4">基本厚度/mm</td></tr>
<tr><td>≤13.0</td><td>>13.0～20.0</td><td>>20.0～25.0</td><td>>25.0</td></tr>
<tr><td colspan="3">静曲强度</td><td>MPa</td><td>≥22.0</td><td>≥20.0</td><td>≥18.0</td><td>≥17.0</td><td>≥30.0</td></tr>
<tr><td colspan="3">内结合强度</td><td>MPa</td><td>≥0.55</td><td>≥0.45</td><td>≥0.45</td><td>≥0.45</td><td>≥0.8</td></tr>
<tr><td colspan="3">含水率</td><td>%</td><td colspan="5">3.0～10.0</td></tr>
<tr><td colspan="3">吸水厚度膨胀率</td><td>%</td><td colspan="5">≤8.0</td></tr>
<tr><td rowspan="2">握螺钉力</td><td colspan="2">板面</td><td>N</td><td colspan="5">≥1 000</td></tr>
<tr><td colspan="2">板边</td><td>N</td><td colspan="5">≥700</td></tr>
<tr><td colspan="3">表面胶合强度</td><td>MPa</td><td colspan="4">≥0.60</td><td>≥1.00</td></tr>
<tr><td colspan="3">表面耐冷热循环</td><td>—</td><td colspan="5">无裂缝、无鼓泡</td></tr>
<tr><td colspan="3">表面耐划痕</td><td>—</td><td colspan="5">≥1.5 N表面无整圈连续划痕</td></tr>
<tr><td colspan="3">尺寸稳定性</td><td>%</td><td colspan="4">≤0.30</td><td>≤0.60</td></tr>
<tr><td rowspan="3">表面耐磨</td><td colspan="2">磨耗值</td><td>mg/100 r</td><td colspan="5">≤80</td></tr>
<tr><td rowspan="2">表面情况</td><td>图案</td><td>—</td><td colspan="5">磨100 r后应保留50%以上花纹</td></tr>
<tr><td>素色</td><td>—</td><td colspan="5">磨350 r以后应无露底现象</td></tr>
<tr><td colspan="3">表面耐香烟灼烧</td><td>—</td><td colspan="5">黑斑、裂纹、鼓泡不允许</td></tr>
<tr><td colspan="3">表面耐干热</td><td>—</td><td colspan="5">无龟裂、无鼓泡</td></tr>
<tr><td colspan="3">表面耐污染腐蚀</td><td>—</td><td colspan="5">无污染、无腐蚀</td></tr>
<tr><td colspan="3">表面耐龟裂</td><td>—</td><td colspan="5">0～1级</td></tr>
<tr><td colspan="3">表面耐水蒸气</td><td>—</td><td colspan="5">不允许有凸起、变色和龟裂</td></tr>
<tr><td colspan="3">耐光色牢度(灰色样卡)</td><td>级</td><td colspan="5">≥4</td></tr>
<tr><td colspan="9">注1:两类不同密度的浸渍胶膜纸双饰面纤维板的表面性能两面均应符合本表指标要求。
注2:经供需双方协议,可生产其他耐光色牢度级别的产品。</td></tr>
</table>

5.4.2 **浸渍胶膜纸饰面刨花板**

浸渍胶膜纸饰面刨花板理化性能应符合表4规定。

表 4　浸渍胶膜纸饰面刨花板理化性能表

检验项目			单位	基本厚度/mm				
				≤13.0	>13.0～20.0	>20.0～25.0	>25.0～32.0	>32.0
静曲强度			MPa	≥16.0	≥15.0	≥14.0	≥12.0	≥10.0
内结合强度			MPa	≥0.40	≥0.35	≥0.30	≥0.25	≥0.20
含水率			%	3.0～13.0				
密度			g/cm^3	0.60～0.90				
吸水厚度膨胀率			%	≤8.0				
握螺钉力	板面		N	≥1 100				
	板边		N	≥700				
表面胶合强度			MPa	≥0.60				
表面耐冷热循环			—	无裂缝、无鼓泡				
表面耐划痕			—	≥1.5 N 表面无整圈连续划痕				
尺寸稳定性			%	≤0.60				
表面耐磨	磨耗值		mg/100 r	≤80				
	表面情况	图案	—	磨 100 r 后应保留 50%以上花纹				
		素色	—	磨 350 r 以后应无露底现象				
表面耐香烟灼烧			—	黑斑、裂纹、鼓泡不允许				
表面耐干热			—	无龟裂、无鼓泡				
表面耐污染腐蚀			—	无污染、无腐蚀				
表面耐龟裂			—	0～1 级				
表面耐水蒸气			—	不允许有凸起、变色和龟裂				
耐光色牢度(灰色样卡)			级	≥4				
注 1：浸渍胶膜纸双饰面刨花板的表面性能两面均应符合指标要求。 注 2：经供需双方协议，可生产其他耐光色牢度级别的产品。								

5.5　甲醛释放限量

浸渍胶膜纸饰面人造板甲醛释放限量指标应符合 GB 18580 的要求。

6　检验方法

6.1　外观质量检验方法

6.1.1　检验台高度为 700 mm 左右。

6.1.2　照明光源为 40 W 日光灯管三支，灯管间距约 400 mm，灯管长度方向与板长方向平行，灯管距检验台高度约为 2 m，自然光应不影响检验。

6.1.3　检验人员应有正常视力(或矫正视力)，并在板长两端逐张检验，视距为 0.5 m～1.5 m，视角为 30°～90°。

6.2　规格尺寸检验方法

6.2.1　仪器和工具

6.2.1.1　千分尺，精度 0.01 mm。

6.2.1.2　钢板尺，精度 0.5 mm。

STANDARDS PRESS OF CHINA

6.2.1.3　钢卷尺，精度 1 mm。

6.2.1.4　细钢丝。

6.2.2　长度、宽度测量

按 GB/T 19367.1—2003 中 5.2 测量。

6.2.3　厚度尺寸测量

按 GB/T 19367.1—2003 中 5.1 测量。

6.2.4　垂直度检验

按 GB/T 19367.2—2003 中 5.1 测量。

6.2.5　边缘直度测量

按 GB/T 19367.2—2003 中 5.2 测量。

6.2.6　翘曲度检验

将产品凹面向上放置在水平台面上用细钢丝连接板的两对角，用钢板尺量取最大弦高，精确至 0.5 mm。最大弦高与对角线长度之比即为翘曲度，以百分比表示，精确至 0.1%。

6.3　理化性能试验方法

6.3.1　试样和试件的制取及尺寸规定

6.3.1.1　样本及试样应在生产后存放 24 h 以上的产品中抽取。

6.3.1.2　浸渍胶膜纸饰面人造板样本按图 1 所示切割成五块试样，各试样要标记号码，并在右上角作标记“△”。其中 1、3、5 试样用于制取“编号”试件，2、4 试样用于制取“任意”试件。试件的尺寸、数量和编号见表 5。制取的试件应边棱平直，相邻两边为直角。从 1、3、5 试样中制取的编号试件规格按图 2 规定执行。在规定的取试件处遇到缺陷时，可适当移动试件的制取位置。当板厚大于 25 mm 时，静曲强度试件(尺寸超过 550 mm)可在样板中任意制取，保持纵横方向各 3 个。其他编号试件保持原有的方向。

单位为毫米

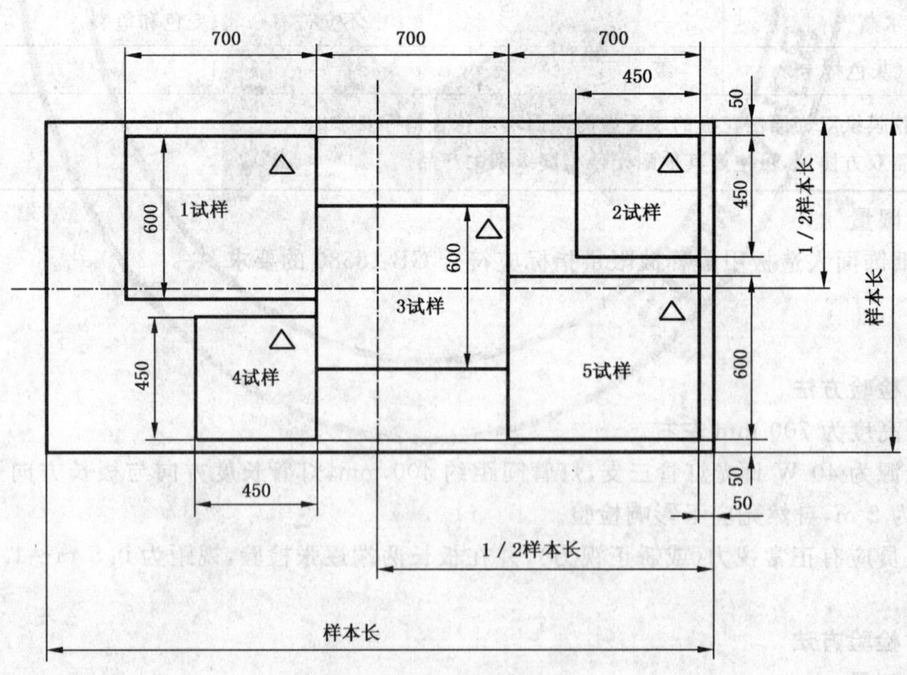

图 1　试样制取示意图

单位为毫米

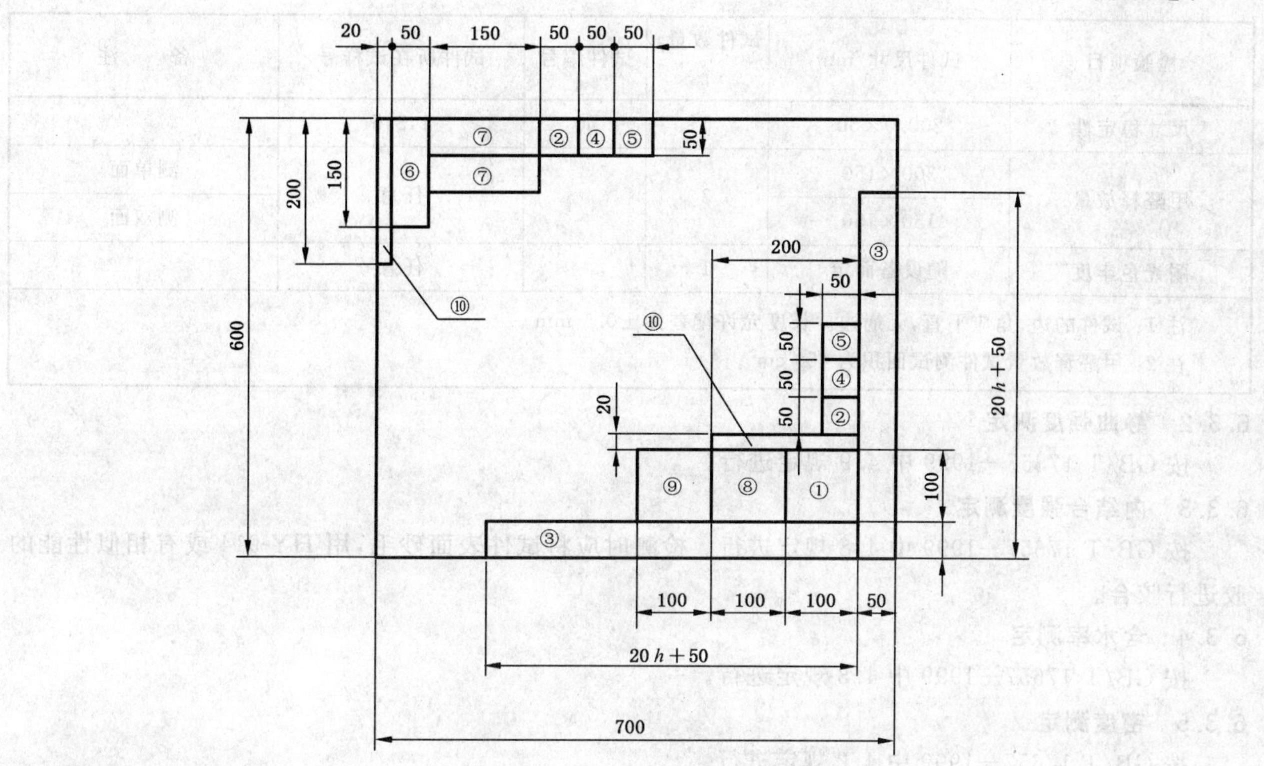

图 2 在 1、3、5 号试样上制取部分物理力学性能试件示意图

表 5 浸渍胶膜纸饰面人造板理化性能试件

检验项目		试件尺寸/mm	试件数量/个	试件编号	试件所在试样号	备　注
密度、含水率		100.0×100.0	3	①	1,3,5	在同一个试件上测定密度和含水率
吸水厚度膨胀率		50.0×50.0	6	②	1,3,5	
静曲强度		(20h+50.0)×50.0	6	③	1,3,5	h 为基本厚度
内结合强度		50.0×50.0	6	④	1,3,5	
表面胶合强度		50.0×50.0	6	⑤	1,3,5	
握螺钉力	板面	150.0×50.0	3	⑥	1,3,5	h≤15 mm 时不要求
	板边		6	⑦		
表面耐划痕		100.0×100.0	3	⑧	1,3,5	
表面耐冷热循环		100.0×100.0	3	⑨	1,3,5	
表面耐磨		100.0×100.0	1		任意	
表面耐香烟灼烧		100.0×100.0	1		任意	
表面耐干热		230.0×230.0	1		任意	
表面耐污染腐蚀		100.0×100.0	1		任意	
表面耐水蒸气		100.0×100.0	1		任意	
表面耐龟裂		250.0×250.0	1		任意	

表 5（续）

检验项目	试件尺寸/mm	试件数量/个	试件编号	试件所在试样号	备　注
尺寸稳定性	200.0×50	6	⑩	1,3,5	
甲醛释放量	300×150	3		任意	测单面
	150×150				测双面
耐光色牢度	随设备而定	1		任意	

注 1：试件的边、角应平直，无崩边。长度允许偏差为±0.5 mm。

注 2：甲醛释放量试件测试面积为 450 cm^2。

6.3.2　**静曲强度测定**

按 GB/T 17657—1999 中 4.9 规定进行。

6.3.3　**内结合强度测定**

按 GB/T 17657—1999 中 4.8 规定进行。检测时应将试件表面砂毛，用 HY-914 或有相似性能的胶进行胶合。

6.3.4　**含水率测定**

按 GB/T 17657—1999 中 4.3 规定进行。

6.3.5　**密度测定**

按 GB/T 17657—1999 中 4.2 规定进行。

6.3.6　**吸水厚度膨胀率测定**

按 GB/T 17657—1999 中 4.5 规定进行，浸泡时间为 24 h。

6.3.7　**握螺钉力测定**

按 GB/T 17657—1999 中 4.10 规定进行。

6.3.8　**表面胶合强度测定**

6.3.8.1　**原理**

表面胶合强度是指基材表面与饰面材料在垂直板面拉力作用下两者之间胶接破坏时，所需拉力与胶接面积之比。

6.3.8.2　**仪器和工具**

按 GB/T 17657—1999 中 4.13.2 规定进行。

6.3.8.3　**试件**

试件按本标准 6.3.1 规定制取。将试件被测面中心部位铣一内径(35.7±1)mm 的槽，槽宽约 3 mm，槽深达基材表面。经铣槽后的试件用砂纸轻砂，并除去粉尘。若试件厚度小于 10 mm 时需将 2 个～3 个试件胶合在一起。胶合后的试件表面应分别代表板的上、下表面。

6.3.8.4　**方法**

按 GB/T 17657—1999 中 4.13.4 的规定进行。

6.3.8.5　**结果表示**

按 GB/T 17657—1999 中 4.13.5 的规定进行。

6.3.9　**表面耐冷热循环性能测定**

按 GB/T 17657—1999 中 4.31 的规定进行。

6.3.10　**表面耐划痕性能测定**

6.3.10.1　**原理**

表面耐划痕性能是检测本产品表面装饰层抵抗一定力作用下的金刚石针刻划的能力。

6.3.10.2 仪器

按 GB/T 17657—1999 中的 4.29.2 的规定。

6.3.10.3 试件

按 6.3.1 规定制取。

6.3.10.4 方法

擦净试件表面，将被测面向上固定在划痕试验载物台上。调节横梁高度，使金刚石针尖部接触到试件表面时，横梁上边缘处于水平位置。将砝码移到 1.5 N 的位置上起动载物台旋转，使金刚石针在试件表面划两个同心圆，在半径方向上划痕和划痕之间的距离为 1 mm～2 mm。

取下试件，在自然光下，距试件表面约 40 cm 处，用肉眼从任意角度观察试件表面被划部位的情况。

6.3.10.5 结果表示

试件表面是否有整圈连续划痕。

6.3.11 尺寸稳定性测定

按 GB/T 17657—1999 中的 4.34 的规定进行。

6.3.12 表面耐磨性能测定

6.3.12.1 原理

测定产品表面装饰层与一定粒度的研磨轮在相对摩擦一定转数后，表面磨失量及保留装饰花纹的能力。

6.3.12.2 仪器和材料

6.3.12.2.1 仪器

仪器按 GB/T 17657—1999 中 4.38.2.1 规定执行。

6.3.12.2.2 材料

a) 干磨砂布 A P180；

b) 双面胶带或胶水；

c) 脱脂纱布。

6.3.12.3 试件

按 6.3.1 规定制取。

6.3.12.4 试验步骤

6.3.12.4.1 用脱脂纱布将试件表面擦净并称重，精确至 1 mg。若试件的厚度影响到研磨轮支架的水平度，应将试件锯薄。

6.3.12.4.2 将试件装饰面向上安装在磨耗试验机上。将研磨轮粘好砂布，并按以下条件平衡处理：相对湿度为(65±5)%，温度为(20±2)℃，放置 24 h 以上，然后安装在支架上。在每个接触面受力为(4.9±0.2)N 条件下所需转数(花纹图案磨 100 r，素色图案磨 350 r)。取下试件，除去表面浮灰称量，精确至 1 mg。

6.3.12.5 结果计算与表示

6.3.12.5.1 磨耗值按式(1)计算，精确至 1 mg。

$$F = \frac{m - m_1}{R} \times 100 \quad \cdots\cdots(1)$$

式中：

F——磨耗值，单位为毫克每百转/(mg/100 r)；

m——试件磨前质量，单位为毫克(mg)；

m_1——试件磨后质量，单位为毫克(mg)；

R——磨耗转数，单位为转(r)。

6.3.12.5.2 观察并记录磨耗转数、磨耗值，并目测试件表面被磨部分的状况，花纹图案饰面板花纹保留大于或小于 50%，素色图案露底或不露底。

STANDARDS PRESS OF CHINA

6.3.13 表面耐香烟灼烧性能测定

按照 GB/T 17657—1999 中 4.40 的规定进行。

6.3.14 表面耐干热性能测定

按照 GB/T 17657—1999 中 4.42 的规定进行。

6.3.15 表面耐污染腐蚀性能测定

按照 GB/T 17657—1999 中 4.37 的规定进行。

6.3.16 表面耐龟裂性能测定

按照 GB/T 17657—1999 中 4.30 的规定进行。

6.3.17 表面耐水蒸气性能测定

按照 GB/T 17657—1999 中 4.21 的规定进行。

6.3.18 甲醛释放限量测定

甲醛释放限量试验方法按 GB 18580 规定的饰面人造板甲醛释放量测试方法进行。

6.3.19 耐光色牢度测定

6.3.19.1 原理

从样本上取下部分试件与蓝色羊毛标准在氙弧灯下一起曝晒，通过蓝色羊毛标准的变化确定曝晒量。对比曝晒与未曝晒试样在确定曝晒量下的变化来评定样品的耐光色牢度。

6.3.19.2 设备

a) 氙弧灯：空气冷却式或水冷却式(见附录 A)。平行于灯轴试件架平面的试件，其表面上任意两点之间的辐射照度差别应不大于 10%。辐射量(单位面积辐射能)用辐射计测定。

b) 评级灯箱：内壁为中性灰，其颜色约介于变色灰卡 1 级与 2 级之间(近似 Munsell N5)，顶部装有人工光源，其产生一色温(6 500±200)K 和在试件表面至少 800 lx 照度的光源。评级灯箱放在某一位置，周围的照明条件不影响观察评定试件。

6.3.19.3 材料

a) 蓝色羊毛标准 1～8(符合 GB 730—1998)；

b) 评定变色用灰色样卡(符合 GB 250—1995)；

c) 乙醇，95%(体积分数)，工业级；

d) 脱脂纱布。

6.3.19.4 试件

试件的长宽尺寸应按设备试件夹的形状和尺寸而定。所取试件应包括样品上所有的深浅颜色。试件厚度为(5±1)mm。在空气冷式设备中，通常使用的试件面积不小于 45 mm×20 mm。在水冷式设备中，通常使用的试件面积不小于 70 mm×20 mm。

氙弧灯离试件表面和离蓝色羊毛标准表面必须保持相等距离。

6.3.19.5 试验条件

黑标准温度：(65±3)℃；

相对湿度：(50±5)%。

6.3.19.6 方法

用脱脂纱布蘸少许乙醇将试件表面擦干净、晾干。将试件和一组蓝色羊毛标准用遮盖物遮去一半，按 6.3.19.5 所规定的条件，在氙弧灯下曝晒，直至蓝色羊毛标准 6 级的曝晒和未曝晒部分间的色差达到灰色样卡 4 级，曝晒终止。然后将试件和蓝色羊毛标准一同取出，移开遮盖物，在评级灯箱内用灰色样卡评定试件的相应变色等级。

距离试件约 50 cm，用正常视力(或矫正到正常视力)在任意角度下观察试件表面颜色的变化。为避免由于光致变色性而对耐光色牢度发生错评，应在评定耐光色牢度前，将试件放在暗处，在室温下平衡 24 h 后进行。

6.3.19.7 结果表示

耐光色牢度以大于、等于或小于灰色样卡4级表示。

7 检验规则

7.1 检验分类

检验分出厂检验和型式检验。

7.1.1 出厂检验

出厂检验应包括：

a) 外观质量检验；

b) 规格尺寸检验；

c) 理化性能检验中的表面耐磨、表面耐污染、表面耐龟裂、表面耐水蒸气和甲醛释放限量。

7.1.2 型式检验

型式检验应包括外观质量检验、规格尺寸检验和理化性能检验中的全部项目。

7.1.3 有下列情况之一时，应进行型式检验：

a) 原辅材料及生产工艺发生较大变动时；

b) 停产三个月以上，恢复生产时；

c) 正常生产时，每年检验不少于两次；

d) 新产品投产或转产时；

e) 质量监督机构提出型式检验要求时。

7.2 外观质量检验

外观质量检验采用GB/T 2828.1—2003中的正常检验二次抽样方案，其检验水平为Ⅱ，接收质量限AQL=4.0，见表6。按5.1的表1规定对样本n_1进行检验。不合格数$d_1 \leqslant Ac_1$时接收，$d_1 \geqslant Re_1$时拒收，若$Ac_1 < d_1 < Re_1$，检验样本n_2。前后两个样本中不合格品数$d_1 + d_2 \leqslant Ac_2$时接收，$d_1 + d_2 \geqslant Re_2$时拒收。

表6 外观质量抽样方案

单位为张

批量范围 N	样本大小		第一判定数		第二判定数	
	$n_1 = n_2$	Σn	接收 Ac_1	拒收 Re_1	接收 Ac_2	拒收 Re_2
≤150	13	26	0	3	3	4
151～280	20	40	1	3	4	5
281～500	32	64	2	5	6	7
501～1 200	50	100	3	6	9	10

7.3 规格尺寸检验

规格尺寸检验采用GB/T 2828.1—2003中的正常检验二次抽样方案，检验水平为Ⅰ，接收质量限AQL=6.5见表7。按5.2对样品n_1进行检验。不合格品数$d_1 \leqslant Ac_1$时接收，$d_1 \geqslant Re_1$时拒收，若$Ac_1 < d_1 < Re_1$，检验样本n_2。前后两个样本中不合格品数$d_1 + d_2 \leqslant Ac_2$时接收，$d_1 + d_2 \geqslant Re_2$时拒收。

表7 规格尺寸抽样方案

单位为张

批量范围 N	样本大小		第一判定数		第二判定数	
	$n_1 = n_2$	Σn	接收 Ac_1	拒收 Re_1	接收 Ac_2	拒收 Re_2
≤150	5	10	0	2	1	2
151～280	8	16	0	3	3	4
281～500	13	26	1	3	4	5
501～1 200	20	40	2	5	6	7

7.4 理化性能检验

理化性能试验按表8采用复检抽样方案。第一次抽取 n_1 张板，如检验结果中某项指标不合格，则第二次抽取 n_2 张板重新检验不合格项目，第二次样本 n_2 的性能值（n_1 中不合格项目）应全部符合标准要求，否则该批产品判为不合格。

表8 理化性能抽样方案

单位为张

批量范围 N	初检抽样数 n_1	复检抽样数 n_2
≤1 200	2	4
1 201～3 200	3	6
3 201～10 000	4	8
>10 000	5	10

7.5 综合判断

产品的外观质量、规格尺寸、理化性能均应符合相应等级技术要求，否则应降等或为不合格品。

7.6 检验报告

检验报告应包括如下内容：

a) 检测所依据的标准；

b) 检验结果；

c) 检测过程中出现的各种异常情况。

8 标记、包装、运输和贮存

8.1 标记

产品应加盖表明产品名称、生产日期和检验员代号的标记。

8.2 包装

产品包装应按不同类别、规格、等级分别包装。每个包装应挂有注明生产厂名称、通讯地址、产品名称、执行标准、商标、规格、等级、甲醛释放限量、张数、防潮、防晒以及盖有合格的标签。

8.3 运输

产品运输方式由供需双方商定。运输中应避免表面划伤和磕碰，且防雨、防潮和防晒。

8.4 贮存

产品的存放基础必须平整，码放必须整齐，板面不得与地面接触，并按不同类别、规格、等级堆放，每垛应有相应的标记。贮存地点应防雨、防潮、防晒且远离火源。

附 录 A
（规范性附录）
氙弧灯装置

A.1 空气冷却式氙弧灯装置

A.1.1 说明及使用条件

A.1.1.1 所用的试验装置配备有一支或多支空气冷却式氙弧灯作为辐射光源。在不同规格和类型的装置中，使用不同类型和规格的灯，这些灯具有不同的工作功率范围。在不同类型的曝露装置中，灯的功率可能是不同的，当试样在试架上暴露时，试样暴露面上的辐照度应处于规定的水平。

A.1.1.2 辐射系统由一支固定在试验箱中心的氙弧灯或者对称排列的三支灯组成，这要视装置的类型而定。吸热系统可以使用以下一种或者全部组件构成：一个空气或水冷的吸热器（紫外和可见光反射镜可与吸热器相连以反射光辐射），一个或多个石英套可使压缩空气循环流过内套管，水流过同心石英套管之间。所有冷却空气应排到实验室建筑物外，也可在石英套管的内表面涂覆一层红外反射涂层，以进一步减少灯发出的热量并防止部分热量进入试验箱。

透过窗玻璃的日光要求对来自光源的光进行滤光，使试样接受到透过窗玻璃的日光相近的光谱低端截止值的光照。

红外吸收滤光器和窗玻璃滤光器的透光率都会随使用时间而变化。因此，这种滤光器在使用4 000 h后应报废，或者要按照设备的使用说明书加以处理。

在选用此设备进行曝晒的情况下，在300 nm～400 nm的光谱辐照度应选定为(50±3)W/m²，或420 nm处的光谱辐照度设定为(1.10±0.02)W/(m²·nm)。

对于灯的功率可以在大范围内改变的装置，不管试样架转动与否，紫外辐照度规定值的调节与操作方式无关。当设定的光谱辐照度不再能通过自动控制达到时，氙弧灯就应报废。

A.1.1.3 按本标准使用的装置配有倒数计时器来控制暴露时间。有些装置还配有辐射计，当设定的辐射暴露达到时，就关闭该装置。

A.1.2 温度和湿度控制

A.1.2.1 在采用本标准进行的试验中，准确和严密地控制温度是极为重要的。温度由黑标准温度计测量，此温度计装在试样架上，其表面与试样处于相同的相应位置上，并受到相同的试验影响。

A.1.2.2 通风系统提供稳定的空气流流经试验箱和试样，通过试验箱中暖空气与箱外的冷气混合后再循环进入箱内而自动控制空气的温度。在一些装置中，选用黑标准温度来进行自动控制。

A.1.2.3 试样架应由惰性材料制成。

A.1.2.4 根据不同类型的装置，试验箱的空气调节可通过用超声增湿器把湿气加入空气中，或者用喷雾器把水雾喷入空气流。在试验箱中的相对湿度可用电容式传感器或者接触式湿度计测量和控制。

A.2 水冷式氙弧灯设备

A.2.1 说明及使用条件

A.2.1.1 所用的试验装置配备有一支水冷却氙弧灯作为辐射光源。虽然所用的氙灯都属于同种类型，但是在各种不同规格和类型的装置中，所使用的不同规格的灯有不同的功率范围。在各种型号的暴露装置中，每一种装置的试样框架的直径、灯的规格和灯的功率都可能是不同的。当试样在试样架上暴露时，试样表面上的辐照度应处于规定的水平。

A.2.1.2 使用的氙弧灯是由一支氙弧灯管、一个内层玻璃滤光罩和一些必要的配件组成。透过窗玻璃的日光的试验方法使用的是一个硼硅玻璃内滤光罩和一个钠钙玻璃外滤光罩，使试样上的辐照度的光谱低端的截止值与透过窗玻璃的日光的值相近。也有其他的玻璃滤光罩,具有不同的光谱截止值。由于透光率会变化(日晒作用),外滤光罩使用 2 000 h 后应报废,而内滤光罩只能用 400 h。

在 420 nm 的光谱辐照度选定为(1.10±0.02)W/(m^2·nm)时。由于光强度随使用时间而降低,当规定的光谱辐照度不能再通过自动控制达到时,氙弧灯管就应报废。

A.2.1.3 所有类型的氙弧灯暴露装置都配备有合适的触发器、电抗变压器和指示及控制设备来手动或自动控制灯的功率。对于手动控制的装置,灯的功率应周期性地调节,以保持规定的光谱辐照度。

A.2.1.4 为了冷却氙弧灯,用蒸馏水或去离子水以至少 378.5L/h 的流量流经灯的部件。为了防止污染及减少形成沉积物,可用一个贴近灯前部的混合床式去离子器把水纯化。灯的再循环冷却水用热交换器冷却并防止污染,可用自来水或制冷剂作为热交换介质。

A.2.1.5 本标准使用的装置配备有一个倒数计时器来控制暴露时间。有些装置还配有一个光监控器,使预设的辐射暴露一达到就马上关闭装置。

A.2.2 温度和湿度控制

A.2.2.1 在按照本标准进行的试验中,准确和严密地控制温度是至关重要的。温度的测量和控制使用黑标准温度计或黑板温度计。温度计装在试样架上,其表面与试样处于相同的相应位置上,并受到相同的试验影响。

A.2.2.2 暴露装置置于隔热箱中,以减少任何室温变化的影响。通风系统提供稳定的空气流流经试验箱和试样,空气的温度由再循环的试验箱中暖空气与箱外的冷空气混合而自动控制。为了达到规定的黑标准温度或黑板温度并保持规定的干球温度恒定,必要时可以调节和控制风扇转速。

ICS 79.060
B 70

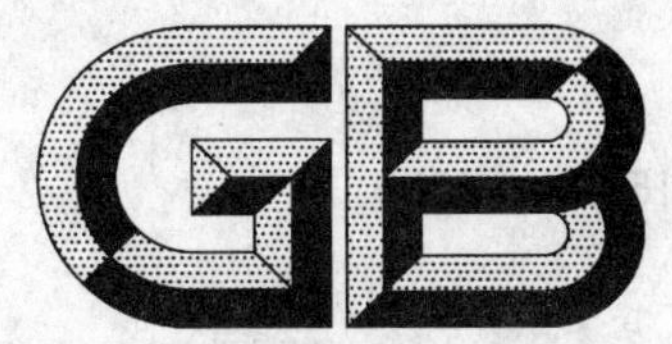

中华人民共和国国家标准

GB/T 15104—2006
代替 GB/T 15104—1994

装饰单板贴面人造板

Decorative veneered wood-based panel

2006-05-18 发布　　　　2006-09-15 实施

中华人民共和国国家质量监督检验检疫总局
中国国家标准化管理委员会　发布

前　言

本标准非等效采用日本农林标准(JAS)《特种胶合板》(2000年6月28日农林水产省告示第921号)。

本标准是对GB/T 15104—1994《装饰单板贴面人造板》的修订。本标准与GB/T 15104—1994相比主要技术变化如下：

——修改了标准适用范围，除普通单板以外，增加了以调色单板、集成单板和重组装饰单板为饰面材料的装饰单板贴面人造板；

——对装饰单板贴面人造板的装饰单板厚度不再做具体规定，但在产品标志中必须予以明示；

——修改了装饰单板贴面人造板厚度偏差的规定，与日本农林标准(JAS)《特种胶合板》(2000年6月28日农林水产省告示第921号)中的厚度偏差要求相同；

——在装饰面外观质量要求中，对装饰性的内容进行了调整，合并了性质相近、缺陷类型相似的检量项目，取消了难以直接检量项目的定量要求，增加了对材色不匀和花纹一致性的规定；

——将物理力学性能改称为理化性能，并增加了冷热循环试验、甲醛释放量和耐光色牢度三个检验项目与性能要求，其中冷热循环试验的要求和试验方法与日本农林标准(JAS)《特种胶合板》(2000年6月28日农林水产省告示第921号)中的冷热循环试验B相同；甲醛释放量的要求和试验方法，根据使用的不同基材，按GB 18580—2001中相应板材的甲醛释放量和试验方法的规定；耐光色牢度有协议要求时，其要求和试验方法按附录A的规定。

——修改了表面胶合强度的试验方法，规定当板材厚度小于8 mm时，采取粘合相同板材的方法使试件总厚度达到8 mm～10 mm；

——增加了附录A“耐光色牢度的测定”。

本标准自实施之日起代替GB/T 15104—1994。

本标准的附录A为资料性附录。

本标准由国家林业局提出。

本标准由全国人造板标准化技术委员会归口。

本标准负责起草单位：中国林业科学研究院木材工业研究所。

本标准参加起草单位：浙江德华兔宝宝装饰新材股份有限公司、浙江裕华木业有限公司、浙江德清豪鼎木业有限公司。

本标准主要起草人：王金林、关绍娴、李春生、周 宇、丁鸿敏、金月华、程健敏、孙朝坤、陆淑君、孙林中。

本标准于1994年首次发布，本次为第一次修订。

装饰单板贴面人造板

1 范围

本标准规定了装饰单板贴面人造板(又称薄木贴面人造板)的术语和定义、分类、要求、试验方法、检验规则以及标志、包装、运输和贮存等。

本标准适用于以普通单板、调色单板、集成单板和重组装饰单板等为饰面材料,以人造板为基材经胶合制成的未经涂饰加工的装饰单板贴面人造板。

2 规范性引用文件

下列文件中的条款通过本标准的引用而成为本标准的条款。凡是注日期的引用文件,其随后所有的修改单(不包括勘误的内容)或修订版均不适用于本标准,然而,鼓励根据本标准达成协议的各方研究是否可使用这些文件的最新版本。凡是不注日期的引用文件,其最新版本适用于本标准。

GB/T 2828.1—2003/ISO 2859-1:1999 计数抽样检验程序 第1部分:按接收质量限(AQL)检索的逐批检验抽样计划

GB/T 4897.3—2003 刨花板 第3部分:在干燥状态下使用的家具及室内装修用板要求

GB/T 5849—2006 细木工板

GB/T 9846.3—2004 胶合板 第3部分:普通胶合板通用技术条件

GB/T 9846.4—2004 胶合板 第4部分:普通胶合板外观分等技术条件

GB/T 11718—1999 中密度纤维板

GB/T 17657—1999 人造板及饰面人造板理化性能试验方法

GB 18580 室内装饰装修材料 人造板及其制品中甲醛释放限量

GB/T 19367.1—2003 人造板 板的厚度、宽度及长度的测定

GB/T 19367.2—2003 人造板 板的垂直度和边缘直度的测定

3 术语和定义

下述术语和定义适用于本标准。

3.1

装饰单板贴面人造板 decorative veneered wood-based panel

利用普通单板、调色单板、集成单板和重组装饰单板等胶贴在各种人造板表面制成的板材。

3.2

单板 veneer

薄木

用刨切、旋切或锯切方法制成的木质薄片状材料。

3.3

调色单板 colored veneer

调色薄木

单板用漂白和染色等加工方法制成的着色单板。

3.4

集成单板 edge jointed veneer

集成薄木

STANDARDS PRESS OF CHINA

将板材或小方材等按纤维方向相互平行拼接胶合成木方，经刨切制成的单板。

3.5

重组装饰单板 reconstituted decorative veneer

重组装饰薄木

以旋切或刨切单板为主要原料，采用单板调色、层积、胶合成型制成木方，经刨切、旋切或锯切制成的单板。

3.6

材色色差 discoloration

装饰单板表面的颜色与目标色或样板色之间的差异，或整体颜色不均匀。

不包括木材本身早晚材的颜色差异和天然花纹自然过渡的颜色差异。

3.7

Ⅰ类装饰单板贴面人造板 type Ⅰ decorative veneered wood-based panel

耐气候装饰单板贴面人造板，可在室外条件下使用，能通过Ⅰ类浸渍剥离试验。

3.8

Ⅱ类装饰单板贴面人造板 type Ⅱ decorative veneered wood-based panel

耐潮装饰单板贴面人造板，可在潮湿条件下使用，能通过Ⅱ类浸渍剥离试验。

3.9

Ⅲ类装饰单板贴面人造板 type Ⅲ decorative veneered wood-based panel

不耐潮装饰单板贴面人造板，只能在干燥条件下使用，能通过Ⅲ类浸渍剥离试验。

4 分类

4.1 按人造板基材品种分：

a) 装饰单板贴面胶合板；

b) 装饰单板贴面细木工板；

c) 装饰单板贴面刨花板；

d) 装饰单板贴面中密度纤维板。

4.2 按装饰单板品种分：

a) 普通单板贴面人造板；

b) 调色单板贴面人造板；

c) 集成单板贴面人造板；

d) 重组装饰单板贴面人造板。

4.3 按装饰面分：

a) 单面装饰单板贴面人造板；

b) 双面装饰单板贴面人造板。

4.4 按耐水性能分：

a) Ⅰ类装饰单板贴面人造板；

b) Ⅱ类装饰单板贴面人造板；

c) Ⅲ类装饰单板贴面人造板。

5 要求

5.1 装饰单板贴面人造板的基材和装饰单板

5.1.1 基材

5.1.1.1 基材分类

基材分为胶合板、细木工板、刨花板、中密度纤维板等。

5.1.1.2 基材的外观质量和理化性能要求

胶合板的外观质量应不低于 GB/T 9846.4—2004 中普通胶合板一等品的技术条件；物理力学性能应符合 GB/T 9846.3—2004 中胶合板不同树种和相应类别的指标要求。

细木工板的外观质量和物理力学性能应不低于 GB/T 5849—2006 中一等品的外观质量和相应类别的物理力学性能指标要求。

刨花板的外观质量和理化性能应符合 GB/T 4897.3—2003 在干燥状态下使用的家具及室内装修用板要求。

中密度纤维板的外观质量和物理力学性能应不低于 GB/T 11718—1999 中一等品的外观质量和相应类型的物理力学性能指标要求。

室内用装饰单板贴面人造板的基材甲醛释放量应符合 GB 18580—2001 中相应产品的甲醛释放量规定。

5.1.2 装饰单板

5.1.2.1 装饰单板品种

装饰单板品种分为普通单板、调色单板、集成单板和重组装饰单板。

5.1.2.2 单板的常用木材树种

阔叶树材：水曲柳、柞木、核桃楸、刺楸、黄波萝、榆木、锥木、核桃木、酸枣木、梓木、檫木、柚木、泡桐、椴木、桦木、槭木、水青冈、楠木、樟木、樱桃木、黑核桃、筒状非洲楝、桃花心木、紫檀、花梨等。

针叶树材：陆均松、红松、云杉、冷杉、福建柏等。

5.2 规格尺寸及其偏差

5.2.1 幅面尺寸及其偏差

5.2.1.1 装饰单板贴面人造板的幅面尺寸应符合表 1 规定。

表 1 装饰单板贴面人造板的幅面尺寸

单位为毫米

宽 度	长 度				
915	915	1 220	1 830	2 135	—
1 220	—	1 220	1 830	2 135	2 440
注：经供需双方协议可生产其他幅面尺寸的产品。					

5.2.1.2 不同基材的装饰单板贴面人造板长度和宽度偏差应符合以下要求：

a) 装饰单板贴面胶合板长度和宽度允许偏差为±2.5 mm；

b) 装饰单板贴面细木工板长度和宽度允许偏差为 $^{+5}_{0}$ mm；

c) 装饰单板贴面刨花板长度和宽度允许偏差为 $^{+5}_{0}$ mm；

d) 装饰单板贴面中密度纤维板长度和宽度允许偏差为±3 mm。

5.2.2 厚度尺寸及其偏差

5.2.2.1 装饰单板贴面人造板厚度是指产品在出厂时标明的基本厚度。

5.2.2.2 厚度偏差：装饰单板贴面人造板的每一厚度测量点的偏差均应符合表 2 规定。

表 2　装饰单板贴面人造板厚度偏差　　单位为毫米

基本厚度 t	允许偏差
$t<4$	±0.20
$4\leqslant t<7$	±0.30
$7\leqslant t<20$	±0.40
$t\geqslant 20$	±0.50

5.2.3　相邻边垂直度

在表 1 规定的幅面规格内，相邻边垂直度偏差应分别符合基材产品标准规定的要求。其他幅面产品，由供需双方协议确定。

5.2.4　边缘直度

装饰单板贴面人造板边缘直度偏差应分别符合基材产品标准规定的要求。

5.2.5　翘曲度

板厚 6 mm 以上的装饰单板贴面人造板翘曲度≤1.0%。

5.3　外观质量要求

5.3.1　装饰单板贴面人造板根据外观质量分为优等品、一等品和合格品三个等级。各等级装饰面外观质量要求应符合表 3 规定。

5.3.2　双面装饰单板贴面人造板应有一面的外观质量符合所标明的等级要求，另一面的外观质量不低于合格品的要求。

注：对背面质量另有要求时，由供需双方商定。

5.3.3　单面装饰单板贴面人造板的装饰面外观质量应符合所标明的等级要求，背面应符合相应基材的外观质量要求。

表 3　装饰面外观质量要求

检量项目			装饰单板贴面人造板等级		
			优等	一等	合格
(1) 装饰性	视觉		材色和花纹美观		
	花纹一致性（仅限于有要求时）		花纹一致或基本一致		
(2) 材色不匀、变褪色		色差	不易分辨	不明显	明显
(3) 活节	阔叶树材	最大单个长径/mm	10	20	不限
	针叶树材		5	10	20
(4) 死节、孔洞、夹皮、树脂道等	半活节、死节、孔洞、夹皮和树脂道、树胶道	每平方米板面上缺陷总个数	不允许	4	4
	半活节	最大单个长径/mm	不允许	10，小于 5 不计，脱落需填补	20，小于 5 不计，脱落需填补
	死节、虫孔、孔洞	最大单个长径/mm	不允许		5，小于 3 不计，脱落需填补
	夹皮	最大单个长度/mm	不允许	10，小于 5 不计	30，小于 10 不计
	树脂道、树胶道	最大单个长度/mm	不允许	15，小于 5 不计	30，小于 10 不计
(5) 腐朽			不允许		

表 3(续)

检量项目		装饰单板贴面人造板等级		
		优等	一等	合格
(6) 裂缝、条状缺损(缺丝)	最大单个宽度/mm	不允许	0.5	1
	最大单个长度/mm		100	200
(7) 拼接离缝	最大单个宽度/mm	不允许	0.3	0.5
	最大单个长度/mm		200	300
(8) 叠层	最大单个宽度/mm	不允许		0.5
(9) 鼓泡、分层		不允许		
(10) 凹陷、压痕、鼓包	最大单个面积/mm²	不允许		100
	每平方米板面上的个数			1
(11) 补条、补片	材色、花纹与板面的一致性	不允许	不易分辨	不明显
(12) 毛刺沟痕、刀痕、划痕		不允许	不明显	不明显
(13) 透胶、板面污染		不允许		不明显
(14) 透砂	最大透砂宽度/mm	不允许	3,仅允许在板边部位	8,仅允许在板边部位
(15) 边角缺损	基本幅面尺寸内	不允许		
(16) 其他缺损		不影响装饰效果		
注：装饰面的材色色差,服从贸易双方的确认。需要仲裁时应使用测色仪器检测,“不易分辨”为总色差小于1.5;“不明显”为总色差 1.5～3.0;“明显”为总色差大于 3.0。				

5.4 理化性能

5.4.1 装饰单板贴面人造板物理力学性能

双面装饰单板贴面人造板两面的浸渍剥离试验、表面胶合强度和冷热循环试验均应符合表 4 中规定的指标要求。

表 4 装饰单板贴面人造板物理力学性能要求

检验项目	各项性能指标值的要求	
	装饰单板贴面胶合板、装饰单板贴面细木工板等	装饰单板贴面刨花板、装饰单板贴面中密度纤维板等
含水率/(%)	6.0～14.0	4.0～13.0
浸渍剥离试验	试件贴面胶层与胶合板或细木工板每个胶层上的每一边剥离长度均不超过 25 mm	试件贴面胶层上的每一边剥离长度均不超过 25 mm
表面胶合强度/MPa	≥0.40	
冷热循环试验	试件表面不允许有开裂、鼓泡、起皱、变色、枯燥,且尺寸稳定	

5.4.2 室内用装饰单板贴面人造板的甲醛释放量

应符合表 5 的规定。

表 5 装饰单板贴面人造板的甲醛释放限量

级别标志	限量值		备 注
	装饰单板贴面胶合板、装饰单板贴面细木工板等	装饰单板贴面刨花板、装饰单板贴面中密度纤维板等	
E_0	≤0.5 mg/L	—	可直接用于室内
E_1	≤1.5 mg/L	≤9.0 mg/100 g	可直接用于室内
E_2	≤5.0 mg/L	≤30.0 mg/100 g	经处理并达到 E_1 级后允许用于室内

5.4.3 装饰单板贴面人造板装饰层表面的耐光色牢度

若需方对调色单板贴面人造板和重组装饰单板贴面人造板的装饰层表面耐光色牢度有要求时，建议按照附录 A 中表 A.2 色牢度等级评定表，由供需双方商定等级要求。

6 测量和试验方法

6.1 尺寸检验

6.1.1 幅面尺寸

按 GB/T 19367.1—2003 中 5.2 测量板的长度和宽度。

6.1.2 厚度尺寸

按 GB/T 19367.1—2003 中 5.1 测量板的厚度。

6.1.3 相邻边垂直度

按 GB/T 19367.2—2003 中 5.1 测量板的垂直度。

6.1.4 边缘直度

按 GB/T 19367.2—2003 中 5.2 测量板的边缘直度。

6.1.5 翘曲度

6.1.5.1 量具

a) 钢板尺，精度为 0.5 mm；

b) 细钢丝。

6.1.5.2 测量方法和结果表示

将板的凹面向上放置在水平台面上，分别在两个对角线方向上用细钢丝靠准两个对角并将其绷紧，用钢板尺测量板面与钢丝绳间的最大弦高及对角线长度，精确至 1 mm。

翘曲度为最大弦高与相应对角线长度之比，用百分数表示，按式(1)计算，精确至 0.1%。

$$翘曲度 = \frac{对角线最大弦高}{对角线长度} \times 100\% \qquad \cdots\cdots(1)$$

分别计算两对角线方向上的翘曲度，取其中大者为该板的翘曲度。

6.2 外观质量检验

6.2.1 检量工具

a) 读数放大镜；

b) 色彩色差计；

c) 钢板尺，精度为 0.5 mm。

6.2.2 检量方法

6.2.2.1 采用目测和检量工具对装饰面的外观质量要求进行逐项检量。

6.2.2.2 对装饰单板贴面人造板进行逐张检验，按表 3 规定判定其等级。

6.3 理化性能试验

6.3.1 试件制作、试件尺寸和数量的规定

6.3.1.1 试样在样本中的分布和试件的配置如图 1 和图 2 所示。先从每张样本上截取半张，然后按分

布要求截取试样 3 块(产品长度为 915 mm 或 1 220 mm,则从每张样本上按图 1 试样分布并距板边、板端 50 mm 截取试样 3 块),再按图 2 在每块试样上锯制含水率、浸渍剥离试验、表面胶合强度、冷热循环试验和甲醛释放量的试件,试件应分别按组连续编号。每块试样的尺寸必须满足锯制试件的需要。

6.3.1.2 制作试件时,可适当移动试件的制取位置,避开影响测试准确性的材质缺陷和加工缺陷,并保持试件表面的清洁。

单位为毫米

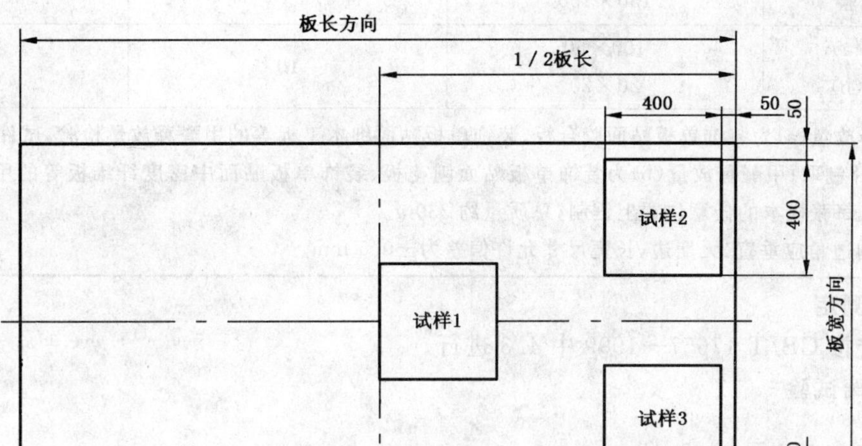

图 1 试样在样本中的分布示意图

单位为毫米

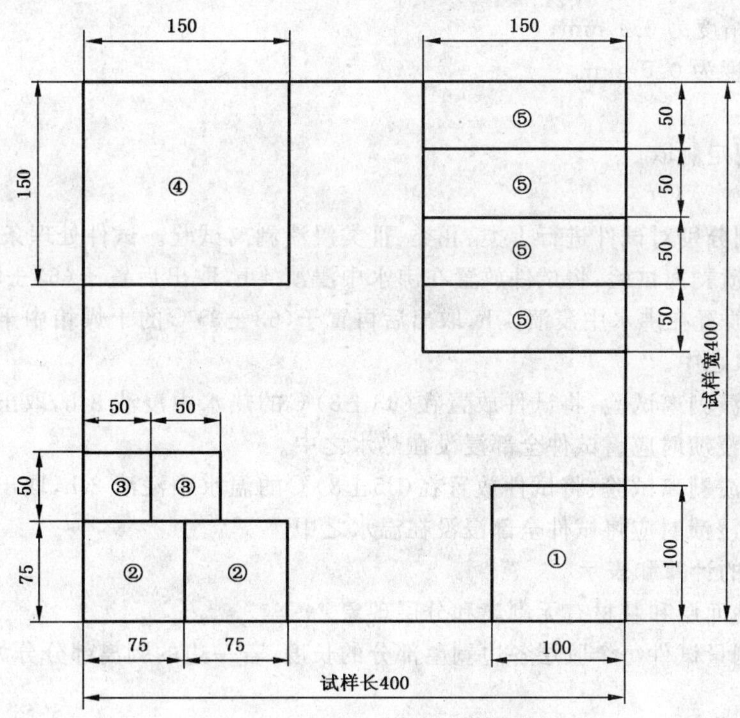

图 2 试件的配置示意图

6.3.1.3 每张样本上制作试件的尺寸、数量及编号应符合表 6 规定。

表 6 试件的尺寸、数量及编号

检验项目	试件尺寸(长×宽)/mm	试件数量/个	试件编号
含水率	100×100	3	①
浸渍剥离试验	75×75	6	②
表面胶合强度	50×50	6	③
冷热循环试验	150×150	3	④
甲醛释放量(a) 甲醛释放量(b)	150×50 20×20	10	⑤

注1：甲醛释放量(a)为装饰单板贴面胶合板、装饰单板贴面细木工板等的甲醛释放量检验，试件从3块试样上按4-3-3片制取；甲醛释放量(b)为装饰单板贴面刨花板、装饰单板贴面中密度纤维板等的甲醛释放量检验，试件从每张样本的任意位置上锯制，总质量约330 g。

注2：试件的边角应垂直、无崩边，长宽尺寸允许偏差为±0.5 mm。

6.3.2 **含水率测定**

含水率测定按GB/T 17657—1999中4.3进行。

6.3.3 **浸渍剥离试验**

6.3.3.1 **原理**

试件经浸渍、干燥，由于湿胀与干缩在胶层产生应力，根据胶层是否发生剥离及剥离的程度判断其胶合性能。

6.3.3.2 **仪器和量具**

a) 恒温水浴锅，温度可调范围30℃～100℃，水温波动<1℃；

b) 空气对流干燥箱，温度可控范围(103±2)℃；

c) 游标卡尺，精度为0.1 mm；

d) 钢板尺，精度为0.5 mm。

6.3.3.3 **试件制取**

试件按6.3.1规定制取。

6.3.3.4 **试验方法**

按产品所属类别分别对试件进行Ⅰ类、Ⅱ类、Ⅲ类浸渍剥离试验。试件处理条件分别如下：

6.3.3.4.1 Ⅰ类浸渍剥离试验：将试件放置在沸水中浸渍4 h，取出后置于(63±3)℃的干燥箱中干燥20 h，然后再将试件放置在沸水中浸渍4 h，取出后再置于(63±3)℃的干燥箱中干燥3 h。浸渍时应将试件全部浸没在沸水之中。

6.3.3.4.2 Ⅱ类浸渍剥离试验：将试件放置在(63±3)℃的热水中浸渍3 h，取出后置于(63±3)℃的干燥箱中干燥3 h。浸渍时应将试件全部浸没在热水之中。

6.3.3.4.3 Ⅲ类浸渍剥离试验：将试件放置在(35±3)℃的温水中浸渍2 h，取出后置于(63±3)℃的干燥箱中干燥3 h。浸渍时应将试件全部浸没在温水之中。

6.3.3.5 **试验结果的计算和表示**

仔细观察试件贴面层和基材有无剥离和分层现象。

用钢板尺分别测量试件每个胶层各边剥离部分的长度，若一边的剥离部分分为几段则应累积相加，精确至1 mm。

6.3.4 **表面胶合强度测定**

6.3.4.1 **原理**

试件表面的装饰单板层在垂直拉力作用下，基材表面与贴面层之间的单位面积上所能承受的最大拉力。表面胶合强度为胶层破坏时的最大拉力与胶合面积之比。

6.3.4.2 **仪器和量具**

a) 万能力学试验机,精度为 5 N;

b) 专用钢制卡头,见图 3;

c) 秒表。

单位为毫米

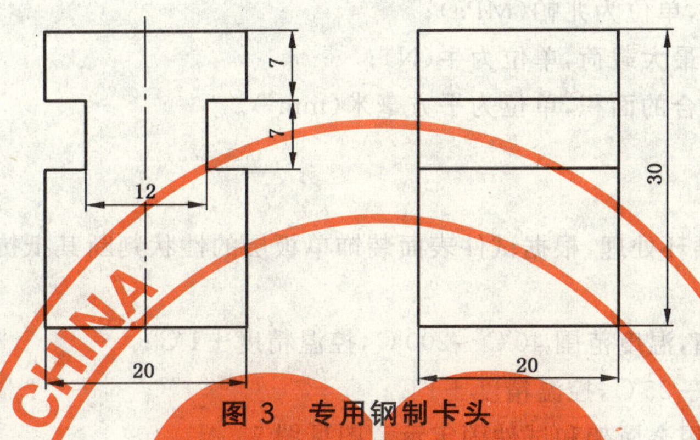

图 3 专用钢制卡头

6.3.4.3 **试件制取**

试件按 6.3.1 规定制取。双面装饰单板贴面人造板的表面胶合强度试验分别在两面进行,试件数各占一半。

6.3.4.4 **试验方法**

6.3.4.4.1 用细砂纸打磨试件的表面,用室温固化型胶粘剂将专用钢制卡头底面粘合在试件的中央,沿卡头四周切断单板装饰层,切割深至基材表面。

6.3.4.4.2 若试件的厚度小于 8 mm,则使用与试件相同的板材锯制成与试件同样的幅面尺寸,用室温固化型胶粘剂粘合在试件的背面,使试件的总厚度达到 8 mm~10 mm。

6.3.4.4.3 按照图 4 将粘合了试件的卡头装入试验机专用卡具,然后将卡具连同试件固定在万能力学试验机上,在与胶合表面垂直的方向上以低于 6 000 N/min 的加载速度均匀拉伸至破坏,记下试件胶层剥离或破坏时的最大载荷,精确至 5 N。

注:室温固化型胶粘剂可使用氰基丙烯酸酯胶粘剂或室温固化环氧树脂胶粘剂。

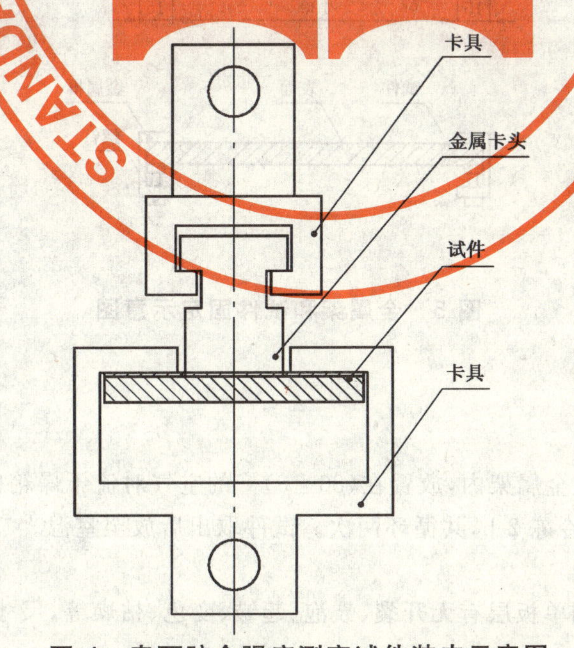

图 4 表面胶合强度测定试件装夹示意图

6.3.4.5 **试验结果的计算和表示**

试件表面胶合强度按式(2)计算,精确至 0.01 MPa。

$$P = \frac{F}{A} \qquad \cdots\cdots(2)$$

式中:

P——表面胶合强度,单位为兆帕(MPa);

F——试件破坏时的最大载荷,单位为牛(N);

A——试件与卡头粘合的面积,单位为平方毫米(mm^2)。

6.3.5 **冷热循环试验**

6.3.5.1 **原理**

试件经加热和冷冻循环处理,根据试件表面装饰单板层的性状判断其抵抗冷热变化的能力。

6.3.5.2 **仪器与材料**

a) 空气对流干燥箱,温度范围 40℃~200℃,控温精度±1℃;

b) 低温冰箱,低温-25℃,控温精度±1℃;

c) 专用金属架,专用金属架和试件固定示意图见图 5。

单位为毫米

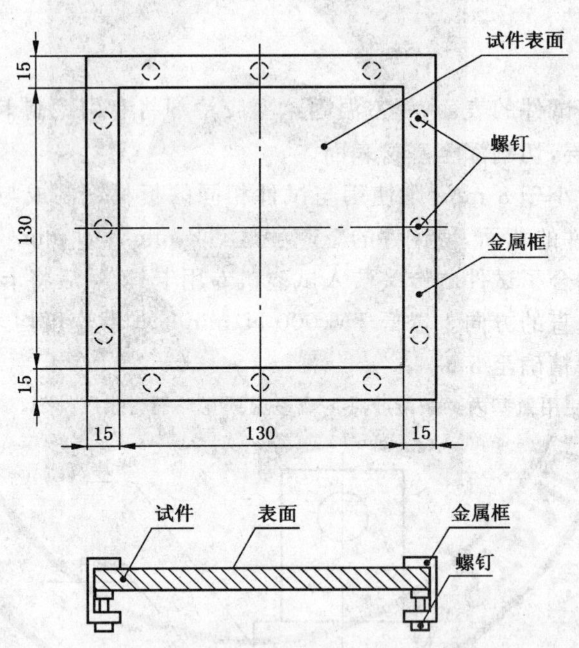

图 5 金属架和试件固定示意图

6.3.5.3 **试件制取**

试件按 6.3.1 制取。

6.3.5.4 **试验方法**

试件按图 5 所示固定在金属架内,放置在(80±3)℃的空气对流干燥箱中加热 2 h,取出后立即移至(-20±3)℃的低温冰箱中冷冻 2 h,共循环两次。试件取出后放至室温。

6.3.5.5 **试验结果和表示**

仔细观察试件表面装饰单板层有无开裂、鼓泡、起皱、变色、枯燥等,尺寸是否稳定。

6.3.6 **甲醛释放量测定**

6.3.6.1 装饰单板贴面胶合板、装饰单板贴面细木工板等

按 GB 18580—2001 中 6.2 规定进行。

6.3.6.2 装饰单板贴面刨花板、装饰单板贴面中密度纤维板等

按 GB 18580—2001 中 6.1 规定进行。

6.3.7 耐光色牢度的测定

有协议要求时,建议按附录 A 规定的检测方法进行检测和定级。

7 检验规则

7.1 检验分类

产品检验分出厂检验和型式检验。

7.1.1 出厂检验包括以下项目:

a) 外观质量;

b) 规格尺寸;

c) 理化性能中的含水率、浸渍剥离试验、表面胶合强度、甲醛释放量。

7.1.2 型式检验

7.1.2.1 有下列情况之一者,应进行型式检验:

a) 当原辅材料及生产工艺发生较大变动时;

b) 新产品投产时;

c) 长期停产,恢复生产时;

d) 正常生产时,每年检验两次;

e) 质量监督机构提出型式检验要求时。

7.1.2.2 型式检验包括出厂检验的全部项目,并增加冷热循环试验项目以及经有关方面协议确定的检验项目。

7.2 抽样方案

7.2.1 外观质量检验

采用 GB/T 2828.1—2003 中正常检验二次抽样方案,使用一般检验水平Ⅱ,接收质量限(AQL)为 4.0,见表 7。

表 7 外观质量抽样方案

单位为张

批量范围	样本量		第一判定数		第二判定数	
	$n_1=n_2$	$\sum n$	接收数 Ac_1	拒收数 Re_2	接收数 Ac_2	拒收数 Re_1
51～90	8	16	0	2	1	2
91～150	13	26	0	3	3	4
151～280	20	40	1	3	4	5
281～500	32	64	2	5	6	7
501～1 200	50	100	3	6	9	10
1 201～3 200	80	160	5	9	12	13
3 201～10 000	125	250	7	11	18	19
10 001～35 000	200	400	11	16	26	27

7.2.2 规格尺寸检验

采用 GB/T 2828.1—2003 中正常检验二次抽样方案,使用一般检验水平Ⅰ,接收质量限(AQL)为 6.5,见表 8。

表 8 规格尺寸抽样方案

单位为张

批量范围	样本量		第一判定数		第二判定数	
	$n_1=n_2$	$\sum n$	接收数 Ac_1	拒收数 Re_2	接收数 Ac_2	拒收数 Re_1
51～90	3	6	0	2	1	2
91～150	5	10	0	2	1	2
151～280	8	16	0	3	3	4
281～500	13	26	1	3	4	5
501～1 200	20	40	2	5	6	7
1 201～3 200	32	64	3	6	9	10
3 201～10 000	50	100	5	9	12	13
10 001～35 000	80	160	7	11	18	19

7.2.3 理化性能检验

理化性能检验采用复检抽样方案，见表 9，第一次抽样的样本检验结果如有某项指标不合格时，则按复检样本量抽取样本，对不合格项目进行检验。抽样时应在检验批中随机抽取。

表 9 理化性能抽样方案

单位为张

提交检验批的数量范围	第一次抽样的样本量	复检抽样的样本量
≤1 000	1	2
1 001～2 000	2	4
2 001～3 000	3	6
>3 000	4	8

7.3 判定规则

7.3.1 外观质量和规格尺寸检验结果接收或拒收的判定

第一次检验的样品数量应等于该方案给出的第一样本量。如果第一样本中发现的不合格品数小于或等于第一接收数，应认为该批是可接收的；如果第一样本中发现的不合格品数大于或等于第一拒收数，应认为该批是不可接收的。如果第一样本中发现的不合格品数介于第一接收数与第一拒收数之间，应检验由方案给出样本量的第二样本并累计在第一样本和第二样本中发现的不合格品数。如果不合格品累计数小于或等于第二接收数，则判定批是可接收的；如果不合格品累计数大于或等于第二拒收数，则判定该批是不可接收的。

7.3.2 理化性能检验结果的判定

a) 样本的含水率均符合指标值时判该批产品的含水率为合格，否则应进行复检。复检样本的含水率均符合指标值时判为合格；

b) 样本中浸渍剥离试验、表面胶合强度和冷热循环试验符合指标值的试件数量分别等于或大于该项试件总数的 80%时判为合格，小于 80%时应对不合格项进行复检。复检样本的合格试件数等于或大于复检项试件总数的 80%时方可判为合格；

c) 样本的甲醛释放量均符合限量值时判为合格；否则应进行复检。复检样本的甲醛释放量均符合限量值时判为合格；

d) 当含水率、浸渍剥离试验、表面胶合强度、冷热循环试验和甲醛释放量检验均合格时，该批产品理化性能判为合格，否则判为不合格。

7.4 综合判断

产品外观质量、规格尺寸和理化性能检验结果均符合相应的技术要求时，判该产品为合格，否则判为不合格。

7.5 **产品计量**

产品以 m^2 或 m^3 为计量单位，规格尺寸的允许偏差不得计算在内。计量成批产品时应精确至 0.01 m^2 或 0.001 m^3。

7.6 **检验报告**

检验报告内容应包括：

a) 受检产品的批量、样本数、抽样地点及日期；

b) 受检产品的类别、等级、检验依据的标准、检验类别等全部细节；

c) 检验结果及其结论；

d) 检验过程中出现的各种异常情况以及有必要说明的问题。

8 标志、包装、运输和贮存

8.1 标志

8.1.1 凡声明符合本标准规定的装饰单板贴面人造板应标志有：产品名称、标准号、类别、规格和装饰单板层厚度、甲醛释放限量级别、批号、商标、生产企业名称、通讯地址及生产日期。

8.1.2 标志的方法，可以在每张板的适当部位用不褪色的油墨加盖有上述内容的印戳，也可以在每批产品的标签、包装物上标明上述内容。

8.2 包装

产品出厂时应按产品的品种、类别、规格、等级分别包装。包装要做到产品免受磕碰、划伤和污损。包装要求亦可由供需双方商定。

8.3 运输和贮存

产品在运输和贮存过程中应平整堆放，防止污损，不得受潮、雨淋和曝晒。

贮存时应按类别、规格、等级分别堆放，每堆应有相应的标记。

STANDARDS PRESS OF CHINA

附 录 A
（资料性附录）
耐光色牢度的测定

A.1 试验原理

将试样与一组蓝色羊毛标准一起在氙弧灯下按规定条件曝晒，然后将试样与蓝色羊毛标准进行变色对比，评定色牢度。

对白色（漂白或荧光增白）产品，是将试样的白度变化与蓝色羊毛标准对比，评定色牢度。

A.2 试验设备和仪器

A.2.1 试验箱

试验箱由耐腐蚀材料制成，箱内装置有光源、滤光系统、温湿度调节系统和试样架等。试验可选用空气冷却式氙弧灯或水冷却式氙弧灯装置。

A.2.1.1 光源和滤光系统

采用氙弧灯为光源，为了模拟透过窗玻璃滤光后的日光，采用可减少波长 320 nm 以下光谱辐照度的滤光系统。经滤光的氙弧灯光源的紫外光和可见光谱的辐照度和允差见表 A.1。

表 A.1 透过窗玻璃的日光的相对光谱辐照度

波长 λ /(nm)	相对光谱辐照度/(%)
300＜λ≤800	100[a]
λ≤300	0
300＜λ≤320	＜0.1
320＜λ≤360	3.0±0.5
360＜λ≤400	6.2±1.0

[a] 300 nm 至 800 nm 间的光谱辐照度定为 100%。

当加热试样对光化学反应速度有不利影响时，可以使用附加的滤光器来减少非光化学作用的红外能量。

氙弧灯和滤光器的特性在使用时会因老化而变化，因此应定时更换。此外，氙弧灯和滤光器积聚污垢时也会改变其特性，因此应定时清洗。

波长 290 nm 至 800 nm 之间的通带，可选择 550 W/ m^2 的辐照度用作暴露试验时参考。

A.2.1.2 试样架

试样架用来安放试样和安装规定的传感器。试样架与光源的距离应能使试样表面所受到的光谱辐照均匀，受光面上的辐照度差异不应超过平均值的±10%。

A.2.1.3 温度传感器

温度传感器用于测量和控制试验箱内空气的温度，并可感测和控制规定的黑板传感器的温度，可使用黑标准温度计(BST)或黑板温度计(BPT)。

A.2.1.4 控湿装置

控湿装置用于测量和控制试验箱内的空气相对湿度。它由放置在试验箱内气流中且不受直接辐射影响的传感器来控制。

A.2.1.5 辐射仪

使用的辐射仪应符合 GB/T 16422.1—1996 中 5.2 的规定。

A.2.2 遮盖物

为不透光材料,如薄铝片或用锡箔覆盖的硬卡,用于遮盖试样和蓝色羊毛标准的一部分。

A.3 试样

A.3.1 试样的含水率应控制在 10%~14%。

A.3.2 试样的尺寸可以变动,按试样数量和设备的试样夹形状与尺寸而定。

A.3.3 试样的数量,推荐每种材料的重复样品最少为 3 个。

A.4 试验机环境要求

温度:18℃~23℃。

相对湿度:40%~65%。

A.5 标准材料

蓝色羊毛标准 1~8(符合 GB 730—1998)。

评定变色用灰色样卡(符合 GB 250—1995)。

A.6 试验方法

A.6.1 曝晒条件

黑标准温度:(50±3)℃。

相对湿度:(65±5)%。

A.6.2 曝晒方法

A.6.2.1 将试样和一组蓝色羊毛标准排列好,用遮盖物同时遮盖试样和蓝色羊毛标准的一侧至二分之一处,并保持紧密接触,使曝晒和未曝晒之间界限分明,但不可过分压紧。

A.6.2.2 采用上述曝晒条件,对试样和一组蓝色羊毛标准同时进行曝晒,在整个试验过程中适时提起遮盖物,检查蓝色羊毛标准的光照效果,直到能观察出蓝色羊毛标准 4 级的变色达到灰色样卡 4 级,即终止曝晒。

A.6.2.3 将试样和蓝色羊毛标准一同取出,移开遮盖物。将试样置于暗室中,在室温下平衡 24 h 后进行耐光色牢度等级的评定。

A.7 试验结果和表示

A.7.1 耐光色牢度等级的评定

A.7.1.1 在合适的照明下(见 GB/T 6151—1997)从任意角度比较试样和蓝色羊毛标准的相应变色(用肉眼,如有必要应进行视力矫正),试样的耐光色牢度等级即为显示相似变色的蓝色羊毛标准的号数。

A.7.1.2 如果试样的变色介于两个相邻蓝色羊毛标准之间,而不是接近其中的一个,则应给予一个中间等级,如 3.5 级。

A.7.2 结果表示

记录试件表面的变色情况。根据表 A.2 耐光色牢度等级评定表判断耐光色牢度的等级。耐光色牢度分为 1 级~8 级八个等级,介于等级与等级之间的又分为半个等级,8 级耐光色牢度最高。

表 A.2 耐光色牢度等级评定表

色牢度等级	对应蓝色羊毛标准的相应变化等级
1级	1级
1.5级	介于1～2级之间
2级	2级
2.5级	介于2～3级之间
3级	3级
3.5级	介于3～4级之间
4级	4级
4.5级	介于4～5级之间
5级	5级
5.5级	介于5～6级之间
6级	6级
6.5级	介于6～7级之间
7级	7级
7.5级	介于7～8级之间
8级	8级

参 考 文 献

[1] GB 250—1995 评定变色用灰色样卡(idt ISO 105-A02:1993)

[2] GB 730—1998 纺织品 色牢度试验 耐光和耐气候色牢度蓝色羊毛标准(eqv ISO 105-B:1994)

[3] GB/T 6151—1997 纺织品 色牢度试验 试验通则(eqv ISO 105-A01:1994)

[4] GB/T 16422.1—1996 塑料实验室光源曝露试验方法 第1部分:通则(idt ISO 4892.1:1994)

ICS 79.060.20
B 70

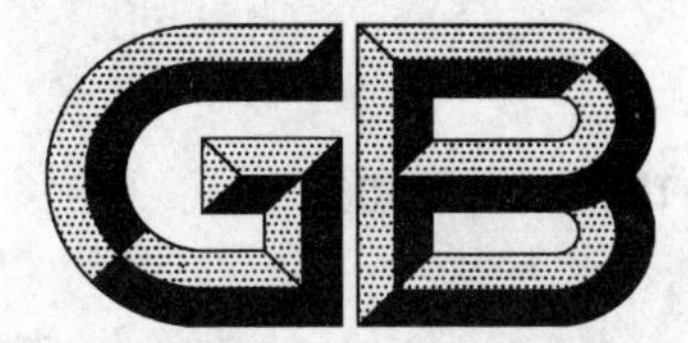

中华人民共和国国家标准

GB/T 15105.1—2006
代替 GB/T 15105.1—1994

模压刨花制品 第1部分:室内用

Molding articles from wood particle—Part 1: Interior use

2006-05-18 发布　　2006-09-15 实施

中华人民共和国国家质量监督检验检疫总局
中国国家标准化管理委员会　发布

前 言

GB/T 15105《模压刨花制品》分为两个部分：

——第1部分：室内用；

——第2部分：室外用。

本部分为GB/T 15105的第1部分。

本部分代替GB/T 15105.1—1994《模压刨花制品　家具类》。与前版标准相比主要技术变化为：

——标准名称变更为《模压刨花制品　第1部分：室内用》；

——增加了模压刨花制品的类别；

——提高了对静曲强度的要求；

——增加了对单板、聚氯乙烯薄膜装饰模压刨花制品的装饰层要求；

——增加了对模压刨花制品甲醛释放量的要求。

本部分由全国人造板标准化技术委员会提出并归口。

本部分负责起草单位：华南农业大学林学院。

本部分参加起草单位：广东佛山金脚印木业有限公司。

本部分主要起草人：高振忠、吉发、海凌超。

本部分于1995年首次发布。本次为第一次修订。

本部分由全国人造板标准化技术委员会负责解释。

模压刨花制品
第1部分：室内用

1 范围

GB/T 15105的本部分规定了室内用模压刨花制品的术语和定义、分类、要求、试验方法、检验规则以及标志、包装、运输和贮存等。

本部分适用于室内用模压刨花制品。

2 规范性引用文件

下列文件中的条款通过GB/T 15105本部分的引用而成为本部分的条款。凡是注日期的引用文件，其随后所有的修改单(不包括勘误的内容)或修订版均不适用于本部分。然而，鼓励根据本部分达成协议的各方研究是否可使用这些文件的最新版本。凡是不注日期的引用文件，其最新版本适应于本部分。

GB/T 2828.1—2003/ISO 2859-1:1999 计数抽样检验程序 第1部分：按接收质量限(AQL)检索的逐批检验抽样计划

GB/T 15102—2006 浸渍胶膜纸饰面人造板

GB/T 15104—2006 装饰单板贴面人造板

GB/T 17657—1999 人造板及饰面人造板理化性能试验方法

GB/T 18259—2000 人造板及其表面装饰术语

GB 18580—2001 室内装饰装修材料 人造板及其制品中甲醛释放限量

LY/T 1279—1998 聚氯乙烯薄膜饰面人造板

3 术语和定义

GB/T 18259—2000和GB/T 15102—2006中确立的以及下列术语和定义适用于GB/T 15105的本部分。

3.1

模压刨花制品 molding articles from wood particle

将木质刨花或碎料与胶粘剂混合，表面加或不加装饰层，用模具压制而成的产品。

3.2

边缘接缝 edge joint

正面和背面装饰层的结合缝。

3.3

侧面皱折 side wrinkle

正面边侧部分装饰层折叠起皱。

3.4

刨花显现 manifesting through

基材刨花透过正面装饰层的现象。

3.5

装饰层剥离 decorated layer peel off

装饰层与基材或装饰层间局部分离的现象。

STANDARDS PRESS OF CHINA

3.6

印刷纸

印有图案的专用纸。

4 分类

4.1 按表面是否有装饰层分：

a) 有装饰层的模压刨花制品；

b) 无装饰层的模压刨花制品。

4.2 按使用的装饰材料分：

a) 三聚氰胺树脂浸渍胶膜纸装饰模压刨花制品；

b) 印刷纸装饰模压刨花制品；

c) 单板装饰模压刨花制品；

d) 织物装饰模压刨花制品；

e) 聚氯乙烯薄膜装饰模压刨花制品。

4.3 按装饰面分：

a) 单面装饰模压刨花制品；

b) 双面装饰模压刨花制品。

4.4 按加压方式分：

a) 平压模压刨花制品；

b) 挤压模压刨花制品。

4.5 按使用场所分：

a) 室内用模压刨花制品；

b) 室外用模压刨花制品。

5 要求

5.1 外观质量

5.1.1 三聚氰胺树脂浸渍胶膜纸装饰模压刨花制品装饰层质量应符合 GB/T 15102—2006 表 1 的规定。

5.1.2 印刷纸装饰模压刨花制品装饰层外观质量应符合表 1 规定。

表 1 印刷纸装饰模压刨花制品装饰层外观质量要求

缺陷名称	允许范围		
	优等品	一等品	合格品
边缘接缝	接缝宽度≤1 mm，且不允许虚接		
侧面皱折	不明显	允许	允许
刨花显现	不允许	允许	允许
干、湿花	不允许	不允许	总面积不超过板面 5%
污斑	不允许	面积≤20 mm² 的不多于 3 处	面积≤50 mm² 的不多于 5 处
压痕	不允许	面积≤20 mm² 的允许 1 处	面积≤20 mm² 的允许 1 处
划痕	不允许	长度 20 mm 以下的允许 1 处	长度 20 mm 以下的允许 1 处
颜色不匹配	不允许	总面积不超过板面的 3%	总面积不超过板面的 5%
光泽不均	不允许	不允许	总面积不超过板面 5%

5.1.3 单板装饰模压刨花制品装饰层外观质量应符合 GB/T 15104—2006 中表 3 的规定。

5.1.4 聚氯乙烯薄膜装饰模压刨花制品装饰层外观质量应符合 LY/T 1279—1998 中表 3 的规定。

5.1.5 模压刨花制品的非装饰面外观质量应符合表 2 规定。

表 2 模压刨花制品非装饰面外观质量要求

缺陷名称	优等品	一等品	合格品
鼓包	不允许	单个不大于 10 cm² 允许 1 处	单个不大于 20 cm² 允许 2 处
污斑	小于 5 cm² 允许 1 处	单个不大于 20 cm² 允许 1 处	单个不大于 20 cm² 允许 2 处
分层	不允许	不允许	不大于 5 cm² 允许 1 处

5.2 性能

5.2.1 模压刨花制品理化性能

模压刨花制品理化性能应符合表 3 规定。

表 3 模压刨花制品理化性能要求

<table>
<tr><th colspan="3">项 目</th><th>优等品</th><th>一等品</th><th>合格品</th><th>备 注</th></tr>
<tr><td colspan="3">密度/(g/cm³)</td><td colspan="3">0.60～0.85</td><td></td></tr>
<tr><td colspan="3">含水率/(%)</td><td colspan="3">5.0～11.0</td><td></td></tr>
<tr><td colspan="3">静曲强度/MPa</td><td>≥40</td><td>≥30</td><td>≥25</td><td></td></tr>
<tr><td colspan="3">内结合强度/MPa</td><td>≥1.00</td><td>≥0.80</td><td>≥0.70</td><td></td></tr>
<tr><td colspan="3">吸水厚度膨胀率/(%)</td><td>≤3.0</td><td>≤6.0</td><td>≤8.0</td><td></td></tr>
<tr><td colspan="3">板面握螺钉力/N</td><td>≥1 000</td><td>≥800</td><td>≥600</td><td></td></tr>
<tr><td colspan="3">浸渍剥离性能</td><td colspan="3">任何一边装饰层与基材的剥离长度均不得超过 25 mm</td><td>仅适用于本标准中 4.2 c)规定的产品</td></tr>
<tr><td rowspan="3">表面耐磨性能</td><td colspan="2">磨耗值/(mg/100 r)</td><td colspan="3">≤80</td><td rowspan="10">仅适用于本标准中 4.2 a)规定的产品</td></tr>
<tr><td rowspan="2">表面情况</td><td>图案</td><td colspan="3">磨 100 r 后应保留 50%以上花纹</td></tr>
<tr><td>素色</td><td colspan="3">磨 350 r 后应无漏底现象</td></tr>
<tr><td colspan="3">表面耐开裂性能/级</td><td>0</td><td colspan="2">≤1</td></tr>
<tr><td colspan="3">表面耐干热性能</td><td colspan="3">无开裂、无鼓泡、允许光泽轻微变化</td></tr>
<tr><td colspan="3">表面耐水蒸气性能</td><td colspan="3">不允许有凸起、变色和开裂</td></tr>
<tr><td colspan="3">表面耐香烟灼烧性能</td><td colspan="3">允许有黄斑和光泽轻微变化</td></tr>
<tr><td colspan="3">表面耐污染腐蚀性能</td><td colspan="3">无污染、无腐蚀</td></tr>
<tr><td colspan="3">耐光色牢度(灰色样卡)/级</td><td colspan="3">≥4</td></tr>
<tr><td colspan="7">注：经供需双方协商，可生产其他耐光色牢度级别的产品。</td></tr>
</table>

5.2.2 甲醛释放限量

模压刨花制品的甲醛释放限量应符合表 4 的规定。

表 4 模压刨花制品甲醛释放限量

产品名称	单位	甲醛释放限量及级别标志			测定方法
		E_0	E_1	E_2	
无装饰层的模压刨花制品	mg/100 g	≤5.0	>5.0～≤9.0	>9.0～≤30.0	穿孔萃取法
印刷纸装饰模压刨花制品、单板装饰模压刨花制品	mg/L	≤0.5	>0.5～≤1.5	>1.5～≤5.0	干燥器法
聚氯乙烯薄膜装饰模压刨花制品、三聚氰胺树脂浸渍胶膜纸装饰模压刨花制品、织物装饰模压刨花制品	mg/L	≤0.5	>0.5～≤1.5	—	
注：E_0、E_1 可直接用于室内；E_2 必须经处理后达到 E_1 规定方可用于室内。					

6 检验及试验方法

6.1 外观质量检验

6.1.1 检验台高度 700 mm 左右。

6.1.2 照明光源为 40 W 日光灯管三支，灯管间距约 400 mm，灯管距检验台高度约为 2 m，自然光线应不影响检验。

6.1.3 检验人员应有正常视力(或校正为正常视力)，视距 0.5 m～1.5 m，视角为 30°～90°。

6.2 取样及试件尺寸规定

6.2.1 器材

6.2.1.1 千分尺，精度 0.01 mm。

6.2.1.2 游标卡尺，精度 0.02 mm。

6.2.1.3 钢卷尺，精度 1.0 mm。

6.2.1.4 天平，感量 0.01 g。

6.2.2 方法

直径或边长大于 1 m 的圆形和方形制品的试件按图 1 和表 5 规定锯割。试件边角平直，长度允许偏差为±0.5 mm。样品面积较小或形状特殊，不能按图 1 规定锯割时，可按实际需要在距制品边缘 100 mm 外随机制取表 5 规定数量的试件。

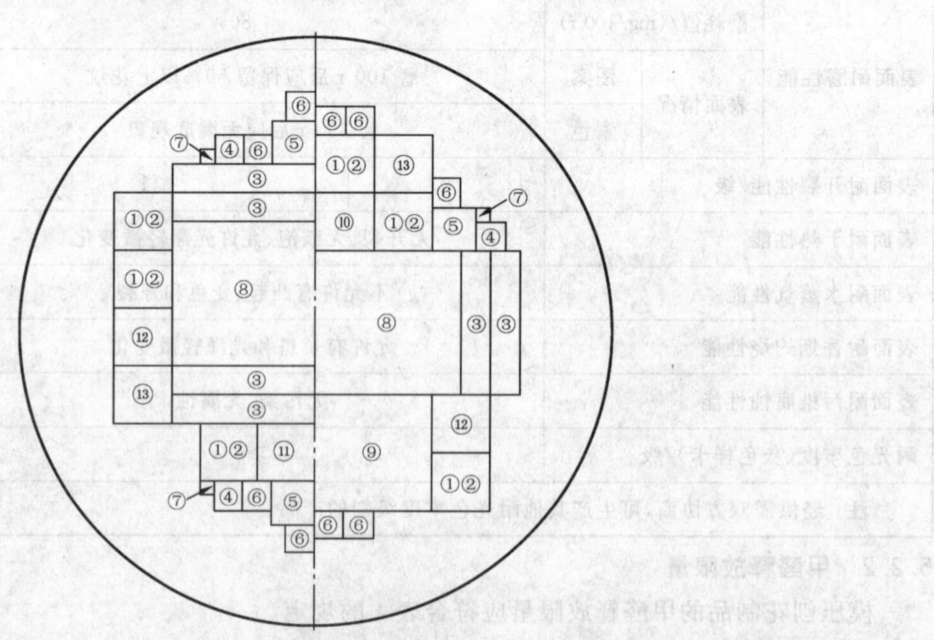

图 1 试件切割示意图

表 5 试件的尺寸、数量及编号

测试项目	试件尺寸	试件数量/个	试件编号	备注
密度、含水率	100 mm×100 mm	6	① ②	一个试件两个编号,同时测定密度和含水率
静曲强度	长 10 h+50 mm 但不小于 150 mm,宽 50 mm	6	③	h——试件厚度。若装饰层为单板,试件长度取顺纹方向。若为曲面试件,应在曲率最小处取样
内结合强度	50 mm×50 mm	3	④	
浸渍剥离强度	75 mm×75 mm	3	⑤	
板面握螺钉力	50 mm×50 mm	9	⑥	
吸水厚度膨胀率	25 mm×25 mm	3	⑦	
表面耐开裂性能	250 mm×250 mm	2	⑧	
表面耐干热性能	200 mm×200 mm	1	⑨	
表面耐磨性能	100 mm×100 mm	1	⑩	
表面耐香烟灼烧性	100 mm×100 mm	1	⑪	
表面耐污染腐蚀性能	100 mm×100 mm	2	⑫	
表面耐水蒸气性能	100 mm×100 mm	2	⑬	
甲醛释放量	在产品任意位置上取足够数量的试样			
耐光色牢度	在产品任意位置上取足够数量的试样			

6.3 长度、宽度、厚度检验

按 GB/T 17657—1999 中 4.1 的规定进行。

6.4 密度测定

按 GB/T 17657—1999 中 4.2 规定进行。

6.5 含水率测定

按 GB/T 17657—1999 中 4.3 规定进行。

6.6 静曲强度测定

进行静曲强度试验时,支座跨距为试件厚度的 10 倍,但不应小于 150 mm。曲面试件试验时三个从正面加压,三个从反面加压,并在检测报告中说明取样位置。其他按 GB/T 17657—1999 中 4.9 规定进行。测定结果取 6 个试件的算术平均值。

6.7 内结合强度测定

平整表面试件按 GB/T 17657—1999 中 4.8 规定进行。

若不能取到平整的试件进行测试,允许取曲面试件,将曲面试件磨平整后再按 GB/T 17657—1999 中 4.8 规定进行。但应在检测报告中注明取样部位和制样方法。

6.8 吸水厚度膨胀率测定

按 GB/T 17657—1999 中 4.5 规定进行,浸泡时间为 120 min±5 min。

6.9 板面握螺钉力测定

按 GB/T 17657—1999 中 4.10 规定进行。

6.10 浸渍剥离性能测定

按 GB/T 17657—1999 中 4.17 的Ⅱ类浸渍剥离试验规定进行。

6.11 表面耐磨性能测定

按 GB/T 15102—2006 中的 6.3.12 规定进行。

6.12 表面耐开裂性能测定

6.12.1 原理

把试件固定在金属夹具上，在70℃±2℃条件下处理12 h，再放进恒温恒湿箱12 h，检验装饰面的裂纹情况。

6.12.2 器材

6.12.2.1 空气对流干燥箱，70℃±2℃。

6.12.2.2 专用金属夹具见图2。250 mm，2副；230 mm，2副。

6.12.2.3 放大镜，6倍。

单位为毫米

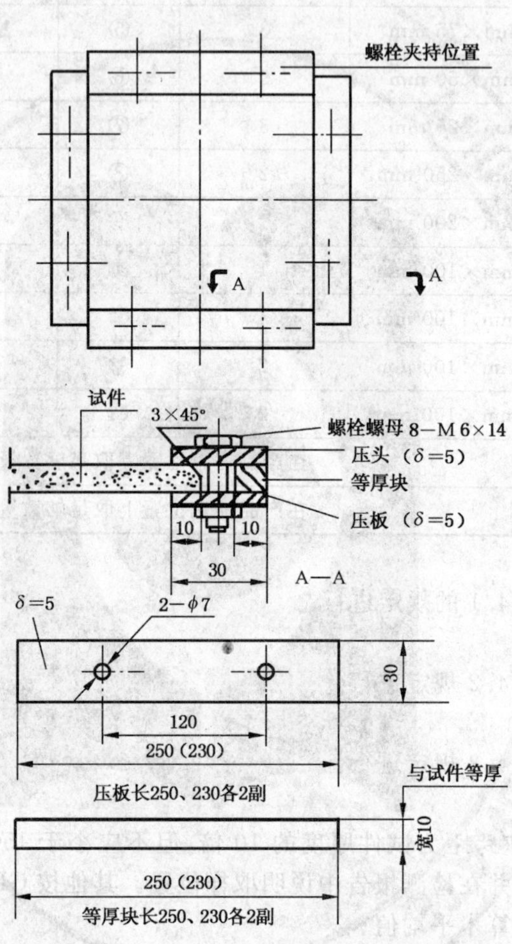

图2 表面耐开裂性能测定装置

6.12.3 方法

将试件有装饰层的表面四边的边角倒角成45°，宽3 mm，见图2。四边用铁板夹紧；试件放在干燥箱内，恒温70℃，12 h；室温下冷却12 h。在自然光中，距离试件250 mm～400 mm，目视装饰面有无裂纹，并用6倍放大镜观察。

6.12.4 结果表示

按表6衡量开裂程度，记录等级。

表6 耐开裂性能等级

开裂等级	开 裂 程 度
0	用6倍放大镜观察表面无裂纹
1	用6倍放大镜观察表面有细微裂纹

6.13 表面耐干热性能测定

制品表面耐干热性能的测定按 GB/T 17657—2001 中的 4.42 规定进行。

6.14 表面耐水蒸气性能测定

制品表面耐水蒸气性能的测定按 GB/T 17657—2001 中的 4.21 规定进行。

6.15 表面耐香烟灼烧性能测定

制品表面耐香烟灼烧性能的测定按 GB/T 17657—2001 中的 4.40 规定进行。

6.16 表面耐污染腐蚀性能测定

制品表面耐污染性能的测定按 GB/T 17657—2001 中的 4.37 规定进行。

6.17 甲醛释放量测定

穿孔萃取法按 GB 18580—2001 中 6.1 规定进行。

干燥器法按 GB 18580—2001 中 6.3 规定进行。

如测定曲面试件，应在测定报告中说明面积计算方法与取样部位。

6.18 耐光色牢度

按 GB/T 15102—2006 中的 6.3.19 规定进行。

7 检验规则

7.1 出厂检验

出厂检验应包括：外观质量、密度、含水率、浸渍剥离性能、表面耐污染腐蚀性能、表面耐香烟灼烧性能、吸水厚度膨胀率、甲醛释放量。

7.2 型式检验

7.2.1 有下列情况之一时，应进行型式检验：

a) 原辅材料及生产工艺发生较大变动；

b) 长期停产，恢复生产；

c) 正常生产，每年检验不少于 4 次。

7.2.2 型式检验包括本部分规定的全部项目。

7.3 抽样方案

7.3.1 外观质量检验

外观质量检验时，应从提交检查的批量产品中随机抽样。抽样方案按 GB/T 2828.1—2003 规定，采用一次抽样方案。检验水平为 S-4，AQL 为 4.0。按表 7 的规定。

表 7 外观质量检验抽样方案

单位为件

批 量	样本数	接收数	拒收数
51～90	5	1	2
91～150	8	1	2
151～280	13	1	2
281～500	13	1	2
501～1 200	20	2	3
1 201～3 200	32	3	4
3 201～10 000	32	3	4
10 001～35 000	50	5	6

7.3.2 性能检验

进行性能检验时，应从提交检验批产品中随机抽取。样品数量应按表 8 规定。

表 8　理化性能检验抽样方案

提交检验批成品数量/件	初检抽样数/件
≤100	1
100～1 000	2
>1 000	3

7.3.3　复检规则和综合判定

样品各项性能指标的检验应按本标准规定的试验方法进行。如果样品各项性能指标检验均合格，即确定该样品为合格；若其中有一项性能指标不合格，即确定该样品为不合格。如所抽样品理化性能指标全部合格，即判定该批产品性能合格；若有一件样品性能不合格，需加倍抽取样品，对其全部指标进行复检；复检合格，即判定该批产品性能合格；否则为不合格。如不合格品超过 1 件，即判定该批产品性能不合格，不再复检。

所抽样品外观质量和性能均合格，判定该批产品可接收；否则为拒收。

8　标志、包装、运输和贮存

8.1　标志

包装上应标有产品名称、商标、规格型号、数量、等级、执行标准代号、生产厂名称、通讯地址、生产日期、甲醛释放限量标志等。

8.2　包装

制品应妥善包装。包装箱上应有收、发货单位、制品名称等标志。

8.3　运输和贮存

运输和贮存时应防潮、防雨，防火。

ICS 79.040
B 68

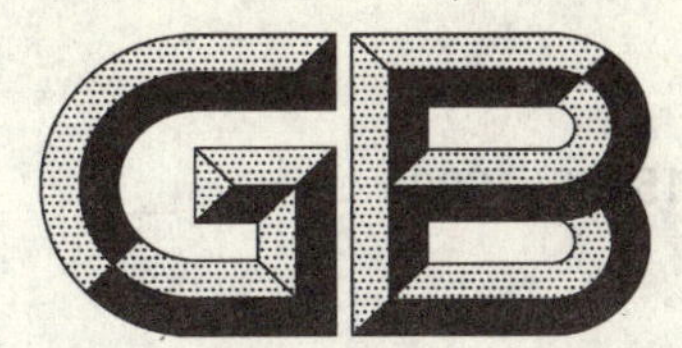

中华人民共和国国家标准

GB/T 15106—2006
代替 GB/T 15106—1994

刨切单板用原木

Log of sliced veneer

2006-07-12 发布 2006-12-01 实施

中华人民共和国国家质量监督检验检疫总局
中国国家标准化管理委员会 发布

前　言

本标准是对 GB/T 15106—1994《刨切单板用原木》的修订。

本标准对原标准的技术修改和补充有：

——修订了死节、活节、纵裂、外夹皮和外伤（偏枯）等材质指标；

——修改了心材腐朽、弯曲材质缺陷的检量和计算方法；

——新增加了腐朽节、径裂、大兜、树瘤（树包）、异物侵入等项内容；

——检尺径由原标准的自 26 cm 以上，改为自 20 cm 以上；

——规范了部分适用树种的名称，并将目前应用较多的部分进口材树种列为适用树种。

本标准从实施之日起，代替 GB/T 15106—1994。

本标准由国家林业局提出。

本标准由中国木材标准化技术委员会归口。

本标准由黑龙江省林产工业研究所负责起草。

本标准主要起草人：林利民、李晓琴、杨玲、张妍、宋润惠。

本标准由中国木材标准化技术委员会负责解释。

本标准所代替标准的历次版本发布情况为：

——GB/T 15106—1994。

刨切单板用原木

1 范围

本标准规定了刨切单板用原木的适用树种、尺寸要求、材质指标、检量方法及材积计量。

本标准适用于作为装饰材料表面的刨切单板用原木。

2 规范性引用文件

下列文件中的条款通过本标准的引用而成为本标准的条款。凡是注日期的引用文件，其随后所有的修改单(不包括勘误的内容)或修订版均不适用于本标准，然而，鼓励根据本标准达成协议的各方研究是否可使用这些文件的最新版本。凡是不注日期的引用文件，其最新版本适用于本标准。

GB/T 144—2003 原木检验(ISO 4475:1989,MOD)

GB 4814—1984 原木材积表

GB/T 17659.1 原木锯材批量检查抽样、判定方法 第1部分:原木批量检查抽样、判定方法

LY/T 1511—2002 原木产品 标志 号印

3 要求

3.1 适用树种

3.1.1 阔叶树材

水曲柳、柞木、核桃木、桦木、椴木、榆木、黄波罗、锥木、水青冈、檫木、苦槠、泡桐、荷木、樟木、楠木、润楠、榉木、柚木、山龙眼、枫香、桃花心木、黑核桃、古夷苏木等。

3.1.2 针叶树材

软木松(红松)、落叶松、陆均松、云杉、冷杉、红豆杉、福建柏等。

3.2 尺寸要求

3.2.1 检尺长:2 m,2.6 m,4 m,5.2 m,6 m。

材长公差:允许偏差为+6 cm,−2 cm。

3.2.2 检尺径:自20 cm以上,以2 cm为一个增进单位,实际尺寸不足2 cm时,足1 cm增进,不足1 cm舍去。

3.3 材质指标

3.3.1 材质指标应符合表1规定。

表1 材质指标及检量表

缺陷名称	允许限度	
	阔叶树材	针叶树材
活节	节子直径不超过检尺径的15%,任意材长1 m范围内允许5个	节子直径不超过检尺径的10%,数量不限
死节、腐朽节	节子直径尺寸不超过检尺径的10%,任意材长1 m范围内允许	
	1个	2个
漏节	全材长范围内不允许	
心材腐朽	大头腐朽直径不超过检尺径的(小头不允许)	
	5%	2%

表 1（续）

缺陷名称	允许限度	
	阔叶树材	针叶树材
边材腐朽	大头最大腐朽厚度不超过检尺径的（小头不允许）5%	
蛀孔（虫眼）	检尺长范围内不允许	
径裂、环裂、弧裂	不允许	
纵裂	长度不得超过检尺长的 10%	
弯曲	弯曲最大拱高不得超过检尺径的 15%	
大兜	圆兜允许，凹兜不允许	
树瘤、树包	不允许	
扭转纹	小头 1 m 长范围内的纹理倾斜高不得超过检尺径的 10%	
双心	不允许	
外夹皮	长度不得超过检尺长的 10%	
偏枯、外伤	深度小于检尺径的 5%	
异物侵入	不允许	
枯立木	不允许	
抽心	不超过检尺径的 4%	

3.3.2 本标准材质指标规定未涉及的缺陷不计。

注 1：如需其他树种可由供需双方协议商定。

注 2：如另需其他检尺长度时，由供需双方协议商定。

4 检量方法及材积计算

4.1 检量方法：尺寸检量方法和材质评定检量方法按 GB/T 144—2003 规定执行，抽样方案按 GB/T 17659.1有关规定执行。

4.2 材积计算：按 GB 4814—1984 规定执行。

4.3 原木标志和号印：原木标志和号印按 LY/T 1511—2002 规定执行。

ICS 67.180.10
X 31

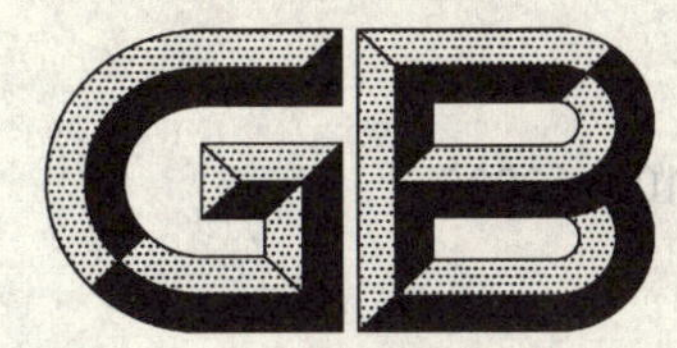

中华人民共和国国家标准

GB 15108—2006
代替 GB/T 15108—1994

原糖

Raw sugar

(Codex Stan 212—1999,NEQ)

2006-03-31 发布　　　　2006-10-01 实施

中华人民共和国国家质量监督检验检疫总局
中国国家标准化管理委员会　发布

前言

本标准的第3章是强制性条款，其余为推荐性条款。

本标准与国际食品法典委员会(CAC)Codex Stan 212—1999《国际糖品法典标准》(Codex standard for sugar)的一致性程度为非等效。

本标准代替GB/T 15108—1994《原糖》。

本标准与GB/T 15108—1994相比主要变化如下：

——在理化要求中，增加葡聚糖这一项目并作限量；删除电导灰分而增加灰分这一项目并作限量；删除干燥失重而增加“安全系数(SF)”这一项目并作限量；修订了色值的指标；

——增加卫生要求，设立砷、铅、二氧化硫、螨项目并作限量；

——增加葡聚糖、灰分及卫生要求各项目的试验方法。

本标准由中国轻工业联合会提出。

本标准由全国食品标准化技术委员会制糖分技术委员会归口。

本标准起草单位：广州甘蔗糖业研究所、东糖集团有限公司、广西贵糖(集团)股份有限公司、江门甘蔗化工厂(集团)股份有限公司、广东顺德糖厂有限公司、洋浦南华糖业集团、云南凤庆糖业集团有限责任公司、上海精密仪器有限公司、珠海市粤侨实业股份有限公司、全国甘蔗糖业标准化中心、国家轻工业甘蔗糖业质量监督检测中心。

本标准主要起草人：梁达奉、郭剑雄、李锦生、杨万善、周润、张绪跃、冯小华、王天权、邱忠成、陈毅强。

本标准所代替标准的历次版本发布情况为：

——GB/T 15108—1994。

原　糖

1　范围

本标准规定了原糖的技术要求、试验方法和检验规则以及标签、包装、运输、贮存的要求。

本标准适用于用甘蔗汁经清净处理制成不作直接食用的原糖。

2　规范性引用文件

下列文件中的条款通过本标准的引用而成为本标准的条款。凡是注日期的引用文件，其随后所有的修改单(不包括勘误的内容)或修订版均不适用于本标准，然而，鼓励根据本标准达成协议的各方研究是否可使用这些文件的最新版本。凡是不注日期的引用文件，其最新版本适用于本标准。

GB 317　白砂糖

GB/T 5009.55　食糖卫生标准的分析方法

GB 13104　食糖卫生标准

3　技术要求

3.1　感官要求

3.1.1　晶粒均匀、坚实，糖体松散。

3.1.2　晶粒表面带有一薄层的原始糖蜜。

3.1.3　糖中不应有明显的沙石等杂质。

3.2　理化要求

理化指标应符合表1的规定。

表1　原糖的理化指标

项　　目		指　　标
糖度/(%)	≥	97.5
安全系数(SF)	≤	0.30
灰分/(%)	≤	0.50
色值/IU	≤	4 500
葡聚糖/(mg/kg)	≤	400
不溶于水杂质/(mg/kg)	≤	350

3.3　卫生要求

卫生要求的所有项目(包括砷、铅、二氧化硫和螨)应符合 GB 13104。

4　试验方法

除另有说明外，在分析中仅使用蒸馏水或去离子水或纯度相当的水。

4.1　感官指标的测定

目视测定。

4.2　糖度的测定

4.2.1　仪器、设备

4.2.1.1　天平：感量 0.1 mg。

4.2.1.2 容量瓶:(100.00±0.02) mL。

4.2.1.3 过滤设备:玻璃无杆漏斗,烧杯,中速定量滤纸。

4.2.1.4 检糖计:应具有国际糖度标尺,按糖度°Z 刻度,自动检糖计精确度为 0.05°Z,目测检糖计精确度为 0.1°Z。

注:如使用按旧糖度°S 刻度的检糖计,读数°S 须乘上一个系数 0.999 71 换算成°Z。

4.2.1.5 观测管:长度(200.00±0.02) mm。

4.2.2 试剂

4.2.2.1 碱式乙酸铅溶液:称取碱式乙酸铅粉 340 g,溶解于约 1 000 mL 刚煮沸过的蒸馏水,并将锤度调整到 54.3°Bx。配好的溶液应防止与空气中的二氧化碳接触。

4.2.2.2 蒸馏水:不含旋光物质。

4.2.3 测定步骤

4.2.3.1 检糖计的校准

检糖计的读数要用标准石英管校准。

对于没有石英楔补偿器的检糖计,读取石英管旋光度时应测定温度,并精确到 0.2℃,如果这个温度与 20℃相差大于±0.2℃,则采用式(1)进行石英管旋光度的温度校正,再用校正值校准检糖计的读数。

$$\alpha_t = \alpha_{20}[1 + 0.000\,144 \times (t - 20)] \quad \cdots\cdots(1)$$

式中:

α_t——t℃时石英管的旋光值,单位为国际糖度(°Z);

α_{20}——20℃时,石英管的旋光值,单位为国际糖度(°Z);

t——读取石英管旋光度时的温度,单位为摄氏度(℃)。

4.2.3.2 糖度的测定

称取样品 26.000 g,用蒸馏水溶解后移入 100 mL 容量瓶中,加入蒸馏水使体积约 80 mL,然后加入(1.00±0.05) mL碱式乙酸铅溶液,缓慢摇动使溶液混匀,继续摇动并加入蒸馏水至容量瓶标线附近,至少放置 10 min 使达到室温。然后加蒸馏水至容量瓶标线下约 1 mm,确保容量瓶颈部已洗净,小心勿使溶液夹带气泡,如有气泡时,可用一至二滴乙醚消除。加蒸馏水定容,充分摇匀。

溶液至少静置 5 min,使沉淀下降,然后用滤纸过滤。将最初 10 mL 滤液弃去,收集以后的滤液约 60 mL。过滤时,漏斗上须加盖表面皿。用滤液将观测管内壁充分冲洗,并装满观测管,注意不使观测管内夹带气泡。将观测管置于检糖计中,目测检糖计连续测定 5 次,读数至 0.05°Z,如用自动检糖计,测定前应有足够的时间使仪器达到稳定。读数后,立即测定观测管内溶液的温度,并记录到 0.1℃。

4.2.3.3 计算及结果表示

测定糖度应尽可能接近 20℃,一般应在 15℃~25℃的范围。如果糖度不是在(20.0±0.2)℃时测定的,则应校正到 20℃。

糖度 P 按式(2)或式(3)进行计算,数值以%表示,计算结果取三位有效位数。

有石英楔补偿器的检糖计:

$$P = P_t[1 + 0.000\,32 \times (t - 20)] \quad \cdots\cdots(2)$$

没有石英楔补偿器的检糖计:

$$P = P_t[1 + 0.000\,19 \times (t - 20)] \quad \cdots\cdots(3)$$

式中:

P——糖度,%;

P_t——原糖样品的观测糖度,单位为国际糖度(°Z);

t——测定 P_t 时糖液的温度,单位为摄氏度(℃)。

4.2.3.4 允许误差

两次测定值之差不应超过其平均值的 0.05%。

4.3 安全系数(SF)的测定

4.3.1 仪器、设备

4.3.1.1 电热恒温箱:测定过程中,离干燥皿上面(2.5±0.5) cm 处的温度要保持在(105±1)℃。

4.3.1.2 带温度计的干燥器。

4.3.1.3 称量瓶:直径为 6 cm,高度为 3 cm。

4.3.1.4 天平:感量 0.1 mg。

4.3.2 测定步骤

4.3.2.1 干燥

将干燥箱预先加热到 105℃。将空的称量瓶连同打开的盖子一并放入干燥箱中,至少干燥 30 min,然后将称量瓶盖上盖子从干燥箱中取出,放入干燥器中冷却至室温,尽快称量,准确到 0.1 mg。

尽快地在称量瓶中放入样品(10.0±0.5)g(称量瓶中糖层的厚度应不超过 1 cm),加盖,称量,准确到 0.1 mg。

取下盖子,连同称量瓶放入干燥箱中,在 105℃下准确干燥 3 h。加盖,移入干燥器冷却至室温。尽快称量,准确到 0.1 mg。

4.3.2.2 计算及结果表示

干燥失重 D 按式(4)进行计算,数值以%表示,计算结果取两位小数。

$$D=\frac{m_1-m_2}{m_1-m_0}\times 100 \quad\cdots\cdots(4)$$

式中:

D——干燥失重,%;

m_1——称量瓶及干燥前样品的质量,单位为克(g);

m_2——称量瓶及干燥后样品的质量,单位为克(g);

m_0——称量瓶的质量,单位为克(g)。

安全系数(SF)按式(5)进行计算,结果取两位小数。

$$\mathrm{SF}=\frac{D}{100-P} \quad\cdots\cdots(5)$$

式中:

SF——安全系数;

D——干燥失重,%;

P——糖度,%。

4.3.2.3 允许误差

两次测定值之差不应超过其平均值的 15%。

4.4 灰分的测定

4.4.1 仪器、设备

4.4.1.1 铂坩埚(或石英坩埚、瓷坩埚):50 mL~100 mL。

4.4.1.2 高温炉:温度可自动控制。

4.4.1.3 分析天平:感量 0.1 mg。

4.4.2 试剂

浓硫酸:比重 1.84。

STANDARDS PRESS OF CHINA

4.4.3 测定步骤

用灼烧至恒重的坩埚，称取样品 5 g～10 g(准确到 0.1 mg)，逐滴加入浓硫酸 5 mL～10 mL，使样品全部均匀湿润，在电炉上加热至完全炭化后，放入高温炉中，在 550℃温度下，灼烧至样品残渣接近完全灰化，取出置于干燥器内稍冷后，加入几滴浓硫酸湿润使灰分再硫酸化，然后置于 650℃高温炉内继续灼烧至恒重后，于干燥器内冷却，称量，准确到 0.1 mg。

4.4.4 计算及结果表示

原糖灰分 A 按式(6)计算，数值以%表示，结果取两位小数。

$$A=\frac{m_2-m_0}{m_1-m_0}\times 100 \qquad \cdots\cdots(6)$$

式中：

A——灰分，%；

m_2——坩埚加灰分质量，单位为克(g)；

m_0——坩埚质量，单位为克(g)；

m_1——坩埚加样品质量，单位为克(g)。

4.4.5 允许误差

两次测定值之差不应超过其平均值的 10%。

4.5 色值的测定

4.5.1 仪器、设备

4.5.1.1 分光光度计：在 420 nm 处波长误差不大于±1 nm。

4.5.1.2 比色皿：比色皿的厚度应选择使透光度读数在 20%～80%之间，一般用 1 cm 比色皿，配套使用同一光径的比色皿间透光度之差不大于 0.2%。

4.5.1.3 阿贝折射仪：折射率测量范围 1.300～1.700。折射率最小分度值：0.000 5。蔗糖质量分数锤度(°Bx)0～95，最小分度值：0.2。

4.5.1.4 pH 计：分度值或最小显示值为 0.02。

4.5.1.5 滤膜过滤器：使用孔径为 0.45 μm 的微孔膜。

4.5.2 试剂

4.5.2.1 0.05 mol/L 氢氧化钠溶液。

4.5.2.2 0.05 mol/L 盐酸溶液。

4.5.3 测定步骤

称取一定量的糖样品，用蒸馏水溶解之(以使糖溶液浓度约 10°Bx 为宜)，糖液用氢氧化钠或盐酸溶液调整其 pH 至 7.00±0.02。倾入已预先铺好微孔膜的过滤器中，在真空下抽滤，将最初的一部分滤液弃去，收集以后的滤液不少于 50 mL。用阿贝折射仪测定滤液的折光锤度，然后用比色皿盛载滤液，并用经过滤的蒸馏水作为零色值的参比标准。在分光光度计上用 420 nm 波长测定其吸光度。

4.5.4 计算及结果表示

色值 C 按式(7)进行计算，计算结果取到个数位。

$$C=\frac{A}{b\times c}\times 1\,000 \qquad \cdots\cdots(7)$$

式中：

C——色值，单位为国际糖色值单位(IU)；

A——在 420 nm 波长测得样液的吸光度；

b——比色皿厚度，单位为厘米(cm)；

c——样液浓度(由修正到 20℃的折光锤度查表 2 求得)，单位为克每毫升(g/mL)。

表 2 蔗糖溶液折光锤度与每毫升含蔗糖克数(在空气中)对照表

折光锤度/°Bx	浓度/(g/mL)	折光锤度/°Bx	浓度/(g/mL)	折光锤度/°Bx	浓度/(g/mL)	折光锤度/°Bx	浓度/(g/mL)
5.0	0.050 84	8.0	0.082 31	11.0	0.114 5	14.0	0.147 5
5.1	0.051 88	8.1	0.083 37	11.1	0.115 2	14.1	0.148 7
5.2	0.052 91	8.2	0.084 44	11.2	0.116 6	14.2	0.149 8
5.3	0.053 95	8.3	0.085 50	11.3	0.117 8	14.3	0.150 9
5.4	0.054 99	8.4	0.086 56	11.4	0.118 9	14.4	0.152 0
5.5	0.056 03	8.5	0.087 63	11.5	0.120 0	14.5	0.153 1
5.6	0.057 07	8.6	0.088 69	11.6	0.121 1	14.6	0.154 2
5.7	0.058 12	8.7	0.089 76	11.7	0.122 2	14.7	0.155 4
5.8	0.059 16	8.8	0.090 83	11.8	0.123 3	14.8	0.156 5
5.9	0.060 20	8.9	0.091 90	11.9	0.124 4	14.9	0.157 6
6.0	0.061 25	9.0	0.092 97	12.0	0.125 4	15.0	0.158 7
6.1	0.062 29	9.1	0.094 04	12.1	0.126 5	15.1	0.159 8
6.2	0.063 34	9.2	0.095 11	12.2	0.127 6	15.2	0.161 0
6.3	0.064 39	9.3	0.096 18	12.3	0.128 7	15.3	0.162 1
6.4	0.065 43	9.4	0.097 25	12.4	0.129 8	15.4	0.163 2
6.5	0.066 48	9.5	0.098 33	12.5	0.130 9	15.5	0.164 3
6.6	0.067 53	9.6	0.099 40	12.6	0.132 0	15.6	0.165 5
6.7	0.068 58	9.7	0.100 5	12.7	0.133 1	15.7	0.166 6
6.8	0.069 63	9.8	0.101 6	12.8	0.134 2	15.8	0.167 7
6.9	0.070 68	9.9	0.102 6	12.9	0.135 3	15.9	0.168 9
7.0	0.071 74	10.0	0.103 7	13.0	0.136 4	16.0	0.170 0
7.1	0.072 79	10.1	0.104 8	13.1	0.137 6	16.1	0.171 1
7.2	0.073 85	10.2	0.105 9	13.2	0.138 7	16.2	0.172 2
7.3	0.074 90	10.3	0.106 9	13.3	0.139 8	16.3	0.173 4
7.4	0.075 96	10.4	0.108 0	13.4	0.140 9	16.4	0.174 5
7.5	0.077 01	10.5	0.109 1	13.5	0.142 0	16.5	0.175 7
7.6	0.078 07	10.6	0.110 2	13.6	0.143 1	16.6	0.176 8
7.7	0.079 13	10.7	0.111 3	13.7	0.144 2	16.7	0.177 9
7.8	0.080 19	10.8	0.112 4	13.8	0.145 3	16.8	0.179 1
7.9	0.081 25	10.9	0.113 4	13.9	0.146 4	16.9	0.180 2

4.5.5 允许误差

两次测定值之差不应超过其平均值的 4%。

4.6 不溶于水杂质的测定

4.6.1 仪器、设备

4.6.1.1 坩埚式玻璃滤器:孔径 40 μm ~80 μm。

4.6.1.2 电热恒温箱:125℃~130℃。

4.6.1.3 干燥器:带温度计干燥器。

4.6.1.4 天平:感量 1 mg。

4.6.2 试剂

4.6.2.1 1%α-萘酚乙醇溶液。

4.6.2.2 浓硫酸:比重 1.84。

4.6.3 测定步骤

在玻璃滤器滤板上面铺一层约 5 mm 厚的用稀盐酸溶液洗涤并用蒸馏水冲洗干净的玻璃纤维,玻璃滤器再用蒸馏水减压过滤洗涤干净,然后将之干燥至恒重。

称取样品 250.0 g 于 1 000 mL 烧杯中(如混有包装物纤维、绒毛等应除去然后称量),加入约 700 mL蒸馏水,搅拌至完全溶解,倒入上述已准备好的玻璃滤器中进行减压过滤,并用蒸馏水充分洗涤滤渣,用 α-萘酚乙醇溶液检查,至洗涤液不含糖分为止。将玻璃滤器连同滤渣于 125℃~130℃下烘干后,移入干燥器中冷却至室温,称量。继续烘干约 30 min,冷却称量,直到相继两次称量相差不超过 0.001 g为止。

微糖检验方法:取洗涤液 2 mL 于试管中,加入 1%α-萘酚乙醇溶液数滴,再沿管壁缓缓加入 2 mL 浓硫酸。蔗糖在浓硫酸存在下与酚类起极强的呈色反应,在水与酸的界面出现紫色环,说明蔗糖存在,若为黄绿色环说明无蔗糖存在。

4.6.4 计算及结果表示

每千克原糖样品所含不溶于水杂质的质量 F 按式(8)计算,计算结果取到个数位。

$$F = (m_2 - m_1) \times 4\,000 \quad \cdots\cdots(8)$$

式中:

F——每千克原糖样品所含不溶于水杂质的质量,单位为毫克每千克(mg/kg);

m_2——干燥后玻璃过滤器连同过滤介质与滤渣质量,单位为克(g);

m_1——干燥后玻璃过滤器连同过滤介质质量,单位为克(g)。

4.6.5 允许误差

两次测定值之差不应超过其平均值的 15%。

4.7 葡聚糖的测定

4.7.1 仪器、设备

4.7.1.1 分光光度计:波长范围:330 nm~800 nm,波长准确度:≤2 nm,波长重复性:1 nm,光谱带宽<6 nm,配套 2 cm 比色皿。

4.7.1.2 分析天平:称量范围:0 g~200 g,感量:0.1 mg。

4.7.1.3 水浴锅:可将水温控制在(55±5)℃。

4.7.1.4 秒表。

4.7.1.5 常用玻璃仪器:容量瓶、锥瓶、吸管等。

4.7.2 试剂

4.7.2.1 标准葡聚糖:T110 或 T500。

4.7.2.2 100 g/L 三氯乙酸(TCA)溶液:称取三氯乙酸 20.0 g,用蒸馏水溶解并稀释至 200 mL,贮于深棕色瓶中,存放在冰箱内可使用 2 个星期。

4.7.2.3 变性无水酒精(DAA):在 98 mL 无水酒精中加入无水甲醇 2.0 mL,混匀,如见有粒子用滤纸过滤后贮于棕色瓶中。

4.7.2.4 标准蔗糖:用纯精制白砂糖,淀粉含量应小于 2 mg/kg。

4.7.2.5 蔗糖-TCA 溶液:称取标准蔗糖(4.7.2.4)250.0 g,加入适量蒸馏水,移入 500 mL 容量瓶中,加入三氯乙酸(TCA)溶液 78 mL,加水至刻度,摇匀,此溶液应在需用时新鲜配制。

4.7.2.6 淀粉酶:热稳定 α-淀粉酶。

4.7.2.7 酸洗硅藻土:在1 L蒸馏水中加入硅藻土 50 g±5 g,搅匀后加比重1.19浓盐酸(50±5) mL,搅拌5 min,用布氏漏斗过滤,以蒸馏水冲洗至滤液不呈酸性(用石蕊试纸测试),洗净后的硅藻土应在96℃~100℃烘箱中干燥6 h后,贮存于密闭容器内。

4.7.3 测定步骤

4.7.3.1 标准溶液的制备及标准曲线的绘制

4.7.3.1.1 测定标准葡聚糖水分:在已干燥至恒重的称量瓶内称取葡聚糖(4.7.2.1)约2 g(称量准确至0.1 mg),放于干燥箱内在105℃下干燥3h,取出,放入干燥器内,冷却至室温,称量(准确至0.1 mg)。

4.7.3.1.2 1 mg/mL 葡聚糖标准溶液:根据测得葡聚糖的水分含量,迅速称取未经干燥的葡聚糖(4.7.2.1),使其含无水分的葡聚糖约0.200 0 g于烧杯内,加入约2 mL水溶解成糊状,放置约10 min,不时搅拌,使粒子均匀水化,当有凝胶状物存在时,多次加入小量水直至约25 mL,不再存在凝胶状物,移入200 mL容量瓶中,用水洗至体积约80 mL,把容量瓶放入沸腾的水浴中30 min,取出用水冷却至室温,加水至刻度,摇匀,此溶液每毫升含葡聚糖1 mg(实际浓度根据称量计算)。此溶液须新鲜配制,不能贮放过夜。

4.7.3.1.3 0.2 mg/mL 葡聚糖标准溶液:吸取1 mg/mL 葡聚糖标准溶液(4.7.3.1.2)20 mL于100 mL容量瓶子中加水稀释至刻度,摇匀。

4.7.3.1.4 标准曲线绘制:在4个已加有8.0 mL蔗糖-TCA溶液(4.7.2.5)的25 mL容量瓶中,分别加入0.2 mg/mL葡聚糖标准溶液(4.7.3.1.3)0.50 mL、1.00 mL、2.00 mL、4.00 mL,再在另4个已加有蔗糖-TCA溶液(4.7.2.5) 8.0 mL的25 mL容量瓶中分别加入1 mg/mL葡聚糖标准溶液1.20 mL、1.60 mL、2.00 mL、2.40 mL,各瓶加蒸馏水至总体积为12.5 mL,再用变性无水酒精(DAA)(4.7.2.3)加至刻度,加入时轻轻摇动容量瓶,加入时间应在30 s~60 s之间,加至刻度后把容量瓶轻轻翻转三次,混合溶液,混合后马上启动秒表计时。即配成葡聚糖浓度为25 mg/kg、50 mg/kg、100 mg/kg、200 mg/kg、300 mg/kg、400 mg/kg、500 mg/kg、600 mg/kg标准溶液。另取2个已加有8.0 mL蔗糖-TCA溶液(4.7.2.5)的25 mL容量瓶,其中一瓶加蒸馏水至刻度,摇匀,作空白调零用,另一瓶加蒸馏水4.5 mL,再用变性无水酒精(DAA)(4.7.2.3)加至刻度,轻轻摇匀,测定其吸光度应不超过0.003。

上述各瓶溶液在各自混合后20 min±10 s以空白调零在720 nm波长用2 cm配套比色皿测定,读取吸光度。以葡聚糖含量为横坐标,相应的吸光度值为纵坐标,绘制工作曲线或建立回归方程。

注:变性无水酒精(DAA)必须在葡聚糖标准溶液加入到蔗糖-TCA溶液之后20 min内加入。

4.7.3.2 样品测定

称取样品32.0 g移入200 mL锥形瓶中,加蒸馏水50 mL,使样品溶解,加入淀粉酶(4.7.2.6) 0.10 g,摇匀,盖好塞子,在(55±5)℃水浴中摇动(15±2) min,取出在水浴中冷却至室温,移入100 mL容量瓶中,加入三氯乙酸(TCA)溶液(4.7.2.2)10.0 mL,加水至刻度,摇匀后倒入150 mL烧杯内加酸洗硅藻土(4.7.2.7)6 g~8 g,混匀过滤,弃去最初滤液10 mL~15 mL;取2个25 mL容量瓶各加入滤液12.5 mL,其中一瓶加蒸馏水至刻度混匀,作空白调零,另一瓶在轻轻摇动下缓慢加入变性酒精(DAA)(4.7.2.3)至刻度,加入时间应在30 s~60 s之间,加至刻度后轻轻翻转容量瓶三次,混合溶液,混合后马上启动秒表计时,在20 min±10 s内以空白调零,用2 cm配套比色皿于720 nm波长处测定,读取被测溶液吸光度,读数后马上观察检查比色皿内有无絮凝物,如果混浊物产生絮凝应重新测定。

注:变性无水酒精(DAA)必须在糖液加入三氯乙酸(TCA)溶液后20 min内加入。

4.7.4 计算及结果表示

原糖葡聚糖可从标准曲线以溶液的吸光度直接查得对应的葡聚糖含量,或代入回归方程计算而得。计算结果取到个数位,数值以 mg/kg 表示。

4.7.5 **允许误差**

两次测定之差不应超过其平均值的10%。

4.8 **其他指标的测定**

二氧化硫、砷、铅按 GB/T 5009.55 的方法进行测定；螨按 GB 317 的方法测定。

5 检验规则

5.1 每一次交货的原糖为一个交付批，每批糖应附有原产国家的质量证书。买方凭质量证书收货，并在交付现场进行抽样检验。

5.2 每个交付批的原糖为一个检验批。

5.3 抽样方法

5.3.1 抽样前应先验明交付批及批量、产地，并确定交付批的份样个数。

5.3.2 份样数见表 3。

表 3 每批原糖应取份样数

批量 Q/t	份样数 n/个
$Q \geqslant 20\ 000$	110
$15\ 000 \leqslant Q < 20\ 000$	100
$10\ 000 \leqslant Q < 15\ 000$	90
$5\ 000 \leqslant Q < 10\ 000$	70
$Q < 5\ 000$	50

5.3.3 份样量

每个份样的量一般为 100 g～150 g，所抽的份样量应大致相等。

5.3.4 采样

原样的采样有系统抽样法、分层抽样法和二级抽样法三种，可根据实际情况选择其中一种方法。

5.3.4.1 系统抽样法

在一批散装原糖装卸、加工或衡重的移动过程中，按一定质量或时间间隔抽取份样，份样间的间隔可根据表 3 规定的应取份样数和实际批量按式(9)或式(10)算出。

$$q \leqslant \frac{Q}{n} \qquad \cdots\cdots(9)$$

式中：

q——抽样质量间隔，单位为吨(t)；

Q——检验批的批量，单位为吨(t)；

n——应取的份样数，单位为个。

$$t \leqslant \frac{60 \times Q}{G \times n} \qquad \cdots\cdots(10)$$

式中：

t——时间间隔，单位为分钟(min)；

Q——检验批的批量，单位为吨(t)；

G——每小时装卸量，单位为吨(t)；

n——应取的份样数，单位为个。

抽第一个份样时，可在第一间隔内随机确定。但不可在第一间隔的起点开始，以后继续抽取的份样按计算好的间隔抽取，抽取间隔不得大于计算所得间隔。如果固定间隔应抽取的份样数已经完成，而原糖的装卸、加工或衡重仍在进行，应按原定间隔继续抽取份样，直到整批原糖移动完毕为止。

如在输送带或输送带落口处抽取份样,需截取原糖流的全截面。如在抓斗、铲车或其他工具装卸或堆垛过程中,抽样应在装卸或堆垛过程中,用抽样铲或抽样扦,在新露出的糖层面上,均匀布点抽样。抽样点应均匀分布在整批原糖的各个部分,而不是其表层或局部。

5.3.4.2 分层抽样法

一批原糖在装卸、加工、堆垛过程中,例如在船舱中,可分几层抽样(不少于三层),根据每层所载原糖的质量,按比例在新露出的面上,均匀布点,并在该点表面先刮去约 3 cm 厚,抽取份样。

每层应取的份样数,按式(11)算出。

$$n_1 = n \times \frac{Q_1}{Q} \quad \cdots\cdots\cdots\cdots\cdots\cdots (11)$$

式中:

n_1——每层应抽取份样数,单位为个;

n——整批原糖应取的份样数,单位为个;

Q_1——每层质量,单位为吨(t);

Q——检验批的批量,单位为吨(t)。

5.3.4.3 二级抽样法

在装卸或加工衡重过程中,根据表 3 规定应抽取份样数,按质量(袋数)间隔抽取样袋,再将样袋平放,拆开袋口一部分缝线,用抽样扦背部向上,成对角线斜插至袋底角,旋转180°,抖动样袋使样品填满抽样扦槽,然后小心抽出,倒入带盖的盛样器中为一个份样。

5.3.4.4 遇批量大、装卸时间长、气温高等情况,应尽快抽样并保管好,以防止水分蒸发。若雨天卸货,应防止雨淋和吸潮。

5.3.5 制样

5.3.5.1 在制样过程中,应防止样品的成分发生变化和污染。

5.3.5.2 将样品置于混样盘上混合。用分样铲将样品堆成圆锥形,每铲应自圆锥顶尖落下,使均匀地沿锥尖散落,注意勿使圆锥中心错位。如此反复三次转堆混合,使充分混匀,然后将圆锥顶点压平,用十字板自上压下,分成四等份,任取两个对角的等份。重复操作,缩分至所需留样量。

5.3.6 样品缩分成分析样品及留存样品各 1 000 g,装入密封样品瓶中,或用三层厚食品级塑料袋密封包装,分别附以标签。标签上注明下列各项:

a) 编号及批号;

b) 样品名称、产地;

c) 批量;

d) 抽样地点;

e) 抽样、制样人;

f) 抽样、制样日期。

5.4 分析样品分成三份,按本标准规定的试验方法进行检验,用两个最接近的测定值的平均值作为该检验批的最后测试结果,或如果两个测定值与一个中间值之差相等时,则用这个中间值作为该检验批的最后测试结果,此结果即作为该批原糖的平均质量。

5.5 检验结果如有不合格指标应加倍抽取样品,对不合格指标进行复检,复检结果即作为该检验批的最终结果,复检结果不合格,即判该检验批不合格。

5.6 分析样品应妥善保管以备查核,保管期可根据有关规定,但不得少于 3 个月。

6 包装、运输及贮存

6.1 每批交付原糖的证书上应有下列内容:

a) 产品名称;

b) 净含量(t)；

c) 生产单位名称、地址(包括邮政编码)；进口原糖应标明生产国家；

d) 生产日期；

e) 该批产品质量检验结果及评定。

6.2 原糖的包装材料应符合食品卫生要求。

6.3 运输的工具应当卫生清洁和干燥。严禁与有毒、有害物品混运。

6.4 原糖尽量不要露天存放。确需露天存放时，需用防雨布严密遮盖，严防日晒、雨淋或落上尘土。

6.5 贮糖的仓库应保持干燥清洁，避免高温。入仓时应尽量避免骤热。根据先入仓先运出的原则，依次调拨运出。

ICS 33.100
L 06

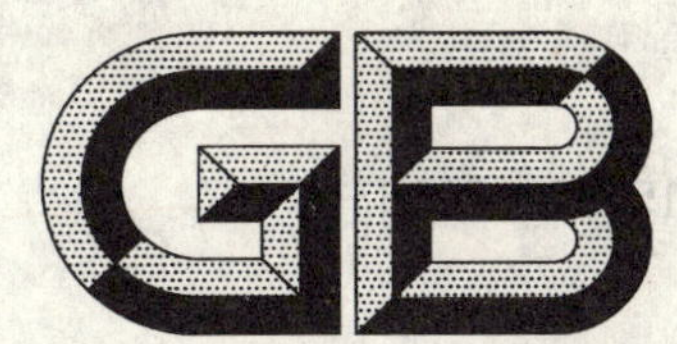

中华人民共和国国家标准

GB/T 15152—2006
代替 GB/T 15152—1994

脉冲噪声干扰引起移动通信性能降级的评定方法

Methods of judging degradation for interference to mobile radiocommunication in the presence of impulsive noise

(IEC/CISPR 21:1999, Interference to mobile radiocommunications in the presence of impulsive noise—Methods of judging degradation and measures to improve performance, NEQ)

2006-03-06 发布　　　　2006-11-01 实施

中华人民共和国国家质量监督检验检疫总局
中国国家标准化管理委员会　发布

前　言

本标准从实施之日起代替 GB/T 15152—1994《脉冲噪声干扰引起移动通信性能降级的评定方法》。

GB/T 15152—1994 的编制起始于 1987 年，该标准根据 CISPR-21 报告(1985 年版)，经过反复试验和专家们的研讨评审，确定把话音清晰度法作为主观评定因脉冲噪声干扰引起移动通信话音质量的降级，提出了切实可行的测量方法。由于话音清晰度法需要特定的环境条件，一般情况下难做到。GB/T 15152—1994又参照采用 IEC 60489-3 国际标准中"脉冲噪声容限"的测量方法作为客观测量脉冲噪声引起移动通信性能降级的方法。一个随机脉冲信号发生器可以用来模拟城市车辆所产生的噪声。这是用来测量由于脉冲噪声引起接收机性能降级的一种有效方法。但由于该方法中随机脉冲信号发生器没有现成可用仪器，自行制作也困难，不便推广使用；标准又提出采用脉冲信号发生器来代替随机脉冲信号发生器，进行脉冲噪声容限的测量，尽管脉冲信号发生器不能较好地模拟城市车辆所产生噪声，但在一定程度上可反映脉冲噪声的影响。

本次标准修订，在着重分析 CISPR-21(1999 版)报告和 IEC 60489-3 标准的基础上，对 GB/T 15152—1994 作了认真分析，继续保持在标准中参照采用 CISPR-21 和参照 IEC 60489-3(1999 版修订意见)第 16 章，保留 GB/T 15152—1994 中主观评定话音质量降级方法和客观测定接收机抗脉冲噪声干扰能力的方法，结合中国移动通信和汽车工业发展的形势，作出如下修订：

1. 本标准适用频段从 GB/T 15152—1994 的 25 MHz～1 000 MHz 修改为 25 MHz～2 000 MHz 的移动接收设备和系统。
2. 将 GB/T 15152—1994 标准中脉冲噪声容限测量方法从仅适用 A3、F3 制式的接收机修改为扩展到其他制式的接收机。

本标准的附录 A、附录 B 为规范性附录。

本标准由全国无线电干扰标准化技术委员会提出。

本标准由全国无线电干扰标准化技术委员会 D 分会归口。

本标准主要起单位：中国电子科技集团公司第七研究所、中国汽车技术研究中心、信息产业部通信计量中心、上海电器科学研究所。

本标准主要起草人：伍碧珊、朱杨荷、刘海啸。

脉冲噪声干扰引起移动通信性能降级的评定方法

1 范围

本标准规定了由内燃机、电动机或二者推动的车辆、机动车群、机动船或装有火花点火内燃机装置的干扰引起移动通信性能降级的评定方法。

本标准适用于工作频率为 25 MHz～2 GHz 的移动的接收机设备和系统。

本标准提供了主观和客观评定方法，将用它去评定各种移动通信接收设备抗脉冲噪声技术性能。

车辆包括各种汽车、摩托车、拖拉机及摩托雪撬等；机动船也认为是车辆的一种。

装置包括链式锯、灌溉泵、空压机、割草机、固定式和移动式混凝土搅拌机等。

本标准不适用于飞机、铁路上牵引系统引起的干扰。

2 规范性引用文件

下列文件中的条款通过本标准的引用而成为本标准的条款。凡是注日期的引用文件，其随后所有的修改单（不包括勘误的内容）或修订版均不适用于本标准，然而，鼓励根据本标准达成协议的各方研究是否可使用这些文件的最新版本。凡是不注日期的引用文件，其最新版本适用于本标准。

GB 14023—2000　车辆、机动船和由火花点火发动机驱动的装置的无线电骚扰特性的限值和测量方法(idt CISPR 12:1997)

IEC 60489-3　移动通信调频无线电话接收机测量方法

3 术语和定义

下列术语和定义适用于本标准。

3.1

脉冲点火噪声　impulsive-ignited noise

电磁能量的无用发射，是由车辆或装置的点火系统引起的尖峰脉冲。

3.2

主观评定值　subjective assess value

得到同样的接收话音质量等级时，无脉冲干扰和有脉冲干扰的两个射频电平之差，以分贝(dB)表示。

3.3

信纳德　SINAD

试验负载上总功率（包括信号、噪声、失真）与噪声和失真的功率之比，用分贝(dB)表示：

$$\mathrm{SINAD} = \frac{S+N+D}{N+D} \qquad \cdots\cdots(1)$$

式中：

S——标准试验调制产生的有用音频信号；

N——用标准试验调制的噪声；

D——用标准试验调制的失真。

3.4

标准试验调制　standard test modulation

由被测移动通信接收设备标准所规定的试验调制。对采用 A3 或 F3 调制的设备则由 1 000 Hz 正弦输入信号使产生调制深度为 60% 或最大允许频(或相)偏的 60% 的调制。

3.5

参考灵敏度　reference sensitivity

在工作频率和标准试验调制下使接收机输出端达到规定要求的输入信号电平。对 F3 调制的设备则为使接收机输出端产生 12 dB 信纳的输入信号电平。

3.6

标准输入信号　standard input signal

一个频率为标称频率,加有标准试验调制电平符合设备标准规定的输入信号,例如对 F3 调制设备其电平为 60 dB(μV)(电动势)或 54 dB(μV)(匹配负载电压)的输入信号。

3.7

抑噪输入信号电平　noise - quieting input signal level

把接收机输出端噪声功率降低 20 dB 所需的未调制输入信号电平。

3.8

脉冲噪声容限　impulsive - noise tolerance

接收机防止因脉冲噪声降低其输出性能的响应能力,它表示为下列 a)与 b)之比;

a) 使得大于参考灵敏度 3 dB 的有用信号在接收机输出端重新回到初始测量的参考灵敏度时,此时输入的脉冲噪声频谱幅度的中值电平。对采用 F3 调制的设备则为重新回到 12 dB 信纳时的脉冲噪声频谱幅度的中值电平;

b) 参考灵敏度,在各类移动通信设备技术条件中所规定测试的接收灵敏度。

3.9

电波暗室(无射频反射室)　anechoic electromagnetic-wave chamber

一种专门设计的周界面能吸收入射电磁波的封闭室,它在需要的频率范围内,基本上能保持室内无反射场。

4　主观评定话音质量降级方法

4.1　主观评定话音等级条件

由于地面移动通信系统主要用来传输话音信息,因此这个系统的性能主要应根据存在点火噪声情况下的可被接收话音信号的清晰度来决定。

确定话音信号中话音清晰度的最普通方法是主观评定法,它需要一批经过训练的播音员和监听员组成评审团,由评审团按表 1 给出话音的等级。

表 1　话音等级评审标准

质量等级	评审标准
5	通话听得极清楚,无噪声
4	通话听得相当清楚,有少许噪声
3	通话听得基本清楚,其中某些单词要猜,有噪声
2	很难听清楚,噪声严重
1	根本听不清楚

4.2　测量场地

测量场地应是以车辆或装置与受试接受机的天线的中心连线的中点为圆心,半径为 30 m 的圆内没有突出地面(或水面)的电磁反射物的开阔区域。

测量设备、试验箱或装有测量设备的汽车可以在试验场地,但只能在图1所示的允许区域内(斜线区)。

也可以用电波暗室进行测量,这种暗室有全天候测量、控制环境和电磁特性稳定等优点,但要将所得结果修正到室外场地或满足开阔场地要求的电波暗室所测量的结果。

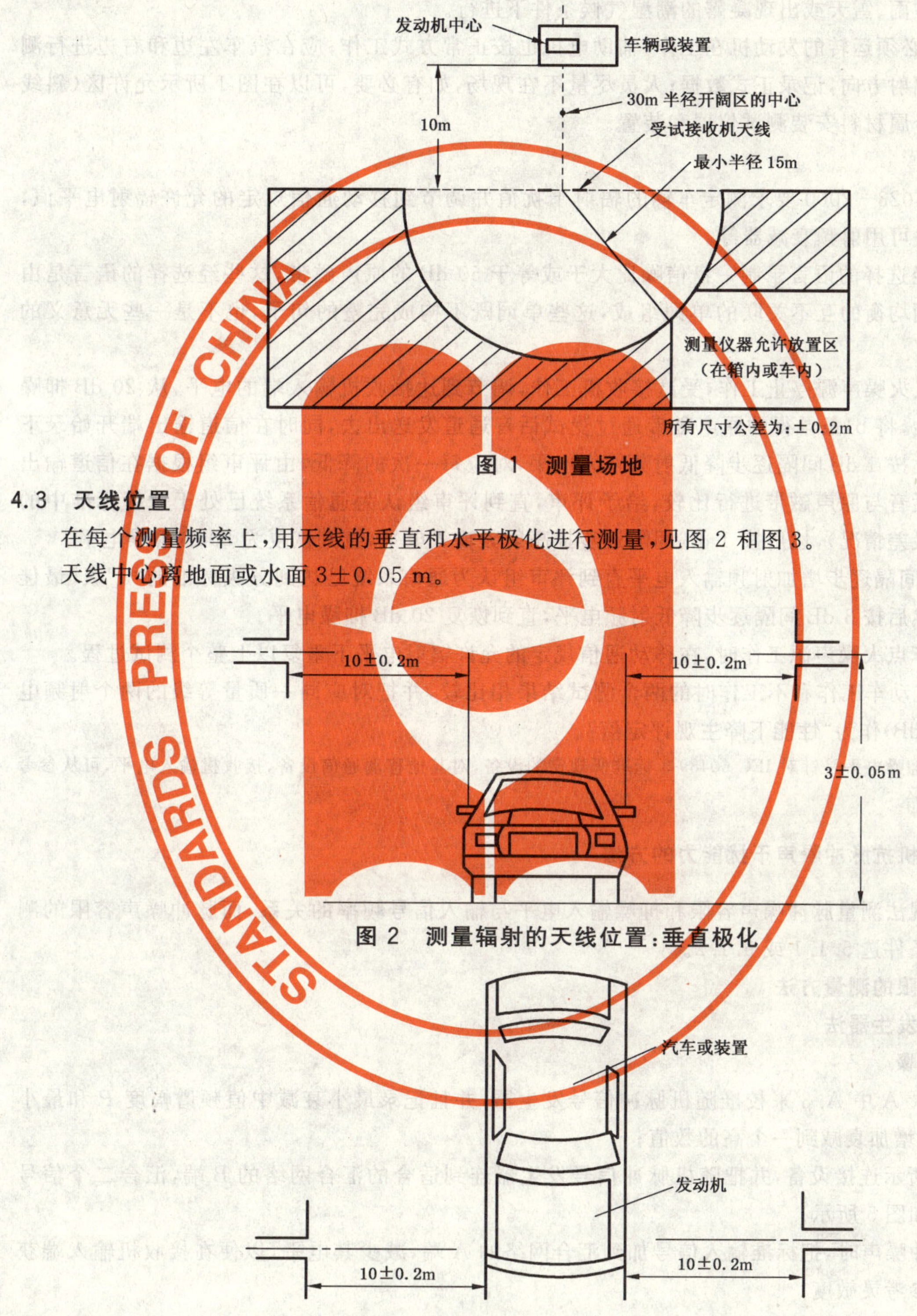

图1 测量场地

4.3 天线位置

在每个测量频率上,用天线的垂直和水平极化进行测量,见图2和图3。

天线中心离地面或水面3±0.05 m。

图2 测量辐射的天线位置:垂直极化

图3 测量辐射的天线位置:水平极化

4.4 距离

天线对车辆或装置最近的金属部分的水平距离应为10 m±0.2 m。

4.5 环境干扰

为保证没有特别的噪声或其幅度足以影响测量结果的信号，在主测试前后，发动机不运转时测量背景噪声或背景信号应至少比发动机运转时的脉冲噪声干扰值低 6 dB。

4.6 评定条件

测量时避免在雨、雪天或出现凝露的潮湿气候条件下进行。

测量时，只有必须运转的发动机在工作，辅助电机也按正常方式工作；应在汽车左边和右边进行测量找寻最大干扰辐射方向，记录正式数据；人员尽量不在现场，如有必要，可以在图 1 所示允许区(斜线所示)，尽量用非金属材料安装测试仪器和装置。

4.7 评定步骤

a) 按 GB 14023—2000 要求测定车辆的辐射干扰值并调节到移动通信规定的允许辐射电平值，调节方法可用射频衰减器等。

b) 首先用经选择的语言录制一盘信噪比大于或等于 50 dB 的原声磁带，这些经选择的语言是由一些语调均衡的互不关联的单词组成，这些单词既不构成完整的句子，也不是一些无意义的音节。

c) 机动车点火噪声源停止工作，受试接收机工作，调节到达接收机输入端的电平，从 20 dB 抑噪电平开始，将 b)条录得的原声磁带通过受试话音通道发送出去，同时在信道输出端开始录下此语音。按 1 dB 间隔逐步降低射频输入电平，对应每一次的降低，由评审组根据在信道输出端所录话音与原声磁带进行比较，给予评审，直到评审组认为通信系统已处于分级标准中的“1”级(最差情况)，然后按 1 dB 间隔逐步提高射频输入电平，直到恢复为 20dB 抑噪电平。

d) 按 3 dB 间隔逐步增加射频输入电平直到评审组认为通信系统已达到分级标准的“5”级(最佳情况)，然后按 3 dB 间隔逐步降低射频电平，直到恢复 20 dB 抑噪电平。

e) 当机动车点火噪声源工作时，在移动通信规定的允许辐射电平下重复以上整个测试过程。

f) 把以上机动车工作和不工作时的两个测试结果相比较，并把对应同一质量等级的两个射频电平之差(dB)作为“性能下降主观评定值”。

注：采用 20 dB 抑噪电平是针对 IEC 60489-3 标准所规定的设备，对其他移动通信设备，接收机输入电平，可从参考灵敏度值开始。

5 客观评定接收机抗脉冲噪声干扰能力的方法

有时可用客观法测量脉冲噪声容限和抑噪输入电平与输入信号频率的关系，而脉冲噪声容限的测量方法又可根据条件选 5.1.1 或 5.1.2。

5.1 脉冲噪声容限的测量方法

5.1.1 随机脉冲发生器法

5.1.1.1 测量步骤

a) 根据附录 A 中 A.3 来校准随机脉冲信号发生器，并且记录最小衰减中值频谱幅度 P 和最小衰减 M，增加衰减到一个高的数值；

b) 按图 4 所示连接设备，并把随机脉冲信号发生器连到适合的汇合网络的 B 端，汇合二个信号的网络如图 5 所示；

c) 在无脉冲噪声时，把标准输入信号加到汇合网络的 A 端，减少其电平，以便在接收机输入端获得实测参考灵敏度；

d) 把有用输入信号增强 3 dB；

e) 把随机脉冲发生器调整到以下位置：

频率低于标称输入频率 100 kHz；

平均脉冲重复频率为 100 pps(pps 为:脉冲数/s);

脉冲持续时间为 0.2 μs;

幅度的标准偏差为 6 dB;

低通滤波器的截止频率为 10 Hz;

频谱幅度为最小值。

注:调整随机脉冲发生器的输出以便模拟由城市车辆所产生的辐射到附近陆地移动天线的噪声,上述随机信号发生器的调整不适用于其他环境。

f) 调整随机脉冲发生器的衰减,直到在接收机的输出端达到测试参考灵敏度的条件,对 F3E 接收机其输出端获得 12 dB 信纳为止,记录该衰减量 A(dB)。

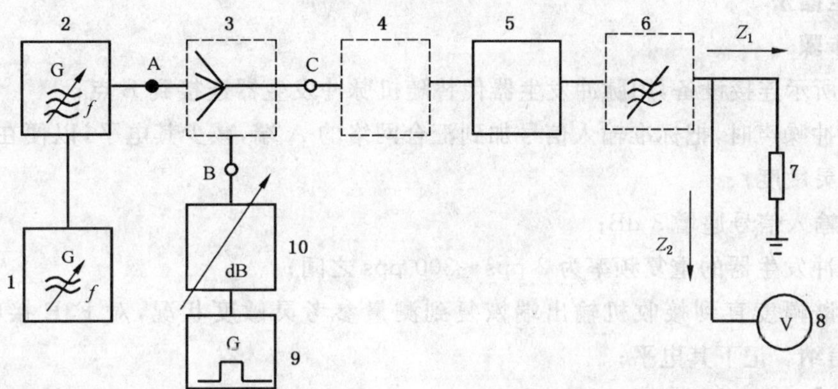

1——音频发生器;

2——射频信号发生器;

3——汇合网络,见图 5;

4——仿真天线,按需要设置;

5——被测接收机;

6——带通滤波器;

7——音频负载;

8——失真系数和音频电平表,应保证 $Z_2 \gg Z_1$;

9——随机脉冲发生器;

10——可变衰减器。

注:1 和 2 可以用系统模拟器替代用于测其他制式接收机。

图 4 测量 F_3 调制的接收机脉冲噪声容限配置

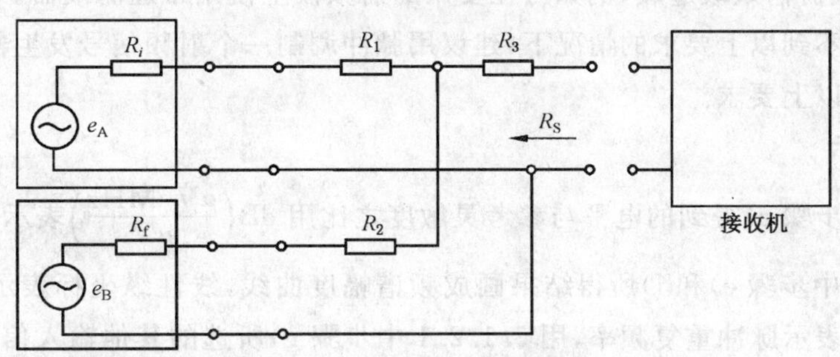

若 $R_1 = R_2 = R_3 = R_i/3$,则网络源阻抗 $R_S = R_1$,此时网络衰减 6 dB。

图 5 二个信号汇合的网络

5.1.1.2 结果表示

a) 脉冲噪声容限是:

$$(P-A+M-B-E)\ \mathrm{dB}\left(\frac{\mu\mathrm{V/MHz}}{\mu\mathrm{V}}\right) \quad\cdots\cdots\cdots\cdots\cdots\cdots(2)$$

式中：

P——5.1.1.1 中 a)记录的最小衰减的中值频谱幅度；

A——5.1.1.1 中 f)记录的衰减值；

M——5.1.1.1 中 a)记录的最小衰减值；

B——图 4 中汇合网络 3 的损耗；

E——参考灵敏度，[dB(μV)]。

b) 记录脉冲噪声容限、标称输入信号频率、参考灵敏度和随机脉冲发生器的调整位置。

5.1.2 脉冲发生器法

5.1.2.1 测量步骤

a) 按图 4 所示连接设备，用脉冲发生器代替随机脉冲发生器连接到 B 点；

b) 在无脉冲噪声时，把标准输入信号加到汇合网络的 A 端，减少其电平，以便在接收机输入端获得参考灵敏度；

c) 把有用输入信号递增 3 dB；

d) 调节脉冲发生器的重复频率为 2 pps～300 pps 之间；

e) 调节频谱幅度直到接收机输出端恢复到测量参考灵敏度状况，对 F3E 接收机则重新得到 12 dB信纳。记下其电平；

f) 对其他脉冲重复频率重复测量 d)和 e)；

g) 对其他较高的输入信号电平，例如高出参考灵敏度 6 dB、12 dB、18 dB 和 24 dB，重复测量 d)、e)、f)。

5.1.2.2 对脉冲发生器的要求

脉冲发生器应按 dB(μV)/MHz 进行校准，其精度为±1 dB，它的源阻抗(R_i)等于包括汇合网络的接收机阻抗。在被测接收机射频带宽内，输出频谱的均匀性应在±0.5 dB 以内。脉冲重复频率为 2 pps～3 000 pps。

对于单个脉冲，射频输入信号频率(f)在 $261/\tau$(MHz) 以下，频谱幅度的均匀性在 1 dB 以内。f 在 $365/\tau$(MHz)以下，频谱幅度均匀性在 2 dB 内。这里 τ 是等效矩形脉冲的持续时间，单位为纳秒(ns)。所以，发生器的脉冲持续时间是考虑校准脉冲发生器的重要参数。如果脉冲持续时间太长不能在预计的射频带宽内提供±0.5 dB 以内的均匀频谱，则可以通过在频谱分析仪上显示的频谱来测定频谱分量，不要使频谱仪器输入级过载，例如可在要用的射频段上使用带通滤波器。

在脉冲发生器达不到以上要求的情况下，建议用脉冲调制一个射频信号发生器，这样射频信号发生器的输出就较易达到以上要求。

5.1.2.3 结果的表示

a) 将 5.1.2.1 步骤 e)得到的电平与参考灵敏度之比用 $\mathrm{dB}\left(\frac{\mu\mathrm{V/MHz}}{\mu\mathrm{V}}\right)$表示，即为脉冲噪声容限；

b) 将 5.1.2.1 中步骤 e)和 f)所得结果画成频谱幅度曲线，线性纵坐标表示脉冲噪声频谱幅度，对数横坐标表示脉冲重复频率，用 5.1.2.1 中步骤 g)所选的其他输入信号电平的测试结果也画出一组曲线图(见图 6)。

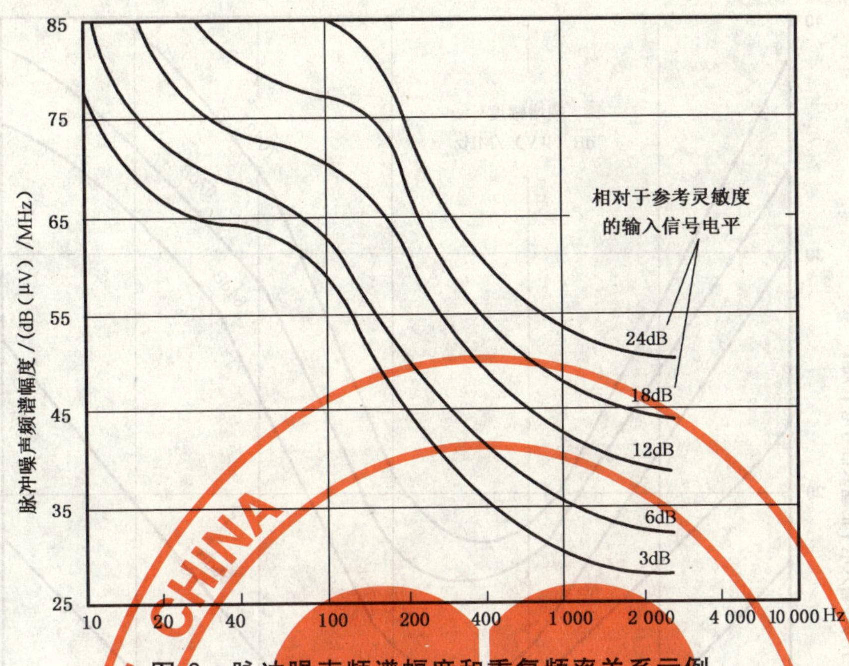

图 6 脉冲噪声频谱幅度和重复频率关系示例

5.2 有脉冲噪声时，抑噪输入电平与输入信号频率的关系

5.2.1 定义

在有规定性能的脉冲噪声下维持恒定的抑噪比所要求的输入信号电平。

5.2.2 测量步骤

本测量方法适用于调频接收机，也适用于具有自动增益控制的调幅接收机。

a) 按图 4 所示连接设备，将随机脉冲发生器或脉冲发生器接至汇合网络的 B 端；

b) 按要求加 20 dB 抑噪输入信号；

c) 将输入信号电平提高 3 dB，记下这个电平，用 (μV)或[dB(μV)]表示；

d) 在规定的脉冲重复频率下，将脉冲发生器的频谱幅度调节到再次产生 20 dB 抑噪的电平上；

e) 步骤 d)得到的频谱幅度保持不变的同时，以增量形式改变输入信号频率，使之高于和低于标称频率。在每一个频率增量重调一次输入信号电平，以获得 20 dB 的抑噪比，记下这个电平[μV 或 dB(μV)]和频率增量(kHz)；

f) 计算步骤 c)和 e)中测得的每个信号电平与步骤 b)中得到电平和输入信号电平的比值，用(dB)表示；

g) 用高于步骤 e)中使用的频谱幅度重复进行测量。

注：这种试验对其他脉冲重复频率也可以重复进行。

5.2.3 结果表示

用图表示这个比值，线性纵坐标表示步骤 f)计算出的抑噪信号电平(dB)，线性横坐标表示步骤 e)记下的频率增量(kHz)，见图 7 举例，对于每个脉冲重复频率(pps)画一张单独的图，与结果一道标出抑噪输入信号电平(μV 或 dB(μV))和标准输入信号频率(MHz)。

注：按照 5.2 提供的方法，将抑噪 20 dB 的输入电平，改为移动通信接收机参考灵敏度，其他条款不变即可进行。

STANDARDS PRESS OF CHINA

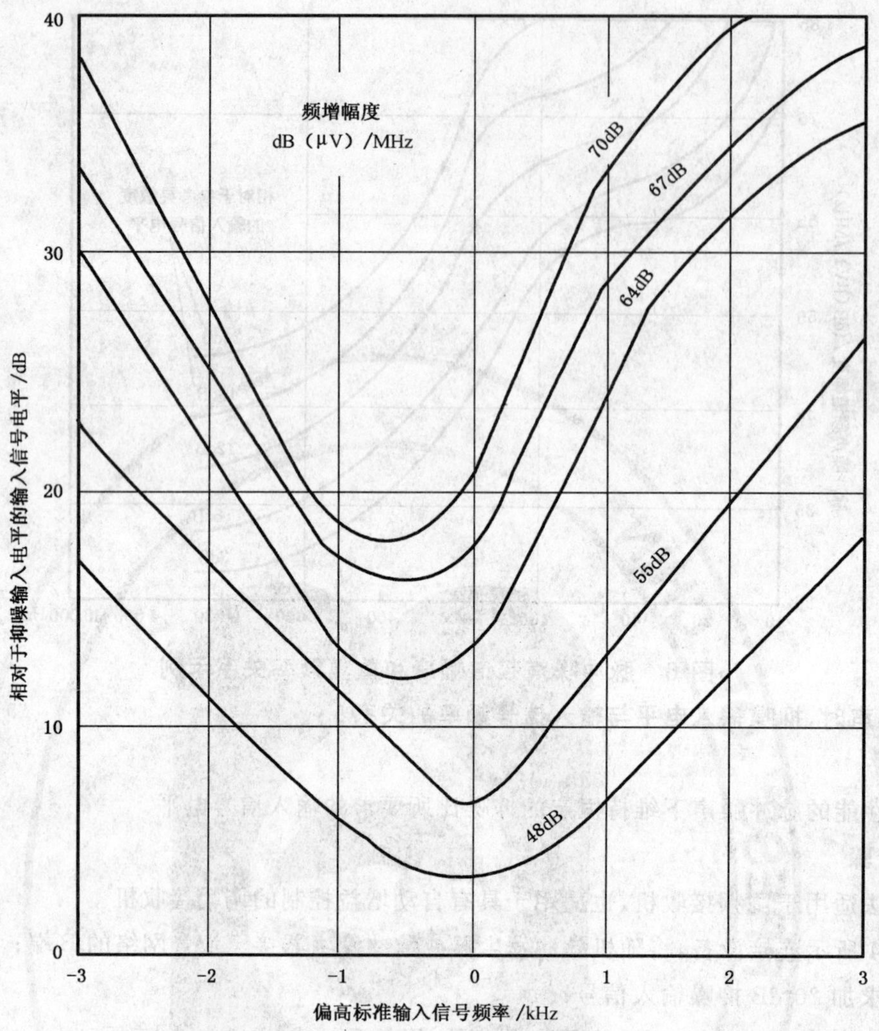

图 7　有脉冲噪声时抑噪输入信号与输入信号频率的关系示例

附 录 A
（规范性附录）
脉冲噪声基本概念和随机脉冲发生器

A.1 概述

移动通信中影响接收机和解码器的主要脉冲干扰源之一，是内燃机的点火系统。点火系统辐射的噪声由许多不同幅度和间隔的脉冲来表征。单位时间内超过给定值并在给定频段内测量的脉冲数目，构成某一噪声环境的频谱图。

评价接收机性能所需完整的噪声一幅度分布不容易产生。但是一个随机脉冲发生器可以用来模拟城市车辆所产生的噪声。这是用来测量由于脉冲噪声引起接收机性能降低的一种有效方法。

A.2 随机脉冲发生器的特征

随机脉冲发生器如图 A.1 所示。

本标准测量中所使用的随机脉冲发生器属于脉冲载波类型。

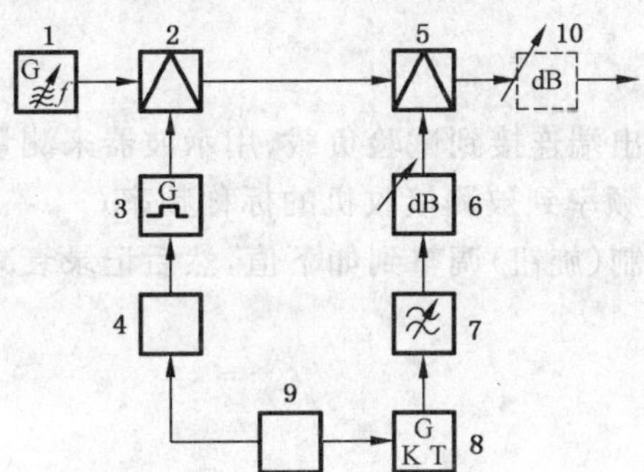

1——射频发生器；
2——乘积调制器；
3——脉冲发生器；
4——泊松分布发生器；
5——指数调制器；
6——增益调整；
7——低通滤波器；
8——噪声发生器；
9——时钟；
10——内部衰减器。

图 A.1 随机脉冲发声器示例

A.2.1 频谱带宽

在接收机所进行测量的射频带宽内，随机脉冲发生器输出频谱的均匀性应该在 0.5 dB 以内。

单个载波脉冲频谱幅度，在射频输入频率±186/τ(MHz)的范围内，其均匀性将在 0.5 dB 内，其中“τ”等效于矩形脉冲的持续时间[ns]。当确定发生器的载频与接收机标称频率偏差时，它的脉冲持续时间是要考虑的一个重要参数。

A.2.2 输出

随机脉冲发生器的输出用频谱幅度形式表示，在一个给定频段内，由脉冲噪声产生的频谱幅度，是该频段内噪声电压的矢量和除以带宽(如 μV/MHz 或 dBμV/MHz)。

当用宽带示波器来观察时，其输出是一串短脉冲载波，当在窄带频谱仪上分析观察时，其输出为

sinX/X 类型的频率分布。

随机脉冲发生器应按 dBμV/MHz 进行校准，其精度为±1 dB，它的源阻抗(R_i)等于包括匹配和混合网络的接收机的阻抗(如 50 Ω)，在跨接 50 Ω 的试验负载上测量其输出电压。

A.2.3 平均脉冲速率

随机脉冲发生器的平均脉冲速率为 100 pps。

A.2.4 脉冲的随机分布

脉冲之间的时间间隔是随机的。脉冲的分布服从泊松分布。

产生符合要求的随机分布的一种方法是，将三个码长分别为 20 bit、21 bit、22 bit，时钟为 800 bit/s 的伪随机二进制系列发生器的输出，加到一个“与门”上，利用“与门”来产生所需脉冲，平均脉冲速率为 100 pp，概率密度接近于泊松分布。

A.2.5 频谱幅度的随机分布和幅度的相关性

每个载波脉冲的幅度是随机的。概率密度服从标准偏差为 6 dB 的对数正态分布，载波脉冲之间的幅度相关性由带宽为 10Hz 的带限噪声所确定。

产生符合要求的随机幅度分布的一种方法是通过截止频率为 10Hz 低通滤波器来平滑噪声，该噪声的概率密度为正态分布。通过一个有指数特性的调制器，利用该噪声来调制载波脉冲的幅度，对数正态幅度分布的标准偏差，可以通过调整加到调制器的噪声大小来改变。

A.3 频谱幅度的校验

a) 把随机脉冲发生器的输出端连接到试验负载，用示波器来测量跨接试验负载的端电压；

b) 调整射频信号发生器的频率到被测接收机的标称频率；

c) 把随机脉冲发生器的控制(旋钮)调整到如下值，然后记录衰减器的值：

衰减器为最小值；

脉冲宽度为 0.2 μs；

标称偏差为 0 dB；

脉冲速率为恒定值(如果可能的话)。

注：即使脉冲是随机的，多数示波器都在一个脉冲上触发。

d) 用示波器来显示一个载波脉冲，然后测量脉冲的峰值电压，记录峰值电压(μV)；

e) 测量脉冲包络与步骤 d)中记录的电平的 50%相交的两点之间的时间，记录该时间(μs)；

f) 校准脉冲噪声频谱幅度如式(A.1)：

$$P=\frac{V\times\tau}{2} \qquad \text{(A.1)}$$

式中：

P——频谱幅度，μV/MHz；

V——步骤 d)中记录的电压，μV；

τ——步骤 e)中记录的时间，μs。

公式(A.1)仅仅是对于频谱幅度可以认为是恒定的那一部分频段才是正确的，记录该频谱幅度作为最小衰减中值频谱幅度。

注：持续时间为 0.2 μs 的脉冲，在±0.93 MHz 的带宽内，有一个恒定的频率分布。

A.4 随机脉冲发生器的性能校验

这一校验适用于脉冲分布和幅度分布。

A.4.1 脉冲分布为泊松分布的校验

A.4.1.1 校验步骤

a) 如图 A.2 所示连接设备：

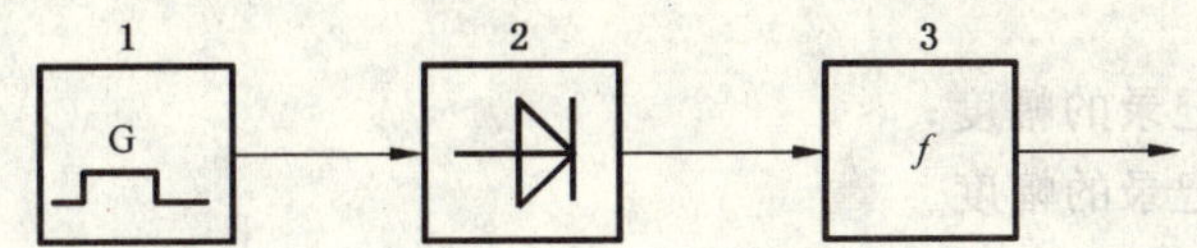

1——随机脉冲发生器；

2——包络检测装置；

3——频率计。

图 A.2 脉冲分布校验的连接图

b) 把随机脉冲发生器的控制(旋钮)调整到下值：

衰减器为最小值；

脉冲宽度为 0.2 μs；

标称偏差为 0 dB；

脉冲速率是随机的。

c) 调整计数器，以便能测量 0.1 s 周期内脉冲的数目。随机地测量 1 000 个周期，并且在表 A.1 中记录一个周期内的脉冲数为 5、6、7……或 15 的周期数。

表 A.1

每个周期内脉冲数	周期数/个		
	下限	实测	上限
5	30		46
6	50		74
7	72		109
8	90		136
9	100		151
10	100		151
11	90		137
12	75		114
13	58		88
14	41		63
15	27		42

A.4.1.2 校验结果

如果在表 A.1 中记录的周期数在限制的范围内，则该随机脉冲发生器的脉冲分布符合泊松分布。

A.4.2 幅度分布为对数正态的校验

A.4.2.1 校验步骤

a) 把随机脉冲发生器的标准偏差调整到 0 dB；

b) 把射频信号加到具有对数特性的包络检测装置上，例如频谱分析仪，其扫描调整到零状态，并调整其值到某一分贝(dB)刻度，记录该脉冲幅度(用 dB 表示)；

c) 把随机脉冲发生器的标准偏差调整到 6 dB；

d) 测量并记录 1 000 次独立取样的脉冲幅度(用 dB 表示)，取样速率约为每秒一次。

A.4.2.2 校验结果

a) 对每次取样 i，计算其 Z 值：

$$Z_i = (X_i - V)\ \text{dB} \qquad \text{(A.2)}$$

STANDARDS PRESS OF CHINA

式中：

V——A.4.2.1 中 b)记录的幅度；

X_i——A.4.2.1 中 d)记录的幅度。

b) 在表 A.2 中记录 Z 值(小于所示值的取样数目)；

c) 如果在表 A.2 中记录的取样数目在限制的范围内，则随机脉冲发生器符合对数正态幅度分布。

表 A.2

Z dB	取样数		
	下限	实测	上限
−15	1		13
−14	2		19
−13	6		27
−12	10		38
−11	18		52
−10	28		71
−9	42		95
−8	62		125
−7	86		162
−6	117		205
−5	155		254
−4	200		309
−3	251		370
−2	307		434
−1	434		500
0	500		566
1	566		631
2	630		693
3	691		749
4	746		800
5	795		845
6	838		883
7	875		914
8	905		938
9	929		938
10	948		972
11	962		982
12	973		990
13	973		994
14	981		998
15	987		999

ICS 13.310
A 91

中华人民共和国国家标准

GB/T 15208.2—2006

微剂量X射线安全检查设备
第2部分:测试体

Micro-dose X-ray security inspection system—
Part 2: Test block

2006-03-14 发布　　2006-09-01 实施

中华人民共和国国家质量监督检验检疫总局
中国国家标准化管理委员会　发布

前　言

《微剂量 X 射线安全检查设备》分为两个部分：

——第 1 部分：通用技术要求；

——第 2 部分：测试体。

本部分为《微剂量 X 射线安全检查设备》的第 2 部分。

本部分自实施之日起代替 GB 15208—1994 中试验方法和附录。

本部分由中华人民共和国公安部提出。

本部分由全国安全防范系统标准化技术委员会(SAC/TC 100)归口。

本部分由公安部第一研究所、公安部安全与警用电子产品质量检测中心负责起草。

本部分主要起草人：崔玉华、王立军、陈学亮、周杏仁、李永清、陈力、杨立瑞、滕旭、吕保军。

微剂量X射线安全检查设备 第2部分:测试体

1 范围

本部分规定了微剂量X射线安全检查设备(以下简称设备)测试体的技术指标。

本部分适用于测试体的制作与使用。

2 规范性引用文件

下列文件中的条款通过本部分的引用而成为本部分的条款。凡是注日期的引用文件,其随后所有的修改单(不包括勘误的内容)或修订版均不适用于本部分,然而,鼓励根据本部分达成协议的各方研究是否可使用这些文件的最新版本。凡是不注日期的引用文件,其最新版本适用于本部分。

GB 15208.1—2005 微剂量X射线安全检查设备 第1部分:通用技术要求

3 术语和定义

GB 15208.1—2005中的术语和定义适用于本部分。

4 测试体

测试体包括测试体A和测试体B。测试体A为图像解析度测试体,用于测试设备的线分辨力、穿透分辨力、空间分辨力和穿透力;测试体B为材料分辨测试体,用于测试设备的材料分辨能力。

测试体内包含测试卡。测试卡安装在测试体内的固定板上,并用上、下防护衬板封装成一长方形的测试体。测试体的防护衬板采用发泡聚乙烯板。

测试体的长度单位为毫米。

4.1 测试体A(图像解析度测试体)

测试体A包括4种测试卡:线分辨力测试卡(TEST1)、穿透分辨力测试卡(TEST2)、空间分辨力测试卡(TEST3)和穿透力测试卡(TEST4)。测试体A的结构及尺寸见图1～图7,以及图23。

STANDARDS PRESS OF CHINA

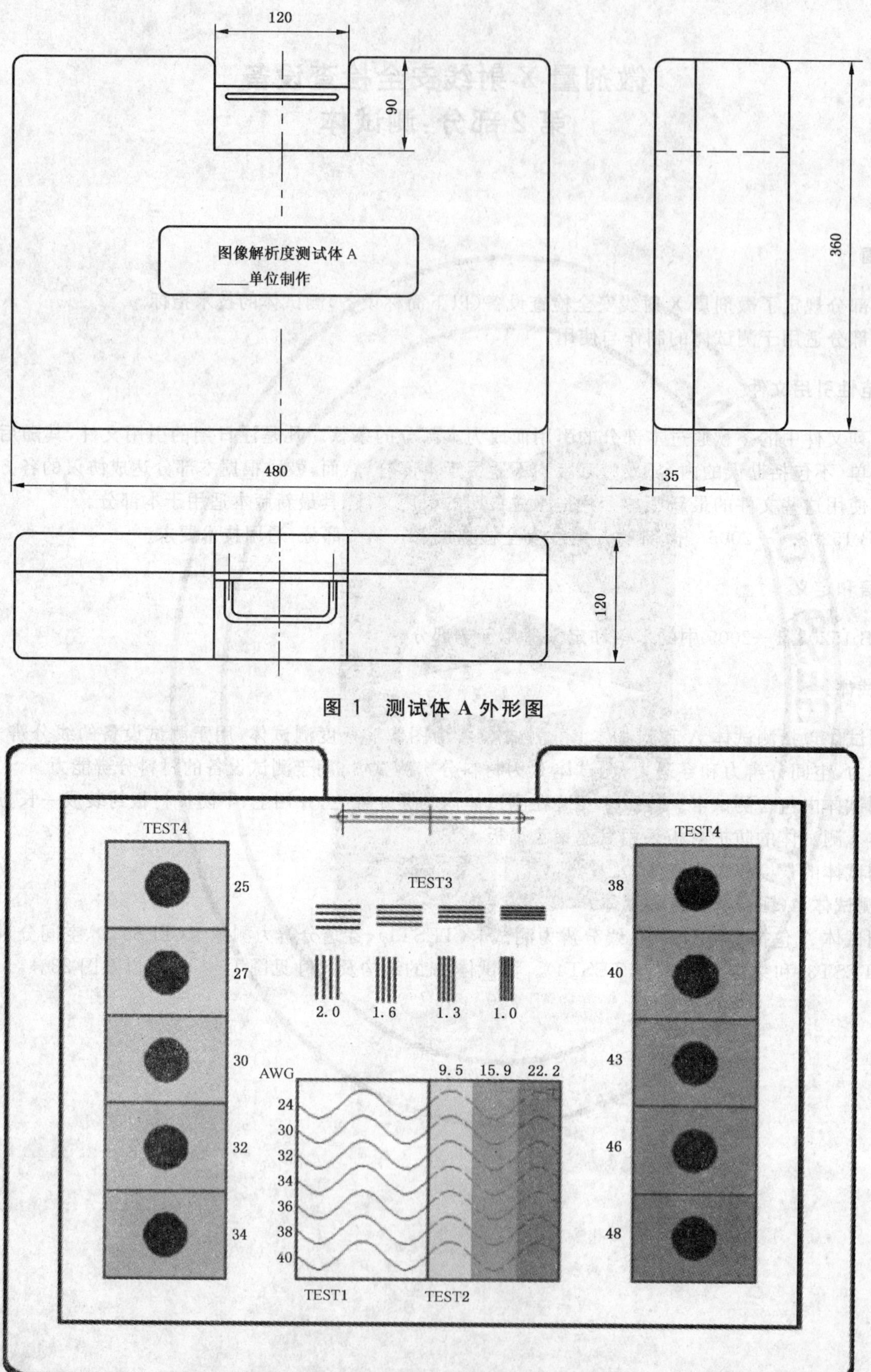

图 1 测试体 A 外形图

图 2 测试体 A 内部结构

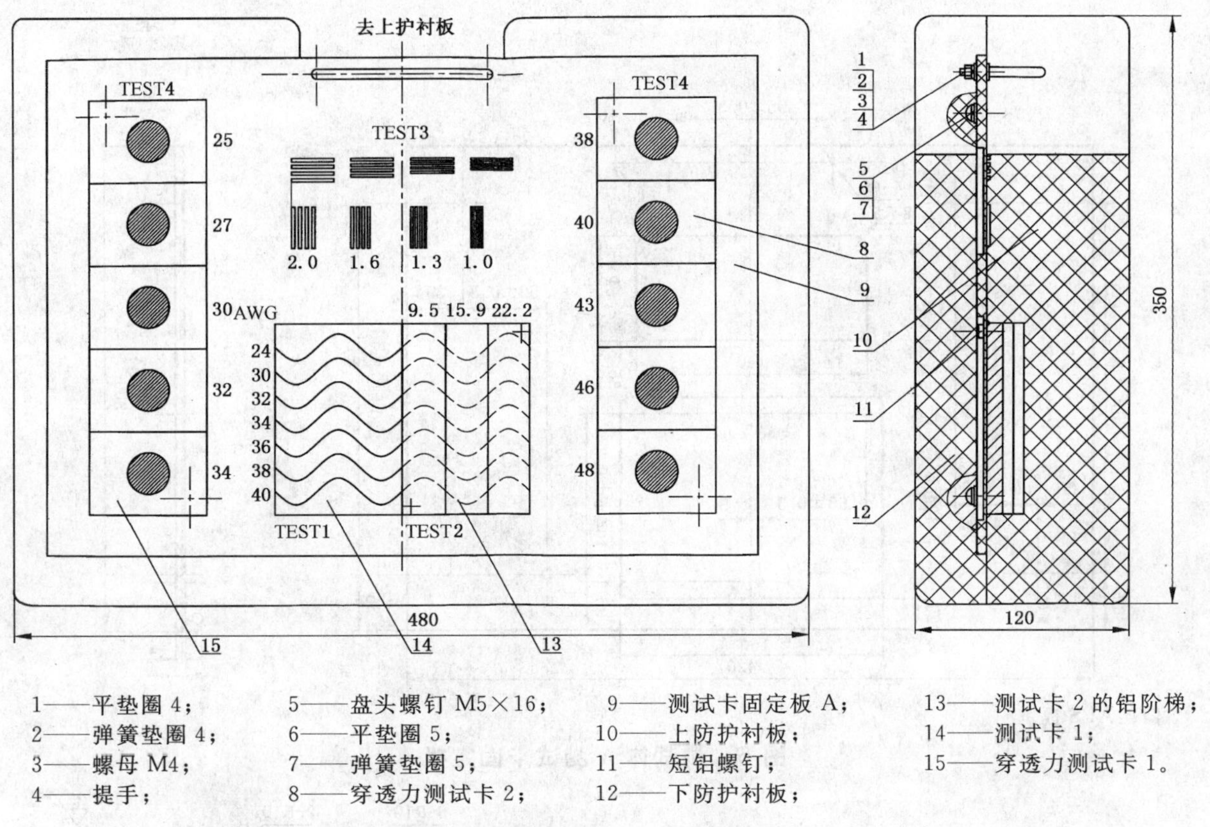

1——平垫圈 4；
2——弹簧垫圈 4；
3——螺母 M4；
4——提手；
5——盘头螺钉 M5×16；
6——平垫圈 5；
7——弹簧垫圈 5；
8——穿透力测试卡 2；
9——测试卡固定板 A；
10——上防护衬板；
11——短铝螺钉；
12——下防护衬板；
13——测试卡 2 的铝阶梯；
14——测试卡 1；
15——穿透力测试卡 1。

图 3 测试体 A 测试卡装配图

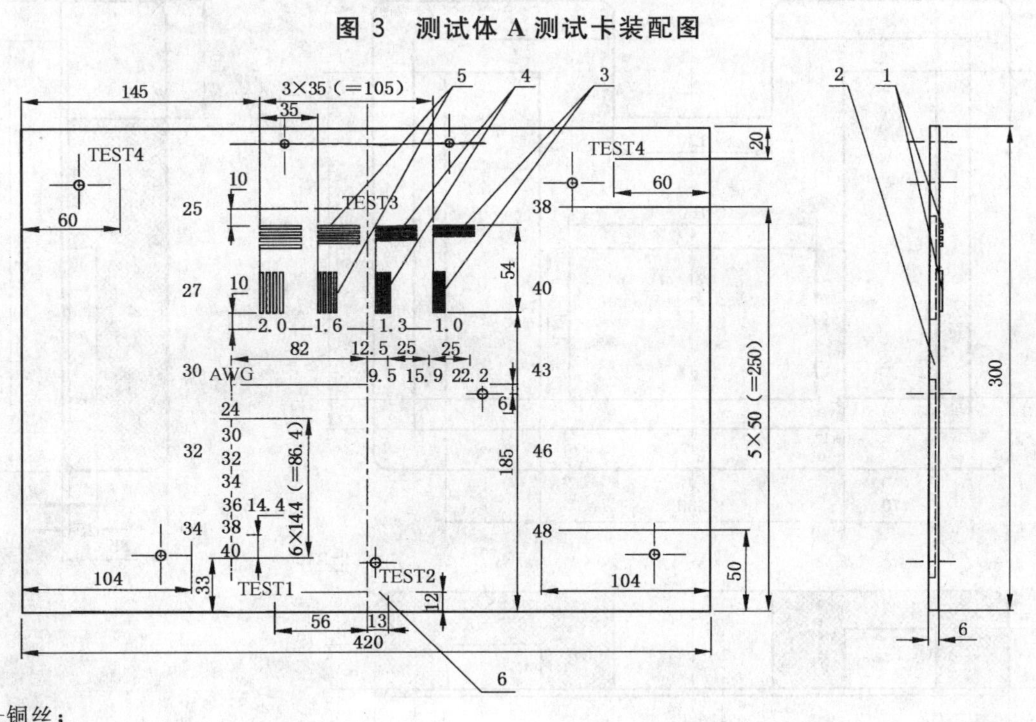

1——铜丝；
2——测试卡固定板；
3、4、5——测试卡 3 的线对；
6——铅字。

图 4 测试体 A 测试卡固定板装配图

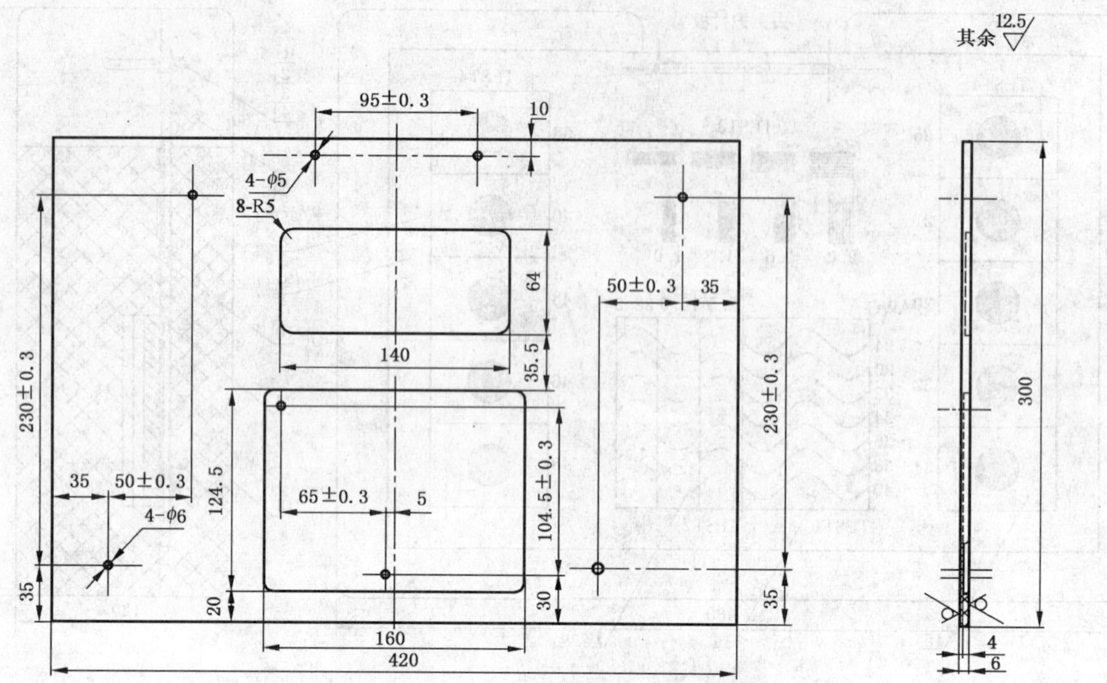

材料:ABS板

图 5 测试体 A 测试卡固定板

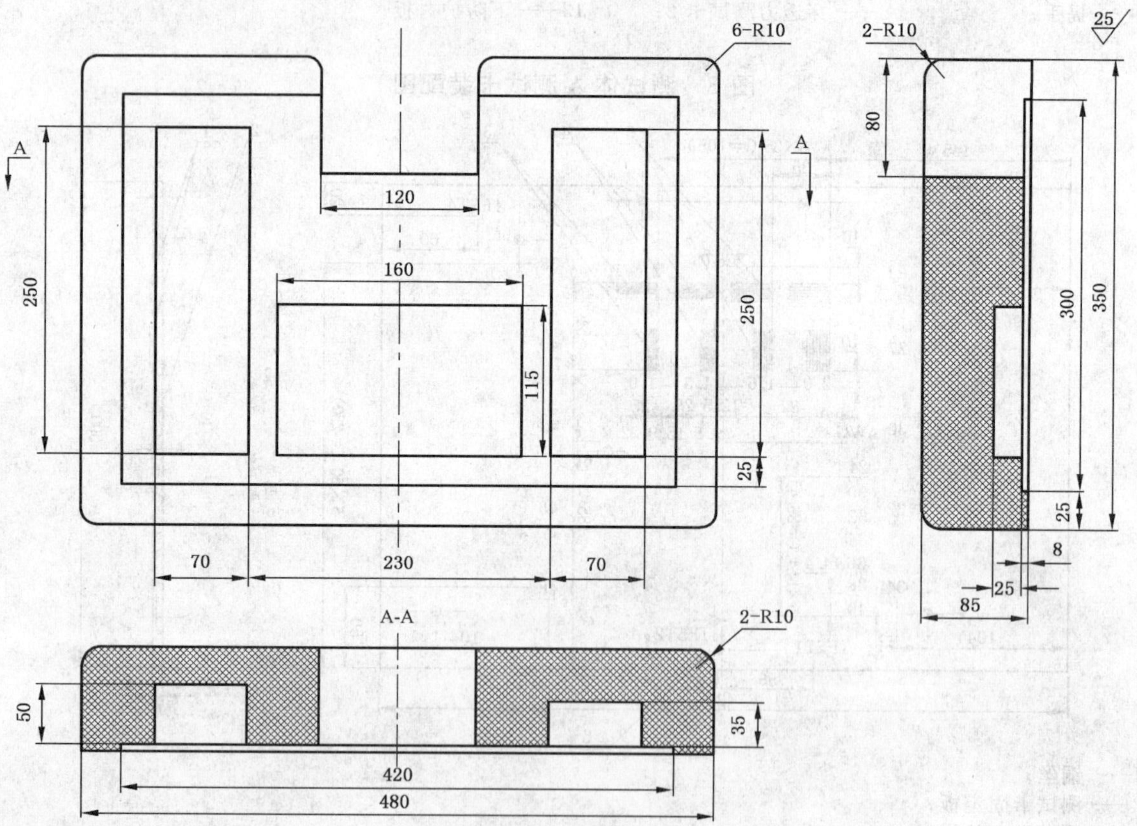

材料:发泡聚乙烯板

图 6 测试体 A 上防护衬板

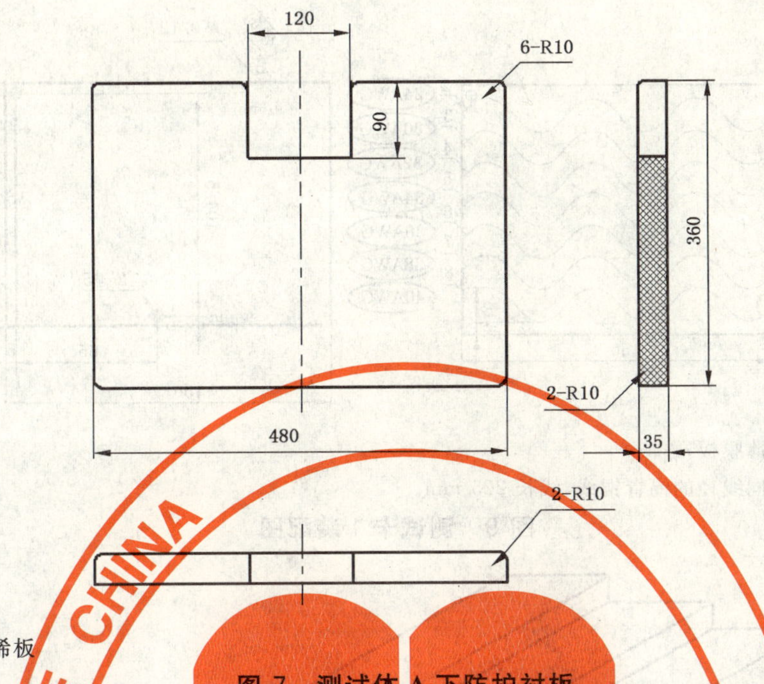

材料:发泡聚乙烯板

图 7　测试体 A 下防护衬板

4.1.1　测试卡 1(TEST1)和测试卡 2(TEST2)

测试卡 1 和测试卡 2 为组合测试卡。测试卡 1 为线分辨力测试卡,测试卡 2 为穿透分辨力测试卡,分别用于检测设备的线分辨力和穿透分辨力。

测试卡 1 由一组正弦曲线形锡青铜线组成;测试卡 2 由合金铝阶梯(2A12)和一组正弦曲线形锡青铜线组成。这些铜线固定在一层厚度为 0.2 mm 的聚酯薄膜上,铜线位于聚酯薄膜和铝阶梯之间,铝阶梯在测试卡的最上层,与聚酯薄膜固定在一起,详见图 8 ～ 图 10。锡青铜线的线径和线号(AWG)对应关系见表 1。

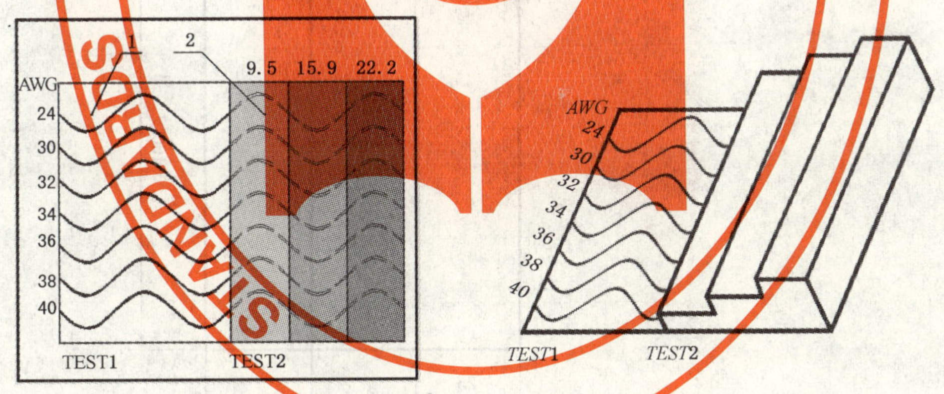

1——粘有不同线径锡青铜线的聚酯薄膜板;

2——合金铝阶梯。

图 8　测试卡 1 和 测试卡 2 组合图

STANDARDS PRESS OF CHINA

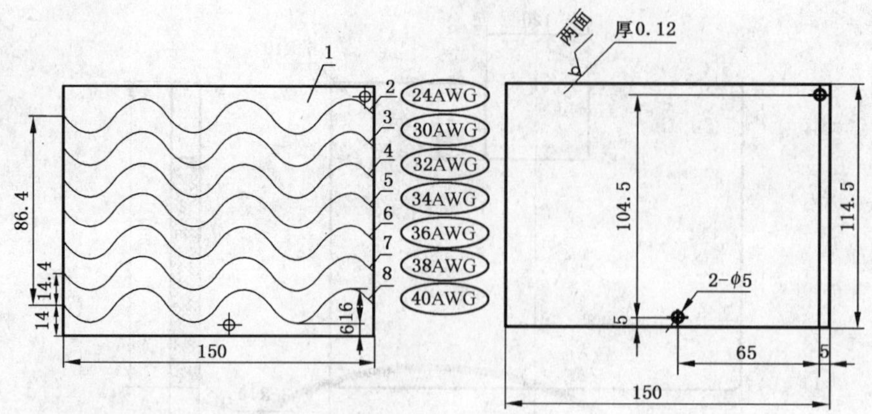

1——聚酯薄膜板；

2、3、4、5、6、7、8——为不同线径的锡青铜线，线长 225 mm。

图 9　测试卡 1 装配图

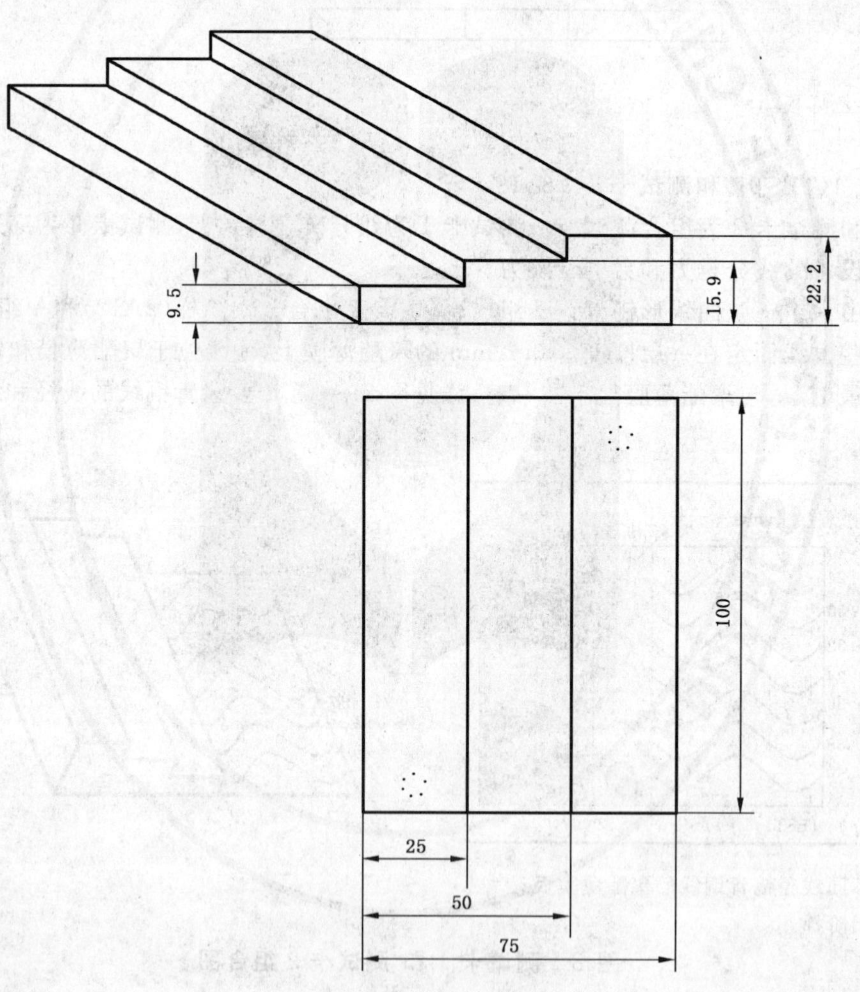

材料：2A12

图 10　测试卡 2 铝阶梯

表 1 线径和线号的对应关系表

线号 AWG	线径 mm
24	ϕ0.511
30	ϕ0.254
32	ϕ0.202
34	ϕ0.160
36	ϕ0.127
38	ϕ0.101
40	ϕ0.0787

4.1.2 测试卡 3(TEST3)

测试卡 3 为空间分辨力测试卡,用于检测设备分辨线对的能力。测试卡 3 由直接固定在安装板上的,4 种不同线径锡青铜线制成的 4 组线对构成,测试卡 3 见图 11 ～ 图 13。

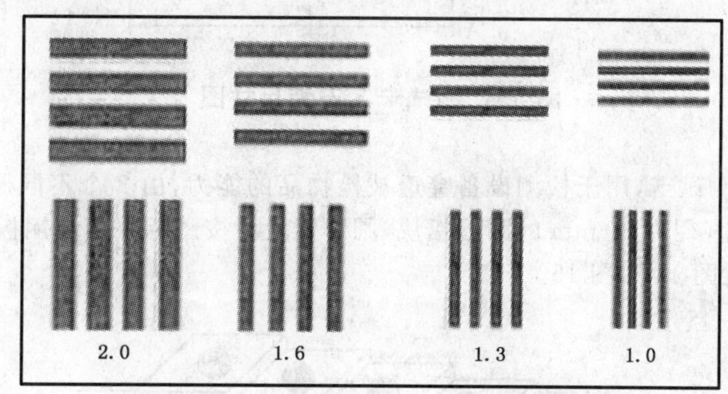

图 11 空间分辨力测试卡

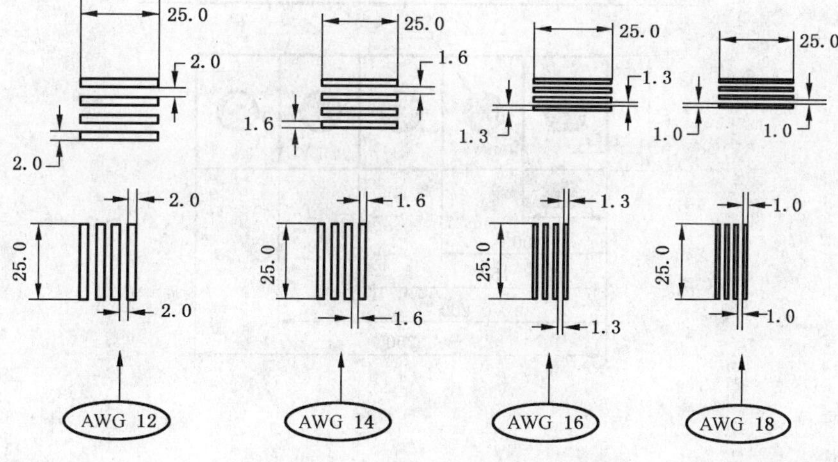

图 12 测试卡 3 尺寸图

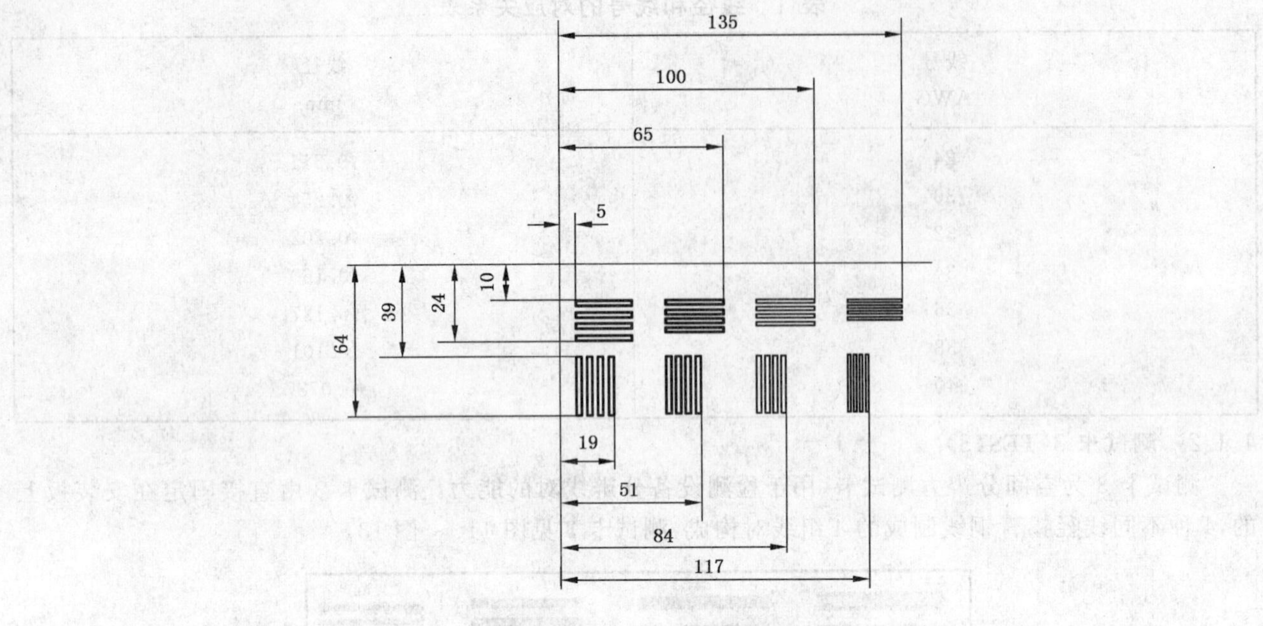

图 13 测试卡 3 安装尺寸图

4.1.3 测试卡 4(**TEST4**)

测试卡 4 为穿透力测试卡，用于检测设备穿透被检物品的能力，由 2 个不同厚度的碳钢阶梯组成，在阶梯面粘有厚 5 mm、直径为 25 mm 的圆形铅块，圆形铅块应按图示位置与钢板用胶粘牢。钢板的厚度由对应的铅字表示，见图 14 和图 15。

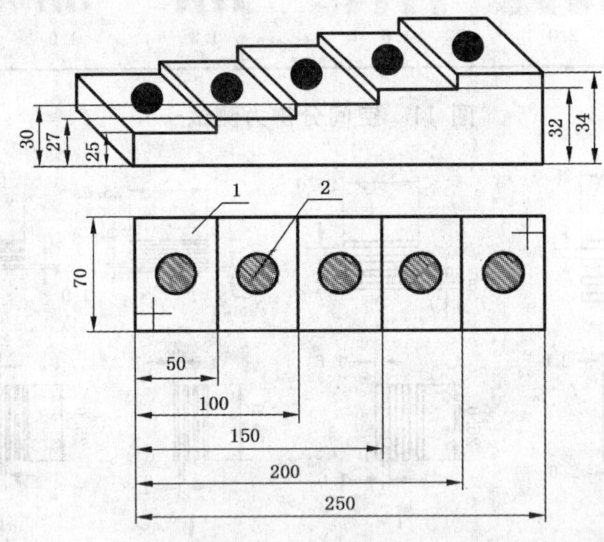

1——为碳钢阶梯；

2——为圆形铅块。

图 14 穿透力测试卡 1

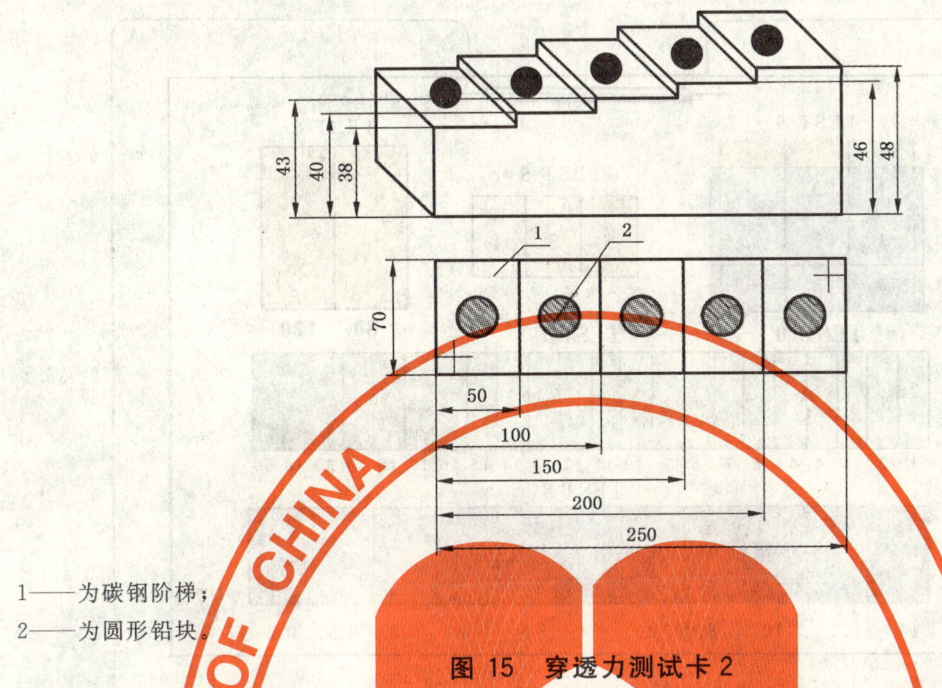

1——为碳钢阶梯；

2——为圆形铅块。

图 15 穿透力测试卡 2

4.2 测试体 B(材料分辨测试体)

测试体 B 包括 6 个测试卡：薄有机物分辨测试卡(TEST5)、有机物分辨测试卡(TEST6)、灰度分辨测试卡(TEST7)、无机物分辨测试卡(TEST8)、材料分辨测试卡(TEST9) 和有效材料分辨测试卡(TEST10)。这些测试卡用于测试能量分辨型设备的材料分辨能力，测试体 B 结构及尺寸见图 16～图 23。

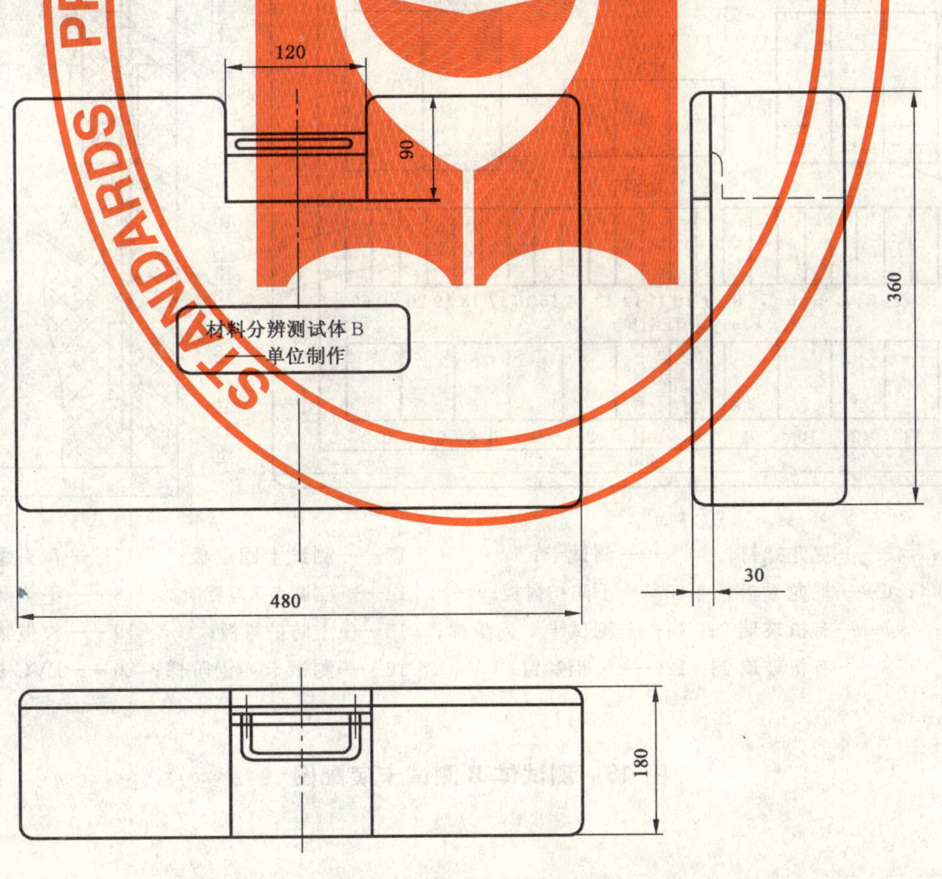

图 16 测试体 B 外形图

STANDARDS PRESS OF CHINA

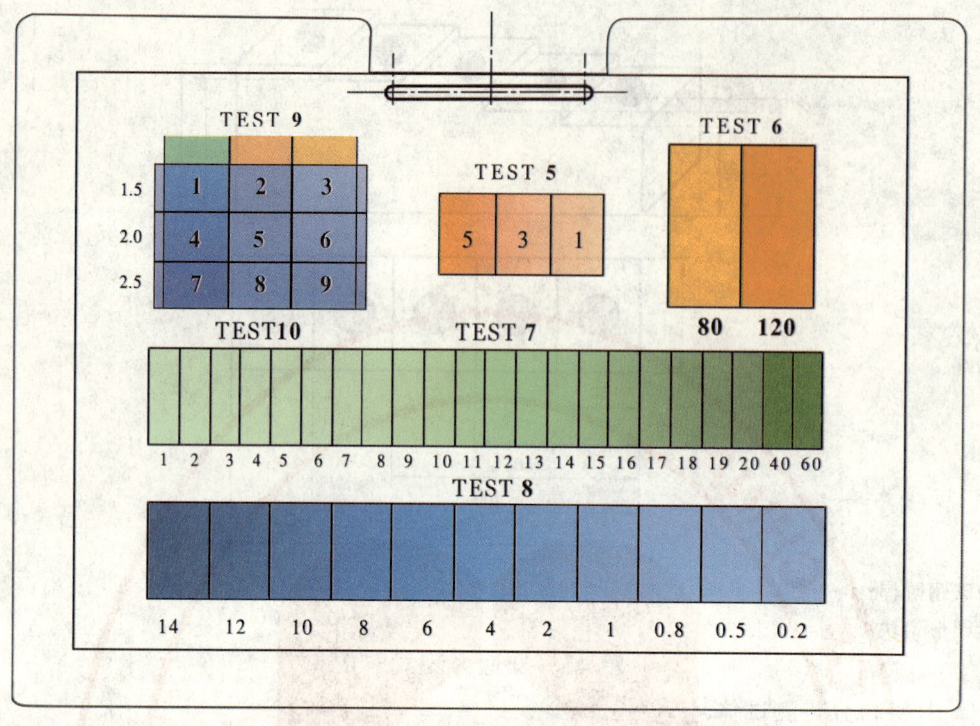

图 17 测试体 B 内部结构和测试卡成像示意图

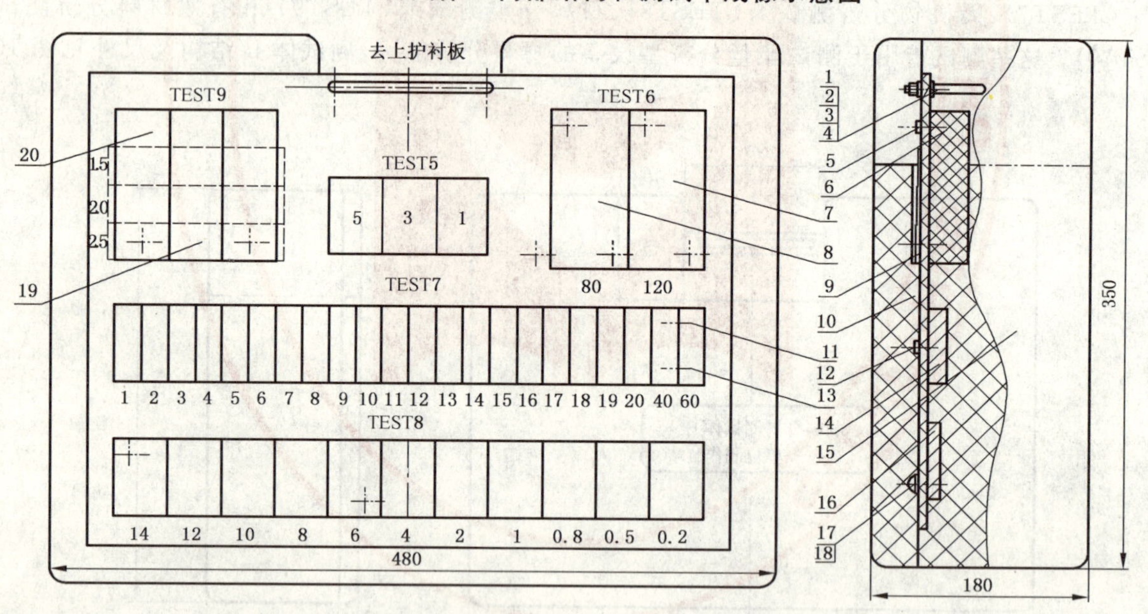

1——平垫圈 4；　5——尼龙螺钉；　9——测试卡；　13——测试卡固定板；　17——盘头螺钉 M5×12

2——弹簧垫圈 4；6——尼龙 6 板；　10——下防护衬板；　14——测试卡 7 厚铝阶梯；18——平垫圈 5；

3——螺母 M4；　7——有机玻璃 2；11——测试卡 7 铝阶梯；　15——上防护衬板；　19——模拟物板；

4——提手；　8——有机玻璃 1；12——长铝螺钉；　16——测试卡 8 钢阶梯；20——PVC 板。

图 18 测试体 B 测试卡装配图

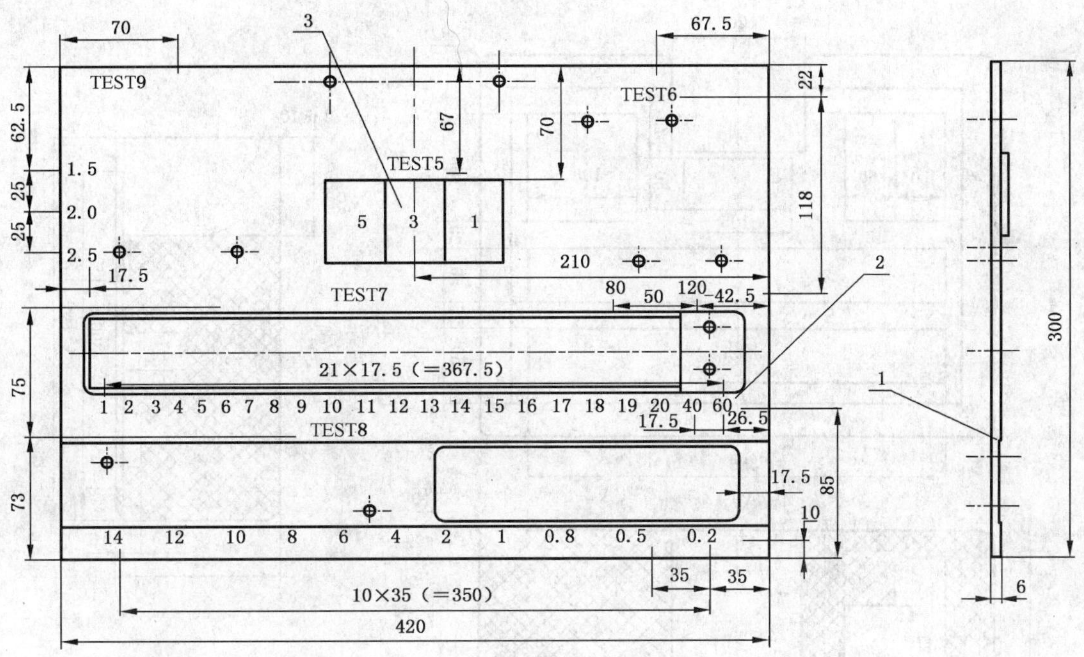

1——测试卡固定板；

2——铅字；

3——测试卡 5。

图 19　测试体 B 测试卡固定板装配图

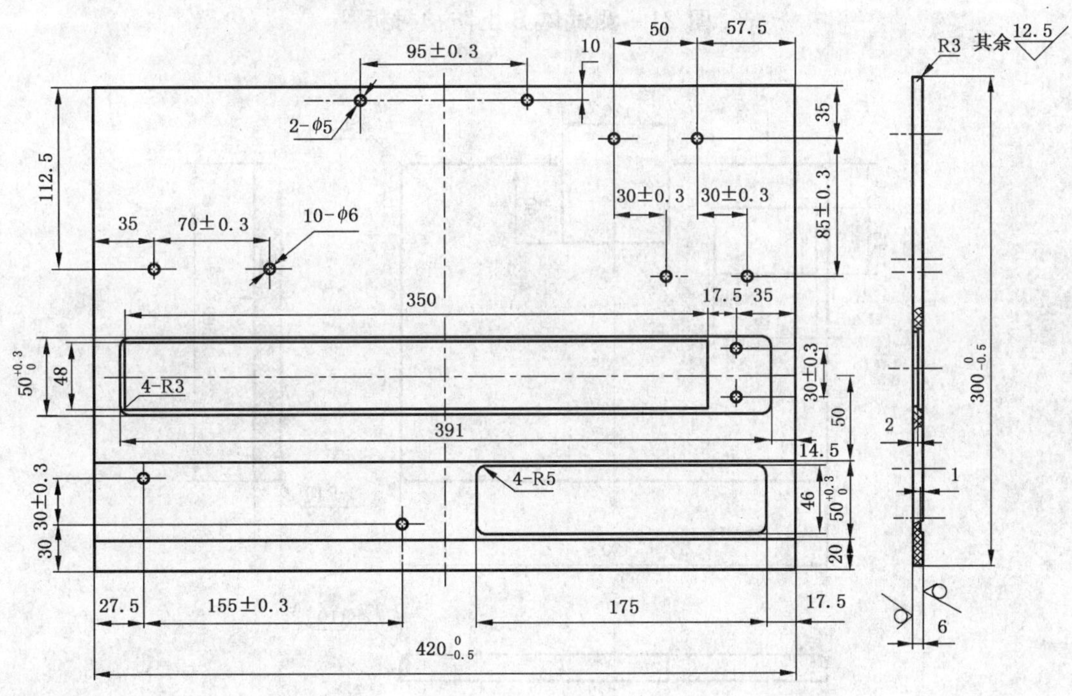

材料：ABS 树脂板

图 20　测试卡固定板

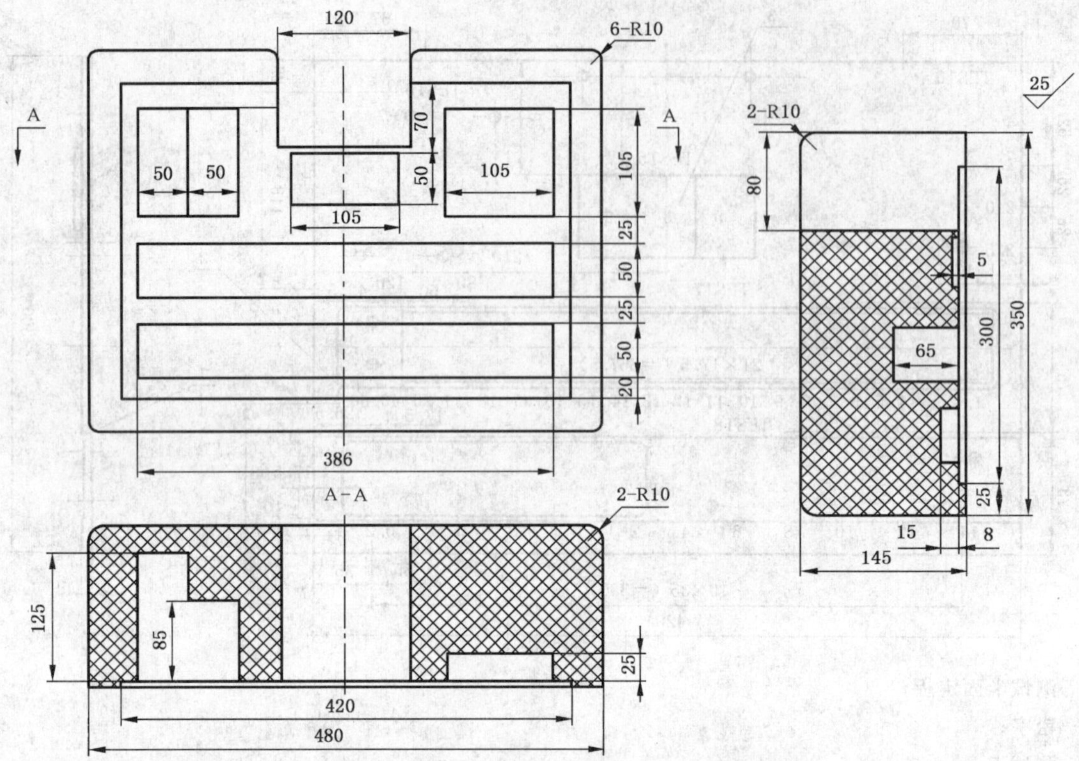

材料:发泡聚乙烯板

图 21　测试体 B 上防护衬板

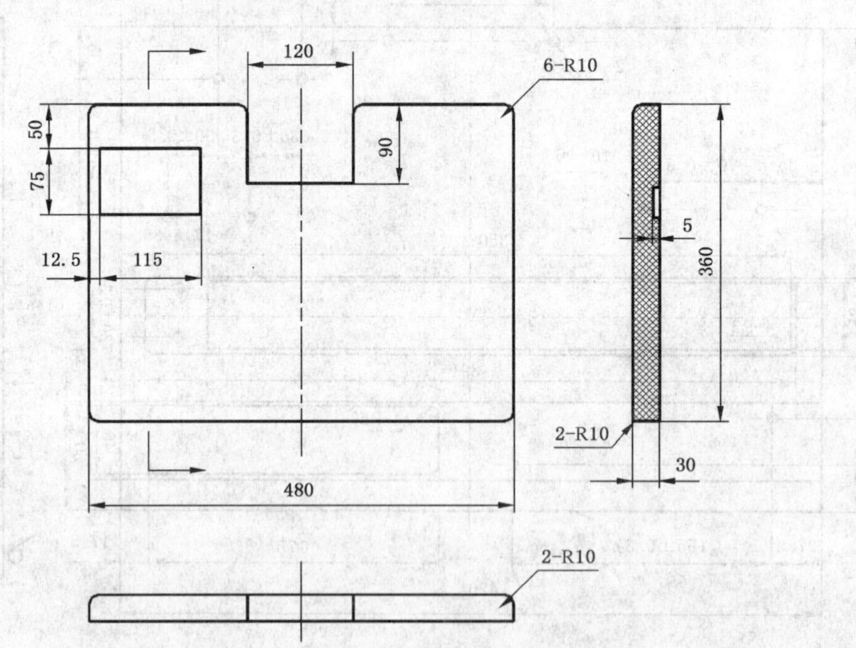

材料:发泡聚乙烯板

图 22　测试体 B 下防护衬板

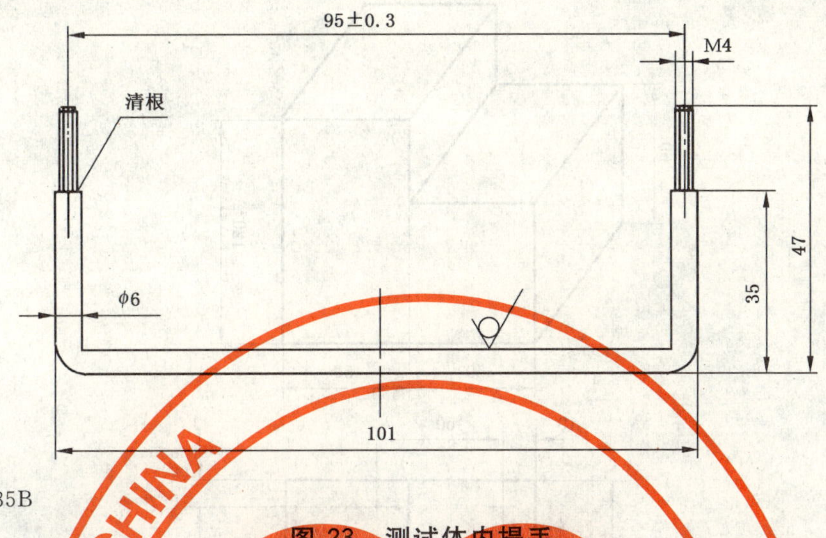

材料:圆钢 Q235B

图 23 测试体内提手

4.2.1 测试卡 5(TEST5)

测试卡 5 为薄有机物分辨测试卡,用于检测设备对薄有机物分辨能力,由塑料阶梯和铅字组成。塑料阶梯由 ABS 塑料板制成,在阶梯面粘有厚 1 mm、高 6 mm 的铅字,塑料阶梯的厚度分别为 1 mm、3 mm和 5 mm,测试卡 5 见图 24。

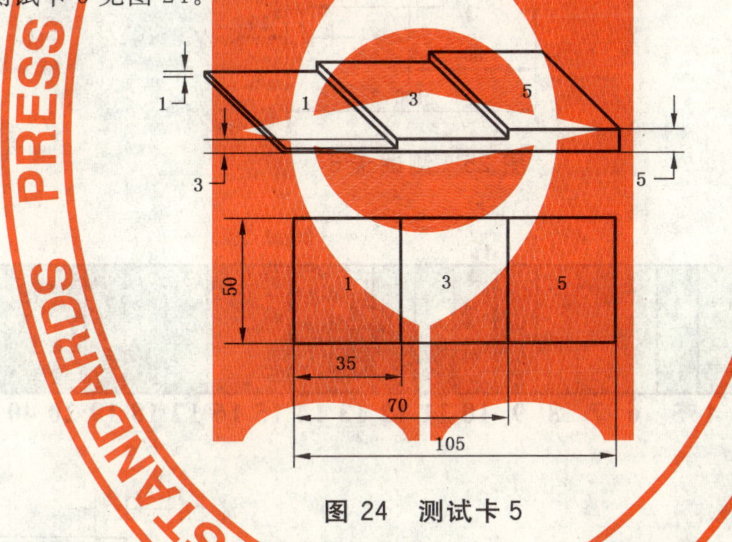

图 24 测试卡 5

4.2.2 测试卡 6(TEST6)

测试卡 6 为有机物分辨测试卡,用于测试设备分辨厚有机物质的能力。测试卡由两块不同厚度的有机玻璃和铅字组成。有机玻璃的厚度分别为 80 mm 和 120 mm,测试卡下面的铅字表示阶梯的厚度。两块有机玻璃用尼龙螺钉固定在测试体 B 的安装板上,测试卡 6 见图 25。

4.2.3 测试卡 7(TEST7)

测试卡 7 为灰度(混合物)分辨测试卡,用于测试设备灰度分辨以及混合物质分辨能力。测试卡由 3 部分组成:合金铝阶梯(5A02)、厚铝阶梯(2A12)和铅字。合金铝阶梯的级差为 1mm,厚铝阶梯的阶梯厚度为 40mm 和 60mm。测试卡用铝螺钉固定在测试体 B 的安装板上,测试卡下面的铅字表示阶梯的厚度,测试卡 7 见图 26。

STANDARDS PRESS OF CHINA

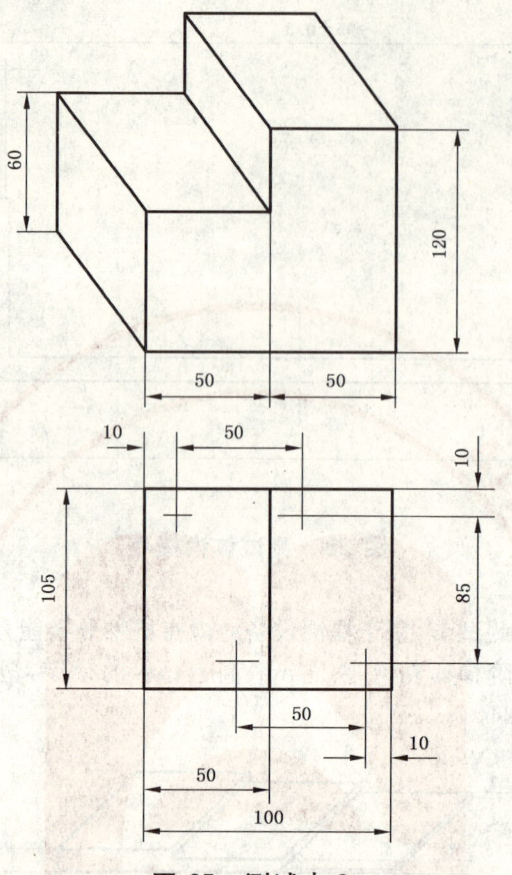

图 25　测试卡 6

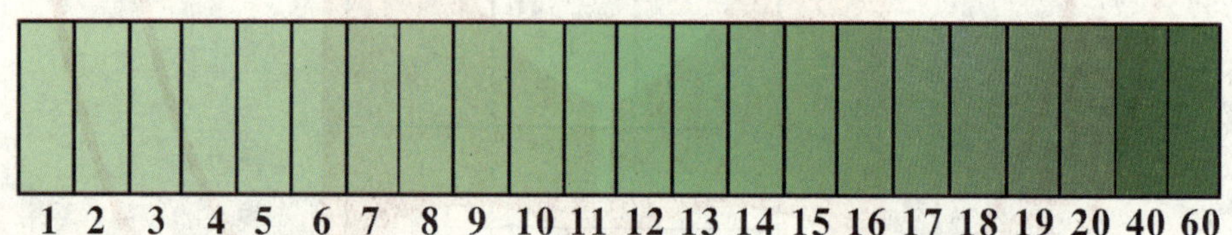

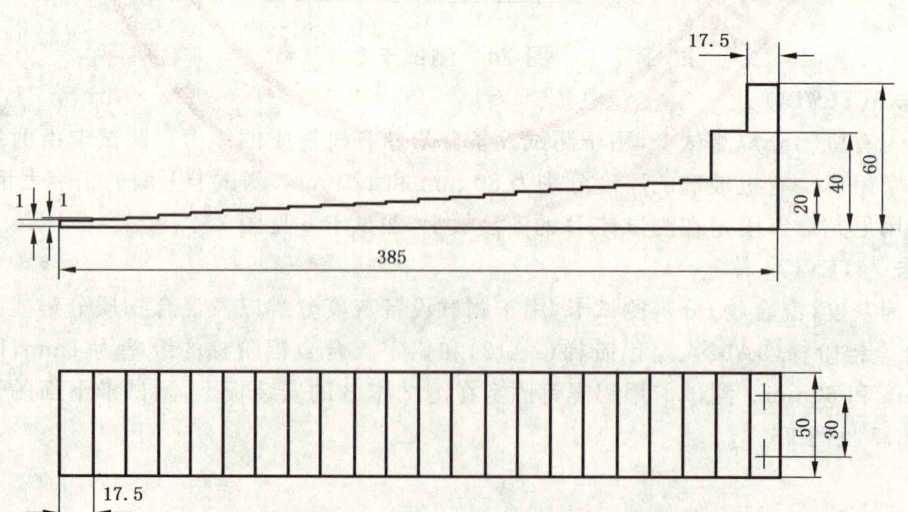

1——固定孔位置。

图 26　测试卡 7

4.2.4 **测试卡8(TEST8)**

测试卡8为无机物分辨测试卡,用于测试设备分辨无机物的能力。测试卡8由3部分组成:薄钢板阶梯(SPCC)、厚钢板阶梯(Q235B)和铅字,测试卡下面的铅字表示阶梯的厚度。测试卡用铝螺钉固定在测试体B的安装板上,测试卡8见图27。

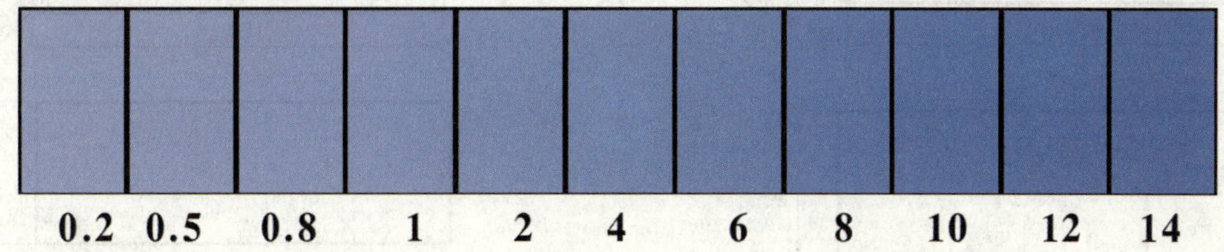

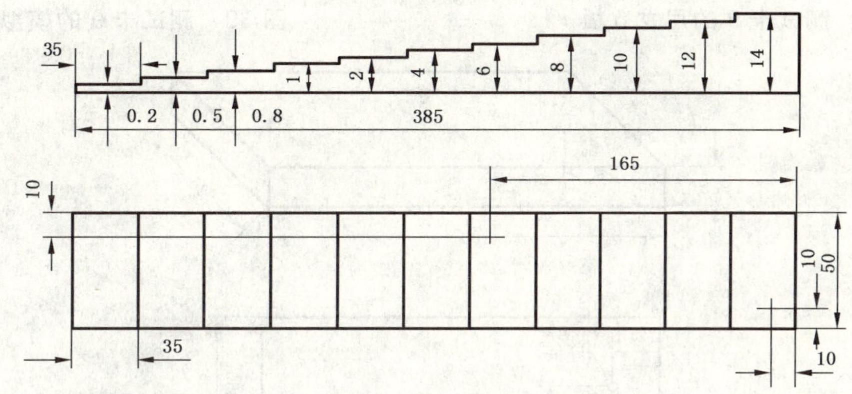

1——固定孔位置。

图27 测试卡8

4.2.5 **测试卡9(TEST9)和测试卡10(TEST10)**

测试卡9和测试卡10为组合测试卡。测试卡9为材料分辨测试卡,用于测试设备的材料分辨能力。测试卡9由具有不同等效原子序数、不同厚度和相同X射线衰减能力的尼龙6板、模拟物板和PVC板组成。尼龙6板的厚度为25 mm,等效原子序数为6.2;模拟物板的厚度为22 mm,等效原子序数为9.8;PVC板的厚度为9.5 mm,等效原子序数为14.3。

测试卡10为有效材料分辨测试卡,用于检测设备在射线穿过钢阶梯后分辨材料的能力。测试卡由一个碳钢(SPCC)阶梯和测试卡9组成,碳钢阶梯和测试卡9由螺钉固定在测试体B的安装板的两侧,见图28～图32。

测试卡10中的数字表示了碳钢阶梯和测试卡9重叠的区域号。

数字1～9是1 mm厚的铅字。

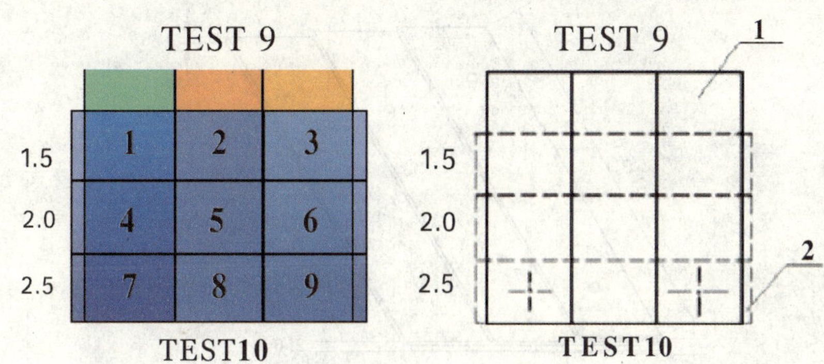

1——测试卡9(左为PVC板,中为模拟物板,右为尼龙6板);

2——碳钢阶梯。

图28 测试卡9和测试卡10的组合图

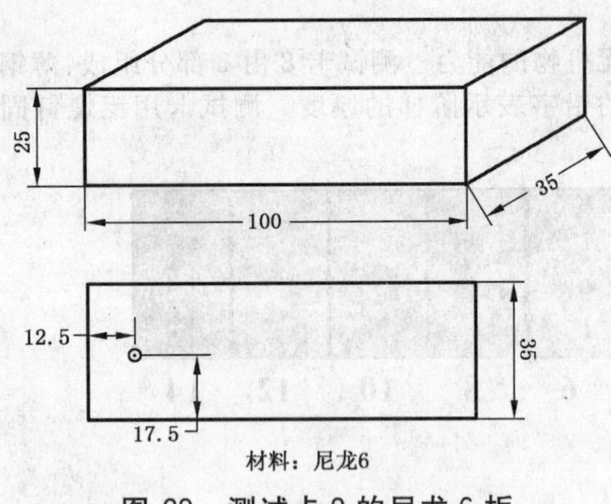

图 29　测试卡 9 的尼龙 6 板

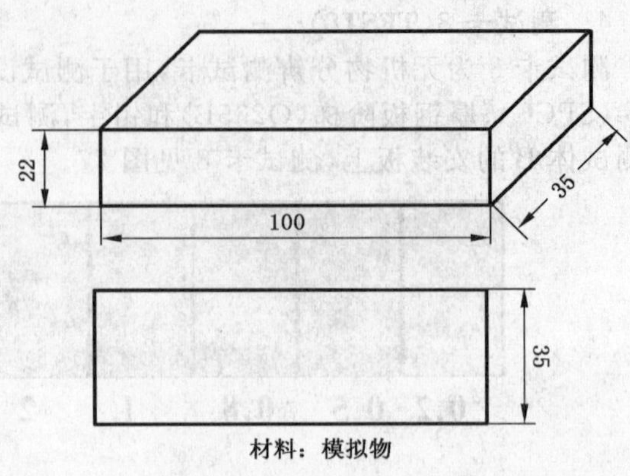

图 30　测试卡 9 的模拟物板

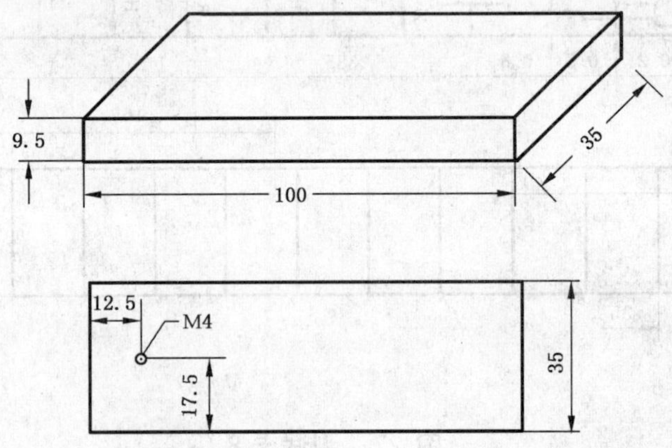

材料:PVC

图 31　测试卡 9 的 PVC 板

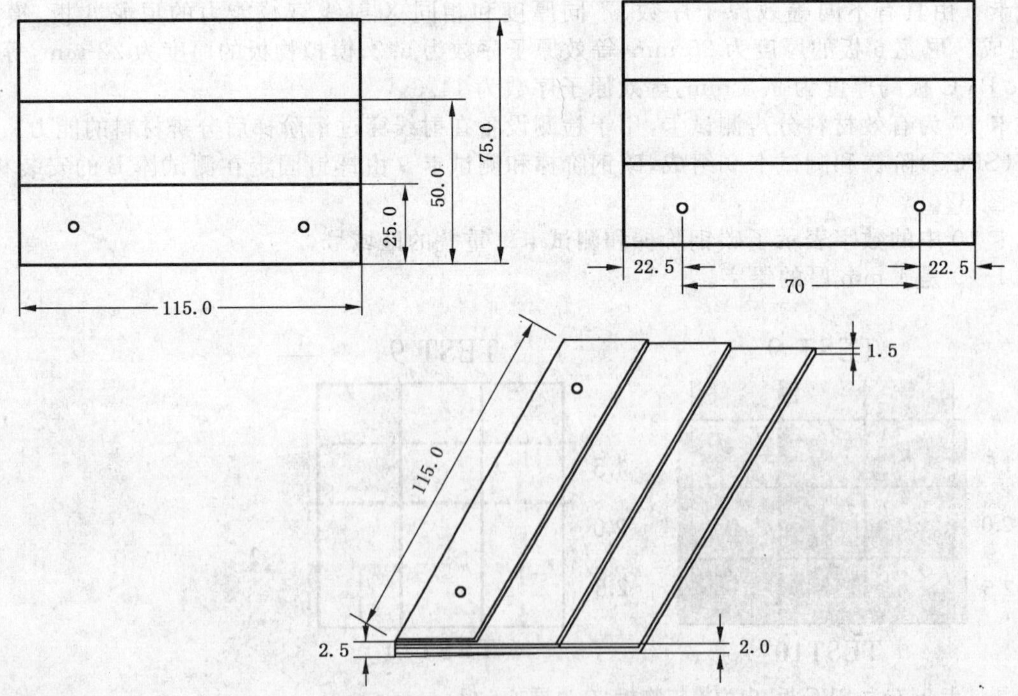

材料:碳钢 SPCC

图 32　测试卡 10 的钢阶梯

参 考 文 献

ASTM F792-01 standard practice for evaluating the imaging performance of security X-ray system

ICS 13.310
A 91

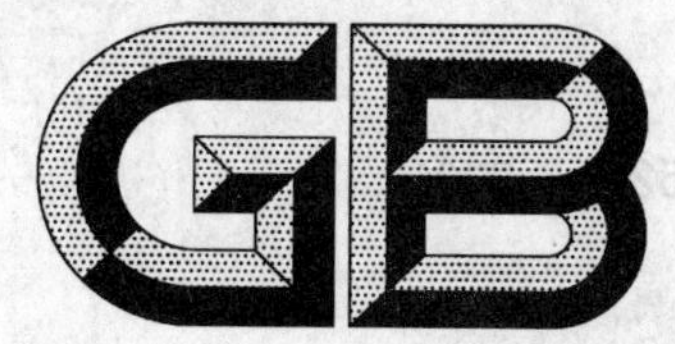

中华人民共和国国家标准

GB 15209—2006
代替 GB 15209—1994

磁开关入侵探测器

Magnetic switch intrusion detectors

2006-04-30 发布　　2007-01-01 实施

中华人民共和国国家质量监督检验检疫总局
中国国家标准化管理委员会　发布

前　言

本标准的第5、8章为强制性，其余为推荐性。

本标准是对GB 15209—1994《磁开关入侵探测器》的修订。

本标准与GB 15209—1994版相比，主要变化如下：

——在规范性引用文件中调整、补充了应用标准；

——术语和定义中“分隔间隙”更改为“探测间隙”；

——本标准明确提出在产品上要有清晰、永久的标志；

——性能要求中增加了阻燃要求及试验方法；

——磁开关外壳强度试验方法改用撞击方法；

——磁开关的寿命要求有所提高，从10^5到10^6。

本标准自实施之日起，同时代替GB 15209—1994《磁开关入侵探测器》。

本标准由中华人民共和国公安部提出。

本标准由全国安全防范报警系统标准化技术委员会(SAC/TC 100)归口。

本标准主要起草单位：上海三盾安全防范系统公司、上海新世纪科技有限公司。

本标准主要起草人：李祥发、沈伟斌、詹鸿来。

本标准于1994年9月10日首次发布。

磁开关入侵探测器

1 范围

本标准规定了入侵报警系统中磁开关入侵探测器(以下简称磁开关)的技术要求、试验方法、检验规则、标志、包装和贮存要求,是设计、制造和检验磁开关的基本依据。

本标准适用于入侵报警系统中采用的以干簧管作为开关元件的磁开关,其他用途的磁开关可参照执行。

2 规范性引用文件

下列文件中的条款通过本标准的引用而成为本标准的条款。凡是注日期的引用文件,其随后所有的修改单(不包括勘误的内容)或修订版均不适用于本标准,然而,鼓励根据本标准达成协议的各方研究是否可使用这些文件的最新版本。凡是不注日期的引用文件,其最新版本适用于本标准。

GB/T 2423.46—1997 电工电子产品环境试验 第2部分:试验方法 试验Ef:撞击 摆锤(idt IEC 60068-2-62:1993)

GB/T 2828.1—2003 计数抽样程序 第1部分:按接收质量限(AQL)检索的逐批检验抽样计划(ISO 2859-1:1999,IDT)

GB/T 2829—2002 周期检验计数抽样程序及表(适用于对过程稳定性的检验)

GB/T 15211—1994 报警系统环境试验

GB 16796—1997 安全防范报警设备 安全要求和试验方法

JB/T 8146—1995 铸造铝镍钴永磁(硬磁)合金技术条件

SJ 2081—1982 干簧管总技术条件

3 术语和定义

下列术语和定义适用于本标准。

3.1

磁开关 magnetic switch

磁开关由开关盒和磁铁盒构成。当磁铁盒相对于开关盒移开或移近至一定距离时,能引起开关状态变化的装置。

3.2

磁铁盒 magnetic box

装有磁铁的盒体部件。

3.3

开关盒 switch box

装有开关元件(干簧管)的盒体部件。

3.4

探测间隙 detective gap

磁铁盒与开关盒相对移开或移近至开关状态发生变化时的距离。

3.5

接触电阻 contact resistance

在闭合的一对导电触点组引出端之间所测得的电阻。

STANDARDS PRESS OF CHINA

3.6

偶然性死故障　random dead fault

寿命试验时，磁开关在某次动作周期的闭合或断开期间发生的故障，此故障在该动作周期内能自行消失，或在重新动作时能自行消失。

3.7

死故障　dead fault

寿命试验时，磁开关在某次动作过程中发生故障，此故障在重新动作时不能自行消失。

4　产品分类及标记

4.1　磁开关按触点形式分类

磁开关按触点形式可分为：

H 型：动合型触点（磁铁盒移离开关盒，触点闭合）；

D 型：动断型触点（磁铁盒移离开关盒，触点开路）；

Z 型：转换型触点（磁铁盒移离开关盒时，触点状态发生变化）。

4.2　磁开关按探测间隙分类

磁开关按探测间隙可分为：

A 档：大于 20 mm；

B 档：大于 40 mm；

C 档：大于 60 mm。

4.3　磁开关按安装方式分类

磁开关按安装方式可分为：

M：表面安装；

Q：嵌入安装。

4.4　产品标记

磁开关产品按下述方式进行标记

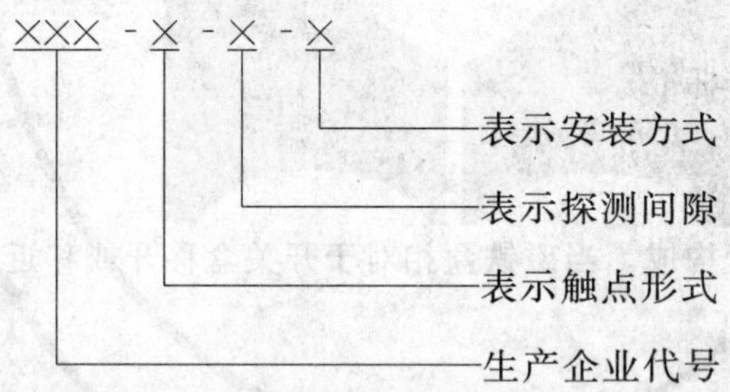

示例：MPS-D-A-Q 表示为美国时机公司生产的动断型触点、探测间隙大于 20 mm、嵌入安装的磁开关。

5　技术要求

5.1　一般要求

5.1.1　开关盒中采用的干簧管应符合 SJ 2081—1982 的规定。

5.1.2　磁铁盒中采用的磁铁应符合 JB/T 8146—1995 等永磁合金材料标准的有关规定。

5.2　外观及结构要求

5.2.1　外壳表面应光滑、整洁、无裂纹、变形及明显划痕。

5.2.2　磁开关的封装应严密，内部结构应无松动现象，外部结构应便于安装。

5.2.3　磁开关外壳应能承受对其表面施加 0.5 J 的撞击而不产生破坏和永久性变形。

5.2.4　磁开关焊接引出线应从同一侧引出，其长度不应小于 150 mm。

5.2.5 磁开关的接线柱应有防止转动和松动的措施。对接线柱进行 20 次连接和断开试验后，在最容易拉断方向施加 24.5 N 的拉力作用 60 s，引出线与接线柱不应脱落。

5.2.6 引出线应能承接 20 次直角弯曲而不折断，每根引出线应能承接 14.7 N 的拉力作用 60 s 而不损伤。

5.3 性能要求

5.3.1 探测间隙要求

在正常大气条件下，按产品说明书的规定进行安装，磁开关的探测间隙应符合产品说明书中规定的标称值，并应符合 4.2 的规定。

5.3.2 接触电阻要求

磁开关在闭合时，触点在额定负载下的接触电阻应小于 0.2Ω。

5.3.3 绝缘电阻要求

磁开关在开路时接点的绝缘电阻不应小于 100 MΩ。

5.3.4 阻燃要求

磁开关的塑料外壳经火焰烧 5 次，每次 5 s，不应烧着起火。

5.3.5 触点过载要求

磁开关触点负载(阻性)应符合该产品技术条件的规定，当对其施加额定负载的 150%并以每分钟不大于 10 次的速率进行通、断操作，反复 50 次，应能正常工作，试验后接触电阻应符合 5.3.2 要求。

5.3.6 耐退磁要求

磁铁盒中安装的磁性材料性能应稳定，经高温 100 ℃±2 ℃，4 h 试验后，立即测试，磁感应强度的衰减不应大于试验前初始值的 20%。恢复至常温后，磁感应强度的衰减应不大于初始值的 10%。

5.4 环境适应性要求

5.4.1 磁开关对温度、湿度、振动、冲击及自由跌落的要求应符合 GB/T 15211—1994 有关规定，具体要求见表 1。

表 1 环境适应性要求

试验项目	严酷等级	试验条件	
干热 A-1	5	+70 ℃±2℃	2 h
低温 A-2	7	−25℃±2℃	2 h
恒定湿热 A-6	3	+40℃±2℃ RH(93±2)%	2 h
振动 A-4	1	(10～55)Hz 0.35 mm 3 个轴向各 30 min	1.5 h
冲击 A-3	4	30 g，18 ms	X，Y，Z 各三次
自由跌落 A-18	3	1 000 mm	任意四个面各一次

5.4.2 磁开关在表 1 规定的干热条件下应能正常工作，探测间隙的变化量不应超过 10%。

5.4.3 磁开关在表 1 规定的低温和恒定湿热的条件下试验，试验后应能正常工作。

5.4.4 磁开关经振动、冲击和自由跌落试验后应能正常工作，无元器件松动、损坏、外壳不应变形；探测间隙的变化量不应超过 10%。

5.5 稳定性要求

磁开关在正常大气条件下，连续工作 168 h 不应出现误报警或漏报警，其探测间隙的变化不应超过 10%。

5.6 寿命要求

磁开关在正常大气条件下,对触点施加额定负载,并以每分钟不大于 10 次的速率进行通、断操作,其寿命应不小于 10^6 次,试验期间不应出现死故障,允许偶然性死故障次数小于 10 次。试验后接触电阻不应大于 2 Ω。

6 试验方法

6.1 除气候环境适应性试验外,所有试验应在下述正常大气条件下进行

环境温度:15 ℃~35 ℃;

相对湿度:45%~75%;

大气压力:86 kPa~106 kPa。

6.2 外观及结构性能试验

6.2.1 外观检验

目视检验外观应符合 5.2.1 及 5.2.2 的要求。

检验引出线长度,应符合 5.2.4 要求。

6.2.2 外壳撞击试验

按 GB/T 2423.46—1997 中方法 1:试验 Efa(低能量)的有关规定进行。

试验后目测受试样品应符合 5.2.3 的要求。

6.2.3 接线柱和引出线牢固性试验

6.2.3.1 受试样品应固定在正常位置,引出线按规定连接,沿着引出线向样品施加拉力 24.5 N 的拉力,保持 60 s±2 s,试验后进行检查应符合 5.2.5 的要求。

6.2.3.2 在受试样品引出线末端悬挂 1.5 kg 重物,然后样品在垂直平面上倾斜大约 90°,时间约 2 s~3 s,接着返回原来位置,即构成一次弯曲。按此方法再向相反方向弯曲,达到规定次数后,进行检查应符合 5.2.5 的要求。

受试样品引出线末端施加 14.7 N 的拉力并保持 60 s±2 s,试验后进行检查应符合 5.2.5 的要求。

6.3 性能试验

6.3.1 探测间隙试验

将磁开关放在非磁性的台子上按有关规定进行安装并接入试验电路(见图 1),然后逐渐移开磁铁盒直至发光二极管状态发生变化,记下此时磁铁盒与开关盒之间的距离,试验重复三次,取其最小值,应符合 5.3.1 的要求。

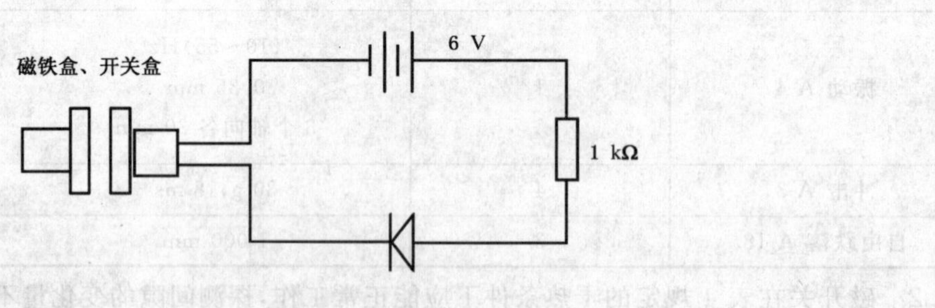

图 1 分隔间隙试验电路

6.3.2 接触电阻试验

磁开关接触电阻采用直流电压表-电流表法进行测试,使用精度为 0.5 级,量程为额定值的 1.5 倍的电压表、电流表。其测试电路如图 2 所示。

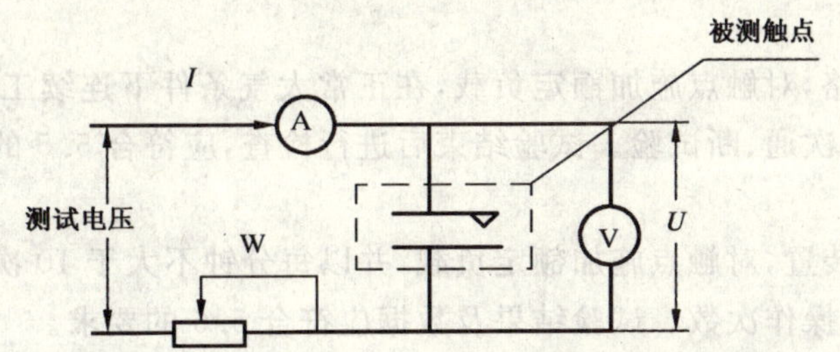

图 2　接触电阻测试电路

接触电阻的计算公式：$R=U/I(\Omega)$

a)　测试电流：额定负载电流或为 0.05 A；

b)　测试电压：一般采用直流 12 V；

c)　测试时使开关盒正常吸合，记下触点之间的电压降；

d)　对转换触点：先测动断触点，后测动合触点。

测量三次取平均值，测试结果应符合 5.3.2 的要求。

6.3.3　绝缘电阻试验

磁开关分别处于断开和吸合状态，用 100 V、精度 1.0 级的兆欧表，对所有相互绝缘部分进行测试。施加试验电压并稳定 5 s 后，记下绝缘电阻值，应符合 5.3.3 要求。

6.3.4　阻燃试验

按 GB 16796—1997 中 4.6.2 的规定执行。

试验结果应符合 5.3.4 的要求。

6.3.5　过载试验

磁开关按其触点负载接到电压为额定值电源上，应能正常工作。然后加上额定负载的 150%。使磁开关以每分钟不大于 10 次的速率完成通、断 50 次循环。

试验结束后进行检查，应符合 5.3.5 的要求。

6.3.6　耐退磁试验

磁铁盒在正常大气条件下静置 1 h 后，预测磁铁盒工作面某指定位置处的磁感应强度。然后将磁铁盒放入高温箱内，使箱内温度上升至 +100 ℃±2 ℃，恒温 4 h 后，立即取出用特斯拉计复测其磁感应强度。恢复至常温后，再次测试磁铁盒该处的磁感应强度。

试验结果应符合 5.3.6 的要求。

6.4　环境适应性试验

在进行环境适应性试验时，受试样品不应加任何防护包装。在试验中改变温度时，升温和降温速率不应超过 10℃/min。

环境适应性试验按表 2 进行。

表 2　环境适应性试验

试验项目	试　验　方　式	检　查　项　目
高温	按 GB/T 15211—1994 中 5.1.2.1 进行	全过程通电，试验结束后，检验应符合 5.4.3 的要求
低温	按 GB/T 15211—1994 中 5.2.2.1 进行	试验结束后恢复 2 h，检验应符合 5.4.2 及 5.3.3 的要求
恒定湿热	按 GB/T 15211—1994 中 5.6.2.1 进行	
振动	按 GB/T 15211—1994 中 5.4.2.1 进行	试验结束应符合 5.4.4 的要求
冲击	按 GB/T 15211—1994 中 5.3.2.1 进行	
自由跌落	按 GB/T 15211—1994 中 5.12.2.1 进行	

STANDARDS PRESS OF CHINA

6.5 稳定性试验

将磁开关接入试验电路，对触点施加额定负载，在正常大气条件下连续工作 168 h，应能正常工作。试验期间，每天至少进行 2 次通、断试验。试验结束后进行检查，应符合 5.5 的要求。

6.6 寿命试验

将受试样品接入试验装置，对触点施加额定负载，并以每分钟不大于 10 次的速率进行通、断操作。连续进行并记录通、断操作次数。试验结果及数据应符合 5.6 的要求。

7 检验规则

7.1 检验分类

检验分为鉴定检验和质量一致性检验。

鉴定检验是用本型号的若干样品进行一系列完整的检验。当主要设计、工艺、材料及零部件(元器件)更换后或停产后恢复生产时均应进行。

质量一致性检验由四个检验组组成：

A 组检验(逐批)：交收产品时，全数检验。

B 组检验(逐批)：交收产品时，抽样检验。

C 组检验(周期)：每半年进行一次，受试样品从交收检验合格批中随机抽取。

D 组检验(周期)：每年进行一次。

7.2 试验项目和顺序

各类检验的试验项目，试验顺序和相应的试验方法与技术及不合格分类按表 3 规定。

表 3 检验分组与检验项目

序号	项目	技术要求	试验方法	不合格分类	鉴定检验	质量一致性检验			
						A 组	B 组	C 组	D 组
1	外观	5.2.1 5.2.2 5.2.4	6.2.1	C	√	√			
2	外壳强度	5.2.3	6.2.2	B	√			√	
3	接线柱与引出线牢固性	5.2.5	6.2.3	B	√			√	
4	探测间隙	5.3.1	6.3.1	B	√	√			
5	接触电阻	5.3.2	6.3.2	B	√			√	
6	绝缘电阻	5.3.3	6.3.3	B	√		√		
7	阻燃	5.3.4	6.3.4	A	√		√		
8	触点过载	5.3.5	6.3.5	C	√			√	
9	耐退磁	5.3.6	6.3.6	B	√			√	
10	环境适应性	5.4	6.4	B	√				√
11	稳定性	5.5	6.5	B	√				√
12	寿命	5.6	6.6	B	√				

注：表中打“√”者表示进行的项目。寿命试验由厂家负责。

7.3 抽样与组批规则

7.3.1 组批的规则

交付检验的批应由同一生产批的产品组成。

7.3.2 抽样规则

7.3.2.1 鉴定检验的受试样品不应少于3套

7.3.2.2 质量一致性检验：

A组检验为全数检验。

B组检验的样品从A组检验的合格批中按GB/T 2828.1—2003的规定数量随机抽取。

C组和D组检验的样品从A、B组检验的合格批中按GB/T 2829—2002的规定数量随机抽取。

7.4 判定规则

7.4.1 按表3中规定的项目、顺序、技术要求、试验方法和不合格分类判定每个样品是否合格，如果有一项不符合要求则判为不合格品。

全数检验的样品应全部合格，对抽样检验的样本不合格数小于或等于合格判定数(Ac)则判为批合格，不合格品数等于或大于不合格判定数(Re)则判为批不合格。

7.4.2 如无特殊规定，A组和B组一般采用GB/T 2828.1—2003中正常检验一次抽样方案一般水平Ⅱ。在B组检验中，A类不合格品的接收质量限(AQL)为0.4，B类不合格品的接收质量限(AQL)为1.5。C组、D组和鉴定检验采用GB/T 2829—2002中判别水平Ⅱ的一次抽样方案。在C组、D组和鉴定检验中，B类不合格品的不合格质量水平(RQL)为20，C类不合格品的不合格质量水平(RQL)为25。

7.4.3 抽样方案严格性的调整

一般情况下，按上述规定检验，在连续批的逐批检验中，若接收质量限保持较好或较差时，应按GB/T 2828.1—2003规定的转移规则进行放宽检查或加严检查。

7.5 不合格的处置

7.5.1 发现由于A类不合格品导致批不合格时应立即停止检验，并在相应的范围内采取有效的纠正和预防措施，消除A类不合格品的因素后再交检验，如涉及已出厂产品，应立即通知使用单位运回返修或到使用单位修理。

7.5.2 对判为合格批中的不合格品应由制造厂调换或修复成合格品。

7.5.3 B组、C组、或D组检验不合格时，其代表批的产品应停止检验，分析原因，消除不合格的因素后再提交检验。

7.6 批的再提交

批检验不合格时，经修理、调试、检验合格后，再次随机抽取规定数量样品提交检验。

若仍判为不合格时，则可拒取，待查明原因，采取措施通过新的周期试验后，才能恢复正常生产和交收检验。

8 标志、包装和贮运

8.1 标志

8.1.1 磁开关应有清晰、永久的标志

8.1.2 产品应标出：

——生产厂名和商标；

——产品牌号和型号；

——生产日期。

如无法在磁开关上标志上述内容，则应该在产品包装盒或产品说明书中给出。

磁开关的产品说明书中除提供技术指标、接线图和使用说明外，还应有磁开关的安装、位置及安装方法的图文说明。

8.2 包装及贮运

8.2.1 磁开关包装盒上应有生产厂名、厂址、产品型号、名称及出厂日期等标志。

8.2.2 根据产品大小选用规格合适的包装箱，包装箱上应有符合“小心轻放”、“防潮”、“防尘”、“防震”等要求。

8.2.3 运输和贮存不应对磁开关造成损伤。

ICS 13.220.10
C 84

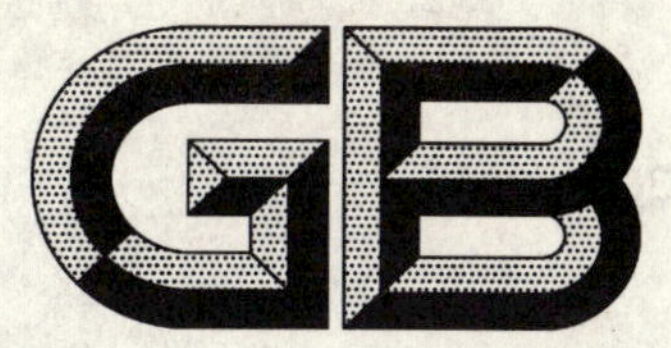

中华人民共和国国家标准

GB 15308—2006
代替 GB 15308—1994,GB 17427—1998,GB 13463—1992

泡沫灭火剂

Foam extinguishing agent

(ISO 7203,Fire extinguishing media—Foam concentrates,NEQ)

STANDARDS PRESS OF CHINA

2006-12-14 发布　　2007-07-01 实施

中华人民共和国国家质量监督检验检疫总局
中国国家标准化管理委员会　发布

前言

本标准的第4章为强制性，其余为推荐性。

本标准与ISO 7203-1:1995(E)《灭火剂　泡沫浓缩液　用于非水溶性液体燃料顶部施放的低倍泡沫液》，ISO 7203-2:1995(E)《灭火剂　泡沫浓缩液　用于非水溶性液体顶部施放的中、高倍泡沫液》，ISO 7203-3:1999(E)《灭火剂　泡沫浓缩液　用于水溶性液体顶部施放的低倍泡沫灭火液》的一致性程度为非等效。

本标准代替GB 15308—1994《泡沫灭火剂通用技术条件》、GB 17427—1998《水成膜泡沫灭火剂》、GB 13463—1992《抗溶性泡沫灭火剂》。

本标准与GB 15308—1994相比主要变化如下：

——增加了“灭火器用泡沫灭火剂”的技术要求和试验方法；

——增加了“腐蚀性能”、“凝固点”的技术要求和试验方法；

——增加了“最低使用温度”、“特征值”、“25%析液时间”、“50%析液时间”、“发泡倍数”、“泡沫”、“泡沫溶液”、“沉淀物”、“扩散系数”、“抗烧时间”的定义；

——删掉了“温度敏感性泡沫溶液”的定义；

——增加了附录A“用于泡沫性能和灭火性能质量控制的小型灭火试验”和附录B“黏度测试方法”

——第4章增加了对各项目不合格类型的划分；

——修改灭火试验程序并对各类泡沫的灭火性能级别进行了划分。

本标准自实施之日起GA 31—1992《高倍数泡沫灭火剂》和GA 219—1999《蛋白泡沫灭火剂和氟蛋白泡沫灭火剂》同时废止。

本标准的附录B为规范性附录、附录A为资料性附录。

本标准由中华人民共和国公安部提出。

本标准由全国消防标准化委员会第三分技术委员会归口。

本标准起草单位：公安部天津消防研究所、美国安素公司、宁波能林消防器材有限公司、扬州江亚消防药剂有限公司。

本标准主要起草人：刘玉恒、金洪斌、戴桂红、宋扬、张国璧、张翊林、童祥友、刘金声。

本标准所代替标准的历次版本发布情况为：

——GB 13463—1992；

——GB 15308—1994；

——GB 17427—1998。

泡 沫 灭 火 剂

1 范围

本标准规定了泡沫灭火剂的定义、要求、试验方法、检验规则、标志等内容。

本标准适用于低倍、中倍和高倍泡沫灭火剂以及灭火器用泡沫灭火剂。

本标准不适用于化学反应式灭火器用泡沫灭火剂。

2 规范性引用文件

下列文件中的条款通过本标准的引用而成为本标准的条款。凡是注日期的引用文件，其随后所有的修改单(不包括勘误的内容)或修订版均不适用于本标准，然而，鼓励根据本标准达成协议的各方研究是否可使用这些文件的最新版本。凡是不注日期的引用文件，其最新版本适用于本标准。

GB 4351—1997 手提式灭火器通用技术条件

GB/T 6003.1—1997 金属丝编织网试验筛(eqv ISO 3310.1:1990)

GB/T 6026 工业丙酮

GB/T 6682—1992 分析实验室用水规格和试验方法(neq ISO 3696:1987)

GB 15368—1994 手提式机械泡沫灭火器

SH 0004 橡胶工业用溶剂油

3 术语和定义

下列术语和定义适用于本标准。

3.1

特征值 characteristic values

由供应商提供的泡沫液和泡沫溶液的物理、化学性能值。

3.2

25%析液时间 25% drainage time

自泡沫中析出其质量25%的液体所需要的时间。

3.3

50%析液时间 50% drainage time

自泡沫中析出其质量50%的液体所需要的时间。

3.4

发泡倍数 expansion

泡沫体积与构成该泡沫的泡沫溶液体积的比值。

3.5

低倍泡沫液 low expansion foam concentrate

适宜于产生发泡倍数为1～20倍泡沫的泡沫液。

3.6

中倍泡沫液 medium expansion foam concentrate

适宜于产生发泡倍数为21～200倍泡沫的泡沫液。

3.7

高倍泡沫液　high expansion foam concentrate

适宜于产生发泡倍数为201倍以上泡沫的泡沫液。

3.8

泡沫(灭火泡沫)　foam(fire fighting foam)

由泡沫溶液形成的充满空气的气泡集合。

3.9

泡沫液　foam concentrate

可按适宜的浓度与水混合形成泡沫溶液的浓缩液体,又称为泡沫浓缩液。

3.10

泡沫溶液　foam solution

由泡沫液与水按规定浓度配制成的溶液,又称为泡沫混合液。

3.11

蛋白泡沫液(P) protein foam concentrate(P)

由含蛋白的原料经部分水解制得的泡沫液。

3.12

氟蛋白泡沫液(FP) fluoroprotein foam concentrate(FP)

添加氟碳表面活性剂的蛋白泡沫液。

3.13

合成泡沫液(S) synthetic foam concentrate(S)

以表面活性剂的混合物和稳定剂为基料制成的泡沫液。

3.14

抗醇泡沫液(AR)　alcohol-resistant foam concentrate(AR)

所产生的泡沫施放到醇类或其他极性溶剂表面时,可抵抗其对泡沫破坏性的泡沫液,又称为抗溶泡沫液。

3.15

水成膜泡沫液(AFFF)　aqueous film-forming foam concentrate(AFFF)

以碳氢表面活性剂和氟碳表面活性剂为基料的泡沫液,可在某些烃类表面上形成一层水膜。

3.16

成膜氟蛋白泡沫液(FFFP)　film-forming fluoroprotein foam concentrate(FFFP)

可在某些烃类表面形成一层水膜的氟蛋白泡沫液。

3.17

强施放　forceful application

将泡沫直接施放到液体燃料表面上的供泡方式。

3.18

缓施放　gentle application

通过挡板、罐壁或其他表面间接地将泡沫施放到液体燃料表面上的供泡方式。

3.19

沉淀物　sediment

泡沫液中的不溶性固体物质。

3.20

扩散系数　spreading coefficient

衡量一种液体在另一种液体表面上自由铺展的能力。

3.21

抗烧时间　burnback time

自点燃抗烧罐至一定燃料表面被引燃所需的时间。

3.22

最低使用温度　lowest useful temperature

高于凝固点5℃的温度。

4　要求

4.1　一般要求

4.1.1　如果泡沫液适用于海水，用海水配制的泡沫溶液浓度应与用淡水配制泡沫溶液的浓度相同。

4.1.2　泡沫液和泡沫溶液的组分在生产和应用过程中，应对环境无污染，对生物无明显毒性。

4.2　技术要求

4.2.1　低倍泡沫液

4.2.1.1　低倍泡沫液和泡沫溶液的物理、化学、泡沫性能应符合表1的要求。

表1　低倍泡沫液和泡沫溶液的物理、化学、泡沫性能

项　目	样品状态	要　求	不合格类型	备注
凝固点	温度处理前	在特征值$_{-4}^{\ 0}$之内	C	
抗冻结、融化性	温度处理前、后	无可见分层和非均相	B	
沉淀物/%(体积分数)	老化前	≤0.25；沉淀物能通过180 μm筛	C	蛋白型
	老化后	≤1.0；沉淀物能通过180 μm筛	C	
比流动性	温度处理前、后	泡沫液流量不小于标准参比液的流量或泡沫液的黏度值不大于标准参比液的黏度值	C	
pH值	温度处理前、后	6.0～9.5	C	
表面张力/(mN/m)	温度处理前	与特征值的偏差[a]不大于10%	C	成膜型
界面张力/(mN/m)	温度处理前	与特征值的偏差不大于1.0 mN/m或不大于特征值的10%，按上述二个差值中较大者判定	C	成膜型
扩散系数/(mN/m)	温度处理前、后	正值	B	成膜型
腐蚀率/[mg/(d·dm²)]	温度处理前	Q_{235}钢片：≤15.0 LF_{21}铝片：≤15.0	B	
发泡倍数	温度处理前、后	与特征值的偏差不大于1.0或不大于特征值的20%，按上述二个差值中较大者判定	B	
25%析液时间/min	温度处理前、后	与特征值的偏差不大于20%	B	

[a] 本标准中的偏差，是指二者差值的绝对值。

4.2.1.2　低倍泡沫液对非水溶性液体燃料的灭火性能应符合表2和表3的要求。

STANDARDS PRESS OF CHINA

表 2 低倍泡沫液应达到的最低灭火性能级别

泡沫液类型	灭火性能级别	抗烧水平	不合格类型	成膜性
AFFF/非 AR	Ⅰ	D	A	成膜型
AFFF/AR	Ⅰ	A	A	成膜型
FFFP/非 AR	Ⅰ	B	A	成膜型
FFFP/AR	Ⅰ	A	A	成膜型
FP/非 AR	Ⅱ	B	A	非成膜型
FP/AR	Ⅱ	A	A	非成膜型
P/非 AR	Ⅲ	B	A	非成膜型
P/AR	Ⅲ	B	A	非成膜型
S/非 AR	Ⅲ	D	A	非成膜型
S/AR	Ⅲ	C	A	非成膜型

表 3 各灭火性能级别对应的灭火时间和抗烧时间

<table>
<tr><th rowspan="2">灭火性能级别</th><th rowspan="2">抗烧水平</th><th colspan="2">缓施放</th><th colspan="2">强施放</th></tr>
<tr><th>灭火时间/
min</th><th>抗烧时间/
min</th><th>灭火时间/
min</th><th>抗烧时间/
min</th></tr>
<tr><td rowspan="4">Ⅰ</td><td>A</td><td colspan="2">不要求</td><td>≤3</td><td>≥10</td></tr>
<tr><td>B</td><td>≤5</td><td>≥15</td><td>≤3</td><td rowspan="3">不测试</td></tr>
<tr><td>C</td><td>≤5</td><td>≥10</td><td>≤3</td></tr>
<tr><td>D</td><td>≤5</td><td>≥5</td><td>≤3</td></tr>
<tr><td rowspan="4">Ⅱ</td><td>A</td><td colspan="2">不要求</td><td>≤4</td><td>≥10</td></tr>
<tr><td>B</td><td>≤5</td><td>≥15</td><td>≤4</td><td rowspan="3">不测试</td></tr>
<tr><td>C</td><td>≤5</td><td>≥10</td><td>≤4</td></tr>
<tr><td>D</td><td>≤5</td><td>≥5</td><td>≤4</td></tr>
<tr><td rowspan="3">Ⅲ</td><td>B</td><td>≤5</td><td>≥15</td><td colspan="2" rowspan="3">不测试</td></tr>
<tr><td>C</td><td>≤5</td><td>≥10</td></tr>
<tr><td>D</td><td>≤5</td><td>≥5</td></tr>
</table>

4.2.1.3 温度敏感性的判定

出现表 4 所列情况之一时，该泡沫液即被判定为温度敏感性泡沫液。

表 4 温度敏感性的判定

项 目	判 定 条 件
pH 值	温度处理前、后泡沫液的 pH 值偏差(绝对值)大于 0.5
表面张力(成膜型)	温度处理后泡沫溶液的表面张力低于温度处理前的 0.95 倍或高于温度处理前的 1.05 倍
界面张力(成膜型)	温度处理前后的偏差大于 0.5 mN/m，或温度处理后数值低于温度处理前的 0.95 倍或高于温度处理前的 1.05 倍，按二者中的较大者判定
发泡倍数	温度处理后的发泡倍数低于温度处理前的 0.85 倍或高于温度处理前的 1.15 倍
25%析液时间	温度处理后的数值低于温度处理前的 0.8 倍或高于温度处理前的 1.2 倍

4.2.2 中、高倍泡沫液

4.2.2.1 中倍泡沫液的性能应符合表5的要求。

4.2.2.2 高倍泡沫液的性能应符合表6的要求。

4.2.2.3 温度敏感性的判定

当中倍泡沫液或高倍泡沫液的性能中出现表7所列情况之一时，该泡沫液即被判定为温度敏感性泡沫液。

表5 中倍泡沫液和泡沫溶液的性能

项 目	样品状态	要 求	不合格类型	备注
凝固点	温度处理前	在特征值$_{-4}^{0}$℃之内	C	
抗冻结、融化性	温度处理前、后	无可见分层和非均相	B	
沉淀物/%(体积分数)	老化前	≤0.25，沉淀物能通过180 μm筛	C	
	老化后	≤1.0，沉淀物能通过180 μm筛	C	
比流动性	温度处理前、后	泡沫液流量不小于标准参比液流量，或泡沫液的黏度值不大于标准参比液的黏度值	C	
pH值	温度处理前、后	6.0～9.5	C	
表面张力/(mN/m)	温度处理前、后	与特征值的偏差不大于10%	C	成膜型
界面张力/(mN/m)	温度处理前、后	与特征值的偏差不大于1.0 mN/m或不大于特征值的10%，按上述两个差值中较大者判定	C	成膜型
扩散系数/(mN/m)	温度处理前、后	正值	B	成膜型
腐蚀率/[mg/(d·dm²)]	温度处理前	Q_{235}钢片：≤15.0 LF_{21}铝片：≤15.0	B	
发泡倍数	温度处理前、后适用淡水	≥50	B	
	温度处理前、后适用海水	特征值小于100时，与淡水测试值的偏差不大于10%；特征值大于等于100时，不小于淡水测试值的0.9倍不大于淡水测试值的1.1倍		
25%析液时间/min	温度处理前、后	与特征值的偏差不大于20%	B	
50%析液时间/min	温度处理前、后	与特征值的偏差不大于20%	B	
灭火时间/s	温度处理前、后	≤120	A	
1%抗烧时间/s	温度处理前、后	≥30	A	

表6 高倍泡沫液和泡沫溶液的性能

项 目	样品状态	要求	不合格类型	备注
凝固点	温度处理前	在特征值$_{-4}^{0}$℃之内	C	
抗冻结、融化性	温度处理前、后	无可见分层和非均相	B	

表 6(续)

项 目	样品状态	要求	不合格类型	备注
沉淀物/%(体积分数)	老化前	≤0.25,沉淀物能通过 180 μm 筛	C	
	老化后	≤1.0,沉淀物能通过 180 μm 筛	C	
比流动性	温度处理前、后	泡沫液流量不小于标准参比液流量,或泡沫液的黏度值不大于标准参比液的黏度值	C	
pH 值	温度处理前、后	6.0～9.5	C	
表面张力/(mN/m)	温度处理前、后	与特征值的偏差不大于 10%	C	成膜型
界面张力/(mN/m)	温度处理前、后	与特征值的偏差不大于 1.0 mN/m 或不大于特征值的 10%,按上述两个差值中较大者判定	C	成膜型
扩散系数/(mN/m)	温度处理前、后	正值	B	成膜型
腐蚀率/[mg/(d·dm²)]	温度处理前	Q_{235} 钢片:≤15.0	B	
		LF_{21} 铝片:≤15.0		
发泡倍数	温度处理前、后适用于淡水	≥201	B	
	温度处理前、后适用于海水	不小于淡水测试值的 0.9 倍,不大于淡水测试值的 1.1 倍		
50%析液时间/min	温度处理前、后	≥10 min,与特征值的偏差不大于 20%	B	
灭火时间/s	温度处理前、后	≤150	A	

表 7　泡沫液温度敏感性的判定

项 目	判 定 条 件
pH 值	温度处理前、后泡沫液的 pH 值偏差大于 0.5
表面张力(成膜型)	温度处理后泡沫溶液的表面张力低于温度处理前的0.95 倍或高于温度处理前的 1.05 倍
界面张力(成膜型)	温度处理前后的偏差大于 0.5 mN/m,或温度处理后数值低于温度处理前的 0.95 倍或高于温度处理前的 1.05 倍,按二者中的较大者判定
发泡倍数	温度处理后的发泡倍数低于温度处理前的 0.8 倍或高于温度处理前的 1.2 倍
25%析液时间	温度处理后的 25%析液时间低于温度处理前的 0.8 倍或高于温度处理前的 1.2 倍
50%析液时间	温度处理后的 50%析液时间低于温度处理前的 0.8 倍或高于温度处理前的 1.2 倍

4.2.3　抗醇泡沫液

4.2.3.1　泡沫液和泡沫溶液的物理、化学、泡沫性能应符合表 1 的要求。

4.2.3.2　对非水溶性液体燃料的灭火性能应符合表 2 和表 3 的要求。

4.2.3.3　温度敏感性的判定应符合表 4 的要求。

4.2.3.4　对水溶性液体燃料的灭火性能应符合表 8 和表 9 的要求。

表 8 抗醇泡沫液应达到的最低灭火性能级别

泡沫液类型	灭火性能级别	抗烧水平	不合格类型	成膜性
AFFF/AR	AR Ⅰ	B	A	成膜型
FFFP/AR	AR Ⅰ	B		成膜型
FP/AR	AR Ⅱ	B		非成膜型
P/AR	AR Ⅱ	B		非成膜型
S/AR	AR Ⅰ	B		非成膜型

表 9 各灭火性能级别对应的灭火时间和抗烧时间

灭火性能级别	抗烧水平	灭火时间/min	抗烧时间/min
AR Ⅰ	A	≤3	≥15
	B	≤3	≥10
AR Ⅱ	A	≤5	≥15
	B	≤5	≥10

4.2.4 灭火器用泡沫灭火剂

4.2.4.1 浓缩型灭火器用泡沫灭火剂的物理、化学性能应符合表 10 和表 11 的要求。

4.2.4.2 预混型灭火器用泡沫灭火剂的物理、化学、泡沫性能应符合表 11 的要求。

表 10 浓缩液的物理、化学性能

项 目	样品状态	要 求	不合格类型	备 注
凝固点	温度处理前	在特征值$_{-4}^{0}$℃之内	C	
抗冻结、融化性	温度处理前	无可见分层和非均相	B	
pH 值	温度处理前、后	6.0～9.5	C	
沉淀物/%(体积分数)	老化前	≤0.25;沉淀物能通过 180 μm 筛	C	
	老化后	≤1.0;沉淀物能通过 180 μm 筛	C	
腐蚀率/[mg/(d·dm²)]	温度处理前	Q_{235} 钢片:≤15.0	B	
	温度处理前	LF_{21} 铝片:≤15.0		

表 11 预混液的物理、化学、泡沫性能

项 目	样品状态	要 求	不合格类型	备 注
凝固点	温度处理前	在特征值$_{-4}^{0}$℃之内	C	
抗冻结、融化性	温度处理前	无可见分层和非均相	B	
pH 值	温度处理前、后	6.0～9.5	C	
沉淀物/%(体积分数)	老化前	≤0.25;沉淀物能通过 180 μm 筛	C	
	老化后	≤1.0;沉淀物能通过 180 μm 筛	C	
表面张力/(mN/m)	温度处理后	与特征值的偏差不大于±10%	C	成膜型
界面张力/(mN/m)	温度处理后	与特征值的偏差不大于 1.0 mN/m 或不大于特征值的 10%,按上述两个差值中较大者判定	C	成膜型

STANDARDS PRESS OF CHINA

表 11(续)

项　　目	样品状态	要　　求	不合格类型	备　注
扩散系数/(mN/m)	温度处理后	正值	B	成膜型
腐蚀率/[mg/(d·dm²)]	温度处理前	Q_{235}钢片:≤15.0	B	
	温度处理前	LF_{21}铝片:≤15.0		
发泡倍数	温度处理和贮存试验后	蛋白类≥6.0 合成类≥5.0	B	
25%析液时间/s	温度处理和贮存试验后	蛋白类≥90.0 合成类≥60.0	C	

4.2.4.3　灭火器用泡沫灭火剂的灭火性能应符合表 12 的要求。

表 12　灭火器用泡沫灭火剂的灭火性能

灭火器规格	灭火剂类别	样品状态	燃料类别	灭火级别	不合格类型
6L	AFFF/非 AR、AFFF/AR FFFP/AR、FFFP/非 AR	温度处理和贮存试验后	橡胶工业用溶剂油	≥12B	A
	AFFF/AR 、FFFP/AR	温度处理和贮存试验后	99%丙酮	≥4B	A
	P/非 AR、FP/非 AR、P/AR、 FP/AR	温度处理和贮存试验后	橡胶工业用溶剂油	≥4B	A
	FP/AR、S/AR P/AR	温度处理和贮存试验后	99%丙酮	≥3B	A
	S/非 AR 、S/AR	温度处理和贮存试验后	橡胶工业用溶剂油	≥8B	A
	AFFF/非 AR、AFFF/AR FFFP/AR、FFFP/非 AR P/非 AR、FP/非 AR、P/AR、 FP/AR、S/非 AR 、S/AR	温度处理和贮存试验后	木垛	≥1A	A

5　试验方法

5.1　样品和温度处理

5.1.1　温度处理前的样品

无论是从一个容器中还是从多个容器中取样,都应搅拌均匀,确保样品具有代表性。将样品充满储存容器并密封。

5.1.2　温度处理

a)　如果供应商声明样品不受冻结融化影响,样品应先按 5.2 进行四个冻结融化循环,然后再按 b)进行处理。

b)　将密封于容器中的样品放置在(60±2)℃的环境中 7 天,然后在(20±5)℃的环境中放置一天。

c)　如果供应商声明样品受冻结融化影响,只按 b)对样品进行处理。

5.2　抗冻结、融化性

5.2.1　设备

——冷冻室;能达到 5.2.2 b)的温度要求;

——磨口凝点测定管；

——半导体凝点测定器：控温精度±1℃；

——凝点用温度计：分度值1℃。

5.2.2 **试验步骤**

a) 按5.2.3测定样品的凝固点。

b) 将冷冻室温度调到低于样品凝固点10℃±1℃。

c) 将符合5.1.1要求的样品装入塑料或玻璃容器，密封放入冷冻室，在b)规定的温度下保持24 h，冷冻结束后，取出样品，在20℃±5℃的室温下放置24 h～96 h。再重复三次，进行四个冻结融化周期处理。

d) 观察样品有无分层和非均相现象。

5.2.3 **凝固点**

a) 开动半导体凝点测定器，使冷阱的温度稳定在－25℃～－30℃（或低于试样凝固点10℃）。把凝点测定管的外管装入冷阱中。外管浸入冷阱的深度不应少于100 mm。

b) 在干燥、洁净的凝点测定管的内管中注入待测泡沫液样品，管内液面高度约为50 mm。

c) 用软木塞或胶塞把凝点用温度计固定在内管中央，温度计的毛细管下端应浸入液面3 mm～5 mm。

d) 把凝点测定管内管装入外管中。

e) 当内管中样品的温度降至0℃时开始观察样品的流动情况，以后每降低1℃观察一次。每次观察的方法是把内管从外管中取出并立即将其倾斜，如样品尚有流动则立即放回外管中（每次操作时间不应超过3 s），继续降温做下一次观察。当样品温度降至某一温度，取出内管，观察到样品不流动时，立即使内管处于水平方向，如样品在5 s内仍无任何流动，则记录温度。此温度即为样品的凝固点。

f) 每个样品做两次试验，两次试验结果的差值不应超过1℃，取较高的值作为试验结果。如两次试验结果的差值超过1℃，则应进行第三次试验。

5.3 **沉淀物**

5.3.1 **设备**

——电动离心机：离心加速度为(6 000±600)m/s^2；

——刻度离心试管：容量50 mL，最小分度值0.1 mL；

——筛子：符合GB/T 6003.1—1997要求，孔径180 μm；

——电热鼓风干燥箱：控温精度±2℃；

——秒表：分度值0.1 s；

——洗瓶。

5.3.2 **取样**

从温度处理前的样品中取二个样品，一个直接试验，另一个经老化试验并冷却后再进行试验。

老化条件：将样品密封，于(60±3)℃温度下保持(24±2)h，然后冷却至室温。

5.3.3 **试验步骤**

将每个样品分装于两个50 mL刻度离心试管，对称放入离心机，在(6 000±600)m/s^2 的条件下离心(10±1) min。

取出刻度离心试管，读取沉淀物体积并换算成体积百分数。取两个试管读数的平均值作为测定结果。

用洗瓶将沉淀物冲洗到筛网上，观察沉淀物是否能全部通过筛网。

5.4 **比流动性**

对牛顿型泡沫液采用附录B规定的方法试验，对非牛顿型泡沫液采用5.4.1～5.4.3规定的方法试验。

5.4.1 设备及材料

流动性测定装置：见图1。

单位为毫米

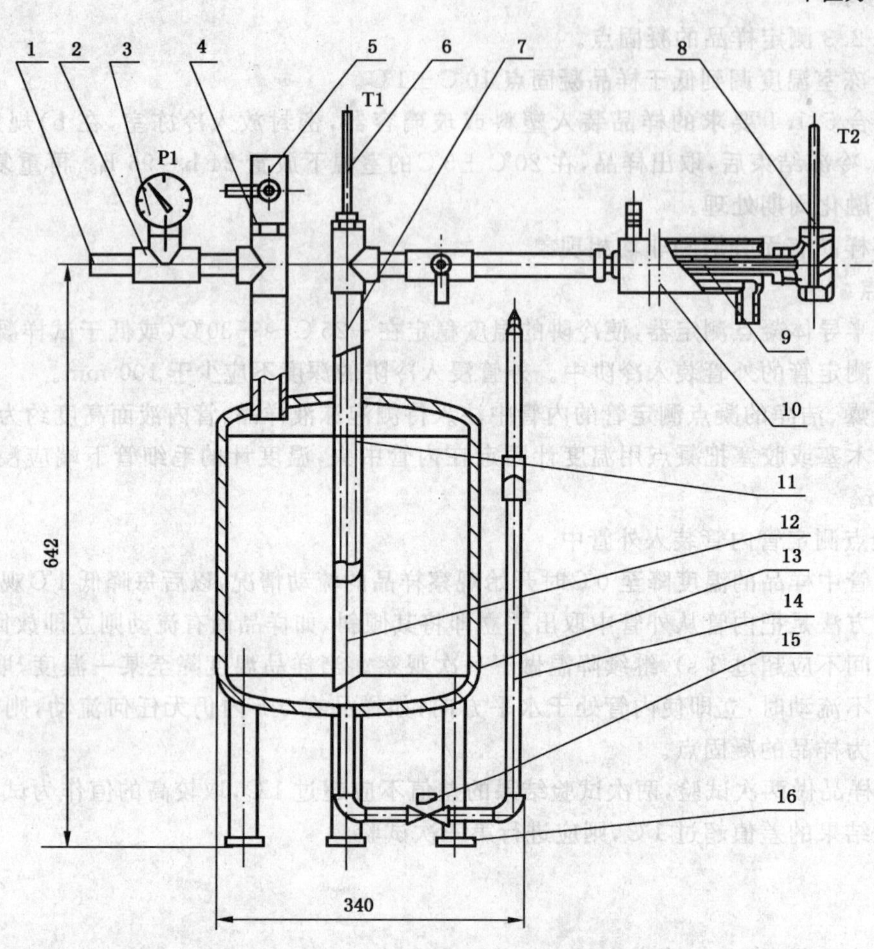

1——进气管；

2——不锈钢三通(G $\frac{3}{4}$″)；

3——压力表(0 MPa～0.1 MPa)；

4——外丝；

5——球阀(G $\frac{3}{4}$″)；

6——温度计；

7——泡沫液进管；

8——温度计；

9——导液管(ϕ16×8.5)；

10——水循环套管；

11——温度计保护管；

12——泡沫液排出管；

13——泡沫液储罐；

14——排液管；

15——电磁阀；

16——储罐支架。

图1 泡沫液比流动性测定装置示意图

a) 不锈钢管：内径8.5 mm～8.8 mm，长1 m，两端通过螺纹装有管件，外层用10 mm厚的隔热材料包裹以保证罐内液体温度(T_1)与出口处液体温度(T_2)的偏差不大于1℃。

b) 储液罐：最小容积10 L，其中样品可保持在最低使用温度(比样品的凝固点高5℃)，且可通过调节压力将样品排出。不锈钢管与储液罐的连接采用内径20 mm±2 mm不锈钢管和管件。

——压力表：精度0.001 MPa；

——测温计：分度值0.5℃；

——电子天平:精度 1 g;

——秒表:精度 0.1 s;

——标准参比液:质量百分数为 90%的丙三醇水溶液,15℃时 90%丙三醇水溶液的密度为 1.239 5 g/mL。

5.4.2 标定

a) 在罐中装满标准参比液,使之冷却到 d)规定的温度。

b) 调节罐内压力,使其稳定在(0.050±0.002)MPa,打开阀门,待液体温度 T_1 与 T_2 的偏差小于 1℃时,收集排出的液体,收集时间约 60 s,记录温度 T_1、收集时间和液体质量,计算流量 L/min。

c) 重复一次试验,取两次试验的平均值为测定结果。

d) 重复上述步骤,测定标准参比液在 10℃、5℃、0℃、−5℃、−10℃、−15℃、−20℃下的流量。按照不同温度下标准参比液的流量,绘制出标准曲线。

5.4.3 试验步骤

a) 按 5.4.2 的试验程序,对温度处理前、后的泡沫液分别进行二次试验,样品的温度(T_1)应控制在凝固点加 5℃,取其流量的平均值为测定结果。

b) 将泡沫液的测定结果与标准参比液的标准曲线相比较,确定样品的比流动性。

5.5 pH 值

5.5.1 仪器、试剂

——酸度计:精度 0.1 pH;

——温度计:分度值 1.0℃;

——pH 缓冲剂。

5.5.2 试验步骤

a) 用 pH 缓冲剂校准酸度计。

b) 分别取温度处理前、后的泡沫液 30 mL,注入干燥、洁净的 50 mL 烧杯中,将电极浸入泡沫液中,在(20±2)℃条件下测定 pH 值。

c) 重复一次试验,取两次试验平均值为测定结果。两次试验结果之差不大于 0.1 pH。

5.6 表面张力、界面张力及扩散系数

5.6.1 仪器、试剂

——表面张力仪:分度值 0.1 mN/m;

——温度计:分度值 1.0℃;

——环己烷:纯度 99%;

——量筒:100 mL,分度值 10 mL;10 mL,分度值 0.1 mL。

5.6.2 试验步骤

5.6.2.1 表面张力

a) 分别取温度处理前、后的泡沫液,注入干燥、洁净的烧杯中,用三级水(符合 GB/T 6682—1992)按供应商推荐的浓度配制泡沫溶液。

b) 在泡沫溶液温度为(20±1)℃条件下,测定表面张力。

c) 重复一次试验,取两次试验平均值为测定结果。

5.6.2.2 界面张力

a) 测完表面张力后,在泡沫溶液上加(5~7) mm 厚的(20±1)℃的环己烷,等待(6±1) min 后,测定界面张力。

b) 重复一次试验,取两次试验平均值为测定结果。

5.6.2.3 扩散系数的计算

按公式(1)计算泡沫溶液与环己烷之间的扩散系数:

$$S = \gamma_c - \gamma_f - \gamma_i \quad \cdots\cdots(1)$$

式中：

S——扩散系数，单位为毫牛每米(mN/m)；

γ_c——环己烷的表面张力，单位为毫牛每米(mN/m)；

γ_f——泡沫溶液的表面张力，单位为毫牛每米(mN/m)；

γ_i——泡沫溶液与环己烷之间的界面张力，单位为毫牛每米(mN/m)。

5.7 腐蚀率

5.7.1 仪器、材料

a) 天平：精度 0.1 mg；

b) 游标卡尺：精度 0.02 mm；

c) 电热鼓风干燥箱：控温精度±2℃；

d) 锥形瓶：250 mL；

e) Q_{235}钢片和 LF_{21}铝片：75 mm × 15 mm × 1.5 mm；

f) 硝酸：密度 1.4 g/mL；

g) 磷酸-铬酸水溶液：85%磷酸 35 mL 加无水铬酸 20 g，用三级水(符合 GB/T 6682—1992)稀释至 1 L；

h) 10%柠檬酸氢二铵水溶液；

i) 无水乙醇(化学纯)；

j) 干燥器。

5.7.2 试验步骤

a) 取钢片和铝片各四片，用 200 号水砂纸打磨，去掉氧化膜，再用 400 号水砂纸磨光(铝片在室温下放入硝酸中泡 2 min)，用硬毛刷在自来水中冲刷、洗净，最后用无水乙醇洗涤擦干。将处理好的试片放入(60±2)℃的电热鼓风干燥箱中干燥 30 min，取出放入干燥器中至室温，称量每个试片的质量，并编号。

b) 用游标卡尺测量每个试片的长、宽、厚，计算每个试片的表面积。

c) 将处理好的试片分别放入两个锥形瓶中，倒入泡沫液(符合本标准 5.1.1)。使试片完全浸入泡沫液中，且试片间不接触，然后密封瓶口。

d) 将锥形瓶放在(38±2)℃的电热鼓风干燥箱中，连续保持 21 d。

e) 从锥形瓶中取出试片，分别用硬毛刷在自来水中冲刷腐蚀生成物(若洗不掉，则钢片用 10%柠檬酸氢二铵水溶液浸泡，铝片用磷酸-铬酸水溶液浸泡)，洗净后，用无水乙醇洗涤、擦干。然后放入(60±2)℃的电热鼓风干燥箱中，干燥 30 min，取出放入干燥器内冷至室温，称量每个试片的质量。

5.7.3 结果

腐蚀率按公式(2)计算：

$$C = 1\,000 \times (m_1 - m_2)/(21 \times A) \quad \cdots\cdots(2)$$

式中：

C——腐蚀率，单位为毫克每天每平方分米[$mg/(d \cdot dm^2)$]；

m_1——每个试片浸泡前的质量，单位为克(g)；

m_2——每个试片浸泡后的质量，单位为克(g)；

A——每个试片的表面积，单位为平方分米(dm^2)。

每个试样取四个试片的平均值作为试验结果。

5.8 低倍泡沫液的发泡倍数和 25%析液时间

5.8.1 设备

泡沫产生系统见图 2。

——泡沫枪:见图 3,当用水标定时,在(0.63±0.03)MPa 压力下,水流量为(11.4±0.4)L/min;
——泡沫收集器:见图 4,泡沫收集器表面可采用不锈钢、铝、黄铜及塑料材料制作;
——析液测定器:见图 5,塑料或黄铜制作。用水标定泡沫接收罐的容积,精确至 1 mL;
——温度计:分度值 1℃;
——量筒:分度值 10 mL;
——天平:精度±0.5 g;
——秒表:分度值 0.1 s。

单位为毫米

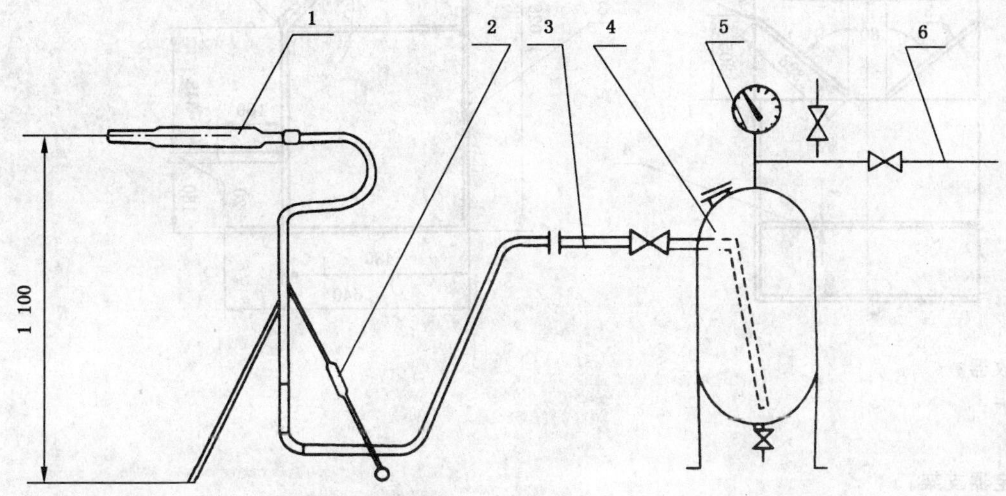

1——标准泡沫枪;
2——可调支架;
3——泡沫液输送管;
4——耐压储罐;
5——压力表(0 MPa~1 MPa);
6——进气管。

图 2 低倍泡沫产生系统安装示意图

单位为毫米

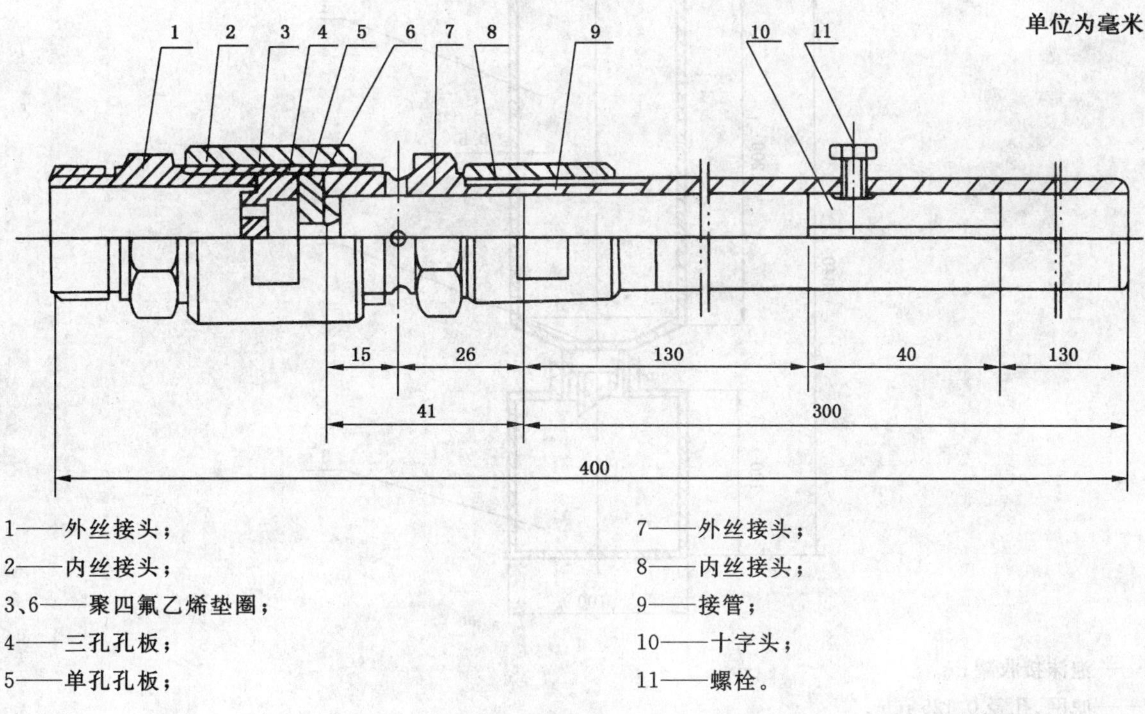

1——外丝接头;
2——内丝接头;
3、6——聚四氟乙烯垫圈;
4——三孔孔板;
5——单孔孔板;
7——外丝接头;
8——内丝接头;
9——接管;
10——十字头;
11——螺栓。

图 3 标准泡沫枪示意图

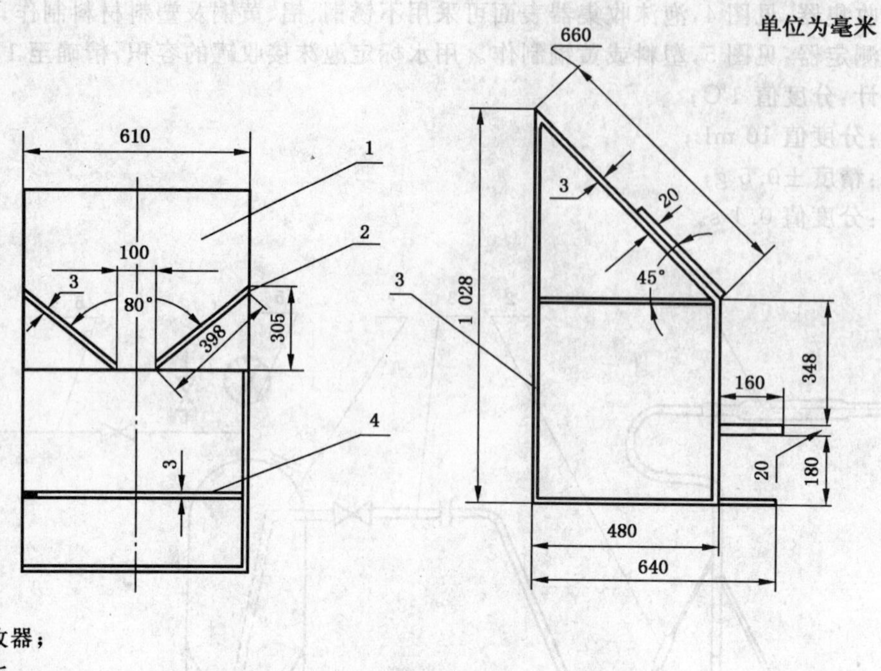

1——泡沫接收器；

2——泡沫挡板；

3——支架；

4——析液测定器支架。

图4 低倍泡沫收集器示意图

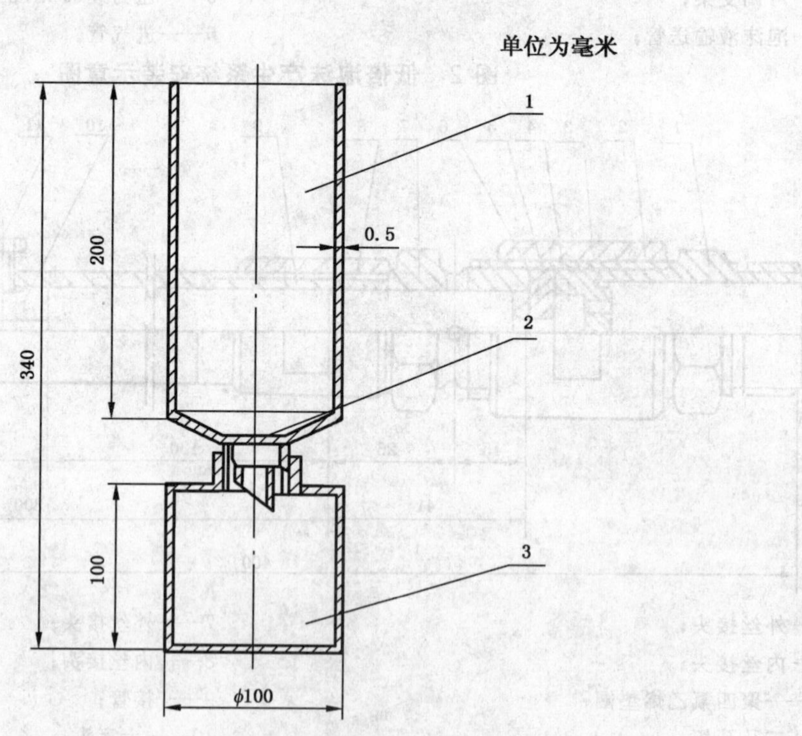

1——泡沫接收罐；

2——滤网、孔径 0.125 mm；

3——析液接收罐。

图5 低倍泡析液测定器示意图

5.8.2 **温度条件**

试验在下述条件下进行：

——环境温度：(15～25)℃；

——泡沫温度：(15～20)℃。

5.8.3 **试验步骤**

a) 将温度处理前、后的样品分别按使用浓度用淡水配制泡沫溶液(若泡沫液适用于海水，则用符合 5.10.3 的海水配制)，控制泡沫溶液的温度，使产生的泡沫温度在(15～20)℃范围内。

b) 启动空气压缩机，调节泡沫枪入口压力为(0.63±0.03)MPa，确保泡沫枪的流量(11.4±0.4) L/min。

c) 用水润湿泡沫接收罐的内壁、擦净、称重(m_3)。

d) 将泡沫枪水平放置在泡沫收集器前，使泡沫枪前端至泡沫收集器顶沿距离为(2.5±0.3)m，喷射泡沫并调节泡沫枪的高度，使泡沫打在泡沫收集器中心。经过(30±5)s 的喷射达到稳定后，用泡沫接收罐接收泡沫，同时启动秒表，刮平并擦去析液测定器外溢泡沫，称重(m_4)，按公式(3)计算 25%析液质量(m_5)：

$$m_5=(m_4-m_3)/4 \qquad (3)$$

式中：

m_3——析液测定器的质量，单位为克(g)；

m_4——析液测定器充满泡沫时的质量，单位为克(g)；

m_5——25%析液的质量，单位为克(g)。

e) 取下析液测定器的析液接收罐，放在天平上，同时将泡沫接收罐放在支架上，注意保持析液中不含泡沫，当析出液体的质量为 m_5 时卡停秒表，记录 25%析液时间。

f) 发泡倍数按公式(4)计算：

$$E=\rho V/(m_4-m_3) \qquad (4)$$

式中：

E——发泡倍数；

ρ——泡沫溶液的密度，单位为克每毫升(g/mL)，取 $\rho=1.0$ g/mL；

V——泡沫接收罐的容积，单位为毫升(mL)。

5.9 **中、高倍泡沫液的发泡倍数和析液时间**

5.9.1 **中倍泡沫液**

5.9.1.1 **设备**

——泡沫收集器：见图 6a)，容积(V)为 200 L，容积精度为±2 L，底部有 9 个排液孔。可采用不锈钢、塑料等材料制作；

——泡沫产生系统(见图 2)：带有标准中倍泡沫产生器(图 7)。当泡沫产生器用水标定时，在(0.5±0.01)MPa 压力下，水流量为(3.25±0.15)L/min；

——量筒：分度值 10 mL；

——温度计：分度值 1℃；

——秒表：分度值 0.1 s；

——台秤：精度 0.01 kg。

STANDARDS PRESS OF CHINA

单位为毫米

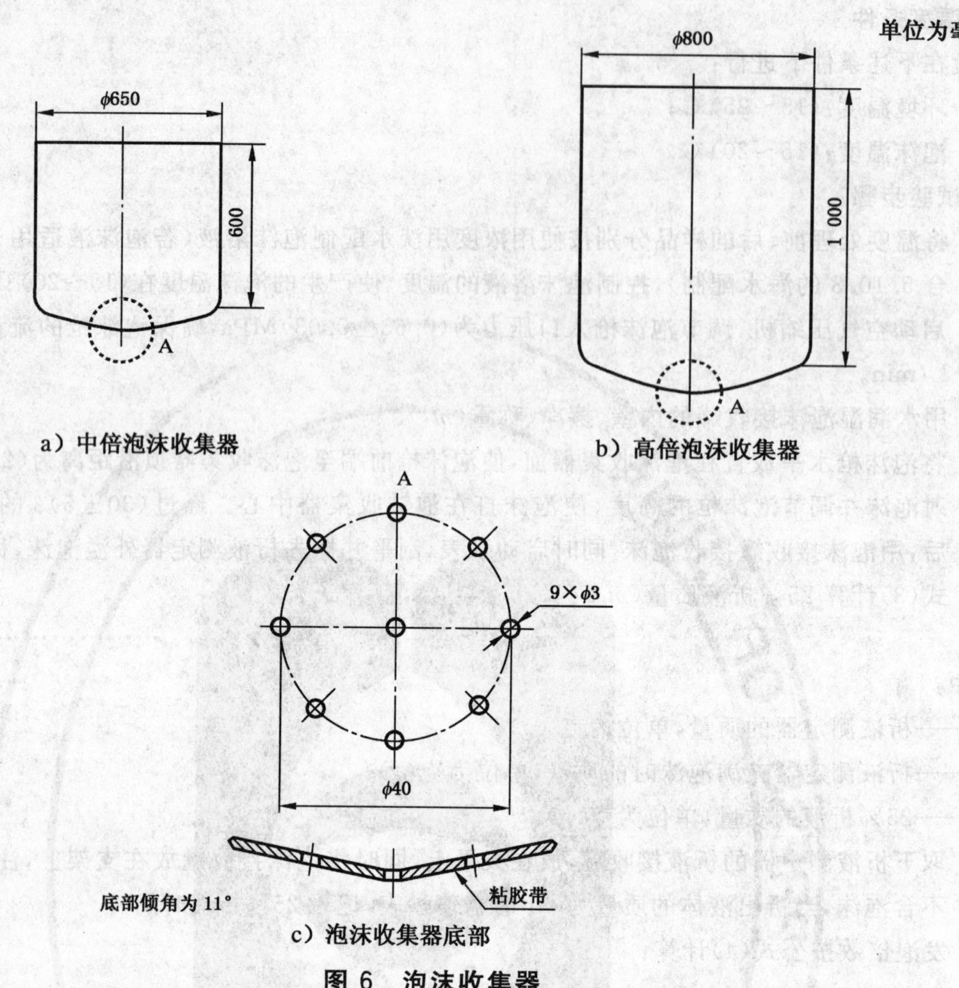

图 6　泡沫收集器

单位为毫米

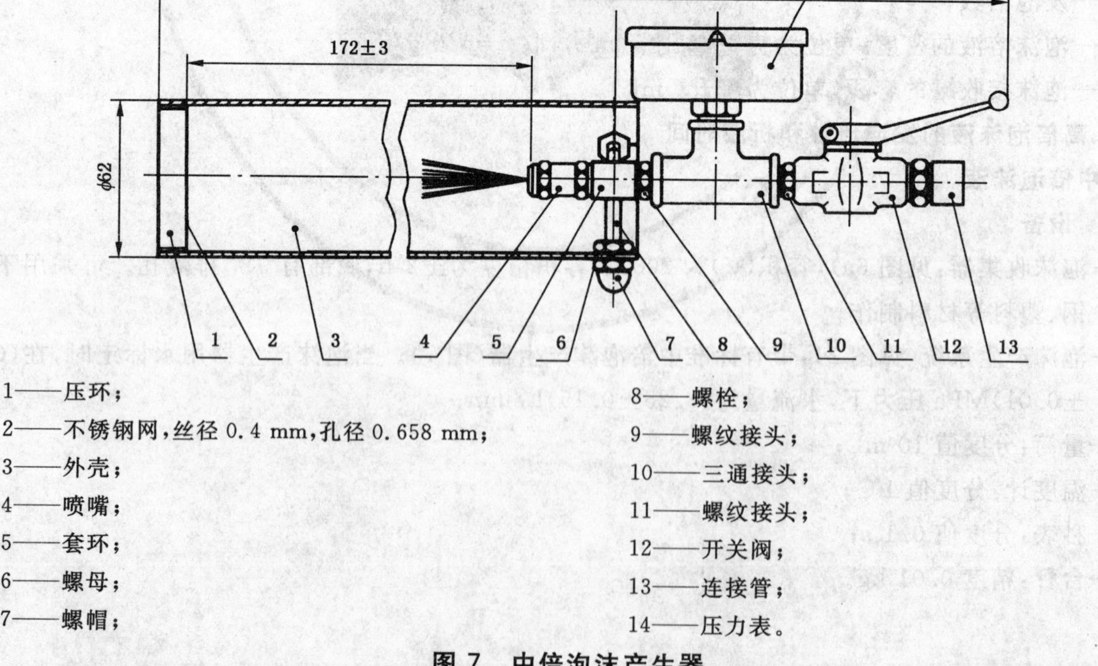

1——压环；
2——不锈钢网，丝径 0.4 mm，孔径 0.658 mm；
3——外壳；
4——喷嘴；
5——套环；
6——螺母；
7——螺帽；
8——螺栓；
9——螺纹接头；
10——三通接头；
11——螺纹接头；
12——开关阀；
13——连接管；
14——压力表。

图 7　中倍泡沫产生器

5.9.1.2 温度条件

试验在下述条件下进行：

——环境温度：(15～25)℃；

——泡沫溶液温度：(15～20)℃。

5.9.1.3 试验步骤

a) 将温度处理前、后的样品分别按使用浓度用淡水配制泡沫溶液，若泡沫液适用于海水，则用符合 5.10.3 的海水配制泡沫溶液。

b) 用胶带封堵泡沫收集器底部的排液孔。润湿泡沫收集器内壁，并擦净、称重(m_1)。启动泡沫产生系统，调节泡沫产生器入口压力为(0.5±0.01)MPa。

c) 收集泡沫于收集器中，当泡沫充满收集器一半时启动秒表。当收集器完全充满泡沫时，停止收集泡沫，并且沿泡沫收集器上沿刮平泡沫。称量此时收集器质量(m_2)。按公式(5)计算发泡倍数 E。

$$E = \rho V/(m_2 - m_1) \quad \cdots\cdots(5)$$

式中：

E——发泡倍数；

ρ——泡沫溶液的密度，取 $\rho=1.0$ kg/L；

V——泡沫收集器容积，单位为升(L)；

m_1——泡沫收集器质量，单位为千克(kg)；

m_2——泡沫收集器充满泡沫时质量，单位为千克(kg)。

d) 按公式(6)计算 25％析液体积，按公式(7)计算 50％析液体积。(析出泡沫溶液的密度按 1.0 kg/L 计)

$$V_1 = \frac{m_2 - m_1}{4\rho} \quad \cdots\cdots(6)$$

$$V_2 = \frac{m_2 - m_1}{2\rho} \quad \cdots\cdots(7)$$

式中：

m_1——泡沫收集器质量，单位为千克(kg)；

m_2——泡沫收集器充满泡沫时质量，单位为千克(kg)；

V_1——25％析液体积，单位为升(L)；

V_2——50％析液体积，单位为升(L)；

ρ——泡沫溶液的密度，取 $\rho=1.0$ kg/L。

e) 将泡沫收集器放在支架上，除去封堵在排液孔上的胶带，将析出的泡沫溶液收集到量筒中。注意保持析液中不含泡沫。

f) 当析出的泡沫溶液体积为 V_1 时，秒表所示时间即为 25％析液时间。

g) 当析出的泡沫溶液体积为 V_2 时，卡停秒表，记录 50％析液时间。

5.9.2 高倍泡沫液

5.9.2.1 设备

——泡沫收集器：见图 6b)，容积(V)为 500 L，容积精度为±5 L，底部有 9 个排液孔。可采用不锈钢、塑料等材料制作。

——泡沫产生系统(见图 2)：带有标准高倍泡沫产生器(图 8)。当泡沫产生器用水标定时，在(0.5±0.01)MPa压力下，水流量为(6.1±0.1)L/min。

——量筒：分度值 10 mL；

——温度计：分度值 1℃；

——秒表：分度值 0.1 s；

——台秤：精度 0.01 kg。

单位为毫米

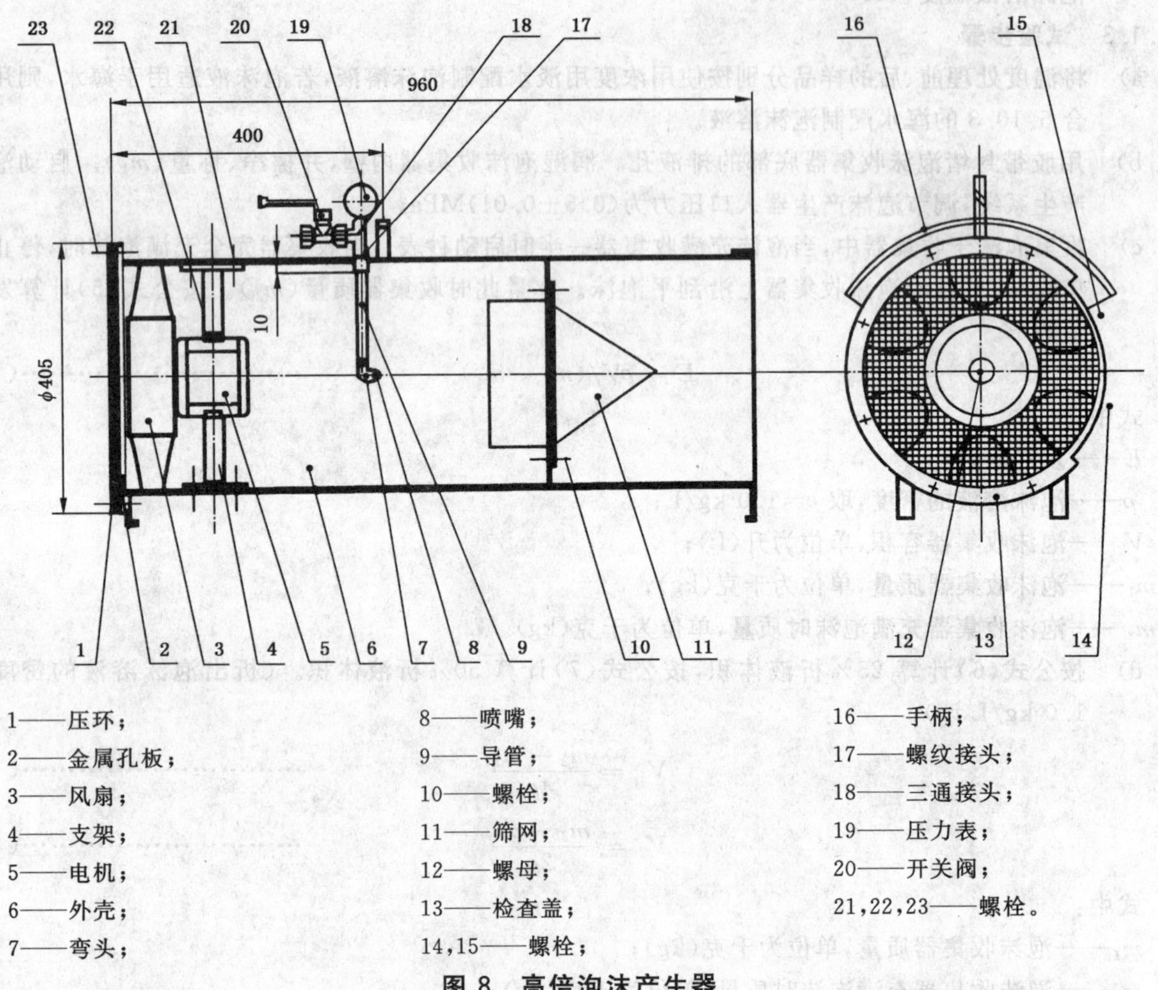

1——压环；
2——金属孔板；
3——风扇；
4——支架；
5——电机；
6——外壳；
7——弯头；
8——喷嘴；
9——导管；
10——螺栓；
11——筛网；
12——螺母；
13——检查盖；
14,15——螺栓；
16——手柄；
17——螺纹接头；
18——三通接头；
19——压力表；
20——开关阀；
21,22,23——螺栓。

图 8 高倍泡沫产生器

5.9.2.2 温度条件

试验在下述条件下进行：

——环境温度：(15～25)℃；

——泡沫溶液温度：(15～20)℃。

5.9.2.3 试验步骤

a) 将温度处理前、后的样品分别按使用浓度用淡水配制泡沫溶液，若泡沫液适用于海水，则用符合 5.10.3 的海水配制泡沫溶液。

b) 用胶带封堵泡沫收集器底部的排液孔。润湿泡沫收集器内壁，并擦净、称重(m_1)。启动泡沫产生系统，调节泡沫产生器入口压力为(0.5±0.01)MPa。

c) 收集泡沫于收集器中，当泡沫充满收集器一半时启动秒表。当收集器完全充满泡沫时，停止收集泡沫，并且沿泡沫收集器上沿刮平泡沫。称量此时收集器质量(m_2)。按公式(1)计算发泡倍数。

d) 按公式(3)计算 50%析液体积。

e) 将泡沫收集器放在支架上，除去封堵在排液孔上的粘胶带，将析出的泡沫溶液收集到量筒中。注意保持析液中不含泡沫。

f) 当析出的泡沫溶液体积为 V_2 时，卡停秒表，记录50%析液时间。

5.10 灭火性能

鉴于本项试验颇费财力和时间，建议将本试验安排在最后，如果上述所检项目已判定样品不合格，灭火性能可不做。

a) 对温度敏感性泡沫液，应使用按5.1.2温度处理后的样品进行灭火性能试验。

b) 对非温度敏感性泡沫液，可使用符合5.1.1的样品进行灭火性能试验。

5.10.1 试验序列

a) 对不适于海水的泡沫液，使用淡水配制泡沫溶液并按供应商声明的灭火等级进行三次试验，两次成功即为合格。如果前两次试验全部成功或失败，可免做第三次试验。

b) 对适于海水的泡沫液，头两次试验中，第一次试验用淡水配制泡沫溶液，第二次试验用符合5.10.3的海水配制泡沫溶液。如果两次试验全部成功或失败，则终止试验。如果一次失败，则重复该试验。如果第一次重复试验成功则进行第二次重复试验，否则终止试验。泡沫液灭火性能成功的条件是下述情况之一：

——前两次试验都成功；

——前两次试验只有一次成功且两次重复试验都成功。

5.10.2 试验条件

——环境温度：(10～30)℃；

——泡沫温度：(15～20)℃；

——燃料温度：(10～30)℃；

——风速：不大于3 m/s(接近油盘处)。

5.10.3 泡沫溶液的配制

应按样品的使用浓度用淡水配制泡沫溶液。若泡沫液适用于海水，还应用人工海水配制泡沫溶液。配制浓度与淡水相同。人工海水由下列组分构成(配制人工海水用的化学试剂均为化学纯)：

在一升淡水中加入：25.0 g 氯化钠(NaCl)；

11.0 g 氯化镁($MgCl_2 \cdot 6H_2O$)；

1.6 g 氯化钙($CaCl_2 \cdot 2H_2O$)；

4.0 g 硫酸钠(Na_2SO_4)。

5.10.4 记录

试验过程中记录下列参数：

a) 室内或室外；

b) 环境温度；

c) 泡沫温度；

d) 风速；

e) 90%控火时间；

f) 99%控火时间；

g) 灭火时间；

h) 25%抗烧时间；

i) 1%抗烧时间(仅适用于中倍泡沫液)。

5.10.5 低倍泡沫液灭非水溶性液体燃料火试验

5.10.5.1 缓施放灭火试验

5.10.5.1.1 设备、材料

a) 钢质油盘：面积为约4.52 m^2，内径(2 400±25)mm，深度(200±15)mm，壁厚2.5 mm；

STANDARDS PRESS OF CHINA

b) 钢质挡板：长(1 000±50) mm，高(1 000±50) mm；

c) 泡沫枪和泡沫产生系统：同 5.8.1；

d) 钢质抗烧罐：内径(300±5) mm，深度(250±5) mm，壁厚 2.5 mm；

e) 风速仪：精度 0.1 m/s；

f) 秒表：分度值 0.1 s；

g) 燃料：橡胶工业用溶剂油，符合 SH 0004 的要求。

5.10.5.1.2 试验步骤

将油盘放在地面上并保持水平，使油盘在泡沫枪的下风向，加入 90 L 淡水将盘底全部覆盖。泡沫枪水平放置并高出燃料面(1±0.05)m，使泡沫射流的中心打到挡板中心轴线上并高出燃料面(0.5±0.1)m。

加入(144±5)L 燃料使自由盘壁高度为 150 mm，加入燃料在 5 min 内点燃油盘，预燃(60±5)s，开始供泡，并记录灭火时间。灭火成功的条件：

a) 对Ⅲ级泡沫液，所有火焰全部熄灭。

b) 对Ⅰ级和Ⅱ级泡沫液，残焰减少到只有一个或在盘边 0.1 m 范围内有几个闪焰，其高度不超过油盘上沿 0.15 m，有一个聚集的火焰前锋(即在不计任何火焰间距离的条件下，火焰沿盘边方向的总长度不超过 0.5 m)，而且在抗烧试验前的等待时段内火焰强度不再增加。

供泡(300±2)s 后停止供泡，等待(300±10)s，将装有(2±0.1)L 燃料的抗烧罐放在油盘中央并点燃。当油盘 25%的燃料面积被引燃时，记录 25%抗烧时间。

5.10.5.2 强施放灭火试验

5.10.5.2.1 设备、材料

除油盘不带钢质挡板外，其他同 5.10.5.1.1。

5.10.5.2.2 试验步骤

按着 5.10.5.1.2 方式将油盘放在泡沫枪的下风向，泡沫枪的位置应使泡沫的中心射流落在距远端盘壁(1±0.1)m 处的燃料表面上。

加入燃料在 5 min 之内点燃，预燃(60±5)s 后开始供泡，供泡(180±2)s 后停止供泡；如果火被完全扑灭，则记录灭火时间；如果火焰仍未被扑灭，等待观察残焰是否全部熄灭并记录灭火时间。停止供泡后，等待(300±10)s，将装有(2±0.1)L 燃料的抗烧罐置于油盘中心并点燃。记录自点燃抗烧罐至油盘 25%的燃料面积被引燃的时间，即 25%抗烧时间。

5.10.6 中倍泡沫液

5.10.6.1 设备、材料

a) 钢质油盘：面积约 1.73 m^2，直径(1 480±15)mm，深度(150±10)mm，壁厚 2.5 mm；

b) 泡沫产生系统：同 5.9.1.1；

c) 钢质抗烧罐：直径(150±5)mm，高(150±5)mm，壁厚 2.5 mm，带一个支架能使其直接挂在油盘的边缘的外侧；

d) 风速仪：精度 0.1 m/s；

e) 温度计：分度值 1℃；

f) 秒表：分度值 0.1 s；

g) 燃料：120# 橡胶工业用溶剂油，符合 SH 0004 的要求。

5.10.6.2 试验步骤

a) 将油盘放置在地面上并保持水平。加入 30 L 水及(55±2)L 燃料，使自由盘壁的高度为 100 mm。将装有(0.9±0.1)L 燃料的抗烧罐挂在油盘的下风侧。如图 9 所示安装中倍泡沫产生器，水平放置在油盘上风侧。在施加燃料的 5 min 内点燃油盘。当整个燃料表面布满火焰不少于 45 s 后，安装好泡沫产生器。

b) 当预燃时间达到(60±5)s，开始供泡。供泡时间(120±2)s。

c) 记录从开始供泡至火焰熄灭的时间间隔即为灭火时间。

d) 供泡结束后，抗烧罐内火焰应继续燃烧，直到油盘内泡沫层上出现悬浮火焰，记录该时间间隔为 1%抗烧时间。

e) 如果在供泡过程中由于泡沫外溢而使抗烧罐内火焰熄灭，应立即重新点燃。

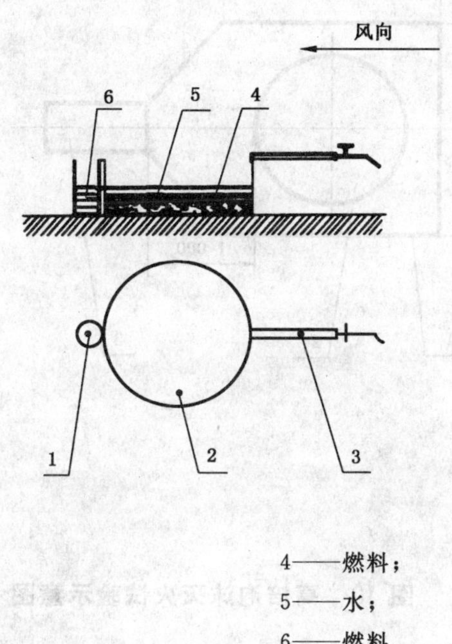

1——抗烧罐；
2——油盘；
3——中倍泡沫产生器；
4——燃料；
5——水；
6——燃料。

图 9 中倍泡沫灭火试验示意图

5.10.7 高倍泡沫液

5.10.7.1 设备、材料

泡沫产生系统：同 5.9.2.1；

油盘、风速计、温度计、秒表及燃料符合 5.10.6.1；

泡沫拦网：由 0.021 mm(5 目)不锈钢网构成，按图 10 布置。

5.10.7.2 试验步骤

a) 将油盘放置在地面上并保持水平。加入 30 L 水及(55±2)L 燃料，使自由盘壁的高度为 100 mm。按图 5 在油盘周围布置泡沫拦网和高倍泡沫产生器，高倍泡沫产生器水平放置在油盘上风侧。在施加燃料的 5 min 内点燃油盘。当预燃时间(从整个燃料表面布满火焰开始计时)达到 45 s 时，在距油盘一定距离处打开泡沫产生器，产生泡沫。

b) 当预燃时间达到(60±5)s，将泡沫产生器对准拦网开口，开始供泡。供泡时间(120±2)s。

c) 记录从开始供泡至火焰熄灭的时间间隔即为灭火时间。

单位为毫米

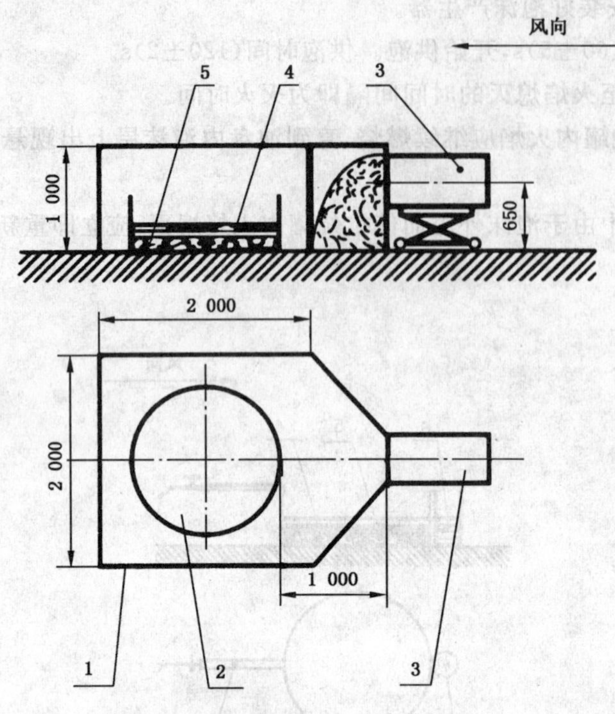

1——泡沫拦网；

2——油盘；

3——高倍泡沫产生器；

4——燃料；

5——水。

图 10 高倍泡沫灭火试验示意图

5.10.8 抗醇泡沫液

5.10.8.1 灭非水溶性液体燃料火试验

按 5.10.5 进行。

5.10.8.2 灭水溶性液体燃料火试验

5.10.8.2.1 仪器设备及材料

——钢质油盘：面积 1.73 m^2，内径(1 480±15) mm，深度(150±10) mm，壁厚 2.5 mm；

——钢质挡板：高(1 000±50) mm，宽(1 000±50) mm，壁厚 2.5 mm；

——抗烧罐：内径(300±5) mm，深度(250±5) mm，壁厚 2.5 mm；

——燃料：纯度不小于 99%的工业丙酮(符合 GB/T 6026 标准，不低于一等品)；

——其他同 5.10.5.1.1。

5.10.8.2.2 试验步骤

将油盘放在地面上并保持水平，使油盘在泡沫枪的下风向。将泡沫枪水平放置并高出燃料面(1±0.05)m，使泡沫射流的中心打到挡板中心轴并高出燃料面(0.5±0.1)m。

加(125±5)L 燃料，使自由盘壁高度约为 78 mm。加入燃料在 5 min 内点燃油盘，预燃(120±5)s，开始供泡。并记录灭火时间。

供泡(180±2)s(灭火性能级别为Ⅰ级的泡沫液)或(300±2)s(灭火性能级别为Ⅱ级的泡沫液)，停止供泡等待(300±10)s，将装有(2±0.1)L 燃料的抗烧罐放在油盘中央并点燃。记录 25%抗烧时间。

5.10.9 灭火器用泡沫灭火剂的泡沫、灭火性能

建议本项试验安排在最后进行，如果上述各项性能试验判定该样品不合格时，可不做本项试验。

5.10.9.1 **仪器设备**

——秒表:分度值 0.1 s;

——天平:精度 1 g;

——量筒:分度值 10 mL。

——MJPZ6 型标准手提式机械泡沫灭火器:容积(8±0.2)L;桶体高度(510±10) mm;桶体外径(150±5) mm;喷射管内径(12±2) mm;喷射管长度(420±5) mm;喷嘴见图 11;灭火剂充装量(6±0.2)L;充入氮气压力(表压)(1.2±0.1)MPa。

也可以使用厂家提供的 MJPZ6 型泡沫灭火器及喷嘴,但其喷射性能符合 GB 4351—1997 标准相应的要求。

单位为毫米

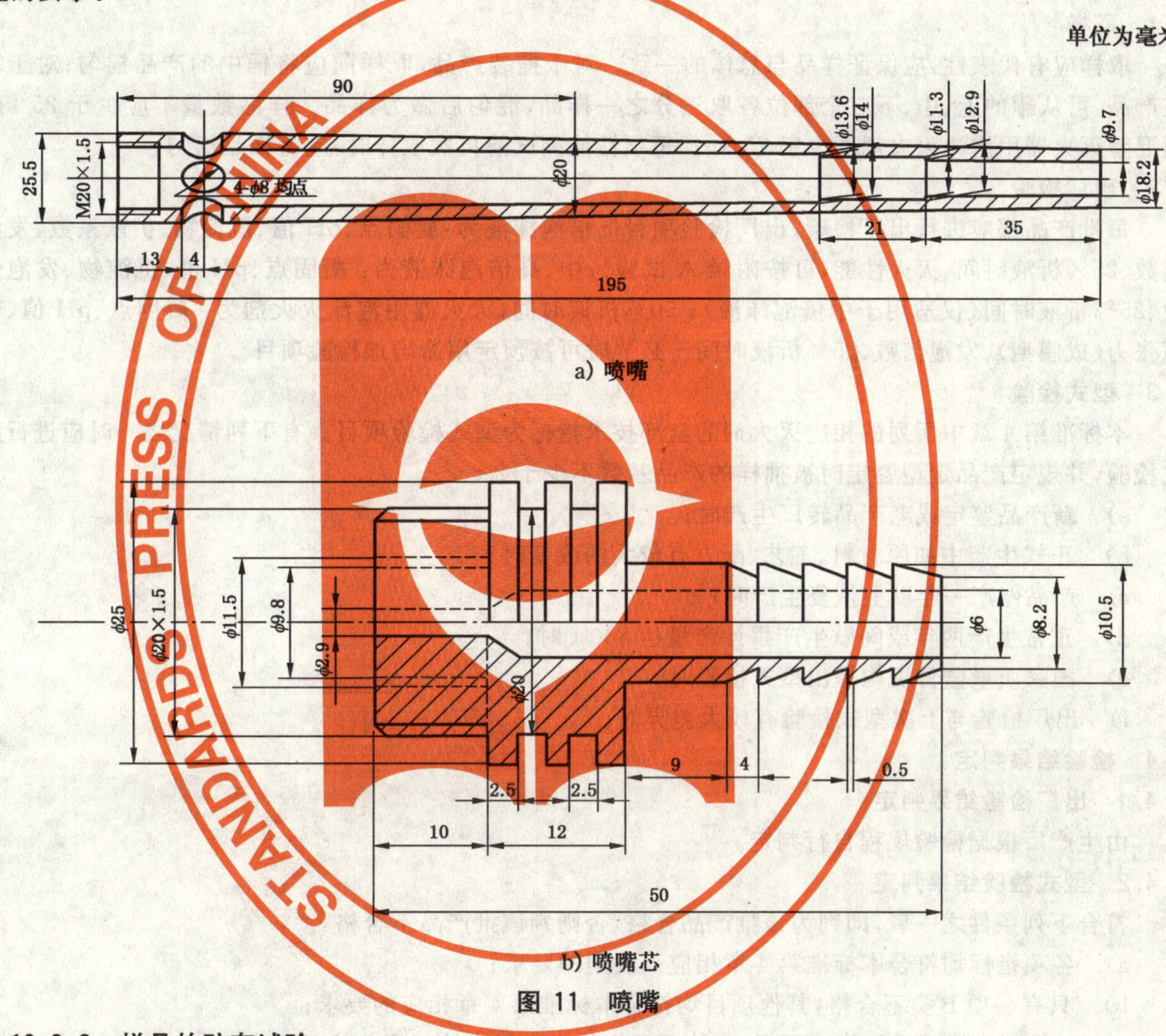

STANDARDS PRESS OF CHINA

图 11 喷嘴

5.10.9.2 **样品的贮存试验**

把经温度处理后的预混液充装灭火器内,充压后在(15～35)℃环境条件存放 90 d,然后进行泡沫性能和灭火性能试验。

5.10.9.3 **发泡倍数、25%析液时间**

试验仪器和设备、试验准备、试验步骤按 GB 15368—1994 中 5.17 进行。

5.10.9.4 **A 类灭火试验**

试验模型、试验条件、试验步骤及试验评定按 GB 4351—1997 中 6.2 进行。

5.10.9.5 **B 类灭火试验**

a) 橡胶工业用溶剂油灭火试验

试验模型、试验条件、试验步骤及试验评定按 GB 4351—1997 中 6.3 进行。所不同的是试验燃料为符合 SH 0004 要求的橡胶工业用溶剂油。

b) 灭丙酮火试验

圆形油盘用钢板制造，钢板厚度 2 mm～3 mm，油盘深度不大于 200 mm，盘沿口加强边宽度不大于 50 mm。燃料为 99%丙酮，燃料层厚度不小于 50 mm，不得加入清水。灭火试验的预燃时间为(120±5)s。

其余试验方法按 GB 4351—1997 中 6.3.2、6.3.3.2、6.3.4 进行。

6 检验规则

6.1 取样

取样应有代表性，应保证样品与总体的一致。对于桶装产品，取样前应将桶中的产品摇匀；对于罐装产品，可从罐的上、中、下三个部位各取三分之一样品，混匀后做为样品。样品数量不应少于 25 kg、预混型灭火器用泡沫灭火剂不少于 75 kg。每项性能测试前再次取样时，应将样品摇匀。

6.2 出厂检验

每批产品都应进行出厂检验，出厂检验项目低倍泡沫液为：凝固点、pH 值、沉淀物、扩散系数、发泡倍数、25%析液时间、灭火性能(可按附录 A 试验)；中、高倍泡沫液为：凝固点、pH 值、沉淀物、发泡倍数、25%析液时间(仅适用于中倍泡沫液)、50%析液时间；灭火器用泡沫灭火剂为：凝固点、pH 值、表面张力(成膜型)、发泡倍数、25%析液时间。必要时可按预定用途增加检验项目。

6.3 型式检验

本标准第 4 章中所列的相应灭火剂的全部技术指标为型式检验项目。有下列情况之一时应进行型式检验，并规定产品定型鉴定时被抽样的产品基数不少于 2 t。

a) 新产品鉴定或老产品转厂生产时；

b) 正式生产中如原材料、工艺、配方有较大的改变时；

c) 产品停产一年以上恢复生产时；

d) 正常生产两年或间歇生产累计产量达 800 t 时；

e) 国家质量监督机构提出型式检验时；

f) 出厂检验与上次型式检验有较大差异时。

6.4 检验结果判定

6.4.1 出厂检验结果判定

由生产厂根据检验规程自行判定。

6.4.2 型式检验结果判定

符合下列条件之一者，即判为该批产品合格，否则判该批产品不合格：

a) 各项指标均符合本标准第 4 章相应灭火剂的要求；

b) 只有一项 B 类不合格，其他项目均符合本标准第 4 章相应的要求；

c) C 类不合格项目不超过两项，其他项目均符合本标准第 4 章相应的要求。

7 包装、标志、运输和储存

7.1 包装

泡沫液应密封盛在塑料桶中或内壁经防腐处理的铁桶中，最小包装为 25 kg。

7.2 标志

泡沫液包装容器上应清晰、牢固地注明：

a) 名称、型号、使用浓度；

b) 如适用于海水，注明“适用于海水”，否则注明“不适用于海水”；

c) 灭火性能级别和抗烧水平；

d)

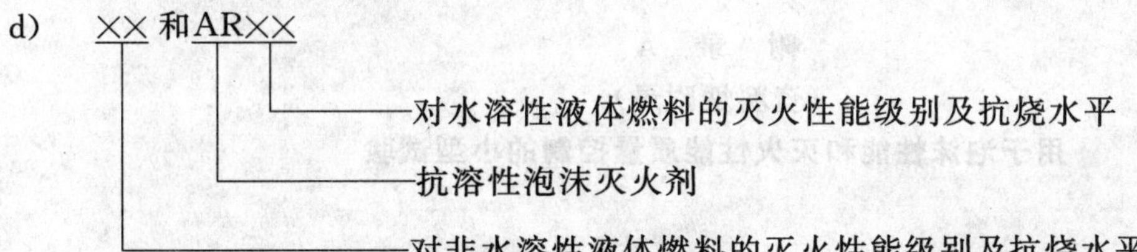

e) 如不受冻结、融化影响，应注明“不受冻结、融化影响”，否则注明“禁止冻结”；

f) 可形成水成膜的泡沫液，应注明“成膜型”；

g) 可引起的有害生理作用的可能性，以及避免方法和其发生后援救措施；

h) 储存温度、最低使用温度和有效期；

i) 泡沫灭火剂应注明是否是温度敏感型泡沫液。

j) 泡沫灭火剂的净重、生产批号、生产日期及依据标准；

k) 生产厂名称和厂址。

7.3 运输和储存

运输避免磕碰，防止包装受损。

泡沫灭火剂应储存在通风、阴凉处，储存温度应低于45℃，高于其最低使用温度。按本标准的储存条件或生产厂提出的储存条件要求储存，泡沫液的储存期为：AFFF 8年；S、中、高倍泡沫液3年；P、P/AR、FP、FP/AR、AFFF/AR、S/AR、FFFP、FFFP/AR、灭火器用灭火剂2年。储存期内，产品的性能应符合本标准的要求，超过储存期的产品，每年应进行灭火性能检验，以确定产品是否有效。

附 录 A
(资料性附录)
用于泡沫性能和灭火性能质量控制的小型试验

A.1 概述

本附录采用的泡沫枪与5.8.1采用的标准泡沫枪不同，产生的泡沫也不同，因此，使用两种泡沫枪得到的发泡倍数、析液时间以及灭火性能不能直接比较。本附录提供的试验方法适用于在正常生产过程中对泡沫液的泡沫性能和灭火性能稳定性进行质量控制。

A.2 泡沫性能试验

A.2.1 试验条件

——环境温度：(15～25)℃；

——泡沫温度：(15～20)℃；

——室内。

A.2.2 仪器、设备

——秒表：精度0.1 s；

——温度计：分度值1℃；

——天平：精度1 g；

——量筒：分度值10 mL；

——析液测定器(见图5)；

——泡沫产生系统(见图2)：由5 L/min泡沫枪[见图A.1，应满足在(0.7±0.03)MPa压力下，用水测定的流量为(5.0±0.1) L/min]、1.5级(0～1)MPa压力表、储液罐、空压机等组成。

A.2.3 试验步骤

a) 将样品按使用浓度用淡水配制泡沫溶液，若泡沫液适用于海水，则用符合5.10.3的海水配制，控制泡沫溶液的温度，使产生的泡沫温度在(15～20)℃范围内。

b) 启动空气压缩机，调节泡沫枪入口压力为(0.7±0.03)MPa，同时润湿析液测定器的泡沫接收罐内壁、擦净、称重(m_1)。

c) 经过(5～10)s的喷射达到稳定后，用析液测定器接收泡沫，同时启动秒表，刮平并擦去析液测定器外溢泡沫，称重(m_2)，按式(A.1)计算25%析液质量(m_3)：

$$m_3 = (m_2 - m_1)/4 \quad \cdots\cdots\cdots\cdots(\text{A.1})$$

式中：

m_1——析液测定器的质量，单位为克(g)；

m_2——析液测定器充满泡沫时的质量，单位为克(g)；

m_3——25%析液质量，单位为克(g)。

d) 取下析液测定器的析液接收罐，放在天平上，同时将泡沫接收罐放在支架上，注意保持析液中不含泡沫，当析出液体为m_3时卡停秒表，记录25%析液时间。

e) 发泡倍数按式(A.2)计算：

$$E = \rho V/(m_2 - m_1) \quad \cdots\cdots\cdots\cdots(\text{A.2})$$

式中：

E——发泡倍数；

ρ——泡沫溶液的密度，单位为克每毫升(g/mL)，取ρ=1.0 g/mL；

V——泡沫收集罐的容积，单位为毫升(mL)。

单位为毫米

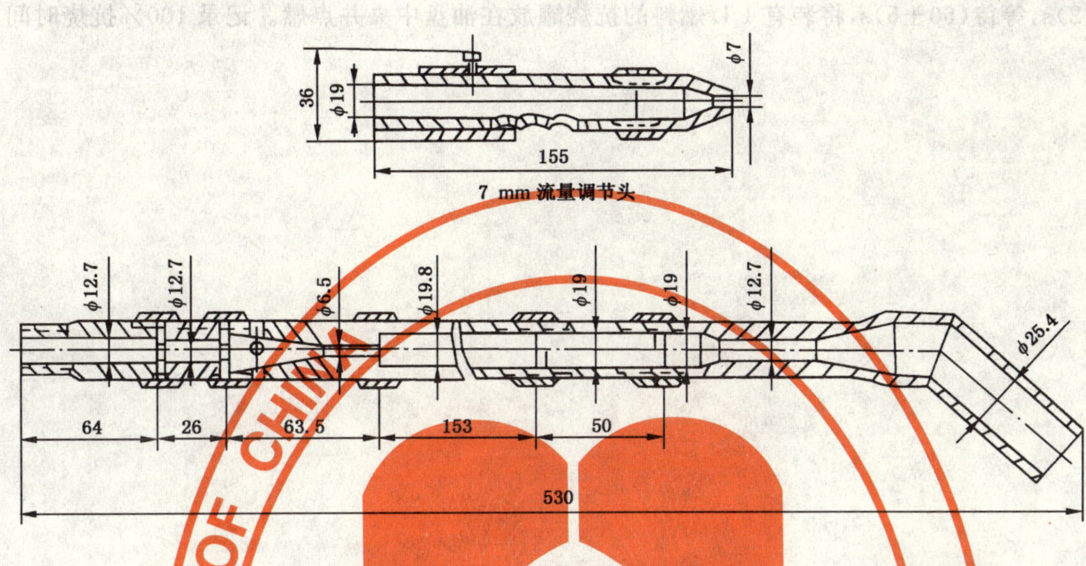

图 A.1 5 L/min 泡沫枪及附件

A.3 灭火试验

A.3.1 试验条件

同 A.2.1。

A.3.2 泡沫溶液的配制

同 5.8.3a)。

A.3.3 设备及材料

泡沫产生系统：同 A.2.2，所不同的是用 7 mm 流量调节头取代 135°弯头。

圆形、锥底钢质油盘：内径(565±5) mm，深度(150±5) mm，壁厚 2.5 mm，油盘面积为 0.25m²，圆锥底高度为(30±5) mm；

钢质抗烧罐：内径(120±2) mm，深度(80±2) mm，整体高度(96±2) mm，壁厚 2.5 mm；

燃料：120# 橡胶工业用溶剂油，符合 SH 0004 的要求；

其他同 A.2.2。

A.3.4 记录

试验过程中记录下列参数：

a) 室内或室外；
b) 环境温度；
c) 泡沫温度；
d) 90%控火时间；
e) 灭火时间；
f) 100%抗烧时间。

A.3.5 试验步骤

向泡沫溶液贮罐施加(0.7±0.03)MPa 的压力，调节 7 mm 流量调节头，使其直向的泡沫流量为

(725～775)g/min(以 6 s 的喷射量确定流量)。调节泡沫枪的位置,使枪保持水平并高出油盘上沿 150 mm,使泡沫落在油盘中央。用水洗净油盘,加入 9 L 燃料,在抗烧罐中加入 1 L 燃料,放在安全处。打开排风装置。加入燃料在 5 min 内点燃油盘,预燃(60±5)s,开始供泡。记录 90%控火时间(自供泡开始至火焰高度降低到 0.3 m～0.4 m 的时间)、灭火时间(自供泡开始至火焰全部熄灭的时间)。供泡(180±2)s,等待(60±5)s,将装有 1 L 燃料的抗烧罐放在油盘中央并点燃。记录 100%抗烧时间。

附 录 B
（规范性附录）
黏度测试方法

B.1 概述

本附录提供了一个通过旋转黏度计测定泡沫液的动力黏度来确定其比流动性的方法。即在不同温度条件下，采用规定的转子和转数，测定标准参比液的黏度值，并绘制成标准曲线；再在泡沫液的最低使用温度下测定样品的黏度值，将得到的结果与标准曲线进行比较，从而确定其比流动性。

B.2 要求

泡沫液的黏度值应不大于标准参比液的黏度值。

B.3 试验方法

B.3.1 仪器、设备

——旋转黏度计：精度±5%；

——恒温水浴：精度±1℃；

——低温冷阱：精度±1℃；

——温度计：精度±1℃；

——秒表：精度0.1 s。

B.3.2 试验步骤

B.3.2.1 按表B.1给出的数据，绘制标准参比液体的温度（横轴）-黏度（纵轴）标准曲线。

表 B.1

温度/℃	10	5	0	−5	−10	−15	−20
转子	3	3	3	3	3	3	4
转数/(r/min)	60	30	30	30	12	6	12
黏度/mPa·s	740	1 140	1 560	2 940	5 660	16 640	36 400

B.3.2.2 将装有适量样品的烧杯置于恒温水浴或低温冷阱中，将样品冷却到泡沫液的最低使用温度。根据泡沫液的最低使用温度，按表B.2选择旋转黏度计的转子和转数，进行黏度测定。

表 B.2

最低使用温度/℃	10～8	7～3	2～−2	−3～−7	−8～−12	−13～−17	−18～−20
转子	3	3	3	3	3	3	4
转数/(r/min)	60	30	30	30	12	6	12

B.3.3 取两次试验结果的平均值作为测定结果，并与标准曲线比较。

ICS 73.100.99
D 90

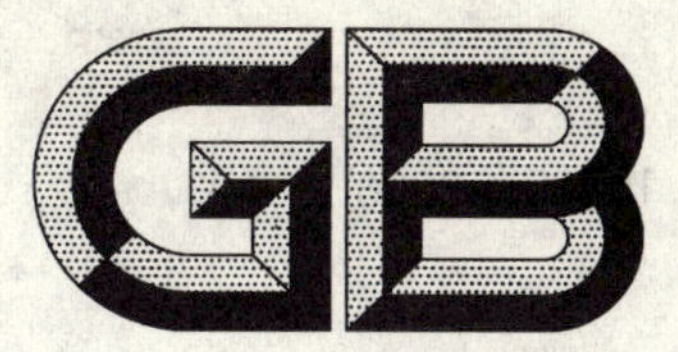

中华人民共和国国家标准

GB/T 15335—2006
代替 GB/T 15335—1994

风筒漏风率和风阻的测定方法

Determination of leakage rate and specific resistance for air duct

2006-02-16 发布　　　　2006-08-01 实施

中华人民共和国国家质量监督检验检疫总局
中国国家标准化管理委员会　发布

前 言

本标准代替 GB/T 15335—1994《矿用风筒漏风率和风阻的测定方法》。在修订中，主要参考了 GB/T 1236—2000《工业通风机 用标准化风道进行性能试验》、GB/T 2624—1993《流量测量节流装置 用孔板、喷嘴和文丘里管测量充满圆管的流体流量》中有关流量的测量方法。

本标准与 GB/T 15335—1994 相比主要变化如下：

1. 在第 3 章"术语和符号"中对本标准所用到的符号进行了表述；

2. 使用了下标来表示测试风道上的不同截面，在第 3 章"术语和符号"中对本标准所用到的下标进行了表述；

3. 用 90°弧进口喷嘴(或锥形进口)代替皮托管来测量风筒进口侧的风量，用 ISO 文丘里喷管代替皮托管来测量风筒出口侧的风量；

4. 风量的计算参照了 GB/T 1236—2000 中用 90°弧进口喷嘴(或锥形进口)测定流量的计算方法和用 ISO 文丘里喷管测定流量的计算方法；

5. 用质量流量代替容积流量来表述风筒内的风量。

本标准由煤炭行业煤矿安全标准化技术委员会提出。

本标准由煤炭行业煤矿安全标准化技术委员会归口。

本标准起草单位：煤炭科学研究总院重庆分院。

本标准主要起草人：孔令刚、周植鹏、巨广刚、卢宁、李少辉、邓鹏、杨亮。

本标准于 1994 年 12 月 22 日首次发布。

风筒漏风率和风阻的测定方法

1 范围

本标准规定了风筒漏风率和风阻的测定系统、测定条件、测定程序和测定结果的表述。

本标准适用于正压风筒和负压风筒漏风率和风阻的测定。

2 规范性引用文件

下列文件中的条款通过本标准的引用而成为本标准的条款。凡是注日期的引用文件，其随后所有的修改单(不包括勘误的内容)或修订版均不适用于本标准，然而，鼓励根据本标准达成协议的各方研究是否可使用这些文件的最新版本。凡是不注日期的引用文件，其最新版本适用于本标准。

GB/T 1236—2000 工业通风机 用标准化风道进行性能试验(idt ISO 5801:1997)

GB/T 2624—1993 流量测量节流装置 用孔板、喷嘴和文丘里管测量充满圆管的流体流量(eqv ISO 5167-1:1991)

3 术语和符号

GB/T 2624—1993、GB/T 1236—2000 确立的以及下列术语、符号和单位适用于本标准。

3.1 术语

3.1.1

百米[风筒]漏风率 leakage rate per 100 m of air duct

在规定的风压条件下，平均每百米正(负)压风筒漏风量占风筒进(出)口风量的百分数。

3.1.2

百米[风筒]风阻 specific resistance per 100 m of air duct

平均每百米风筒轴线方向上的摩擦风阻和接头风阻之和。

3.1.3

百米[风筒]标准风阻 reference specific resistance per 100 m of air duct

在空气密度为 1.20 kg/m³ 的条件下，平均每百米风筒轴线方向上的摩擦风阻和接头风阻之和。

3.2 符号

符号	术语	单位
A_x	管路截面 x 的面积	m^2
d	喷嘴喉道直径	m
D	管路流量计上游段的圆形管道内径	m
D_A	A 测量断面风道内径	m
D_B	B 测量断面风道内径	m
h	测量断面 A、B 之间的风筒通风阻力	Pa
h_u	相对湿度	1
K	测量断面 A、B 之间的风筒漏风率	1
K_{100}	百米[风筒]漏风率	1
L_{AB}	测量断面 A、B 之间的风筒长度	m
p	流体的绝对压力	Pa

p_a	风筒平均高度上的大气压力	Pa
p_e	表压($p_e=p-p_a$)	Pa
p_x	截面 x 上的流体空间和时间的平均绝对压力	Pa
p_{ex}	截面 x 上的流体空间和时间的平均表压	Pa
p_{sat}	饱和蒸汽压力	Pa
p_v	水蒸气的分压	Pa
q_m	质量流量	kg/s
q_V	容积流量	m^3/s
q_{mx}	截面 x 上的质量流量	kg/s
q_{Vx}	截面 x 上的容积流量	m^3/s
r_d	流量计压比	1
R_{100}	百米[风筒]风阻	$N\cdot s^2/m^8$
R_{AB}	风筒测量断面 A、B 间的风阻	$N\cdot s^2/m^8$
R_s	百米[风筒]标准风阻	$N\cdot s^2/m^8$
R_w	湿空气或气体的气体常数	$J/(kg\cdot K)$
$Re_{Dx}(Re_{dx})$	截面 x 上的雷诺数	1
t_a	环境温度	℃
t_d	干球温度计温度	℃
t_w	湿球温度计温度	℃
t_x	截面 x 上的静态温度	℃
V_{mx}	截面 x 上的气体平均速度	m/s
α	管路内流量计的流量系数	1
β	喷嘴内径与风管上游段直径之比 d/D	1
Δp	差压	Pa
Δq_m	风筒漏风量	kg/s
ε	膨胀系数	1
Θ_{sgx}	截面 x 上的滞止温度	K
Θ_x	截面 x 上的静态温度	K
Θ_a	环境温度	K
κ	等熵指数,对于大气 $\kappa=1.4$	1
ρ	气体密度	kg/m^3
ρ_x	截面 x 上的气体平均密度	kg/m^3

3.3 下标

5	进口侧测量时喉道截面
6	出口侧测量时 ΔP 上游截面
7	进口侧测量时 ΔP 上游截面
8	出口侧测量时喉道截面
A	风筒进风侧截面
B	风筒出风侧截面

4 测定系统

测定系统由测定装置、被测风筒、测量仪器组成。测定系统布置如图 1、图 2 所示。

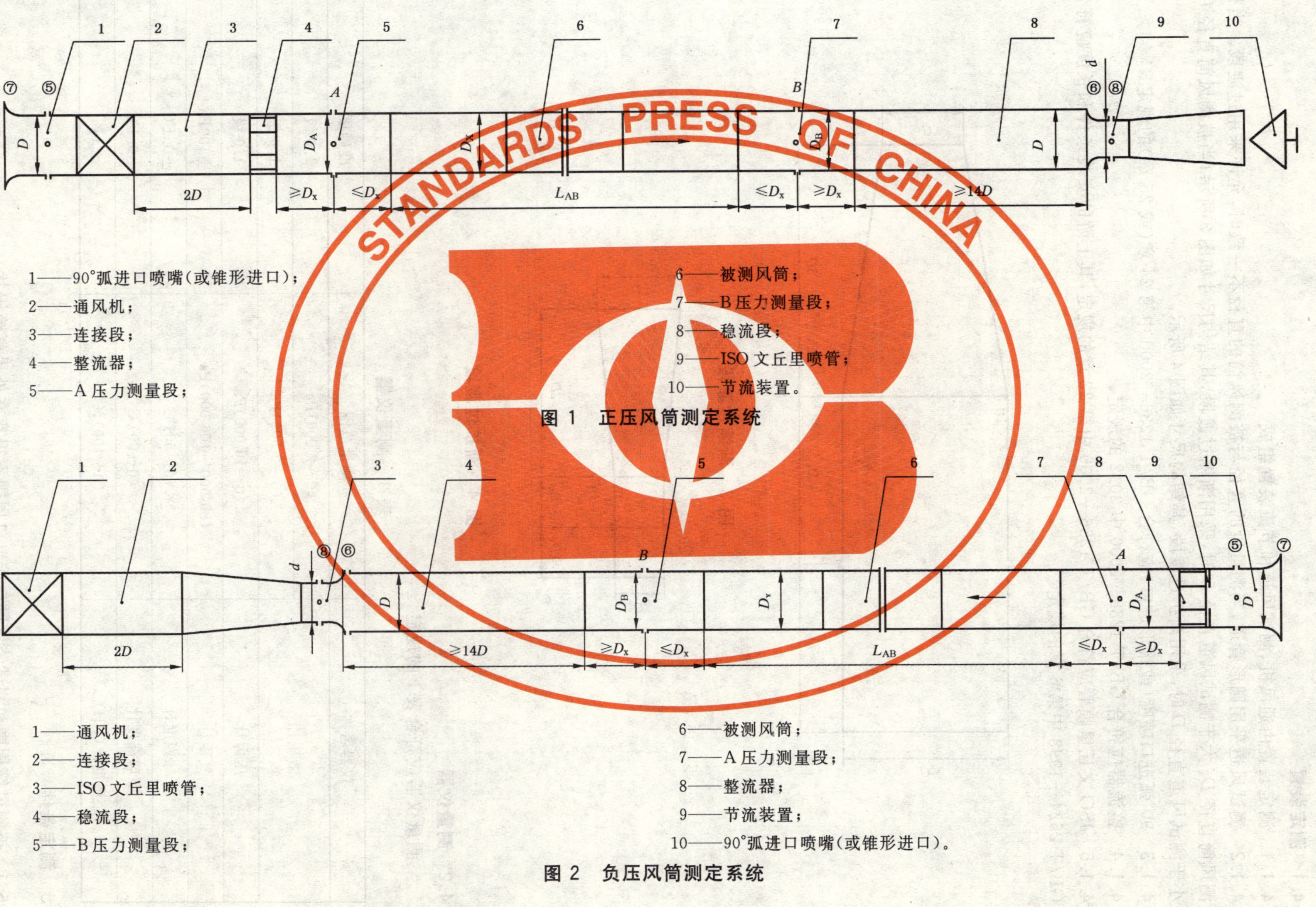

1——90°弧进口喷嘴(或锥形进口);
2——通风机;
3——连接段;
4——整流器;
5——A 压力测量段;
6——被测风筒;
7——B 压力测量段;
8——稳流段;
9——ISO 文丘里喷管;
10——节流装置。

图 1　正压风筒测定系统

1——通风机;
2——连接段;
3——ISO 文丘里喷管;
4——稳流段;
5——B 压力测量段;
6——被测风筒;
7——A 压力测量段;
8——整流器;
9——节流装置;
10——90°弧进口喷嘴(或锥形进口)。

图 2　负压风筒测定系统

4.1 测定装置

4.1.1 测定装置由通风机、测试风道和节流装置组成。

4.1.2 测试风道采用圆形管道，当测量段的直径与被测风筒的直径不一致时，允许采用过渡段。当被测风筒直径 D_x 大于测试风道直径 D 时，采用渐缩过渡段，其结构尺寸如图 3 所示；当被测风筒直径 D_x 小于测试风道直径 D 时，采用渐扩过渡段，其结构尺寸如图 4 所示。

4.1.3 90°弧进口喷嘴（或锥形进口）应符合 GB/T 1236—2000 中第 24 章（或 25 章）的规定。

4.1.4 整流器应符合 GB/T 1236—2000 中 30.2 的规定。

4.1.5 ISO 文丘里喷管应符合 GB/T 1236—2000 中第 22 章的规定，其上游的安装条件和长度应符合 GB/T 2624—1993 中第 6 章的规定。

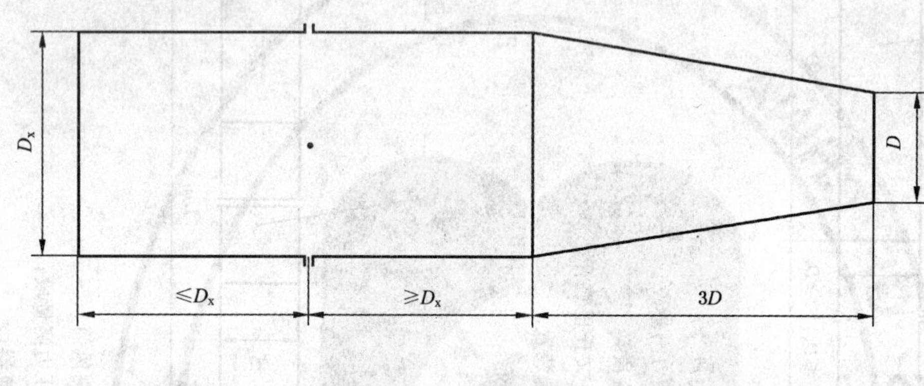

图 3 渐缩过渡段

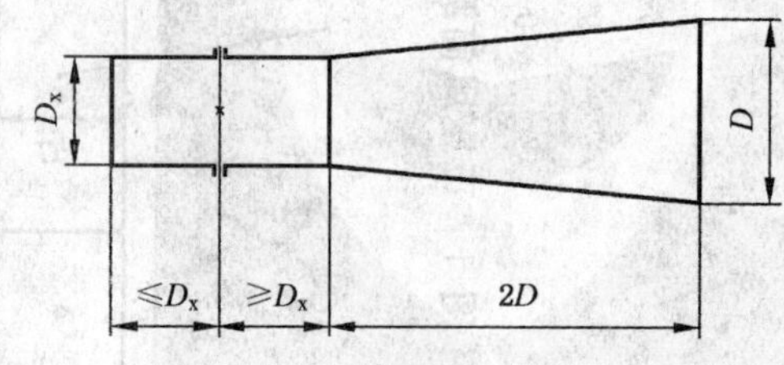

图 4 渐扩过渡段

4.2 测量仪器

测量仪器应符合表 1 的规定。

表 1 测量仪器

仪器名称	测量范围	准确度
微压计	(0～2 000)Pa	1.0 级
	(0～2 500)Pa	1.0 级
压力计	(0～10 000)Pa	1.0 级
气压计	(80 000～106 000)Pa	±100Pa
干球温度计	(0～50)℃	±0.1℃
湿球温度计	(0～50)℃	±0.1℃
湿度计(RH)	(0～100)%	±1%

5 测定条件

5.1 被测风筒周围和测试装置进口或出口周围不得存在外界气流干扰。

5.2 测试风道各组件之间、测试风道与通风机之间应连接良好，不得有泄漏。

5.3 被测风筒总长度应不少于 100 m，平直地安装在测定系统内；被测风筒应良好地连接于测试风道上，连接处不得有泄漏，被测风筒轴线应与测试风道轴线保持一致。

6 测定程序

6.1 测试准备

6.1.1 检查被测风筒的安装是否平直、牢固。

6.1.2 启动通风机，运转(5～10)min。

6.2 根据风筒直径，调节正压风筒 A 测量断面或负压风筒 B 测量断面的相对静压到(1 200～5 000)Pa ±20 Pa。

6.3 测量被测风筒的长度 L_{AB}。

6.4 环境大气压力的测量

测量环境大气压力 p_a，试验空间的大气压力应在测试系统进口和出口段中心之间的平均高度上确定。

6.5 温度、湿度的测量

6.5.1 测量靠近风管进口的环境温度 t_a；

6.5.2 测量 A、6 断面的风流温度 t_A、t_6；

6.5.3 测量湿球温度 t_w，或空气相对湿度 h_u。

6.6 压力的测量

6.6.1 合格检查

检查连接仪器的管子和接头有无堵塞或泄漏，并且应将液体排净。在进行连续观察之前，四个测孔的压力应在最大流量处连续进行单独测量。如果测得的四个读数中的任何一个读数对于 $p_{ex} \leqslant 1\,000$ Pa 超过了 5%或对 1 000 Pa$<p_{ex}<$30 000 Pa 超过 2%范围时(p_{ex}为平均表压)，孔和压力计接头应进行检查，看其是否有缺陷，如果检查未发现缺陷，则应检查流量是否稳定。

6.6.2 分别测量断面 A、B 处的相对静压 p_{eA}、p_{eB}。

6.6.3 测量 90°弧进口喷嘴(或锥形进口)流量计的差压 Δp_5。

6.6.4 测量 ISO 文丘里喷管流量计的上游压力 p_{e6} 和差压 Δp_8。

7 测定结果的表述

7.1 大气环境参数计算

7.1.1 试验环境中的湿空气的气体常数

$$R_w = \frac{287}{1-0.378p_v/p_a} \qquad \cdots\cdots(1)$$

7.1.2 蒸汽压力的确定

当在通风机进口采用干、湿球湿度计测量空气湿度时，蒸汽分压 p_v 按下列表达式求得

$$p_v = (p_{sat})t_w - p_aA_w(t_d - t_w)(1+0.001\,15t_w) \qquad \cdots\cdots(2)$$

式中：

$t_d = t_a$

$A_w = 6.66\times10^{-4}$℃$^{-1}$(当 t_w 在 0℃～150℃时)；

$A_w = 5.94\times10^{-4}$℃$^{-1}$(当 t_w 小于 0℃时)；

$(p_{sat})_{t_w}$ 是在湿球温度 t_w 下的饱和蒸汽压力的值，p_{sat} 可按下列表达式求得

在 0℃和 30℃之间：

$$(p_{sat})_{t_w} = e^{\left(\frac{17.438t_w}{239.78+t_w}+6.414\,7\right)} \qquad \cdots\cdots(3)$$

在 30℃和 100℃之间：

$$(p_{sat})_{t_w} = 610.8 + 44.442t_w + 1.4133t_w^2 + 0.02768t_w^3 + 2.55667 \times 10^{-4}t_w^4 + 2.89166 \times 10^{-6}t_w^5 \quad \cdots\cdots(4)$$

也可直接测量空气相对湿度 h_u 按下式求得

$$p_v = h_u(p_{sat})_{t_d} \quad \cdots\cdots(5)$$

式中$(p_{sat})_{t_d}$是按照上述公式用 t_d 代替 t_w 时计算的干球温度 t_d 下的饱和蒸汽压力。

7.2 A 断面流量计算

7.2.1 用 90°弧进口喷嘴测定流量

7.2.1.1 7 截面相关参数计算

$$p_{e7} = 0$$

$$p_7 = p_a$$

$$\Theta_7 = \Theta_{sg7} = \Theta_a = t_a + 273.15 \quad \cdots\cdots(6)$$

$$\rho_7 = \frac{p_7}{R_w\Theta_7} \quad \cdots\cdots(7)$$

7.2.1.2 当等熵指数 $\kappa=1.4$ 和 $\Delta p \leqslant 2\,000$ Pa(一般情况均满足该条件)时，膨胀系数 ε 按式(8)计算。

$$\varepsilon = 1 - 0.55\frac{\Delta p}{p_a} \quad \cdots\cdots(8)$$

式中：

$\Delta p = \Delta p_5$

7.2.1.3 采用迭代法计算流量

$$q_{mA} = \alpha\varepsilon\pi\frac{d_5^2}{4}\sqrt{2\rho_7\Delta p} \quad \cdots\cdots(9)$$

式中：

流量系数 α 是按下列表达式计算的 Re_{d5} 的函数，其 α 值为平均值。

$$Re_{d5} = \frac{\alpha\varepsilon d_5\sqrt{2\rho_7\Delta p}}{17.1 + 0.048t_a} \times 10^6 \quad \cdots\cdots(10)$$

$$\alpha = 1 - 0.004\sqrt{\frac{10^6}{Re_{d5}}} \quad \cdots\cdots(11)$$

7.2.2 用锥形进口测定流量

7.2.2.1 流量系数的计算

如果 $d \leqslant 0.5$ m，$m=0.011\,07$，$c=0.882\,4$，$\alpha\varepsilon_{max}=0.94$

如果 $d \geqslant 2.0$ m，$m=0.034\,59$，$c=0.781\,2$，$\alpha\varepsilon_{max}=0.975$

否则，当 0.5 m$<d<$2 m 时：

$$m = 0.00963 + 0.04783d + 0.05533d^2 \quad \cdots\cdots(12)$$

$$c = 0.9715 - 0.2058d + 0.05533d^2 \quad \cdots\cdots(13)$$

$$\alpha\varepsilon_{max} = 0.9131 + 0.0623d - 0.01567d^2 \quad \cdots\cdots(14)$$

7.2.2.2 7 截面相关参数计算

$$p_{e7} = 0$$

$$p_7 = p_a$$

$$\Theta_7 = \Theta_{sg7} = \Theta_a = t_a + 273.15 \quad \cdots\cdots(15)$$

$$\rho_7 = \frac{p_7}{R_w\Theta_7} \quad \cdots\cdots(16)$$

7.2.2.3 采用迭代法计算流量：

$$q_{mA} = \alpha \varepsilon \pi \frac{d_5^2}{4} \sqrt{2\rho_7 \Delta p} \qquad (17)$$

式中：

$$\alpha\varepsilon = m\lg(Re_{d5}) + c \qquad (18)$$

$$Re_{d5} = \frac{\alpha\varepsilon d_5 \sqrt{2\rho_7 \Delta p}}{17.1 + 0.048 t_a} \times 10^6 \qquad (19)$$

$\Delta p = \Delta p_5$

7.3 B断面流量(用ISO文丘里喷管测定)计算

7.3.1 6截面相关参数计算

$$p_6 = p_{e6} + p_a \qquad (20)$$

7.3.2 膨胀系数 ε,与压比 r_d 有关

$$r_d = 1 - \frac{\Delta p}{p_6} \qquad (21)$$

式中：

$\Delta p = \Delta p_8$

假定 Δp 为正值,当 $r_d > 0.75$ 时：

$$\varepsilon = \left(\frac{\kappa \cdot r_d^{2/\kappa}}{\kappa - 1} \cdot \frac{1-\beta^4}{1-\beta^4 \cdot r_d^{2/\kappa}} \cdot \frac{1 - r_d^{\frac{\kappa-1}{\kappa}}}{1 - r_d}\right)^{0.5} \qquad (22)$$

7.3.3 当 $0 \leqslant \beta \leqslant 0.67$, $d \geqslant 0.05$ m, $Re_{d8} \geqslant 10^5$ 时,流量系数按下列表达式计算：

$$\alpha = \frac{0.9858 - 0.196\beta^{4.5}}{\sqrt{1.0 - \beta^4}} \qquad (23)$$

7.3.4 采用迭代法进行流量计算

$$\Theta_6 = t_6 + 273.15 - \frac{q_{mB}^2}{2A_6^2 \rho_6^2 c_p} \qquad (24)$$

式中：

$c_p = 1\,008$

$$A_6 = \pi D^2/4 \qquad (25)$$

$$\rho_6 = \frac{p_6}{R_w \Theta_6} \qquad (26)$$

$$q_{mB} = \alpha \varepsilon \pi \frac{d_8^2}{4} \sqrt{2\rho_6 \Delta p} \qquad (27)$$

7.4 风筒漏风率计算

7.4.1 风筒漏风量按公式(28)计算：

$$\Delta q_m = | q_{mA} - q_{mB} | \qquad (28)$$

7.4.2 正、负风筒漏风率(%)分别按式(29)、式(30)计算：

$$K = \frac{\Delta q_m}{q_{mA}} \times 100 \qquad (29)$$

$$K = \frac{\Delta q_m}{q_{mB}} \times 100 \qquad (30)$$

7.4.3 百米[风筒]漏风率(%)按式(31)计算：

$$K_{100} = \frac{100K}{L_{AB}} \qquad (31)$$

7.5 风筒风阻计算

7.5.1 风筒测量断面A、B之间的通风阻力按式(32)计算：

STANDARDS PRESS OF CHINA

$$h = \Delta P_{AB} + \left(\frac{\rho_A V_{mA}^2}{2} - \frac{\rho_B V_{mB}^2}{2}\right) = \Delta P_{AB} + \left[\frac{1}{2\rho_A}\left(\frac{q_{mA}}{A_A}\right)^2 - \frac{1}{2\rho_B}\left(\frac{q_{mB}}{A_B}\right)^2\right] \quad \cdots\cdots\cdots(32)$$

式中：

ΔP_{AB}——测量断面A、B之间的静压差，$\Delta P_{AB} = p_{eA} - p_{eB}$，单位为帕斯卡(Pa)；

ρ_A、ρ_B——分别为测量断面A处和B处的空气密度，单位为千克每立方米(kg/m^3)；

V_{mA}、V_{mB}——分别为测量断面A处和B处的平均风速，单位为米每秒(m/s)。

$A_A = \pi D_A^2/4$

$A_B = \pi D_B^2/4$

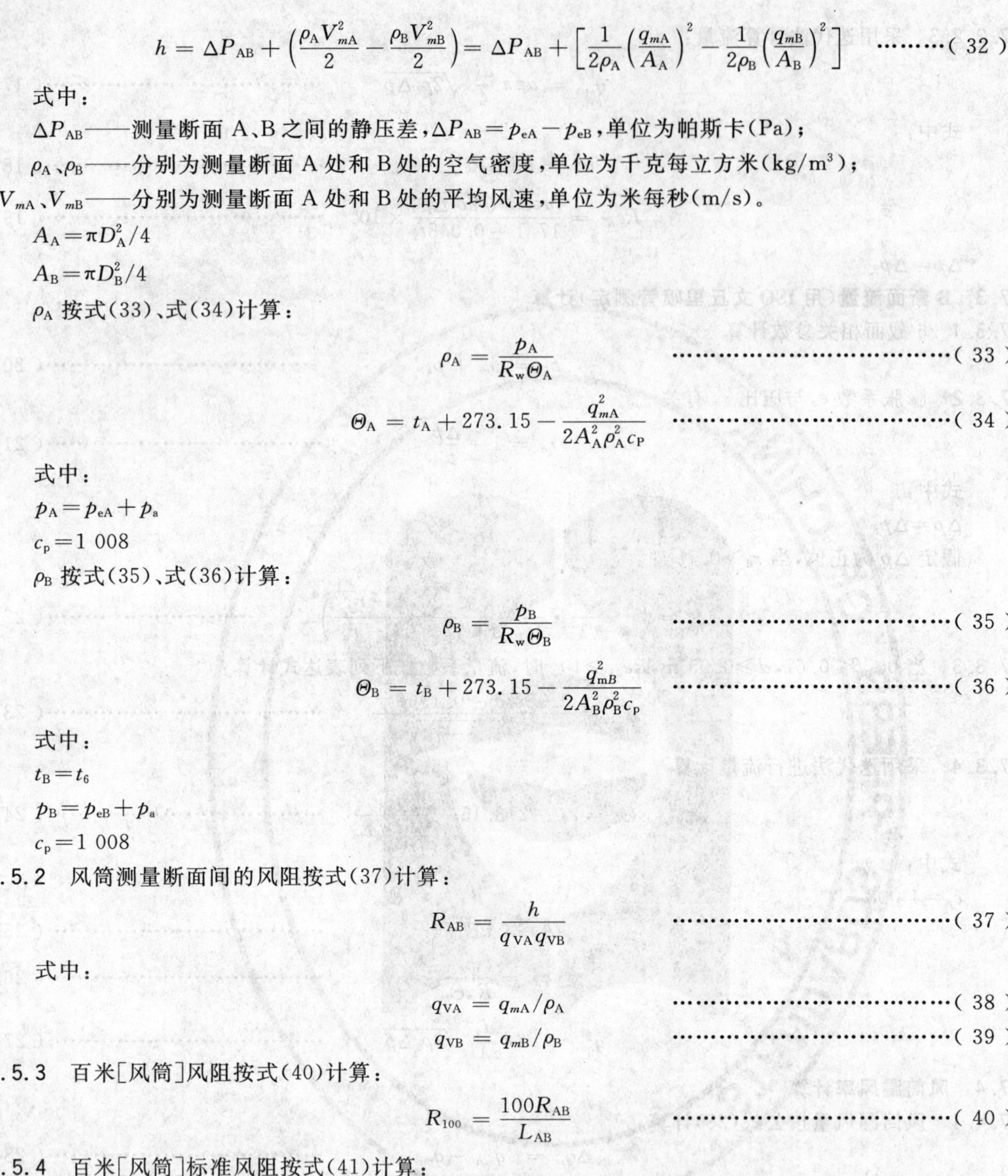

ρ_A 按式(33)、式(34)计算：

$$\rho_A = \frac{p_A}{R_w \Theta_A} \quad \cdots\cdots\cdots(33)$$

$$\Theta_A = t_A + 273.15 - \frac{q_{mA}^2}{2A_A^2 \rho_A^2 c_P} \quad \cdots\cdots\cdots(34)$$

式中：

$p_A = p_{eA} + p_a$

$c_p = 1\ 008$

ρ_B 按式(35)、式(36)计算：

$$\rho_B = \frac{p_B}{R_w \Theta_B} \quad \cdots\cdots\cdots(35)$$

$$\Theta_B = t_B + 273.15 - \frac{q_{mB}^2}{2A_B^2 \rho_B^2 c_p} \quad \cdots\cdots\cdots(36)$$

式中：

$t_B = t_6$

$p_B = p_{eB} + p_a$

$c_p = 1\ 008$

7.5.2 风筒测量断面间的风阻按式(37)计算：

$$R_{AB} = \frac{h}{q_{VA} q_{VB}} \quad \cdots\cdots\cdots(37)$$

式中：

$$q_{VA} = q_{mA}/\rho_A \quad \cdots\cdots\cdots(38)$$

$$q_{VB} = q_{mB}/\rho_B \quad \cdots\cdots\cdots(39)$$

7.5.3 百米[风筒]风阻按式(40)计算：

$$R_{100} = \frac{100 R_{AB}}{L_{AB}} \quad \cdots\cdots\cdots(40)$$

7.5.4 百米[风筒]标准风阻按式(41)计算：

$$R_S = \frac{1.20 R_{100}}{(\rho_A + \rho_B)/2} \quad \cdots\cdots\cdots(41)$$

7.6 百米[风筒]漏风率和百米[风筒]风阻分别测定三次，取其算术平均值。

ICS 71.100.01;87.060.10
G 56

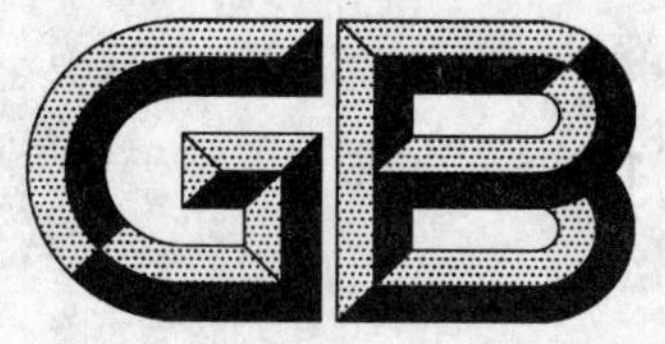

中华人民共和国国家标准

GB/T 15336—2006
代替 GB/T 15336—1994

邻 苯 二 甲 酸 酐

Phthalic anhydride

2006-08-24 发布　　2007-04-01 实施

中华人民共和国国家质量监督检验检疫总局
中国国家标准化管理委员会　发布

前 言

本标准代替 GB/T 15336—1994《邻苯二甲酸酐》。

本标准与 GB/T 15336—1994 相比主要变化如下：

——增加了硫酸色度的技术指标和检验方法(本标准的第 3 章和 5.5)；

——将游离酸含量的指标进行了相应的调整(本标准的第 3 章;GB/T 15336—1994 的第 3 章)；

——增加了警示内容(本标准的第 5 章)。

本标准由中国石油和化学工业协会提出。

本标准由全国染料标准化技术委员会(SAC/TC 134)归口。

本标准起草单位:铜陵化工集团有机化工有限责任公司、沈阳化工研究院。

本标准主要起草人:杨家仁、曹文莲、李春荣。

本标准于 1966 年首次发布为化工部颁标准 HG 2-319—1966,1979 年修订为 HG 2-319—1979。1994 年制定为国家标准 GB 15336—1994。

邻 苯 二 甲 酸 酐

1 范围

本标准规定了邻苯二甲酸酐的要求、采样、试验方法、检验规则以及标志、标签、包装、运输和贮存。

本标准适用于邻苯二甲酸酐的产品质量检验。该产品主要用于塑料、油漆、染料、化纤等工业中。

结构式：

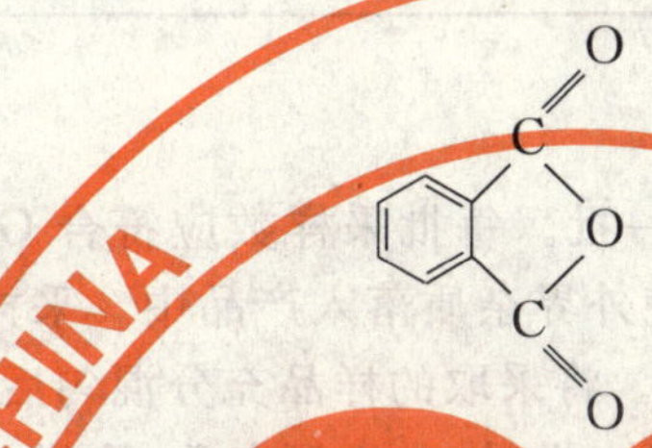

分子式：$C_8H_4O_3$

相对分子质量：148.12(按 2003 年国际相对原子质量)

2 规范性引用文件

下列文件中的条款通过本标准的引用而成为本标准的条款。凡是注日期的引用文件，其随后所有的修改单(不包括勘误的内容)或修订版均不适用于本标准，然而，鼓励根据本标准达成协议的各方研究是否可使用这些文件的最新版本。凡是不注日期的引用文件，其最新版本适用于本标准。

GB 190　危险货物包装标志

GB/T 601　化学试剂　标准滴定溶液的制备

GB/T 603　化学试剂　试验方法中所用制剂及制品的制备(GB/T 603—2002,ISO 6353-1:1982,NEQ)

GB/T 605　化学试剂　色度测定通用方法

GB/T 1250—1989　极限数值的表示方法和判定方法

GB/T 2385—1992　染料中间体结晶点测定通用方法(neq ISO 1392:1977)

GB/T 6678—2003　化工产品采样总则

GB/T 6682　分析实验室用水规格和试验方法(GB/T 6682—1992,eqv ISO 3696:1987)

GB/T 7531—1987　有机化工产品灰分的测定(neq ISO 6353-1:1982)

3 要求

邻苯二甲酸酐的质量应符合表 1 的规定。

表 1　邻苯二甲酸酐的质量要求

项　目		指　标		
		优等品	一等品	合格品
(1) 外观		白色鳞片状或结晶性粉末		白色微带其他色调的鳞片状或结晶性粉末
(2) 熔融色度(色度号)	≤	20	50	100
(3) 热稳定色度(色度号)	≤	50	150	—

表 1(续)

项　目		指　标		
		优 等 品	一 等 品	合 格 品
(4) 硫酸色度(色度号)	≤	60	100	150
(5) 结晶点/℃	≥	130.5	130.3	130.0
(6) 纯度(质量分数)/%	≥	99.50	99.50	99.00
(7) 游离酸(质量分数)/%	≤	0.20	0.30	0.50
(8) 灰分(质量分数)/%	≤	0.05	—	—

4 采样

以批为单位采样,生产厂以均匀产品为一批。每批采样数应符合 GB/T 6678—2003 中 7.6 的规定。所采样产品的包装必须完好,采样时勿使外界杂质落入产品中。采样时用探管采取包括上、中、下三部分的样品,所采样品总量不得少于 500 g。将采取的样品充分混匀后,分装于两个清洁、干燥、密封良好的容器中,其上粘贴标签。注明:产品名称、批号、生产厂名称、取样日期、地点。一个供检验,一个保存备查。

5 试验方法

警告——使用本标准的人员应有正规实验室工作的实践经验。本标准并未指出所有可能的安全问题。使用者有责任采取适当的安全和健康措施,并保证符合国家有关法规规定的条件。

5.1 一般规定

除非另有规定,仅使用确认为分析纯的试剂和 GB/T 6682 中规定的三级水。试验中所用标准滴定溶液,在没有注明其他要求时,均按 GB/T 601、GB/T 603 和 GB/T 605 的规定制备与标定。检验结果的判定按 GB/T 1250—1989 中的 5.2 修约值比较法进行。

5.2 外观的评定

在自然光线下采用目视评定。

5.3 熔融色度的测定

5.3.1 试剂和仪器

a) 盐酸;

b) 硫酸:优级纯;

c) 氯化钴;

d) 氯铂酸钾;

e) 电热铝块加热器:调节温度(170±3)℃、(250±3)℃,有孔径 20 mm、深度 150 mm 的孔,供放置比色管用;

f) 比色管:长 170 mm,内径 17 mm,容积为 25 mL,具磨口塞;

g) 铂钴标准溶液的配制:按 GB/T 605 的规定进行。

5.3.2 分析步骤

称取研细的邻苯二甲酸酐试样约 29 g(其熔融后体积相当于 25 mL),置于干燥、清洁的比色管中。将此比色管放入预先加热到 170℃的加热器中,使其完全熔融,取出比色管,于白色背景下,沿轴线方向与同体积色度标准溶液进行比较。若试样与某个标准溶液色度接近时(允许微带其他色调),则该标准色调的号数即为试样的色度号(比色后的试液用于测定热稳定色度)。

5.4 热稳定色度的测定

将 5.3 测定过熔融色度的试液,迅速移至预先加热至 250℃的加热器中,在此温度下保持 1.5 h后,取出比色管,与同体积色度标准溶液进行比较(比色方法同5.3)。

5.5 硫酸色度的测定

称取研细的邻苯二甲酸酐试样2 g(精确至0.1 g)置于干燥、清洁的比色管中,加入硫酸至25 mL,摇至试样全部溶解,静止20 min立即于白色背景下,沿轴线方向与同体积色度标准溶液进行比较(比色方法同5.3)。

5.6 允许差

40号以内为5号,40号～100号为10号,125号～250号为25号。

色度测定时试液色调与标准溶液色调不可比时,一般作为降级处理。

5.7 结晶点的测定

按GB/T 2385的规定进行。

5.8 纯度的测定

5.8.1 原理

采用中和滴定法。

利用酸碱中和反应,用氢氧化钠标准滴定溶液滴定邻苯二甲酸酐的总酸度,从中扣除因水解而生成的游离酸,即可求出其纯度。

5.8.2 试剂和溶液

a) 氢氧化钠标准滴定溶液:$c(NaOH)=0.25$ mol/L;

b) 酚酞指示液:10 g/L。

5.8.3 分析步骤

称取研细的试样约0.6 g(精确至0.000 2 g)置于250 mL的锥形瓶中,加入80 mL刚煮沸过的水,用带有空气冷却管的塞子盖好,在沸腾水浴上加热使其溶解。稍冷,停止加热,用20 mL煮沸过的水冲洗冷却管。迅速冷却至室温,加入2滴酚酞指示液,用氢氧化钠标准滴定溶液滴定至溶液出现微红色即为终点。

5.8.4 结果计算

纯度以邻苯二甲酸酐($C_8H_4O_3$)的质量分数w_1计,数值以(%)表示,按式(1)计算:

$$w_1=\frac{(V_1/1\,000)cM}{m_1}\times 100-0.89\times w_2 \qquad (1)$$

式中:

V_1——氢氧化钠标准滴定溶液的体积的数值,单位为毫升(mL);

c——氢氧化钠标准滴定溶液浓度的准确数值,单位为摩尔每升(mol/L);

m_1——试样的质量的数值,单位为克(g);

w_2——游离酸的质量分数,%;

M——邻苯二甲酸酐的摩尔质量的数值,单位为克每摩尔(g/mol)($M=74.06$)。

计算结果表示到小数点后两位。

5.8.5 允许差

两次平行测定结果之差(质量分数)不大于0.1%,取其算术平均值作为测定结果。

5.9 游离酸的测定

5.9.1 原理

采用中和滴定法。

用中性邻苯二甲酸钾滴定试样中的游离酸,以溴酚蓝指示液判定终点。

5.9.2 试剂和溶液

a) 体积分数为95%乙醇;

b) 丙酮;

c) 邻苯二甲酸；

d) 氢氧化钾乙醇溶液：0.5 mol/L；

e) 酚酞指示液：10 g/L；

f) 溴酚蓝指示液：4 g/L。

5.9.3 仪器和设备

a) 侧边活塞自动定零位滴定管。

5.9.4 中性邻苯二甲酸钾标准滴定溶液的配制与标定

5.9.4.1 0.5 mol/L 氢氧化钾乙醇溶液的配制

称取氢氧化钾 28 g，于 1 L 容量瓶中，加 50 mL 水溶解，再用乙醇稀释至刻度摇匀，放置、澄清。

5.9.4.2 中性邻苯二甲酸钾标准滴定溶液的配制

称取邻苯二甲酸 16.62 g(精确至 0.002 g)，于 1 L 容量瓶中，加 50 mL 水及 490 mL 乙醇，此时溶液如果浑浊，可滴加水，不断摇动即可清亮，然后加入 400 mL 氢氧化钾乙醇溶液，用水稀释至刻度，摇匀。此溶液对溴酚蓝指示液呈蓝色，对酚酞指示液呈无色。

5.9.4.3 中性邻苯二甲酸钾标准滴定溶液的标定

称取邻苯二甲酸 0.05 g(精确至 0.000 2 g)，于 250 mL 锥形瓶中，加 50 mL 丙酮，使其全溶，然后加入 6 滴溴酚蓝指示液，用中性邻苯二甲酸钾标准滴定溶液滴定至蓝色。

中性邻苯二甲酸钾标准滴定溶液的滴定度 T，数值以克每毫升(g/mL)表示，按式(2)计算：

$$T = \frac{m_2}{V_2} \qquad \cdots\cdots(2)$$

式中：

m_2——邻苯二甲酸质量的数值，单位为克(g)；

V_2——中性邻苯二甲酸钾标准滴定溶液体积的数值，单位为毫升(mL)。

5.9.5 分析步骤

称取研细的试样约 5 g(精确至 0.001 g)，于 250 mL 锥形瓶中，加入 50 mL 丙酮，使其全溶后，加入 6 滴溴酚蓝指示液，用中性邻苯二甲酸钾标准滴定溶液滴定至蓝色即为终点。

5.9.6 结果计算

游离酸的质量分数 w_2，数值以(%)表示，按式(3)计算：

$$w_2 = \frac{TV_3}{m_3} \times 100 \qquad \cdots\cdots(3)$$

式中：

T——中性邻苯二甲酸钾标准滴定溶液的滴定度，单位为克每毫升(g/mL)；

V_3——消耗中性邻苯二甲酸钾标准滴定溶液体积的数值，单位为毫升(mL)；

m_3——邻苯二甲酸酐的质量数值，单位为克(g)。

计算结果表示到小数点后两位。

5.9.7 允许差

两次平行测定结果之差(质量分数)不大于 0.02%，取其算术平均值作为测定结果。

6 灰分的测定

按 GB/T 7531 的规定进行。称取试样约 10 g(精确至 0.001 g)，在蒸发皿或瓷坩埚中，缓缓加热，直至样品完全升华，在(650±25)℃高温炉中灼烧至恒量。

7 检验规则

7.1 检验分类

本标准第 3 章表 1 中的(1)～(3)项、(5)～(8)项规定为出厂检验项目，第(4)项"硫酸色度"为型式检验项目，在连续正常生产时每半年检验一次。有下列情况之一时要随时进行检验：

1) 新产品最初定型时；
2) 产品异地生产时；
3) 生产配方、工艺及原材料有较大改变时；
4) 停产三个月后又恢复生产时；
5) 客户提出要求时。

7.2 出厂检验

邻苯二甲酸酐应由生产厂的质量检验部门进行检验。生产厂应保证所有出厂的邻苯二甲酸酐符合本标准的要求。

7.3 复验

如果检验结果中有一项指标不符合本标准的规定时，应重新自两倍量的包装中取样进行检验，重新检验的结果即使只有一项指标不符合本标准的要求，则整批产品不能验收。

8 标志、标签、包装、运输和贮存

8.1 标志、标签

邻苯二甲酸酐的每个包装上都应涂上牢固、清晰的标志，注明：产品名称、注册商标、净含量、生产厂名称、厂址、标准编号、批号、生产日期，标志还应符合 GB 190 中有关标志的要求，同时应附有产品质量检验合格的证明。

8.2 包装

邻苯二甲酸酐用内衬塑料袋的编织袋或用多层防潮牛皮纸袋包装。每袋净含量 25 kg 或 50 kg，其他包装可与用户协商确定。

8.3 运输

运输时不能接近火源，搬运时应轻取轻放，防止日晒雨淋。邻苯二甲酸酐对眼睛和皮肤有刺激作用，搬运时应戴防护用具并严格注意安全。切勿与皮肤接触和吸入体内。

8.4 贮存

邻苯二甲酸酐应贮存在清洁、阴凉、干燥的库房内，避免阳光照射，不得接近火源。贮存温度不得超过 40℃。邻苯二甲酸酐产品的保存期为三个月，在保存期限内，该产品应符合本标准的各项要求。

STANDARDS PRESS OF CHINA

ICS 27.160
F 12

中华人民共和国国家标准

GB/T 15405—2006
代替 GB/T 15405—1994

被动式太阳房热工技术条件和测试方法

Thermal specifications and testing method for passive solar houses

2006-06-30 发布　　　　2006-10-01 实施

中华人民共和国国家质量监督检验检疫总局
中国国家标准化管理委员会　发布

前　言

本标准代替 GB/T 15405—1994《被动式太阳房技术条件和热性能测试方法》。

本标准与 GB/T 15405—1994 相比主要变化如下：

——标准名称变更为《被动式太阳房热工技术条件和测试方法》；

——取消 GB/T 15405—1994 中以研究为目的的 A 级测试要求；

——补充修订了集热蓄热墙的技术要求和太阳能保证率等技术指标。

本标准的附录 A、附录 B 为规范性附录，附录 C 为资料性附录。

本标准由中华人民共和国农业部提出并归口。

本标准起草单位：中国农村能源行业协会、清华大学、农业部规划设计研究院、中国建筑科学研究院。

本标准主要起草人：陈晓夫、李元哲、高援朝、郑瑞澄。

本标准所代替标准的历次版本发布情况为：

——GB/T 15405—1994。

被动式太阳房热工技术条件和测试方法

1 范围

本标准规定了被动式太阳房的热工技术条件、热性能测试方法和检验规则。

本标准适用于农村和城镇地区被动式太阳房。

2 规范性引用文件

下列文件中的条款通过本标准的引用而成为本标准的条款。凡是注日期的引用文件，其随后所有的修改单(不包括勘误的内容)或修订版均不适用于本标准，然而，鼓励根据本标准达成协议的各方研究是否可使用这些文件的最新版本。凡是不注日期的引用文件，其最新版本适用于本标准。

GB 50176 民用建筑热工设计规范

GB 50300 建筑工程施工质量验收统一标准

JGJ 26 民用建筑节能设计标准

JG/T 3016 建筑用热流计

3 术语和定义

下列术语和定义适用于本标准。

3.1

被动式太阳房 passive solar houses

不用机械动力而在建筑物本身采取一定措施，利用太阳能进行冬季采暖的房屋。

3.2

直接受益式 direct gain

太阳光穿过被动式太阳房的透光材料直接进入室内的采暖形式，如图 1a)所示。

a) 直接受益式　　b) 集热(蓄热)墙式

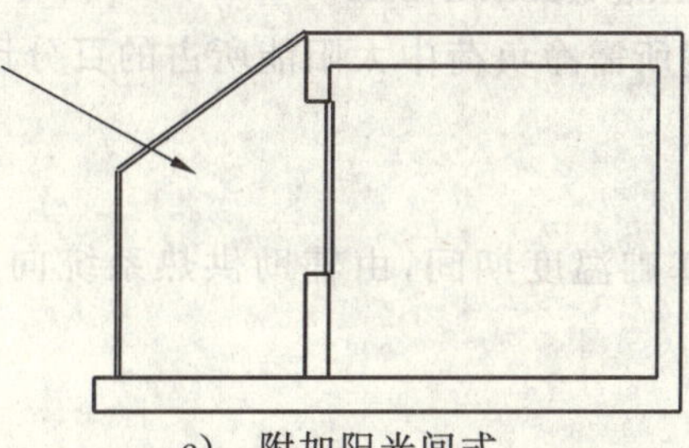

c) 附加阳光间式

图 1 被动式太阳房的三种形式

3.3

集热(蓄热)墙式　heat collection(and storage)wall

太阳光穿过被动式太阳房的透光材料照射集热(蓄热)墙吸热面,加热间层空气(墙体)后,通过空气对流(传导、辐射)向室内传递热量的采暖方式,如图1b)所示。

3.4

附加阳光间式　attached sunspace

在被动式太阳房的房屋主体南面附加一个玻璃温室的采暖形式,如图1c)所示。

3.5

黑球温度　black-bulb temperature

被动式太阳房的室内周围环境与人体进行辐射对流热交换的当量温度。

3.6

基础温度　basic temperature

根据被动式太阳房采暖水平而设定的主要房间内的最低温度,本标准规定为黑球温度14℃。

3.7

采暖期度日数　degree-day during heating period

采暖期内各天基础温度与室外日平均温度之间的正温差(不计负温差)的总和。

3.8

综合气象因素　synthetic weather factor

采暖期内被动式太阳房的南向垂直面上,每平方米的累积太阳辐照量与对应期间的度日数的比值。

3.9

直接蓄热体　direct gain and storage element

直接接受阳光照射的蓄热物质。

3.10

间接蓄热体　indirect gain and storage element

不直接接受阳光照射的蓄热物质。

3.11

集热(蓄热)墙日平均热效率　daily efficiency of heat collection(and storage) wall

通过集热(蓄热)墙进入被动式太阳房房间的有效热量与同期垂直照射到该墙上的累积太阳辐照量之比。

3.12

净负荷　net heating load

除太阳能集热部件外,在不计入太阳作用的某个计算期间,为维持被动式太阳房室温等于基础温度的计算热耗。

3.13

太阳能供暖保证率　solar heating fraction,SHF

被动式太阳房为维持基础温度所需净负荷中太阳能所占的百分比。

3.14

辅助热量　auxiliary heat

在被动式太阳房的室温低于基础温度期间,由辅助供热系统向房间提供不低于基础温度所需的热量。

3.15

内部得热量　interior heat gain

由被动式太阳房室内的人、照明及非专设的采暖设备等产生的热量。

4 技术要求

4.1 建筑总体要求

4.1.1 建筑原则

被动式太阳房(以下简称太阳房)在满足 GB 50176 和 JGJ 26 的基础上设计建造,同时应注意建筑造型美观大方,并符合经济适用的原则。

4.1.2 建筑形式

太阳房平面布置应符合节能和利用太阳能的要求,建筑造型与周围建筑群体相协调,同时必须兼顾建筑形式、使用功能和太阳能采暖方式三者之间的相互关系。

4.1.3 建筑朝向

太阳房平面布置为正南向,因周围地形的限制和使用习惯,允许偏离正南向±15°以内,校舍、办公用房一般只允许偏东 15°以内。

4.1.4 建筑间距

冬季采暖期间,在 9 时至 15 时对集热面的遮挡不超过 15%。

4.1.5 旧房改建

旧房改建太阳房时,应满足 4.1.1～4.1.3 的要求。

4.2 室温要求

4.2.1 太阳房的气象区划

按照影响太阳房技术条件综合气象因素的大小,将我国可利用太阳能采暖的地区划分为四个区域。各区的代表城市及其对应的太阳房南向玻璃透光面夜间保温热阻最小值和外围护结构最大传热系数,见附录 A 中的表 A.1。

4.2.2 冬季室温和太阳能供暖保证率

4.2.2.1 第 1 区冬季采暖期间,太阳房的主要房间内,保持基础温度 14℃时的太阳能供暖保证率应大于 55%。

4.2.2.2 第 2 区冬季采暖期间,太阳房的主要房间内,保持基础温度 14℃时的太阳能供暖保证率应大于 50%。

4.2.2.3 第 3 区冬季采暖期间,太阳房的主要房间内,保持基础温度 14℃时的太阳能供暖保证率应大于 45%。

4.2.2.4 第 4 区冬季采暖期间,太阳房的主要房间内,保持基础温度 14℃时的太阳能供暖保证率应大于 40%。

4.2.3 夏季室温

夏季室内温度不得高于当地普通房屋。

4.3 围护结构要求

4.3.1 墙体及屋顶

太阳房墙体采用重质材料,如空心砖、石、混凝土、土坯等,并增设外保温层,其传热系数按附录 A 中表 A.1 的数值以该地区接近的代表城市的次序选择。其中,屋顶采用偏小值,外墙采用偏大值。保温层厚度应均匀,不得发霉、变质、受潮和放出污染物质。

4.3.2 地面和基础

太阳房的地面的蓄热、保温和防潮层,按 JGJ 26 的规定执行。

4.3.3 南向透光面

太阳房的南向玻璃透光面上应设夜间保温装置,不同地区的热阻值按附录 A 中表 A.1 的次序选择。

4.3.4 集热(蓄热)墙

4.3.4.1 太阳房集热墙的透光盖板边框与墙(吸热板)之间要求严密不透气,其间距为 60 mm～80 mm。设通风孔的集热墙,其单排通风孔面积按集热墙空气流通截面积的 70%～100%设计,并应具有防止热空气倒循环和灰尘进入集热墙的设施。

4.3.4.2 第 1、2、3 区采用双层透光材料无夜间保温的集热墙,无通风孔的日平均热效率应大于 10%,有通风孔的日平均热效率应大于 15%。

4.3.4.3 蓄热体应尽量配置在阳光能够直接照射的区域,对于重型结构的房屋,墙体的厚度应不小于 240 mm,地面的厚度不小于 50 mm,蓄热体表面积与透光材料面积之比应不小于 3。

4.3.5 透光材料

透光材料的表面应平整、厚度均匀,太阳透射比大于 0.76。

4.3.6 吸热涂层

集热墙的吸热涂层要求附着力强,无毒,无味,不反光,不起皮,不脱落,耐候性强;要求太阳吸收比大于 0.88,其颜色以黑、蓝、棕、墨绿为宜。

4.3.7 门窗

太阳房门窗应符合 GB 50300 的规定,同时必须敷设门窗缝隙密封条。窗户玻璃的层数视地区不同按附录 A 中表 A.1 的要求设置。

4.4 经济指标要求

太阳房设施增加的投资应控制在普通房屋投资的 25%以内。

4.5 其他要求

4.5.1 为防止夏季室内温度过高,太阳房应采取设挑檐、遮阳板或北墙窗户等措施。

4.5.2 太阳房外门在冬季要求有保温帘或其他保温隔热措施。

4.5.3 为保证室内的卫生条件,太阳房设计时应考虑到房间的换气要求。

5 测试方法

5.1 测试条件

5.1.1 测试要求

太阳房的热性能测试分为长期连续测试和短期详细测试,测试的内容及要求见附录 B。长期连续测试一般在有人正常居住的条件下进行,至少应有一个采暖期的测试数据。短期详细测试一般在无人居住的条件下进行,测试时间应在采暖期内持续两周以上。

5.1.2 测试房状态

太阳房建成后,经半年左右的自然干燥,再进行测试。

5.2 测试仪表及步骤

5.2.1 累积太阳辐照量的测量

5.2.1.1 累积太阳辐照量用总日射表(天空辐射表)及累积日射记录仪进行测量。

5.2.1.2 总日射表在使用一年内需标定或与已知准确度的同级表进行对比,在测试期间,玻璃罩应保持清洁干净。

5.2.1.3 总日射表的时间常数应小于 5 s,非线性准确度应为±1.5%。累积日射记录仪的准确度应为±1%。

5.2.1.4 总日射表接受太阳辐照的平面应与太阳房的集热面平行。

5.2.2 温度的测量

5.2.2.1 用于温度测量的温度计、温度传感器应经过标定,其准确度应达到±0.2℃。

5.2.2.2 测量室内温度时,温度计应安放在室内中心位置距地面 1.5 m 处。温度计应带有通风良好的铝箔保护罩(直径约 15 mm,长约 45 mm)。短期测试间隔时间为 1 h,长期连续测试每天可在当地时间 7 时、14 时、20 时各记录一次。

5.2.2.3 测量黑球温度时，在直径 150 mm 的黑色密闭空心铜球内中心处装温度传感器，黑球应置于室内中心距地面 1.3 m～1.5 m 处。

5.2.2.4 测量室外温度时，温度计应置于距被测太阳房 10 m 以内，距地面 1.5 m 处的百叶箱内。测试时间跟测量室内温度同步。

5.2.2.5 测试集热墙上下通风口的空气温度时，温度传感器的测点位置应在通风口横截面的几何中心。

5.2.2.6 现场检测围护结构的传热系数时，温度传感器应安装在被测围护结构两侧表面。内表面温度传感器应安装在靠近热流计处，外表面温度传感器应安装在与热流计相对应的位置。温度传感器连同 0.1 m 长引线应与被测表面紧密接触，传感器表面的辐射系数应与被测表面基本相同。

5.2.3 热流密度的测量

5.2.3.1 用于测量通过太阳房墙体、地面、屋顶及其他集热蓄热体的热流密度的热流计及其标定，应符合 JG/T 3016 的规定要求。

5.2.3.2 热流计应直接安装在被测围护结构的内表面上，且应与表面完全接触。热流计不得受阳光直射。

5.2.4 风速的测量

5.2.4.1 测量室外风速的风速计，其准确度应达到±0.5 m/s。风速计应距被测太阳房 10 m 以内。

5.2.4.2 测量集热墙上下通风口空气流速的风速计，其准确度应达到±0.1 m/s。测点位置应在通风口横截面的几何中心。

5.2.5 辅助热量的测量

5.2.5.1 短期详测，一次测定燃料的热值和炉具的采暖热效率后，按每日耗燃料量进行计算。

5.2.5.2 长期监测，测定燃料的热值和炉具的采暖热效率后，一般按月耗燃料量进行计算。

5.2.5.3 电采暖耗电量用电度表测量。

5.3 数据处理

5.3.1 围护结构热阻

常规材料的导热系数可查手册进行计算，新材料、新结构的热阻在短期详测中按式(1)进行计算。要求连续测量一周以上并至少有三个不同位置的热流测点进行平均。

$$R = (t_{bi} - t_{bo})/Q_b \quad \cdots\cdots(1)$$

式中：

R——围护结构热阻，单位为平方米摄氏度每瓦($m^2 \cdot ℃/W$)；

t_{bi}——围护结构内表面温度，单位为摄氏度(℃)；

t_{bo}——围护结构外表面温度，单位为摄氏度(℃)；

Q_b——围护结构热流密度，单位为瓦每平方米(W/m^2)。

5.3.2 集热(蓄热)墙日平均热效率

集热(蓄热)墙日平均热效率的测量应连续一周以上，按式(2)进行计算后取其平均值。

$$\eta = Q_u/(H_{tv} \cdot A_w) = (Q_{cod} + Q_{cov})/(H_{tv} \cdot A_w) \quad \cdots\cdots(2)$$

式中：

η——集热(蓄热)墙日平均热效率，%；

Q_u——供给房间的有效热量，单位为千焦每天(kJ/d)；

H_{tv}——集热墙外表面的累积太阳辐照量，单位为千焦每平方米天[$kJ/(m^2 \cdot d)$]；

A_w——集热墙外表面积(包括玻璃边框)，单位为平方米(m^2)；

Q_{cod}——经集热墙传导进入室内的热量(热流向里为正，向外为负)，单位为千焦每天(kJ/d)；

Q_{cov}——经通风孔进入室内的热量，单位为千焦每天(kJ/d)。

5.3.3 太阳能供暖保证率

太阳能供暖保证率按式(3)进行计算。

$$SHF = 1 - \frac{Q_s + Q_{in}}{Q_{net}} \quad \cdots\cdots\cdots\cdots (3)$$

式中：

SHF——太阳能供暖保证率，%；

Q_s——太阳房采暖期所需辅助热量，单位为千焦(kJ)；

Q_{in}——内热源热量，单位为千焦(kJ)；

Q_{net}——太阳房的净负荷，单位为千焦(kJ)。

6 检验规则

6.1 太阳房建筑竣工后，经验收合格后方能交付使用。

6.2 太阳房建筑安装工程质量检查按 GB 50300 的要求进行。

6.3 太阳房总体检查按 4.1、4.4 的要求进行。

6.4 太阳房热性能测试按第 5 章、第 6 章的要求进行，其结果应符合 4.2、4.3 的要求。

6.5 太阳房热性能测试应由测试单位提供正式测试报告，测试报告格式参见附录 C。

附 录 A
（规范性附录）
太阳房气象区划及代表城市和围护结构热工指标

表 A.1 太阳房气象区划及代表城市和围护结构的热工指标

气象区划	综合气象因素/[kJ/(m^2·℃·d)]	代表城市（以指标大小为序）	围护结构热工指标	
			南向玻璃透光面附加的夜间保温帘（板）热阻最小值/(m^2·℃/W)	外围护结构最大传热系数/[W/(m^2·℃)]
1	＞30	拉萨	双层 0.172	0.25～0.3
	25～30	新乡、鹤壁、开封、济南、北京、郑州、石家庄、洛阳、保定、汉口、天津、潍坊、安阳	单层 0.43 单层 0.86	0.35～0.45 0.45～0.5
2	20～25	大连、西宁、银川、青岛、太原、和田、哈密、且末、延安、兰州、榆林、秦皇岛、阳泉、包头、西安	双层 0.43 双层 0.86 双层 0.86	0.25～0.35 0.45～0.55 0.3
3	15～20	玉门、酒泉、宝鸡、咸阳、张家口、呼和浩特、喀什、伊宁	双层 0.43 双层 0.86	0.25 0.4
4	13～15	抚顺、乌鲁木齐、通化、锡林浩特、沈阳、长春、鸡西	双层 0.86	0.28
注：南向玻璃透光面夜间保温热阻最小值与外围护结构最大传热系数的选择为对应关系。				

附 录 B
（规范性附录）
太阳房测试内容及要求

表 B.1 气候参数测试内容及要求

测 试 项 目	范 围	短期测试间隔	长期监测
室外气温 t_a	−30℃～40℃	1 h	附近气象站的资料
累积太阳辐照量 H_{tv}	0 kJ/m^2～25 000 kJ/m^2	1 h	
环境风速 v	0 m/s～25 m/s	1 h	

表 B.2 直接受益式太阳房测试内容及要求

测 试 项 目	范 围	短期测试间隔	长期监测
室内气温 t_r	0℃～40℃	1 h	日平均
黑球温度 t_g	0℃～40℃	1 h	日平均
直接蓄热体温度 t_1	0℃～50℃	1 h	—
间接蓄热体温度 t_2	0℃～50℃	1 h	—
围护结构热流密度 Q_b	0 W/m^2～100 W/m^2	1 h	—
辅助热量 Q_{aux}		每日	每月
内热源热量 Q_{in}		每日	每月
活动保温装置开关时间 t_0		按实际记录	—

表 B.3 集热（蓄热）墙式太阳房测试内容及要求

测 试 项 目	范 围	短期测试间隔	长期监测
室内气温 t_r	0℃～40℃	1 h	日平均
黑球温度 t_g	0℃～60℃	1 h	日平均
集热墙温度 t_1	0℃～60℃	1 h	—
上下通风孔气温 t_u，t_d	0℃～60℃	1 h	—
上下通风孔风速 v_u，v_d	0 m/s～5 m/s	1 h	—
集热墙热流密度 Q_w	0 W/m^2～100 W/m^2	1 h	—
辅助热量 Q_{aux}		每日	每月
内热源热量 Q_{in}		每日	每月
通气孔开关时间 t_2		按实际记录	—

表 B.4 附加阳光间式太阳房测试内容及要求

测 试 项 目	范 围	短期测试间隔	长期监测间隔
室内气温 t_r	0℃～40℃	1 h	日平均
黑球温度 t_g	0℃～40℃	1 h	日平均
蓄热墙温度 t_1	0℃～50℃	1 h	—
阳光间内温度 t_s	0℃～60℃	1 h	—
蓄热墙热流密度 Q_w	0 W/m^2～100 W/m^2	1 h	—
辅助热量 Q_{aux}		每日	每月
内热源热量 Q_{in}		每日	每月
保温窗开关时间 t_3		按实际记录	—

附　录　C
（资料性附录）
被动式太阳房测试报告示例

被动式太阳房测试报告

用　　户________________　　承建单位________________

竣工日期________________　　测试日期________________

1　测试仪表

仪器名称	型号	精度	检定单位	检定日期

2　测试地点

地　　址________________　　海拔高度________________

纬　　度________________　　经　　度________________

3　测试气象条件

4　检验项目分类表

序号	测试项目		结　　果
1	建筑总体	建筑类型	
		建筑形式	
		建筑朝向	
2	室内温度	采暖期平均温度/℃	
		黑球温度平均值/℃	
		最低温度小时数	
3	采暖期室外温度平均值/℃		
4	围护结构	集热形式	
		建筑材料	
		保温材料	
		透光材料	
		吸热涂层材料	
5	门窗		
6	辅助耗热量		
7	其他		

注：其他详细测试记录表，根据测试要求自行编制。

STANDARDS PRESS OF CHINA

5 测试结果

集热(蓄热)墙日平均热效率:η=＿＿＿＿＿＿%

太阳能供暖保证率:SHF=＿＿＿＿＿＿%

6 其他补充记录和说明

ICS 19.120
A 28

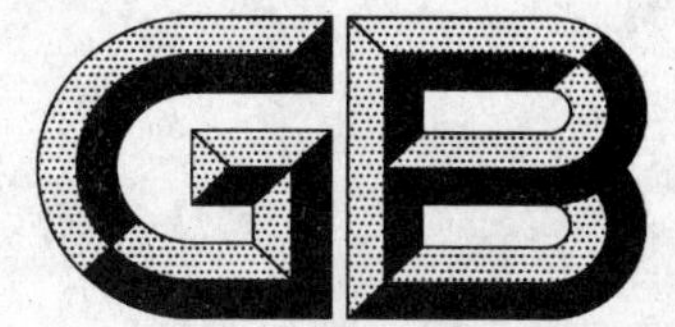

中华人民共和国国家标准

GB/T 15445.2—2006/ISO 9276-2:2001

粒度分析结果的表述 第2部分:由粒度分布计算平均粒径/直径和各次矩

**Representation of results of particle size analysis—
Part 2: Calculation of average particle sizes/diameters and moments from particle size distibutions**

[ISO 9276-2:2001,IDT]

2006-02-05 发布　　　　2006-08-01 实施

中华人民共和国国家质量监督检验检疫总局
中国国家标准化管理委员会　发布

ICS 19.120
A 28

中华人民共和国国家标准

GB/T 15445.2—2006/ISO 9276-2:2001

粒度分析结果的表述 第2部分：由粒度分布计算平均粒径/直径和各次矩

**Representation of results of particle size analysis—
Part 2: Calculation of average particle sizes/diameters and moments from particle size distributions**

(ISO 9276-2:2001, IDT)

2006-02-05发布　　2006-08-01实施

中华人民共和国国家质量监督检验检疫总局
中国国家标准化管理委员会　发布

前　言

GB/T 15445《粒度分析结果的表述》分为 6 个部分,名称预计如下:

——第 1 部分:图形表征;

——第 2 部分:由粒度分布计算平均粒径/直径和各次矩;

——第 3 部分:将测定的累积粒度分布曲线拟合为标准模式;

——第 4 部分:分级过程的表征;

——第 5 部分:使用对数正态几率分布进行相关粒度分析计算的适用性;

——第 6 部分:颗粒形状和形貌的描述和定量表征。

本部分为 GB/T 15445 的第 2 部分。

本部分等同采用 ISO 9276-2:2001《粒度分析结果的表述　第 2 部分:由粒度分布计算平均粒径/直径和各次矩》。

本部分与 ISO 9276-2:2001 相比做了下列编辑性修改:

——用“本部分”代替“本国际标准”;

——重新编排页码;

——删除国际标准中有关 ISO 的前言部分;

——增加有关标准编制说明的前言部分;

——本部分增加了一个公式,即(17)式。

本部分的附录 A 和附录 B 为资料性附录。

本部分由全国筛网筛分和颗粒分检方法标准化技术委员会提出。

本部分由全国筛网筛分和颗粒分检方法标准化技术委员会归口。

本部分起草单位:钢铁研究总院、机械科学研究院、冶金工业信息标准研究院。

本部分主要起草人:方建锋、郑毅、张晋远、余方、栾燕。

引　　言

在粒度分析工作中，往往基于由代表性的试样来表征颗粒性物质，最终将粒度信息同其他一些重要的物理性能，如强度、流动性、溶解度等联系起来。如果从已测量的粒度分布将平均粒径导出或算出，一般说来，就能够得出物理性能同粒度之间的关系，即性能函数。

本部分采用粒度分布的矩 $M_{k,r}$，给出平均粒径 $\overline{x}_{k,r}$ 的确切定义。除了计算平均粒径外，还可以利用矩来计算同表面积相关的体积，分散度和粒度分布的其他统计参数。

粒度分析结果的表述
第 2 部分:由粒度分布计算平均
粒径/直径和各次矩

1 范围

本部分的主要目的在于提供一些相关的公式,以便从给定的粒度分布来计算平均粒径或平均直径以及各次矩值。在本部分中假定粒度分布以直方图表示。如果粒度分布以解析函数的形式表示,则相应的数学处理同样适用。

在本部分中,还假定任何形状颗粒的粒径 x 可由其等效球,如与所测量颗粒的体积相等的球的直径来表示。

2 规范性引用文件

下列文件中的条款通过 GB/T 15445 的本部分的引用而成为本部分的条款。凡是注日期的引用文件,其随后所有的修改单(不包括勘误的内容)或修订版均不适用于本部分,然而,鼓励根据本部分达成协议的各方研究是否可使用这些文件的最新版本。凡是不注日期的引用文件,其最新版本适用于本部分。

GB/T 6005—1997　试验筛　金属丝编织网、穿孔板和电成型薄板筛孔的基本尺寸

GB/T 15445—1995　颗粒粒度分析结果的图形表征

3 符号和缩写

下列符号和缩写适用于本部分:

i——粒径上限为 x_i 的粒径级序号;

k——x 的幂;

n——粒径分级总数;

r——分布量的类型(通用描述);

$r=0$:按个数分布;

$r=1$:按长度分布;

$r=2$:按表面积或投影面积分布;

$r=3$:按体积或质量分布;

$M_{k,r}$——$q_r(x)$分布的闭合 k 次矩;

$m_{k,r}$——$q_r(x)$分布的闭合 k 次中心矩;

$q_r(x)$——频度分布;

$\bar{q}_{r,i}$——第 i 个粒径间隔 Δx_i 内的分布频度的平均高度;

$\bar{q}_{r,i}(x_{i-1},x_i)$——$x_{i-1}\sim x_i$ 区间内的直方高度;

$Q_r(x)$——累积分布;

$\Delta Q_{r,i}$——相邻两个累积分布值的差,即分布在第 i 个粒径间隔 Δx_i 内的相对量;

s_r——$Q_r(x)$分布的标准偏差;

s_g——正态分布的几何标准偏差;

S——表面积;

S_V——体积比表面积；

V——颗粒体积；

$\overline{V}$——平均颗粒体积；

x——颗粒粒径，球直径；

x_i——第 i 个粒径间隔的上限；

x_{i-1}——第 i 个粒径间隔的下限；

$x_{\min}$——给定粒径分布的下限；

$x_{\max}$——给定粒径分布的上限；

$\overline{x}_{k,r}$——平均粒径(通用描述)；

$\overline{x}_{k,0}$——算术平均粒径(通用描述)；

$\overline{x}_{1,0}$——算术长度平均粒径；

$\overline{x}_{2,0}$——算术面积平均粒径；

$\overline{x}_{3,0}$——算术体积平均粒径；

$\overline{x}_{1,r}$——加权平均粒径(通用描述)；

$\overline{x}_{1,1}$——加权长度平均粒径；

$\overline{x}_{1,2}$——加权面积平均粒径，索特(Sauter)直径；

$\overline{x}_{1,3}$——加权体积平均粒径；

$\overline{x}_{\mathrm{geo},r}$——几何平均粒径(仅用于资料性附录中)；

$\overline{x}_{\mathrm{har},r}$——调和平均粒径(仅用于资料性附录中)；

$x_{50,3}$——累积体积分布的中位粒径；

$\Delta x_i = x_i - x_{i-1}$——第 i 个粒径间隔的宽度；

z——对数正态概率分布中的无量纲变数。

4 矩的基本定义

频度分布 $q_r(x)$ 的闭合 k 次矩由(1)式所定义的积分来表示：

$$M_{k,r} = \int_{x_{\min}}^{x_{\max}} x^k q_r(x)\mathrm{d}x \quad \cdots\cdots(1)$$

式中：

M——表示矩；

k——表示 x 的幂；

r——表示频度分布量的类型。

如果 $r=0$，$q_0(x)$ 表示粒径按个数的频度分布，如果 $r=3$，$q_3(x)$ 则表示按体积或质量的频度分布。

如果积分限从最小粒径 $x_{\min}$ 至最大粒径 $x_{\max}$，则(1)式所描述的为闭合矩。

$M_{0,r}$ 为一特殊的闭合矩：

$$M_{0,r} = \int_{x_{\min}}^{x_{\max}} x^0 q_r(x)\mathrm{d}x = \int_{x_{\min}}^{x_{\max}} q_r(x)\mathrm{d}x = Q_r(x_{\max}) - Q_r(x_{\min}) = 1 \quad \cdots\cdots(2)$$

如果积分在给定粒径分布范围 $x_{\min} < x_{i-1} < x < x_i < x_{\max}$ 内的任两个粒径 x_i 和 x_{i-1} 之间进行，则得出的是不闭合矩 $M_{k,r}(x_{i-1},x_i)$：

$$M_{k,r}(x_{i-1},x_i) = \int_{x_{i-1}}^{x_i} x^k q_r(x)\mathrm{d}x \quad \cdots\cdots(3)$$

除了(1)式和(3)式所表示出的矩与颗粒粒径坐标的原点有关外，从给定的频度分布，还可以推出频度分布 $q_r(x)$ 的 k 次中心矩 $m_{k,r}$，它同加权平均粒径 $\overline{x}_{1,r}$ 相关[见(11)式]。

闭合 k 次中心矩的定义为：

$$m_{k,r}=\int_{x_{\min}}^{x_{\max}}(x-\overline{x}_{1,r})^k q_r(x)\mathrm{d}x \qquad (4)$$

不闭合 k 次中心矩可表示为：

$$m_{k,r}(x_{i-1},x_i)=\int_{x_{i-1}}^{x_i}(x-\overline{x}_{1,r})^k q_r(x)\mathrm{d}x \qquad (5)$$

5 平均粒径

所有平均粒径的计算通式为：

$$\overline{x}_{k,r}=\sqrt[k]{M_{k,r}} \qquad (6)$$

根据下标 k 和 r 所选用的数值的不同，可以定义出不同的平均粒径。因为由(6)式所计算出的各种平均粒径可能会有很大的差别，所以应当注明相应的下标 k 和 r 的值。

通常涉及到的有下面两类平均粒径。

5.1 算术平均粒径

算术平均粒径由粒径的个数频度分布 $q_0(x)$ 算出：

$$\overline{x}_{k,0}=\sqrt[k]{M_{k,0}} \qquad (7)$$

一个典型的例子，如通过显微镜成像，对单个颗粒进行尺寸和个数统计，如此可得出以个数($r=0$)百分数为基础的颗粒平均粒径。

下面介绍几种算术平均粒径[2]

算术长度平均粒径：

$$\overline{x}_{1,0}=M_{1,0} \qquad (8)$$

算术面积平均粒径：

$$\overline{x}_{2,0}=\sqrt[2]{M_{2,0}} \qquad (9)$$

算术体积平均粒径：

$$\overline{x}_{3,0}=\sqrt[3]{M_{3,0}} \qquad (10)$$

5.2 加权平均粒径

加权平均粒径的定义为：

$$\overline{x}_{1,r}=M_{1,r} \qquad (11)$$

筛分称重法是建立以质量($r=3$)百分数为基础，求平均值粒径的一个典型例子。

加权平均粒径的值就是 $q_r(x)$ 分布重心的横坐标。所推荐的加权平均粒径可分别由(12)～(15)式表示：

个数频度分布 $q_0(x)$ 的加权平均粒径，同算术长度平均粒径等效[见(8)式]，故可用算术长度平均粒径来表示：

$$\overline{x}_{1,0}=M_{1,0} \qquad (12)$$

长度频度分布 $q_1(x)$ 的加权平均粒径为加权长度平均粒径：

$$\overline{x}_{1,1}=M_{1,1} \qquad (13)$$

面积频度分布 $q_2(x)$ 的加权平均粒径为加权面积平均粒径：

$$\overline{x}_{1,2}=M_{1,2} \qquad (14)$$

体积频度分布 $q_3(x)$ 的加权平均粒径由加权体积平均粒径给出：

$$\overline{x}_{1,3}=M_{1,3} \qquad (15)$$

5.3 从个数或体积频度分布 $q_0(x)$ 或 $q_3(x)$ 计算 $M_{k,r}$ 和平均粒径

在很多实际应用中，测试数据往往以个数频度分布 $q_0(x)$ 或体积频度分布 $q_3(x)$ 表示。以上所描述的各种平均粒径可以通过(16)式求出[1]：

STANDARDS PRESS OF CHINA

$$\overline{x}_{k,r} = \sqrt[k]{M_{k,r}} = \sqrt[k]{\frac{M_{k+r,0}}{M_{r,0}}} = \sqrt[k]{\frac{M_{k+r-3,3}}{M_{r-3,3}}} \quad \cdots\cdots (16)$$

于是有：

$$\overline{x}_{1,0} = M_{1,0} = \frac{M_{-2,3}}{M_{-3,3}} \quad \cdots\cdots (17)$$

$$\overline{x}_{2,0} = \sqrt{M_{2,0}} = \sqrt{\frac{M_{-1,3}}{M_{-3,3}}} \quad \cdots\cdots (18)$$

$$\overline{x}_{3,0} = \sqrt[3]{M_{3,0}} = \sqrt[3]{\frac{1}{M_{-3,3}}} \quad \cdots\cdots (19)$$

$$\overline{x}_{1,1} = M_{1,1} = \frac{M_{2,0}}{M_{1,0}} = \frac{M_{-1,3}}{M_{-2,3}} \quad \cdots\cdots (20)$$

$$\overline{x}_{1,2} = M_{1,2} = \frac{M_{3,0}}{M_{2,0}} = \frac{1}{M_{-1,3}} \quad \cdots\cdots (21)$$

$$\overline{x}_{1,3} = M_{1,3} = \frac{M_{4,0}}{M_{3,0}} \quad \cdots\cdots (22)$$

从(17)～(22)式可以看出，如要计算上述定义的各种平均粒径，需要知道下面的矩值：

——对于已知体积频度分布 $q_3(x)$ 有：$M_{1,3}$；$M_{-1,3}$；$M_{-2,3}$；$M_{-3,3}$；

——对于已知个数频度分布 $q_0(x)$ 有：$M_{1,0}$；$M_{2,0}$；$M_{3,0}$；$M_{4,0}$。

5.4 由给定的直方图所表述的个数或体积频度分布 $q_0(x)$ 或 $q_3(x)$ 计算 $M_{k,r}$

如果频度分布以直方图的形式给出，在粒径间隔 $\Delta x_i = x_i - x_{i-1}$ 中的 $q_r(x_{i-1}, x_i)$ 为常数，如此可以将(1)式改写如下：

$$M_{k,r} = \int_{x_{\min}}^{x_{\max}} x^k q_r(x)\mathrm{d}x = \sum_{i=1}^{n} \overline{q}_{r,i} \int_{x_{i-1}}^{x_i} x^k \mathrm{d}x \quad \cdots\cdots (23)$$

当 $k \neq -1$ 时，计算出 x^k 积分的平均值，则有：

$$M_{k,r} = \frac{1}{k+1} \sum_{i=1}^{n} \overline{q}_{r,i} (x_i^{k+1} - x_{i-1}^{k+1}) = \frac{1}{k+1} \sum_{i=1}^{n} \Delta Q_{r,i} \left(\frac{x_i^{k+1} - x_{i-1}^{k+1}}{x_i - x_{i-1}} \right) \quad \cdots\cdots (24)$$

当 $k = -1$ 时，

$$M_{-1,r} = \sum_{i=1}^{n} \overline{q}_{r,i} \ln \frac{x_i}{x_{i-1}} = \sum_{i=1}^{n} \Delta Q_{r,i} \frac{\ln(x_i/x_{i-1})}{x_i - x_{i-1}} \quad \cdots\cdots (25)$$

其中：

$$\overline{q}_{r,i} = \frac{\Delta Q_{r,i}}{x_i - x_{i-1}} \quad \cdots\cdots (26)$$

如此，矩值 $M_{1,0}$；$M_{2,0}$；$M_{3,0}$；$M_{4,0}$；$M_{1,3}$；$M_{-1,3}$；$M_{-2,3}$ 和 $M_{-3,3}$ 可由(27)～(34)式计算出来：

$$M_{1,0} = \frac{1}{2} \sum_{i=1}^{n} \overline{q}_{0,i} (x_i^2 - x_{i-1}^2) = \frac{1}{2} \sum_{i=1}^{n} \Delta Q_{0,i} (x_i + x_{i-1}) \quad \cdots\cdots (27)$$

$$M_{2,0} = \frac{1}{3} \sum_{i=1}^{n} \overline{q}_{0,i} (x_i^3 - x_{i-1}^3) = \frac{1}{3} \sum_{i=1}^{n} \Delta Q_{0,i} \left(\frac{x_i^3 - x_{i-1}^3}{x_i - x_{i-1}} \right) \quad \cdots\cdots (28)$$

$$M_{3,0} = \frac{1}{4} \sum_{i=1}^{n} \overline{q}_{0,i} (x_i^4 - x_{i-1}^4) = \frac{1}{4} \sum_{i=1}^{n} \Delta Q_{0,i} \left(\frac{x_i^4 - x_{i-1}^4}{x_i - x_{i-1}} \right) \quad \cdots\cdots (29)$$

$$M_{4,0} = \frac{1}{5} \sum_{i=1}^{n} \overline{q}_{0,i} (x_i^5 - x_{i-1}^5) = \frac{1}{5} \sum_{i=1}^{n} \Delta Q_{0,i} \left(\frac{x_i^5 - x_{i-1}^5}{x_i - x_{i-1}} \right) \quad \cdots\cdots (30)$$

$$M_{1,3} = \frac{1}{2} \sum_{i=1}^{n} \overline{q}_{3,i} (x_i^2 - x_{i-1}^2) = \frac{1}{2} \sum_{i=1}^{n} \Delta Q_{3,i} (x_i + x_{i-1}) \quad \cdots\cdots (31)$$

$$M_{-1,3} = \sum_{i=1}^{n} \overline{q}_{3,i} \ln \frac{x_i}{x_{i-1}} = \sum_{i=1}^{n} \Delta Q_{3,i} \frac{\ln(x_i/x_{i-1})}{x_i - x_{i-1}} \quad \cdots\cdots (32)$$

$$M_{-2,3} = \sum_{i=1}^{n} \overline{q}_{3,i} \left(\frac{1}{x_{i-1}} - \frac{1}{x_i} \right) = \sum_{i=1}^{n} \Delta Q_{3,i} \frac{1}{x_i x_{i-1}} \quad \cdots\cdots (33)$$

$$M_{-3,3}=\frac{1}{2}\sum_{i=1}^{n}\overline{q}_{3,i}\frac{x_i^2-x_{i-1}^2}{x_i^2x_{i-1}^2}=\frac{1}{2}\sum_{i=1}^{n}\Delta Q_{3,i}\frac{x_i+x_{i-1}}{x_i^2x_{i-1}^2} \quad\cdots\cdots(34)$$

5.5 体积比表面积的计算

从任何一种分布量的矩均可计算出体积比表面积 S_V，因为 S_V 同加权面积平均粒径，即 Sauter 直径 $\overline{x}_{1,2}$[见(14)式]成反比，可以证明：

$$S_V=\frac{6}{\overline{x}_{1,2}} \quad\cdots\cdots(35)$$

结合(21)式，可以得出：

$$S_V=\frac{6}{M_{1,2}}=6\,\frac{M_{2,0}}{M_{3,0}}=6\times M_{-1,3} \quad\cdots\cdots(36)$$

对于非球形颗粒，上式应当加入形状因子。

5.6 粒径分布的方差

粒径分布的散度可以由其方差来表达，即标准偏差 s_r 的平方。分布 $q_r(x)$ 的方差 s_r^2 定义为：

$$s_r^2=\int_{x_{\min}}^{x_{\max}}(x-\overline{x}_{1,r})^2q_r(x)\mathrm{d}x \quad\cdots\cdots(37)$$

引入闭合矩，方差可以由下式来计算[2]：

$$s_r^2=m_{2,r}=M_{2,r}-(M_{1,r})^2 \quad\cdots\cdots(38)$$

如果是直方分布，则有：

$$\begin{aligned}s_r^2&=\frac{1}{3}\Big[\sum_{i=1}^{n}\overline{q}_{r,i}(x_i^3-x_{i-1}^3)\Big]-\frac{1}{4}\Big[\sum_{i=1}^{n}\overline{q}_{r,i}(x_i^2-x_{i-1}^2)\Big]^2\\&=\frac{1}{3}\Big[\sum_{i=1}^{n}\Delta Q_{r,i}\Big(\frac{x_i^3-x_{i-1}^3}{x_i-x_{i-1}}\Big)\Big]-\frac{1}{4}\Big[\sum_{i=1}^{n}\Delta Q_{r,i}(x_i+x_{i-1})\Big]^2\end{aligned} \quad\cdots\cdots(39)$$

附 录 A
（资料性附录）
从已知的体积频度分布直方图来计算各种不同的平均粒径，数值示例

在下面的数值示例中，假定累积体积分布是服从对数正态分布[5]：

$$q_3^*(z)=\frac{1}{\sqrt{2\pi}}\exp\left(\frac{z^2}{2}\right) \qquad \text{(A.1)}$$

＊号表明(A.1)式是由无量纲变量 z 所形成的，z 的值如下：

$$z=\frac{\ln(x/x_{50,3})}{S}=\frac{\ln(x/x_{50,3})}{\ln s_g} \qquad \text{(A.2)}$$

其中：

$$s_g=e^s \qquad \text{(A.3)}$$

表 A.1 是在假定以下条件下计算出来的：即该分布的中位径 $x_{50,3}=5\ \mu m$，标准偏差 $s=0.50$，相应的几何标准偏差 $s_g=1.649$。进一步假定相继的粒径属 R10 系列，也就是：

$$\frac{x_i}{x_{i-1}}=\sqrt[10]{10} \qquad \text{(A.4)}$$

可以利用表 A.1 中给出的 x_i，z_i，$Q_{3,i}$，Δx_i，$\Delta Q_{3,i}$ 和 $\bar{q}_{3,i}$ 等数据来计算(30)～(33)式中所表示的矩。$Q_{3,i}$ 的值来自参考文献[3]所给出的例子。通过在(1)式中引入对数正态分布，并在 $x_{min}=0$ 和 $x_{max}=\infty$ 之间积分，可得到矩的解析值，其计算值列于表 A.2 中。

表 A.2 的第 1 列表示由解析函数计算出的 4 个矩的值。第 2 列和第 3 列表示由 R10 系列或 R5 系列通过数值计算得到的值。计算数据和第 1 列的解析数据有一点差别，由第 4、5 列给出的偏差值可以看出其差别很小。

表 A.3 是利用(17)～(22)式，由表 A.2 中的矩值计算出的平均粒径。解析结果与由 R10 和 R5 系列利用数值计算的结果差别很小。从理论上说，因为它产生的偏差更小，R10 系列将会优于 R5 系列。

表 A.1 为计算矩而假定的对数正态分布的基本数据

$x_i/\mu m$		z_i		$Q_{3,i}$		$\Delta x_i/\mu m$		$\Delta Q_{3,i}$		$\bar{q}_{3,i}/\mu m^{-1}$	
R10	R5	R10	R5	R10	R5	R10	R5	R10	R5	R10	R5
25.00	25.00	3.22	3.22	0.9993	0.9993						
19.86		2.76		0.9971		5.14		0.0022		0.0004	
15.78	15.78	2.30	2.30	0.9892	0.9892	4.08	9.22	0.0079	0.0101	0.0019	0.0011
12.53		1.84		0.9671		3.25		0.0221		0.0068	
9.96	9.96	1.38	1.38	0.9162	0.9162	2.57	5.82	0.0509	0.0730	0.0198	0.0125
7.91		0.92		0.8212		2.05		0.0950		0.0463	
6.28	6.28	0.46	0.46	0.6772	0.6772	1.63	3.68	0.1440	0.2390	0.0883	0.0649
4.99		0.00		0.5000		1.29		0.1772		0.1374	
3.96	3.96	−0.46	−0.46	0.3228	0.3228	1.03	2.32	0.1772	0.3544	0.1720	0.1528
3.15		−0.92		0.1788		0.81		0.1440		0.1778	
2.50	2.50	−1.38	−1.38	0.0838	0.0838	0.65	1.46	0.0950	0.2390	0.1462	0.1637
1.99		−1.84		0.0329		0.51		0.0509		0.0998	

表 A.1(续)

$x_i/\mu m$		z_i		$Q_{3,i}$		$\Delta x_i/\mu m$		$\Delta Q_{3,i}$		$\bar{q}_{3,i}/\mu m^{-1}$	
R10	R5	R10	R5	R10	R5	R10	R5	R10	R5	R10	R5
1.58	1.58	−2.30	−2.30	0.0108	0.0108	0.41	0.92	0.0221	0.0730	0.0539	0.0793
1.26		−2.76		0.0029		0.32		0.0079		0.0247	
1.00	1.00	−3.22	−3.22	0.000	0.000	0.26	0.58	0.0022	0.0101	0.0085	0.0174

表 A.2 解析和数值计算矩值的比较

矩	解析结果	数值结果		偏差/%	
		R10 系列	R5 系列	R10 系列	R5 系列
$M_{1,3}/\mu m$	5.666	5.685	5.835	0.335	2.983
$M_{-1,3}/\mu m^{-1}$	0.227	0.226	0.226	−0.441	−0.441
$M_{-2,3}/\mu m^{-2}$	0.066	0.066	0.068	0	3.030
$M_{-3,3}/\mu m^{-3}$	0.025	0.024	0.026	−4	4

表 A.3 由解析方法和数值计算方法得到的平均粒径值的比较

平均粒径	解析结果	数值结果		偏差/%	
		R10 系列	R5 系列	R10 系列	R5 系列
$\bar{x}_{1,0}/\mu m$	2.640	2.717	2.604	2.917	−1.364
$\bar{x}_{2,0}/\mu m$	3.015	3.053	2.944	1.260	−2.355
$\bar{x}_{3,0}/\mu m$	3.420	3.453	3.371	0.965	−1.433
$\bar{x}_{1,1}/\mu m$	3.444	3.429	3.329	−0.436	−3.339
$\bar{x}_{1,2}/\mu m$	4.399	4.419	4.418	0.455	0.432
$\bar{x}_{1,3}/\mu m$	5.666	5.685	5.835	0.335	2.983

STANDARDS PRESS OF CHINA

附 录 B
（资料性附录）
其他平均粒径

其他的平均粒径不能替代算术平均粒径、加权平均粒径的物理意义或体积比表面积的计算。

由于各种平均粒径可能差别很大(与分布的散度有关),所以必须指明一些必要的条件和定义。

B.1 几何平均粒径

几何平均粒径的出现是基于这样的经验发现,即当粒度分布符合对数正态概率函数时[5],几何平均粒径代表了对数概率分布 x 具有最大概率时的期望值,对于对数正态概率函数,该值就是中位值。

不像算术平均值,是将 n 个数相加求和,再被 n 来除,几何平均值是 n 个值相乘所得积的 n 次根。从对数的角度来说,对数几何平均值是 n 个值的对数和,再由 n 来除。算术平均值大于几何平均值,并且一系列数的分布散度越大,算术平均值与几何平均值的差别也越大。

当 k 趋于 0 时,对(6)式进行数学极限运算[4],可得到如下的几何平均粒径:

$$\overline{x}_{0,r}=e^{\int_{x_{\min}}^{x_{\max}}\ln x\, q_r(x)\mathrm{d}x}=\overline{x}_{\mathrm{geo},r} \qquad \cdots\cdots(\mathrm{B}.1)$$

或者,从对数的角度考虑为:

$$\ln\overline{x}_{\mathrm{geo},r}=\int_{x_{\min}}^{x_{\max}}\ln(x)q_r(x)\mathrm{d}x=\int_{x_{\min}}^{x_{\max}}\ln x q_r(\ln x)\mathrm{d}(\ln x) \qquad \cdots\cdots(\mathrm{B}.2)$$

B.2 调和平均粒径

一系列数据的调和平均值是它们倒数的算术平均值的倒数[2]。调和平均值比几何平均值小,而且当数据变得更离散时,这种差别变得更大。调和平均粒径可由下式计算:

$$\overline{x}_{\mathrm{har},r}=\frac{1}{\int_{x_{\min}}^{x_{\max}}\frac{1}{x}q_r(x)\mathrm{d}x}=\frac{1}{M_{-1,r}} \qquad \cdots\cdots(\mathrm{B}.3)$$

参 考 文 献

[1] LESCHONSKI K. Representation and Evaluation of Particle Size Analysis Data, Particle Characterisation 1, 1984, pp. 89-95.

[2] HERDAN G. Small Particle Statistics, Butterworths, London, 1960, pp. 32-33.

[3] ABRAMOWITZ M., STEGUN I. A. Handbook of Mathematical Functions, Dover Publications Inc. 9, 1972, pp. 966-972.

[4] ALDERLISTEN M. Mean Particle Diameters, Part 1: Evaluation of Definitions Systems, Particle Characterisation 7, 1990, pp. 233-241.

[5] ISO 9276-5. Representation of results of particle size analysis—Part 5: Validation of calculations relating to particle size analyses using the logarithmic normal probability distribution.

ICS 19.120
A 28

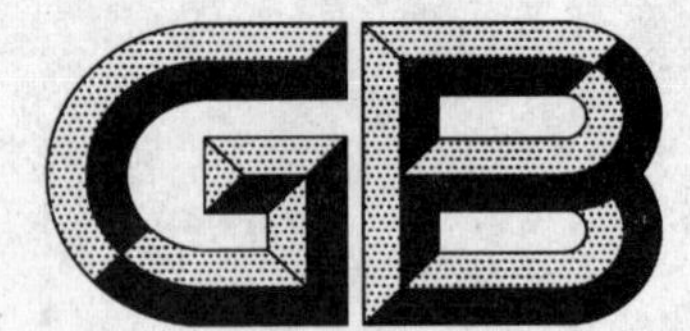

中华人民共和国国家标准

GB/T 15445.4—2006/ISO 9276-4:2001

粒度分析结果的表述
第4部分:分级过程的表征

Representation of results of particle size analysis—
Part 4: Characterization of a classification process

(ISO 9276-4:2001,IDT)

2006-02-05 发布 2006-08-01 实施

中华人民共和国国家质量监督检验检疫总局
中国国家标准化管理委员会 发布

前　言

GB/T 15445《粒度分析结果的表述》分为 6 个部分，名称预计如下：

——第 1 部分：图形表征；

——第 2 部分：由粒度分布计算平均粒径/直径和各次矩；

——第 3 部分：将测定的累积粒度分布曲线拟合为标准模式；

——第 4 部分：分级过程的表征；

——第 5 部分：使用对数正态几率分布进行相关粒度分析计算的适用性；

——第 6 部分：颗粒形状和形貌的描述和定量表征。

本部分为 GB/T 15445 的第 4 部分。

本部分等同采用 ISO 9276-4:2001《粒度分析结果的表述　第 4 部分：分级过程的表征》。

本部分与 ISO 9276-4:2001 相比做了下列编辑性修改：

——用“本部分”代替“本国际标准”；

——重新编排页码；

——删除国际标准中有关 ISO 的前言部分；

——增加有关标准编制说明的前言部分。

本部分的附录 A 为资料性附录。

本部分由全国筛网筛分和颗粒分检方法标准化技术委员会提出。

本部分由全国筛网筛分和颗粒分检方法标准化技术委员会归口。

本部分起草单位：钢铁研究总院、机械科学研究院、上海市计量测试技术研究院。

本部分主要起草人：郑毅、方建锋、余方、吴立敏、盛克平。

引　言

在粒度分析所用的分级过程中(如发生于冲击器、筛分等分级工艺中),原料的质量 m_s 或颗粒数 n_s,以及用频度分布所描述的粒度分布 $q_{r,s}(x)$,至少被分成一个细组分和一个粗组分,它们的质量、个数和频度分布分别为 m_f,n_f,$q_{r,f}(x)$和 m_c,n_c,$q_{r,c}(x)$。在分析中所选择的量的类别以下标 r 来表示,而原料、细组分、粗组分分别以另外的下标 s、f、c 来表示,如图 1 所示。

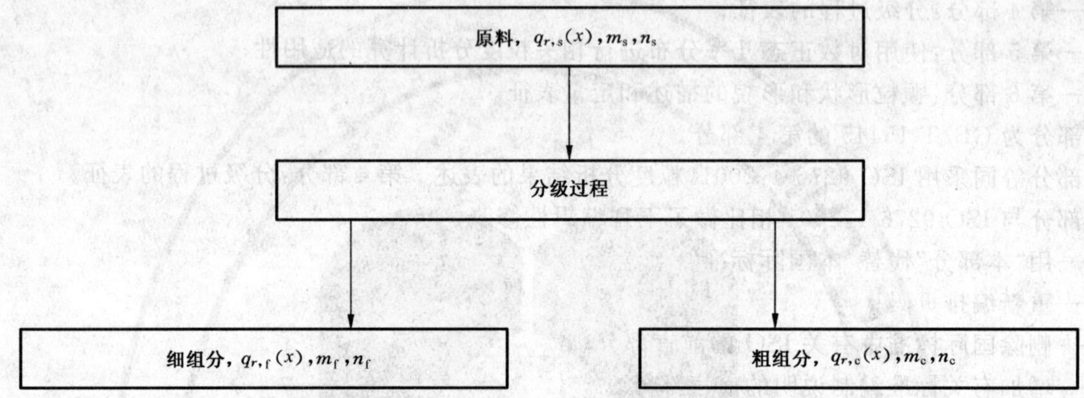

图 1　一阶分级所形成的组分和分布

当粗组分多于一阶时(例如采用多级冲击器),为了表征分级过程,可以采用 0,1,2,等来代替 s,f,c,例如用 3 来表示第 2 个粗组分,它比组分 2 中包含更大的颗粒。

假定粒径 x 由球的直径来表征。当颗粒为其他形状时,根据实际情况的不同也可以用颗粒的等效球直径来表示其粒径 x。

粒度分析结果的表述
第 4 部分:分级过程的表征

1 范围

本部分的主要目的是提供一种用来表征分级工艺的数学基础知识。它不仅适用于粒度分析,同样也可以用于表征分级过程(如:空气分级、离心分级)或分离的过程(如:旋风分离或水力旋流分离)。

在第 3 章中分级工艺的表征是建立在对原料及粗细组分频度分布曲线的描述以及总体质量的平衡都没有误差的前提之下。在第 4 章中描述了系统误差对分级效率的影响。在附录 A 中讨论了随机误差对分级工艺表征的影响。

2 符号

2.1 专用术语符号

下列术语和符号适用于本部分:

A——由累积分布曲线上导出的参数;

E——累积分布中的质量平衡误差;

I——不理想度;

$K(x)$——修正的累积分布;

m——质量;

n——粒度分级的总数或颗粒数;

$q_r(x)$—— 频度分布曲线;

$Q_r(x)$——累积分布曲线;

$\Delta Q_r(x)$——相邻两个累积分布值的差,对应第 i 个粒度间隔 Δx_i 内的累积分布之相对量;

s^2——方差;

t——Student 因子;

T——分级效率;

T_0——总分级效率或分离效率;

$T(x)$——分级效率曲线;

x——颗粒直径或等效球直径;

x_a——分析切割粒度;

x_e——等概率切割粒度,在分级效率曲线上的中位径;

x_i——第 i 个粒度间隔对应的上限粒度;

x_{i-1}——第 i 个粒度间隔对应的下限粒度;

Δx_i——第 i 个粒度间隔的宽度;

x_{max}——给定粒度分布的最大粒度;

x_{min}——给定粒度分布的最小粒度;

α——坡度角,计权方差的总和;

ε——频度分布中的质量平衡误差;

$\eta_{r,i}=Q_{r,s,i}-Q_{r,c,i}$——变量;

κ——由特征粒度所形成的切割参数锐度;

ν——相对量；

$\xi_{r,i}=Q_{r,\mathrm{f},i}-Q_{r,\mathrm{c},i}$——变量；

τ——未参与分级过程的颗粒的量；

φ——变量。

2.2 下标

下列下标适用于本部分：

c——粗组分(r 后的第 2 下标)；

f——细组分(r 后的第 2 下标)；

i——上限粒度为 x_i 的粒度区间序数；

r——频度分布量的类型(通用表述)；

注：例如：$r=3$ 量的类型为体积或质量。

s——原始粉料或进料(r 后的第 2 下标)；

0——不止一个粗组分时取代 s；

1——不止一个粗组分时取代 f；

2——不止一个粗组分时取代 c。

3 建立在无误差分布曲线和质量平衡基础之上的分级过程的表征

3.1 用频度分布曲线表征分级过程

在一个分级过程中，给定的原料(下标为 s)至少被分级为两个部分，即细组分(下标为 f)和粗组分(下标为 c)。设有一个如图 2 所示的理想分级，其中存在一个所谓的切割粒度 x_c，细组分是小于或等于这个粒度的颗粒集合，粗组分是大于这个粒度的颗粒集合。

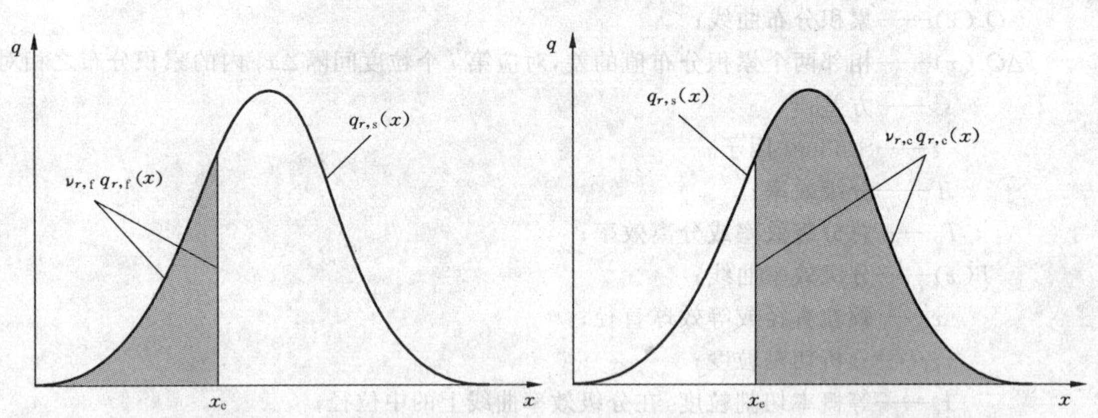

图 2 理想分级条件下原料以及细组分和粗组分的加权频度分布曲线

在加权频度分布曲线下的阴影部分分别为细组分和粗组分的相对量，用 $\nu_{r,\mathrm{f}}$ 代表细颗粒的百分数，用 $\nu_{r,\mathrm{c}}$ 代表粗颗粒的百分数，它们的总和等于 100％或为 1；$\nu_{3,\mathrm{f}}$ 表示细颗粒的质量百分数，$\nu_{0,\mathrm{f}}$ 表示细颗粒的个数百分数。

但实际上，存在这样一个粒度范围 $x_{\min,c}<x<x_{\max,f}$，在此粒度范围内的颗粒，不仅可能存在于细组分，也可存在于粗组分，细组分和粗组分的频度分布曲线在此粒度范围内相互穿插重叠。在图 3 中的交叉点示出一个切割尺寸，被称为等概率切割粒度 x_e(见 3.3.2)。

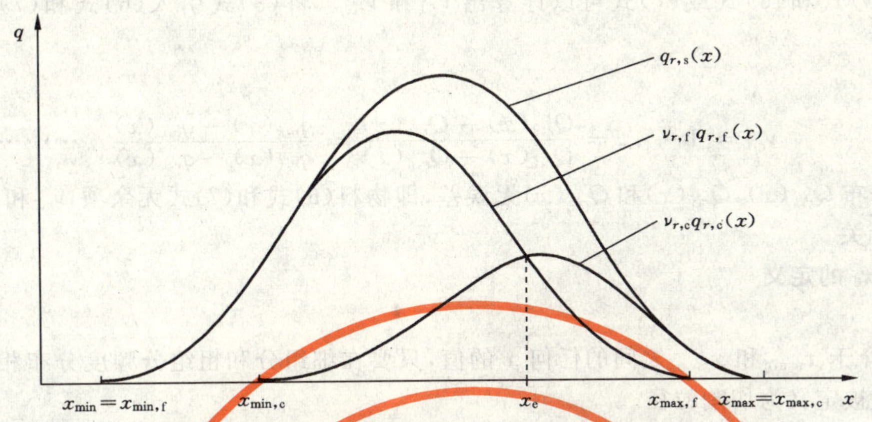

图 3 实际分级中原料、细组分、粗组分的加权频度分布曲线

在粗组分中小于切割粒度 x_e 和在细组分中大于 x_e 的颗粒属于错误分级。

3.2 质量和个数的平衡

3.2.1 从 x_{min} 到 x_{max} 的粒度范围内的质量和个数的平衡

由于分级过程的作用,质量为 m_s 或颗粒数为 n_s 的原料被分为质量为 m_f 或个数为 n_f 的细组分以及质量为 m_c 或个数为 n_c 的粗组分。得:

$$m_s = m_f + m_c \quad \text{或} \quad n_s = n_f + n_c \qquad \cdots\cdots(1)$$

并且

$$1 = \frac{m_f}{m_s} + \frac{m_c}{m_s} \quad \text{或} \quad 1 = \frac{n_f}{n_s} + \frac{n_c}{n_s} \qquad \cdots\cdots(2)$$

$$1 = \nu_{3,f} + \nu_{3,c} \quad \text{或} \quad 1 = \nu_{0,f} + \nu_{0,c} \qquad \cdots\cdots(3)$$

$\nu_{r,f}$ 代表细组分的相对量,$\nu_{r,c}$ 代表粗组分的相对量。

在图 2 和图 3 中 $\nu_{r,f}$ 和 $\nu_{r,c}$ 分别以细组分加权频度分布曲线 $\nu_{r,f}q_{r,f}(x)$ 和粗组分频度分布曲线 $\nu_{r,c}q_{r,c}(x)$ 下的面积来表示。原料的频度分布曲线 $q_{r,s}(x)$ 下的面积等于 1。

3.2.2 从 x 到 $x+dx$ 的粒度范围内的质量和数量的平衡

在原料中存在粒径为 x 的某种颗粒,在分级过程中既可能分到细组分中也可能分至粗组分中。原料中具有粒度为 x 的颗粒总量 $dQ_{r,s}(x)$,因而被分为两部分 $\nu_{r,f}dQ(x)$ 和 $\nu_{r,c}dQ(x)$。

$$dQ_{r,s}(x) = \nu_{r,f}dQ_{r,f}(x) + \nu_{r,c}dQ_{r,c}(x) \qquad \cdots\cdots(4)$$

将 dQ_r 由(5)式取代

$$dQ_r(x) = q_r(x)dx \qquad \cdots\cdots(5)$$

得

$$q_{r,s}(x) = \nu_{r,f}q_{r,f}(x) + \nu_{r,c}q_{r,c}(x) \qquad \cdots\cdots(6)$$

为了建立图 3 一类的频度分布曲线,必须采用(6)式。在绘制图 3 时,应当认识到(6)式中仅有 3 个变数可供任意挑选。例如,两个频度分布 $q_{r,s}(x)$,$q_{r,f}(x)$ 和细组分的相对量 $\nu_{r,f}(x)$ 已给定,那么,$q_{r,c}(x)$ 和 $\nu_{r,c}$ 也就随之而定了。

3.2.3 从 x_{min} 到 x 的粒度范围内的质量和数量的平衡

将(6)式从 x_{min} 到 x 取积分,得到

$$Q_{r,s}(x) = \nu_{r,f}Q_{r,f}(x) + \nu_{r,c}Q_{r,c}(x) \qquad \cdots\cdots(7)$$

3.2.4 间接计算 $\nu_{r,f}$ 和 $\nu_{r,c}$

在许多实际情况下,$\nu_{r,f}$ 和 $\nu_{r,c}$ 不可能由相关的质量和质量流量算出,因为实际测量这些数据是很困难的,或者说不可能得到。但是,如果所提供的物料样品有代表性且已测出其细组分和粗组分的百分

STANDARDS PRESS OF CHINA

数，那么，通过(3)式和(6)式或(7)式可以计算出 $\nu_{r,f}$ 和 $\nu_{r,c}$。将(3)式引入(6)式和(7)式中，对 $\nu_{r,f}$ 求解，有：

$$\nu_{r,f} = 1 - \nu_{r,c} = \frac{Q_{r,s}(x) - Q_{r,c}(x)}{Q_{r,f}(x) - Q_{r,c}(x)} = \frac{q_{r,s}(x) - q_{r,c}(x)}{q_{r,f}(x) - q_{r,c}(x)} \qquad \cdots\cdots (8)$$

如果累积分布 $Q_{r,s}(x)$，$Q_{r,f}(x)$ 和 $Q_{r,c}(x)$ 无误差，即物料(6)式和(7)式无余项，$\nu_{r,f}$ 和 $\nu_{r,c}$ 将是常数且与颗粒大小 x 无关。

3.3 切割粒径 x_e 的定义

3.3.1 概述

原则上讲，介于 $x_{\min,c}$ 和 $x_{\max,f}$ 之间的任何 x 的值，只要在细组分和粗组分频度分布相互重叠的区域内的粒径都可以被定义为切割粒径。

通常所采用的两个定义将在 3.3.2 和 3.3.3 描述。

3.3.2 分级效率曲线的中值——等概率切割粒径 x_e，分级效率的中位径

在图 3 中，细组分和粗组分的加权频度分布曲线在某个确定的粒径 x_e 相交。这一粒度为等概率切割粒径 x_e，如在 3.4 中所定义的那样，就是分级效率曲线 $T(x)$ 上的中值。

$$x_e = x(T = 0.5) \qquad \cdots\cdots (9)$$

与其他粒径的颗粒不同，这种粒径的颗粒被分级在细组分或粗组分中有相等的概率。在图 3 中，从加权的细组分和粗组分频度分布曲线交叉点所作铅垂虚线的长度等于从该点至原料加权频度分布曲线上的垂直距离。

因而，粒径为 x_e 的颗粒以相同的概率存在于细组分和粗组分中。即：

$$\nu_{r,f} q_{r,f}(x_e) = \nu_{r,c} q_{r,c}(x_e) \qquad \cdots\cdots (10)$$

3.3.3 分析切割粒径 x_a

对使用者而言，假如使用一个分析型空气分级器(例如一个单级气流冲击器)就如同一个黑箱(见图 1)。例如，将质量为 m_s 的粉料供给分级器，于分级过程结束后，在绝大多数情况下我们仅能获取粗组分的质量 m_c，细组分的质量可以从 m_s 与 m_c 之差计算得到。因为由实验测定的细组分的相对质量($\nu_{3,f} = m_f/m_s$)被取作等于供给粉料中小于某一尺寸的相对质量，相应于这个尺寸也定义了一个切割粒径，这个切割粒径被称为分析切割粒径 x_a。通常定义为：

$$1 - \nu_{r,c} = \nu_{r,f} = Q_{r,s}(x_a) \qquad \cdots\cdots (11)$$

对于某一给定的粒度分布的原料(或进料)，由已知细组分的相对量所产生的分析切割粒径如图 4 所示。

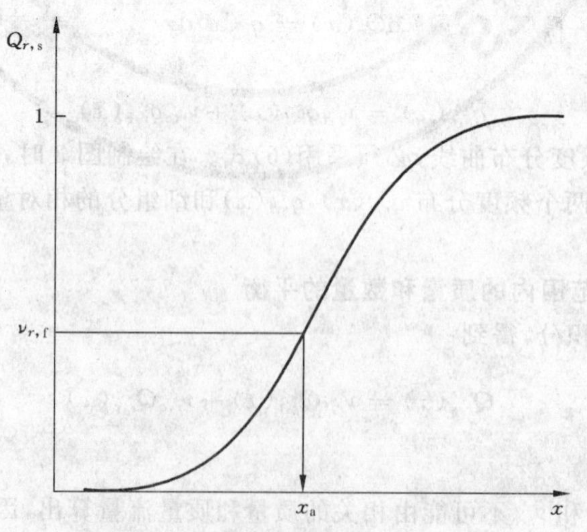

图 4 分析切割粒径 x_a 的定义

将(11)式代入(7)式,可以看出,就这个粒径来说,细组分和粗组分包含等量的误分级物质,即在细组分中的粗颗粒的相对量 $\nu_{r,f}[1-Q_{r,f}(x_a)]$ 等于粗组分中细颗粒的相对量 $\nu_{r,c}Q_{r,c}(x_a)$。在图 6 中,如果 A_3 和 A_6 相等,则 $x=x_a$,而阴影面积 A_1 则表示从 x_{min} 到 x_{max} 的全部面积中的 $\nu_{r,f}$ 部分。

3.4 分级效率 *T* 和分级效率曲线 *T*(*x*),(Tromp 曲线)

为了描述分级效率,往往从图 3 的频度分布曲线中,推导出所谓分级效率曲线 $T(x)$。

对某一特定的粒径来说,分级效率(或粒径的选择性)T 是指在分级粗组分中存在的这种粒度的颗粒的量 $\nu_{r,c}q_{r,c}\mathrm{d}x$ 与原料中存在的对应量 $q_{r,s}(x)\mathrm{d}x$ 的比值。

分级效率曲线 $T(x)$ 可以计算如下:

$$T(x)=\frac{\nu_{r,c}q_{r,c}(x)}{q_{r,s}(x)}=\frac{\nu_{r,c}\Delta Q_{r,c}(x_i,x_{i-1})}{\Delta Q_{r,s}(x_i,x_{i-1})}=\frac{\nu_{r,c}[Q_{r,c}(x_i)-Q_{r,c}(x_{i-1})]}{Q_{r,s}(x_i)-Q_{r,s}(x_{i-1})} \qquad (12)$$

如果将 T 对颗粒粒度 x 作图,便可以得出分级效率曲线 $T(x)$,如图 5 所示。分级效率曲线应从 0 开始,并且在 x_{min} 和 $x_{min,c}$ 之间保持为 0,在 $x_{max,f}$ 及其以上处为 1。实际上可能不尽如此,详见第 4 章。

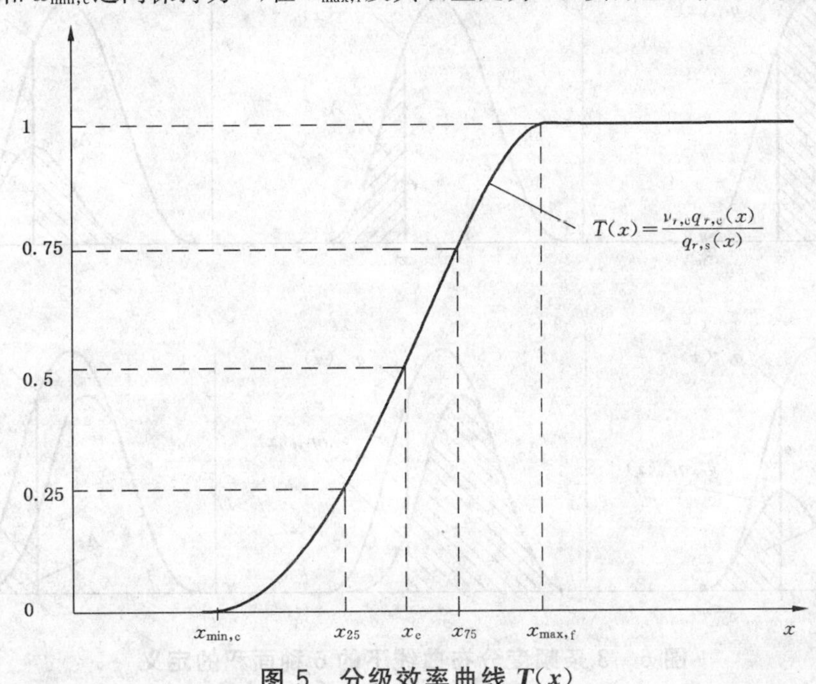

图 5 分级效率曲线 *T*(*x*)

3.5 切割锐度的衡量

3.5.1 概述

界于 $x_{min,c}$ 和 $x_{max,f}$ 之间的重叠粒度范围愈小,或者说被误分级的物质量愈少,分级过程的质量愈高,或者说切割的锐度愈好。为了定量地表示一个分级过程的切割锐度或不理想度,可采用很多参数。在很多情况下,要想完整地描述分级过程,仅用一个参数是不够的,需要用一系列的参数,甚至要用不同参数的组合,这些参数只有在应用分级技术的过程中才有意义。值得注意的是所给出的绝大多数参数只不过是对局部作出定量描述或者说只能对从分级效率曲线所得到的那部分信息作到定量。

建立如 3.5.2 和 3.5.3 所描述的三组参数足以包括目前所建议的所有参数。

3.5.2 颗粒特征参数的获得

一些参数表示从分级效率曲线上所获得的粒度特征值的差(或比值)。x_y 表示在分级效率曲线 $T=y\%$ 处对应的粒度 x 的值。

例如,可以用下式来区别分级的不理想度,

$$I=\frac{x_{75}-x_{25}}{2x_{50}} \qquad (13)$$

或锐度

$$K_{25/75} = \frac{x_{25}}{x_{75}} \quad \cdots\cdots(14)$$

(13)式和(14)式反映了分级效率曲线中心处的陡度。

3.5.3 从累积分布曲线导出的参数

以下参数可以由累计分布曲线上的 $Q_{r,0}(x)$，$Q_{r,f}(x)$ 和 $Q_{r,c}(x)$ 及细组分的相对量 $\nu_{r,f}$ 和 $\nu_{r,c}$ 直接算出，而不必用分级效率曲线。

如图 6 所示，原则上可以区分出 3 条频度分布曲线下的 A_1 至 A_6 6 个不同面积。从这些面积可以导出下面的特征参数。

以下参数示出了原料以及粗组分和细组分中在某一粒度以下或以上细颗粒或粗颗粒的相对量，或者说它们的份额。

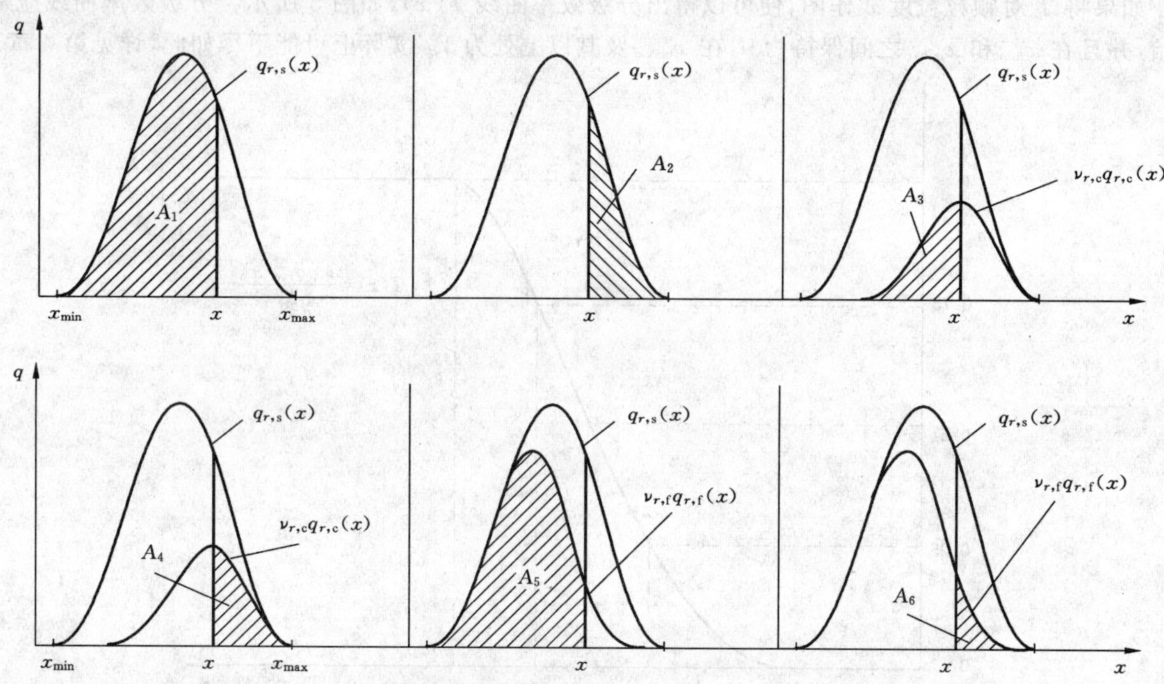

图 6　3 条频度分布曲线下的 6 种面积的定义

在原料中细颗粒量：

$$A_1 = Q_{r,s}(x) \quad \cdots\cdots(15)$$

在原料中粗颗粒量：

$$A_2 = 1 - Q_{r,s}(x) \quad \cdots\cdots(16)$$

在粗组分中细颗粒占有量：

$$A_3 = \nu_{r,c}Q_{r,c}(x) \quad \cdots\cdots(17)$$

在粗组分中粗颗粒占有量：

$$A_4 = \nu_{r,c}[1 - Q_{r,c}(x)] \quad \cdots\cdots(18)$$

在细组分中细颗粒量：

$$A_5 = \nu_{r,f}Q_{r,f}(x) \quad \cdots\cdots(19)$$

在细组分中粗颗粒量：

$$A_6 = \nu_{r,f}[1 - Q_{r,f}(x)] \quad \cdots\cdots(20)$$

应当注意到从 A_1 至 A_6 的面积同所取粒度 x 有关。通过这些面积，还可以形成另外一些相关参量，例如：相对于原料中存在的细颗粒，分级后，细颗粒的回收率为：

$$\frac{A_5}{A_1}=\frac{\nu_{r,f}Q_{r,f}(x)}{Q_{r,s}(x)} \quad \cdots\cdots(21)$$

相对于原料中存在的粗颗粒，分级后，粗颗粒的回收率为：

$$\frac{A_4}{A_2}=\frac{\nu_{r,c}[1-Q_{r,c}(x)]}{1-Q_{r,s}(x)} \quad \cdots\cdots(22)$$

3.5.4 总分级或分离效率 T_0

总分级或分离效率一般被用来评述除尘系统（如气流旋风分离机）的性能。它相应于一个已经定义过的粗颗粒相对量 $\nu_{r,c}$，并可以由分级效率曲线 $T(x)$ 和原料的频度分布曲线 $q_{r,s}(x)$ 计算如下：

$$T_0=\nu_{r,c}=\int_{x_{min}}^{x_{max}}T(x)q_{r,s}(x)\mathrm{d}x=\int_0^1 T(x)\mathrm{d}Q_{r,s}(x)=\sum_{i=1}^{n}T_i(\bar{x}_i)\Delta Q_{r,s,i} \quad \cdots\cdots(23)$$

4 系统性误差对分级效率曲线测定的影响

4.1 概述

相对于一个理想化的分级效率曲线的系统偏差，可能由以下因素引起：

a) 取样和分样带来的系统性分析误差；

b) 在分级器中分级和非正常分级过程的叠加；

c) 由细颗粒构成的团粒，未能分散而被转移至粗组分中；

d) 分级过程中产生的粉碎过程。

如果对原料、细组分和粗组分的取样和分样已经十分仔细，那么，上述所列的第一种系统性误差可以不考虑。

4.2 由于分级器中的非正常分级过程所产生的系统性误差

如图 7 所示，在小粒度区域，分级效率曲线并不下降至 0，而是在某一分级效率 $T=\tau$ 时，其端部平行于横坐标，这很可能是某种非正常分级过程叠加于分级过程中。

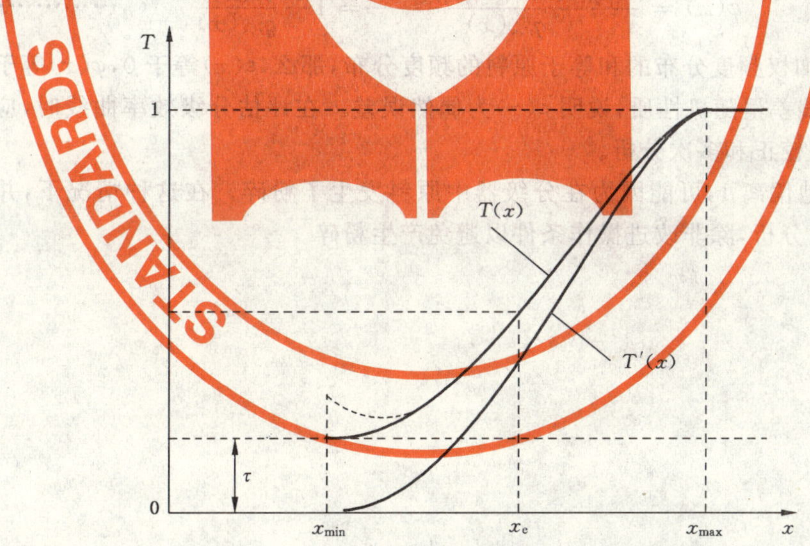

图 7 分级器内的分离过程对 $T(x)$ 的影响

在这种情况下，原料中有一部分未经过分级而进入粗组分中。通过(24)式可以得出一个修正的分级效率曲线 $T'(x)$。

$$T'(x)=\frac{T(x)-\tau}{1-\tau} \quad \cdots\cdots(24)$$

这时，仍然用 $T(x)$ 来表示真实的分级效率曲线，但是通过引入 $T'(x)$ 和 τ，可以简化分级效率曲线的描述并给出若干附加的技术信息。

STANDARDS PRESS OF CHINA

4.3 原料的不完全分散

如果原料进入分级区之前没有完全分散，细颗粒构成较粗的团粒，就会被分级到粗组分中去。但在对原料、细组分和粗组分样品进行粒度分析时，则分散分级（过程）比分级（过程）好，以致粗团粒（即那些在分级时被当作粗颗粒者）将消失，分级效率曲线就会在细粒度区抬高，如图8所示。

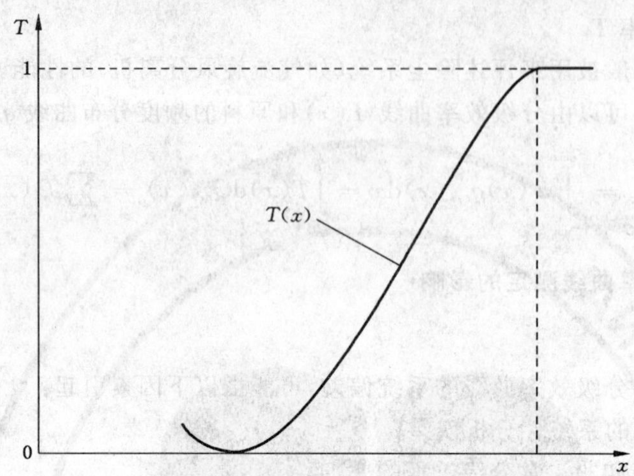

图8 由于分级中原料的不完全分散所导致分级效率曲线的偏差

4.4 原料在分级器中粉碎的影响

如果在原料分级过程中存在粉碎行为，即分级设备在某种意义上充当了研磨机。这样一来，真正“喂入”的粉料将同原料有所不同。新的细颗粒产生的同时，等量的粗颗粒消失。

考虑到频度分布中的质量平衡，在附录A中定义了误差 $\varepsilon(x)$，由它导出一个新的变量 $\varphi(x)$。它指明了所观测到的偏差是随机性的还是系统性的，其推导如下：

$$\varphi(x)=\frac{\nu_{r,\mathrm{f}}q_{r,\mathrm{f}}(x)+\nu_{r,\mathrm{c}}q_{r,\mathrm{c}}(x)}{q_{r,\mathrm{s}}(x)}=1-\frac{\varepsilon(x)}{q_{r,\mathrm{s}}(x)} \qquad \cdots\cdots(25)$$

如果粗、细组分的加权频度分布的和等于原料的频度分布，那么，$\varepsilon(x)$等于0，$\varphi(x)$等于1。

如果 $\varphi(x)$同1的偏差呈随机性质，说明 $\varepsilon(x)$为偶然误差。在评估分级效率曲线时，应当按附录A所描述的那样进行误差校正和多次分析。

如果 $\varphi(x)$系统性地偏离1，可能因为在分级器中原料发生了粉碎。在这种情况下，并不推荐使用这类装置进行颗粒粒度分析，除非改进操作条件以避免产生粉碎。

附　录　A
（资料性附录）
随机性误差对评估分级效率曲线的影响

A.1　概述

在第4章中所描述的质量平衡和对分级效率曲线的评估，仅适用于(6)式和(7)式没有余项的前提条件下。然而在现实中，当代入对原料、细组分和粗组分的粒度分析结果 $q_{r,s}(x)$，$q_{r,f}(x)$和 $q_{r,c}(x)$或 $Q_{r,s}(x)$，$Q_{r,f}(x)$和 $Q_{r,c}(x)$时，两式均不能完全成立。当采用直接测量的 $\nu_{r,f}$或 $\nu_{r,c}$时，还可能引起进一步的误差。

设同粒度分析相关的误差为 $\varepsilon(x)$和 $E(x)$，(6)式和(7)式应改写如下：

$$q_{r,s}(x)-\nu_{r,f}q_{r,f}(x)-\nu_{r,c}q_{r,c}(x)=\varepsilon(x) \quad \cdots\cdots(A.1)$$

$$Q_{r,s}(x)-\nu_{r,f}Q_{r,f}(x)-\nu_{r,c}Q_{r,c}(x)=E(x) \quad \cdots\cdots(A.2)$$

像往常一样，如果要计算在一个小粒度间隔 Δx_i 内的平均分级效率，其平均粒度可以表示为：

$$\bar{x}_i=\frac{x_{i-1}+x_i}{2} \quad \cdots\cdots(A.3)$$

而相应的平均分级效率为：

$$\bar{T}(\bar{x}_i)=\frac{\nu_{r,c}[Q_{r,c}(x_i)-Q_{r,c}(x_{i-1})]}{Q_{r,s}(x_i)-Q_{r,s}(x_{i-1})} \quad \cdots\cdots(A.4)$$

当把有误差的粒度分析结果代入(A.4)式中后，所得到的分级效率曲线如图A.1所示。

应当明白：这些曲线同图5所示的分级效率曲线有很大不同。这样的平均分级效率曲线不可靠，不处理就难以可信。

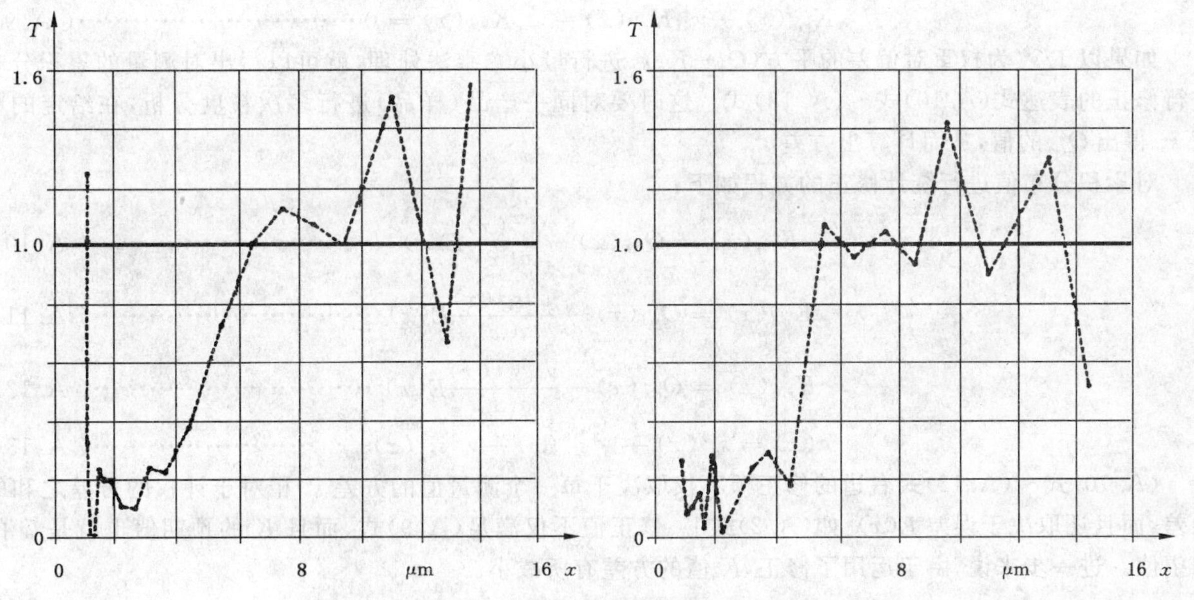

图 A.1　未修正的分级效率曲线

A.2　$\nu_{r,f}$或 $\nu_{r,c}$的间接计算

正如在建立(1)式时所提到的那样，在很多实际应用场合，分级细组分和粗组分的相对量 $\nu_{r,f}$或 $\nu_{r,c}$是不能够直接得到的。但是如果从原料以及分级后的粗、细组分取样是可能的，并且可以测定它们的粒

度累积分布 $Q_{r,s}(x)$，$Q_{r,f}(x)$和 $Q_{r,c}(x)$，再用它们来计算 $\nu_{r,f}$或 $\nu_{r,c}$。

$\nu_{r,f}$的计算是通过(8)式进行的。如果我们将其写成下面的形式，就可以把它视为一个线性方程：

$$\eta_i = Q_{r,s}(x_i) - Q_{r,c}(x_i) = \nu_{r,f}[Q_{r,f}(x_i) - Q_{r,c}(x_i)] = \nu_{r,f}\xi_i \quad \cdots\cdots\cdots\cdots(\mathrm{A}.5)$$

假定取 $\eta_i = Q_{r,s,i} - Q_{r,c,i}$为纵坐标，$\xi_{r,i} = Q_{r,f,i} - Q_{r,c,i}$为横坐标作图，就可以在一个通过从原点的直线附近得到许多个点。通过回归分析便可以得出 $\nu_{r,f}$的最佳值，它的表达式为：

$$\bar{\nu}_{r,f} = \frac{\sum_{i=1}^{n}\xi_i\eta_i}{\sum_{i=1}^{n}\xi_i^2} \quad \cdots\cdots\cdots\cdots(\mathrm{A}.6)$$

它的方差 s^2 可以如下计算：

$$s_{\nu_{r,f}}{}^2 = \frac{1}{n-1}\left[\sum \eta_i^2 - \frac{\left(\sum \xi_i\eta_i\right)^2}{\sum \xi_i^2}\right] \quad \cdots\cdots\cdots\cdots(\mathrm{A}.7)$$

置信区间定义为：

$$\pm\frac{ts}{\sqrt{n}} \quad \cdots\cdots\cdots\cdots(\mathrm{A}.8)$$

式中 t 为 Student 因子。

假定在计算中所用的 n 超过 25，测量值出现在置信区间内的概率为 95%，t 约为 1.96。

A.3 从有误差的累积粒度分布建立分级效率曲线 $T(x)$

如果所测量的累积粒度分布 $Q_{r,s}(x)$，$Q_{r,f}(x)$和 $Q_{r,c}(x)$不满足(6)式所要求的质量平衡，就会得到不理想的分级效率曲线(图 A.1)。因此建议采用统计方法对测量值进行校正，这样基于给定的粒度分析数据可以推算出较好的分级效率曲线 $T(x)$。通过这种方法可以从测量的累积分布值 $Q_{r,s}(x)$，$Q_{r,f}(x)$和 $Q_{r,c}(x)$计算出修正的累积分布值 $K_{r,s}(x)$，$K_{r,f}(x)$和 $K_{r,c}(x)$，它们满足质量平衡方程：

$$K_{r,s}(x) - \nu_{r,f}K_{r,f}(x) - \nu_{r,c}K_{r,c}(x) = 0 \quad \cdots\cdots\cdots\cdots(\mathrm{A}.9)$$

如果以 $1/s^2$ 为权重对偏差的平方$(Q_r - K_r)^2$ 进行最小二乘法处理，就可以得出对测量的累积分布进行修正的表达式(A.10)式～(A.13)式。这时要对同一产品(样品)进行多次粒度分析，在给定的粒度 x_i 得出 $Q_{r,i}$的值，从而计算出方差 s^2。

对累积分布值进行统计修正的方程如下：

$$K_{r,s}(x) = Q_{r,s}(x) - \frac{s_s{}^2(x)}{\alpha(x)}E(x) \quad \cdots\cdots\cdots\cdots(\mathrm{A}.10)$$

$$K_{r,f}(x) = Q_{r,f}(x) - \frac{\nu_{r,f}s_f{}^2(x)}{\alpha(x)}E(x) \quad \cdots\cdots\cdots\cdots(\mathrm{A}.11)$$

$$K_{r,c}(x) = Q_{r,c}(x) - \frac{\nu_{r,c}s_c{}^2(x)}{\alpha(x)}E(x) \quad \cdots\cdots\cdots\cdots(\mathrm{A}.12)$$

$$\alpha(x) = s_s{}^2(x) + \nu_f{}^2 s_f{}^2(x) + \nu_c{}^2 s_c{}^2(x) \quad \cdots\cdots\cdots\cdots(\mathrm{A}.13)$$

(A.10)式～(A.12)式右边的修正项不仅取决于每一个测量值的方差 s^2 相对于计权的方差之和的误差，而且还取决于误差 $E(x)$[如(A.2)式]。修正值不仅满足(A.9)式，而且 K 的预期值也就是 Q 的期望值。进一步来说，由于运用了修正，K 值的方差有所减小。

$$\mathrm{Var}(K_{r,s}) = s_s{}^2\left(1 - \frac{s_s{}^2}{\alpha}\right) \quad \cdots\cdots\cdots\cdots(\mathrm{A}.14)$$

$$\mathrm{Var}(K_{r,f}) = s_f{}^2\left(1 - \frac{\nu_{r,f}{}^2 s_{r,f}{}^2}{\alpha}\right) \quad \cdots\cdots\cdots\cdots(\mathrm{A}.15)$$

$$\mathrm{Var}(K_{r,c}) = s_c{}^2\left(1 - \frac{\nu_{r,c}{}^2 s_{r,c}{}^2}{\alpha}\right) \quad \cdots\cdots\cdots\cdots(\mathrm{A}.16)$$

在采用所建议的修正方法时，必须知道所测量累积分布曲线的方差分布 $s^2(x)$，它们同特定的应用条件以及所用测量 $Q_{r,s}(x)$，$Q_{r,f}(x)$和 $Q_{r,c}(x)$的粒度分析仪器相关，这些曲线可以通过重复分析原料以及分级细料和粗料的粒度分布而得到。

作为一个例子，图 A.2 示出了标准偏差随粒度的分布，这是通过 21 次重复测量得到的。一般说来，$s_s(x)$，$s_f(x)$和 $s_c(x)$的分布有所不同。

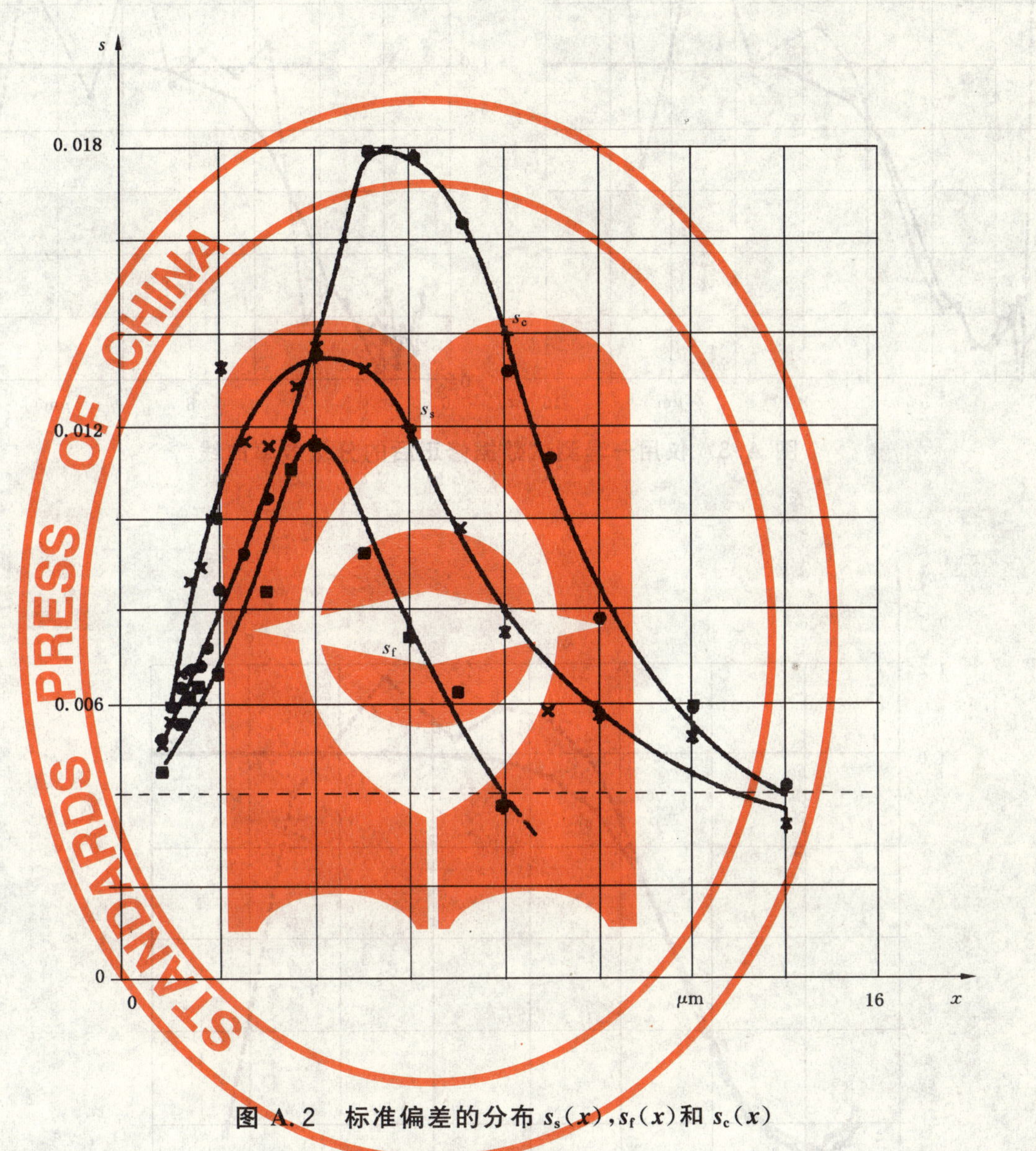

STANDARDS PRESS OF CHINA

图 A.2　标准偏差的分布 $s_s(x)$，$s_f(x)$和 $s_c(x)$

将这种修正施于图 A.1 的分级效率曲线，可得出如图 A.3 的实线，它没有利用误差的分布信息，而是由一套粒度分布数据所得出的。这一修正平滑了原分级效率曲线的波动，特别是在粗粒度范围比较明显。

如果对原料、细组分和粗组分进行多次重复粒度分析，并按 A.3 中所述的方法来校正累积分布，再由此计算出分级效率曲线，其结果还会较图 A.3 有所改进。

图 A.4 示出的是基于每一样品进行 21 次分析的最终结果。

图中的虚线表示由未经修正的基本数据所算出的平均分级效率曲线，在细粒度的一端表现出有所修正，但在粗粒度端并不趋向于 1。图中的实线表示由重复测量结果并经所建议的方法进行修正后所得到的分级效率曲线。这个曲线的置信区间和线本身的宽度约处在同一数量级。

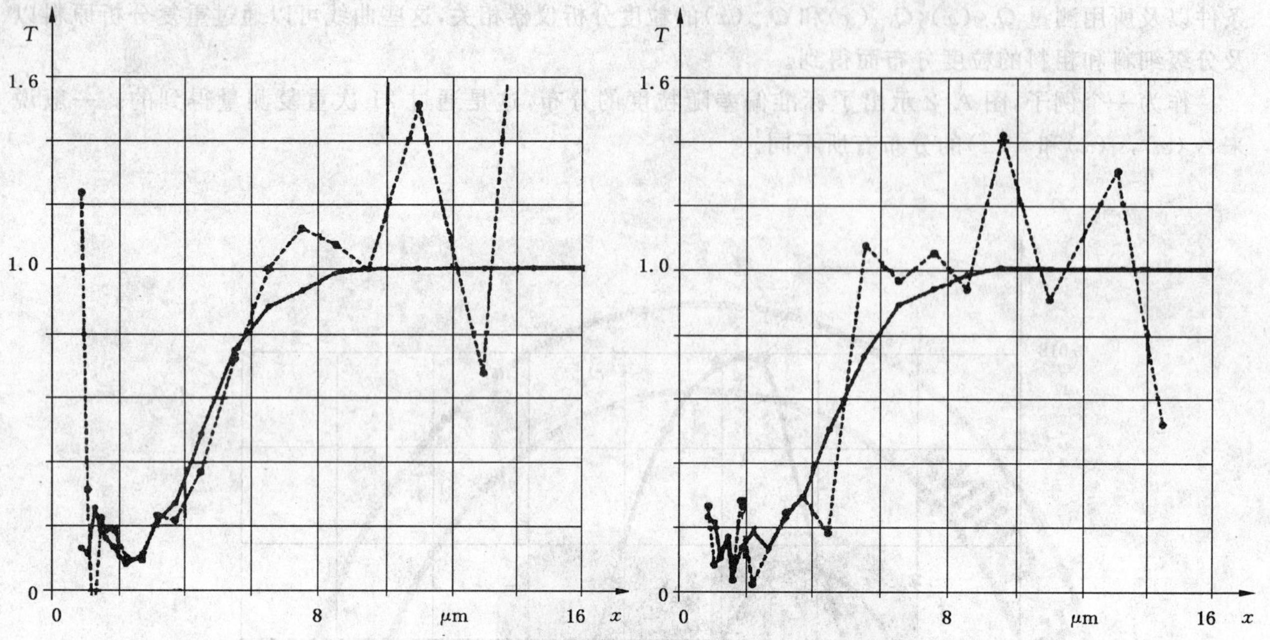

图 A.3 仅用一套测试数据修正后的分级效率曲线

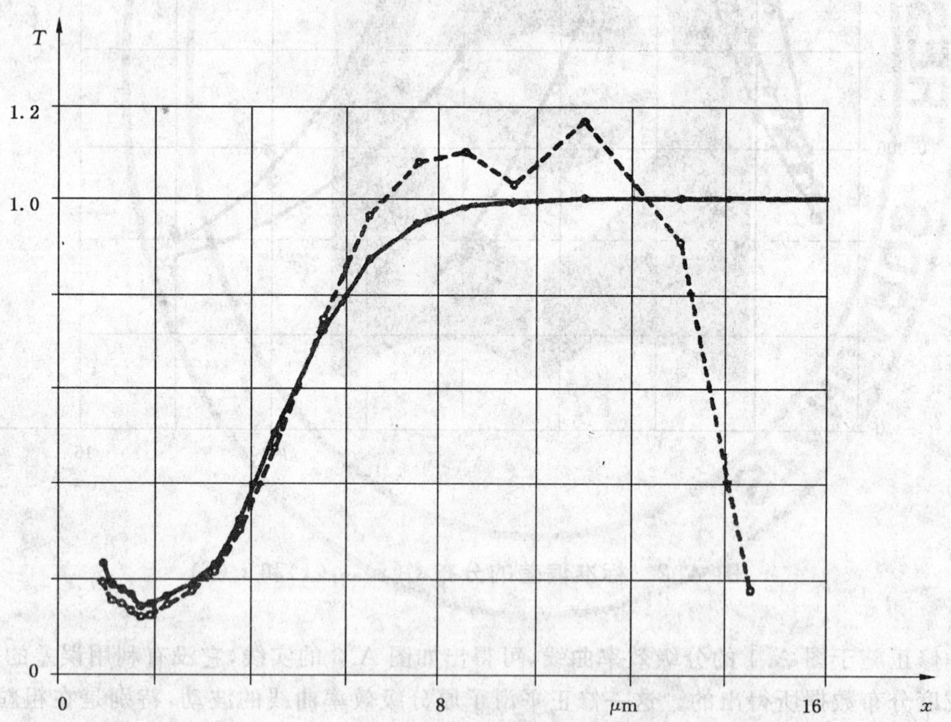

图 A.4 平均分级效率曲线和平均校正分级效率曲线

参考文献

[1] ISO 9276-1:1998, *Representation of results of particle size analysis — Part 1: Graphical representation*

[2] ISO 9276-2:2001, *Representation of results of particle size analysis — Part 2: Calculation of average particle sizes/diameters and moments from particle size distributions*

[3] LESCHONSKI, K., *Kennzeichnung einer Trennung*, Ullmanns Encyklopaedie der technischen Chemie, Auflage, Bd. 2 (1972) pp. 35-42

[4] Particle Size Classifiers, *A Guide to Performance Evaluation*, AIChE Equipment Testing Procedure (1980) AIChE, New York, NY

[5] HERRMANN, H., LESCHONSKI K.,*Einfluß und Berücksichtigung von Fehlern der Partikelgrößenanalyse bei der Ermittlung von Trennkurven*, Proc. 2. Europ. Symp. "Partikelmeßtechnik", Nürnberg (1979) pp.41-58

[6] TROMP, K. F., *Neue Wege für die Beurteilung der Aufbereitung von Steinkohlen,* Glückauf 73 (1937) pp. 125-131; 151-156

[7] EDER, Th., *Zur einheitlichen Kennzeichnung der Trennschärfe*, Montanzeitung, Z. Bergbau und Hüttenwesen 67, 9 (1951) pp. 163-165

[8] SMIGERSKI, H. J., *Die Bilanzierung von Haufwerkstrennungen mit Hilfe mikroskopischer Korngrößenmessungen*, Verfahrenstechnik 1 1(1979) pp. 546-548

ICS 71.040.40
G 76

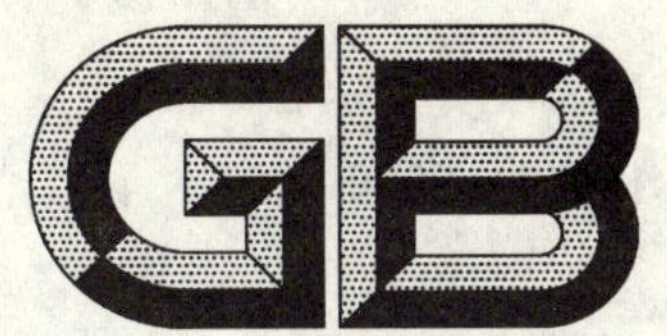

中华人民共和国国家标准

GB/T 15451—2006
代替 GB/T 15451—1995

工业循环冷却水 总碱及酚酞碱度的测定

Industrial circulating cooling water—Determination of total and composite alkalinity

(ISO 9963-1:1994, Water quality—Determination of alkalinity—Part 1: Determination of total and composite alkalinity, MOD)

STANDARDS PRESS OF CHINA

2006-12-29 发布　　　　2007-06-01 实施

中华人民共和国国家质量监督检验检疫总局
中国国家标准化管理委员会　发布

前　言

本标准修改采用 ISO 9963-1:1994《水质　碱度的测定　第 1 部分:总碱及酚酞碱度的测定》(英文版)。

本标准根据 ISO 9963-1:1994 重新起草。在附录 A 中列出了本标准章条编号与 ISO 9963-1:1994 章条编号的对照一览表。

本标准与 ISO 9963-1:1994 的主要技术差异如下:

——在规范性引用文件中引用了我国的国家标准;

——将 ISO 9963-1:1994 中"盐酸:c(HCl)≈0.02 mol/L"修改为"c(HCl)约 0.05 mol/L"。

本标准代替 GB/T 15451—1995《工业循环冷却水中碱度的测定》。

本标准与 GB/T 15451—1995 的差异为:

——增加了电位滴定法。

——碱度的单位改为"mmol/L"。

本标准中附录 A 为资料性附录。

本标准由中国石油和化学工业协会提出。

本标准由全国化学标准化技术委员会水处理剂分会归口。

本标准负责起草单位:天津化工研究设计院。

本标准主要起草人:朱传俊、白莹、邵宏谦、李琳。

本标准由全国化学标准化技术委员会水处理剂分会(SAC/TC 63/SC 5)负责解释。

本标准于 1995 年首次发布。

工业循环冷却水
总碱及酚酞碱度的测定

1 范围

本标准规定了工业循环冷却水中总碱及酚酞碱度的测定方法。

本标准适用于工业循环冷却水中碱度在 20 mmol/L 的范围内的测定，也适用于天然水和废水中碱度的测定。

2 规范性引用文件

下列文件中的条款通过本标准的引用而成为本标准的条款。凡是注日期的引用文件，其随后所有的修改单(不包括勘误的内容)或修订版均不适用于本标准，然而，鼓励根据本标准达成协议的各方研究是否可使用这些文件的最新版本。凡是不注日期的引用文件，其最新版本适用于本标准。

GB/T 601　化学试剂　标准滴定溶液的制备

GB/T 603　化学试剂　试验方法中所用制剂及制品的制备(GB/T 603—2002，neq ISO 6353-1：1982)

GB/T 6682　分析实验室用水规格和试验方法(GB/T 6682—1992，neq ISO 3696：1987)

3 术语和定义

下列术语和定义适用于本标准。

3.1

碱度(A)　alkalinity (A)

水中能与 H^+ 发生反应的物质总量。

3.2

甲基橙(甲基红)碱度　methyl orange (methyl red) endpoint alkalinity

通过滴定以甲基橙(甲基红)为指示剂的滴定终点(pH＝4.5)随机测定水中的总碱度(A_T)，以确定水中碳酸氢盐、碳酸盐和氢氧化物的浓度。

$$A_T \approx c(HCO_3^-) + 2c(CO_3^{2-}) + c(OH^+) - c(H^+) + c(X)$$

3.3

酚酞碱度：复合碱度(A_P)　phenolphthalein endpoint alkalinity: compositealkalinity (A_P)

通过滴定以酚酞为指示剂的滴定终点(pH＝8.3)，随机测定水中全部氢氧化物和二分之一碳酸盐浓度。

$$A_P \approx c(CO_3^{2-}) - c(CO_2aq) + c(OH^-) - c(H^+) + c(X)$$

注：X 为氨、硼酸盐、磷酸盐、硅酸盐和有机阴离子。

4 方法提要

采用指示剂法或电位滴定法，用盐酸标准滴定溶液滴定水样。终点为 pH＝8.3 时，可认为近似等于碳酸盐和二氧化碳的浓度并表示水样中存在的几乎所有的氢氧化物和二分之一的碳酸盐已被滴定。终点 pH＝4.5 时，可认为近似等于氢离子和碳酸氢根离子的等当点，可用于测定水样的总碱度。

5 试剂和材料

分析方法中，除特殊规定外，只应使用分析纯试剂。

分析方法中所需标准滴定溶液、制剂及制品，在没有注明其他规定时，均按 GB/T 601、GB/T 603 之规定制备。

5.1 水(GB/T 6682)三级且不含二氧化碳。

5.2 盐酸标准滴定溶液：$c(HCl)$约 0.1 mol/L。

5.3 盐酸标准滴定溶液：$c(HCl)$约 0.05 mol/L。

5.4 酚酞指示液：5 g/L 乙醇溶液。

5.5 溴甲酚绿-甲基红指示液。

6 仪器

一般实验室用仪器和

6.1 pH 计：配有玻璃电极和饱和甘汞电极，精度为 0.02pH 单位。

7 分析步骤

7.1 电位滴定法(样品有颜色并会干扰终点测定时)

7.1.1 酚酞碱度的测定(复合碱度)

移取 100.00 mL 试样于烧杯中，将其放置于电磁搅拌器上，放入搅拌子并将 pH 计浸入水样中，开动搅拌，测定试样的 pH 值。如果测得的值为 8.3 或更小，则将酚酞碱度计为 0。若碱度范围为 4 mmol/L～20 mmol/L，使用 0.1 mol/L 的盐酸标准滴定溶液；若碱度范围为 0.4 mmol/L～4 mmol/L，则用 0.05 mol/L 的盐酸标准滴定溶液。选用合适的盐酸标准滴定溶液滴定试样，记录消耗的盐酸标准滴定溶液的体积。

保留溶液用于总碱的测定。

7.1.2 总碱的测定

选用合适的盐酸标准滴定溶液继续滴定。从滴定至 pH 为 8.3 的测定酚酞碱度保留的试样直至 pH 读数为 4.5±0.05(在 pH=4.5 附近逐滴加滴定液，直至电极保持稳定至少 30 s。)，记录消耗的盐酸标准滴定溶液的总体积。

7.2 指示剂法

7.2.1 滴定到 pH 为 8.3 的酚酞碱度的测定(复合碱度)

移取 100.00 mL 试样于 250 mL 锥形瓶中，并向其中加(0.1±0.02) mL 酚酞指示剂，若无粉红色出现，则认为酚酞碱度为 0，若出现粉红色，用盐酸标准滴定溶液滴定至粉红色消失。若碱度范围为 4 mmol/L～20 mmol/L，使用 0.1 mol/L 的盐酸标准滴定溶液；若碱度范围为 0.4 mmol/L～4 mmol/L，则用 0.05 mol/L 的盐酸标准滴定溶液。记录消耗的盐酸标准滴定溶液的体积。

保留溶液用于总碱的测定。

7.2.2 总碱的测定

滴加(0.1±0.02) mL 溴甲酚绿－甲基红指示剂于滴定至 pH 为 8.3 的测定酚酞碱度的溶液中，用合适浓度的盐酸标准滴定溶液继续滴定直至溶液颜色由蓝绿色变成暗红色，煮沸 2 min 冷却后继续滴定至暗红色，即为终点。记录消耗的盐酸标准滴定溶液的总体积。

8 结果的表述

8.1 计算

8.1.1 滴定至 pH 等于 8.3 的酚酞碱度(复合碱度)

以 mmol/L 表示的酚酞碱度 A_P 按式(1)计算：

$$A_P = \frac{V_1 c \times 1\,000}{V_0} \qquad \cdots\cdots(1)$$

式中：

V_1——滴定至 pH 等于 8.3 时消耗盐酸标准滴定溶液的体积的数值，单位为毫升(mL)；

c——盐酸标准滴定溶液的准确浓度的数值，单位为摩尔每升(mol/L)；

V_0——试样的体积的数值，单位为毫升(mL)。

8.1.2 总碱度

以 mmol/L 表示的总碱度 A_T 按式(2)计算：

$$A_T = \frac{V_2 c \times 1\,000}{V_0} \qquad \cdots\cdots(2)$$

式中：

V_2——滴定至 pH 等于 4.5 时消耗盐酸标准滴定溶液的体积的数值，单位为毫升(mL)；

c——盐酸标准滴定溶液的准确浓度的数值，单位为摩尔每升(mol/L)；

V_0——试样的体积的数值，单位为毫升(mL)。

9 允许差

取平行测定结果的算术平均值为测定结果。平行测定结果的绝对差值不大于 0.02 mmol/L。

STANDARDS PRESS OF CHINA

附 录 A
（资料性附录）
本标准的章条编号与 ISO 9963-1：1994 章条编号对照

表 A.1 给出了本标准章条编号与 ISO 9963-1：1994 章条编号对照一览表。

表 A.1 本标准章条编号与 ISO 9963-1：1994 章条编号对照

本标准章条编号	对应的国际标准章条编号
1	1
2	2
3	3
3.1～3.3	3.1～3.3
4	4
5	5
5.1	5.1
—	5.2
5.2	5.3
—	5.3.1～5.3.4
5.3	5.4
5.4	5.5
5.5	5.6
—	5.7
6	6
6.1	6.2
—	6.1
—	6.3
—	7
7	8
7.1	8.1
7.1.1～7.1.2	8.1.1～8.1.2
7.2	8.2

表 A.1(续)

本标准章条编号	对应的国际标准章条编号
7.2.1～7.2.2	8.2.1～8.2.2
8	9
8.1	9.1
8.1.1～8.1.2	9.1.1～9.1.2
9	—
—	10
—	附录 A

ICS 73.040
D 21

中华人民共和国国家标准

GB/T 15458—2006
代替 GB/T 15458—1995

煤的磨损指数测定方法

Determination of abrasion index of coal

2006-09-12 发布　　2007-02-01 实施

中华人民共和国国家质量监督检验检疫总局
中国国家标准化管理委员会　发布

前　言

本标准对应于 ISO 12900:1997《煤的磨损指数测定方法》(英文版)。本标准与 ISO 12900:1997 的一致程度为非等效,主要差异如下:

——适用范围中增加了褐煤;

——试验煤样的粒度和制备程序有所不同;

——磨罐的内罐体构造和驱动装置的转速与功率略有不同;

——重复性限有所不同。

本标准代替 GB/T 15458—1995《煤的磨损指数测定方法》。

本标准与 GB/T 15458—1995 相比,主要变化为:

——增加参比叶片条款(本版的 5.1.1.1);

——增加了试验煤样的粒度组成的要求(本版的 6.2);

——增加了水分测定的要求(本版的 7.4);

——修正了本标准 1995 版的一个印刷错误(本版和 1995 版的第 1 章);

——调整了本标准 1995 版的部分结构。

本标准由中国煤炭工业协会提出。

本标准由全国煤炭标准化技术委员会归口。

本标准起草单位:煤炭科学研究总院煤炭分析实验室、西安热工研究院。

本标准主要起草人:王文亮、王丽华、陈丽珠、张心。

本标准于 1995 年首次发布。

煤的磨损指数测定方法

1 范围

本标准规定了煤的磨损指数测定的方法提要、名词术语、仪器设备、测定步骤、结果计算、精密度和试验报告。

本标准适用于褐煤、烟煤和无烟煤。

2 规范性引用文件

下列文件中的条款通过本标准的引用而成为本标准的条款。凡是注日期的引用文件，其随后所有的修改单(不包括勘误的内容)或修订版均不适用于本标准，然而，鼓励根据本标准达成协议的各方研究是否可使用这些文件的最新版本。凡是不注日期的引用文件，其最新版本适用于本标准。

GB/T 211—1996 煤中全水分的测定方法(neq ISO 589:1981)

GB 474 煤样的制备方法(GB 474—1996,eqv ISO 1988:1975)

GB 475 商品煤样采取方法(GB 475—1996,eqv ISO 1988:1975)

GB/T 483 煤炭分析试验方法一般规定

GB/T 700 碳素结构钢

GB/T 6003 试验筛

GB/T 19494.1 煤炭机械化采样 第1部分:采样方法(GB/T 19494.1—2004,ISO 13909-1:2001,NEQ)

GB/T 19494.2 煤炭机械化采样 第2部分:煤样的制备(GB/T 19494.2—2004,ISO 13909-1:2001,NEQ)

3 术语及定义

磨损指数 abrasion index

在规定条件下磨碎每千克煤对金属磨损的毫克数。

4 方法提要

将一定粒度和质量的煤样置于装有4个钢制叶片的磨罐中，叶片在规定条件下旋转12 000 r后，根据旋转过程中叶片的质量损失来计算煤的磨损指数。

5 仪器设备

5.1 磨损指数测定仪

结构见图1。它由以下部分组成：

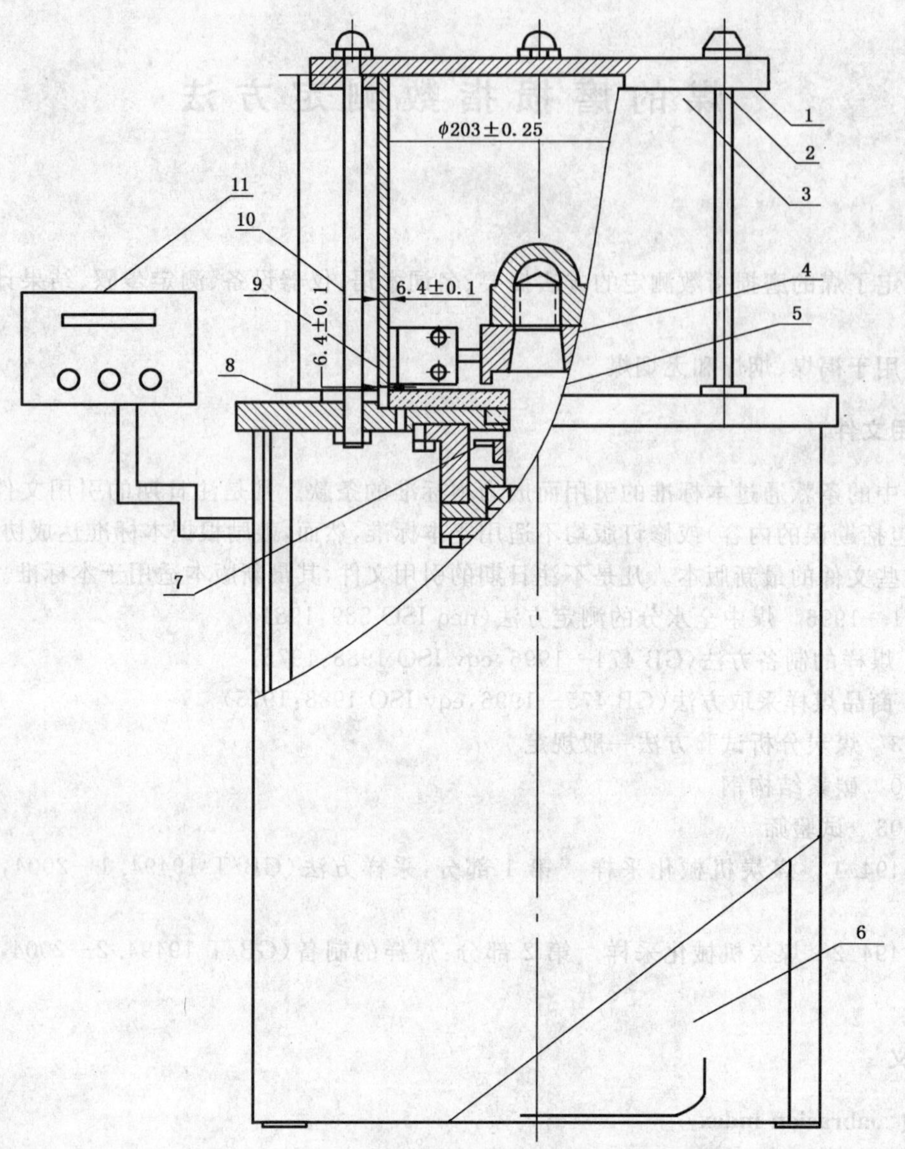

1——磨罐盖；

2——固定杆；

3——磨罐；

4——“十”字座；

5——传动轴；

6——电机；

7——甩煤板；

8——底托板；

9——磨罐底板；

10——叶片；

11——计数控制器。

图 1 磨损指数测定仪示意图

5.1.1 叶片

叶片分参比叶片和工作叶片两种。

5.1.1.1 参比叶片

4 个一组的叶片，尺寸为 38 mm×38 mm×11 mm，公差为±0.1 mm，如图 2 所示。维氏硬度为

160±15。为减小叶片表面硬度变化程度，加工时应最大限度地减小表面形变和生热程度。同一组叶片之间质量极差不大于1 g。叶片由15# 钢(GB/T 700 碳素结构钢)制成。叶片应分组打号：如第一组可用1.1、1.2、1.3和1.4。

每组叶片正式使用前应预磨，即每次用同一煤样(每次 2 kg)进行多次磨损指数测定，直至连续两次测得的磨损指数值之差符合重复性限规定(见第9章)。

叶片多次使用表面变粗糙后，应用细金刚砂纸小心抛光，并在使用前进行预磨。

叶片不用时，应先擦拭干净，再用浸有防腐液的布条擦拭，并保存于干燥器中。叶片使用前，应用酒精等溶剂擦拭干净后，放入干燥器中保存。

当有以下任一情况出现时，参比叶片应作废或降级为工作叶片：

a) 叶片前缘或角度磨损超过 3 mm；
b) 一组叶片中质量极差超过 1 g；
c) 一组叶片的总磨损量大于初始总质量的 2%；
d) 叶片表面有明显划痕；
e) 叶片在罐体内无法合理调整到与罐壁和磨罐底板间隙为(6.4±0.1)mm。

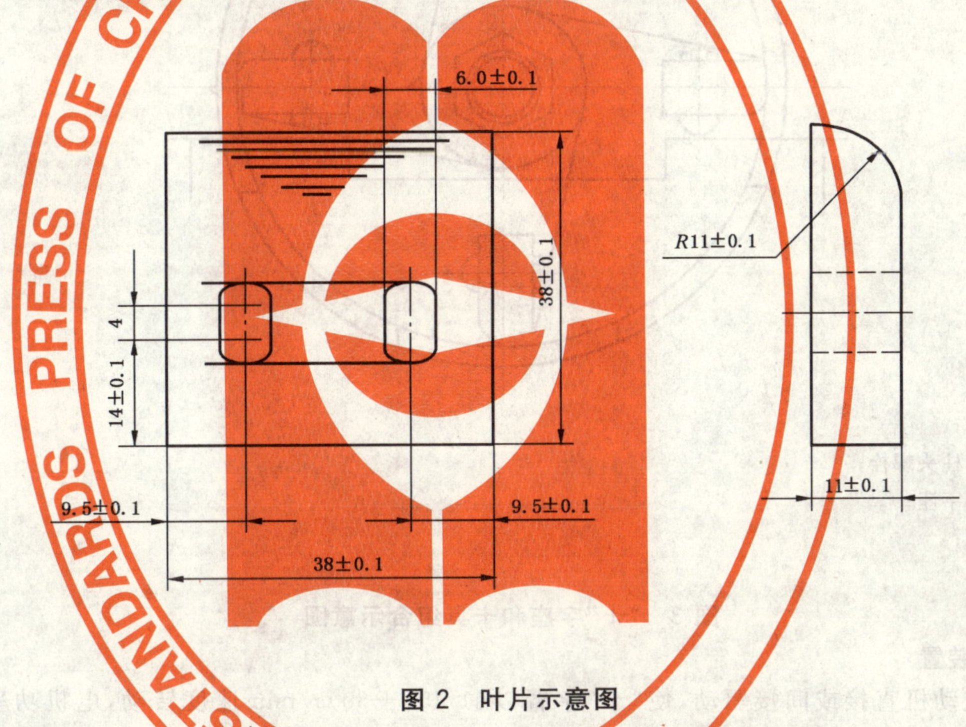

图2 叶片示意图

STANDARDS PRESS OF CHINA

5.1.1.2 工作叶片

符合5.1.1.1要求。当叶片质量损失超过初始质量的2%时，应与参比叶片进行连续性比照试验。若工作叶片连续3次测定结果与参比叶片的测定结果之差超出重复性限要求时，工作叶片应废弃。

5.1.2 磨罐

磨罐由内径为(203±0.25)mm、深度为(229±0.25)mm的罐体、一个可卸的严密磨罐盖和一个可更换的带有凸台的磨罐底板构成。磨罐体下端因磨损超过规定的允许差时，可将上端倒换到下端使用，或更换新的罐体。见图1。

5.1.3 “十”字座

尺寸和结构如图3所示。“十”字座上有4个臂，臂上有用于固定叶片和调节叶片位置的长孔。叶片用M6半圆头螺栓、螺母和垫片固定在臂上。“十”字臂应能从磨罐中取出。

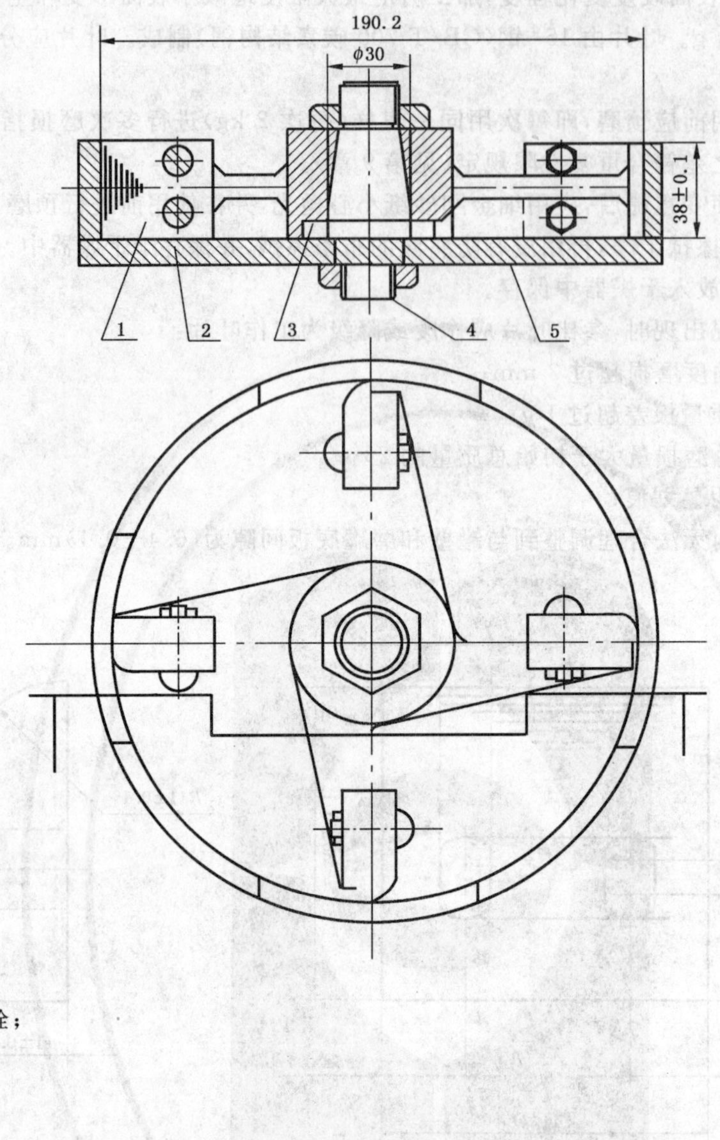

1——叶片；
2——半圆柱头螺栓；
3——“十”字座；
4——芯轴；
5——卡具。

图 3 “十”字座和卡具组合示意图

5.1.4 传动装置

由恒速电动机直接或间接驱动，使“十”字臂以(1 450±30)r/min 速度转动，电机功率不小于 2.0 kW。

传动装置应配有转动计数控制器和自动停止开关。

5.1.5 计数控制器

计数控制器应符合下列要求：

a) 能显示叶片的转数；

b) 当转数达到(12 000±20)r 时自动停止；

c) 当仪器暂停后再启动时指示转数可累加，并到(12 000±20)r 时自动停止。

5.1.6 卡具

尺寸和结构如图 3 所示。用于在“十”字座上确定叶片的安装位置。卡具的尺寸应使叶片固定在“十”字臂上时，叶片能触及卡具的壁和底。当“十”字座和叶片组合件移入罐内时，能保证叶片与罐壁和磨罐底板之间有(6.4±0.1)mm 的间隙。

5.2 塞规

用于检查叶片与罐壁和磨罐底板之间的间隙。

5.3 天平

最大称量 5 kg,感量 10 g。

5.4 分析天平

最大称量 200 g,感量 0.1 mg。

5.5 颚式破碎机

能将煤样破碎到 9.5 mm 以下。

5.6 试验筛

筛孔尺寸为 1.25 mm,9.5 mm 和 13 mm 的圆孔筛,符合 GB/T 6003 的规定。

5.7 二分器

符合 GB 474 要求,能缩分粒度小于 9.5 mm 的煤样。

5.8 细铜丝刷

用于清扫叶片。

6 煤样

6.1 按 GB 474 或 GB/T 19494.2 规定,将煤样制备成粒度小于 13 mm 的煤样,从中缩分出不少于 20 kg。使其达到空气干燥状态。

6.2 将煤样逐级破碎到全部通过孔径为 9.5 mm 的圆孔筛,其中粒度小于 1.25 mm 的煤样组分不超过 30%。

6.3 将此煤样摊成薄层,置于实验室大气中,使之达到实验室空气干燥状态。此为待测煤样。

7 测定步骤

7.1 检查和彻底清扫磨罐、磨罐盖、磨罐底板和“十”字座,如有必要,可用适当溶剂如酒精擦拭,然后置于干燥器中干燥。

7.2 从干燥器中取出叶片,准确称量至 0.1 mg。

7.3 将“十”字座固定在卡具中,用 M6 半圆柱头螺栓、螺母和垫片把叶片固定到“十”字座的四个臂上(螺栓的圆头应与叶片在同一侧)。调节叶片使其圆端和底边与卡具的壁和底相接触,拧紧螺母。把装好叶片的“十”字座安装在测定仪的传动轴上,拧紧轴上的螺母。

7.4 称取(500±0.5)g 煤样两份,按 GB/T 211—1996 方法 D 的规定测定水分。煤样水分的测定应与磨损指数测定同步进行。

7.5 用二分器从待测煤样中缩分并称取出(2±0.01)kg 煤样。将罐体套在凸台上,将煤样放入罐内并铺平。

注:定期用塞规检查叶片与罐内壁和磨罐底板之间的间隙是否符合规定。

7.6 将计数控制器调至零,启动测定仪。当旋转到(12 000±20)r 时自动停止。

7.7 打开盖,取出罐体,冷却,清除煤粉。将“十”字座和叶片从传动轴上卸下,清扫干净,放入卡具中检查叶片的位置。若叶片已偏离原位置,试验作废。

注 1:运转后罐体非常热,卸下时要特别注意;

注 2:磨盖上面可能有水,这属正常现象。

7.8 卸下叶片,用细铜丝刷和酒精仔细清洗、擦干,放入干燥器内冷却至室温。称量叶片,称准到 0.1 mg。

注:若某一叶片的质量损失超过 4 个叶片平均损失的 20%,则试验作废,并检查原因。

8 结果计算与表述

8.1 煤的磨损指数按式(1)计算：

$$AI = \frac{(m_1 - m_2)}{m} \times 10^3 \qquad \cdots\cdots(1)$$

式中：

AI——磨损指数，单位为毫克每千克(mg/kg)；

m——煤样质量，单位为千克(kg)；

m_1——试验前，4个叶片的总质量，单位为克(g)；

m_2——试验后，4个叶片的总质量，单位为克(g)。

8.2 结果计算到小数后一位，取两次重复测定值的平均值，按GB/T 483修约规则修约至个位报出，煤样的水分值同时报出。

9 方法精密度

煤的磨损指数测定结果的精密度如表1规定。

表1 煤的磨损指数测定结果的重复性限

磨损指数(AI)/(mg/kg)	重复性限/(mg/kg)
0～30	3
31～60	4
＞60	6

10 试验报告

试验报告应包含下列信息：

a) 试样编号；

b) 依据标准；

c) 结果计算；

d) 与标准的偏离；

e) 试验中观察到的异常现象；

f) 试验日期。

ICS 73.040
D 21

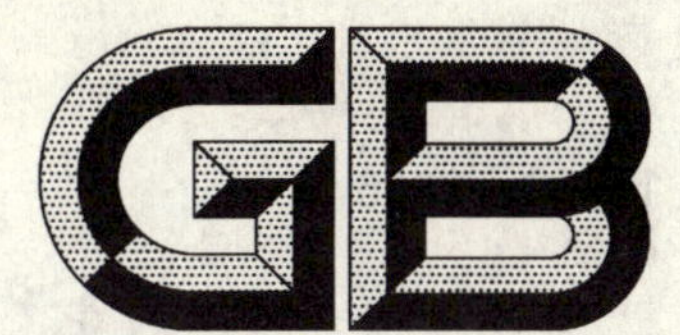

中华人民共和国国家标准

GB/T 15459—2006
代替 GB/T 15459—1995

煤的落下强度测定方法

Determination of shatter indices of coal

2006-09-12 发布 2007-02-01 实施

中华人民共和国国家质量监督检验检疫总局
中国国家标准化管理委员会 发布

前　言

本标准代替 GB/T 15459—1995《煤的抗碎强度测定方法》。

本次修订主要依据 GB/T 483—1998《煤炭分析试验方法一般规定》对原标准中有关的术语和符号以及表述方法进行了修改，增加了前言部分，并将标准名称更改为煤的落下强度测定方法；标准的主要技术内容不变。

本标准由中国煤炭工业协会提出。

本标准由全国煤炭标准化技术委员会归口。

本标准起草单位：煤炭科学研究总院煤炭分析实验室。

本标准主要起草人：姚恩题、皮中原。

本标准所代替的历次版本发布情况为：

——GB/T 15459—1995。

煤的落下强度测定方法

1 范围

本标准规定了煤的落下强度测定所用的仪器设备、煤样、测定步骤、结果表述和方法精密度。

本标准适用于褐煤、烟煤和无烟煤。

2 规范性引用文件

下列文件中的条款通过本标准的引用而成为本标准的条款。凡是注日期的引用文件，其随后所有的修改单(不包括勘误的内容)或修订版均不适用于本标准，然而，鼓励根据本标准达成协议的各方研究是否可使用这些文件的最新版本。凡是不注日期的引用文件，其最新版本适用于本标准。

GB 475 商品煤样采取方法(GB 475—1996,eqv ISO 1988:1975)

GB 482 煤层煤样采取方法

GB/T 483 煤炭分析试验方法一般规定

GB/T 19494.1 煤炭机械化采样 第1部分:采样方法(GB/T 19494.1—2004,ISO 13909-1:2001,Hard coal and coke-mechanical sampling Part 1:General introduction,NEQ)

MT/T 988 生产煤样采取方法

3 方法提要

将粒度(60～100)mm的块煤，从2 m高处自由落下到规定厚度的钢板上，然后依次将落下到钢板上、粒度大于25 mm的块煤再次落下，共落下3次，以3次落下后粒度大于25 mm的块煤占原块煤煤样的质量分数表示煤的落下强度(S_{25})。

4 仪器设备

4.1 台秤:最大称量10 kg,感量0.5 g。

4.2 方孔筛:筛孔尺寸分别为100 mm,60 mm,25 mm。

4.3 试验架:如图1所示。

钢板厚度不小于15 mm,长约1 200 mm,宽约900 mm,木框高度约200 mm。标记杆位置可调。

注:只要能保证煤能从2 m高处自由落下到钢板上,任何试验架都可以使用。

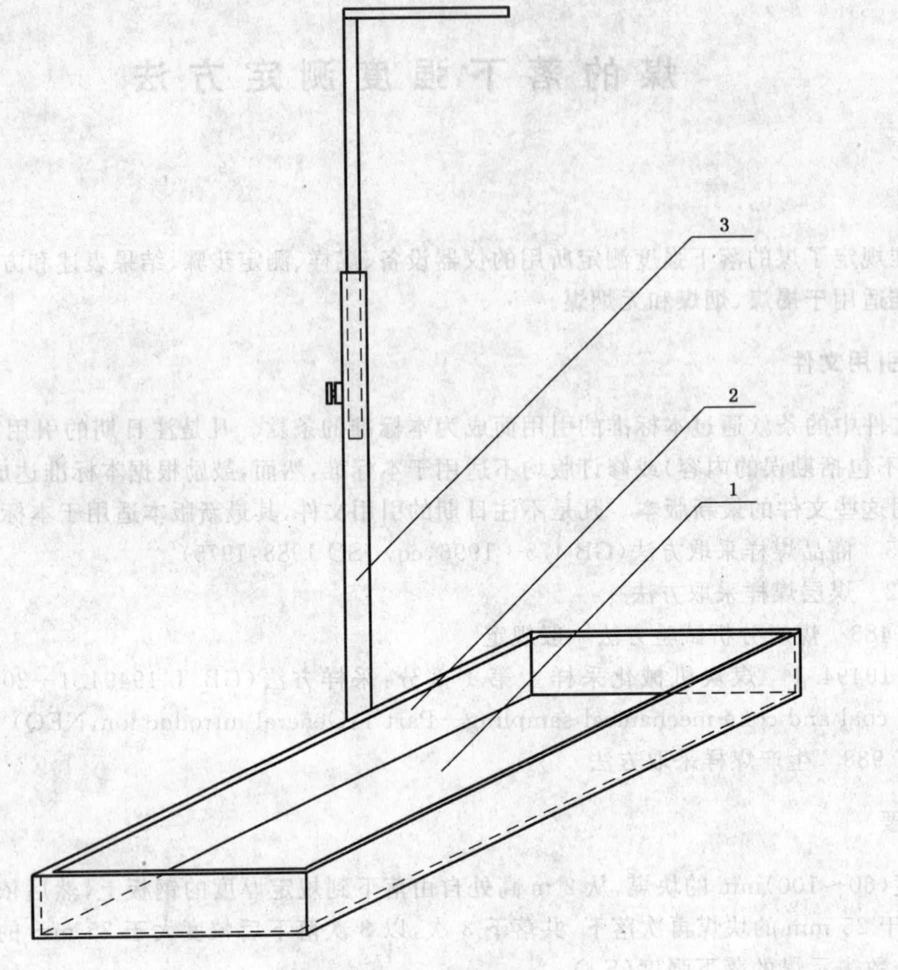

1——钢板；
2——框；
3——标记杆。

图 1 试验架示意图

5 煤样的采取和制备

根据需要按 GB 475、MT/T 988、GB 482、GB/T 19494.1 采取煤样，从中选出粒度为(60～100)mm 的块煤煤样。

6 测定步骤

6.1 分别选取两份粒度、形状、层理类似的块煤，每份 10 块，称其质量，两份煤样质量应尽可能接近。

6.2 从试验架 2 m 高处，使煤样逐块自由下落到钢板上。全部 10 块块煤落下后，筛分出粒度大于 25 mm 的块煤，进行第 2 次落下，再次筛分出粒度大于25 mm 的块煤，进行第 3 次落下。3 次落下后筛分出粒度大于 25 mm 的块煤，称其质量(精确到 0.5 g)。

注：每块块煤落下前，需对钢板进行清扫。

7 结果表述

7.1 按式(1)计算煤的落下强度

$$S_{25} = \frac{m_1}{m} \times 100 \qquad \cdots\cdots(1)$$

式中：

S_{25}——煤的落下强度，%；

m_1——3 次落下试验后粒度大于 25 mm 的块煤质量，单位为千克(kg)；

m——落下试验前块煤质量，单位为千克(kg)。

7.2 计算煤的落下强度，结果保留到小数点后 2 位，取两次重复测定结果的平均值，按 GB/T 483 数字修约规则修约到小数点后一位报出。

8 方法精密度

两次重复测定结果的差值不得超过 10%(绝对)。

ICS 27.140
K 55

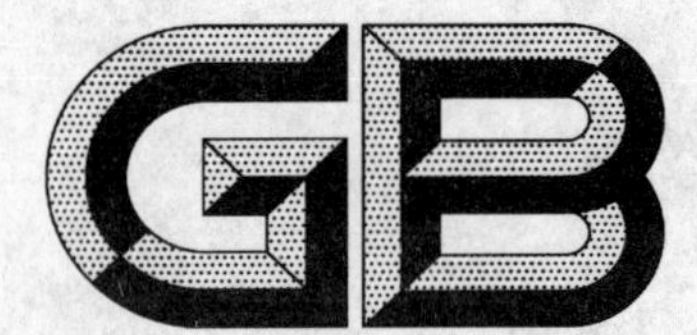

中华人民共和国国家标准

GB/T 15468—2006
代替 GB/T 15468—1995

水轮机基本技术条件

Fundamental technical requirements for hydraulic turbines

2006-03-06 发布　　　　2006-08-01 实施

中华人民共和国国家质量监督检验检疫总局
中国国家标准化管理委员会　发布

前　言

本标准代替 GB/T 15468—1995《水轮机基本技术条件》。与 GB/T 15468—1995 版比较有以下一些主要变化：

——将灯泡贯流式水轮机纳入本标准；

——对引用文件进行了更新，增加了近年来在招标中经常使用的 IEC 标准和国外先进标准；

——对术语、定义和符号进行了修订，与国际标准及国内相关标准相适应；

——对技术要求进行了细化和归类，增加了贯流式水轮机方面的内容和水轮机振动方面的有关规定；

——对配套仪表、备品备件方面的内容也作了调整。

本标准自实施之日起代替 GB/T 15468—1995。

本标准的附录 A、附录 B、附录 D、附录 E 为规范性附录；附录 C 为资料性附录。

本标准由中国电器工业协会提出。

本标准由全国水轮机标准化技术委员会(SAC/TC 175)归口。

本标准主要起草单位：哈尔滨电机厂有限责任公司、中国水电昆明勘测设计研究院、东方电机股份有限公司、中国水利水电科学研究院。

本标准主要起草人：宫让勤、曾镇铃、吴新润、陈丁、钟苏、吴培豪、李伟刚。

本标准由全国水轮机标准化技术委员会负责解释。

本标准于 1995 年 01 月 27 日首次发布，本次为第一次修订。

引　言

本标准是根据国家标准化技术委员会《2002 年制修订国家标准项目计划》中计划编号 20021288-T-604 的安排，对 GB/T 15468—1995《水轮机基本技术条件》进行的修订。

GB/T 15468—1995 实施以来，在我国水电机组的招标、订货、设计、制造等工作中起到了很大作用。近年来，我国通过引进技术和装备，水轮机的设计、制造水平有了很大提高，有关标准也发生了变化。为适应水电建设的需要，有必要对原标准进行修订。

本标准是水轮机产品的设计、制造依据，可供水轮机招标、订货使用。当对水轮机产品的性能、结构、运行等方面有其他特定要求时，可在供需双方签订合同的技术文件中商定。

水轮机基本技术条件

1 范围

本标准规定了水轮机产品设计制造方面的性能保证、技术要求、供货范围和检验项目,并提出了其包装、运输、保管和安装运行维护应遵守的规定。

本标准适用于符合下列条件之一的水轮机产品:

a) 功率为10 MW及以上;

b) 混流式、冲击式水轮机,转轮公称直径1.0 m及以上;

c) 轴流式、贯流式水轮机,转轮公称直径3.3 m及以上。

2 规范性引用文件

下列文件中的条款通过本标准的引用而成为本标准的条款。凡是注日期的引用文件,其随后所有的修改单(不包括勘误的内容)或修订版均不适用于本标准,然而,鼓励根据本标准达成协议的各方研究是否可使用这些文件的最新版本。凡是不注日期的引用文件,其最新版本适用于本部分。

GB 150 钢制压力容器

GB/T 191 包装储运图示标志(GB/T 191—2000,eqv ISO 780:1997)

GB/T 2900.45 电工术语 水轮机、蓄能泵和水泵水轮机

GB/T 3323—1987 钢熔化焊对接接头射线照相和质量分级

GB/T 6075.5—2002 在非旋转部件上测量和评价机器的机械振动 第5部分:水力发电厂和泵站机组(idt ISO 10816-5:2000)

GB/T 8564—2003 水轮发电机组安装技术规范

GB/T 9239 刚性转子平衡品质许用不平衡的确定(GB/T 9239—1988,eqv ISO 1940-1:1986)

GB/T 9797—1997 金属覆盖层 镍+铬和铜+镍+铬电沉积层(eqv ISO 1456:1988)

GB/T 10969 水轮机通流部件技术条件(GB/T 10969—1996,neq IEC 60193-1:1977)

GB 11120—1989 L-TSA汽轮机油(neq ISO 8068:1987)

GB/T 11345—1989 钢焊缝手工超声波探伤方法和探伤结果分级

GB/T 11348.5—2002 旋转机械转轴径向振动的测量和评定 第5部分:水力发电厂和泵站机组(idt ISO 7919-5:1997)

GB/T 11805—1999 水轮发电机组自动化元件(装置)及其系统基本技术条件

GB/T 12469—1990 焊接质量保证 钢熔化焊接头的要求和缺陷分级(neq DIN 8563 T3:1979)

GB/T 15469 反击式水轮机空蚀评定(GB/T 15469—1995,neq IEC 60609:1978)

GB/T 17189 水力机械振动和脉动现场测试规程(GB/T 17189—1997,neq IEC 60994:1991)

GB/T 19184—2003 水斗式水轮机空蚀评定(IEC 60609-2:1997,MOD)

DL/T 443 水轮发电机组设备出厂检验一般规定

DL/T 507—2002 水轮发电机组启动试验规程

DL/T 710—1999 水轮机运行规程

JB/T 1270 水轮机、水轮发电机大轴锻件技术条件

JB 4730—1992 压力容器无损检测

JB/T 6061—1992 焊缝磁粉检验方法和缺陷磁痕分级

JB/T 6062—1992 焊缝渗透检验方法和缺陷迹痕分级

STANDARDS PRESS OF CHINA

JB/T 8660—1997 水电机组包装、运输和保管规范

IEC 60041 水轮机蓄能泵和水泵水轮机现场验收规程

IEC 60193 水轮机、蓄能泵和水泵水轮机模型验收规程

IEC 60545-1976 水轮机验收、运行和维护说明

CCH-70-3 水力机械铸钢件检验规范

3 术语、定义和符号

GB/T 2900.45 确立的以及下列术语、定义和符号适用于本标准。

3.1 水电站水位

3.1.1

校核洪水位 maximum flood level

$Z_{FL\ max}$

水库遇到大坝校核洪水时，坝前达到的最高水位；即水库在非常运行情况下，允许临时达到的最高洪水位。

单位：m

3.1.2

设计洪水位 design flood level

$Z_{FL.d}$

水库遇到大坝设计洪水时，坝前达到的最高水位；即水库在正常运行情况下，允许达到的最高水位。

单位：m

3.1.3

正常蓄水位 normal pool water level

$Z_{PL.n}$

水库在正常运用的情况下，满足兴利要求允许充蓄并能保持的高水位(也称：正常高水位或设计蓄水位)。

单位：m

3.1.4

最低蓄水位 minimum pool water level

$Z_{PL.min}$

在满足兴利要求的条件下，正常运行时，允许水库消落的最低水位(也称：死水位)。

单位：m

3.1.5

最高尾水位 maximum tail water level

$Z_{TL.max}$

在水电站校核洪水流量时，尾水管出口断面处出现的最高水位。

单位：m

3.1.6

设计尾水位 design tail water level

$Z_{TL.d}$

确定水轮机安装高程所用的尾水管出口断面处出现的水位。

单位：m

3.1.7

最低尾水位　minimum tail water level

$Z_{FL.min}$

相应水电站给定最小流量时，水轮机尾水管出口断面处出现的水位。

单位：m

3.2　水电站水头

3.2.1

电站最大水头(毛水头)　maximum head of plant (gross head)

$H_{g\ max}$

水电站上下游水位在一定组合下出现的最大水位高程差。

单位：m

3.2.2

电站最小水头(毛水头)　minimum head of plant (gross head)

$H_{g\ min}$

水电站上下游水位在一定组合下出现的最小水位高程差。

单位：m

3.3　水轮机水头

3.3.1

水轮机水头　head

H

水轮机做功用的有效水头，为水轮机进、出口断面的总单位能量差。

单位：m

3.3.2

最大水头　maximum head

H_{max}

电站最大水头减去一台机空载运行时引水系统所有水头损失后的水轮机水头。

单位：m

3.3.3

最小水头　minimum head

H_{min}

电站最小水头减去水轮机输出允许功率时，引水系统所有水头损失后的水轮机水头。

单位：m

3.3.4

加权平均水头　weighted average head

H_w

在规定的运行条件下，考虑功率和工作历时的水轮机水头的加权平均值。

单位：m

3.3.5

设计水头　design head

H_d

水轮机最优效率的水头。

单位：m

3.3.6

额定水头　rated head

H_r

水轮机在额定转速下，输出额定功率时所需的最小水头。

单位：m

3.3.7

水轮机输出最大功率的水头　required minimum head of maximum output

$H_{p\,max}$

水轮机输出设计规定的最大功率时所需的最小水头。

单位：m

3.3.8

最高瞬态压力　maximum momentary pressure

$p_{m\,max}$

系统中指定点在规定的过渡过程下的最高表计压力。

单位：MPa 或 kPa

3.3.9

最低瞬态压力　minimum momentary pressure

$p_{m\,min}$

系统中指定点在规定的过渡过程下的最低表计压力。

单位：MPa 或 kPa

3.4　水轮机流量

3.4.1

单位流量　unit discharge

Q_{11}

在 1 m 水头下，转轮公称直径为 1 m 的水轮机通过的流量。

3.4.2

水轮机流量　turbine discharge

Q

单位时间内流过水轮机水的体积。

单位：m^3/s

3.4.3

额定流量　rated discharge

Q_r

水轮机在额定水头、额定转速下输出额定功率所需的流量。

单位：m^3/s

3.4.4

水轮机输出最大功率时的流量　discharge of generating maximum power

$Q_{p\,max}$

水轮机输出设计规定的最大功率时所需的最小水头下的流量。

单位：m^3/s

3.4.5

水轮机空载流量　no-load discharge

Q_o

水轮机在额定转速下空载运行时的流量。

单位：m^3/s

3.5 水轮机转速

3.5.1

单位转速 unit speed

n_{11}

在1 m水头下，转轮公称直径为1 m的水轮机的转速。

3.5.2

额定转速 rated speed

n_r

水轮机按电站设计选定的稳态同步转速。

单位：r/min

3.5.3

比转速 specific speed

n_s

指水轮机水头为1 m、输出功率为1 kW时水轮机的转速。

现定义(米千瓦制)的比转速按下式计算：

$$n_s = \frac{n \times \sqrt{P}}{(H)^{\frac{5}{4}}} \quad \cdots\cdots(1)$$

式中：

n_s——水轮机比转速；

n——水轮机转速，单位为转每分(r/min)；

P——水轮机功率，单位为千瓦(kW)；

H——水轮机水头，单位为米(m)。

3.5.4

额定比转速 rated specific speed

n_{sr}

水轮机按额定工况计算得出的比转速。

3.5.5

最优比转速 optimum specific speed

n_{sd}

水轮机按最优工况计算得出的比转速。

3.5.6

飞逸转速 runaway speed

n_{run}

轴端负荷力矩为零时水轮机可能达到的最高稳态转速。

单位：r/min

3.5.7

最高瞬态转速 maximum momentary overspeed

$n_{m\,max}$

在过渡过程下达到的最高转速。

单位：r/min

3.6 水轮机功率

3.6.1

单位功率 unit power

P_{11}

在 1 m 水头下,转轮公称直径为 1 m 的水轮机输出的功率。

3.6.2

水轮机输入功率 turbine input power

P_{h}

通过水轮机的水流所具有的水力功率。

单位:kW

3.6.3

转轮输出功率 runner output power

P_{m}

转轮与轴连接处传递的机械功率。

单位:kW

3.6.4

水轮机机械功率损失 turbine mechanical power loss

P_{lm}

水轮机的导轴承推力轴承(按推力负荷比例分担的部分)和主轴密封中损失的机械功率。

单位:kW

3.6.5

水轮机功率 turbine power

P

转轮输出功率扣除水轮机机械功率损失(P_{lm})后的功率($P=P_{m}-P_{lm}$)。

单位:kW

3.6.6

额定功率 rated power

P_{r}

在额定水头和额定转速下由设计或合同规定的水轮机铭牌功率。

单位:kW

3.6.7

最优工况功率 optimum operating condition power

P_{opt}

在最优工况下运行时的水轮机功率。

单位:kW

3.6.8

水轮机最大功率 maximum turbine power

P_{max}

在规定的运行水头范围内,设计或合同规定的最大水轮机功率。

单位:kW

3.7 水轮机效率

3.7.1

水力效率 hydraulic efficiency

η_{h}

转轮输出功率与水轮机输入功率之比 $\eta_h = P_m/P_h$

3.7.2

机械效率　mechanical efficiency

η_m

水轮机功率与转轮输出功率之比 $\eta_m = P/P_m$

3.7.3

水轮机效率　turbine efficiency

η

水轮机功率与其输入功率的比值。

$$\eta = (P/P_m) \times (P_m/P_h) = \eta_m \times \eta_h \quad \cdots\cdots(2)$$

3.7.4

加权平均效率　weighted average efficiency

η_w

计算公式如下：

$$\eta_w = (W_1\eta_1 + W_2\eta_2 + W_3\eta_3 + \cdots)/\sum W_i = (\sum W_i\eta_i)/\sum W_i \quad \cdots\cdots(3)$$

式中：

η_i——根据电站具体条件确定的不同水头与不同负荷下水轮机效率；

W_i——与各 η 相对应的负荷历时或电能加权系数，$\sum W_i = 100$。

表 1　W_i 值

H/m	P_r/MW				
	X_1	X_2	X_3	X_4	X_5
H_1	×	×	×	×	×
H_2	×	×	×	×	×
H_3	×	×	×	×	×
H_4	×	×	×	×	×
H_5	×	×	×	×	×
注：H_1、H_2、H_3、H_4、H_5 为不同的水轮机水头，X_1、X_2、X_3、X_4、X_5 为额定功率的百分比。					

3.7.5

最优效率　optimum efficiency

η_{opt}

水轮机各工况中效率的最大值。

3.8　流道主要尺寸

3.8.1

混流式转轮公称直径　francis turbine runner nominal diameter

D_1 或 D_2

D_1 指转轮叶片进水边正面和下环相交处的直径(见图 1 所示)。

D_2 指转轮叶片出水边正面和下环相交处的直径(见图 1 所示)。

单位：m

3.8.2

轴流式、斜流式和贯流式转轮公称直径　kaplan、deriaz and bulb turbine runner nominal diameter

D_1

轴流转桨式、斜流转桨式和贯流转桨式指转轮叶片轴线外缘处转轮室的内径(见图1所示)。

轴流定桨式指水轮机叶片外缘圆柱形转轮室的内径。

斜流定桨式指水轮机叶片出水边外缘对应的转轮室的内径。

单位:m

3.8.3

冲击式转轮公称直径　impulse turbine runner nominal diameter

D_1

指转轮水斗和射流中心线直径相切处的直径(即节圆直径见图1所示)。

单位:m

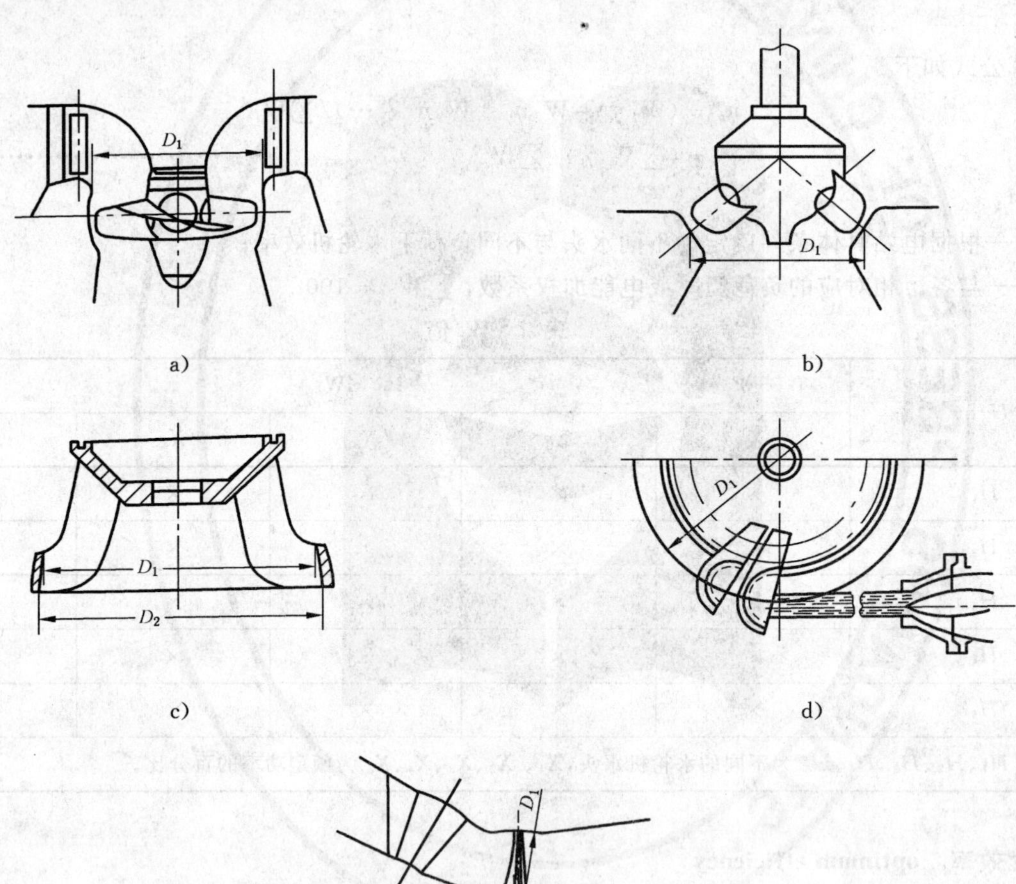

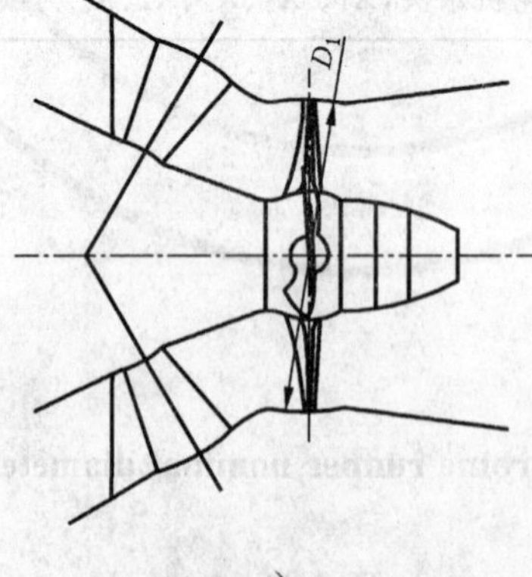

图1　水轮机公称直径示意

3.8.4

导叶开度　guide vane opening

a_0

相邻导叶中间断面之间的最短距离。

单位:mm

3.8.5

导叶转角　guide vane rotating angle

γ

从导叶全关位置开始,导叶转动的角度。

单位:(°)

3.8.6

喷嘴开度　needle stroke

s

距离喷针关闭位置的喷针行程。

单位:mm

3.8.7

叶片转角　blade angle

Φ

转轮叶片从设计规定的位置开始绕其轴线转动的角度。

单位:(°)

3.9　空化空蚀磨损

3.9.1

空化　cavitation

在流道中水流局部压力下降到临界压力(一般接近汽化压力)时,水中气核发展成长为气泡。空化为气泡的积聚、流动、分裂、溃灭过程的总称。

3.9.2

空蚀　cavitation erosion

由于空化造成的过流表面的材料损坏。

3.9.3

磨损　sand erosion

含沙水流对水轮机通流部件表面所造成的材料损失。

3.9.4

磨蚀　combined cavitation erosion and abrasion

在含沙水流条件下,水轮机通流部件表面由空蚀和泥沙磨损联合作用所造成的材料损失。

3.9.5

空化基准面　cavitation reference level

工程上确定空化系数所采用的基准面,对于立轴混流式水轮机为导叶中心线的高程;对于立轴轴流转桨式水轮机为转轮叶片轴线处的高程;对于立轴轴流定桨式水轮机为转轮叶片出水边外缘处的高程;对于立轴斜流转桨式水轮机为转轮叶片轴线与转轮叶片外缘交点处的高程;对于立轴斜流定桨式水轮机为转轮叶片出水边外缘处的高程;对于卧轴或斜轴反击式水轮机为转轮叶片最高点处的高程。

3.9.6

水轮机空化系数　cavitation coefficient of hydraulic turbine

σ

表征水轮机空化发生条件和性能的无量纲单位系数。过去称作“气蚀系数”。

3.9.7

临界空化系数 critical cavitation coefficient

σ_c

与规定的能量下降值相联系的空化系数。可以取 $\sigma_1 \leqslant \sigma_c \leqslant \sigma_0$。其中 σ_1 为效率下降 1%时的空化系数,σ_0 为效率开始下降时的空化系数。

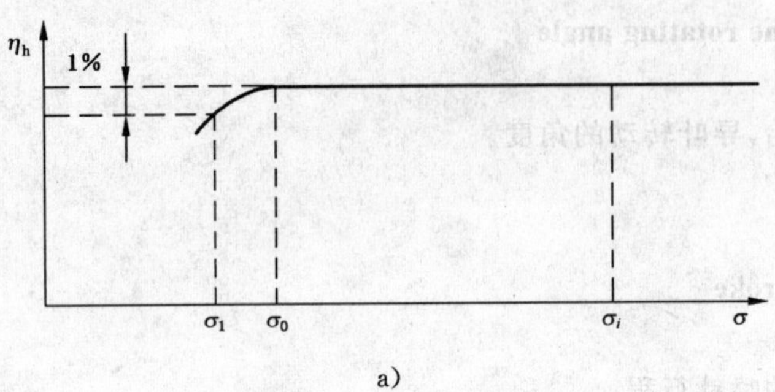

a)

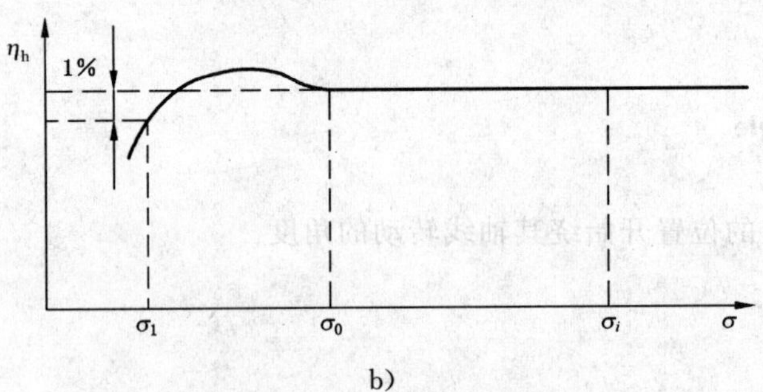

b)

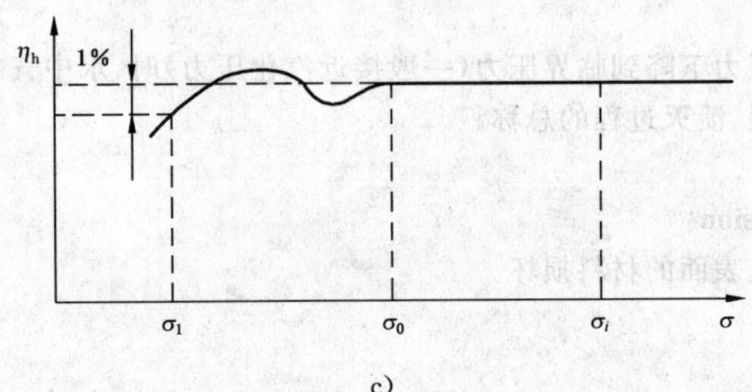

c)

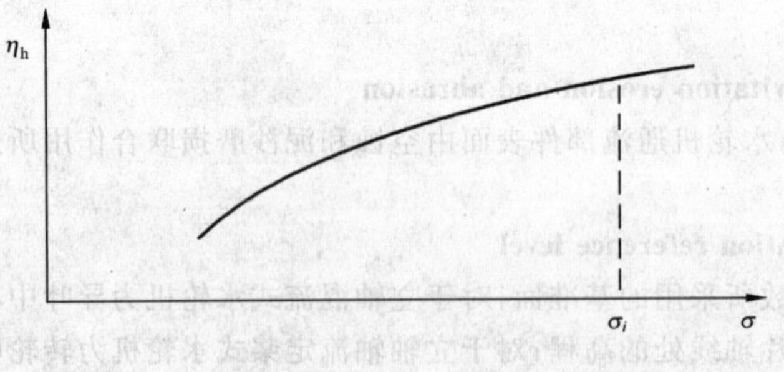

d)

图 2 σ_0、σ_1、σ_i 的确定

3.9.8

初生空化系数 incipient cavitation coefficient

σ_i

在反击式水轮机模型试验中，由目测观察到转轮三个叶片上同时开始产生气泡时的空化系数。

3.9.9

吸出高度　suction height

H_s

水轮机所规定的空化基准面至尾水位的高程差。

单位：m

3.9.10

电站空化系数　plant cavitation coefficient

σ_p

在电站运行条件下的空化系数。过去称为“装置空化系数”$\sum W_i = 100$“电站装置空化系数”。

$$\sigma_p = \frac{P_a/\gamma - P_v/\gamma - H_s}{H} \sum W_i \quad \cdots\cdots (4)$$

3.9.11

允许吸出高度　permissible suction height

H_{sper}

满足反击式水轮机空化和其他性能要求所需的最大吸出高度。

单位：m

3.9.12

排出高度　discharge height

H_{sd}

竖轴冲击式为转轮节圆平面到设计尾水位的高度；横轴冲击式为转轮节圆直径最低点到设计尾水位的高度。

单位：m

3.9.13

安装高程　setting elevation

Z

水轮机安装时作为基准的某一水平面的海拔高程。立式反击式水轮机安装时的基准为导叶中心高程；立式冲击式水轮机安装时的基准为喷嘴中心高程；卧式水轮机安装时的基准为主轴中心高程。

单位：m

3.10　水轮机试验

3.10.1

模型试验　model test

为预测原型水轮机性能而利用模型水轮机进行的试验。

3.10.2

模型验收试验　model acceptance test

由需方见证、为验证水轮机性能是否达到合同保证和有关标准而进行的模型试验。

3.10.3

比尺　scale ratio

原型转轮公称直径与模型转轮公称直径的比值。

3.10.4

综合特性曲线　hill diagram

绘在以单位转速和单位流量为纵横坐标系统内，表示模型水轮机效率等性能的等值曲线。对于特定电站应表示出运行范围。

STANDARDS PRESS OF CHINA

对于混流式水轮机还应表示出导叶开度、空化系数的等值线。在电站装置空化系数已确定时,还可表示出尾水管的等压力脉动线、叶片进水边正背面初生空化线、叶道涡初生线和叶道涡发展线等。

对于定桨式水轮机还应表示出导叶开度、空化系数的等值线。在电站装置空化系数已确定时,还可表示出尾水管等压力脉动线。

对于导叶和桨叶双调节的水轮机还应表示出协联工况下导叶开度、叶片转角和空化系数的等值线。

对于冲击式水轮机还应表示出喷嘴开度的等值线。

3.10.5

运转特性曲线　performance curve

绘在以水头和输出功率(或流量)为纵横坐标系统内,表示在某一转轮直径和额定转速下,原型水轮机的性能(如效率、吸出高度、压力脉动等)的等值曲线及功率限制线。

3.11　压力脉动

3.11.1

压力脉动　pressure fluctuation

在选定时间间隔 Δt 内液体压力相对于平均值的往复变化。

3.11.2

压力脉动峰-峰值　peak-peak value of pressure fluctuation

ΔH

流道中某特定测点时域压力脉动最大值与最小值的代数差。按97%置信度取值。

单位:mWC

3.11.3

压力脉动相对值　relative value of pressure fluctuation

$\Delta H/H$

流道中某特定测点时域压力脉动的峰峰值与该测量水头之比。

3.11.4

压力脉动均方根值　root-mean-square value of pressure fluctuation

$(\Delta H/H)_{\mathrm{rms}}$

流道中某特定测点压力脉动峰值平方的平均值的平方根。模型的取值按照 IEC 60193,原型取值按照 GB/T 17189。

$$\left(\frac{\Delta H}{H}\right)_{\mathrm{rms}}=\left\{\frac{1}{n}\sum_{i=1}^{n}\left(\frac{\Delta H_i}{H}\right)^2\right\}^{1/2} \quad \cdots\cdots(5)$$

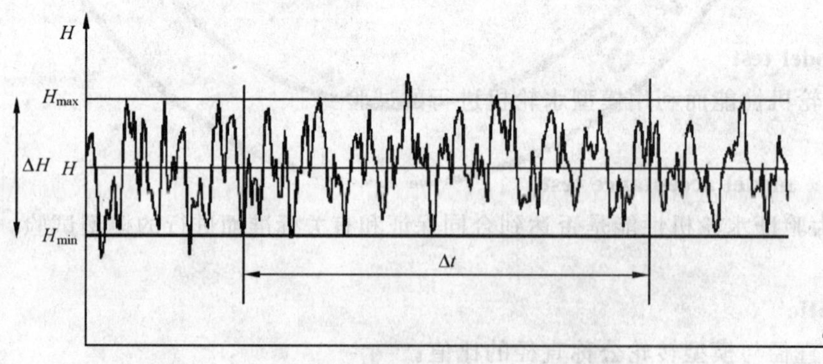

图3　压力脉动均方根值的确定

3.11.5

叶道涡　channal vorties

发生在混流式水轮机转轮叶片与上冠交接处并从叶片间流出的涡带。

4 技术要求

4.1 一般要求

4.1.1 水轮机的设计、制造应根据水电站的特点和基本参数优选水轮机的型式和主要参数，保证水轮机安全、可靠、稳定运行。

4.1.2 水轮机的设计必须考虑到水电站厂房布置、运行检修、运输条件、制造能力的要求以及与水轮发电机、调速器、进水阀等的相互关系。

4.1.3 水轮机产品的技术要求应包括下列水电站参数：

校核洪水位(m)；
设计洪水位(m)；
正常蓄水位(m)；
死水位(m)；
最高尾水位(m)；
设计尾水位(m)；
最低尾水位(m)；
尾水位和流量关系曲线；
电站最大水头(m)；
电站最小水头(m)；
额定水头(m)；
加权平均水头(m)；
过机水质(含沙量、粒径级配、矿物成分、水中含气量、pH值、水温等)；
气象条件(多年平均气温、极端最高气温、极端最低气温、多年平均相对湿度等)；
地震加速度；
运行特点及要求(如调峰、调频、调相以及年平均起停次数等)；
引水系统参数；
单机功率和台数；
单机最大功率(若有)；
水轮机安装高程(m)；
重力加速度(m^2/s)。

4.1.4 水轮机设计应给出其型式、布置方式、型号和以下基本参数：

设计水头(m)；
最大水头(m)；
最小水头(m)；
额定水头(m)；
额定转速(r/min)；
飞逸转速(r/min)；
额定比转速(m·kW)；
额定流量(m^3/s)；
额定功率(MW)；
最优工况时的功率(MW)；
最大功率(MW)；
加权平均效率(%)；
额定点效率(%)；

最优效率(%);

输出最大功率时的最小水头(m)(若有);

输出最大功率时的最大流量(m^3/s)(若有);

转轮公称直径 D_1 或 D_2(mm);

导叶开度(mm)或转角(°);

转轮叶片转角范围(°)(适用于转桨式、斜流式和贯流式水轮机);

允许吸出高度(m)(适用于反击式水轮机);

临界空化系数(适用于反击式水轮机);

初生空化系数(适用于反击式水轮机);

电站空化系数(适用于反击式水轮机);

最高瞬态压力(MPa);

最低瞬态压力(MPa);

最高瞬态转速(r/min);

射流直径(mm)(适用于冲击式水轮机);

喷嘴开度(mm)(适用于冲击式水轮机);

每个转轮的喷嘴数(适用于冲击式水轮机);

排出高度(m)(适用于冲击式水轮机);

水轮机估算总质量(t)。

4.1.5 水轮机设计还应给出下列技术文件:

水轮机模型综合特性曲线和原型运转特性曲线;

技术保证值(详见第5章);

与水轮机配套的调速器、油压装置、自动化系统及进水阀的技术规范和要求(若有);

水轮机各主要部件的结构和材料说明;

水轮机各大件的运输、起重限制尺寸和质量;

其他技术要求。

4.1.6 反击式水轮机的效率修正按附录A中的公式进行修正;冲击式水轮机的效率一般不修正,若修正则按照附录B进行。

4.2 主要部件的结构和材料

4.2.1 结构设计的一般要求

4.2.1.1 水轮机通流部件应符合 GB/T 10969 的要求。

4.2.1.2 水轮机结构应做到便于拆装、维修,方便易损部件的检查和更换。水轮机必须保证在不拆卸发电机转子、定子和水轮机转轮、主轴等部件的情况下更换下列零部件:

a) 水轮机导轴承瓦、冷却器和主轴密封。

b) 反击式水轮机导水机构接力器的密封及活塞环、导水机构的传动部件、导叶轴径密封件及保护元件。

c) 转桨式水轮机应能在不拆卸转轮叶片的情况下更换转轮叶片的密封零件。

d) 冲击式水轮机的喷嘴、喷针及折向器等。

e) 对于多泥沙的电站,对水轮机拆修有特殊要求时,按供需双方商定的技术协议或技术条款执行。

4.2.1.3 水轮机标准零部件应保证其通用性。采用摩擦传动的转轮,以及喷嘴、喷针应能互换。

4.2.1.4 反击式水轮机宜在通流部分的适当部位,设置用相对效率法测量相对流量和压力脉动的测点,其位置应与模型模拟。

4.2.1.5 水轮机转轮宜采用不锈钢材料制造。水轮机的其他易空蚀部件宜采用抗空蚀材料制造或采用必要的防护措施。若空蚀部位采用堆焊不锈钢时，加工后的不锈钢层厚度不应小于 3 mm。

4.2.1.6 竖轴水轮机转轮公称直径为 3.3 m 或以上时，水轮机室顶部宜设置起吊设施。

4.2.1.7 转轮应做静平衡试验。静平衡后应符合 GB/T 9239 中的 G6.3 级的要求。

4.2.1.8 立式水轮机轴向间隙应保证在发电机顶转子时转动部分能上抬到所需要的高度。

4.2.1.9 水轮机在各种运行工况时，其稀油润滑的导轴承的轴瓦最高温度不应超过 70℃；卧式水轮机的径向推力轴承轴瓦最高温度不超过 70℃。油的最高温度不超过 65℃。

4.2.1.10 反击式水轮机的导水机构必须设有防止破坏及事故扩大的保护装置，其导叶的水力矩在全开至接近空载开度间应有自关闭趋向。并有全关和全开位置的锁定装置。

4.2.1.11 水轮机应设置必要的防飞逸设施。水轮机允许在最高飞逸转速下持续运行时间应不小于配套发电机允许的飞逸时间，并保证水轮机转动部件不产生有害变形。

4.2.1.12 导叶端部与之相应的抗磨板之间宜有硬度差异。

4.2.1.13 水轮机的顶盖排水设施，应有备用设备。轴流式水轮机必要时应有双重备用，主用和备用设备宜采用不同的驱动方式。排水设备应配备可靠的水位控制和信号装置。

4.2.1.14 蜗壳及尾水管的形状和尺寸应结合水电站厂房布置的需要进行设计，并进行模型试验或技术论证，提供模型试验的水压脉动值和频率值。

4.2.1.15 反击式水轮机蜗壳设计中应考虑需方所提供的周围混凝土可承受的最大允许应力及埋入期间的内部压力。座环设计中应考虑由座环支撑的混凝土重量和其他垂直的负荷。

4.2.1.16 水轮机进水阀后的蜗壳进口段顶部和卧式水轮机的蜗壳顶部应设置自动排气、补气装置。

4.2.1.17 水轮机应设置观察孔和进入门，蜗壳上的进入门不宜小于 Φ600 mm，尾水管上进入门尺寸不宜小于 Φ600 mm 或 600×600 mm，采用方形进入门时，四角应倒圆，进入门的下侧应设验水阀。在进入门处，应按 GB 150 钢制压力容器的要求进行补强。进入门、观察孔的位置、数量、尺寸由供需双方商定。

4.2.1.18 立式反击式水轮机尾水管内应设置易于拆装的、有足够承载能力的、轻型检修平台。冲击式水轮机机坑内的稳水栅应有足够的强度，以便于水轮机转轮、喷嘴等的拆装和检修。

4.2.1.19 当有调相运行要求时应设置调相压水进排气装置。

4.2.1.20 水轮机及其辅助设备需进行耐压试验的部件除需在工地组焊的部分外，均需按试验压力在厂内进行耐压试验，耐压试验的压力为设计压力(包括升压)的 1.5 倍。试压时间应持续稳压 10 min。受压部件不得产生有害变形和渗漏等异常现象。反击式水轮机的金属蜗壳和冲击式水轮机的配水管可根据合同要求进行水压试验。

4.2.1.21 水轮机设备配备的仪表(见附录 C)，应安装在专门的盘柜上。

4.2.1.22 水轮机自动化元件及系统应符合 GB/T 11805—1999 中的有关规定。

如水轮机要实现计算机监控并要求监测振动和蠕动时由供需双方商定并提供成组调节的接口。

4.2.1.23 水轮机自动控制系统应能安全可靠地实现以下基本功能：

a) 正常开机和停机；

b) 在系统中处于备用状态，随时可以启动投入；

c) 从发电转调相或由调相转发电运行(当有调相要求时)；

d) 当运行中发生故障时能及时发出信号、警报或停机；

e) 凡由计算机控制的水电站各机组应能实现成组调节。水轮机应能自动保持在给定的负荷范围内稳定高效率运行；冲击式水轮机投入的喷嘴及其数量应能自动切换，并保持在稳定和高效率运行。

4.2.1.24 发生(但不限于)下列情况之一时，水轮机应能自动紧急停机：

a) 转速超过过速保护值；

b) 压油罐内油压低于事故低油压；

STANDARDS PRESS OF CHINA

c) 导轴承温度超过允许值时；

d) 水润滑导轴承的润滑水中断时；

e) 机组突然发生异常振动(当设有振动测量装置时)；

f) 其他紧急事故停机信号；

g) 在运行中控制电源消失时。

4.2.2 工作应力和安全系数

4.2.2.1 水轮机结构设计中应进行安全性能分析，对经受交变应力、振动或冲击力的零部件，设计时应留有安全余量。在所有预期的工况下，都应具有足够的刚度和强度。

4.2.2.2 部件的工作应力可采用经典公式解析计算，也可采用有限元法分析计算，对结构复杂的重要部件建议采用有限元法分析计算。

4.2.2.3 水轮机部件的工作应力应按工况分别考核，分为正常运行工况和特殊工况，其中正常运行工况是指机组正常工作状态下所发生的各种载荷工况，特殊工况是指打压试验、飞逸、导叶保护装置破坏等非正常工况。

4.4.2.4 所有部件的工作应力不得超过规定的许用应力。其中正常工况条件下采用经典公式计算的断面应力不大于表2规定的许用应力，特殊工况条件下采用经典公式计算的断面应力不大于材料屈服极限的2/3。

4.2.2.5 对于承受剪切和扭转力矩的零部件，铸铁的最大剪应力不得超过21 MPa，其他黑色金属最大剪应力不得超过许用拉应力的70%，但其中机组主轴和导叶轴的最大剪应力不得超过许用应力的60%。

4.2.2.6 当要求有预应力时，螺栓、螺杆和连杆等零部件均应进行预应力处理，零部件的预应力不得超过材料屈服强度的7/8。螺栓的荷载不应小于连接部分设计荷载的2倍。

表2 部件正常运行工况许用应力

MPa

材料名称	许用应力	
	拉应力	压应力
灰铸铁	U. T. S/10	70
碳素铸钢和合金铸钢	U. T. S/5 或 Y. S/3	U. TS/5 或 Y. S/3
碳钢锻件	Y. S/3	Y. S/3
主要受力部件的碳素钢板	U. T. S/4	U. T. S/4
高应力部件的高强度钢板	Y. S/3	Y. S/3
其他材料	U. T. S/5 或 Y. S/3	U. T. S/5 或 Y. S/3

注1：U. T. S为强度极限。

注2：Y. S为屈服极限。

4.2.2.7 由有限元方法得到的应力分析结果，局部应力值可超出上述许用应力值，但需经需方认可。并且在正常工况条件下最大应力不得超过材料屈服强度的2/3，特殊工况条件下最大应力不得超过材料的屈服强度。

4.2.2.8 混流式和转桨式水轮机转轮叶片在预期的最大荷载条件下正常运行时，转轮各部位最大应力不应超过材料屈服极限的1/5；在最高飞逸转速时，最大应力不应超过材料屈服极限的2/5。冲击式转轮在预期的最大荷载条件下正常运行时，转轮各部位最大应力不应超过材料屈服极限的1/18。并应进行疲劳强度核算。

4.2.2.9 主轴最大复合应力 S_{max} 的定义为：$S_{max}=(S^2+3T^2)^{1/2}$，其值不应超过材料屈服极限的1/4。

式中，S 为由于水力、动载荷和静载荷引起的轴向应力和弯曲应力的总和；T 为水轮机最大功率时的扭转切应力。按上式计算出最大复合应力 S_{max} 并计入应力集中后出现的最大应力不应超过材料屈服极限的 2/5。且水轮机在最大出力时主轴扭转切应力不应超过 42 MPa。横轴贯流式水轮机主轴应进行疲劳强度核算。

4.2.3 材料和制造要求

4.2.3.1 水轮机主要结构部件的铸锻件应符合 CCH-70-3 及 JB/T 1270 标准或合同规定的相应标准。重要铸锻件应有需方代表参加验收。上述标准中认为是重大缺陷的缺陷处理应征得需方同意。

4.2.3.2 经过考试合格的并持有证书的焊接人员才能担任主要部件的焊接工作。主要部件的主要受力焊缝应进行 100% 的无损探伤。应符合 GB/T 3323—1987、GB/T 11345—1989、GB/T 12469—1990、JB 4730—1992、JB/T 6061—1992、JB/T6062—1992 标准或合同规定的相应标准。

4.2.3.3 水轮机设备表面应有防锈涂层。并应规定：

a) 表面处理的要求；

b) 对漆及其他防护保护方法和其使用说明；

c) 发运前和在工地时的使用要求；

d) 涂层数；

e) 每层膜厚和总厚；

f) 检查和控制质量规定。

对装饰性电镀层应符合 GB/T 9797—1997 的规定。

4.2.3.4 凡是与水接触的紧固件均应采用防锈或耐腐蚀的材料制造或采取相应措施。

4.2.3.5 采用巴氏合金的轴瓦，其与瓦基的结合情况应进行 100% 超声波检查，接触面应不小于 95%，且单个脱壳面积不大于 1%；表面用渗透法探伤应无缺陷。

4.3 不同型式水轮机的特定要求

4.3.1 混流式水轮机

4.3.1.1 为保证水电站的安全运行和转轮等过流部件的寿命，水轮机不宜在保证范围外运行。

4.3.1.2 转轮和固定导叶等主要过流部件的固有频率应与各种水力激振频率错频。

4.3.1.3 中高水头的混流式水轮机可采用从顶盖引取上密封的漏水，作为机组冷却水。

4.3.1.4 高水头混流式水轮机要有防抬机措施。

4.3.1.5 混流式水轮机应设置减轻振动的自然补气装置，或采取其他措施。

4.3.1.6 混流式水轮机转轮优先采用铸焊结构，叶片可为铸件或模压成型。叶片翼型宜采用数控加工。

4.3.2 轴流式水轮机

4.3.2.1 转轮室应具有足够的刚度。转轮室的易空蚀部位宜采用不锈钢制作。

4.3.2.2 应设置可靠的防抬机和止推装置。

4.3.2.3 在转轮叶片上不宜开吊孔。

4.3.2.4 转轮叶片的外缘宜设置裙边。转轮叶片外缘与转轮室之间的单边间隙不宜大于 $0.1\%D_1$。

4.3.2.5 转轮叶片的操作机构应动作灵活。协联装置应准确可靠。转轮叶片密封的漏油量应符合表 3 的要求，不允许水通过转轮密封进入转轮体的供油腔内。

表 3 每小时单个桨叶密封装置漏油量

转轮直径 mm	$3\,000 \leqslant D_1 < 6\,000$	$6\,000 \leqslant D_1 < 8\,000$	$8\,000 \leqslant D_1 < 10\,000$	$D_1 \geqslant 10\,000$
漏油限量 mL/h	7	10	12	15

4.3.2.6 定桨式水轮机应设置减轻振动的自然补气装置，或采取其他措施。

4.3.2.7 轴流式水轮机应设置紧急停机时的自然补气装置。

4.3.2.8 转桨式水轮机的受油器及其装配部件应有绝缘材料与发电机所有联接处隔开以防止产生轴电流。

4.3.2.9 大型转轮的安装位置要考虑在各种工况下的最大下沉量。

4.3.3 贯流式水轮机

4.3.3.1 转轮采用悬臂结构时应考虑主轴挠度的影响。

4.3.3.2 转轮叶片外缘与转轮室之间的单边间隙不宜大于 $0.1\%D_1$。

4.3.3.3 转轮室应具有足够的刚度，设计时应考虑转轮的轴向位移。转轮室的易空蚀部位宜采用不锈钢制作。

4.3.3.4 径向导轴承宜设有高压油润滑顶起装置。

4.3.3.5 转轮叶片的操作机构应动作灵活。协联装置应准确可靠。转轮叶片密封的漏油量应符合表 4 的要求。转轮体内的油压宜高于转轮体外的水压。

4.3.3.6 转轮室与尾水管里衬之间应设有伸缩节。

4.3.3.7 应设置防止飞逸的关闭重锤。

4.3.3.8 内、外配水环的分瓣面应涂密封胶或安装密封条。

4.3.4 冲击式水轮机

4.3.4.1 大型冲击式水轮机应优先采用竖轴式。

4.3.4.2 多喷嘴冲击式水轮机调速系统应能根据系统负荷，按预定程序自动投入或切除喷嘴的运行数目，保证机组稳定高效率运行。并在喷嘴切换和负荷增减的全过程中水轮机应调节正常，机组振动、摆度在允许范围内。全部喷嘴同时工作时各射流间应无干扰。

4.3.4.3 每个喷嘴应有单独的操作接力器。各喷嘴应有单独的开度指示，折向器应有单独的位置指示。

4.3.4.4 喷嘴的易磨蚀部位和喷针应采用抗蚀耐磨的材料制造。

4.3.4.5 冲击式水轮机的排出高度应能满足水轮机安全稳定运行和效率不受影响。在最高尾水位时，尾水渠水面以上应有足够的通气高度。机壳上应装设必要的补气装置。

4.3.4.6 电站尾水位变幅很大时，冲击式水轮机安装高程允许低于汛期尾水位。但应设有压低转轮室水位的压缩空气系统。

4.3.4.7 转轮应安全可靠，按疲劳强度进行设计，并按 CCH-70-3 标准或合同规定的标准探伤。在运行期间，还必须定期检查水斗裂纹。投运后宜在 500 h 内进行初次检查。

4.3.4.8 机壳上宜采取必要的隔音或消音措施。

4.3.4.9 应能在不拆卸发电机的情况下装拆冲击式水轮机的转轮。

5 性能保证

5.1 保证期

产品的保证期为自水轮机投入商业运行之日起两年，或从最后一批货物交货之日起三年，以先到期为准。

5.2 稳态水力性能

5.2.1 水轮机稳态水力性能保证（即功率、效率和飞逸转速），按模型试验结果验证，或采用现场试验进行验证。模型试验参照 IEC 60193 或 GB/T 15613 进行，现场试验参照 IEC 60041 进行，其中效率修正按附录 A 和附录 B 换算。

5.2.2 水轮机功率保证：

应保证水轮机在额定水头下的额定功率及在最大水头、加权平均水头、最小水头和其他特定水头下的功率。

5.2.3 水轮机效率保证：

应保证水轮机的最优效率、运行水头范围内的加权平均效率和其他特定工况点的效率。

5.2.4 水轮机的最大飞逸转速保证：

5.2.4.1 混流式和定桨式水轮机取最大水头和导叶最大开度下所产生的飞逸转速；在特殊情况下，可经供需双方商定。

5.2.4.2 冲击式水轮机取最大水头和最大喷嘴开度下产生的飞逸转速。

5.2.4.3 转桨式水轮机取水轮机导叶与转轮叶片协联条件下，在运行水头范围内所产生的最大飞逸转速。在特殊情况下，经供需双方商定可按协联关系破坏情况下，在运行水头范围内所产生的最大飞逸转速保证。

5.3 空化、空蚀和磨蚀的保证

5.3.1 应对水轮机的空化系数作出保证。

5.3.2 反击式水轮机在一般水质条件下的空蚀损坏保证应符合 GB/T 15469 的规定。冲击式水轮机在一般水质条件下的空蚀损坏保证应符合 GB/T 19184—2003 的规定。需方应保留保证期内的运行记录，运行记录中至少应有水头、功率、运行时间和相应尾水位的数据。

5.3.3 当水中含沙量较大时，应对水轮机的磨蚀损坏作出保证。其保证值可根据过机流速、泥沙含量、泥沙特性及电站运行条件等，由需方和供方商定。

5.4 水轮机的稳定运行范围

5.4.1 在空载情况下应能稳定地运行。

5.4.2 在 4.1.4 条规定的最大和最小水头范围内，水轮机应在表 4 所列功率范围内稳定运行：

表 4

水轮机型式	相应水头下的机组保证功率范围/%
混流式	(45～100)
定桨式	(75～100)
转桨式	(35～100)
冲击式	(25～100)

对于混流式水轮机，如在保证运行范围内出现强振，应采取相应措施或避振运行。

5.4.3 原型水轮机在 5.4.2 所规定的保证运行范围内，应对混流式水轮机尾水管内的压力脉动的混频峰-峰值或均方根值作出保证。

当以导叶中心平面为基准面，在电站空化系数下测取尾水管压力脉动混频峰-峰值，在最大水头与最小水头之比小于 1.6 时，其保证值应不大于相应运行水头的 3%～11%，低比转速取小值，高比转速取大值；原型水轮机尾水管进口下游侧压力脉动峰-峰值不应大于 10 m 水柱。

5.4.4 应在模型试验中对叶道涡、叶片进水边正背面空化及其他可能影响稳定性的水力现象进行观察和评估。

5.5 振动

5.5.1 在各种运行工况下（包括甩负荷），水轮机各部件不应产生共振和有害变形。

5.5.2 在保证的稳定运行范围内，立式水轮机顶盖以及卧式水轮机轴承座的垂直方向和水平方向的振动值，应不大于表 5 的规定要求。测量方法按 GB/T 6075.5—2002 执行。

表 5

μm

项　　目	额定转速/(r/min)			
	≤100	>100～250	>250～375	>375～750
	振动允许值(双振幅)			
立式机组顶盖水平振动	90	70	50	30
立式机组顶盖垂直振动	110	90	60	30
卧式机组水轮机轴承的水平振动	120	100	100	100
卧式机组水轮机轴承的垂直振动	110	90	70	50
注：振动值系指机组在除过速运行以外的各种运行工况下的双振幅值。				

5.5.3　在正常运行工况下，主轴相对振动(摆度)应不大于 GB/T 11348.5—2002 图 A.2 中所规定的 B 区上限线(见附录 D)，且不超过轴承间隙的 75%。

5.5.4　水轮发电机组轴系的临界转速应由水轮机和水轮发电机供方分别计算确定，轴系的第一阶临界转速应不小于最大飞逸转速的 120%。

5.6　最高瞬态转速和最高、最低瞬态压力

机组甩全部或部分负荷时，蜗壳内压力升高值、尾水管内压力降低值和水轮机转速升高值不应超过设计值。

5.7　导叶或喷嘴的漏水量

5.7.1　在额定水头下，圆柱式导叶漏水量不应大于水轮机额定流量的 3‰。圆锥式导叶漏水量不应大于水轮机额定流量的 4‰。

5.7.2　冲击式水轮机新喷嘴在全关时不应漏水。

5.8　噪声

水轮机正常运行时，在水轮机机坑地板上方 1 m 处所测得的噪声不应大于 90 dB(A)，在距尾水管进入门 1 m 处所测得的噪声不应大于 95 dB(A)，冲击式水轮机机壳上方 1 m 处所测得的噪声不应大于 85 dB(A)，贯流式水轮机转轮室周围 1 m 内所测得的噪声不应大于 90 dB(A)。

5.9　水推力

应对水轮机在各种运行工况下的最大正向水推力和最大反向水推力作出保证。

5.10　转轮裂纹保证

供方应在设计制造过程中采取措施，保证产品质量。在合同规定的保证期和稳定运行范围内保证转轮不产生裂纹。

5.11　可靠性指标

在一般水质条件下，水轮机应具有以下可靠性指标：

水轮机大修间隔期不少于 5 年。

无故障连续运行时间不少于 20 000 小时。

水轮机平均寿命不少于 40 年。

6　供货范围和备品备件

6.1　供货范围

6.1.1　水轮机：从与发电机轴连接的法兰盘开始(联接螺栓和保护罩由发电机厂供给)。包括转轮、主轴、轴承、机壳、座环(管形座)、导水机构、金属蜗壳、机坑里衬、尾水管金属里衬、排水装置及其他配套设备等。当冲击式水轮机在安装高程低于汛期尾水位发电时，应提供压低转轮室水位的压缩空气接口。

6.1.2　压力引水设备：从电厂引水钢管末端至水轮机蜗壳进口的连接短管，凑合节及其法兰和连接螺栓、伸缩节、伸缩节连接法兰等，由供需双方商定。

6.1.3 水力观测仪表和自动化元件：包括水轮机及其辅助设备在运行中需要监测的各种压力、温度、真空、流量、转速、振动、摆度仪表和有关盘柜。油、气、水管路上为满足自动控制的各种差压信号计，液位信号计，示流信号器或流量变送器，温度信号器，各种液压、气压元件，电器控制元件、保护元件，行程信号器、测速设备和合同规定的各种变送器，以及机坑内各元件与设备的联接电缆，供至机坑端子箱。

6.1.4 管路及其配件：成套设备中各单项设备之间所需的油管、气管、水管、主轴密封滤水器、连接件和支架等。竖轴反击式水轮机的非成套设备供至设备的第一对法兰处或接力器法兰处，并提供成对法兰。贯流式水轮机的非成套设备供至水轮机进人孔外 1 m 处和接力器法兰处，并提供成对法兰。

6.1.5 竖轴反击式水轮机的尾水管内应成套供给易于装拆的有足够承载能力的轻便检修平台。

6.1.6 安装和检修所需的专用工具、特殊工具。

6.1.7 原型水轮机验收试验所需的仪表和设备由供需双方商定。

6.1.8 调速器、油压装置、漏油装置及进水阀(包括配套设备)等的供货范围另定。

6.2 备品、备件

水轮机备品备件的项目和数量按照附录 E 中表 E1、E2、E3、E4 规定执行，或由供需双方在合同中规定。

7 资料与图纸

7.1 交付时间和数量

供方应向需方提交图纸资料，交付时间和数量在合同中规定。一般情况下，其数量为每电站第一台机供 6 套，以后各台机供 4 套。另向电站设计单位提供电站技施设计所需的图纸资料 5 套。并向需方和电站设计单位提供合同中规定的最终图纸资料的电子文件。

7.2 主要项目

7.2.1 水轮机及其辅助设备布置图，调节保证计算结果。

7.2.2 水轮机的总装图，蜗壳、尾水管的单线图，各水轮机部件的组装图和易损部件的加工图，水轮机及其辅助设备的管路布置图、基础图和埋件图等。

7.2.3 水轮机的模型综合特性曲线和运转特性曲线图、导叶开口或转角或喷嘴开度与接力器行程关系图、基础受力资料、水轮机的其他重要计算结果等。

7.2.4 有关水轮机及其辅助设备在工地组装布置和焊接及工艺流程或加工的图纸或资料。

7.2.5 控制及监测：各种盘柜和自动化设备的安装和布置图；水轮机自动化操作和油、气、水的系统图，水轮机测量仪表配置图等。

7.2.6 产品技术条件，产品说明书，安装使用说明书，自动控制设备调试记录，产品检查及试验记录，主要部件的材料合格证明书，交货明细表等。

8 工厂检验及试验

8.1 应对水轮机各主要部件提供出厂合格证明文件、材料化学成分、机械性能报告。并应根据合同规定的检验项目进行检验，并向需方提供有关文件。合同中无明确规定时，按 DL/T 443 执行。

8.2 水轮机预装按合同或技术协议执行。对不能或难于在供方车间内进行预装的水轮机有关部件，经供方和需方协商一致后，可移到现场按 GB/T 8564—2003 并参照供方的有关规定进行，由供方负责技术指导。

8.3 水轮机轴与发电机轴采用铰孔联接结构的轴线检查。水轮机、发电机不在同一厂制造时，轴线检查由发电机厂负责进行，或者合同中另行规定。

8.4 水轮机主要部件在制造过程中的检验和试验项目如表 6、表 7 表 8 和表 9 所示，需方参加检查试验的项目按合同规定执行。

表 6　混流式水轮机工厂质量检查、装配和试验项目表

序号	名称	材料检验			制造过程与最终检验					耐压及取样试验	其他检验项目及备注
		机械性能	化学成分	探伤	硬度试验	探伤	外观检查	尺寸检查	动作试验		
1	转轮	√	√	√	√	√	√*	√*			叶型、表面粗糙度检查及静平衡
2	主轴	√	√	√		√	√*	√*		钻孔取样	法兰间平行度、同心度、主轴法兰垂直度*
3	联轴螺栓	√	√	√			√*	√*			
4	导轴承	√				√	√	√			
5	主轴密封	√						√			局部装配*
6	顶盖	√				√*	√*	√*			
7	底环	√				√*	√*	√*			
8	活动导叶	√	√	√	√	√	√*	√*			
9	活动导叶操作机构	√	√			√	√		√*		导水机构预装，动作试验*
10	导叶保护装置	√					√			破断* 检查	
11	座环	√	√	√		√*	√*	√*			
12	蜗壳	√				√	√	√			
13	尾水管里衬										
14	接力器	√					√*		√*	耐压	
15	补气阀、电磁阀、液位信号器、示流信号器等								√		动作、性能试验检查

注 1："√"为厂内试验项目。

注 2："*"为需方到工厂见证和检查的项目。

注 3：分瓣转轮部分项目的最终检查和静平衡在现场进行。

表 7　轴流式水轮机工厂质量检查、装配和试验项目表

序号	名称	材料检验			制造过程与最终检验					耐压及取样试验	其他检验项目及备注
		机械性能	化学成分	探伤	硬度试验	探伤	外观检查	尺寸检查	动作试验		
1	桨叶	√	√	√	√	√	√*	√*			叶型及表面粗糙度检查
2	轮毂	√	√	√	√	√	√*	√*			
3	桨叶操作机构	√	√	√			√*	√*			
4	受油器本体	√					√				
5	操作油管	√					√			耐压*	
6	转轮装配							√*	√*	耐压*	静平衡、漏油及桨叶转角

表 7(续)

序号	名称	材料检验				制造过程与最终检验				耐压及取样试验	其他检验项目及备注
		机械性能	化学成分	探伤	硬度试验	探伤	外观检查	尺寸检查	动作试验		
7	主轴	√	√	√		√	√*	√*		钻孔取样	法兰间平行度、同心度、主轴法兰垂直度*
8	联轴螺栓	√	√				√*	√*			
9	导轴承	√		√			√	√			
10	主轴密封	√						√			局部装配*
11	转轮室上环	√					√*	√*			
12	转轮室中、下环	√					√*	√*			
13	顶盖	√				√*	√*	√*			
14	支持盖	√				√*	√*	√*			
15	底环	√				√	√	√			
16	活动导叶	√	√	√	√	√	√*	√*			
17	活动导叶操作机构	√	√			√	√		√*		导水机构预装，动作试验*
18	导叶保护装置	√					√			破断*检查	
19	座环	√	√	√		√*	√*	√*			
20	接力器	√					√*		√*	耐压	
21	补气阀、电磁阀、液位信号器、示流信号器等								√		动作性能试验检查

注 1:“√”为厂内试验项目。

注 2:“*”为需方到工厂见证和检查的项目。

表 8 贯流式水轮机工厂质量检查、装配和试验项目表

序号	名称	材料检验				制造过程与最终检验				耐压及取样试验	其他检验项目及备注
		机械性能	化学成分	探伤	硬度试验	探伤	外观检查	尺寸检查	动作试验		
1	桨叶	√	√	√	√	√	√*	√*			叶型及表面粗糙度检查
2	轮毂	√	√	√	√	√	√*	√*			
3	桨叶操作机构	√	√	√			√*	√*			
4	受油器本体	√					√				
5	操作油管	√					√			耐压*	
6	转轮装配							√*	√*	耐压*	静平衡、漏油及桨叶转角
7	主轴	√	√	√		√	√*	√*		钻孔取样	法兰间平行度、同心度、主轴法兰垂直度*

表 8(续)

序号	名称	材料检验				制造过程与最终检验				耐压及取样试验	其他检验项目及备注
		机械性能	化学成分	探伤	硬度试验	探伤	外观检查	尺寸检查	动作试验		
8	联轴螺栓	√	√				√*	√*			
9	径向轴承	√		√			√	√			
10	主轴密封	√						√			局部装配*
11	转轮室	√					√*	√*			
12	内配水环	√				√*	√*	√*			
13	外配水环	√				√*	√*	√*			
14	导流锥	√				√	√	√			
15	活动导叶	√	√	√	√	√	√*	√*			
16	活动导叶操作机构	√	√			√	√		√*		导水机构预装，动作试验*
17	导叶保护装置	√					√				
18	管形座	√	√	√		√*	√*	√*			
19	接力器	√					√*		√*	耐压	
20	电磁阀、液位信号器、示流信号器等								√		动作性能试验检查

注 1:"√"为厂内试验项目。

注 2:"*"为需方到工厂见证和检查的项目。

表 9 冲击式水轮机工厂质量检查、装配和试验项目表

序号	名称	材料检验				制造过程与最终检验				耐压及取样试验	其他检验项目及备注
		机械性能	化学成分	探伤	硬度试验	探伤	外观检查	尺寸检查	动作试验		
1	转轮	√	√	√	√	√	√*	√*			叶型、表面粗糙度检查及静平衡
2	主轴	√	√	√		√	√*	√*		钻孔取样	法兰间平行度、同心度、主轴法兰垂直度*
3	联轴螺栓	√	√	√		√	√*	√*			
4	导轴承	√		√			√	√			
5	喷嘴	√	√	√		√	√*	√*			
6	喷针装配	√	√			√*	√*	√*		耐压	动作试验*
7	折向器	√	√	√		√	√	√			
8	配水环管	√	√	√		√	√	√			
9	机壳						√	√			
10	接力器	√					√*		√*	耐压	

表 9(续)

序号	名称	材料检验				制造过程与最终检验				耐压及取样试验	其他检验项目及备注
		机械性能	化学成分	探伤	硬度试验	探伤	外观检查	尺寸检查	动作试验		
11	补气阀、电磁阀、液位信号器、示流信号器等								√		动作、性能试验检查

注 1:"√"为厂内试验项目。
注 2:"*"为需方到工厂见证和检查的项目。

9 铭牌、包装、运输及保管

9.1 水轮机铭牌

内容应包括:

a) 产品名称
b) 国家名称
c) 供方名
d) 本标准编号或技术条件编号
e) 供方出品编号
f) 产品型号
g) 最大水头
h) 额定水头
i) 最小水头
j) 额定功率
k) 最大功率
l) 额定流量
m) 额定转速
n) 飞逸转速
o) 出厂日期

9.2 包装及运输

9.2.1 水轮机及其供货范围内的零部件、备件、备品,必须检验合格后才能装箱运输。

9.2.2 水轮机部件的包装尺寸和重量,应满足从工厂到电站的运输条件。

9.2.3 水轮机及其辅助设备的包装运输应符合 GB/T 191 和 JB/T 8660—1997 的规定,并按设备的不同要求和运输方式采取防雨、防潮、防震、防霉、防冻、防盐雾等措施。

9.2.4 包装箱中应有产品出厂证明书、技术文件及图纸。装箱单开列的名称、数量应与箱内实物和图纸编号相符合。装箱单应装在箱内的防腐盒(袋)内。

9.2.5 供方每次发运的件数、箱数、编号、发运时间、车次等,应在发运的同时通知受货单位。设备运到工地后,开箱检查时,需方和供方的代表应共同参加,如发现有损坏、错发、缺件等问题,由需方代表通知供方查找原因并尽快采取补救措施。

9.3 保管

9.3.1 水轮机的各加工工件须妥善保管,不得随意叠放。

STANDARDS PRESS OF CHINA

9.3.2 水轮机的各加工件运抵工地拆箱后，必须遮盖，不得日晒雨淋。

9.3.3 橡胶、塑料、尼龙制品应防止直接受日光照射，并不得置于炉子或其他取暖设备附近1.5m处的地方，还应防止油类对橡胶的污损。橡胶制品、填料等应存放在干燥通风的仓库内。

9.3.4 电子电器产品、自动化元件(装置)或仪表应存放在温度为－5℃～40℃、相对湿度不大于90%、无酸、碱、盐及腐蚀性、爆炸性气体和强电磁场作用、不受灰尘、雨雪侵蚀的库房内。

9.3.5 供方从发货之日起至工地验收止，在正常的储运和吊装条件下应保证一年内不致因包装不善而引起产品的锈蚀、长霉、损坏和降低精度等。

10 安装、运行、维护及验收试验

10.1 安装和试运行

10.1.1 水轮机的安装和试运行必须符合GB/T 8564—2003和DL/T 507—2002的要求。

10.1.2 电站引水系统第一次充水前必须彻底清除引水系统及水轮机过流部件中的杂物，严防异物对水轮机造成损害。

10.1.3 试运行前应用油对调速系统各管道进行反复循环清洗，然后更换为符合GB 11120—1989规定的新油试运行。

10.1.4 一般情况下试运行持续时间为带负荷连续运行72h。验收合格后由需方签署初步验收证书。

10.2 运行与维护

水轮机运行应符合DL/T 710—1999供方提供的产品使用维护说明书的规定。

10.3 验收试验

10.3.1 原型水轮机性能验收试验主要试验项目如下：

a) 水轮机功率试验(按合同要求进行)；

b) 飞逸转速试验(按合同要求进行)；

c) 水轮机效率试验(按合同要求进行)；

d) 相对效率试验(按合同要求进行)。对转桨式水轮机宜用于修正导叶开口与叶片转角间的协联关系；

e) 尾水管压力脉动试验(按合同要求进行)；

f) 甩负荷试验；

g) 空蚀和磨蚀保证验证(反击式水轮机按GB/T 15469执行、冲击式水轮机按GB/T 19184—2003执行)；

h) 振动试验(按合同要求进行)。

10.3.2 现场验收由需方选择一台或多台机组在设备保证期内进行。

10.3.3 水轮机保证期满、各项技术保证满足合同要求后，由需方签署最终验收证明。

附 录 A
（规范性附录）
反击式水轮机效率修正公式

A.1 第一种方法

混流式：

$$\Delta\eta = K\times(1-\eta_{max})\times[1-(D_m/D_p)^{0.2}] \quad \cdots\cdots(A.1)$$

轴流式：

$$\Delta\eta = K\times(1-\eta_{max})\times[0.7-0.7(D_m/D_p)^{0.2}\times(H_m/H_p)^{0.1}] \quad \cdots\cdots(A.2)$$

式中：

η_{max}——模型水轮机的最优效率；

K——系数，$K=0.5\sim0.7$（改造机组取小值，新机组取大值）；

D_m——模型水轮机转轮公称直径，单位为米(m)；

D_p——原型水轮机转轮公称直径，单位为米(m)；

H_m——模型水轮机试验水头，单位为米(m)；

H_p——原型水轮机水头，单位为米(m)。

A.2 第二种方法

IEC 60193 推荐的反击式水轮机效率修正计算公式：

$$\Delta\eta_h = \delta_{ref}\left[\left(\frac{Re_{uref}}{Re_{um}}\right)^{0.16}-\left(\frac{Re_{uref}}{Re_{up}}\right)^{0.16}\right] \quad \cdots\cdots(A.3)$$

$$\delta_{ref} = \frac{1-\eta_{hoptm}}{\left(\frac{Re_{uref}}{Re_{uoptm}}\right)^{0.16}+\frac{1-V_{ref}}{V_{ref}}} \quad \cdots\cdots(A.4)$$

式中：

$\Delta\eta_h$——模型效率换算为原型效率的修正值；

δ_{ref}——标称的可换算为原型效率的修正值；

Re_{uref}——标准的雷诺数；

Re_{um}——计算点模型雷诺数；

Re_{up}——计算点原型雷诺数；

Re_{uoptm}——模型最优效率点雷诺数；

η_{hoptm}——模型最优效率；

V_{ref}——标准的损失分布系数（轴流转桨、斜流转桨和贯流转桨式水轮机取 0.8，混流和轴流定桨、斜流定桨和贯流定桨式水轮机取 0.7）。

A.3 第三种方法

对过去已有的模型试验曲线和注明雷诺数和水温的模型试验资料，建议按下式计算：

$$\Delta\eta_h = (1-\eta_{hoptm})\times V_m\times\left[1-\left(\frac{Re_{um}}{Re_{up}}\right)^{0.16}\right] \quad \cdots\cdots(A.5)$$

$$V_m = V_{optm} = V_{ref} \quad \cdots\cdots(A.6)$$

$$Re_{um} = Re_{uref} = 7\times10^6 \quad \cdots\cdots(A.7)$$

式中：

V_m——模型的损失分布系数(轴流转桨、斜流转桨和贯流转桨式水轮机取 0.8,混流和轴流定桨、斜流定桨和贯流定桨式水轮机取 0.7)；

V_{optm}——模型最优效率点的损失分布系数。

附 录 B
（规范性附录）
冲击式水轮机效率修正公式

$$\Delta\eta_h = \eta_{hp} - \eta_{hm} = \Delta\eta_{Fr} + \Delta\eta_{we} + \Delta\eta_{Re} \quad \cdots\cdots\cdots\cdots\cdots\text{(B. 1)}$$

$$\Delta\eta_h = \eta_{hp} - \eta_{hm} = 5.7 \times \Phi_B^2 \times (1 - C_{Fr}^{0.3}) + 1.95 \times 10^{-6} \times \frac{C_{we} - 1}{\Phi_B^2} + 10^{-8} \times \frac{(C_{Re} - 1)^2}{\Phi_B^2} \quad \cdots\cdots\text{(B. 2)}$$

其中：

$$\Phi_B = \frac{4Q_p}{Z_0 \times \pi \times (2g_p H_p)^{1/2} \times B_p^2} \quad \cdots\cdots\cdots\cdots\cdots\text{(B. 3)}$$

$$C_{Fr} = \frac{Fr_p}{Fr_m} = \left(\frac{g_p \times H_p}{g_m \times H_m}\right)^{1/2} \times \left(\frac{B_m}{B_p}\right)^{1/2} \times \left(\frac{g_m}{g_p}\right)^{1/2} \quad \cdots\cdots\cdots\cdots\cdots\text{(B. 4)}$$

$$C_{we} = \frac{We_p}{We_m} = \left(\frac{g_p \times H_p}{g_m \times H_m}\right)^{1/2} \times \left(\frac{B_p}{B_m}\right)^{1/2} \times \left(\frac{\rho_p}{\rho_m}\right)^{1/2} \times \left(\frac{\sigma_m^*}{\sigma_p^*}\right)^{1/2} \quad \cdots\cdots\cdots\cdots\cdots\text{(B. 5)}$$

$$C_{Re} = \frac{Re_p}{Re_m} = \left(\frac{g_p \times H_p}{g_m \times H_m}\right)^{1/2} \times \frac{B_p}{B_m} \times \frac{\gamma_m}{\gamma_p} \quad \cdots\cdots\cdots\cdots\cdots\text{(B. 6)}$$

式中：

Φ_B——流量系数；

Q_p——原型流量，单位为立方米每秒(m^3/s)；

Z_0——喷嘴数；

g_p——电站现场重力加速度；

g_m——实验室重力加速度；

H_p——原型水头，单位为米(m)；

H_m——模型试验水头，单位为米(m)；

B_p——原型水斗宽度，单位为米(m)；

B_m——模型水斗宽度，单位为米(m)；

ρ_p——原型运行时水的密度，单位为千克每立方米(kg/m^3)；

ρ_m——实验时水的密度，单位为千克每立方米(kg/m^3)；

$\sigma_p{}^*$——原型运行时水的表面张力，单位为焦尔平方米($J \cdot m^2$)；

$\sigma_m{}^*$——实验时水的表面张力，单位为焦尔平方米($J \cdot m^2$)；

γ_p——原型运行时水的粘性系数，单位为平方米每秒(m^2/s)；

γ_m——实验时水的粘性系数，单位为平方米每秒(m^2/s)。

表 B.1 不同水温下水的表面张力

温度 θ ℃	表面张力 σ^* $J \cdot m^2$
5	0.074 9
10	0.074 2
15	0.073 5
20	0.072 8

STANDARDS PRESS OF CHINA

表 B.1(续)

温度 θ ℃	表面张力 σ^* J·m²
25	0.072 0
30	0.071 2
35	0.069 6

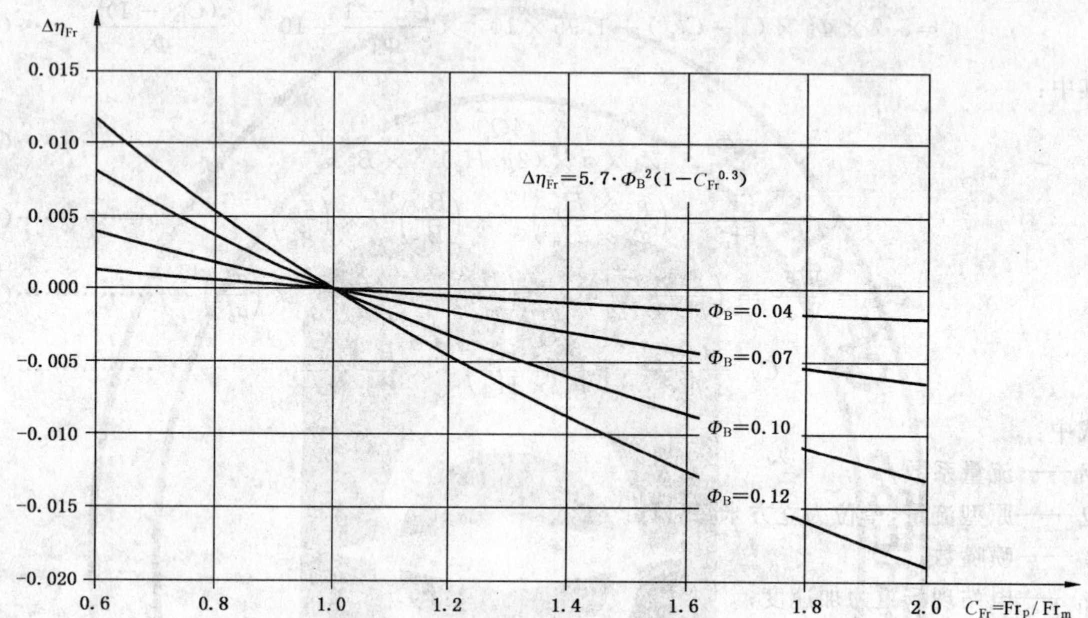

图 B.1 佛汝德数的影响

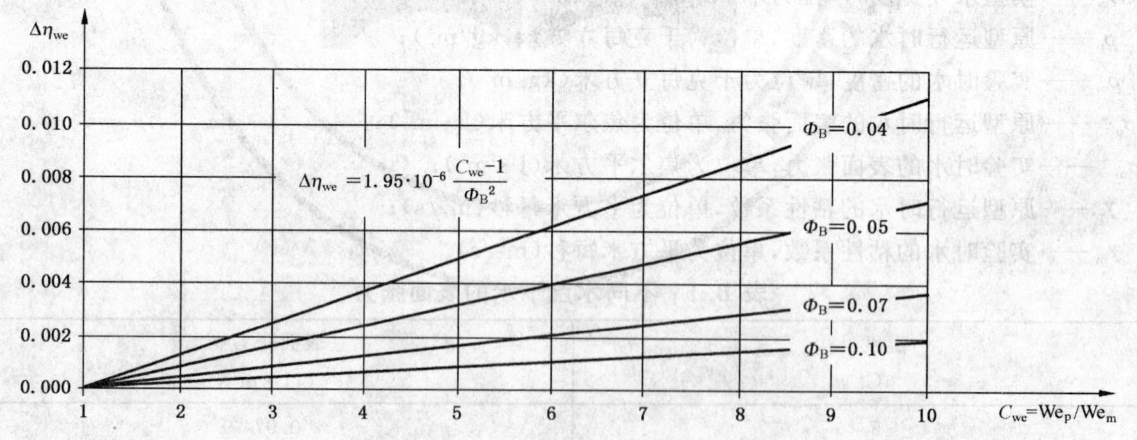

图 B.2 韦伯数的影响

$\Delta\eta_{Re}$
0.006
0.005
0.004
0.003
0.002
0.001
0.000
$\Delta\eta_{Re}=10^{-8}\frac{(C_{Re}-1)^2}{\Phi_B^2}$
$\Phi_B=0.04$
$\Phi_B=0.05$
$\Phi_B=0.07$
$\Phi_B=0.10$
1
6
11
16
21
26
$C_{Re}=Re_p/Re_m$

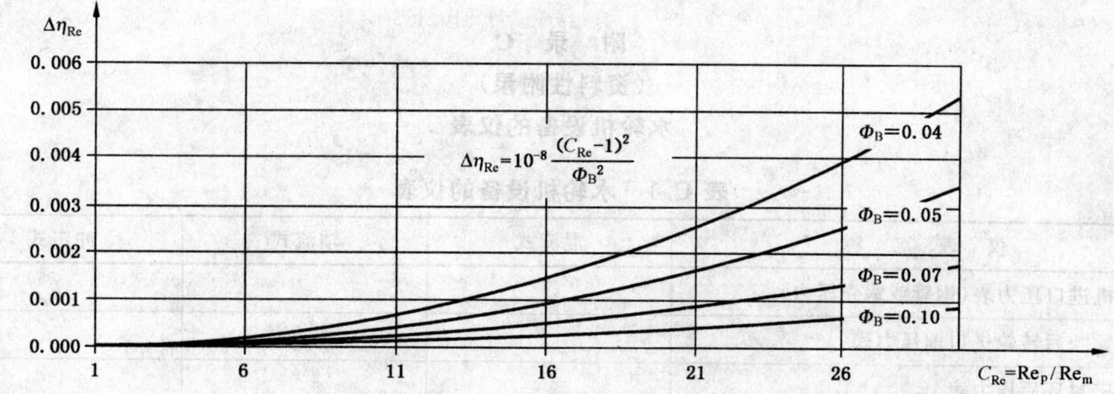

图 B.3 雷诺数的影响

附 录 C
（资料性附录）
水轮机设备的仪表

表 C.1 水轮机设备的仪表

仪 表 名 称	混流式	轴流式	冲击式
水轮机进口压力表（钢管或蜗壳压力）	√	√	√
活动导叶后转轮进口前压力表	√	√	
★上密封环后压力表	√		
★下密封腔压力表	√		
转轮顶部压力表	√	√	
机壳真空压力表			√
尾水管真空压力表	√	√	
★尾水管扩散段末端压力表	√	√	
主轴密封水压力表	√	√	
★水轮机差压流量计	√	√	√
★水轮机振动监测表	√	√	√
★主轴摆度监测表	√	√	√
导轴承温度计	√	√	√
导轴承冷却水或水导轴承润滑水压力表	√	√	√
★抬机数字显示记录表	√	√	√

注：表中带★号项目是否提供由供需双方商定。未列项目也由供需双方另行商定。

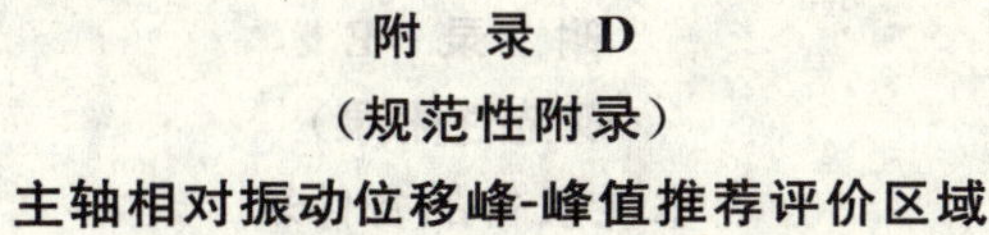

附 录 D
（规范性附录）
主轴相对振动位移峰-峰值推荐评价区域

主轴相对振动位移峰-峰值 $S_{(p-p)}$/μm

D

C

B

A

转速/（r/min）

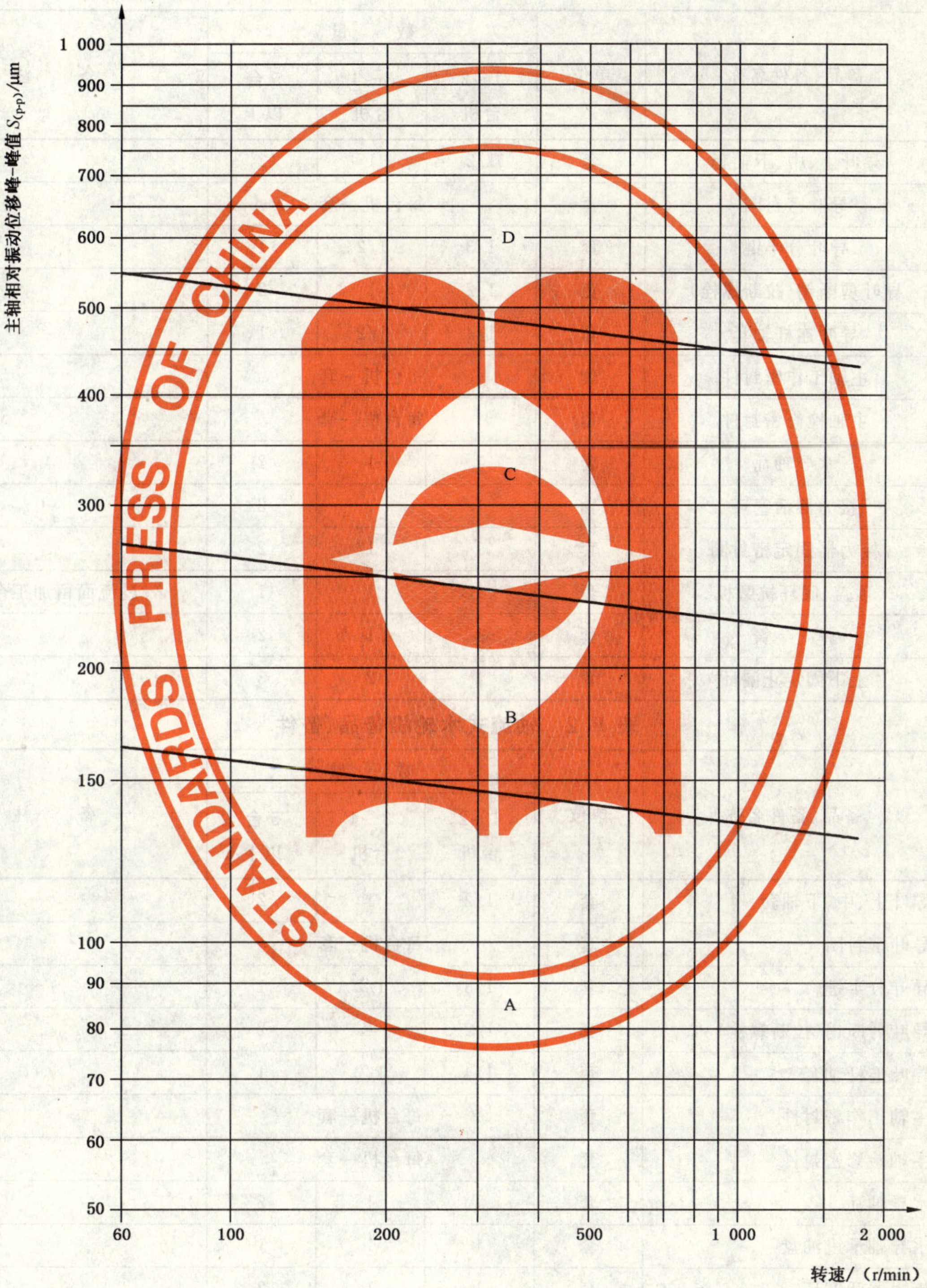

图 D.1 主轴相对振动位移峰-峰值推荐评价区域

附 录 E
（规范性附录）
水轮机备品备件表

表 E.1 混流式水轮机备品、备件

序号	备品、备件名称	单位	数量			备注
			1～2台机	3～4台机	5台以上	
1	导叶上、中、下轴套	套	1/2	1	2	
2	导叶密封圈	套	每台机一套			
3	导叶分半键	套	1/3	1/2	1	
4	导叶剪断销(拉断螺栓)	套	1/2	1	2	
5	导叶连杆轴套	套	1/4	1/2	1	
6	主轴工作密封件	套	每台机一套			
7	主轴检修密封件	套	每台机一套			
8	水导轴瓦	套	1	1	2	
9	接力器活塞环	套	1	1	2	
10	接力器固定密封圈	套	1	1	2	
11	顶盖、底环抗磨板	套	1	1	1	过流面留加工余量
12	弹 簧	套	1	1	2	
13	上下固定止漏环	套	1	2	3	

表 E.2 轴流式水轮机备品、备件

序号	备品、备件名称	单位	数量			备注
			1～2台机	3～4台机	5台以上	
1	导叶上、中、下轴套	套	1/2	1	2	
2	导叶密封圈	套	每台机一套			
3	导叶分半键	套	1/3	1/2	1	
4	导叶剪断销(拉断螺栓)	套	1/2	1	2	
5	导叶连杆轴套	套	1/4	1/2	1	
6	主轴工作密封件	套	每台机一套			
7	主轴检修密封件	套	每台机一套			
8	水导轴瓦	套	1	1	2	
9	水导轴承甩油盘	套	1	1	1	
10	接力器活塞环	套	1	1	2	
11	接力器固定密封圈	套	1	1	2	

表 E.2(续)

序号	备品、备件名称	单位	数量			备注
			1～2台机	3～4台机	5台以上	
12	各类弹簧	套	1	1	2	
13	抬机抗磨环	套	1	1	1	
14	转轮叶片密封	套	每台机一套			
15	转轮叶片枢轴密封压板	套	每台机一套			
16	受油器轴套	套	2	2	3	
17	受油器浮动瓦	套	2	2	3	

表 E.3 灯泡贯流式水轮机备品、备件

序号	备品、备件名称	单位	数量			备注
			1～2台机	3～4台机	5台以上	
1	导叶上、下轴套	套	1/2	1	2	
2	导叶密封圈	套	每台机一套			
3	导叶分半键	套	1/3	1/2	1	
4	导叶保护装置	套	1/2	1	2	
5	导叶连杆轴套	套	1/4	1/2	1	
6	主轴工作密封件	套	每台机一套			
7	主轴检修密封件	套	每台机一套			
8	水导径向轴瓦	套	1	1	2	
9	接力器活塞环	套	1	1	2	
10	接力器固定密封圈	套	1	1	2	
11	各类弹簧	套	1	1	2	
12	转轮叶片密封圈	套	每台机一套			
13	转轮叶片枢轴密封压板	套	每台机一套			
14	受油器轴套	套	2	2	3	
15	受油器浮动瓦	套	2	2	3	

表 E.4 冲击式水轮机备品、备件

序号	备品、备件名称	单位	数量			备注
			1～2台机	3～4台机	5台以上	
1	喷嘴口	套	每台一套			
2	喷针头	套	每台一套			
3	喷针杆轴套	套	1	2	3	

表 E.4(续)

序号	备品、备件名称	单位	数量			备注
			1～2台机	3～4台机	5台以上	
4	折向器刀板	套	1	1	2	
5	接力器活塞环	套	每台一套			
6	接力器固定密封圈	套	每台一套			
7	制动喷嘴操作阀	套	1	1	1	
8	导轴瓦	套	1	1	1	
9	转轮	各	1	1	1	

该附录中表E.1、E.2、E.3、E.4为水轮机备品、备件的基本配置表。备品、备件也可由供需双方另行商定。